Auswirkungen neuer Technologien auf die Tarifautonomie

Studien zum Arbeitsrecht und zur Arbeitsrechtsvergleichung

Herausgegeben von Manfred Weiss und Spiros Simitis

Band 4

PETER LANG
Frankfurt am Main · Berlin · Bern · Bruxelles · New York · Oxford · Wien

Charis Chaldoupis

Auswirkungen neuer Technologien auf die Tarifautonomie

Funktionsfähigkeit und Legitimität qualitativer Tarifpolitik anhand der Rationalisierungsentwicklungen im industriellen Produktionsbereich

PETER LANG
Europäischer Verlag der Wissenschaften

Bibliografische Information Der Deutschen Bibliothek
Die Deutsche Bibliothek verzeichnet diese Publikation in der Deutschen Nationalbibliografie; detaillierte bibliografische Daten sind im Internet über <http://dnb.ddb.de> abrufbar.

D 30
ISSN 1615-4606
ISBN 3-631-38718-0

www.peterlang.de

Vorwort

Die durch neue Technologien forcierte Rationalisierungspolitik der Unternehmen und die daraus resultierenden Konsequenzen für die Arbeitnehmerschaft veranlaßten in den 70er Jahren die Gewerkschaften - mangels anderweitig effektiver Einflußmöglichkeiten - zur Entwicklung und Verfolgung einer Neukonzeption der Tarifpolitik. Der Tarifvertrag sollte darauf gerichtet sein, gefährdete Arbeitnehmerinteressen präventiv zu schützen und zu diesem Zweck das unternehmerische Handeln zu steuern. Damit wurde eine lebhafte Diskussion um die Möglichkeiten und Grenzen der Tarifautonomie ausgelöst – eine Diskussion, die trotz der inzwischen veränderten Ausgangs- und Problemsituation weiterhin besondere Beachtung verdient: Damals aufgeworfene Fragen, wie die Effizienz des Regelungsinstruments Tarifvertrag und sein Verhältnis zur Betriebsvereinbarung, die Berechtigung der Tarifvertragsparteien zu weitergehenden Einschränkungen der unternehmerischen Entscheidungskompetenz, die Auflösung des Konkurrenzverhältnisses zwischen Tarifvertrag und Gesetz und die verfassungskonforme Austragung konkurrierender Arbeitnehmerinteressen im beschäftigungspolitischen Bereich, sind nach wie vor umstritten, weitgehend ungeklärt und – wenn auch unter anderen Vorzeichen – immer noch aktuell. Ziel der vorliegenden Untersuchung ist, diese Grundfragen mit Blick auf die frühere Entwicklung überzeugend zu beantworten und die Verbindungslinien zwischen den herausgearbeiteten Lösungsansätzen und der heutigen Debatte um die Tarifautonomie aufzuzeigen.

Eine im wesentlichen unveränderte Fassung dieser Arbeit hat im Sommersemester 2001 dem Fachbereich der Johann Wolfgang Goethe-Universität Frankfurt am Main als Dissertation vorgelegen. Sie entstand nach langjähriger Beschäftigung mit der Thematik und bildet den vorläufigen Abschluß einer fortwährenden Verfolgung der Diskussion um die Tarifautonomie. Rechtsprechung und Schrifttum sind bis einschließlich Dezember 2001 eingearbeitet.

Sehr herzlich zu danken habe ich vor allem meinem verehrten Lehrer, Herrn Professor Dr. Dr. Spiros Simitis für seine stets ermutigende Betreuung und insbesondere für die konstruktiven Vorschläge, die den Abschluß der Arbeit ermöglicht haben. Mein wärmster Dank gilt ebenso Herrn Professor Dr. Manfred Weiss, der die Arbeit als Zweitberichterstatter recht positiv begutachtet hat.

Besonders erwähnen möchte ich auch Herrn Professor Dr. Dimitrios Travlos-Tzanetatos, der mich am Anfang meines Jura-Studiums zum Arbeitsrecht hinführte und mir im Verlauf dieser langjährigen Untersuchung zur Seite stand.

Ich danke ferner Frau Regina-Luise Erika Schinke für die wertvolle Unterstützung beim redaktionellen Abschluß der Arbeit und Frau Tatjana Dekleva für ihre unermüdliche Hilfe bei der computertechnischen Gestaltung des Manuskripts.

Zu Dank verpflichtet bin ich schließlich der Onassis-Stiftung für die finanzielle Unterstützung bei der Verfolgung meines Forschungsvorhabens.

Athen, im November 2002 Charis Chaldoupis

Inhaltsverzeichnis

Abkürzungsverzeichnis

a. A.	anderer Ansicht
a. a. O.	am angegebenen Ort
ABR	Registerzeichen für Beschwerdesachen im Rechtsbeschwerdeverfahren (BAG)
Abs.	Absatz
AcP	Archiv für die zivilistische Praxis
AK-GG	Alternativkommentar zum Grundgesetz
AktG	Aktiengesetz
Anm.	Anmerkung
AöR	Archiv des öffentlichen Rechts
AP	Arbeitsrechtliche Praxis (Entscheidungssammlung)
AR-Blattei	Arbeitsrechts-Blattei
ArbGG	Arbeitsgerichtsgesetz
ArbRGew	Das Arbeitsrecht der Gegenwart
Art.	Artikel
Aufl.	Auflage
AuR	Arbeit und Recht
AZO	Arbeitszeitordnung
BAG	Bundesarbeitsgericht
BAGE	Bundesarbeitsgerichtsentscheidung
BAT	Bundesangestelltentarifvertrag
BB	Betriebsberater
Bd.	Band
BeschFG	Beschäftigungsförderungsgesetz
Beil.	Beilage
Bespr.	Besprechung
BetrAVG	Gesetz zur Verbesserung der betrieblichen Altersversorgung vom 19. Dezember 1974 (BGBl. I S. 3610)
BetrVG	Betriebsverfassungsgesetz 1972
BGB	Bürgerliches Gesetzbuch
BGBl.	Bundesgesetzblatt
BGH	Bundesgerichtshof
BGHZ	Entscheidungen des Bundesgerichtshofes in Zivilsachen
BKartA	Bundeskartellamt

Bl.	Blatt
BlfDIP	Blätter für deutsche und internationale Politik
BT-Drucksache	Bundestagsdrucksache
BVerfG	Bundesverfassungsgericht
BVerfGE	Bundesverfassungsgerichtsentscheidung
DB	Der Betrieb
ders.	derselbe
dies.	dieselben
DGB	Deutscher Gewerkschaftsbund
d. h.	das heißt
Diss. (jur.)	Dissertation (juris)
DJT	Deutscher Juristentag
Einl.	Einleitung
Empl.Rel.L.J.	Employee Relations Law Journal
EzA	Entscheidungssammlung zum Arbeitsrecht
f.	folgende
ff.	fortfolgende
FH	Frankfurter Hefte
Fn.	Fußnote
FS	Festschrift
GG	Grundgesetz für die Bundesrepublik Deutschland vom 23.05.1949 (BGBl. I S.1)
GK	Gemeinschaftskommentar
GK-BetrVG	Gemeinschaftskommentar zum Betriebsverfassungsgesetz
GK-KSchG	Gemeinschaftskommentar zum Kündigungsschutzgesetz
GMH	Gewerkschaftliche Monatshefte
Grund.	Grundlagen
GWB	Gesetz gegen Wettbewerbsbeschränkungen
Halbs.	Halbsatz
H.	Heft
HdSW	Handwörterbuch der Sozialwissenschaften
HRG	Hochschulrahmengesetz
Hrsg.	Herausgeber
IBS	Innovationsberatungsstelle
IG	Industriegewerkschaft
insb.	insbesondere
JA	Juristische Arbeitsblätter
JR	Juristische Rundschau
JurA	Juristische Analysen
JuS	Juristische Schulung

JZ	Juristen-Zeitung
KG	Kammergericht
KJ	Kritische Justiz
Komm.	Kommentar
KSchG	Kündigungsschutzgesetz
LAG	Landesarbeitsgericht
MitbestG	Mitbestimmungsgesetz 1976
MitbestGespr.	Mitbestimmungsgespräch
mit zust. Anm.	mit zustimmender Anmerkung
MTV	Manteltarifvertrag
MuSchG	Mutterschutzgesetz
NJW	Neue Juristische Wochenschrift
Nr.	Nummer
NZA	Neue Zeitschrift für Arbeits- und Sozialrecht
o. g.	oben genannt
RdA	Recht der Arbeit
RGBl.	Reichsgesetzblatt
Rn.	Randnummer
RTS-Vertrag	Tarifvertrag über die Einführung und Anwendung rechnergesteuerter Textsysteme
S.	Seite
SAE	Sammlung Arbeitsrechtlicher Entscheidungen
SchwbG	Schwerbehindertengesetz
sog.	sogenannt
SPD	Sozialdemokratische Partei Deutschlands
StabG	Stabilitätsgesetz
TVG	Tarifvertragsgesetz
u.	und
u. a.	und andere(n) / unter anderem
v.	vom
vgl.	vergleiche
Vorb.	Vorbemerkung
VVDStRL	Veröffentlichung der Vereinigung Deutscher Staatsrechtslehrer
WSI-Mitt.	WSI-Mitteilungen (Zeitschrift des Wirtschafts- und Sozialwissenschaftlichen Instituts des Deutschen Gewerkschaftsbundes)
WuW	Wirtschaft und Wettbewerb
ZAS	Zeitschrift für Arbeitsrecht und Sozialrecht
ZfA	Zeitschrift für Arbeitsrecht

ZHR	Zeitschrift für das gesamte Handelsrecht und Wirtschaftsrecht
ZIP	Zeitschrift für Wirtschaftsrecht und Insolvenzpraxis
ZPO	Zivilprozeßordnung
ZRP	Zeitschrift für Rechtspolitik
ZTR	Zeitschrift für Tarifrecht

Einleitung

Die vorliegende Untersuchung greift erneut ein Thema auf, das früher im Mittelpunkt der arbeitsrechtlichen Diskussion in der Bundesrepublik stand. Angesprochen sind die Regelungsmöglichkeiten, die der Tarifvertrag bei dem Versuch bietet, die negativen Folgen neuer Technologien für die Arbeitnehmerinteressen effektiv aufzufangen.

Angesichts einer dank der Mikroelektronik durchgreifenden Rationalisierung von Produktion und Verwaltung sahen sich die deutschen Gewerkschaften bei veränderten ökonomischen Rahmenbedingungen ab Mitte der siebziger Jahre zu einer Neuorientierung ihrer Tarifpolitik veranlaßt. Die bis dahin vereinbarten Rationalisierungsschutzabkommen konnten den mit der 1974/75 einsetzenden Konjunktur- und Strukturkrise aufkommenden Problemen und den daraus resultierenden Anforderungen des Arbeitnehmerschutzes nicht mehr genügen. Die in diesen Tarifabkommen vorgesehenen personalpolitischen und finanziellen Ausgleichsmaßnahmen erwiesen sich bei rasch schrumpfenden Beschäftigungszahlen und damit verringerten Anpassungsspielräumen innerhalb der Betriebe als kaum wirksames Mittel gegen die Rationalisierungsfolgen. Auch nachdem die Mitbestimmungsforderungen der Gewerkschaften an die Adresse des Gesetzgebers durch die Novellierung des Betriebsverfassungsgesetzes 1972 und die Verabschiedung des Mitbestimmungsgesetzes 1976 nicht hinreichend berücksichtigt worden waren, wurden von ihnen – unter dem Stichwort «qualitative Tarifpolitik» – konzeptionelle Vorstellungen einer Strategie der präventiven Absicherung gefährdeter Arbeitnehmerinteressen entwickelt.[1] Nicht die Abmilderung negativer Folgen von Rationalisierungsentscheidungen, sondern eine allgemeine Arbeitsplatz-, Qualifikations- und Einkommenssicherung sowie die menschengerechte Gestaltung der Arbeitsbedingungen sollten danach primäres Ziel der Tarifpolitik im Bereich des Rationalisierungsschutzes sein. Der Tarifvertrag mußte deshalb unmittelbarer in die Produktionsbeziehungen eingreifen und dem unternehmerischen Entscheidungsspielraum Grenzen setzen. Diese erweiterte Gestaltungsaufgabe des Tarifvertrages wurde in die gewerkschaftliche Programmatik aufgenommen[2] und als tragendes Element eines umfassenden Mitbestimmungs-

---

1 Vgl. statt aller *Balduin*, GMH 1977, 345ff., insb. 350ff.

2 Sie wurde auf dem 11. ordentlichen Kongreß des Deutschen Gewerkschaftsbundes (DGB) von 1978 (DGB, Verknüpfung von Mitbestimmung und Tarifpolitik – gewerkschaftliche Forderungen und Beschlüsse) erstmals programmatisch aufgegriffen

konzeptes zur sozialen Gestaltung des technischen Wandels hervorgehoben.[3] Dabei wurde vereinzelt auch eine Ausdehnung des tarifpolitischen Themenspektrums auf die Mitgestaltung unternehmerischer Grundlageentscheidungen, etwa solcher über Standort der Investitionen, Produktpolitik und Produktionsumfang erwogen,[4] jedoch nicht zum Gegenstand programmatischer Entschließungen erhoben.

Die neu entwickelte Tarifkonzeption wurde auch in die Praxis umgesetzt. Konkrete Ansätze zur Mitgestaltung unternehmerischer Entscheidungen wurden in den siebziger und achtziger Jahren in einer Reihe von Industriezweigen, insbesondere in der Metall- und in der Druckindustrie erarbeitet, artikuliert und teilweise durchgesetzt.[5] Die erhobenen Tarifforderungen und ausgehandelten Vereinbarungen waren auf die Sicherung des sozialen Besitzstandes hinsichtlich Beschäftigung und Einkommen, auf die Regulierung der Arbeits- und Leistungsbedingungen sowie den Ausbau der Mitbestimmungsrechte des Betriebsrates bei der Einführung neuer Technologien und bei arbeitsorganisatorischen Veränderungen ausgerichtet. Unternehmerische Grundlageentscheidungen bildeten hingegen nicht den Gegenstand tariflicher Auseinandersetzungen und Absprachen.

Es waren vor allem diese tarifpolitischen Bemühungen der Gewerkschaften um einen erweiterten Rationalisierungsschutz, die ab Mitte der siebziger Jahre eine lebhafte Kontroverse um die Möglichkeiten und Grenzen der Tarifautonomie auslösten.[6] Im Mittelpunkt des Interesses stand nunmehr die Frage, ob und inwieweit der Tarifvertrag die unternehmerischen Entscheidungskompetenzen in Personal- und Sachfragen mitgestalten kann.[7] Nicht minder relevant war aber auch der Hinweis auf die durch tarifliche Bestandsschutzbestimmungen im Interesse bestimmter, besonders betroffener Arbeitnehmer bewirkte Beeinträchtigung der Beschäftigungschancen der anderen, nicht begünstigten Arbeitnehmer und der damit entfachte Streit über die Möglichkeit der Tarifvertragsparteien, den Wettbewerb am Arbeitsmarkt zu regulieren.[8] Anhand dieser Fragestellungen

---

und 1981 im Grundsatzprogramm des DGB verankert (*Leminsky/Otto*, Politik und Programmatik des DGB, 34ff.)

3 *Bleicher (Hrsg.)*, Technik für den Menschen, insb. 124ff.

4 Vgl. etwa *Janßen/Lang*, in: Arbeit 2000, 213f.

5 Vgl. bereits zu dieser Entwicklung *Weyand*, Die tarifvertragliche Mitbestimmung, 47ff. Zu den bisher verfolgten bzw. entwickelten Tarifkonzepten vgl. auch die Ausführungen unten im 1. Teil, Kapitel I Abschnitt 4, S. 33ff.

6 Vgl. die Literaturangaben sowie die Nachweise aus der Rechtsprechung unten im 2. Teil, Kapitel I, S. 99 Fn. 3.

7 Vgl. speziell zu diesem Fragenkomplex die Literaturangaben im 2. Teil, Kapitel I Abschnitt 2, S. 108 Fn. 26.

8 Vgl. zunächst die Nachweise unten im 2. Teil, Kapitel I Abschnitt 3, S. 112 Fn. 45 sowie den näheren Einblick in die Diskussionsansätze im Kapitel V, S. 315ff.

wurde zugleich eine die Deregulierung des Arbeitsmarktes fordernde Kritik an der Legitimationsfähigkeit tragender arbeitsrechtlicher Institute wie der Tarifvertrag und der Bestandsschutz von Arbeitsverhältnissen laut.[9] Schwerpunkt der Diskussion war zum einen die vielgestaltige Frage des Konkurrenzverhältnisses von staatlicher Gesetzgebung und Tarifautonomie,[10] zum anderen die Bindung tarifvertraglicher Regelungen an die Grundrechte des Arbeitgebers und Arbeitnehmers.[11]

Die Untersuchung knüpft an die geschilderte Tarifgeschichte und Kontroverse an und unternimmt den Versuch einer kritischen Würdigung der bislang entwikkelten Lösungsansätze und einer vertiefenden Bearbeitung sich hieraus kristallisierender Problemaspekte im Hinblick auf die Möglichkeiten und Grenzen der Tarifautonomie im Bereich des Rationalisierungsschutzes. Dieses speziell auf den industriellen Produktionssektor bezogene Anliegen der Untersuchung ist mehrfach begründet. Der – jenseits der traditionellen Regelungsbereiche – thematische Schwerpunkt der Tarifpolitik liegt freilich schon lange nicht mehr in der präventiven Absicherung vor den Rationalisierungsfolgen. Die Konzeption der sozialen Steuerung des technologischen Wandels und die dabei in Betracht kommenden tariflichen Regelungsmöglichkeiten kennzeichnen dennoch nicht nur eine besonders markante Phase in der historischen Entwicklung des Tarifvertragswesens, bieten daher einen vorzüglichen Ansatzpunkt für die Auseinandersetzung mit den faktischen und rechtlichen Schranken der Tarifautonomie.[12] Mit der Einführung und Verbreitung neuer Technologien[13] verbinden sich vielmehr beträchtliche Auswirkungen auf die Funktions- und Legitimationsfähigkeit des tarifautonomen Regelungsverfahrens, es stellen sich also Fragen, die eine fundamentale Bedeutung für das Tarif- und Arbeitsrecht besitzen. Technologisch gestützte Rationalisierungsstrategien der Unternehmerseite erschüttern durch die Veränderung bestehender Wirtschafts- und Belegschaftsstrukturen die Funda-

---

9 Näher dazu unten im 2. Teil, Kapitel V, S. 317ff.

10 Einleitend hierzu die Ausführungen unten im 2. Teil, Kapitel I Abschnitt 1, S. 101ff. u. Abschnitt 2, S. 104ff.

11 Einleitend hierzu die Ausführungen unten im 2. Teil, Kapitel I Abschnitt 3, S. 111ff.

12 Vgl. bereits in diesem Sinne die Untersuchungen von *Runggaldier*, Kollektivvertragliche Mitbestimmung und *Weyand*, a. a. O. (Fn. 5).

13 Mit der Hervorhebung der Mikroelektronik als dominierender Verursachungsfaktor der nachfolgend skizzierten Auswirkungen wird keinesfalls eine Monokausalität unterstellt. Neue Technologien verbinden sich – wie *Hindrichs/Mäulen/Scharf*, WSI-Mitt. 1988, 30 zutreffend bemerken – vielmehr mit anderen gravierenden Faktoren (Unternehmenskonzentration, Globalisierung wirtschaftlichen Handelns und verschärfte internationale Marktkonkurrenz, Dezentralisierung und Vernetzung der Unternehmensstrukturen, rechtliche und politische Rahmenbedingungen etc.) zu einem Ursachenkomplex bzw. treten selbst als Vermittlungsglied auf.

mente gewerkschaftlicher Verhandlungsmacht.[14] Sie ermöglichen auch die Entwertung tariflich erzielter Ergebnisse in den klassischen, zentralen Regelungsbereichen der Lohn- und Arbeitszeitpolitik.[15] Mit der Elektronisierung der Produktionsweise zeichnet sich zudem eine starke Tendenz zur Dezentralisierung und Individualisierung der Arbeitsbeziehungen ab.[16] Unter den Bedingungen einer sich vertiefenden Segmentation des Arbeitsmarktes und der damit einhergehenden Ausdifferenzierung individueller Interessenlagen wird die Repräsentationsfunktion der Koalitionen zunehmend in Frage gestellt; die Kritik am Flächentarifvertrag ist dafür symptomatisch. Die Untersuchung geht auf all diese Erkenntnisse und die damit verbundenen Fragestellungen ein. Sie lassen sich anhand der hier interessierenden Tarifinhalte am ehesten verdeutlichen und behandeln. Alles dreht sich um die Frage, ob und inwieweit die Tarifvertragsparteien imstande und berechtigt sind, den Ablauf von Rationalisierungsprozessen zu steuern und dabei insbesondere eine aktive Beschäftigungspolitik zu betreiben. Erörtert wird vornehmlich die damit zusammenhängende Problematik der Verlagerung tariflicher Regelungskompetenzen auf die Betriebsparteien, der Auflösung möglicher Kollisionen zwischen Tarifvertrag und Gesetz sowie des Ausgleichs konkurrierender Grundrechtspositionen der Arbeitnehmerschaft. Diese Problemaspekte beschäftigen – wenn auch anders gestaltet und akzentuiert – bezeichnenderweise die seit Beginn der neunziger Jahre geführte Kontroverse um die Notwendigkeit einer Deregulierung und Flexibilisierung der Arbeitsmarktordnung.[17] Die erneute Erörterung von Problemen, die die frühere Tarifdiskussion und -praxis geprägt haben, ist auch wegen dieses erkennbaren Bezugs zur aktuellen Debatte und gerade im Hinblick auf die noch bestehenden Defizite ihrer dogmatischen Bewältigung durch die bisherige Literatur und Rechtsprechung besonders angebracht. Die Untersuchung ist vom Bestreben geleitet, eine stringente dogmatische Verbindungslinie für die Behandlung von Problemen zu gewinnen, die Vergangenheit, Gegenwart und Zukunft der Tarifautonomie betreffen.

Unter diesen Gesichtspunkten ist die Arbeit in drei Hauptteile untergliedert und wie folgt inhaltlich aufgebaut:

---

14 Vgl. etwa *Plander*, DB Beil. Nr. 13/1987 zu H. 25, 1ff.; *Hindrichs/Mäulen/Scharf*, a. a. O. (Fn. 13), 28ff.; *dies.*, in: Muhr (Hrsg.), Streikrecht, Demokratie und Sozialstaat, 57ff. Diese Problematik wird unten im 2. Teil, Kapitel III Abschnitte 2.1.3 ff. u. 2.1.4 ff. sowie im 3. Teil, Kapitel II Abschnitt 1 näher erörtert.

15 Auf diesen Aspekt der Problematik geht die Untersuchung im 2. Teil, Kapitel III Abschnitt 2.2.4.2 sowie im 3. Teil, Kapitel II Abschnitt 3 ein.

16 Vgl. etwa *Müller-Jentsch*, in: ders. (Hrsg.), Zukunft der Gewerkschaften, 9ff., insb. 11ff. und *Bahnmüller/Bispinck*, in: Bispinck (Hrsg.), Tarifpolitik der Zukunft, 141ff.

17 Vgl. dazu die zahlreichen Nachweise bei *Zachert*, in: Otto Brenner Stiftung, Krise des Flächentarifvertrages ?, 35ff., Fn. 3 ff.

Der erste Teil vermittelt im Kapitel I zunächst einen näheren Überblick über den historischen Hintergrund der Untersuchung. In Anknüpfung an konkrete Tarifinhalte und unter Berücksichtigung der bisherigen Erfahrung wird dann nach der Eignung und den faktischen Verwendungsmöglichkeiten des Tarifvertrages zur Realisierung eines präventiven Rationalisierungsschutzes gefragt. Die hier vom Tarifvertrag angesprochenen Forderungsinhalte sind zwar funktional aufeinander bezogen, betreffen aber zwei grundverschiedene Arten von Entscheidungen im Unternehmen, die Sach- und Personalentscheidungen.[18] Erörtert wird dementsprechend im Kapitel II die tarifvertragliche Mitgestaltung unternehmerischer Sachentscheidungen. Hier geht es zum einen um die Realisierung alternativer Arbeitsgestaltung bei den Anwenderfirmen neuer Technologien, zum anderen um die Beeinflussung der Produkt- und allgemeinen Investitionspolitik des Unternehmens. Im Kapitel III wird anschließend die tarifvertragliche Mitgestaltung unternehmerischer Personalentscheidungen behandelt. Die realpolitischen Betrachtungen verweisen insgesamt auf eine Tarifkonzeption, die Elemente einer sachbezogenen und einer institutionellen – die Verstärkung und Erweiterung der Beteiligungsrechte des Betriebsrates betreffenden – Mitbestimmung kombiniert. Sie bildet den Gegenstand der juristischen Problematisierung.

Der zweite und umfangreichste Teil der Arbeit befaßt sich mit den einfachgesetzlichen und verfassungsrechtlichen Bewertungsgrundlagen tariflicher Rationalisierungsschutzpolitik. Im Kapitel I werden die Ansatzpunkte und Prämissen der juristischen Problematisierung dargelegt. Im Kapitel II wird die Regelbarkeit präventiver Rationalisierungsschutzpolitik nach dem Tarifvertragsgesetz erörtert, wobei der weitere Einstieg in die Kontroverse um die Zulässigkeit einer solchen Tarifpolitik erfolgt und die Würdigung bestimmter Interpretationsansätze zur Eingrenzung der tariflichen Regelungskompetenz vorgenommen wird. Im Kapitel III wird das Konkurrenzverhältnis von staatlicher Gesetzgebung und Tarifautonomie im Bereich des Rationalisierungsschutzes abgehandelt. Nach konkreter Verortung dieses Verhältnisses und eingehender Bewertung der einschlägigen Diskussion konzentrieren sich die Ausführungen auf Art. 9 Abs. 3 GG: Sie sind darauf ausgerichtet, die Implikationen neuer Technologien für die grundrechtliche Garantie der Tarifautonomie aufzuzeigen und vor diesem Hintergrund Erkenntnisse über die verfassungsrechtlich legitime wie gebotene Reichweite der tariflichen Regelung zu gewinnen. Im Kapitel IV geht die Untersuchung auf die Frage ein, ob und inwieweit von Art. 9 Abs. 3 GG gedeckte Regelungsinhalte einer präventiv angelegten Tarifpolitik im Bereich des Rationalisierungsschutzes mit den Grundrechten des Arbeitgebers auf Eigentum (Art. 14 Abs. 1 GG), Berufsfreiheit (Art. 12 Abs. 1 GG) und Gleichbehandlung (Art. 3 Abs. 1 GG) ver-

18 Zu dieser Unterscheidung vgl. bereits *Weyand*, a. a. O. (Fn. 5), 17, 162, 180f.

einbar sind. Im Kapitel V erfolgt abschließend die grundrechtliche Bewertung tariflicher Rationalisierungsschutzpolitik unter dem Gesichtspunkt des Arbeitnehmerinteresses. In den Mittelpunkt der Betrachtungen rückt die Berufs- und Arbeitsplatzwahlfreiheit des Arbeitnehmers aus Art. 12 Abs. 1 GG und das Problem der sachgerechten Interessenabwägung im Hinblick auf das beschäftigungspolitische Konkurrenzverhältnis der Arbeitnehmer untereinander.

Im dritten Teil der Arbeit werden schließlich mit Blick auf die veränderte Situation in den 90er Jahren, insbesondere die neue Qualität der unternehmerischen Rationalisierungs- und Reorganisationsbestrebungen (Kapitel I) und die daraus in verschärfter Form resultierenden Gefahren für die Funktions- und Legitimationsfähigkeit der Tarifautonomie die hierzu in Anbetracht der früheren Entwicklung gewonnenen Erkenntnisse weitergedacht und Konsequenzen für die heutige Reflexion über Struktur und Tragweite des Regelungsinstruments Tarifvertrag gezogen (Kapitel II und III).

Erster Teil

Die Tarifkonzeption eines präventiven Rationalisierungsschutzes: Rückblick und realpolitische Tragweite

I. Historischer Überblick

1. Neue Technologien und Arbeitnehmerinteressen

Die besonders negativen Konsequenzen unternehmerischer Rationalisierung für die Arbeitnehmerinteressen in der Bundesrepublik Deutschland ab Mitte der 70er Jahre waren auf zwei in dieser Zeit zusammentreffende Faktoren zurückzuführen: die veränderten sozioökonomischen Rahmenbedingungen und die Neudimensionierung des Rationalisierungspotentials durch die Mikroelektronik.

Vor dem Hintergrund stagnierender wirtschaftlicher Wachstumsraten und einer sich verschärfenden Marktkonkurrenz eröffnete die Mikroprozessorentechnologie den Unternehmen eine qualitativ erweiterte Möglichkeit zur effektiven Ausgestaltung ihres Produktionsprozesses.[1] Die neue Qualität bestand zum einen darin, daß Automation und Flexibilität im Produktionsprozeß zu kompatiblen Zielgrößen unternehmerischer Rationalisierungsplanung wurden; der Zugriffshorizont technischer Systeme konnte sich damit enorm verbreiten. Entscheidend war aber auch der Umstand, daß die Rationalisierung nicht mehr auf die Gestaltung einzelner Größen des unmittelbaren Produktionsprozesses beschränkt bleiben mußte. Sie konnte vielmehr in immer zunehmendem Maße die der Fertigung vor- und nachgelagerten Arbeitsbereiche im Unternehmen erfassen und miteinander abstimmen, also die konsequente Integration des gesamtbetrieblichen Geschehens leisten.[2] Die insbesondere ab Beginn der 80er Jahre forcierten Rationalisierungsstrategien der Unternehmen waren auf eine flexible Automation und bereichsübergreifende Organisation ausgerichtet.

Der massive Abbau von Arbeitsplätzen mit der Folge von Arbeitslosigkeit war die erste negative, sozialpolitisch gravierendste Begleiterscheinung dieser

---

1 Vgl. etwa im einzelnen *Kern/Schumann*, Das Ende der Arbeitsteilung ?, 15f., 44ff. (Automobilindustrie), 142ff. (Werkzeugmaschinenbau), 244ff. (Chemische Industrie) ; *Benz-Overhage u. a.*, Neue Technologien und alternative Arbeitsgestaltung, insb. 38ff., 98ff. (Elektrotechnische Industrie); *Pollen/Skrotzki/Wassermann*, WSI-Mitt. 1983, 101ff. (Textilindustrie); *Bispinck*, WSI-Mitt. 1983, 88ff., insb. 94ff. (Montage)

2 Zu dem sich damit abzeichnenden neuen Ansatz einer «systemischen Rationalisierung» *Altmann/Deiß/Döhl/Sauer*, in: Soziale Welt 2-3/1986, 191ff.

Rationalisierungsentwicklung.[3] Die spektakulären Vorgänge in der Uhrenindustrie und bei der Herstellung von Registrierkassen, wo binnen weniger Jahre nahezu die Hälfte der Arbeitsplätze verloren gegangen war,[4] lieferten ein signifikantes, wenn auch nicht typisches Beispiel dafür. Der Zusammenhang von neuen Technologien und Arbeitslosigkeit ließ sich jedoch damit nicht grundsätzlich bezweifeln.[5] Bereits ein guter Teil der seit 1975 anhaltenden Arbeitslosigkeit wurde auf die strukturellen Probleme zurückgeführt, die sich aus der Rationalisierung mit Hilfe der Mikroelektronik ergeben hatten.[6] Auch die Prognosen über die weitere Beschäftigungsentwicklung fielen überwiegend negativ aus. Es wurde mit noch weiteren Nettoverlusten an Arbeitsplätzen gerechnet, wenn erst die gegebenen Rationalisierungsmöglichkeiten voll ausgeschöpft würden. Die damit verbundenen Freisetzungseffekte könnten – so die einleuchtende Abschätzung – in Anbetracht der fehlenden ökonomischen Wachstumsmöglichkeiten nicht anderweitig kompensiert werden.[7]

Computertechnologien bauten in erster Linie unqualifizierte und repetitive Tätigkeiten ab. Erwartet wurde aber ebenso die massenhafte Dequalifikation der Facharbeiter und ein damit einhergehender Polarisierungsprozeß in der Qualifikationsstruktur, nämlich das Entstehen einer kleinen Minderheit höherqualifizierter und einer großen Mehrheit minder oder ganz unqualifizierter (Jedermanns-)Tätigkeiten,[8] verbunden mit der Gefahr der Herabgruppierung für weite

---

3 Vgl. dazu bereits den «Club of Rome»-Bericht über Chancen und Gefahren der Mikroelektronik, in: *Der Spiegel* 6/1982, 144f. und passim; aber auch die Abschätzung der Beschäftigungsentwicklung in so zentralen Bereichen wie diese der Automobilindustrie und des Werkzeugmaschinenbaus bei *Kern/Schumann*, a. a. O. (Fn. 1), 67ff., 176ff.

4 Zur Entwicklung in der Uhrenindustrie vgl. etwa den Bericht *Mayers*, in: Technologie-Tagung der IG-Metall 1977, 31ff. Auch in der Druckindustrie machte sich der Übergang zum elektronisch gesteuerten Lichtsatzverfahren in einem rapiden Arbeitsplatzabbau – 36.000 Arbeitsplätze seit Anfang der 70er Jahre – bemerkbar, vgl. *Gerlach*, WSI-Mitt. 1979, 222.

5 Vgl. dazu *Kalmbach*, GMH 1978, 455ff.

6 So bereits die Einschätzung des «Club of Rome»-Berichtes, in: *Der Spiegel* 5/1982, 127, sowie bei *Kern/Schumann*, a. a. O. (Fn. 1), 17.

7 Vgl. *Kern/Schumann*, ebda; aber auch den «Club of Rome»-Bericht, in: *Der Spiegel* 5/1982, 128f., 142. Der Grundtenor der diese Prognosen stützenden Argumentation lautete: Weder der ebenfalls rationalisierungsbetroffene «tertiäre» Sektor noch die durch Beschäftigungsstagnation oder sogar –rückgang gekennzeichneten Sektoren der Produktinnovation würden in der Lage sein, die durch die Anwendung neuer Technologien in der industriellen Produktion vernichteten Arbeitsplätze zu kompensieren.

8 Vgl. *Benz-Overhage u. a.*, a. a. O. (Fn. 1), 568ff.

Teile der Belegschaften.[9] Die ersten Erfahrungen mit der fachlichen Abwertung von Berufen vornehmlich in der Druck- (klassisches Beispiel: das Aussterben des traditionellen Facharbeiterberufs des Schriftsetzers) und Elektroindustrie[10] schienen die Verallgemeinerungsfähigkeit dieser überaus negativen Einschätzung der Qualifikationswirkungen neuer Technologien abzustützen. Dem widersprachen allerdings neuere industriesoziologische Erkenntnisse, wonach der Einsatz von Computertechnologien eher zu einer Requalifizierung und Reprofessionalisierung der Industriearbeit führen würde.[11] Die Rede war von den «neuen Produktionskonzepten», die in den industriellen Kernsektoren gegenüber dem immer dominanten tayloristisch-fordistischen Rationalisierungsansatz[12] zunehmend an Boden gewannen.[13] Sie waren nicht gerade auf die Restriktion, sondern die ganzheitliche Nutzung menschlichen Arbeitsvermögens ausgerichtet. Bei aller Kontroverse um die realpolitische Tragweite dieser neuen Produktionskonzepte[14] bestand dennoch Einigkeit darüber, daß sie mit ambivalenten Wirkungen für die Arbeitnehmerinteressen verknüpft waren. Das betraf sowohl die Beschäftigungs- und Qualifikationssfrage, als auch das Problem der Leistungsbedingungen bei der Arbeit.[15]

In den Einsatzbereichen von Computertechnologien wurde ferner zwar eine Abnahme der körperlichen, zugleich aber eine Zunahme psycho-mentaler Belastungen festgestellt. Sie war auf Monotonie, erhöhte Taktbindung, soziale Isola-

---

9 Zur Bedrohung des materiellen Besitzstandes durch die Einführung neuer Technologien vgl. *Kern/Schauer*, GMH 1978, 276f.

10 Vgl. dazu den «Club of Rome»-Bericht, in: *Der Spiegel* 6/1982, 144f.

11 Vgl. *Kern/Schumann*, Mitteilungen (Soziologisches Forschungsinstitut Göttingen) 2/1984, 4ff. und eingehend *dies.*, a. a. O. (Fn. 1), 79ff., 164ff., 255ff.

12 Dequalifikationsprozesse in der industriellen Produktion waren das Ergebnis der Fortführung dieses Ansatzes in die Auslegung und Gestaltung von Computertechnologien. Ablauf und Formen der technischen Entwicklung lassen sich aber angesichts der Vielfalt betrieblicher Handlungskonstellationen mit Konzept und Folgen des Taylorismus nicht zwingend verknüpfen. Zu Recht führte *Helfert*, Gewerkschaften und technische Entwicklung, 32 aus: «Ein wesentliches Ergebnis der theoretischen und empirischen industriesoziologischen Forschung der letzten Jahre ist..., daß die Annahmen sowohl einer eindeutigen Entwicklungslogik des technischen Fortschritts als auch seiner vermeintlich gleichermaßen „linearen" gesellschaftlichen Auswirkungen nicht zu halten sind.»

13 Vgl. zuletzt *Schumann/Baethge-Kinsky/Kurz/Neumann*, GMH 1990, 417ff.

14 Vgl. kritisch zu der in Fn. 1 zitierten Kern/Schumann-Studie *Leisewitz*, in: Jahrbuch des IMSF 8/1985, 300ff.; *Düll*, WSI-Mitt. 1985, 141ff.; *Schmidt*, WSI-Mitt. 1985, 146ff.; demgegenüber *Kern/Schumann*, WSI-Mitt. 1985, 356ff.; *Schumann/Wittemann*, in: Arbeit 2000, 32ff., insb. 37ff.; zusammenfassend *Helfert*, WSI-Mitt. 1985, 136ff.

15 Vgl. etwa *Benz-Overhage*, BlfDIP 1984, 1212f.; *Kern/Schumann*, a. a. O. (Fn. 1), 323f.; *Schumann/Wittemann*, a. a. O. (Fn. 14), 46ff.

tion, Über- wie Unterforderung und wachsende elektronische Kontrolle zurückzuführen.[16] Diese Belastungsmomente variierten freilich erheblich nach Arbeitstyp bzw. arbeitsteiligen Einsatzbedingungen. So waren die entstandenen Jedermannstätigkeiten in der Elektro- und Autoindustrie durch merklich gestiegene Monotonie und ungleich engere Taktbindung extremen Belastungssituationen unterworfen.[17] Und die in den industriellen Kernsektoren entsprungenen Angelerntentätigkeiten wiesen, dem betrieblichen Leistungszugriff weitgehend ausgesetzt, ein diskrepantes Anforderungsprofil auf, was längerfristig die Substanz der Arbeitskraft treffen konnte. Es wurde «als generelle körperliche und geistige Unterforderung bei störungsfreiem Prozeßablauf und als Überforderung von Wahrnehmungsfähigkeiten und intellektuell-reaktivem Arbeitsvermögen in Stör- und Ausnahmesituationen» umschrieben.[18] Auch die qualifiziertere Arbeit im Rahmen der neuen Produktionskonzepte war mit hohen Streßbelastungen verbunden, stark verdichtet, und barg, soweit sie auf extremen Funktionsausweitungen fußte, die Gefahr einer Arbeitsintensivierung in sich. Dies vor allem dann, wenn sie an Formen der Leistungsentlohnung gebunden war.[19]

Kennzeichnend für die sozialen Folgen neuer Technologien waren aber auch die ungleiche Verteilung der Rationalisierungsrisiken wie –chancen innerhalb der Arbeitnehmerschaft und die sich damit vielfach vertiefende Segmentierung des Arbeitsmarktes.[20] Mit der ungünstigen ökonomischen Entwicklung ab Mitte der 70er Jahre hatten sich die beschäftigungspolitischen Anpassungsspielräume insgesamt verengt. Der Unterschied zwischen Groß- und Kleinunternehmen, zwischen industriellen Kernsektoren und Krisenbranchen sowie zwischen strukturstarken und strukturschwachen Regionen ließ sich aber dabei um so weniger übersehen. Die Rationalisierung verlangte den Arbeitnehmern weniger Opfer dort ab, wo die Unternehmensplanung längerfristig angelegt war, wo ökonomische Stärke, mehr Arbeitsplätze und eine von der öffentlichen Hand bereitgestellte Infrastruktur zur Verfügung standen. Es waren aber nicht nur die unmittelbaren Rationalisierungsfolgen, woran sich die prekäre Arbeitnehmersituation in Kleinbetrieben, Krisenbranchen und strukturschwachen Regionen bemerkbar machte. Bedeutend war für die Rationalisierungsdiskussion auch der Umstand, daß von

---

16 Vgl. etwa *Benz-Overhage u. a.*, a. a. O. (Fn. 1), 569ff.; *Mickler u. a.*, Industrieroboter, 269f., 276f.; *Schneider*, WSI-Mitt. 1983, 73, 75; *Bispinck*, a. a. O. (Fn. 1), 100; *Pollen/Skrotzki/Wassermann*, a. a. O. (Fn. 1), 104, 107f.; aber auch die lebhafte Darstellung in: *Der Spiegel* 36/1982, 74ff., insb. 77f., 83f.

17 Vgl. *Benz-Overhage u. a.*, ebda; *Kern/Schumann*, a. a. O. (Fn. 1), 76.

18 *Benz-Overhage u. a.*, a. a. O. (Fn. 1), 576.

19 Vgl. etwa *Kern/Schumann*, a. a. O. (Fn. 1), 99, 256f. ; *Benz-Overhage*, a. a. O. (Fn. 15), 1212f.

20 Zu dieser Erkenntnis vgl. etwa *Kern/Schumann*, a. a. O. (Fn. 1), 22f.

der vom Staat einseitig geförderten Modernisierungspolitik von Großunternehmen negative Wirkungen auf die Beschäftigungssituation der mit ihnen kooperierenden oder konkurrierenden kleineren Unternehmen ausgingen.[21] Der Rationalisierungserfolg von Großunternehmen, vor allem in der industriellen Kernproduktion, konnte auch den eigenen Arbeitnehmern zugute kommen. Er entpuppte sich jedoch als Umwälzungsstrategie sozialer Rationalisierungslasten auf die Arbeitnehmer anderer, kapazitätsabhängiger bzw. konkurrenzschwächerer Unternehmen. Zudem: Die Verbreitung neuer Technologien führte nicht dazu, daß die Nachteile der strukturgefährdeten Regionen beseitigt wurden. Im Gegenteil, die positiven Beschäftigungseffekte von Produktinnovationen kamen allein den starken Regionen zugute, während sich die arbeitsplatzvernichtenden Prozeßinnovationen auf die «verlängerten Werkbänke» in den schwachen Regionen konzentrierten.[22] Gravierend waren schließlich die Auswirkungen neuer Technologien auf die personelle Struktur des Arbeitsmarktes. Hierzu war festzustellen, daß die mit der Rationalisierung verbundenen Beschäftigungsrisiken in erster Linie Arbeitnehmer ohne Berufsausbildung und mit geringer Betriebszugehörigkeit belasteten.[23] Das Vorzugsinteresse der Betriebe galt den polyvalente Qualifikationen besitzenden, flexibel einsetzbaren, erfahrenen und somit besonders leistungsfähigen Arbeitskräften. Der Realitätsgehalt dieser Erkenntnis wurde genau getroffen oder doch teilweise relativiert durch den Befund, daß die unternehmerische Personalpolitik in deutlicher Abhängigkeit von askriptiven Merkmalen bestimmte Arbeitnehmergruppen diskriminierte. Vor allem ältere Arbeitnehmer und Frauen[24] mußten sich im Zuge technischer Rationalisierungsmaßnahmen nicht nur mit

21 Vgl. dazu bereits *Böhle/Lutz*, Rationalisierungsschutzabkommen, 7; auch *Kern/Schumann*, a. a. O. (Fn. 1), 25, 314. Um es bei zwei Beispielen zu belassen: Die mit der Automation einhergehende höhere Fertigungstiefe im Innern der Automobilunternehmen führte zu Kapazitätsverlusten und Arbeitsplatzabbau bei den Zulieferbetrieben. Ferner verursachte die Einführung rechnergesteuerter Textsysteme in den Großverlagen der Druckindustrie erhebliche Kapazitäts- und Arbeitsplatzverluste in ihren Vertragsdruckereien.

22 Vgl. *Welsch*, in: Bleicher (Hrsg.), Technik für den Menschen, 188.

23 Vgl. etwa *Kern/Schumann*, a. a. O. (Fn. 1), 311f. mit Hinweisen auf vorliegende Spezialerhebungen. Ein deutlich sinkendes Angebot an Arbeitsplätzen für un- und angelernte Arbeitskräfte hatte auch die Untersuchung vom *Prognos-Institut u. a.*, Technischer Fortschritt, 153, 156 prognostiziert.

24 Beide gehören zu den sog. «Problemgruppen» des Arbeitsmarktes. Ihre soziale Situation zeichnet sich aus durch die sich besonders verschlechternde bzw. kaum vorhandene Chance, ihre Arbeitskraft erfolgreich zu vermarkten. Sie läßt sich ohne Rekurs auf traditionelle Wertmuster und Rollenzuschreibungen und ohne die Einbeziehung politisch-ökonomischer Faktoren nicht befriedigend erklären, vgl. statt aller *Offe/Hinrichs*, in: Offe (Hrsg.), Arbeitsgesellschaft, 70ff.; aber auch *Dohse/Jürgens/Russig*, in: Dohse u. a. (Hrsg.), Ältere Arbeitnehmer, 10ff., insb. 18ff.

einer deutlichen Verschlechterung ihrer Berufs- und Arbeitssituation abfinden. Sie sahen sich vielmehr in besonderem Maße der Gefahr ausgesetzt, arbeitslos zu werden und es auch zu bleiben. Da sie für einen Arbeitseinsatz entlang der neuen Produktionskonzepte kaum brauchbar waren, wurde sogar ihre «Ausfilterung» aus der industriellen Kernproduktion prognostiziert.[25]

2. Die Konzeption eines präventiven Rationalisierungsschutzes – Ansatzpunkte

Mit den verschärften Konsequenzen neuer Technologien für die Arbeitnehmerinteressen ging eine Neuorientierung in der gewerkschaftlichen Einschätzung der Rationalisierung und des technischen Wandels einher. Die deutschen Gewerkschaften sahen sich ab Mitte der 70er Jahre zunehmend dazu veranlaßt, ihre bis dahin affirmative Haltung zur Rationalisierung aufzugeben und eine kritische, differenzierte Position zum Problem der neuen Technologien einzunehmen.[26] Die gewerkschaftliche Einsicht, daß man die technologische Eintwicklung nicht aufhalten konnte und durfte, bestand zwar ungebrochen weiter. Die Auslegung und Anwendung neuer Technologien wurde aber nicht mehr als ein ausschließlich den Rentabilitätserwägungen der Arbeitgeberseite verpflichteter Prozess angesehen, auf dessen Folgen man bestenfalls lindernd zu reagieren hätte. In den neuen Technologien wurde vielmehr ein variabler Faktor gesehen, der vorbeugend im Hinblick auf beschäftigungs- und humanisierungspolitische Zielvorstellungen gestaltet werden konnte. Die soziale Beherrschbarkeit der Technik oder, anders formuliert, die soziale Steuerung der Innovation rückte damit in den 80er Jahren in den Mittelpunkt programmatischer Entschließungen und konzeptioneller Ansätze der Gewerkschaften.[27] Sie bot die Alternative zu einer tradierten, auf nachträgliche Korrekturen unternehmerischer Entscheidungen beschränkten Rationalisierungsschutzpolitik, über die sich Arbeitnehmerinteressen nicht mehr wirksam vertreten ließen.

Mit einer derart präventiv angelegten Rationalisierungsschutzkonzeption wurden verschiedene Forderungsinhalte und Einwirkungsebenen angesprochen. Ansätze zur Neugestaltung der Entgeltpolitik und zur Verkürzung der Arbeitszeit

---

25 *Kern/Schumann*, a. a. O. (Fn. 1), 22.

26 Vgl. hierzu den historischen Überblick bei *Mayer/Ralfs*, Rationalisierung und Rationalisierungsschutz, 24ff.

27 Die gewandelte gewerkschaftliche Position zum Problem der neuen Technologien wurde auf der ersten «Technologiepolitischen Konferenz» des DGB im September 1985 umfassend wie eingehend dokumentiert, vgl. dazu die diversen Diskussionsbeiträge und –ergebnisse, veröffentlicht in: *Bleicher (Hrsg.)*, Technik für den Menschen.

wurden als wesentlicher Bestandteil dieser Konzeption aufgefaßt,[28] primär gemeint waren aber folgende Forderungskomplexe:

Notwendig war erstens die gezielte Beeinflussung unternehmerischer Sachentscheidungen zur Einführung und Anwendung neuer Technologien. Einzelwirtschaftliche Einflußgrößen, wie die Auswahl der Arbeitstechnologie und die Festlegung des Automatisierungs-, Vernetzungs- und Integrationsgrades des Produktionsprozesses, erwiesen sich dabei von zentraler Bedeutung für alternative Maßnahmen der Arbeitsgestaltung.[29] Sie definierten den Handlungsspielraum, der letztlich für eine Politik der Arbeitsplatz- und Qualifikationssicherung sowie der Regulation der Leistungs- und Belastungsanforderungen im Betrieb verblieb.

Vorhanden war ebenso die Einsicht, daß Arbeitnehmerinteressen schon im Entstehungs- und Herstellungsprozeß neuer Technologien berücksichtigt werden müßten.[30] Das Spektrum der alternativen Gestaltungsmöglichkeiten im Anwenderbetrieb würde in der Regel nur noch begrenzt bleiben, wenn nicht die Einflußnahme der Arbeitnehmerseite bereits dort ansetzte, wo wichtige Entscheidungen über die Richtung, die spezifische Auslegung und die Anwendungsmöglichkeiten der neuen Technologien fielen. Ohne gleichgewichtige Beeinflussung der staatlichen Forschungs- und Technologiepolitik, des Forschungs- und Entwicklungsprozesses in den Industrien, Großforschungseinrichtungen und Hochschulinstituten ließe sich der Anspruch nach sozialer Beherrschbarkeit der Technik weder breit noch effektiv durchsetzen. Die Notwendigkeit einer «arbeitsorientierten Strukturpolitik» ergab sich aber auch aus der Erkenntnis, daß technologische Arbeitslosigkeit und die damit einhergehende Segmentierung der Beschäftigungschancen nur im Rahmen einer Wirtschaftssteuerung drastisch abgebaut werden könnten, die vor allem auf Branchen- und regionaler Ebene ansetzen würde.[31] Zu ihren Ansatzpunkten zählte daher ebenso die Kapazitäts-, Technologie- und Wettbewerbsförderung kleinerer Unternehmen, die Schaffung von Ersatzarbeitsplätzen sowie die ausgewogene Regionalentwicklung neuer Technologien. Die Erarbeitung und Umsetzung beschäftigungswirksamer Investitionsprogramme wurde dabei in Erwägung gezogen.

Gefordert wurde schließlich die Mitgestaltung unternehmerischer Personalentscheidungen, also auch und vor allem die Ausrichtung alternativer Maßnahmen der Arbeitsgestaltung an Konzepten des Personaleinsatzes, welche allen betroffenen Arbeitnehmern, darunter auch älteren Arbeitnehmern und Frauen, die

---

28 Vgl. etwa *Janßen/Lang*, in: Arbeit 2000, 207ff., 211f.

29 Vgl. vornehmlich *Benz-Overhage u. a.*, a. a. O. (Fn. 1), 395ff., 550ff.

30 Vgl. etwa die Beiträge von *Köhler* und *Benz-Overhage* in: Bleicher (Hrsg.), Technik für den Menschen, 248ff., 282ff.

31 Vgl. dazu *Kuda*, GMH 1986, 586ff., sowie den abschließenden Bericht der Arbeitsgruppe 4 in: *Bleicher (Hrsg.)*, Technik für den Menschen, 192ff.

gleichen Beschäftigungschancen einräumten[32], sowie ihre Begleitung durch adäquate Bidlungsmaßnahmen, die den Arbeitnehmern zur Anpassung an die veränderten Produktionsbedingungen den Erwerb systematischer, breit angelegter und sozial-kommunikativer Qualifikationen ermöglichen würden.[33]

3. Der Tarifvertrag als alternatives Mitbestimmungsinstrument

Die oben skizzenhaft umrissenen Ansatzpunkte einer präventiven Rationalisierungsschutzpolitik erforderten ein umfassendes Mitbestimmungskonzept und eine Vielfalt von Mitbestimmungsinstrumenten auf allen in Betracht kommenden Einwirkungsebenen. Eines dieser Instrumente stellte der Tarifvertrag dar. Die Begrenztheit seiner Einwirkungsmöglichkeiten war freilich von vornherein klar: Tarifliche Regelungen konnten allein weder die Defizite staatlicher Politik wettmachen noch eine durchgreifende Demokratisierung der wirtschaftlichen Entscheidungsstrukturen erreichen.[34] Der Umstand, daß der Tarifvertrag im Mittelpunkt der Diskussion stand, die sich gegen Mitte der 70er Jahre um die Möglichkeiten eines verbesserten Arbeitnehmerschutzes entwickelte, hatte indes gute Gründe. Die Vorteile, die er mit sich brachte, waren insbesondere dann unverkennbar, wenn er als alternatives Regelungsinstrument zur institutionalisierten Mitbestimmung (BetrV- und MitbestG) präsentiert wurde.

Die Rationalisierungsproblematik im Industriebetrieb gab genug Anlaß dazu. Verlauf und Konsequenzen unternehmerischer Rationalisierungsmaßnahmen machten die Ineffektivität der gesetzlichen Mitbestimmungsregelung besonders deutlich. Betriebsräte und Arbeitnehmervertreter im Aufsichtsrat waren auf eine defensive, nachträgliche Randkorrekturen unternehmerischer Rationalisierung vornehmende Politik der Interessenwahrnehmung beschränkt. Eine Ursache dafür war sicherlich die unzureichende Berücksichtigung quantitativer und qualitativer Gesichtspunkte der Interessendurchsetzung durch das Betriebsverfassungs- und Mitbestimmungsgesetz.[35] Es waren aber vor allem die strikte Reglementierung des Mitbestimmungsverhaltens und damit verbunden eine Reihe von nicht zuletzt mit dem einzelwirtschaftlichen Ansatz der Mitbestimmungsregelung zusammenhängenden Faktoren, die zu einer solchen Beschränkung von Interessenpolitik auf der Betriebs- und Unternehmensebene führten. Der kompensatorische, sozialintegrative Charakter betrieblicher Rationalisierungsschutzpolitik bestätigte ge-

---

32 Vgl. exemplarisch dazu die Ausführungen von *Muster*, WSI-Mitt. 1987, 342ff.

33 Vgl. den Bericht der Arbeitgruppe 8 in: *Bleicher (Hrsg.)*, Technik für den Menschen, 305ff., insb. 308ff.

34 *Janßen/Lang*, a. a. O. (Fn. 28), 197f., 214.

35 Dazu *Hohmann-Dennhardt*, Entscheidungsstrukturen, insb. 113ff., 183ff.

rade die Befürchtungen um die durch das tradierte Gesellschaftsrecht abgesicherte strukturelle Dominanz des Unternehmensinteresses.[36] Die Einbindung der Arbeitnehmervertreter in kapitalorientierte Rationalisierungsstrategien brauchte zwar meist nicht «sanktioniert» zu werden, weil sie bereits durch die Mikroperspektive betrieblicher Mitbestimmungsträger[37] und den ohnehin begrenzten Konzessionsspielraum einer auf Wettbewerbsfähigkeit und einzelbetriebliche Rentabilität verpflichteten Unternehmenspolitik begünstigt wurde.[38] Sie lief aber damit auf die Akzeptanz unternehmerischen Rationalisierungskalküls, also auf die Aufgabe eines echten Interessenstandpunktes hinaus. Dies hatte vor allem zur Konsequenz, daß überbetriebliche, langfristige Arbeitnehmerinteressen zugunsten partikularistischer Rationalisierungskonzepte unberücksichtigt blieben[39] und dabei die Diskriminierung «schwacher» Arbeitnehmergruppen gegenüber der «starken» Stammbelegschaft adoptiert oder zumindest akzeptiert wurde.[40] Die kom-

---

36 Vgl. *Simitis*, AuR 1975, 323f.; *Weiss*, FS für Vetter, 304

37 Dazu bereits *Tegtmeier*, Wirkungen der Mitbestimmung, 92f.

38 Vgl. gerade die Betrachtungen von *Kern/Schumann*, a. a. O. (Fn. 1) 123ff., in bezug auf das Politikverständnis der Betriebsräte in der Automobilindustrie.

39 Vorhandene finanz- und personalpolitische Anpassungsspielräume in größeren Unternehmen erlaubten meist eine «andere» Regulierung der Rationalisierungsfolgen für die dort unmittelbar betroffenen Belegschaften. Im Vordergrund stand nicht das Problem des rationalisierungsbedingten Abbaus von Arbeitsplätzen im Unternehmen und die damit einhergehende Belastung des externen Arbeitsmarktes, sondern die verteilungspolitische Kompensation der für die bereits Arbeitenden entstehenden Nachteile. So sahen Betriebsvereinbarungen über die Einführung und Anwendung neuer Technologien die Garantie einer Weiterbeschäftigung in den technologieveränderten Arbeitsbereichen und die Zusicherung einer Umsetzungsmöglichkeit auf andere freie, gleichwertige, zumutbare oder vergleichbare Arbeitsplätze im Betrieb bzw. Unternehmen vor. Derartige Beschäftigungsgarantien liefen aber angesichts der begrenzten Anpassungsspielräume im Unternehmen und der Tatsache, daß innerbetriebliche Umsetzungen gemäß dem Abwicklungstempo technischer Rationalisierungsmaßnahmen sukzessiv über einen längeren Zeitraum erfolgten, Gefahr, durch Neueinstellungen faktisch unterlaufen zu werden. Von den Betriebsräten wurde deshalb die zeitlange Abschottung des innerbetrieblichen Arbeitsmarktes bzw. eine zeitlich flexible Einstellungspolitik angestrebt und häufig in Betriebsvereinbarungen als begleitende Maßnahme der dort vorgesehenen Beschäftigungsgarantien festgeschrieben. Der Arbeitgeber ging die Verpflichtung ein, «keine Neueinstellungen vorzunehmen, bevor die innerbetrieblichen Umsetzungsmöglichkeiten ausgeschöpft sind». Vertraglich bekundet wurde auch die Absicht, betrieblichen Bedürfnissen etwa «durch Anordnung von Überstunden, durch Personalleasing oder Arbeitsverträge» nachzukommen, um so Neueinstellungen mit Rücksicht auf die Interessen betroffener Betriebsangehöriger zu vermeiden.

40 Darüber berichteten etwa *Weltz/Schmidt*, in: Dohse u. a. (Hrsg.), Statussicherung, 84f., in Anknüpfung an einen Stil betrieblicher industrieller Beziehungen bei Rationalisierungsmaßnahmen, den sie als «kooperative Konfliktbewältigung» bezeichne-

munikationsfeindliche Struktur der gesellschaftsrechtlichen Normen[41] traf allerdings mit einer die Mitbestimmungspraxis kennzeichnenden Tendenz zur stillen Konfliktregulierung[42] zusammen. Indem dadurch das Verfahren der unternehmerischen Rationalisierungsplanung undurchsichtig wurde, wurden der Arbeitnehmerschaft Konfliktkonstellationen und mögliche Alternativen nicht zugänglich gemacht. Der Versuch einer erweiterten Rationalisierungsschutzpolitik wurde damit von vornherein beeinträchtigt.

Demgegenüber sahen einige im Tarifvertrag eine andere Perspektive von Interessenvertretung. Schon deshalb, weil er den unternehmerischen Entscheidungsprozeß direkt steuern konnte. Im Tarifvertrag ließen sich die Zielkomponente des unternehmerischen Entscheidungssystems betreffende Programme und Kriterien verankern.[43] Diese Möglichkeit unmittelbaren Eingriffs könnte zu einer anderen Qualität von Interessenwahrnehmung führen. Statt auf unternehmenspolitische Vorgaben zu reagieren, sähen sich die Gewerkschaften in der Lage, selbst das Gesetz des Handelns zu bestimmen.[44] Sie wären damit zugleich in stärkerem Maße aufgefordert, ihr programmatisches Selbstverständnis als Faktor übergreifender Verantwortung und Kontrolle[45] zu aktualisieren und zur realpolitischen Geltung zu bringen. Gerade weil die gewerkschaftliche Tarifpolitik nicht innerhalb des Konkurrenzverhältnisses zwischen den einzelnen Unternehmen operierte, versprach sie, den «stummen Zwang der Verhältnisse» zumindest teilweise zu überwinden und unternehmensegoistische Lösungen zugunsten überbetrieblicher, langfristiger Ziele zu verdrängen.[46] Auch die Form der kollektivvertraglichen Auseinandersetzung würde fördernd für den Versuch wirken, sozial-integrativen Strategien der Interessenwahrnehmung auszuweichen und sich auf die deutliche Bezeichnung sowie ungebrochene Artikulation von alternativen Standpunkten

---

ten, 71ff.; vgl. auch *Maase/Schultz-Wild*, Rationalisierung 2/1979, 44f. Die Selektivität zu Lasten bestimmter Arbeitnehmergruppen, vor allem Frauen und älterer Arbeitnehmer, machte sich auch und gerade an besonderen, «subtilen» Regelungsmechanismen bemerkbar. Der Abschluß von Aufhebungsverträgen mit bestimmten «unbrauchbaren» Arbeitskräften zählte ebenso dazu wie eine Strategie der Personalanpassung, die über das Angebot von Abfindungen ältere Arbeitnehmer zu einer «freiwilligen» Beendigung des Arbeitsverhältnisses veranlaßte.

41 Dazu *Simitis*, a. a. O. (Fn. 36), 324f.; *Weiss*, a. a. O. (Fn. 36), 303f.

42 Vgl. *Küller*, Perspektiven gewerkschaftlicher Mitbestimmungspolitik, 10.

43 Zu diesem mitbestimmungspolitischen Rollenverständnis des Tarifvertrages vgl. vor allem *Simitis*, a. a. O. (Fn. 36), 328f.; *ders.*, in: Krise und Reform I, 69f.

44 *Weiss*, a. a. O. (Fn. 36), 305.

45 Zu diesem gewerkschaftlichen Vorverständnis vgl. etwa *Leminsky*, GMH 1971, 194ff., 602ff.; *Hirsch*, Die öffentlichen Funktionen der Gewerkschaften, 43ff.

46 Dieser Aspekt wurde von *Simitis*, in: Krise und Reform I, 66 und *Kurz-Scherf*, WSI-Mitt. 1986, 193, besonders hervorgehoben.

einzustellen.[47] Die Gewerkschaften sähen sich ferner dazu genötigt, mit der Arbeitnehmerschaft in einen offenen Kommunikationsprozeß über in Betracht kommende Präferenzen alternativer Unternehmenspolitik und Strategien ihrer Artikulation und Durchsetzung einzutreten.[48] Dadurch könnte die Einsicht der Arbeitnehmer in die Notwendigkeit qualitativer Forderungsinhalte und solidarischen Handelns ermöglicht bzw. verstärkt[49], und nicht zuletzt damit die für die Erarbeitung menschengerechter Produktionskonzepte erforderliche Mobilisierung des «kollektiven Sachverstandes» der Arbeitnehmerschaft erreicht werden. Dies würde den Gewerkschaften eine stärkere Verhandlungsposition verschaffen. Der Tarifvertrag böte deshalb nicht bloß die Möglichkeit, auf den Streik als wirksames Durchsetzungsmittel von Arbeitnehmerinteressen zurückzugreifen, sondern vielmehr die Chance, adäquatere Bedingungen für das Einsetzen dieses Druckmittels zu schaffen. Er könnte sich schließlich als Mitbestimmungsinstrument über die Rechtsformabhängigkeit des MitbestG hinwegsetzen, also auch bei den Unternehmen ansetzen, die von der Unternehmensmitbestimmung nicht erfaßt waren.[50]

4. Die bisher verfolgten bzw. entwickelten Tarifkonzepte

Bereits die Tarifpolitik der 70er Jahre signalisierte den Versuch, diese abschätzbaren Vorteile des Tarifvertrages in Anspruch zu nehmen.[51] Die tarifliche Rationalisierungsschutzpolitik beschränkte sich nicht mehr darauf, den Kündigungsschutz für ältere Arbeitnehmer zu verbessern und eingetretene Arbeitsplatzverluste sowie verschlechterte Arbeits- und Leistungsbedingungen personalpolitisch oder zumindest finanziell zu kompensieren.[52] Der Tarifvertrag wurde vielmehr als das Instrument qualitativer Einwirkung und Veränderung angesehen. Er sollte von einem «ganzheitlichen Interessenverständnis» ausgehen und die Gefährdungsbereiche Beschäftigung, Einkommen, Qualifikation, Arbeitszeit und Lei-

---

47 Vgl. *Weiss*, a. a. O. (Fn. 36), 306; *Däubler*, Das Arbeitsrecht 1, 590.

48 *Weiss*, ebda, der sogar hinzufügte: «... eine Funktion, die eine im Binnenbereich der Gremien ablaufende Mitbestimmung nie wird erfüllen können.» Auch nach *Simitis*, in: Krise und Reform I, 72, würde eine derartige Handhabung des Tarifvertrages zur permanenten Kommunikation zwischen Gewerkschaften und Arbeitnehmerschaft zwingen.

49 Diesen Vorteil sah auch *Däubler*, a. a. O. (Fn. 47), 590.

50 Auf diesen Vorteil machte *Weiss*, a. a. O. (Fn. 36), 306 aufmerksam.

51 Vgl. dazu den historischen Überblick bei *Weyand*, Die tarifvertragliche Mitbestimmung, 47ff. und *Kempen/Zachert*, TVG, § 1 Rn. 236ff.

52 Zu dieser Tarifkonzeption der defensiven Besitzstandssicherung *Hildebrandt*, in: Dohse u. a. (Hrsg.), Statussicherung, 139ff.

stungsbedingungen möglichst umfassend, gleichwertig sowie im zeitlichen Zusammenhang regeln.[53] Ein erster Schritt zu dieser vor dem Hintergrund der Humanisierungsdiskussion entwickelten Konzeption «qualitativer Tarifpolitik» wurde mit dem Lohnrahmentarifvertrag II und dem Manteltarifvertrag der Metallindustrie Nordwürttemberg-Nordbaden vom 20.10.1973 gemacht.[54] Für den Inhalt dieser Tarifverträge waren die Festlegung bestimmter an den Arbeitgeber gerichteter Vorgaben bei der Gestaltung der Arbeitsorganisation und der Arbeitsinhalte sowie die Präzisierung und Erweiterung der Mitbestimmungsmöglichkeiten des Betriebsrates nach § 90 BetrVG kennzeichnend.[55] Mitbestimmungspolitisch relevant war auch der Manteltarifvertrag vom 18.12.1975 für die Zigarettenindustrie, der die Rationalisierungsmaßnahme selbst zum Anknüpfungspunkt erweiterter Rechte des Betriebsrates in Fragen der Personalpolitik machte.[56]

Die Konzeption qualitativer Tarifpolitik fand aber vor allem in später entwikkelten Strategien der vorbeugenden Absicherung vor den negativen Rationalisierungsfolgen des technologischen Wandels Ausdruck.[57] Im Rahmen dieser Strategien wurde in der Druck- und Verlagsindustrie mit dem «Tarifvertrag über Einführung und Anwendung rechnergesteuerter Textsysteme» (RTS-Tarifvertrag) vom 20.3.1978[58] versucht, steuernd auf die Personalpolitik und Arbeitsorganisation einzuwirken, um so vor allem einen wirksamen Beschäftigungsschutz für die dort gefährdeten Facharbeitergruppen zu erreichen.[59] Durch die in diesem Tarifvertrag (§ 2) vereinbarte qualitative Besetzungsregelung wurden für einen Zeitraum von acht Jahren nach Umstellung auf das elektronische Lichtsatzverfahren die dort im einzelnen aufgeführten Gestaltungs- und Korrekturarbeiten geeigneten Fachkräften der Druckindustrie, vornehmlich Schriftsetzern bei gleichzeitiger Verdienstsicherung (§ 11) und grundsätzlicher Wahrung der Arbeitsteilung zwi-

53 *Krack/Kutscher*, Lieber besser statt mehr ?, 195.

54 Beide abgedruckt in: RdA 1974, 177ff. Diese Initiative der Stuttgarter Bezirksleitung der IG-Metall setzte damals, wie *Schauer*, WSI-Mitt. 1999, 431, aus der Retrospektive feststellt, ein weithin beachtetes Zeichen für neue arbeitspolitische Ziele der gewerkschaftlichen Tarifpolitik, blieb aber ein singulärer Vorstoß.

55 Vgl. etwa die nähere Darstellung bei *Kempen/Zachert*, TVG, § 1 Rn. 254 und *Weyand*, a. a. O. (Fn. 51), 48f., 54 mit weiteren Nachweisen.

56 Vgl. dazu *Kohl*, WSI-Mitt. 1977, 237.

57 Vgl. dazu *Pornschlegel*, in: Technologie-Tagung der IG-Metall 1977, 103ff.; *ders.*, RdA 1978, 159ff.; *Balduin*, GMH 1977, 345ff.; *Gerlach*, WSI-Mitt. 1979, 221ff., insb. 223f.; sowie die *Berichte ausgewählter Industriegewerkschaften* in: GMH 1980, 251ff.

58 Abgedruckt in: RdA 1978, 116ff.

59 Vgl. dazu näher die *Projektgruppe Gewerkschaftsforschung*, Tarifpolitik 1978, 187ff., insb. 229ff.

schen Technik und Redaktion (§ 15) vorbehalten.[60] Mit den dequalifizierenden Folgewirkungen technischer Innovationen beschäftigte sich auch der Tarifvertrag zur Sicherung der Eingruppierung und zur Verdienstsicherung bei Abgruppierung für die Metallindustrie Nordwürttemberg/ Nordbaden vom 3.4.1978.[61] Vereinbart wurde hier ein umfassender Abgruppierungsschutz für den einzelnen Arbeitnehmer: Arbeiter konnten in Zukunft höchstens um zwei Gruppen, Angestellte um eine Gruppe abgruppiert werden (§ 4 4.3). Die IG-Metall hatte über diese ausgehandelte Schutzregelung hinaus das generelle Verbot individueller Abgruppierung und die kollektive Absicherung des Lohn- und Gehaltsgruppenniveaus des gesamten Betriebs verlangt.[62] Insbesondere mit der letzteren Forderung wurde in Form eines beschäftigungs- und lohnpolitischen Korrekturmechanismus ein mittelbarer Schutz der Arbeitsplätze und des erreichten Qualifikationsniveaus beabsichtigt.[63]

Stand in der zweiten Hälfte der 70er Jahre mit den vorerwähnten Absicherungskonzepten die Verteidigung des erreichten Besitzstandes im Vordergrund der tarifpolitischen Bemühungen der Gewerkschaften, so rückten in den 80er Jahren die arbeitsinhaltlichen Auswirkungen der auf breiter Front eingeführten neuen Technologien in den Mittelpunkt der Aufmerksamkeit. Im Zeichen der veränderten Haltung der Gewerkschaften zum Problem der Rationalisierung und des technischen Wandels wurde auch die Umsetzung des daraus resultierenden arbeitspolitischen Gestaltungsanspruchs in tarifpolitische Konzepte intensiv diskutiert

---

60 Qualitative (wie auch quantitative) Besetzungsvorschriften hatten eine zeitlich weit zurückreichende Tradition im Druckbereich und waren davor zuletzt im Manteltarifvertrag für die gewerblichen Arbeitnehmer der Druckindustrie, gültig ab 1. Januar 1974, für sämtliche Produktionsstufen (Druckformherstellung, Druck und Weiterverarbeitung) vereinbart worden. Die Arbeitgeberseite verpflichtete sich, alle dort anfallenden Facharbeiten nur von entsprechenden Fachkräften der Druckindustrie ausüben zu lassen und diese bei der Einführung neuer Techniken vorzugsweise zu beschäftigen, vgl. hierzu die Anhänge zum Manteltarifvertrag in der Fassung vom 1.3.1980, in: *WSI-Tarifarchiv*, Elemente qualitativer Tarifpolitik Nr. 4, S. 2ff. Zu den qualitativen und quantitativen Besetzungsregelungen als Steuerungsmittel der unternehmerischen Personalpolitik vgl. näher die Ausführungen unten im Kapitel III Abschnitt 1, S. 84ff.

61 Abgedruckt in: RdA 1978, 384ff.

62 Der einschlägige Tarifentwurf der IG-Metall ist wiedergegeben bei *Blomeyer*, ZfA 1980, 70ff.

63 Vgl. *Kern/Schauer*, GMH 1978, 484ff. Eine nähere Darstellung und Würdigung dieser Forderung erfolgt unten im Kapitel III Abschnitt 1, S. 162f. Beide Absicherungsforderungen enthielten zugleich grundlegende und neue Aspekte zur sozialen bzw. qualifikationsbezogenen Begründung der Löhne und Gehälter und signalisierten damit die Abkehr vom Verfahren der analytischen Arbeitsbewertung, *Kern/Schauer*, a. a. O., 482f.

und gefordert.[64] Die Gestaltung von Arbeit und Technik wurde zu einem zentralen Gegenstand der Tarifpolitik erklärt und dabei insbesondere die Notwendigkeit einer Einbindung und Erweiterung der Mitbestimmungsmöglichkeiten des Betriebsrates hervorgehoben.[65] Darüber hinaus wurde auch die Möglichkeit einer tarifvertraglichen Beeinflussung der Produktionsinhalte und anderer relevanter Investitionsentscheidungen der Unternehmen vereinzelt in Erwägung gezogen.[66] Tarifpolitische Initiativen gingen in diesem Zeitraum erneut von der IG-Metall und der IG Druck+ Papier aus.

So übermittelte die Bezirksleitung der IG-Metall Stuttgart im April 1982 den zuständigen Arbeitgeberverbänden ein in sich geschlossenes Gesamtkonzept zur Verbesserung der Arbeits- und Entlohnungbedingungen für die Arbeiter und Angestellten der Metallindustrie in Südwürttemberg/Hohenzollern und Südbaden. Mit diesem Tarifkonzept, das auf den praktischen Erfahrungen mit dem Lohnrahmentarifvertrag II aufbaute und die darin enthaltenen Bestimmungen weiter entwickelte, wurde zugleich versucht, die Veränderungen der Arbeitsorganisation und der Leistungsbedingungen, die sich damals im Zuge der beschleunigten Automatisierung der Produktionsabläufe herausbildeten, zu berücksichtigen.[67] Die neue Regelungsqualität machte sich bemerkbar vor allem an der umfassenden, nicht mehr nur einzelne Aspekte der Arbeitsbedingungen herausgreifenden Definition von Leitlinien zur menschengerechten Arbeitsgestaltung, an der Formulierung spezieller Anforderungen zur Mehrstellenarbeit, an der grundlegenden Umgestaltung der geltenden Entlohnungsgrundsätze sowie an der Erarbeitung eines abgestuften, nicht nur den Betriebsrat, sondern auch den einzelnen Arbeitnehmer aktiv einbeziehenden Umsetzungskonzepts der tariflichen Vorgaben.[68] Der Gewerkschaft gelang es aber nicht, die Arbeitgeberseite zu konkreten Verhandlungen über dieses Forderungspaket zu bewegen. Erst später, im Jahre 1988 kam es zum Abschluß des Lohn- und Gehaltsrahmentarifvertrages I für das Tarifgebiet Nordwürttemberg/Nordbaden, mit dem partielle Verbesserungen lediglich in den Fragen der Qualifizierung und Entgeltdifferenzierung erzielt werden konnten.[69]

---

64 Vgl. etwa das AFA-Diskussionspapier vom September 1985 über «Tarifpolitische Notwendigkeiten der sozialen Gestaltung des Wandels von Technik und Arbeitsorganisation», sowie den Bericht der Arbeitsgruppe 2 in: *Bleicher (Hrsg.)*, 124ff., insb. 127ff.

65 Vgl. *Janßen*, WSI-Mitt. 1982, 529ff., insb. 532f., 535f.; *IG-Metall*, Aktionsprogramm: Arbeit und Technik – «Der Mensch muß bleiben», 1984.

66 Vgl. *Janßen/Lang*, a. a. O. (Fn. 28), 213f.; *Lang/Walter*, in: Bleicher (Hrsg.), Technik für den Menschen, 115ff.; *Kurz-Scherf*, a. a. O. (Fn. 46), 199.

67 Vgl. dazu *Bispinck*, WSI-Mitt. 1982, 561ff.

68 *Bispinck*, a. a. O. (Fn. 67), 563, 565ff.

69 Vgl. dazu *Bispinck*, WSI-Mitt. 1988, 402ff., insb. 404ff.

Eine stärkere Einbindung der unternehmerischen Personal- und Leistungspolitik konnte hingegen mit dem zwischen der IG-Metall und der Baumaschinenfirma Josef Vögele AG abgeschlossenen Firmentarifvertrag vom 1.1.1983 erreicht werden. Mit diesem Tarifvertrag erfolgte eine wesentliche Annäherung an das einige Jahre zuvor von der Gewerkschaft entwickelte Absicherungskonzept gegen Dequalifikation und materielle Einbußen. In ihm konnte erstmals ein einheitliches Entgeltsystem für Arbeiter und Angestellte in der Metallindustrie vereinbart werden, das nicht anforderungs-, sondern qualifikationsbezogen angelegt war. Darüber hinaus wurde sowohl das individuelle als auch das generelle durchschnittliche Eingruppierungsniveau des Betriebes gesichert.[70] Exemplarisch für eine qualitativ neuartige Herangehensweise war nicht zuletzt der sog. Technik-Tarifvertrag bei der Volkswagen AG vom 23.2.1987,[71] in dem festgelegt wurde, daß bei der Einführung neuer und der Änderung bestehender Techniken und der Arbeitsorganisation die Grundsätze «menschengerechte Gestaltung der Arbeit, Sicherung und Erweiterung der Qualifikationen, keine Kündigung von betrofffenen Werksangehörigen» zu beachten waren (§ 4). Der Betriebsrat mußte so rechtzeitig informiert werden, daß er seine Vorstellungen noch in den unternehmerischen Planungsprozeß einbringen konnte (§ 5). Die Volkswagen AG übernahm außerdem die Verpflichtung, auf der Grundlage der betrieblichen Personalplanung mit dem Betriebsrat «bedarfsgerechte Qualifizierungsprogramme» rechtzeitig zu vereinbaren.

Die IG Druck+Papier zog allerdings die Konsequenzen aus den vielfach erkennbaren Regelungsdefiziten des RTS-Tarifvertrages und legte 1984 im Zusammenhang mit der damals von ihr erhobenen Forderung nach Verkürzung der Wochenarbeitszeit ein umfassendes tarifpolitisches Konzept zum Ausbau der Mitbestimmungsrechte der Betriebsräte bei der Einführung neuer Technologien und bei arbeitsorganisatorischen Veränderungen vor. Danach sollten gravierende Personalentscheidungen der Unternehmen, insbesondere die Erstellung von Stellenplänen für neue Maschinen und Anlagen, dem Zustimmungsrecht des Betriebsrates unterliegen.[72] Während sich dieses Konzept als nicht durchsetzungsfähig erwies, wurde später, im Jahr 1990 der Tarifvertrag zur Fortbidlung und Umschulung in der Druckindustrie abgeschlossen.[73] Er sah vor, daß Beschäftigte rechtzeitig auf Anforderungen vorbereitet werden sollten, die sich aus der laufenden oder künftigen technischen Entwicklung ergeben würden. Arbeitgeber und

70 Vgl. dazu näher *Bispinck*, WSI-Mitt. 1983, 149ff.

71 Abgedruckt in: NZA 1987, 481ff. und *WSI-Tarifarchiv*, Elemente qualitativer Tarifpolitik Nr. 6, 77ff.

72 Die Tarifforderungen sind wiedergegeben bei *Beuthien*, ZfA 1986, 131f.

73 Darüber berichten *Bahnmüller/Bispinck/Schmidt*, WSI-Mitt. 1991, 174 und *Kempen/Zachert*, TVG, § 1 Rn. 263.

Betriebsrat hätten einmal jährlich gemeinsam den Weiterbildungsbedarf zu ermitteln. In den Arbeitsbereichen, die von Rationalisierungsmaßnahmen betroffen wären, hätten alle Beschäftigten Anspruch auf Teilnahme an den vorgesehenen Fortbildungsmaßnahmen.[74]

Die soziale Gestaltung von Arbeit und Technik sollte nach gewerkschaftlicher Strategievorstellung einen Schwerpunkt auch für die Tarifpolitik der 90er Jahre bilden.[75] Insbesondere mit dem von der IG-Metall entwickelten Konzept «Tarifreform 2000» wurde erneut der gewerkschaftliche Gestaltungsanspruch für moderne Industriearbeit in seiner ganzen Breite demonstriert.[76] Das Konzept war darauf angelegt, die tarifliche Regelung der Arbeits- und Technikgestaltung eng mit den Regelungen zur Eingruppierung, zur Qualifikation und zu den Beteiligungsmöglichkeiten der Betriebsräte und Belegschaften zu verknüpfen, und zugleich von dem Anliegen geleitet, die ungleichzeitige technisch-organisatorische Entwicklung zu berücksichtigen. Durch die Formulierung von Gestaltungszielen, die Konkretisierung dieser Ziele durch die Festlegung von detaillierten Mindestanforderungen sowie durch die Erweiterung der Mitbestimmungsrechte des Betriebsrates sollte sowohl die Überwindung der – immer noch weit verbreiteten – tayloristischen Arbeitsorganisation als auch die aktive Beeinflussung der sich zusehends etablierenden neuen Produktions- und Arbeitseinsatzkonzepte vorangetrieben werden. Tariflichen Regelungen zur Gruppen- und Projektarbeit wurde dabei eine Schlüsselstellung zugesprochen.

Die Akzente in der Tarifpolitik wurden in den 90er Jahren jedoch letztlich anders gesetzt. Waren die in den 80er Jahren intensivierten Vorstöße zur sozialen Steuerung der Innovation durch die Auseinandersetzung um die Arbeitszeitverkürzung tarifpolitisch überschattet worden, so wurde das noch zu Beginn der 90er Jahre artikulierte Anliegen wegen anderer dringender Prioritäten bzw. zugunsten moderater sozialpolitischer Zielsetzungen von der tarifpolitischen Agenda abgesetzt, zumal sich die sozio-ökonomischen Umfeldbedingungen und die dazu gehörigen machtpolitischen Verhältnisse der letzten Jahre als recht ungün-

---

74 Zu den tarifpolitischen Regulierungsbemühungen der 80er Jahre im Bereich der beruflichen Qualifizierung und Weiterbildung vgl. den Gesamtüberblick bei *Bispinck*, WSI-Mitt. 1992, 329ff., insb. 333ff. und die Dokumentation tarifvertraglicher Bestimmungen in: WSI-Mitt. 1992, 396ff.

75 Vgl. *Zimmermann*, WSI-Mitt. 1991, 121ff., insb. 126f.; *Zwickel*, GMH 1992, 659ff., insb. 662f.

76 Vgl. dazu *Lang/Unterhinninghofen*, RdA 1992, 179ff.; *Huber/Lang*, WSI-Mitt. 1993, 789ff.

stig für die Erhebung und Umsetzung eines offensiven arbeitspolitischen Gestaltungsanspruches erwiesen.[77]

Die skizzierten tarifpolitischen Ansätze blieben sicherlich in ihrer Reichweite hinter den Forderungskomplexen eines präventiven Rationalisierungsschutzes, welche die vorliegende Untersuchung anvisiert, zurück. Sie dokumentieren immerhin die Möglichkeit einer tarifvertraglichen Einflußnahme auf unternehmerische Sach- und Personalentscheidungen. Mit Blick auf die besonderen Probleme, die durch den Einsatz neuer Technologien für die Arbeitnehmerseite entstanden, wurde der Tarifvertrag in erster Linie darauf gerichtet, verbindliche Schutzdaten mit ausgeprägter Wirkung auf die Entscheidungsfindung im Unternehmen festzulegen. Gerade dieser Ansatz externer Datensetzung[78], der bei technisch-organisatorischen Rationalisierungsmaßnahmen dem Tarifvertrag als Instrument problembezogener Mitbestimmung[79] eine erweiterte Regelungsperspektive gegenüber der institutionalisierten Mitbestimmung zuwies, soll nun anhand näher umrissener Forderungsinhalte zur alternativen Arbeitsgestaltung, zur arbeitsorientierten Strukturpolitik und zur Steuerung des Personalbedarfs systematisch wie eingehend erörtert werden. Die gesetzliche Mitbestimmungsregelung gerät jedoch damit nicht aus dem Blickfeld der Untersuchung. Die geschilderte Geschichte des Tarifvertrages im Bereich des Rationalisierungsschutzes bestätigt vielmehr, was im Verlauf der weiteren Betrachtungen konkret herauszustellen sein wird: die Notwendigkeit, auf den Betriebsrat und die Betriebsvereinbarung zurückzugreifen und dabei dem Tarifvertrag eine Verstärkung und Erweiterung der im Betriebsverfassungsgesetz vorgesehenen Mitbestimmungsmöglichkeiten anzuvertrauen.

77 Zur arbeitspolitischen Situation in den 90er Jahren näher unten im 3. Teil der Untersuchung Kapitel I, S. 383ff.

78 So die Bezeichnung bei *Hohmann-Dennhardt*, a. a. O. (Fn. 35), 190.

79 Für dieses Konzept plädierte ursprünglich *Simitis*, a. a. O. (Fn. 36), insb. 327ff. Seine rechtspolitischen Forderungen wurden später von *Däubler*, Das Arbeitsrecht, Reinbeck 1976, 317ff. und *Weiss*, a. a. O. (Fn. 36), 305ff., aufgegriffen und reflektiert.

II. Die Mitgestaltung unternehmerischer Sachentscheidungen

1. Der Tarifvertrag als Instrument alternativer Arbeitsgestaltung

1.1 Regelungsaspekte, -inhalte und -vorteile

Tarifpolitische Forderungen zur alternativen Arbeitsgestaltung sprechen vornehmlich zwei Regelungsaspekte der Arbeitsorganisation an: zum einen das Problem der Arbeitsinhalte und -anforderungen, zum anderen das Problem der Festlegung eines Leistungspensums, das die Arbeitskraft zu erbringen hat, sowie der Festschreibung jener Bedingungen, die den Grad ihrer Leistungsverausgabung mitbestimmen.

Der erste Regelungsaspekt war von größter Bedeutung für die Effektivität tariflicher Arbeitsgestaltungspolitik. Ob und inwieweit es gelingen würde, bei der Einführung neuer Technologien die Entwertung vorhandener Qualifikationen abzuwenden oder diese gar zu erweitern, hing von der Möglichkeit der Tarifpolitik ab, wirksame Regelungen über die Komplexität der Arbeitsaufgaben und die Qualität der Arbeitsanforderungen durchzusetzen. Die betriebliche Praxis und die industriesoziologische Forschung verwiesen bereits auf alternative Formen der Arbeitsgestaltung, welche unter technologieveränderten Produktionsbedingungen auf die Sicherung bzw. Erhöhung des Qualifikationsniveaus der betroffenen Arbeitskräfte hinausliefen. Generell kamen in Betracht «bereichsübergreifende Arbeitssysteme», die gerade dem spezifischen Charakter komplexer und integrierter Technologien Rechnung trugen und auf die Auflösung des tayloristischen Musters von Arbeitsteilung ausgerichtet waren. Arbeitsfunktionen, die auch bei zunehmender Automatisierung des Produktionsprozesses bestehen blieben (: Einrichten, Überwachen, Planen, Programmieren, Instandhalten, Prüfen), konnten danach in vielfältiger Weise kombiniert und zu neuen qualifikationserhaltenden oder -erweiternden Tätigkeitsstrukturen gebündelt werden.[1] Die Bildung von Gruppenarbeit mit dem einheitlichen Tätigkeitsbild «Anlagenführer» in der Automobilindustrie,[2] Werkstattprogrammierung und flexible Fertigungsinseln im

---

1 *Benz-Overhage u. a.*, Neue Technologien und alternative Arbeitsgestaltung, 589. Wichtiger Ansatzpunkt für solche Maßnahmen der Arbeitsgestaltung war die Flexibilität der neuen Technologien, zugleich aber die Erkenntnis, daß angesichts der Vernetzung und Integration betrieblicher Arbeitsbereiche durch moderne Rationalisierungsstrategien tradierte Humanisierungskonzepte, die nur auf der Ebene eines einzelnen Arbeitsplatzes oder von Teilbereichen des Produktionsprozesses ansetzten, zu kurz greifen würden.

2 Vgl. dazu *Muster*, WSI-Mitt. 1987, 337ff., insb. 342ff.

Maschinenbau,[3] sowie die Erarbeitung flexibler Rotationssysteme für die Satzherstellung der Druckindustrie[4] lieferten konkrete Ansatzpunkte. Sie demonstrierten die Möglichkeit einer Arbeitsorganisation, die sich nicht durch extreme Arbeitsteilung und Ausgliederung der dispositiven und intellektuellen Kompetenzen aus dem Produktionsprozeß auszeichnete.

Tarifpolitik sollte aber dabei Vorkehrungen derart treffen, daß es nicht zu einer einseitigen Verteilung und einer damit verbundenen Verzerrung der erwünschten Humanisierungseffekte käme. Sie sollte nämlich verhindern, daß qualifikationssichernde bzw. -erweiternde Maßnahmen der Arbeitsgestaltung auf nur wenige Arbeitskräfte erstreckt blieben. Gefragt war also eine arbeitsgestaltende Tarifpolitik, die die vorhandenen Spielräume für eine qualifizierte Weiterbeschäftigung aller betroffenen Arbeitnehmer explizit auszuschöpfen suchte.[5] Wichtige Voraussetzung für eine solche Interessenwahrnehmung war aber, daß sich der Tarifvertrag auch des anderen Regelungsaspektes der Arbeitsorganisation annehmen würde. Die Festlegung eines von den Arbeitskräften zu erbringenden Mengen- und Qualitätspensums und die Regulation der dabei anfallenden Belastungsanforderungen konterkarierten gerade eine Strategie der Arbeitsintensivierung, die Qualifikationserweiterungen für eine Ausweitung der Leistungs- und Belastungsanforderungen pro Arbeitskraft auszunutzen suchte. Solche Arbeitsintensivierung brachte nicht nur unzumutbare Belastungen für die davon unmittelbar betroffenen Arbeitnehmer mit sich. Sie drohte vielmehr erwünschte Qualifikations- und Beschäftigungseffekte für andere Arbeitskräfte zunichte zu machen.

Es waren daher nicht nur die strukturellen Komponenten der Arbeitsorganisation, sondern auch die sie umgebenden Leistungsbedingungen, die einer klaren Regelung im Tarifvertrag bedurften. Der Tarifvertrag hatte zum einen die Aufgabe, die angestrebten Arbeitsinhalte und -anforderungen präzise zu formulieren, um «Mißbrauchsgefahren» möglichst abzuwenden und damit eine tatsächliche Sicherung bzw. Erweiterung der Arbeitsqualifikationen zu erreichen.[6] Er sollte

---

3 Vgl. dazu *Benz-Overhage*, WSI-Mitt. 1983, 85f.

4 Vgl. dazu *Duhm/Mückenberger*, in: Dohse u. a. (Hrsg.), Statussicherung, 272ff.

5 Vgl. *Kern/Schumann*, Das Ende der Arbeitsteilung ?, 324.

6 «Werden den Gruppen oder Teams keine komplexen – multifunktionalen – Aufgaben übertragen, erfüllen sie faktisch nur die Funktion von "Flexibilitätspuffern", ohne daß damit nennenswerte Qualifikationsanreicherungen verbunden sind. Erfolgt mit der Gruppenarbeit keine Dezentralisierung von Planungs-, Entscheidungs- und Steuerungsprozessen, kann sie leicht zur "Gruppentechnologie" degenerieren, in der der Aufgabenwechsel nur minimale Qualifikationserhöhungen, letztlich aber Arbeitsintensivierung mit sich bringt.», *Benz-Overhage*, BlfDIP 1984, 1212. Die regelungstechnischen Möglichkeiten des Tarifvertrages waren allerdings dabei nicht auf eine Beschreibung der Arbeitsorganisation reduziert. Der Tarifvertrag könnte

aber ebenso klar definierte Vorgaben zur Leistungsabforderung und Belastungsregulation enthalten, nicht nur um Fehlbeanspruchungen der Arbeitskraft zu verhindern und Kooperation wie Kommunikation im Produktionsprozeß zu ermöglichen, sondern auch um die erhoffte positive Beschäftigungswirkung sicherzustellen.[7]

In Anknüpfung an die bereits umschriebenen Konsequenzen neuer Technologien,[8] die soeben angestellten Überlegungen zur alternativen Arbeitsgestaltung sowie an bisher in der Bundesrepublik entwickelte Regelungskonzepte lassen sich tarifliche Forderungsinhalte über die Arbeitsorganisation konkret vorstellen und beispielhaft anführen.

1. Regelungsaspekt: Arbeitsinhalte und -anforderungen

– Der Tarifvertrag hätte in der Automobilindustrie etwa die Verpflichtung der Arbeitgeberseite aufnehmen können, bei technischen Umstellungen arbeitsorganisatorische Maßnahmen zu planen und durchzuführen, welche auf die «Reprofessionalisierung» der Produktionsarbeit hinauslaufen würden.[9] Orientierungspunkt solcher Maßnahmen sollte das einheitliche Tätigkeitsbild «Anlagenführer» sein. Diesem Tätigkeitsbild lag eine offensive Gestaltungsvariante der Arbeitsorganisation zugrunde, die gerade der Aufspaltung und Verselbständigung von Extremfunktionen im Arbeitsprozeß zuwiderlief. Sie hätte nämlich die Entstehung repetitiver Restarbeiten, wie diese des Einlegers, und deren Abschottung von der Arbeitsposition des Instandhaltungsspezialisten und des Qualitätsfachmannes verhindert. Einlegeroperationen konnten vielmehr in Systeme kollektiver Anlagenbedienung integriert werden, innerhalb derer die betroffenen Arbeitskräfte – nach adäquaten Requalifizierungsmaßnahmen – auch andere, qualifikationserweiternde Tätigkeiten (Nacharbeit, Qualitätskontrolle, Programmieren und Überwachen der Anlage, Verrichtung von Instandhaltungsfunktionen etc.) übernehmen und untereinander wechseln würden.

– Der Tarifvertrag hätte auch im Maschinenbau eine Form der Technik- und Arbeitsorganisation vorschreiben können, die die drohende Dequalifizierung der dort vorherrschenden Facharbeit verhindern würde.[10] Anstatt daß die vielfältigen Arbeitsaufgaben des Facharbeiters auf die sog. Systemspezialisten in einer zentralen Datenverarbeitung praktisch übergingen, sollten auf «alternativen Fertigungsinseln» verschiedene Funktionen qualifizierter Maschinenfacharbeit (Werkzeugvoreinstellen, Einrichten, Programmieren, Maschinenbedienung und -überwachung, Instandhalten) zu komplexen abwechslungsreichen Tätigkeiten gebündelt werden. Bestandteil dieser Alternativkonzeption konnte die

---

nämlich die Implementation der in ihm festgelegten arbeitsorganisatorischen Planziele dadurch fördern, daß er auch entsprechende Plandaten über die einzuführende technische Ausrüstung, Hardware sowie die damit verbundene Systemplanung (Automatisierungs-, Vernetzungs- und Intergrationsgrad des Produktionsprozesses) enthalten würde.

7 Vgl. auch *Lehndorf*, Arbeitslosigkeit und Tarifpolitik, 140f.

8 Oben im Kapitel I Abschnitt 1, S. 23ff.

9 Vgl. erneut *Muster*, a. a. O. (Fn. 2).

10 Vgl. erneut *Benz-Overhage*, a. a. O. (Fn. 3).

Programmierbarkeit vor Ort sein.[11] Der Tarifvertrag sollte dann vorschreiben, daß Arbeitsprogramme von den Facharbeitern selbst an den einzelnen Maschinen zusammengestellt und geändert werden können.

– Der Tarifvertrag hätte nicht zuletzt im Medienbereich eine Arbeitsorganisation statuieren können, welche einen qualifizierten und abwechslungsreichen Einsatz der Arbeitskraft ermöglichte.[12] Statt so den Arbeitsablauf in der Satzherstellung in anspruchsvolle und minderwertige Arbeiten zu zergliedern, wäre es möglich gewesen, im Tarifvertrag einen ganzheitlichen Aufgabenzuschnitt für die betroffenen Arbeitnehmer festzuschreiben. Das rechnergesteuerte Textsystem sollte danach als ein einheitlicher Gesamtarbeitsplatz betrachtet werden, welcher, unterteilt in Stammarbeitsplätze, allen dort Beschäftigten die unterschiedlichen, zu verrichtenden Tätigkeiten (Texterfassung und -aufbereitung, Fertigungsplanung und -steuerung, Korrektur) zuweisen würde.

2. Regelungsaspekt: Leistungspensum und -bedingungen

Um der in arbeitsorganisatorischen Alternativkonzeptionen steckenden Gefahr der Arbeitsintensivierung und –überforderung präventiv entgegenzuwirken und damit zugleich positive Beschäftigungseffekte erzielen zu können, sollte der Tarifvertrag neben der Festlegung eines Mengen- und/bzw. Qualitätspensums, das der einzelne Arbeitnehmer oder eine Gruppe von Arbeitnehmern zu erbringen hätte, insbesondere folgende Vorgaben enthalten:

a. Die Zahl und Qualifikation der Beschäftigten, die zur Bedienung einer Anlage, eines Arbeitssystems oder zur Erfüllung einer bestimmten Arbeitsaufgabe notwendig waren (Besetzungsregelung).
b. Die Festlegung zwingender Rahmenbedingungen für die Verrichtung von Mehrstellenarbeit (Mehrstellenbegrenzung).
c. Die Festlegung von Soll- und Höchstbelastungen, um so vor allem ein ausgeglichenes Verhältnis von Qualifikationsanforderungen und Arbeitsbelastungen zu erreichen.
d. Die Festlegung von Handlungsspielräumen für die Arbeitsgruppen zur Erfüllung ihres Arbeitsauftrages (partielle Selbststeuerung).
e. Die Ausweitung der Taktzeiten oder die Festlegung von Mindesttaktzeiten.
f. Die Möglichkeit eines Springereinsatzes und die Einräumung von Erholungspausen.
g. Nicht zuletzt die Vereinbarung eines festen leistungsunabhängigen Entgelts, das für die Erbringung des festgelegten Arbeitspensums zu bezahlen wäre. Es würde die tradierten Formen der Leistungsentlohnung ersetzen, die die Gefahr der «Selbstausbeutung» durch Konkurrenz innerhalb der Arbeitsgruppen ständig in sich bergen

Die konkreten Vorteile, die der Tarifvertrag bei der Regelung der oben erwähnten Forderungsinhalte mit sich bringen würde, waren beträchtlich. Denn er ist – anders als die Betriebsvereinbarung – bei der Regelung der Arbeitsorganisation nicht an die starken Relativierungen des Mitbestimmungsrechts nach § 91

11 Zu den Voraussetzungen und Bedingungen für Werkstattprogrammierung vgl. *Hirsch-Kreinsen*, WSI-Mitt. 1985, 33ff. Vgl. aber zugleich die einleuchtenden Bedenken von *Lütgerin*, in: Elsner/Katterle (Hrsg.), Wirtschaftsstrukturen, 303f.

12 Vgl. erneut *Duhm/Mückenberger*, a. a. O. (Fn. 4)

BetrVG gebunden.[13] Zur Begründung der tariflichen Regelungskompetenz käme es nicht auf die Erfüllung vor allem des Kriteriums der «arbeitswissenschaftlichen Gesichertheit» an. Der Tarifvertrag ließe sich zwar als Instrument alternativer Arbeitsgestaltung nur unter den Bedingungen einer Humanisierungsforschung vorstellen, welche auf die Gewinnung differenzierter Gestaltungskriterien für die Sicherung und Erweiterung von Qualifikationen sowie für die Regulation der Leistungs- und Belastungsanforderungen ausgerichtet wäre.[14] Sein Eingriff in die Arbeitsorganisation brauchte aber nicht auf dem Wege der im BetrVG «erhöhten» Verwissenschaftlichung der Arbeitsgestaltungsproblematik zu erfolgen. Der Tarifvertrag bot daher nicht nur die Chance, die restriktive interpretatorische Deutung des Anforderungskriteriums der wissenschaftlichen Gesichertheit[15] aufzuweichen oder gar zu überwinden und damit arbeitswissenschaftliche Erkenntnisse zugunsten der Arbeitnehmerseite als gesichert durchzusetzen.[16] Seine Regelungsfunktion konnte hier vielmehr darin bestehen, erst identifizierte Ansatzpunkte alternativer Arbeitsgestaltung aufzugreifen und die betriebliche Erprobung der dazu entsprechenden neuen Formen der Arbeitsorganisation zu institutionalisieren.[17] Der Tarifvertrag war also mehr als ein Instrument, dem sich die Realisierung von bewährten bzw. unmittelbar umsetzbaren Humanisierungserkenntnissen und -konzeptionen überantworten ließ. Er konnte ebenso die Verpflichtung der Arbeitgeberseite aufnehmen, neue Formen der Arbeitsorganisation im Bereich computergestützter Fertigung experimentell einzuführen. Die Tarifpolitik wäre danach ein Förderungsinstrumentarium technologiebezogener Humanisierungsforschung, genauer gesagt: sie würde einen Vorantreibungsfaktor des Erprobungs- und Bewährungsprozesses alternativer Konzeptionen der Technikgestaltung und Arbeitsorganisation darstellen.

---

13 Vgl. dazu etwa GK-BetrVG-*Wiese*, § 91 Rn. 12ff. mit weiteren Nachweisen.

14 Näher dazu unten im Abschnitt 1.3, S. 48ff.

15 Als «gesichert» sollen danach nur arbeitswissenschaftliche Erkenntnisse gelten, die speziell für die in Frage kommende Arbeitssituation gewonnen wurden, sich praktisch bewährt und Allgemeingeltung in der Fachwelt gefunden haben, vgl. etwa *Natzel*, DB 1972 Beilage Nr. 24, 8; *Ehmann*, Arbeitsschutz und Mitbestimmung, 24ff., 31ff., der sogar den für die psychisch-soziale Komponente der Arbeit zuständigen Disziplinen jede Bewertungskompetenz bestreitet, 35ff.; *Denck*, RdA 1982, 290f. Demgegenüber kritisch *Hofe*, Betriebliche Mitbestimmung und Humanisierung, insb. 87f.; *Weiss*, AuR 1982, 256f.

16 Tarifvertragliche Regelungen zur Arbeitsgestaltung lassen sich sogar außerhalb ihres Geltungsbereichs als gesicherte arbeitswissenschaftliche Erkenntnisse den §§ 90, 91 BetrVG zugrundelegen, wenn ihre Vereinbarung üblich geworden ist, vgl. GK-BetrVG-*Wiese*, § 90 Rn. 41.

17 Zu dieser bereits vor allem in Italien beobachteten Regelungsfunktion des Tarifvertrages *Runggaldier*, Kollektivvertragliche Mitbestimmung, 231ff.

Aufgrund dieser Eingriffsmöglichkeiten versprach der Tarifvertrag die Wahrnehmung einer anderen Schutzfunktion. Gerade im deutlichen Kontrast zu den restriktiven, nachträglichen Mitbestimmungsmöglichkeiten nach § 91 BetrVG eröffnete er die Möglichkeit, technologiespezifische Entwicklungen der Arbeitsorganisation im Sinne der Arbeitnehmerinteressen zu antizipieren. Nicht Milderung und finanzieller Ausgleich, sondern die präventive Abwendung der Gefahren neuer Technologien für die Beschäftigungs- und Arbeitssituation hätte seine Zielsetzung bilden können.

1.2 Verhandlungsebenen und die damit verbundene Effizienz arbeitsgestaltender Tarifpolitik

Sah man im Tarifvertrag ein Instrument direkter Gestaltung der Arbeitsorganisation, so stellte sich dabei die Frage nach den in Betracht kommenden Tarifebenen und der damit verbundenen Regelungseffizienz.

Das Augenmerk richtete sich zuerst auf den Flächentarifvertrag. Dieser Tarifvertragstyp kennzeichnete (und kennzeichnet noch) die Vorgegebenheiten konkreter Tarifpolitik in der Bundesrepublik. Seine Regelungsfunktion bestünde darin, Vorgaben an die sich durch neue Technologien verändernde Arbeitsorganisation der Betriebe einer bzw. mehrerer Branchen bundesweit oder regional zu vereinheitlichen und ihre unmittelbare Geltung festzuschreiben. Flächentarifpolitik brauchte aber nicht auf solche globalen Regelungen der Arbeitsorganisation beschränkt zu bleiben. Sie konnte vielmehr auf bestimmte Technologiesysteme, Tätigkeitssektoren und Arbeitsformen abstellen, also technologie- und/bzw. bereichsspezifisch angelegt sein.

Der Versuch, mit Hilfe von Flächentarifverträgen unmittelbar auf die Arbeitsorganisation einzuwirken, verband sich indes mit einer schwerwiegenden, die Qualität und daher den Wirksamkeitsgrad tarifvertraglicher Normsetzung betreffenden Erkenntnis: Die in den Flächentarifen erforderliche zentralisierte und vereinheitlichende Regelung war angesichts der ganz unterschiedlichen Konstellationen von Branche zu Branche und von Betrieb zu Betrieb in den einzelnen Branchen nur um den Preis einer Abstraktifizierung konkreter Arbeits- und Leistungsbedingungen zu erreichen. Konkrete Differenzierungen in den Arbeits- und Leistungsbedingungen der verschiedenen Branchen und Betriebe mußten, um sich einer tariflichen Rahmenregelung überhaupt zugänglich zu machen, zwangsläufig bis auf eine gewisse Abstraktionsebene verdünnt werden. Das führte aber dazu, daß nur quantifizierbare Aspekte der Arbeitsorganisation – wie Taktzeiten, Mindest- und Höchstarbeitszeiten oder Erholungspausen – einer zwar im Einzelfall auszugestaltenden, jedoch eindeutigen und sachlich abschließenden Regelung zugänglich waren. Hingegen ließen sich solche Sachverhalte wie Arbeitsinhalte und -anforderungen nur durch generalklauselartige oder weiter konkretisierungs- und interpretationsbedürftige Tarifnormen regeln. Da solche Normen eine geringe oder jedenfalls kaum unmittelbare Verpflichtungswirkung erzeugen konnten, war die Wirksamkeit der einschlägigen Tarifgestaltung erst von ihrer weiteren Ausdeutung und Konkretisierung im einzelnen Betrieb als gesichert anzusehen.[18]

Das Ausmaß dieser in Flächentarifverträgen notwendigen Abstraktifizierung konnte freilich unterschiedlich hoch sein. Dies hing einerseits vom Heterogenitätsgrad der zu regelnden betrieblichen Arbeitsprozesse, vor allem aber von der Art und Weise ab, mit der die Flächentarifpolitik auf die Arbeitsorganisation einzuwirken suchte. So operierte eine Tarifpolitik, die nur branchenübergreifende oder branchenweite Regelungen einleitete, auf einer hohen Ebene abstrakter Vereinheitlichung[19] mit der Konsequenz, daß vor allem die Arbeitsinhalte und -anforderungen durch wesentlich unverbindliche Generalklauseln zu regeln waren. Je mehr es aber gelingen konnte, eine technologie- und bereichsspezifische Rahmentarifpolitik zu konzipieren, desto niedriger vermochte das Niveau der dabei erforderlichen Abstraktifizierung konkreter Arbeits- und Leistungsbedingungen zu liegen. Die Bezugnahme auf bestimmte Technologien und Tätigkeitsbereiche sowie spezielle Arbeitsformen würde die generalisierende Erarbeitung qualitativer Tarifnormen auf spezifische Arbeitsanforderungs- und Belastungssituationen konzentrieren und ihr somit festere und präzisere Konturen verleihen.[20] Solche tarifliche Normsetzung versprach auch, das marktvermittelte Verhältnis von Anwendern und Herstellern neuer Technologien zu beeinflussen.[21] Durch die an die

---

18 Vgl. zu dieser Erkenntnis bereits *Schauer*, in: Peter/Zwingmann (Hrsg.), Humanisierung der Arbeit, 151f., 154f., in Anknüpfung an den Lohnrahmentarifvertrag II der Metallindustrie Nordwürttemberg-Nordbaden v. 20.10.1973 (LRTV II); *Runggaldier*, a. a. O. (Fn. 17), 297; *Weyand*, Die tarifvertragliche Mitbestimmung, 219, 223.

19 Diese Regelungsebene spiegelte sich im LRTV II wider. Dieser enthielt einheitliche Regelungen für die gesamte Metallverarbeitung (: Automobilindustrie, Maschinenbau, Elektrotechnische Industrie). Zu den dortigen Bestimmungen über die Arbeitsgestaltung vgl. *Brumlop/Rosenbaum*, in: Bergmann (Hrsg.), Beiträge zur Soziologie der Gewerkschaften, 280ff.

20 Solche Spezifizierungsmöglichkeiten der Rahmentarifpolitik bleiben bei *Runggaldier*, a. a. O. (Fn. 17), 294ff. unberücksichtigt.

21 Für die Frage, ob und inwieweit die Technikqualität eine beeinflußbare Variable für erst bei den Anwenderfirmen ansetzende tarifpolitische Steuerungsversuche darstellte. ergaben sich sehr unterschiedliche Bedingungen der Einflußnahme, je nachdem, wie Technologiehersteller in den organisatorischen Ablauf von betrieblichen Umstellungsprozessen eingeschaltet waren, *Sauer/Deiß/Döhl/Altmann*, in: Peter/Zwingmann (Hrsg.), Humanisierung der Arbeit, 130ff. Hier interessierte freilich nicht der Fall einer Anwender-Hersteller-Identität, wo große Universalunternehmen, die über ausreichende wirtschaftliche Mittel und technisches Know-how verfügen,

Anwenderfirmen gerichtete Formulierung vergleichsweise konkreter Angaben über die technische und organisatorische Gestaltung ihrer Produktions- und Fertigungsverfahren konnte der makro-ökonomische Effekt von Flächentarifpolitik zugunsten der Durchsetzung und Verbreitung humanisierungsrelevanter Technologien[22] genutzt werden: Die Herstellerfirmen sähen sich insbesondere dort, wo sie nicht einseitig das Marktverhältnis bestimmten,[23] zu einer entsprechenden Veränderung ihrer Produktpolitik veranlaßt.

Arbeitsgestaltende Flächentarifpolitik konnte aber nicht in der Frühphase der Entwicklung und Ausbreitung von Technologiesystemen ansetzen. Sie war erst vor dem Hintergrund der Einsicht in die betrieblichen Folgen bestimmter Technologien und einer damit verbundenen Betroffenheit der Arbeitnehmer einsetzbar. Ihre Regelungsfunktion konnte deshalb nur darin bestehen, Normen zugunsten bereits betrieblich erprobter Alternativkonzeptionen der Technik und Arbeitsorganisation für eine Vielzahl von Betrieben zu verallgemeinern und durchzusetzen. Vor dem Hintergrund einer immer weiter fortschreitenden technischen Entwicklung wären aber tarifliche Rahmenregelungen, die man auf einen bestimmten Stand der Technik und der Arbeitsorganisation fixiert hätte, Gefahr gelaufen, gegenstandslos zu werden. Berechtigt war insofern die Forderung, arbeitsgestaltende Flächentarifpolitik sollte – neben der Bezugnahme auf aktuelle spezielle Formen der Technik und der Arbeitsorganisation – ihren Einwirkungsbereich weit fassen und allgemein halten. Die zu tarifierende Technik und Arbeitsorganisation sollten möglichst allgemein umschrieben sowie alle Produktionsstufen und Arbeitsbereiche in die tarifliche Rahmenregelung einbezogen werden.[24] Nur: Die damit bewahrte Chance, auch künftige Entwicklungen erfassen zu können, hätte ihren Preis in der mangelnden Präzision und geringen Verbind-

---

in der Lage wären, die von ihnen erwünschten Innovationen selbst durchzuführen und deren Herstellung in das eigene Produktionsprogramm aufzunehmen. Über immer enger werdende Hersteller-Anwender-Beziehungen berichteten *Bredeweg/Kowol*, WSI-Mitt. 1991, 419ff., was sie vor allem auf die durch zunehmende technische Komplexität und veränderte ökonomische Bedingungen (Entstandardisierung der Produktion, Verkürzung von Innovationszyklen usw.) bedingte Notwendigkeit einer betriebsgerechten und individuellen Technikauslegung zurückführten.

22 Vgl. auch *Weyand*, a. a. O. (Fn. 18), 224f.

23 Dies wäre vor allem der Fall, wo Anwenderfirmen in die Lage kämen, eigene Vorstellungen über die technischen Bedingungen und Formen ihrer Umstellungsprozesse zu entwickeln (: Verfügbarkeit eigener Entwicklungs- und Konstruktionsstäbe) und sie aufgrund ihrer starken Marktposition bzw. durch Ausnutzung verschärfter Konkurrenzbedingungen auf dem Herstellermarkt durchzusetzen, *Sauer/Deiß/Döhl/Altmann*, a. a. O. (Fn. 21), 133f., 137f., 141f.

24 Vgl. bereits *Robak/Schlecht*, WSI-Mitt. 1983, 133ff., insb. 139f., hinsichtlich der Schranken des RTS-Tarifvertrages und der Notwendigkeit einer zukunftsorientierten umfassenden Tarifkonzeption für die Druckindustrie.

lichkeit der dazu einschlägigen Tarifvertragsgestaltung. Ein für arbeitsgestaltende Flächentarifverträge hoch angesetzter Erfassungsanspruch implizierte deshalb den Verzicht auf eine, wenngleich von vornherein begrenzte, sonst erwünschte Verpflichtungswirkung der tariflichen Normsetzung.

In Anbetracht der Effizienzschranken arbeitsgestaltender Flächentarifpolitik verdiente der Firmentarifvertrag (§ 2 Abs.1 TVG) besondere Aufmerksamkeit. Er ermöglichte nicht nur eine recht wirksame Normsetzungsqualität, sondern verfügte zugleich über eine hohe Flexibilität zeitlicher und materieller Art.[25]

Der Firmentarifvertrag konnte einerseits auf das Gesamtunternehmen des einzelnen Arbeitgebers ausgerichtet werden – was zur gezielten Beeinflussung einer bereichsübergreifenden Systemplanung neuer Technologien erforderlich war –, andererseits aber durchaus betriebsbezogen sein. Indem er damit den einzelnen Betrieb unmittelbar anvisierte, machte er eine Abstraktifizierung konkreter vielfältiger Arbeits- und Leistungsbedingungen überflüssig. Arbeitsgestaltende Normen in Flächentarifverträgen konnten mit seiner Hilfe auf die jeweiligen betrieblichen Besonderheiten zugeschnitten werden und damit eine unmittelbare Verpflichtungswirkung entfalten. Stellte allerdings die Konzipierung arbeitsgestaltender Flächentarifpolitik einen sich vergleichsweise langsam abwickelnden Lern- und Erarbeitungsprozeß betrieblicher Rationalisierungserfahrungen dar, so bot der Firmentarifvertrag ein adäquates Instrumentarium auch für den Versuch, möglichst schnell sowie fortlaufend auf anstehende Rationalisierungsprozesse in den Betrieben einzuwirken.[26] Dies galt besonders für die Fälle, in denen keine fundierten Erkenntnisse und erprobten Alternativkonzeptionen zur Regulation der Arbeitsinhalte, -anforderungen und -belastungen vorlagen. Der Firmentarifvertrag eignete sich am besten dazu, die Verpflichtung der Arbeitgeberseite zur Erprobung alternativer Vorstellungen über die sich verändernde Arbeitsorganisation aufzunehmen und sie eventuell später notwendigen Modifikationen zu unterwerfen. Ursprünglicher Ort der Formulierung und Artikulation neuer Formen der Arbeitsorganisation war und ist bekanntlich immer der einzelne Betrieb.[27]

1.3 Die Realisationsbedingungen tariflicher Arbeitsgestaltungspolitik

Eine wie auch immer geartete Tarifkonzeption alternativer Arbeitsgestaltung hängt in ihrer materiellen Reichweite zuerst von den Intentionen und Bedingungen der Humanisierungsforschung ab. Diese vermittelt Erkenntnisse und Kriteri-

---

25 Vgl. auch *Runggaldier*, a. a. O. (Fn. 17), 295, 297.

26 Eine Regelungsflexibilität zeitlicher Art, die auch der *von Runggaldier*, a. a. O. (Fn. 17), 297, parallel erwähnte firmenbezogene Verbandstarif nicht besitzen kann.

27 Vgl. auch *Runggaldier*, ebda.

en, die zur menschengerechten Gestaltung computergestützter Arbeitsprozesse von den Tarifvertragsparteien aufgegriffen werden können.

Vorherrschendes Selbstverständnis und die Praxis der für die Humanisierungsforschung in Betracht kommenden Disziplinen (Ingenieur-, Arbeits- und Sozialwissenschaften) wiesen aber dem Tarifvertrag ein insgesamt eingeschränktes Regelungsspektrum zu. Ein Durchbruch im sicher schwierigen Kooperations- und Abstimmungsprozeß zwischen diesen verschiedenen Disziplinen war nicht zu verzeichnen. Die Erfahrungen innerhalb des seit 1974 staatlich geförderten Programms «Forschung zur Humanisierung des Arbeitslebens» (HdA)[28] zeigten vielmehr: Die Humanisierungsforschung sah ihre Aufgabe vornehmlich in der Erarbeitung von Anpassungsmaßnahmen, die bei gegebenen technisch-organisatorischen Strukturen vorwiegend der Produktivitätssteigerung der Arbeitskraft dienten.[29] Sie thematisierte dabei Teilaspekte der Arbeitsorganisation und erzielte damit Teilerfolge, die in einer ergonomisch besseren Gestaltung von Arbeitsplätzen, in der Reduktion besonders schädigender Belastungen sowie in einer Reorganisation ausführender Tätigkeiten Ausdruck fanden. Meist bezog sie jedoch die strukturellen – gerade für die Sicherung und Erweiterung von Qualifikationen und die Qualität der Leistungs- und Belastungsanforderungen in den Einsatzbereichen neuer Technologien entscheidenden – Komponenten des Produktionsprozesses, vor allem die Art der Leitung und Teilung der Arbeit in ihre Änderungsmaßnahmen nicht ein.[30] Dieser verkürzte, in überwiegend ökonomi-

---

28 Vgl. kritisch dazu *Fricke*, FS für Vetter, 311ff.; *Naschold*, GMH 1980, 221ff.; *Pöhler*, GMH 1980, 230ff.; *Benz-Overhage*, in: Bleicher (Hrsg.), Technik für den Menschen, 283f.; im einzelnen die Berichte in: Pöhler (Hrsg.), Damit die Arbeit menschlicher wird und in: Fricke/Peter/Pöhler (Hrsg.), Beteiligen, Mitgestalten, Mitbestimmen.

29 Vgl. die bereits am Beginn der Humanisierungsdiskussion ansetzende Kritik von *Fricke*, GMH 1973, 11ff., an der «instrumentellen Funktion» der Arbeitswissenschaften. Deren Selbstverständnis erfuhr auch durch die Humanisierungsdiskussion keine «Revolutionierung». Die Kritik am Taylorismus ging nämlich auf das Anliegen zurück, durch eine flexiblere Arbeitsorganisation auf sich verändernde marktökonomische Anforderungen adäquat reagieren zu können. Sie bedeutete also in Wirklichkeit nicht die unbedingte Priorität des Humanisierungsziels, sondern seine Funktionalisierung im Sinne der Steigerung der Produktivität. Durch die Abkehr von einer forcierten Arbeitsteilung könnten zugleich Akzeptanzprobleme bewältigt und «soziale Kosten» reduziert werden. Vgl. zum ganzen *Mendner*, Technologische Entwicklung und Arbeitsprozess, 154ff., 169ff.; *Preiß*, Humanisierung der Arbeitswelt; *Mayer/Ralfs*, Rationalisierung und Rationalisierungsschutz, 141ff.

30 *Fricke*, a. a. O. (Fn. 28), 317. Angesichts des in Theorie und Praxis vorherrschenden Selbstverständnisses der Arbeitswissenschaft verwundert es auch nicht, daß die betriebliche Auseinandersetzung um die Anwendung der Humanisierungsvorschrift des § 91 BetrVG bei der Einführung neuer Technologien sich meist auf Teilaspekte

sche Interessen eingebundene Interventionsansatz zeichnete sich auch durch die Ausklammerung des beschäftigungspolitischen Aspektes aus.[31] Er wurde um so ineffizienter, je mehr die Vernetzung und Integration der Arbeitsprozesse durch moderne Technologien voranschritten. Der spezifische Charakter der Computertechnologien als «Organisationstechnologien» verengte zunehmend die Spielräume selbst für diese geringfügigen Interventionen der bis dahin praktizierten Humanisierungslösungen.[32]

Die Humanisierungsforschung sah sich mithin vor die Aufgabe gestellt, ihre Intentionen und Praktiken neu zu überdenken.[33] Die wirksame Wahrnehmung dieser Aufgabe setzte aber die Bildung adäquater Infrastrukturen durch die Gewerkschaften voraus. Da die Wahrnehmungsspielräume innerhalb der staatlichen Technologie- und Humanisierungspolitik und in den privatwirtschaftlichen Forschungsinstituten restriktiv waren und es auch auf absehbare Zeit bleiben würden, mußten die Gewerkschaften eine eigene organisatorische Strategie zur Beeinflussung der forschungspolitischen Rahmenbedingungen verfolgen. Ansätze einer solchen Strategie wurden von den Gewerkschaften in den 80er Jahren konzipiert und realisiert.[34] Die Einrichtung gewerkschaftlicher Technologieberatungsstellen, die Bildung und Förderung betrieblicher, branchenbezogener und regionaler Arbeitskreise sowie der Abschluß von Kooperationsverträgen mit Hochschulen und Forschungsinstituten zählten dazu. Ihre Funktion bestand unter anderem darin, Erkenntnisse zur menschengerechten Technik- und Arbeitsgestaltung aufzuar-

---

der Arbeitsgestaltung (: Ergonomie, Arbeitszeitgestaltung, job rotation oder job enlargement) beschränkte. Die – für den psychisch-sozialen Kontext der Arbeit entscheidenden – strukturellen Komponenten der Arbeitsorganisation wurden dabei nicht thematisiert. Unter den Bedingungen einer produktivitätsorientierten Arbeitswissenschaft wurde der Übergang menschengerechter Arbeitsgestaltung von den unteren Ebenen der Ausführbarkeit und Erträglichkeit hin zu den höheren Ebenen der Zumutbarkeit und der subjektiven Zufriedenheit (zu dieser Abstufung *Birkwald/Pornschlegel*, MitbestGespr. 1973, 96) besonders erschwert. Der Streit darüber, wann eine arbeitswissenschaftliche Erkenntnis als gesichert gelten könnte, erwies sich eher als ein Nachhutsgefecht, *Mayer/Ralfs*, a. a. O. (Fn. 29), 144.

31 Vgl. *Fricke*, a. a. O. (Fn. 28), 320f.

32 Vgl. *Benz-Overhage u. a.*, a. a. O. (Fn. 1), 67, 76, 584ff.

33 Vgl. *Benz-Overhage u. a.*, a. a. O. (Fn. 1), 590f., die den neu einzuschlagenden Weg dahin definierten, die Erkenntnisse der Grundlagenforschung über die Entwicklungstendenzen der industriellen Arbeit und alternative Formen der Arbeitsgestaltung mit den Forschungsprogrammen der stärker anwendungsbezogenen Humanisierungsforschung zu verknüpfen. Auch *Fricke*, a. a. O. (Fn. 29), 11ff. und *Volpert*, Die Humanisierung der Arbeit, insb. 15ff., forderten eine Neuorientierung der arbeitswissenschaftlichen Forschung im Sinne einer «Theorie der industriellen Arbeit» oder einer «Wissenschaft von der Arbeit».

34 Dazu *Benz-Overhage*, a. a. O. (Fn. 28), 286ff.

beiten und in gewerkschaftliche Betriebspolitik umzusetzen, aber auch «Gestaltungsdefizite» als Forschungsbedarf zu formulieren und zu bewältigen. Nur wie die Erfolgsbilanz dieser «autonomen» Organisationsansätze auch immer konkret aussah: Sie bildeten noch lange kein wirkungsvolles Gegengewicht zur herrschenden Forschungs- und Technologiepolitik. Und bei aller Notwendigkeit ihres weiteren Ausbaus waren sie kein voller Ersatz für institutionelle Formen einer gleichgewichtigen Beteiligung der Gewerkschaften im Bereich der Forschungspolitik.

Es blieb jedenfalls die Einsicht: Solange die notwendige Neuorientierung, aber auch die bedürfnisgerechte Verbreitung der Humanisierungsforschung nicht erfolgten,[35] solange würden dem Tarifvertrag in vielen Fällen die differenzierten Erkenntnisse und Kriterien fehlen, auf die er sich zur Regelung alternativer Gestaltungskonzeptionen der Technik und Arbeitsorganisation berufen müßte. Eine nicht ausgereifte Humanisierungsforschung beeinflußte nicht zuletzt negativ die Klarheit und daher die Wirksamkeit der tariflichen Arbeitsgestaltungsnormen.[36]

Die beträchtlichen Regelungsdefizite von Flächentarifverträgen und die daraus resultierende Notwendigkeit, dem Firmentarifvertrag bei der Gestaltung von Technik und Arbeitsorganisation eine nicht nur innovative, sondern ebenso konkretisierende Regelungsfunktion zuzuweisen, warfen zudem das Problem der gewerkschaftlichen Präsenz im Betrieb auf. Die betriebsspezifische Erarbeitung, Artikulation und Durchsetzung alternativer Forderungsinhalte zur Arbeitsgestaltung bedingten den Aufbau effizienter Organisations- und Kontrollstrukturen sowie Beratungskapazitäten vor Ort. Arbeitsgestaltende Firmentarifpolitik konnte sich nur dann entfalten, wenn die Gewerkschaft in der Lage war, sich frühzeitig umfassende Kenntnisse über die unternehmerische Rationalisierungsplanung und damit verbundene Projektierungen zu verschaffen und sich diese Kenntnisse wie sonstige Sachinformationen bei aktiver Beteiligung der betroffenen Belegschaft und unter Einsatz von gewerkschaftlich orientierten Wissenschaftlern für die ur-

35 Zur erweiterten arbeitsorientierten Innovationskonzeption, welche in den 80er Jahren im Rahmen des HdA-Programms allmählich Berücksichtigung fand und durch das 1989 neu verabschiedete Forschungs- und Entwicklungsprogramm «Arbeit und Technik» (AuT) aufgegriffen wurde, vgl. *Oehlke*, WSI-Mitt. 1990, 629ff., insb. 632ff.

36 Vgl. auch *Runggaldier*, a. a. O. (Fn. 17), 297, 397, der an der Tatsache, daß sich neue Formen der Arbeitsorganisation weltweit erst im Experimentierstadium befanden, faktische Effizienzschranken des Regelungsinstruments Tarifvertrag erkannte, ohne jedoch auf das Problem der mangelnden Qualität von Humanisierungsforschung einzugehen. Dieser forschungspolitische Hintergrund erklärt nicht zuletzt die Akzeptanz und Ratifikation der Grundsätze und der Anwendungsprinzipien kapitalorientierter Rationalität durch den LRTV II, dazu *Schmiede*, in: Billerbeck u. a., Neuorientierung der Tarifpolitik ?, 178f.

sprüngliche Entwicklung bzw. betriebsspezifische Konkretisierung alternativer Gestaltungskonzeptionen der Technik und Arbeitsorganisation zunutze zu machen.

Der Betrieb als Praxisfeld sollte aber von den Gewerkschaften erst erobert werden. «Betriebsnähe hat – wie *Leminsky*[37] es eher beschönigend zum Ausdruck brachte – in der bisherigen Entwicklung der Gewerkschaften keine sehr ausgeprägte Tradition». Die gewerkschaftliche Organisation zeichnete sich vielmehr durch zentralisierte Entscheidungs- und Einflußstrukturen aus. Diese ermöglichten zwar eine einheitliche und schlagkräftige Artikulation von Arbeitnehmerinteressen gegenüber der Arbeitgeberseite und der staatlichen Politik. Sie eigneten sich jedoch nicht für betriebsnahe tarifpolitische Interventionsansätze und vermochten die dazu notwendigen organisationspolitischen Veränderungen nicht gerade zu fördern. Die breite Entfaltung einer arbeitsgestaltenden Firmentarifpolitik ließ sich ohne größeren Bewegungsspielraum und Effizienz für die regionalen und vor allem örtlichen Gewerkschaftsstellen und ohne den Aufbau von Organisationsebenen unternehmens- bzw. betriebsbezogener Art nicht ernsthaft vorstellen. Sie erforderte aber damit zugleich die Verlagerung von nicht unbeträchtlichen Entscheidungskompetenzen an solche unteren Organisationseinheiten bei abnehmendem Einflußgewicht der Zentralen (Hauptvorstände).[38]

Es fragt sich deshalb, ob nicht solche Ansätze, wie die Forderung nach fester Verankerung der Gewerkschaften im Betrieb über entsprechende Änderungen des Betriebsverfassungsgesetzes oder der Versuch der tarifpolitischen Absicherung und Stärkung der Vertrauensleutebewegung, eher die Existenz des erkennbaren organisationspolitischen Dilemmas offenbarten denn dessen Lösung einleiteten. In der Tat war der Betrieb freilich der eigenständigen Interessenvertretungspolitik der Betriebsräte weitgehend überlassen. Diese zeichnete sich meist durch eine passive bzw. pragmatische Grundhaltung gegenüber qualitativen Problemen der Arbeitssituation aus[39] und vermochte damit nicht zuletzt hemmend auf die Gewerkschaftspolitik zurückzuwirken.

Die Eigendynamik gewerkschaftlicher Interessenvertretung erforderte deshalb die Konzipierung einer in ihrem Sinne wirksamen Betriebspolitik. Der sich dazu anbietende Weg, tarifpolitische Entscheidungskompetenzen nach unten zu verlagern, sollte insofern nicht als ein zu Lasten der Einheitlichkeit und Schlagkräftigkeit gewerkschaftlicher Politik gehender Autonomisierungsansatz abgetan wer-

37 GMH 1980, 219
38 Zu den formellen und faktischen Entscheidungsbefugnissen der Hauptvorstände *Bergmann/Jacobi/Müller-Jentsch*, Gewerkschaften in der Bundesrepublik, 343ff.
39 Vgl. gerade die ebenfalls für diesen Zusammenhang relevanten Betrachtungen *Schauers*, a. a. O. (Fn. 18), 166ff., über die Interessenvertretungssicht der Betriebsräte in der Metallverarbeitung; aber auch *Schmiede*, a. a. O. (Fn. 36), 111ff., 130f.

den. Dezentralisierung der Tarifpolitik bedeutete nicht zwangsläufig die Förderung betriebsegoistischer Tendenzen und die Schwächung gewerkschaftlicher Gegenmacht. Die Öffnung der Tarifpolitik für spezielle betriebliche Lösungen konnte in übergreifende Interessen und dazu entsprechende Tarifstrategien eingebettet bleiben, diese sogar – wie im Rahmen der hier diskutierten Tarifkonzeption alternativer Arbeitsgestaltung – initiieren, fördern und zu ihrer Realisierung verhelfen.[40] Eine betriebspolitische Tarifkonzeption bot, so gesehen, keinen Konkurrenz-, sondern den notwendigen Start- und Ergänzungsmechanismus flächendeckender Tarifpolitik. Sie würde sich aber erst dann als fruchtbar erweisen, wenn sie, zumal unter Krisen- und damit besonders erschwerten Handlungsbedingungen, auch auf die positive Beeinflussung subjektiver Faktoren, wie das qualitative Problembewußtsein und der Solidaritätsgeist der Belegschaften, ausgerichtet wäre.[41] Den gewerkschaftlichen Vertrauensleuten käme dabei als «arbeitsplatznahen» Arbeitnehmervertretern und Trägern gewerkschaftlicher Zielvorstellungen eine gewichtige Vermittlungsfunktion zu: Ihre Aufgabe würde darin bestehen, bei der Arbeitnehmerseite einen kritischen Dialog über Technikgestaltung und Arbeitsorganisation zu bewirken und dabei artikulierte Humanisierungsbedürfnisse sowie Gestaltungsvorschläge in den innergewerkschaftlichen Diskussions- und Entscheidungsprozeß einzubringen.

So wichtig die Erfüllung all dieser forschungs- und organisationspolitischen Voraussetzungen war, so sehr gilt es doch, auf eine Reihe von Aspekten durchsetzungspolitischer und tarifstrategischer Art zu verweisen, die letztlich gegen eine breite Verwendung des Firmentarifvertrages, aber auch gegen die technologie- und bereichsspezifische Ausrichtung des Flächentarifvertrages sprachen.

Die Verfolgung einer auf den Abschluß separater, recht spezifizierter Rahmenabkommen ausgerichteten Tarifkonzeption erforderte wegen der jeweils unterschiedlichen überbetrieblichen Interessenartikulation eine allzu hohe Flexibilität bei der Vorbereitung und Durchführung von Arbeitskampfmaßnahmen, die für die Gewerkschaften kaum erreichbar war. Sie hätte auch zur Zersplitterung der gesamten Schlagkraft der Organisation geführt.[42] Erstrebenswert konnte es

40 Vgl. auch *Runggaldier*, a. a. O. (Fn. 17), 309. Die Verhandlungsführung beim Abschluß der Firmentarifverträge sollte seiner Ansicht nach – bei aller Notwendigkeit der Hinzuziehung der betrieblichen Gewerkschaftsvertreter – überbetrieblichen (örtlichen oder regionalen) Stellen der Gewerkschaft zugewiesen werden. Sein Verweis auf die italienische Praxis (Fn. 139) warf aber gerade für die Bundesrepublik Deutschland das Problem des fehlenden organisationspolitischen Unterbaus auf.

41 Zu dieser Notwendigkeit *Benz-Overhage*, a. a. O. (Fn. 6), 1217.

42 So hieß es bei *Leminsky/Otto*, Politik und Programmatik des DGB, 284: «Eine stärkere Aufsplitterung der Tarifbereiche würde zwar eine "betriebsnähere" Umgestaltung der Verträge erlauben, birgt jedoch für die Gewerkschaften die Gefahr der Zersplitterung der gewerkschaftlichen Tarifpolitik in sich.»

deshalb sein, technologie- und bereichsspezifische Forderungsinhalte zu einem einheitlichen und daher gemeinsam erkämpfbaren Tarifpaket zu schnüren. Auch dieser tarifpolitische Weg hätte große Probleme bereitet. Er barg die Gefahr einer übermäßigen Verkomplizierung der einschlägigen Tarifrunde in sich, mit der unerwünschten Konsequenz einer langwierigen Verzögerung der Tarifverhandlungen. Er bedeutete aber vor allem praktisch den Verzicht auf griffige und allgemein einsichtige Tarifziele, implizierte also das Risiko des Fehlens einer erkennbaren, überbetrieblich wirkenden Arbeitskampfbereitschaft. Diese Einschätzung[43] wog allerdings um so mehr, als gerade die Konzipierung einer einheitlichen, in sich geschlossenen Tarifkonzeption zur Verbesserung der Arbeits- und Leistungsbedingungen – kennzeichend etwa für die Tarifstrategie der IG-Metall – mit beträchtlichen Vorteilen durchsetzungspolitischer Art verbunden war. Sie versprach nämlich, gewerkschaftliche Einfluß- und Machtpotentiale in bestimmten Sektoren (so z. B. in der Automobilindustrie) zugleich für andere Sektoren zunutze zu machen, die sich durch mehr oder weniger ungünstige Artikulations- und Durchsetzungsbedingungen qualitativer Arbeitspolitik kennzeichneten (wie etwa die Elektroindustrie und der Maschinenbau[44]).

Auch beim Firmentarifvertrag kam es entscheidend auf die Arbeitskampfbereitschaft der jeweils betroffenen Belegschaften an. Sie war wegen der in Flächentarifverträgen «offen» zu lassenden Regelungsprobleme und der damit zu erwartenden Meinungsdivergenzen mit der Arbeitgeberseite stetig notwendige Voraussetzung für den erfolgreichen Abschluß konkretisierender Firmentarifverträge. Die besonderen Schwierigkeiten einer solchen, mehrmals abrufbaren Arbeitskampfbereitschaft waren indes kaum zu verkennen.[45] Sie ergaben sich bereits aus der Notwendigkeit einer tariflichen Einflußnahme in frühen Phasen der unternehmerischen Entscheidungsbildung, wo sich die verschiedenen Gefahren neuer Technologien für die jeweils betroffenen Belegschaften noch nicht abzeichnen konnten, wo also den Arbeitnehmern das Erfordernis einer Arbeitskampfbereitschaft nicht unmittelbar einsichtig war. Immerhin war die Erwartung einer ständigen Arbeitskampfbereitschaft bei den kampfschwachen Belegschaften der Klein- und Mittelbetriebe unrealistisch. Die faktische Regelungsfunktion arbeitsgestaltender Firmentarifpolitik stellte sich damit als eher innovativer Art

---

43 Vgl. *Weiss*, FS für Vetter, 308.

44 Zu den Problemen gewerkschaftlicher Interessenvertretung in diesen Branchen *Schmiede*, a. a. O. (Fn. 36), 73f., 86f., 26ff.

45 Vgl. dazu auch *Weiss*, a. a. O. (Fn. 43), 309; *Weyand*, a. a. O. (Fn. 18), 227; *Däubler*, Tarifvertragsrecht, Rn. 1114. Vorgenannte Autoren zweifeln wegen der kaum zu erfüllenden Voraussetzung ständiger Arbeitskampfbereitschaft der Belegschaften allgemein an der Praktikabilität problemorientierter Firmentarifpolitik. Diese sei nur für wenige, wirklich gravierende Fälle zu bejahen.

heraus. Firmentarifpolitik bot sich nämlich vorwiegend für die Realisierung einer Strategie der Arbeitsgestaltung an, die zur Entwerfung, Erprobung und Durchsetzung alternativer Konzeptionen der Technik- und Arbeitsgestaltung bei ausgewählten gewerkschaftsstarken Großunternehmen anzusetzen hatte.

1.4 Der Rückgriff auf den Betriebsrat

Angesichts dieser realpolitischen Betrachtungen verwundert es nicht, daß arbeitsgestaltende Tarifpolitik von Anfang an stets auf den Betriebsrat und die Betriebsvereinbarung zurückgriff. Der 1973 für die Metallindustrie von Nordwürttemberg/Nordbaden erkämpfte Lohnrahmentarifvertrag II (LRTV II) hatte den Weg gezeigt: Er wies die betriebsspezifische Regelung seiner Normen und Klauseln den davon letztlich betroffenen Parteien zu. Arbeitgeber und Betriebsrat wurden zum Abschluß von Betriebsvereinbarungen über die im Tarifvertrag noch «offen» gehaltenen Fragen verpflichtet. Eingeleitet wurde damit ein neues Rollenverständnis der Betriebsratspolitik: Der Betriebsrat wurde nun als «politisch mitentscheidender Umsetzungsträger des Tarifvertrages auf der Arbeitnehmerseite» anerkannt, die Betriebsvereinbarung als «Verlängerung des Tarifvertrages» betrachtet und behandelt.[46]

Dieser Lösungsweg schien auf den ersten Blick recht problematisch zu sein. Die Konkretisierung und Umsetzung arbeitsgestaltender Flächentarifpolitik wurde ja an jene Institution zurückverwiesen, die nicht nur unzureichende Mitbestimmungsmöglichkeiten besaß, sondern vielmehr meist auf eine passive bzw. pragmatische Interessenpolitik gegenüber qualitativen Problemen der Arbeitssituation eingestellt war.[47] Anders gesagt: Die Wirksamkeit tariflicher Arbeitsgestaltungsnormen sollte sich auf genau der gleichen Ebene entscheiden, auf der sich die Bewältigung qualitativer Arbeitsprobleme als unmöglich erwies.

Dieses Konzept der vertikalen Rückverlagerung ist aber alles andere als unerklärlich. Wer sich die Entstehungsgeschichte des LRTV II vergegenwärtigt, wird sogleich feststellen, daß die tarifpolitische Formulierung und Artikulation qualitativer Forderungsinhalte auf den verstärkten Problemdruck zurückging, dem sich Betriebsräte in rationalisierungsintensiven Sektoren der Metallverarbeitung ausgesetzt sahen.[48] Mit der Weitergabe dieses Problemdrucks an die Gewerkschaft war gerade auch die Erwartung einer Hilfestellung durch die Tarifpolitik verknüpft. Die Vorbereitung von Flächentarifpolitik hatte sich also nicht allein in den oberen Gewerkschaftsgremien abgespielt, sondern sie war vielmehr durch

---

46 *Schauer*, a. a. O. (Fn. 18), 156, 157.
47 Zu dieser Problematik vgl. bereits *Brumlop/Rosenbaum*, a. a. O. (Fn. 19), 288f.
48 Vgl. dazu *Schmiede*, a. a. O. (Fn. 36), 174f.

den aktiven oder passiven Akt der Problembewältigung seitens der rationalisierungsbetroffenen Betriebsräte ausgelöst und begleitet worden. Insofern kann es nicht verwundern, daß die gewerkschaftliche Tarifpolitik hier ein Umsetzungskonzept vorzog, das auf eine direkte Rückkoppelung an den Betriebsrat und die Betriebsvereinbarung hinauslief.

Mehr noch: Die Erfahrung mit dem LRTV II zeigte, daß sich die Bedeutung gewerkschaftlicher Rahmentarifpolitik keineswegs auf die von ihr unmittelbar erzielten Veränderungen und Regelungen beschränkte. Ihre Vorbereitung und Artikulation wirkte sich vielmehr auf das Selbstverständnis und Mitbestimmungsverhalten der betrieblichen Interessenvertretungen aus.[49] Arbeitsgestaltende Flächentarifpolitik war deshalb nicht bloß das Ergebnis einer Verschiebung qualitativer Problemstellung von der betrieblichen auf die sektorale Ebene. Mit ihrer Vorbereitung und Ausgestaltung verband sich auch die Möglichkeit einer überbetrieblich angelegten Aktualisierung qualitativer Forderungsinhalte. Dieser Prozeß wirkte richtungsweisend auf die Betriebsratspolitik zurück, bewirkte also ihre «Politisierung». Er wurde um so wirksamer, je breiter und intensiver es gelang, die Betriebsräte in den tarifpolitischen Vorbereitungs- und Artikulationsprozeß einzubeziehen.[50] Gewerkschaftliche Rahmentarifpolitik konnte damit bereits die Bedingungen beeinflussen, unter denen sich ihre betriebsspezifische Konkretisierung und Realisierung durch den Betriebsrat und die Betriebsvereinbarung vollziehen mußte. Ein – auch die Tarifstrategie anderer Gewerkschaften prägendes – Umsetzungskonzept, welches auf die betriebliche Interessenvertretung abstellte, erschien insofern angebracht. Es wurde nicht zuletzt durch die rechtliche Absicherung der Normsetzungsprärogative der Tarifvertragsparteien in den §§ 77 Abs. 3 und 87 Abs. 1 BetrVG begünstigt.

Die Umsetzungsprobleme arbeitsgestaltender Flächentarifpolitik waren jedoch damit noch lange nicht gelöst. Der Eingriff qualitativer Tarifnormen in das Gefüge formeller und informeller Arbeitsnormen und Dispositionsspielräume im einzelnen Betrieb konnte – selbst bei gelungener Politisierung der Betriebsräte – nicht ohne weiteres erfolgreich stattfinden. Der weitgehend unvermeidliche Generalnormcharakter arbeitsgestaltender Flächentarifpolitik war mit erheblichen Regelungslücken und Auslegungsspielräumen verbunden. Neben der Notwendig-

---

49 Vgl. gerade die Betrachtungen *Schauers*, a. a. O. (Fn. 18), 148f., zur Bedeutung der Tarifpolitik für die Wirkung des Tarifvertrages.

50 Darauf zielte auch das Aktionsprogramm der *IG-Metall* Arbeit und Technik – «Der Mensch muß bleiben», 1984 ab. Die durch dieses Programm zu bewirkenden betrieblichen Auseinandersetzungen um die menschengerechte Gestaltung von Arbeit und Technik sollten u. a. im Bewußtsein der Betriebsräte zukünftige qualitative Tarifforderungen vorbereiten. Vgl. die erste Zwischenbilanz bei *Drinkuth*, GMH 1986, 617ff., sowie die Betrachtungen von *Birke/Schwarz*, WSI-Mitt. 1988, 535ff.

keit einer fein differenzierten Herangehensweise bei der betrieblichen Integration qualitativer Tarifnormen stellte sich deshalb hier wiederum das Problem der rechtlich und faktisch begrenzten Einwirkungsmöglichkeiten der betrieblichen Interessenvertretung auf den unternehmerischen Planungs- und Entscheidungsprozeß. Eine auf ihre betriebliche Wirksamkeit bedachte Flächentarifpolitik sah sich deshalb dazu aufgefordert, zugleich auf eine mitbestimmungspolitische Veränderung ihrer Umsetzungsbedingungen hinzuwirken. Gemeint war sowohl die Effektivierung der Informations- und Beratungsmöglichkeiten des Betriebsrates als auch die Durchsetzungsfähigkeit der von ihm eingebrachten Alternativlösungen zur Gestaltung von Technik und Arbeitsorganisation.

1.5 Die umsetzungsorientierte Ausgestaltung von Flächentarifverträgen

Arbeitsgestaltende Flächentarifverträge konnten aber bereits von ihrer Anlage her die betriebliche Durchsetzung der in ihnen enthaltenen Vorgaben fördern. Schon die Formulierung umfassender Grundsätze zur menschengerechten Arbeitsgestaltung – wie sie etwa mit dem 1982 vorgelegten Tarifvertragsentwurf der IG-Metall zur Regelung von Arbeitsbedingungen und Entlohnungsverfahren in Südwürttemberg/Hohenzollern und Südbaden erfolgte – erfüllte für die betrieblichen Umsetzungsbemühungen eine wichtige Anleitungsfunktion. Solche Grundsätze gaben die positiven Entwicklungsziele ab, auf die hin die Gestaltung der Technik und Arbeitsorganisation ausgerichtet werden mußte. Die einzelnen Tarifbestimmungen würden dadurch in den Zusammenhang eines Gesamtkonzeptes gestellt, das ihnen je einen spezifischen Stellenwert gäbe und damit ihre betriebliche Umsetzung unterstützend begleitete.[51]

Soweit sich in Flächentarifverträgen keine eindeutigen und direkt verbindlichen Vorschriften zur Technik und Arbeitsorganisation festlegen ließen, bot sich den Tarifvertragsparteien die Möglichkeit an, den Abschluß konkretisierender Betriebsvereinbarungen von der Einhaltung bestimmter tarifvertraglich festgelegter Rahmenbedingungen abhängig zu machen (§ 77 Abs. 3 S. 2 BetrVG),[52] um so eine effektive Kontrolle über die Betriebspolitik und die Umsetzung des Tarifvertrages zu erreichen. Ein Ansatzpunkt in dieser Richtung bestand darin, im Flächentarifvertrag die näheren Umstände genauer festzulegen, die dann in den konkretisierenden Betriebsvereinbarungen zu regeln waren.[53] Dies wäre vor allem dann gelungen, wenn Flächentarifpolitik sich auf spezielle Entwicklungsfor-

---

51 Vgl. *Bispinck*, WSI-Mitt. 1982, 562

52 Auf diese Möglichkeit verweisen etwa *Weiss/Weyand*, BetrVG, § 77 Rn. 37

53 Diese Regelungsmöglichkeit kam in § 7 des oben im Haupttext erwähnten Tarifentwurfs der IG-Metall zum Ausdruck, vgl. dazu *Bispinck*, a. a. O. (Fn. 51), 565.

men der Technik und Arbeitsorganisation bezogen und dabei auf zahlreiche betriebliche Erfahrungen zurückgegriffen hätte.

Noch effektiver hätte allerdings die Formulierung im Flächentarifvertrag verbindlicher Gestaltungsrichtlinien für die betriebliche Umsetzung gewirkt. Dieser Lösungsansatz versprach gerade, der Gefahr betriebsspezifischer, von den Zielen der tariflichen Normsetzung abweichender Auslegungs- und Anwendungsstrategien entgegenzuwirken und damit zugleich eine größtmögliche Vereinheitlichung der betrieblichen Umsetzungspraxis zu erreichen. Er hätte nicht zuletzt eine tarifliche Regelungstechnik unterstützt, die durch eine Kombination von Rahmen- und Mindestnormen gewisse notwendige Gestaltungsspielräume im einzelnen Betrieb gewährleisten sollte.[54]

Die betriebliche Umsetzung tariflicher Arbeitsgestaltungspolitik war schließlich in dem Maße voranzutreiben, in dem es gelingen konnte, Zusammenhänge zwischen rationalisierungsbezogenen Schutzansprüchen im traditionellen Bereich der Lohn- und Arbeitszeitpolitik einerseits und erweiterten Humanisierungsforderungen andererseits zu verdeutlichen und bei der konkreten Ausgestaltung von Flächentarifverträgen zum Ausdruck zu bringen. Indem der Tarifvertrag Verbindungslinien zwischen einer eher herkömmlichen Interessenwahrnehmung und dem Ansatzpunkt alternativer Arbeitsgestaltung offenbarte und festlegte, vermochte er auf die Betriebsratspolitik aufklärend wie motivierend zu wirken. Die Erfahrung mit dem LRTV II zeigte bereits: Seine Grundsatznormen zur menschengerechten Gestaltung der Arbeit wurden erst später, nach ihrer tarifvertraglichen Verknüpfung mit der Eingruppierungsgarantie im Absicherungsvertrag von 1978 durch eine ganze Reihe von Betriebsräten ernsthaft aufgegriffen.[55]

1.5.1 Der Aspekt der Information und Beratung

Den Anknüpfungspunkt für den Flächentarifvertrag bot hier die auf die Handhabung der Informations- und Beratungsrechte des Betriebsrates nach §§ 90 und 106 BetrVG bezogene Mitbestimmungsrealität. Die Informationspraxis bei der Einführung neuer Technologien im Betrieb zeigte nur ein recht differenziertes, insgesamt aber schwaches Bild. Während in Großunternehmen mit adäquaten, informell etablierten Kommunikationsstrukturen die Betriebsräte über Rationalisierungsvorhaben relativ frühzeitig und oft unter Berücksichtigung von Planungsalternativen unterrichtet wurden,[56] klaffte in vielen anderen Unternehmen zwischen

---

54 Vgl. zum ganzen *Birke/Krahn/Schwarz*, Beschäftigungspolitische Handlungsspielräume, 295ff.

55 Darüber berichtet *Schauer*, a. a. O. (Fn. 18), 151.

56 Dies wissen *Kern/Schumann*, a. a. O. (Fn. 5), 118f., über die Informationsmöglichkeiten der Automobilbetriebsräte zu berichten. Von einer frühzeitigen Einbeziehung

den rechtlich vorgesehenen Informationsansprüchen des Betriebsrates und der Informationspraxis des Arbeitgebers ein in Qualität und Ausmaß unterschiedlicher Widerspruch. Die betrieblichen Interessenvertretungen wurden entweder in einem fortgeschrittenen bzw. abschließenden[57] Planungsstadium eingeschaltet oder gar erst dann informiert, wenn der Planungsprozeß fest abgeschlossen war und es nur noch um die konkrete Umsetzung der gefaßten Rationalisierungsentscheidungen ging.[58] Sie sahen sich auch häufig mit Informationen konfrontiert, die lückenhaft, geringfügig oder so «dosiert» waren, daß aus ihnen keine relevanten Entscheidungs- und Handlungsalternativen entwickelt werden konnten.[59] Insgesamt war festzustellen, daß mit abnehmender Unternehmensgröße die Durchsetzung der Informationsansprüche des Betriebsrates schwieriger wurde. Dies korrelierte mit der Einschätzung, daß eine zurückhaltende Informationspolitik von den Unternehmen vor allem dort betrieben wurde, wo wegen der engen finanz- und personalpolitischen Spielräume die Negativkonsequenzen der Rationalisierung für die Belegschaften besonders einschneidend waren.

Die Mitbestimmungspraxis bestätigte insgesamt, wie notwendig es war, das informatorische Darstellungsmonopol des Arbeitgebers zu durchbrechen. Damit die Betriebsräte Planungsinhalte entscheidend beeinflussen konnten, mußten Vorkehrungen getroffen werden, die es ihnen gewährleisteten, ab Beginn der Rationalisierungsplanung mit dabei zu sein, und sie in die Lage versetzten, Planungsüberlegungen des Arbeitgebers zu beurteilen und konkrete Alternativen dazu zu entwickeln. Solche Vorkehrungen sollten zum einen frühestmögliche Transparenz des Planungsgeschehens und permanente Verlaufskontrolle durch den Betriebsrat bei der Planungsdurchführung ermöglichen. Zum anderen waren sie wegen des selektiven Charakters unternehmerischer Informationspolitik und der fehlenden sachlichen Kapazitäten bei den Betriebsräten auf die Schaffung und Absicherung unternehmensexterner Informations- und Beratungsmöglichkeiten auszurichten.

---

des Betriebsrates in den unternehmerischen Planungsprozeß berichten auch *Hohmann-Dennhardt*, Entscheidungsstrukturen, 146, 154 und *Paul/Scholl*, in: Diefenbacher/Nutzinger (Hrsg.), Mitbestimmung, 115ff., insb. 121ff., 138.

57 Bezeichnenderweise hieß es in einer der damaligen Betriebsvereinbarungen über die Einführung und Anwendung neuer Technologien: «Rechtzeitig ist die Unterrichtung, wenn sie erfolgt, solange der Entschließungsprozess auf Unternehmerseite nur soweit abgeschlossen ist, daß vor Vollzug der Maßnahme noch Anregungen des Betriebsrates berücksichtigt werden können.»

58 Vgl. etwa *Gaitanidis/Gottschalk*, in: Angewandte Planung Bd. 2 1978, 26f.; *Gießelmann/Künstler/Milz/Simoleit*, GMH 1976, 30, 33f.; *Jürgens*, MitbestGespr. 1979, 150f.

59 Vgl. *Mayer/Ralfs*, a. a. O. (Fn. 29), 76.

Die Formulierung und Absicherung der notwendigen informations- und beratungspolitischen Vorkehrungen konnte auch, wie dies bereits in abgeschlossenen Rationalisierungsschutzabkommen und Technologie-Tarifverträgen erfolgte, den Tarifvertragsparteien überantwortet werden. Tragender Gesichtspunkt der tarifvertraglichen Regelungskompetenz sollte hier die betriebsspezifische Ausdeutung und Umsetzung arbeitsgestaltender Flächentarifpolitik sein. Ein erster Ansatzpunkt bestand deshalb darin, im Tarifvertrag die im Betriebsverfassungsgesetz vorgeschriebenen Pflichten des Arbeitgebers zur Offenlegung von Informationen über die gesamte Unternehmenssituation und konkret über die Vorbereitung technischer Rationalisierungsmaßnahmen zu präzisieren und zu erweitern. Der Tarifvertrag konnte dabei eine situations- und prozeßspezifische Deutung der Informationspflichten des Arbeitgebers erreichen. Zeitpunkt und Umfang der Unterrichtung des Betriebsrates ließen sich dadurch spezifizieren, daß die Tarifvertragsparteien nicht allgemein vom Planungs- und Realisierungsvorgang technisch-organisatorischer Rationalisierungsmaßnahmen sprächen, sondern seine verschiedenen Phasen festlegten und daran jeweils die Weitergabe bestimmter Informationsinhalte anknüpften. Flächentarifverträge mußten sicherlich wegen der unternehmensindividuellen Besonderheiten von Planungs- und Entscheidungsprozessen auf eine allgemeine Umschreibung beschränkt bleiben.[60] Sie konnten jedoch damit eine wichtige Anleitungsfunktion für Rahmenbetriebsvereinbarungen erfüllen, die für eine solche informationspolitische Vertragsgestaltung besonders geeignet schienen.

Der Tarifvertrag hätte auch für eine interessenspezifische Deutung der Informationspflichten des Arbeitgebers eingesetzt werden können. §§ 2 und 6 des Absicherungs-Tarifvertrages vom 3.4.1978 für den Bereich der Metallverarbeitung Nordwürttemberg-Nordbaden demonstrierte gerade diese Möglichkeit. Was diese Tarifbestimmungen besonders kennzeichnete, war die Herstellung eines Zusammenhangs zwischen der Informationspflicht des Arbeitgebers nach § 90 BetrVG und der Absicherung des individuellen, durch die Rationalisierung bedrohten Lohn- bzw. Gehaltsniveaus. Dieser Zusammenhang vermochte die Betriebsräte aufzuklären und damit zur Wahrnehmung ihres Informationsanspruches nach § 90 BetrVG zu motivieren. Ihm kam insofern ein Modellcharakter für die Förderung der Inanspruchnahme formeller Informationsmöglichkeiten durch die Betriebsräte zu.

60 Vgl. aber auch den Technik-Tarifvertrag zwischen der Volkswagen AG Wolfsburg und der IG-Metall vom 23.2.1987, in: *WSI-Tarifarchiv*, Elemente qualitativer Tarifpolitik Nr. 6, S. 79, der sich in § 5 trotz seiner unternehmensindividuellen Ausrichtung mit allgemeinen Umschreibungen des Planungs- und Realisierungsvorganges und der daran anzuknüpfenden Informationsinhalte begnügt.

Der Tarifvertrag wäre nicht zuletzt in der Lage gewesen, bis zu einem gewissen Maße die informationspolitischen Aktivitäten des Arbeitgebers zu lenken. Gerade weil der Tarifvertrag hier allgemeine Vorgaben über die Technikgestaltung und Arbeitsorganisation festlegte, schien es zweckmäßig, in ihm zugleich die Felder abzustecken, auf denen die zur betrieblichen Konkretisierung und Umsetzung dieser Vorgaben notwendigen Informationsinhalte zu ermitteln und zu verarbeiten waren. Der Arbeitgeber wäre somit verpflichtet gewesen, seinen Informationsbedarf bei der Planung technischer Rationalisierungsmaßnahmen an der Erfüllung der ihm vom Tarifvertrag vorgegebenen Rahmendaten auszurichten.

Transparenz und permanente Verlaufskontrolle der Rationalisierungsplanung konnten aber nur durch eine institutionelle Beteiligungsform des Betriebsrates gewährleistet werden. In Erwägung hätte man deshalb die Errichtung eines Planungsausschusses ziehen sollen, der sich paritätisch mit Vertretern des Managements und des Betriebsrates zusammen zu setzen und der von Anfang an, auch über die Entfaltung eigener Planungsaktivitäten, die technisch-ökonomische Planung des Arbeitgebers hinsichtlich der betriebsspezifischen Konkretisierung und Ausgestaltung der tariflichen Rahmendaten zu beraten und zu kontrollieren hätte.[61] Die damit zu verändernde Stellung des Betriebsrates zum Planungssystem des Unternehmens durfte freilich nicht zum Schluß verleiten, daß er selbst eine Art Gegenmanagement zu bieten hätte. Solche Erwartung wäre wegen der ihm fehlenden personellen, zeitlichen und sachlichen Ressourcen verfehlt gewesen.[62] Die Betriebsräte waren – vor allem in den kleinen und mittelständischen Unternehmungen[63] – von sich aus kaum in der Lage, der Planungs- und Entscheidungskompetenz der Unternehmensleitung die im Interesse der Belegschaft notwendigen und sachlich angemessenen Überlegungen und Forderungen entgegen-

61 Ein solcher Planungsausschuß würde damit die Gestalt annehmen und teilweise Funktionen wahrnehmen, die ursprünglich dem Wirtschaftsausschuß der Betriebsverfassung durch die Gesetzesvorschläge von DGB und SPD aus dem Jahre 1950 zugedacht worden waren, vgl. dazu *Hohmann-Dennhardt*, a. a. O. (Fn. 56), 59, 216f. Im Hinblick auf das enger werdende Verhältnis von Produkt- und Fertigungstechnologie, den bereichsübergreifenden Organisationsansatz neuer Technologien und die damit einhergehende Zentralisierung unternehmerischer Technologie- und Investitionsentscheidungen, vgl. etwa *Benz-Overhage u. a.*, a. a. O. (Fn. 1), 197, sollte er gerade auf der Ebene des Gesamtunternehmens eingerichtet werden. Primär angesprochen wäre (bei gleichzeitiger Einschaltung des jeweils betroffenen Betriebsrates) also hier die Zuständigkeit des Gesamt- bzw. Konzernbetriebsrates.

62 *Nagel*, in: Koubek/Schredelseker (Hrsg.), Information, Mitbestimmung und Unternehmenspolitik, 8. Vgl. auch *Weyand*, a. a. O. (Fn. 18), 229.

63 Vgl. zu den Bedingungen der Interessenvertretung in diesen Betrieben *Ott*, Die Mitbestimmung 1987, 52ff.

zustellen. Dies erforderte insbesondere bei der Einführung und Anwendung neuer Technologien ein hohes Maß an Sachkompetenz, welches sich die Betriebsräte auch durch verstärkte Bildungsanstrengungen nicht hätten aneignen können.[64] Die betriebliche Interessenvertretung mußte deshalb eher von Funktionen entlastet werden, deren Zuweisung vermutlich nichts anderes als systematisch Inkompetenz erzeugt hätte.[65] Eine Professionalisierung des Betriebsrates barg nicht zuletzt die Gefahr einer Identitätsveränderung mit unwägbaren Konsequenzen für seine Position als Interessenorgan der Belegschaft. Das Dilemma blieb dennoch bestehen. Die tarifliche Zielsetzung verlangte ja hier eine Offensivrolle des betrieblichen Umsetzungsträgers; er mußte nicht nur als «Planbewerter», sondern vielmehr als «Planentwerfer» agieren. Diese Art Interessenvertretung hätte der Betriebsrat überhaupt nur wahrnehmen können, wenn – gerade bei entsprechend effektiver Ausgestaltung des Rechts nach § 80 Abs. 3 BetrVG – auf seiner Seite gewerkschaftlich orientierte Sachverständige reibungslos in die Arbeit des Planungsausschusses einbezogen worden wären.[66] Deren Aufgabe hätte darin bestanden, die für die betriebliche Realisierung des Tarifvertrages in örtlichen Arbeitskreisen und unter aktiver Beteiligung der Arbeitnehmerschaft[67] erarbeiteten Erkenntnisse und Lösungskonzepte in den unternehmerischen Planungsprozeß hineinzutragen. Ihre Präsenz im Planungsausschuß hätte auch den Sinn gehabt, gewerkschaftliche Technologieberatung[68] mit unternehmensspezifischen Informationsinhalten frühzeitig und direkt zu verknüpfen.[69]

---

64 Vgl. zu diesem Problemaspekt *Altmann/Düll*, WSI-Mitt. 1987, 267.

65 Vgl. *Behr/Pohlmann*, WSI-Mitt. 1991, 250ff., 258, die zur Rolle der Betriebsräte im Innovationsprozeß zutreffend bemerken, es könne sich nicht darum drehen, immer neue Funktionszuweisungen an ihre Adresse zu formulieren. Betriebliche Interessenvertretung müsse vielmehr einen prozeduralen Charakter bekommen, sich an einer Verfahrensrationalität orientieren, die inhaltliche Vorstellungen zugunsten von Verfahren aufgebe, die Freiräume und Anreize für möglichst ungehinderte Interessenartikulation schaffen würden.

66 Vgl. aber auch den Lösungsansatz bei *Koubek*, in: Koubek/Schredelseker (Hrsg.), Information, Mitbestimmung und Unternehmenspolitik, 92ff.

67 Die notwendige Einbeziehung insb. der Gruppe der Ingenieure, aber auch der fachlich hochqualifizierten Techniker und Automations-Facharbeiter in die Betriebsratsarbeit betonen etwa *Altmann/Düll*, a. a. O. (Fn. 64), 264.

68 Den von den Gewerkschaften eingerichteten Technologieberatungsstellen (TBS) käme gerade für die Interessenvertretung im Rahmen der zu errichtenden Planungsausschüsse besondere Bedeutung zu. Ihr Leistungsangebot war nicht nur «angebots-«, sondern auch «nachfrageorientiert», es bezog sich also auch auf den «akuten» Informations- und Beratungsbedarf im einzelnen Betrieb, vgl. etwa *Angermeier*, WSI-Mitt. 1987, 379ff. Für einen näheren Überblick in die Zielsetzung und Aufgabestellung des von der IG-Metall eingerichteten Projekts «Innovations- und Technologie-

Arbeitsgestaltende Flächentarifpolitik mußte also im informations- und beratungspolitischen Bereich mehr tun als nur die Pflichten des Arbeitgebers zu präzisieren und zu erweitern. Ihr Ansatzpunkt sollte auch darin bestehen, dem Betriebsrat als dem Umsetzungsträger ihrer materiellen Vorgaben eine nähere Einwirkungsmöglichkeit und bessere Kontrolle auf und über die unternehmerische Rationalisierungsplanung zu ermöglichen. Sie hätte im oben dargelegten Sinne die Errichtung von Planungsausschüssen vorsehen und ihre Zusammensetzung und Arbeitsaufgaben festschreiben können. Entscheidend wäre dabei die Einbeziehung gewerkschaftlicher Technologieberatungsstellen in die Arbeit dieser Ausschüsse. Dem Tarifvertrag wäre somit die zusätzliche Aufgabe zugefallen, adäquate Rahmenbedingungen für die Intervention dieser Beratungsstellen im einzelnen Betrieb zu garantieren.

1.5.2 Der Aspekt der Interessendurchsetzung

Der von den Betriebsparteien zu errichtende Planungsausschuß hätte auch mit Entscheidungskompetenzen ausgestattet werden müssen. Wenn er der geeignete

---

beratung» vgl. ursprünglich die Broschüre IBS/IGM Info 1 und den IBS-IGM zusammenfassenden Erfahrungsbericht 1979-1982.
Die unzureichenden personellen und fachspezifischen Kapazitäten sowie die überwiegend zentralistische Umsetzungsstruktur dieser Beratungsprojekte rechtfertigten allerdings keine großen Erwartungen in bezug auf die Erfüllung ihrer weiten und komplexen Aufgabenstellung. Erforderlich war – wie bereits im Haupttext angedeutet – gewerkschaftliche Technologie- und Humanisierungsberatung vor Ort. Diese würde eine dezentral-personenbezogene und kontinuierlich begleitende Beratungstätigkeit und damit eine tiefgreifende Problembearbeitung einzelner Fälle ermöglichen, vgl. dazu *Hinz*, FH 11/1981, 10f. und bereits früher *Kern*, GMH 1969, 224.

69 Wie notwendig es war, alternative Gestaltungsforderungen mit unternehmensspezifischem Argumentationsrüstzeug – Stichwort: der zuverlässige und aufschlußreiche Überblick über die Markt- und Gewinnstrategie des Unternehmens – zu versehen und schon frühzeitig in die unternehmerische Rationalisierungsplanung einfließen zu lassen, hatten bereits Erfahrungen innerhalb des Humanisierungsprogramms und des Tätigkeitsfeldes der TBS gezeigt. Zur Dominanz der Kosten- und Konkurrenzfähigkeitsargumentation vgl. *Krahn*, in: Pöhler (Hrsg.), Damit die Arbeit menschlicher wird, 132; zu den begrenzten Einwirkungsmöglichkeiten der TBS wegen ihrer späten Einschaltung vgl. den soeben in Fn. 68 zitierten IBS-IGM Erfahrungsbericht, 11f.; die damaligen insgesamt aufschlußreichen Erfahrungen der TBS Oberhausen zusammenfassend *Angermaier*, a. a. O. (Fn. 68), 383ff., der insbesondere einen großen Unterschied in den Handlungschancen zwischen den Betriebsräten von Groß- und Kleinbetrieben konstatierte und ein wesentliches Problem bei der Beratung im unzureichenden Gestaltungswissen und in den mangelnden Gestaltungsbeispielen sah.

Ort für die sachliche Auseinandersetzung um die betriebliche Realisierung arbeitsgestaltender Flächentarifpolitik war, so lag es nahe, in ihm auch ein Entscheidungsforum zu sehen, das aufgrund seiner paritätischen Besetzung der Arbeitnehmerseite eine echte Mitbestimmungsmöglichkeit eröffnen würde. Die gemeinsam ausgearbeiteten und beschlossenen Planungsinhalte brauchten dann dem Arbeitgeber und Betriebsrat nur zur Genehmigung vorgelegt und durch den Abschluß von Betriebsvereinbarungen ratifiziert und rechtlich abgesichert zu werden.

Die tarifpolitische Verfolgung dieses Mitbestimmungsansatzes hätte vor allem die Frage nach der Instanz aufgeworfen, die im Falle mangelnder Einigung im Planungsausschuß eingeschaltet würde, um letztlich eine beide Betriebsparteien bindende Entscheidung zu fällen. Die Bezugnahme auf den Betriebsrat und die Betriebsvereinbarung, aber auch eine bis dahin gängige Tarifpraxis hätten die Möglichkeit des Rückgriffs auf die Einigungsstelle des Betriebsverfassungsgesetzes nahegelegt.

Der Ansatz über die Einigungsstelle des Betriebsverfassungsgesetzes stieß indes bereits auf den Einwand, daß damit die Konfliktlösung zwischen den Betriebsparteien letztlich einer Person überantwortet würde, die nicht die Garantie einer souveränen näheren Beurteilung komplizierter Entscheidungsvorgänge böte.[70] Es handelte sich um den Vorsitzenden dieses Gremiums, dessen Stimme entscheiden würde, sofern bei einer ersten Beschlußfassung eine Pattsituation entstand (§ 76 Abs. 3 S. 2 BetrVG). Meist aber kannte er die konkrete Unternehmenssituation nicht, war am Planungprozeß nicht beteiligt und damit wesentlich auf die Informationen der Kontrahenten angewiesen. Er besaß auch nicht unbedingt die erforderlichen Fachkenntnisse, um diese Informationen in kurzer Zeit auf ihre Qualität und Aussagefähigkeit hin in ausreichendem Maße überprüfen zu können.[71] Die von seiner Sicht entscheidend mitgeprägte Einigung war deshalb mit Unsicherheiten in bezug auf ihre Sachlichkeit und Angemessenheit behaftet.

Mehr ins Gewicht fiel jedoch ein anderer Aspekt. Es galt nämlich nicht zu vergessen, daß die Einigungsstelle des Betriebsverfassungsgesetzes bei ihren Entscheidungen neben den «Belangen der betroffenen Arbeitnehmer» auch die «Belange des Betriebes» (§ 76 Abs. 5 S. 3 BetrVG) und damit unternehmerische Rentabilitätserwägungen angemessen zu berücksichtigen hatte.[72] Der Mitbestimmungstatbestand wäre zwar hier nicht durch die restriktiven Voraussetzungen des § 91 BetrVG geprägt, sondern er ginge auf die erweiterte, präventiv angelegte Zielsetzung des Tarifvertrages zurück. Der Tarifvertrag war, anders als das kor-

70 Vgl. *Hohmann-Dennhardt*, a. a. O. (Fn. 56), 214.
71 *Hohmann-Dennhardt*, ebda.
72 Vgl. *Hohmann-Dennhardt*, a. a. O. (Fn. 56), 129, 130ff.

rigierende Mitbestimmungsrecht des Betriebsrates nach § 91 BetrVG, in seinen Einwirkungsmöglichkeiten auf die Arbeitsorganisation nicht durch wirtschaftliche Gesichtspunkte vorstrukturiert, sondern er konnte diese durchaus bestreiten. Der durch § 76 Abs. 5 S. 3 BetrVG allgemein vorgeschriebene Ermessensspielraum der Einigungsstelle wäre aber damit nicht aufgehoben. Das bedeutete freilich nicht, daß unternehmerische Belange genauso wie bei § 91 BetrVG zur Geltung gelangen mußten. Die erweiterte tarifliche Zielsetzung würde vielmehr den Entscheidungs- und Wirtschaftlichkeitsrahmen der Einigungsstelle modifizieren. Diese hätte nun auch unter dem Gesichtspunkt von Arbeitnehmerinteressen über Sachfragen der unternehmerischen Rationalisierungsplanung zu befinden, die sonst der Entscheidungsautomonie des Arbeitgebers vorbehalten blieben. Die tarifliche Erweiterung des Entscheidungs- und Wirtschaftlichkeitsrahmens der Einigungsstelle garantierte jedoch nicht die uneingesschränkte Realisierung der tariflich erkämpften Rahmendaten. Diese würden schon das Aushandeln eines allgemeinen Kompromisses mit den ökonomischen Interessen der Arbeitgeberseite implizieren. Sie könnten aber zusätzliche Relativierungen dadurch erleiden, daß die Einigungsstelle von Rechts wegen ihre konkreten Beschlüsse ebenso an den «Belangen des Betriebs» auszurichten hätte. Die Einschaltung der Einigungsstelle des Betriebsverfassungsgesetzes würde, anders ausgedrückt, auch die Reaktualisierungs- und Durchsetzungsmöglichkeit ökonomischer Interessen des Arbeitgebers bedeuten, freilich um den Preis einer «Verwässerung» der tariflichen Zielvorgaben. Um dies ernsthaft zu bestreiten, müßte nachgewiesen werden, daß die tarifliche Rahmenregelung ohne weiteres zur Aufhebung des Entscheidungsmaßstabes «Belange des Betriebs» oder zu seiner Funktionalisierung im Sinne der «Belange der betroffenen Arbeitnehmer» führte. Für den Tarifvertrag bestand sicherlich die Möglichkeit, die Beschlüsse der Einigungsstelle und damit definitiv auch die Betriebsvereinbarung von einer inhaltlichen Festlegung auf das «Betriebswohl»[73] abzukoppeln. Dann hätte es sich aber nicht um das betriebsverfassungsrechtliche Organ der Einigungsstelle, sondern um ein wesentlich anderes Schlichtungsorgan gehandelt.

Wohlgemerkt, jedes Schlichtungsverfahren über die Ausdeutung und Umsetzung des Tarifvertrages bedeutet zugleich die Möglichkeit erneuter Berücksichtigung der ökonomischen Interessen des Arbeitgebers. Vermeiden ließe sich das nur bei tariflichen Regelungen, die so eindeutig, unnachgiebig und abschließend formuliert sind, daß ihre Realisierung lediglich eines administrativen Aktes im Betrieb bedarf. Für den hier vorliegenden Sachzusammenhang konnte dies aber weitgehend nicht der Fall sein. Arbeitsgestaltungsnormen in Flächentarifverträ-

---

73 Die Maßstäbe «Betriebswohl» in § 2 Abs. 1 BetrVG und «Belange des Betriebs» in § 76 Abs. 5 S. 3 BetrVG sind identisch.

gen sollten im Einzelfall ausgedeutet und in der Anwendung ausgestaltet werden. Nur: Es ist ein Unterschied, ob die Realisierung des Tarifvertrages letztlich der Einigungsstelle nach § 76 BetrVG überantwortet wird, die dann ebenso zu einer angemessenen Berücksichtigung der Interessen des Arbeitgebers verpflichtet ist, oder ob sie einem «offeneren», ebenfalls verbindlichen Schlichtungsverfahren anvertraut wird, das vornehmlich der Berücksichtigung der betroffenen Arbeitnehmerinteressen im Sinne des Tarifvertrages dient. In einem solchen Fall würden die Tarifvertragsparteien an die Stelle der Einigungstelle des Betriebsverfassungsgesetzes nicht bloß eine tarifliche Schlichtungsstelle treten lassen (§ 76 Abs. 8 BetrVG), sondern zugleich ihren normativen Ermessensspielraum – gerade in Abweichung von § 76 Abs. 5 S. 2 BetrVG – entsprechend modifizieren. Schließlich ging es auch darum, nach Regelungsmechanismen der Interessendurchsetzung zu suchen, die dem Betriebsrat als Umsetzungsträger gewerkschaftlicher Rahmentarifpolitik das Recht des ersten Zugriffs einräumten. Gerade weil der Tarifvertrag um der Arbeitnehmerinteressen willen abgeschlossen werden sollte, rechtfertigte es sich, im Falle mangelnder Einigung zwischen den Betriebsparteien die Ausdeutung für zunächst maßgebend zu erklären, die ihm durch den Betriebsrat gegeben würde.[74] Der Arbeitgeber besäße danach bis zum Ablauf einer bestimmten Frist die Möglichkeit einer gerichtlichen Klärung über die Frage, ob sich die vom Betriebsrat vertretene Auffassung im Rahmen des Tarifvertrages hielte.

Ein solches Umsetzungsmodell versprach nicht zuletzt die Schwierigkeiten zu überwinden, die mit der gerichtlichen Durchsetzung von arbeitsgestaltenden Flächentarifverträgen verbunden waren. Da die Klage des einzelnen Arbeitnehmers kein verläßliches Mittel war und ist, um eine Realisierung des Tarifvertrages sicherzustellen,[75] und da sie gerade in bezug auf Gestaltungsprobleme der Arbeitsorganisation, die sich nicht auf der Ebene des einzelnen Arbeitsplatzes lösen lassen, allein betrachtet kaum einen Sinn hat, trifft die Verantwortung dafür die Gewerkschaft. Diese besitzt aber nach herrschender Meinung bei Flächentarifen nicht die Möglichkeit eines «Durchgriffs» auf den einzelnen Arbeitgeber.[76] Auch wenn man der Gewerkschaft ein eigenständiges Klagerecht gegen einzelne orga-

---

74 Zu diesem in Schweden – dort zugunsten der Gewerkschaften – gesetzlich statuierten Ansatz der Konfliktlösung vgl. bereits *Däubler*, Tarifvertragsrecht, Rn. 1428ff.

75 Vgl. dazu *Däubler*, Tarifvertragsrecht, Rn. 1376ff., 1380.

76 So die ständige Rechtsprechung des Bundesarbeitsgerichts *BAG* AP Nr. 7 und 42 zu § 256 ZPO; AP Nr. 20 zu § 670 BGB; AP Nr. 9 zu § 81 ArbGG 1979; AP Nr. 39 zu § 76 BetrVG 1972; zustimmend *Löwisch/Rieble*, TVG, § 4 Rn. 73; *Germelmann/Matthes/Prütting*, ArbGG, § 81 Rn. 68. *Wiedemann/Stumpf*, TVG, § 1 Rn. 356, sprachen nur von einer «Lücke» im Rechtsschutz.

nisierte Arbeitgeber zusprechen würde,[77] dürften die Erfolgschancen als relativ gering einzuschätzen sein. Denn es wäre der Arbeitgeber, der vor allem bei Tarifverträgen, die wie hier große Auslegungsspielräume ließen, das Recht des «ersten Zugriffs» besäße, also im Betrieb Fakten schaffen könnte, die nicht nur vor dem Arbeitsgericht schwer zu beanstanden wären, sondern vielmehr dessen Entscheidung erheblich beeinflussen könnten.[78] Das zitierte Umsetzungsmodell bestritt dem Arbeitgeber gerade diese Definitionsmacht. Aus dem «Vorrecht» des Arbeitgebers wurde nun ein «Vorrecht» der Gewerkschaft oder des sie vertretenden Betriebsrates. Meinungsdivergenzen über Ausdeutung und Anwendung des Tarifvertrages drohten daher, beim Fehlen eines verbindlichen Schlichtungsverfahrens nicht mehr strukturelle Vorteile für den Arbeitgeber mit sich zu bringen. Die Arbeitnehmerseite erhielte vielmehr die Möglichkeit, Fakten zugunsten des Tarifvertrages zu schaffen und den Arbeitgeber damit zu konfrontieren. Die Möglichkeit, über den Tarifvertrag beliebig zu disponieren, bliebe ihm verwehrt. Zu einer Klage durch die Gewerkschaft brauchte es insofern nicht zu kommen. Die Beweislast für eine Fehlinterpretation und Fehlanwendung des Tarifvertrages träfe nur den Arbeitgeber.

Das Problem der Durchsetzung des Tarifvertrages stellte sich, wenn auch in geringerem Umfang, ebenfalls für die Phase seiner Praktizierung. Der häufig eintretende Widerspruch zwischen Tarifnorm und betrieblicher Realität machte Vorkehrungen notwendig, die auf seine Beseitigung ausgerichtet waren. Angesprochen war hier vor allem die Interessensituation des einzelnen Arbeitnehmers im Hinblick auf seine konkreten Arbeits- und Leistungsbedingungen. Seine tariflichen, durch die Betriebsvereinbarung konkretisierten und abgesicherten Erfüllungsansprüche gegen den Arbeitgeber würden im Betrieb faktischen Einschränkungen unterliegen. Da die betriebliche Interessenvertretung von sich aus nicht alle Mißstände aufdecken und reklamieren könnte, käme es vor allem auf seine eigenen Handlungsrechte und -möglichkeiten an. Gefragt war also die direkte Einflußnahme auf seine Arbeits- und Leistungsbedingungen durch ein tariflich abgesichertes innerbetriebliches Reklamationsverfahren, das er selbst auslösen konnte. Durch dieses Verfahren sollte er die Möglichkeit erhalten, innerhalb eines angemessenen Zeitraums und ohne Befürchtung vor Repressionen Veränderungen bei seiner Arbeits- und Leistungssituation zu veranlassen und durchzusetzen, die seine tariflichen Ansprüche besser befriedigen würden.[79] Dem einzelnen

---

77 Vgl. *Däubler*, Tarifvertragsrecht, Rn. 1384ff.; *Kempen/Zachert*, TVG, § 4 Rn. 102ff.; *Gamillscheg*, Kollektives Arbeitsrecht I, 633ff.; *Wiedemann*, in: Wiedemann, § 1 TVG, Rn. 728.

78 Ähnlich die Einschätzung bei *Däubler*, Tarifvertragsrecht, Rn. 1427.

79 Die tarifliche Absicherung eines solchen Verfahrens stellte eine der Kernforderungen im Tarifvertragsentwurf der IG-Metall für Südwürttemberg/Hohenzollern und

Arbeitnehmer bot sich damit eine echte Alternative zu der für ihn problematischen Beschreitung des Rechtsweges an. Ermöglicht wurde zugleich sein aktiver Beitrag zur Umsetzung des Tarifvertrages und nicht zuletzt eine bessere Kontrolle darüber.

2. Der Tarifvertrag als Instrument arbeitsorientierter Strukturpolitik

2.1 Konkrete Ansatzpunkte

Die hier für den Tarifvertrag in Betracht kommenden Ansatzpunkte kennzeichneten weder das Selbstverständnis noch die Praxis der deutschen Tarifpolitik. Sie ließen sich aber in Anknüpfung an die vorangestellten Überlegungen zur Notwendigkeit einer arbeitsorientierten Strukturpolitik[80] und anhand von Beispielen aus der Tarifpraxis anderer Länder (vor allem Italien) konkret so vorstellen:

Wenn es notwendig war, Arbeitnehmerinteressen schon im Entstehungs- und Herstellungsprozeß neuer Technologien zu berücksichtigen, lag es nahe, auch nach direkten Möglichkeiten der Einflußnahme auf die unternehmerische Forschungs- und Entwicklungspolitik zu suchen. Besonders die italienische Erfahrung zeigte, daß der Tarifvertrag zu diesem Zweck eingesetzt werden konnte. Die während der 70er bis Anfang der 80er Jahre vor allem mit großen Industrieunternehmen ausgehandelten Tarifverträge enthielten u. a. Klauseln über Forschungsvorhaben und Entwicklungspläne von Produktionsanlagen.[81] In einigen von ihnen wurde ausdrücklich die Verpflichtung der Unternehmerseite zur Realisierung der festgelegten Forschungsziele und Planungsangaben erwähnt. Tarifverträge solcher Art ließen sich auch für die BRD denken. Ihr Ansatzpunkt hätte darin bestanden, alternative Forschungs- und Entwicklungsprogramme zu Fragen der Produkt- und Prozeßinnovation zu begünstigen. Adressat dieser Tarifpolitik wären alle Herstellerfirmen neuer Technologien, insbesondere aber große Universalunternehmen gewesen, die über gut ausgestattete Forschungs- und Entwicklungsstäbe sowie große Herstellungskapazitäten verfügten und aufgrund ihrer Marktmacht und ihres technischen Know-hows die Technologietrends bestimmen konnten.

Südbaden dar, *Bispinck*, a. a. O. (Fn. 51), 568. Vgl. auch die nähere Beschreibung dieser Forderung bei *Riester*, in: Mahlein u. a. (Hrsg.), Tarifpolitik unter Krisenbedingungen, 59f.

80 Vgl. oben die Ausführungen im Kapitel I Abschnitt 2, S. 29.

81 Darüber berichten *Runggaldier*, a. a. O. (Fn. 17), 229f. und *Stockmann*, Die tarifvertragliche Partizipation, 201f., 293f., 305, jeweils mit weiteren Angaben.

Der Tarifvertrag bot sich auch als Ansatzpunkt an, um die Erkenntnis der besonderen Verantwortung innovationsintensiver Großunternehmen für die Entwicklung in anderen Teilen der Wirtschaft zu artikulieren und in inhaltliche Anforderungen an ihr Investitionsverhalten umzusetzen. Die weit entwickelte Tarifpraxis in Italien kannte zwar genaugenommen keine derartige investitionspolitische Zielsetzung. Doch Tarifverträge wie der im Jahre 1974 zwischen der italienischen Metallarbeitergewerkschaft (F.L.M.) und dem Automobilunternehmen FIAT abgeschlossene[82] zeigten, daß es möglich war, die unternehmerische Investitionspolitik in überbetriebliche Interessenkontexte tariflich einzubinden. Auch Tarifverträge in der BRD hätten für innovationsintensive Großunternehmen Investitionsprogramme festlegen können, welche auf die Stabilisierung der Beschäftigungssituation in jenen Sektoren und Regionen ausgerichtet worden wären, die durch die Modernisierungspolitik dieser Unternehmen negativ betroffen waren. Dabei hätte der Tarifvertrag insbesondere Pläne zur Ausweitung der Produktpalette (Produktinnovation) und zum Ausbau der Produktionsanlagen festschreiben müssen. Wichtiger Orientierungspunkt der tariflichen Ausgestaltung wäre aber auch die zeitliche Abstimmung der Rationalisierungsinvestitionen dieser Unternehmen mit den von ihnen vorzunehmenden Erweiterungsinvestitionen gewesen, um so die durch ihre Modernisierungspolitik bewirkten Kapazitäts- und Arbeitsplatzverluste in anderen Bereichen frühzeitig auffangen zu können.

Die tarifliche Formulierung alternativer Produktionsprogramme wäre auch für andere Konstellationen der Rationalisierungsproblematik von Nutzen gewesen. So hätten Möglichkeiten der Produktdiversifizierung und -konversion wesentlich dazu beitragen können, in rationalisierenden Unternehmen eintretende Kapazitäts- und Arbeitsplatzverluste zu kompensieren.[83] Sie hätten zudem unter den Bedingungen einer durch neue Technologien verschärften Marktkonkurrenz eine Kapazitäts- und Wettbewerbsförderung für kleinere existenzgefährdete Unternehmen und ihre Arbeitnehmer bewirken können.[84] Und Großunternehmen hätten

82 Der Inhalt dieses Tarifvertrages wurde auch von einem damals von den Gewerkschaften artikulierten Investitionsplan geprägt, der bei wachsender Arbeitslosigkeit massive Investitionen durch ausgewählte staatliche und private Großunternehmen für den unterentwickelten Süden Italiens vorsah, vgl. dazu *Lecher*, WSI-Mitt. 1977, 47f.; näher *Stockmann*, a. a. O. (Fn. 81), 116ff., mit auszugsweiser Übersetzung des Vertragstextes im Anhang (289ff.).

83 Zum Ansatzpunkt «alternativer Produktion» *Kuda* und *Welsch*, in: Bleicher (Hrsg.), Technik für den Menschen, 178f., 189. Vgl. auch *Janßen/Lang*, in: Arbeit 2000, 214; sowie die Darstellung der Alternativvorstellungen der PLAKAT-Betriebsräte bei Daimler-Benz Untertürkheim bei *Sonn*, in: Jacobi u. a. (Hrsg.), Kritisches Gewerkschaftsjahrbuch 1981/82, 58ff., insb. 61f.

84 Vgl. dazu etwa die Überlegungen von *Priewe*, in: Elsner/Katterle (Hrsg.), Wirtschaftsstrukturen, 113ff.

wiederum dazu verpflichtet werden können, arbeitsplatzschaffende Produkt- und Prozeßinnovationen in strukturschwachen Regionen vorzunehmen.[85]

Es ist ersichtlich, daß die erwähnten tarifpolitischen Ansatzpunkte die gesamte Bandbreite unternehmerischer Investitionsfreiheit erfaßt hätten. Sie betrafen nicht nur das «Wie», sondern vielmehr das «Was», «Wo» und «Wann» der Produktion.[86] Der Tarifvertrag wäre auf die unmittelbare Beeinflussung der stofflichen Ausrichtung, der örtlichen sowie zeitlichen Verteilung der Investitionen ausgerichtet worden. Er hätte sich damit insgesamt auf alle Aspekte der Zielkomponente des unternehmerischen Entscheidungssystems erstreckt, genauer gesagt: das Sachziel und das Formalziel des Unternehmens im Gesamtverhältnis gegenseitiger Wirkung anvisiert.[87]

Die Vorstellung über den Tarifvertrag als Realisierungsinstrument der oben präsentierten Ansatzpunkte läßt sich dadurch präzisieren, daß man sich über die damit in Betracht kommenden Tarifebenen und ihre Regelungseffizienz Gedanken macht. Erst wenn über erwünschte Entfaltungsstrukturen und Tauglichkeit des tariflichen Instrumentariums Gewißheit besteht, scheint es sinnvoll, sich auch auf eine realpolitische Einschätzung der tariflichen Realisierungsmöglichkeiten arbeitsorientierter Strukturpolitik einzulassen.

2.2 Entfaltungsmöglichkeiten und Effizienz des tariflichen Instrumentariums

Der Flächentarifvertag hätte hier nur als Instrument mittelbarer Lenkung der unternehmerischen Investitionspolitik agieren können. Die in ihm festgelegten Entscheidungskriterien und -programme hätten, da nicht auf die spezifische Situation einzelner Unternehmen zugeschnitten, notwendigerweise mehr oder weniger allgemein bleiben müssen.[88] Ihr makroökonomischer Lenkungseffekt wäre deshalb nur um den Preis einer verminderten Steuerungsqualität nutzbar gewesen. Dies fiele vor allem dann ins Gewicht, wenn es um die Verbreitung und Durchsetzung

---

85 Für eine stärkere Konzentration der Investitionstätigkeit von Großunternehmen in strukturschwachen Regionen *Priewe*, a. a. O. (Fn. 84), 118.

86 Die Einsicht der Gewerkschaften in die Notwendigkeit solcher Einflußnahme wurde im Bericht der Arbeitsgruppe 2, in: *Bleicher (Hrsg.)*, Technik für den Menschen, 126f., dokumentiert: «Die Frage über das Was der Produktion kann nicht weiter aus dem tarifpolitischen Gesichtsfeld ausgeschlossen bleiben.»

87 Zum unternehmerischen Entscheidungssystem vgl. *Hohmann-Dennhardt*, a. a. O. (Fn. 56), 183f.; *Kurz-Scherf*, WSI-Mitt. 1986, 190; *Weyand*, a. a. O. (Fn. 18), 212ff., der unter Einbeziehung des tarifvertraglichen Begründungsmodells institutioneller Mitbestimmungsmöglichkeiten auf «eine breitgestreute Wirkungsweise» des Tarifvertrages verweist, die alle Entscheidungskomponenten der Unternehmung (Ziel-, Feld- und Handlungskomponente) erfaßt.

88 Vgl. auch *Weiss*, a. a. O. (Fn. 43), 307f.

von Humanisierungstechnologien ginge. Ein etwa alle Unternehmen des Maschinenbaus erfassender Branchentarifvertrag hätte durch die Formulierung allgemeiner Grundsätze und Kriterien für den Herstellungsmodus neuer Technologien zentrale Weichen stellen und sicherlich eine gewisse Spezifizierung dadurch erlangen können, indem er sich auf bestimmte Technologiesysteme bezogen hätte. Seine Steuerungseffizienz im Einzelfall wäre aber unter den Bedingungen kundennaher Fertigung und damit einhergehender Produktspezialisierung sehr gering gewesen. So ähnlich wäre es auch bei dem Versuch ergangen, Flächentarifverträge zu nutzen, um die Modernisierungs- und sonstige Investitionspolitik innovationsintensiver Großunternehmen zu steuern. Bei aller Einsicht in die möglichen Varianten von Flächentarifpolitik (: regionale bzw. überregionale, branchenweite bzw. branchenübergreifende Tarifverträge) und in ihren konkreten strukturpolitischen Nutzen im Sinne einer großangelegten und koordinierten Einflußnahme – hier wäre es ebenso erforderlich gewesen, auf die spezifischen Forschungs-, Innovations- und sonstigen Investitionspotentiale dieser Unternehmen abzustellen. Nicht zuletzt die zeitliche Abstimmung ihrer konzeptionell differierenden Rationalisierungsinvestitionen mit der Vornahme eines tariflich festgelegten beschäftigungswirksamen Investitionsplans hätte nur auf der einzelwirtschaftlichen Einwirkungsebene erreicht werden können. Aber auch Alternativprogramme der Produktdiversifizierung und -konversion für kleinere existenzgefährdete Unternehmen hätten nur mit Rücksicht auf die konkrete Situation jedes einzelnen von ihnen überzeugend artikuliert und durchgesetzt werden können.

Erforderlich wäre also die Orientierung am Firmentarifvertrag gewesen. Seine strukturellen Regelungsvorteile wurden aber schon deshalb mit Skepsis bedacht, weil er die Gefahr von Lösungen mit sich brachte, die allzu sehr am einzelnen Unternehmen orientiert waren.[89] Diese Einschätzung war vor allem gewichtig, weil die damit drohende Vernachlässigung übergreifender Strukturen gerade die «Denaturierung» der hier vorgestellten gemeinwohlorientierten Investitionsprogrammatik bedeutet hätte. Das Dilemma, das somit durch die Nutzung des Firmentarifvertrages aufgeworfen wurde, konnte allerdings nicht durch den bloßen Verweis auf die überbetriebliche Struktur der deutschen Gewerkschaften gelöst werden.[90] Nicht zu übersehen war nämlich das Faktum des eigenständigen Einflusses betrieblicher Arbeitnehmervertreter gerade aus Großunternehmen auf den Prozeß der innergewerkschaftlichen Willensbildung.[91] Es indizierte die Möglichkeit der Einwirkung von unternehmensegoistischen Lösungen auf die gewerk-

89 Vgl. *Simitis*, AuR 1975, 333f.; *Weiss*, a. a. O. (Fn. 43), 308; *Weyand*, a. a. O. (Fn. 18), 224.
90 Vgl. aber *Runggaldier*, a. a. O. (Fn. 17), 403.
91 Vgl. dazu *Tegtmeier*, Wirkungen der Mitbestimmung, 94, 232f.

schaftliche Tarifpolitik. Dies ließe sich besonders beim Abschluß von Firmentarifverträgen nicht leugnen, wo das Einflußgewicht betrieblicher Arbeitnehmervertreter größer war. Zudem: Ein branchenübergreifender Ansatz etwa für die Lenkung der Investitions- und Technologiepolitik innovationsintensiver Großunternehmen[92] setzte die enge Kooperation und Koordination zwischen den einzelnen, in Betracht kommenden Industriegewerkschaften voraus. Er verlangte also von den Gewerkschaften eine Interessenvertretungssicht, die über den brancheneigenen, ja -egoistischen Horizont hinausreichen sollte.

Die beim Firmentarifvertrag bestehende Gefahr unternehmensegoistischer Lösungen sollte jedoch hier nicht hochgespielt werden. Wenn *Simitis* und *Weiss* auf diese Gefahr verwiesen, so dies doch mit Blick auf unternehmensinterne Mitbestimmungsvorgänge, bei denen die Berücksichtigung übergreifender Interessen ein, nicht aber, wie bei der hier vorgestellten gemeinwohlorientierten Investitionsprogrammatik, der maßgebliche Aspekt der Unternehmenspolitik wäre.[93] Die italienische Erfahrung zeigte gerade, daß der Firmentarifvertrag auf dem Hintergrund eines besonderen Verantwortungs- und Handlungsbewußtseins der Gewerkschaften gegenüber der sozio-ökonomischen Entwicklung auch zur Realisierung einer an übergreifenden Interessen orientierten Investitionsprogrammatik genutzt werden konnte.[94] Dies befreite aber nicht von der Notwendigkeit, nach tariflichen Regelungskonzepten zu suchen, die die unternehmensspezifische Relationierung gemeinwohlorientierter Investitionsprogrammatik am besten garantierten.

Flächentarifverträge wären sicherlich das Instrument gewesen, womit die Festlegung gemeinwohlorientierter Investitionsprogrammatik primär erfolgen sollte.[95] Ein Lösungsansatz hätte dann darin bestanden, in ihnen zugleich Verfah-

---

92 Auch *Weyand*, a. a. O. (Fn. 18), 225 Fn. 58, betrachtet die branchenübergreifende Tarifregelung als notwendig, wenn damit eine wirkungsvolle Einflußnahme auf Computer-Technologien, die tendenziell prägend für eine Reihe von Industrie und Verwaltungsbereich sind, erreicht werden sollte.

93 Ihnen, a. a. O. (Fn. 89), ging es um die Probleme von Interessenvertretung, die das Tarifkonzept problembezogener Mitbestimmung und das damit in den Vordergrund gestellte Instrument des Firmentarifvertrages allgemein aufwarf.

94 *Simitis*, a. a. O. (Fn. 89), 328, reflektierte aber in diesem Zusammenhang nicht über den von ihm erwähnten FIAT-Tarifvertrag, der – bei aller Orientierung an den Auswirkungen der damaligen Energiekrise auf die spezifische Situation des Unternehmens – investitionspolitische Vorkehrungen im Sinne eines regionalen Beschäftigungsgleichgewichts zwischen dem Norden und Süden Italiens vorsah und damit zugleich der Berücksichtigung übergreifender Arbeitnehmerinteressen diente.

95 Auch *Weiss*, a. a. O. (Fn. 43), 308, betrachtet den unternehmenspolitisch agierenden Flächentarifvertrag als Instrument der Berücksichtigung von übergreifenden Interessen.

rensmodalitäten festzulegen, die eine Konkretisierung und Umsetzung der allgemein gehaltenen Gemeinwohlbindungsdaten im Einzelfall gewährleisteten. *Weiss* sah in der Praktizierung dieses von ihm vorgeschlagenen Lösungsansatzes die Gefahr einer erheblichen Bürokratisierung der Entscheidungsprozedur beim einzelnen Unternehmen.[96] Er fügte aber zutreffend hinzu, daß Bürokratisierung erst dann mit Effizienzminderung und Inflexibilität gleichzusetzen sei, wenn jede Randentscheidung miterfaßt würde.[97] Darauf wäre aber hier der Flächentarifvertrag nicht angelegt gewesen. Er hätte nur bestimmte Investitionstätigkeiten und -potentiale vor allem innovationsintensiver Großunternehmen erfaßt, die für vorausschauende strukturpolitische Maßnahmen zugunsten anderweitig betroffener Arbeitnehmerinteressen von Bedeutung gewesen wären. Solche Problematik hätte sich jedoch nicht bei einem Regelungskonzept gestellt, das Flächen- und Firmentarifvertrag miteinander verbunden hätte.[98] Die Grundzüge gemeinwohlorientierter, an mehrere Unternehmen gerichteter Investitionskriterien und -programme hätten wiederum in Flächentarifverträgen festgelegt werden können. Dem Firmentarifvertrag wäre damit zur unternehmensspezifischen Konkretisierung ein investitionspolitischer Handlungsrahmen vorgegeben worden. Noch zweckmäßiger gewesen wäre allerdings die Nutzung des unternehmensbezogenen Verbandstarifs bei der Regelung von Investitionsplänen, die von wenigen ausgewählten Großunternehmen, auch aus verschiedenen Branchen, durchgeführt werden sollten.[99] Der übliche Flächentarif hätte den vorzunehmenden Investitionsplan festgelegt, seine «Verfielfältigung» hätte die Regelung des Investitionsbeitrages jedes einzelnen der in Betracht kommenden Unternehmen garantiert. Ermöglicht worden wäre dadurch ein besser koordiniertes oder gar gemeinsames investitionspolitisches Vorgehen und damit zugleich die Abwendung unternehmens- bzw. branchenegoistischer Tendenzen.[100]

Die Erfahrung wiederum in Italien verdeutlichte allerdings die Probleme, die mit der Umsetzung investitionspolitisch agierender Tarifverträge verbunden waren. Ihre juristisch relevante Bindungswirkung war nicht nur eine Frage der ver-

---

96 A. a. O. (Fn. 43), 307, in Anknüpfung an die Bedenken von *Fleischmann*, in: Vetter (Hrsg.), Mitbestimmung, Wirtschaftsordnung, Grundgesetz, 92ff.

97 *Weiss*, a. a. O. (Fn. 43), 308.

98 Vgl. bereits *Weiss*, ebda. Zur Tragweite dieses Regelungskonzepts vgl. auch *Weyand*, a. a. O. (Fn. 18), 226.

99 Diese Konstellation bleibt bei *Weyand*, ebda, unberücksichtigt.

100 Gegenüber diesen Vorteilen sind die – sicherlich an sich berechtigten – Zweifel *Weyands*, ebda, ob mit dem unternehmensbezogenen Verbandstarif die betriebsspezifische Situation jeweils hinreichend berücksichtigt würde, als nicht durchschlagsfähig zu betrachten. Die Mitwirkung unternehmensangehöriger Interessenvertreter an der jeweiligen Verhandlungsrunde wäre immerhin bei einer solchen tarifvertraglichen Regelungskonzeption schwer wegzudenken.

bindlichen und präzisen Formulierung.[101] Da solche Tarifverträge explizit oder implizit auf eine ganze Reihe von Marktdaten abstellen mußten, offenbarte sich darin vielmehr ein immanentes und zugleich grundsätzliches Umsetzungsproblem: Eine nachträgliche Veränderung der ihrem Abschluß zugrunde liegenden Marktdaten (aber auch der von der staatlichen Wirtschaftspolitik gesetzten Rahmenbedingungen) hätte die Unternehmerseite dazu bewegen und berechtigen können, sie als unverbindlich zu erklären.[102]

Dies sollte jedoch nicht bereits zu einem unüberwindlichen Effizienzproblem des Regelungsinstruments Tarifvertrag im originär unternehmerischen Bereich hochstilisiert werden.[103] Ein Ausschluß der Arbeitnehmerseite aus dem das Unternehmen treffenden Marktsrisiko war und ist sicherlich auch über dieses Regelungsinstrument nicht durchsetzbar bzw. nicht realisierbar. Der Tarifvertrag könnte zwar zum Schutze der Arbeitnehmer ein bestimmtes unternehmerisches Handeln festlegen, jedoch die Voraussetzungen, insbesondere die marktwirtschaftlichen Gesetzmäßigkeiten dieses Handelns nicht beeinflussen.[104] Trotzdem gilt es zu bemerken, daß jeder Tarifvertrag (auch in den klassischen Regelungs-

---

101 Vgl. gerade den Hinweis *Runggaldiers*, a. a. O. (Fn. 17), 230f., auf juristisch nicht bindende Formeln in italienischen Tarifverträgen dieser Art. Zu den immerhin relativen bzw. rechtlich mangelnden Durchsetzungsmöglichkeiten solcher Tarifverträge vgl. *Stockmann*, a. a. O. (Fn. 81), 189ff.

102 Auf diese bereits in Italien aktualisierte Problematik hat *Runggaldier*, a. a. O. (Fn. 17), 230f., 384f., 398, aufmerksam gemacht. Vgl. auch *Weyand*, a. a. O. (Fn. 18), 221. Vergleichbare Erfahrungen ließen sich auch für die schwedische Tarifpraxis feststellen, vgl. dazu die Nachweise bei *Weyand*, a. a. O., 203f., 221. Zu den Kündigungsmöglichkeiten eines Tarifvertrages wegen wirtschaftlicher Unzumutbarkeit seiner Durchführung oder wegen schwerwiegender Änderungen der Geschäftsgrundlage vgl. *Kempen/Zachert*, TVG, § 4 Rn. 45, 49 mit Nachweisen.

103 So aber wesentlich *Runggaldier*, ebda; ähnlich *Weyand*, a. a. O. (Fn. 18), 221, der aber zugleich bemerkt, daß eine abschließende Beurteilung der hier diskutierten Tarifklauseln nach den bisher vorhandenen Erkenntnissen nicht möglich sei.

104 *Runggaldier*, a. a. O. (Fn. 17), 383; *Weyand*, a. a. O. (Fn. 18), 220f. Die marktwirtschaftlichen Strukturbedingungen wären aber eine immanente Grenze ebenso für anders geartete Formen der Arbeitnehmerbeteiligung. Es leuchtet deshalb nicht ein, wenn *Weyand*, a. a. O., 221 meint, Vorschriften, die dem Betriebsrat ein erweitertes Mitbestimmungsrecht bei der Planung und Durchführung zentraler unternehmerischer Entscheidungen einräumten, dürften sich als wirkungsvoller erweisen. Die Berücksichtigung des wirtschaftlichen Umfeldes und der wirtschaftlichen Fähigkeiten des jeweiligen Unternehmens könnte – wie *Weyand*, a. a. O., 224, 226 selbst einräumt – auch durch einen auf das einzelne Unternehmen ausgerichteten (Firmen-) Tarifvertrag gewährleistet werden. Vgl. kritisch auch *Stockmann*, a. a. O. (Fn. 81), 243 Fn. 34, der der grundsätzlich negativen Einschätzung *Runggaldiers* nur für bloße «Garantieklauseln» in Rationalisierungsschutzabkommen uneingeschränkt folgen will.

bereichen der Lohn- und Arbeitszeitpolitik) das notwendige prognostisch kalkulierte Risiko einer Veränderung der Markt- und sonstigen Rahmenbedingungen nach Vertragsabschluß in sich trägt. Diese – im übrigen jedem Vertrag immanente – Labilität der ausgehandelten Regelungsinhalte mag für Tarifvertragsklauseln, die einen vorbeugenden Rationalisierungsschutz verwirklichten, besonders stark ausgeprägt sein. Das sollte aber Anlaß dazu geben, die Aufmerksamkeit eher auf die Notwendigkeit einer markt- und situationsgerechten Modifikation der tariflich festgelegten Investitionsziele und -programme zu lenken.[105] Statt also bei einer Veränderung der Markt- und sonstigen Rahmendaten investitionspolitisch agierende Tarifverträge als ohnehin unverbindlich zu betrachten, wären die Tarifvertragsparteien dazu aufgefordert, sich bereits bei Vertragsverhandlung und Vertragsschluß auf diese eventuelle Notwendigkeit einzustellen und die dazu einschlägigen Erwägungs- und Einigungsverfahren festzulegen.[106] Die Vereinbarung eines Schlichtungsverfahrens wäre hier insbesondere vom verhandlungsökonomischen Gesichtspunkt her zweckmäßig: Die vorgesehene Schlichtung würde die Tarifvertragsparteien auf die Möglichkeit neuer Kompromißlösungen positiv einstimmen, sie könnte damit drohende Konfrontationen und Ar-

---

105 Die Problematik der mangelnden Beständigkeit vereinbarter Mitbestimmungsklauseln betrifft auch investitionspolitische Abmachungen, die im Rahmen institutioneller Mitbestimmungsformen ausgehandelt würden. Institutionelle Mitbestimmung ist sicherlich besser geeignet für permanente Kommunikation und Kontrolle und damit zugleich für eine periodische Überprüfung und notfalls Anpassung der vereinbarten Investitionsziele und -programme. Diese Erkenntnis betrifft jedoch letztlich nicht die Tauglichkeit des Tarifvertrages als Regelungsinstrument, sondern signalisiert vielmehr die Aufforderung an die Tarifvertragsparteien, institutionelle Vorkehrungen zur Kontrolle und zum Ausgleich von Konflikten bei der Durchführung ihrer Vereinbarungen zu treffen. Wenn allerdings *Runggaldier*, a. a. O. (Fn. 17), 384f., in der Vereinbarung von Tarifvertragsklauseln, die in die «managerial prerogatives» eingreifen, einen unverhältnismäßigen verhandlungsökonomischen Aufwand sieht und ihn mit Formeln wie «harte Auseinandersetzungen», «Arbeitskämpfe» oder «ständige Konfrontation» zu begründen sucht, so gilt es schließlich zu fragen, ob nicht damit seine Überlegungen sich von rechtspolitischen Erwägungen leiten lassen, die von vornherein auf die Begünstigung einer integrativen institutionellen Mitbestimmungsregelung angelegt sind.

106 Vgl. auch *Runggaldier*, a. a. O. (Fn. 17), 230, der auf den Kollektivvertrag des italienischen staatlichen Unternehmens Nuovo Pignone vom 11. Juni 1978 verweist, in dem die Möglichkeit einer periodischen Überprüfung und eventuellen Abänderung des festgelegten Investitionsvorhabens vorgeschrieben wurde. Gerade das völlige Fehlen von echten Überprüfungsmöglichkeiten dieser Art betrachtet *Runggaldier*, a. a. O., 231, als eines der Hauptgründe für das teilweise Scheitern der in den 70er Jahren in Italien von den Gewerkschaften verfolgten Tarifstrategie zur Beeinflussung der unternehmerischen Investitionsplanung.

beitskämpfe um die Anwendung des Tarifvertrages hinauszögern oder gar unnötig machen.[107]

2.3 Voraussetzungen und Chancen tariflicher Investitionslenkungskonzepte

Die Vorstellung, die deutschen Gewerkschaften würden den damals von ihnen diskutierten Ansatzpunkt einer arbeitsorientierten Strukturpolitik in entsprechende tarifpolitische Initiativen im Bereich der Investitionslenkung aufnehmen, erwies sich bei näherer Betrachtung alles andere als berechtigt. Die tarifvertraglich gezielte wie koordinierte Beeinflussung unternehmerischer Grundlageentscheidungen ließ sich nur bei Überwindung einer Reihe von Kontrafaktoren, bei Errichtung der entsprechenden Organisationsstrukturen und bei Bewältigung des damit zunehmenden Informations- und Beratungsbedarfs ernsthaft in Erwägung ziehen.

Die tarifpolitische Artikulation einer an übergreifenden Interessen orientierten Investitionsprogrammatik setzte zuerst voraus, daß die Gewerkschaftspolitik in der Lage war, unternehmens- bzw. branchenegoistische Lösungen vollends zu verdrängen. Die Erfüllung dieser Erwartung schien recht zweifelhaft. Man brauchte nur an den dominierenden Einfluß zu denken, den betriebliche, mit partikularen Investitionszielen meist identifizierte Arbeitnehmervertreter aus Großunternehmen und gravierenden Branchen auf den tarifpolitischen Willensbildungsprozeß der Gewerkschaften ausübten.[108] Erhebliche Zweifel waren insbe-

---

107 Mit der möglichen Veränderung der zugrundeliegenden Markt- und sonstigen Rahmendaten beim Abschluß investitionslenkender Tarifverträge ist zudem ein anderer Problemaspekt angesprochen: Selbst im Rahmen des hier in Betracht kommenden Regelungskonzepts sollten Koordinationsprobleme zwischen dem Flächentarifvertrag und der ihn konkretisierenden Firmentarifpolitik nicht als ohnehin erledigt betrachtet werden. Veränderte Marktdaten könnten dazu bewegen, im weitaus flexibleren Firmentarifvertrag das geeignete Instrument einer nun notwendigen marktgerechten Modifikation der im Flächentarif festgelegten Investitionsprogrammatik zu sehen und ihn entsprechend zu verwenden. Dabei bestünde aber die Gefahr, vom Flächentarifvertrag gewollte Präferenzen letztlich zugunsten unternehmens- bzw. branchenegoistischer Lösungen zu verfehlen. Dieser denkbare Umstand verdeutlicht eine andere Flexibilitätsdimension des Regelungsinstruments Firmentarifvertrag, zugleich aber die Möglichkeit seiner faktischen Verselbständigung gegenüber dem richtungsweisenden Flächentarifvertrag. Er signalisiert die Aufforderung an die Tarifvertragsparteien des Flächentarifvertrages, die primäre Regelungskompetenz zur marktgerechten Modifikation der festgelegten Investitionsziele und -programme nicht auf die einzelwirtschaftliche Ebene zu verlagern, sondern bei sich zu behalten.

108 Vgl. auch *Weyand*, a. a. O. (Fn. 18), 227, nach dessen Einschätzung sich eine betriebsnahe Tarifpolitik, die u. a. Fragen der Unternehmensführung zum Gegenstand

sondere dort angebracht, wo sich die Notwendigkeit einer engen Koordination und Kooperation zwischen den einzelnen Industriegewerkschaften ergab[109] Die Erarbeitung und Artikulation von Investitionslenkungskonzepten, die etwa auf die Berücksichtigung der Interessensituation mittelbar betroffener Arbeitnehmer aus anderen Branchen und Wirtschaftszweigen oder auf die «Sanierung» von ganzen Regionen ausgerichtet wären, verlangte von den in Betracht kommenden Industriegewerkschaften die Bereitschaft, branchenspezifische Präferenzen und damit ein gutes Stück interessenpolitische Identität aufzugeben. Zumindest hier konnte deshalb bei der rechtspolitischen Gewichtung problembezogener tarifvertraglicher Mitbestimmung das Problem der Konkurrenz zwischen den Gewerkschaften und Branchen nicht unterspielt werden.[110]

Eine auf die Realisierung arbeitsorientierter Strukturmaßnahmen ausgerichtete Tarifautonomie hätte zugleich die Auseinandersetzung mit den Intentionen und Implikationen staatlicher Wirtschaftspolitik bedeutet.[111] Alle Versuche, mit Hilfe von Tarifverträgen auf Art und Umfang der unternehmerischen Investitionspolitik Einfluß zu nehmen, signalisierten den Eingriff gerade in Bereiche, die die staatliche Intervention in den Prozess ökonomischer Entwicklung ausschließlich für sich beanspruchte. Kollisionen hätten sich insofern nicht vermeiden lassen.[112] Vielmehr wiesen sie eine besondere Schärfe auf, da die hier interessierenden tariflichen Regelungsziele die Logik kapitalorientierten Investitionsverhaltens, in die staatliche Wirtschaftspolitik eingebunden blieb (und bleibt), mehr denn je bestreiten würden.

Die Erfahrung hat aber gezeigt, daß staatliche Wirtschaftspolitik die Gewerkschaften zunehmend mit Situationen und Forderungen konfrontierte, die auf eine faktische Einschränkung des tarifautonomen Handlungsspielraums hinausliefen. Den Gewerkschaften fiel es besonders schwer, mit eigenen Mitteln ökonomische, vom Staat aktiv getragene Entwicklungen zu konterkarieren, um so mehr dann, wenn es um den tarifpolitischen Ansatz alternativer Investitionslenkung gegangen wäre. Dieser Ansatz berührte fundamentale Prinzipien der staatlichen Steuerungskonzeption und erforderte deshalb von den Gewerkschaften ein besonders

---

hätte, auf einen gewissen Widerstand der betrieblichen Interessenvertretungen der in Betracht kommenden Großunternehmungen einstellen sollte.

109 Vgl. etwa den Diskussionsbeitrag von *Wieczorek*, in: IG-Metall, Krise und Reform II, 89f.

110 Vgl. aber *Weiss*, a. a. O. (Fn. 43), 309f. Bezeichnenderweise lautete eine der abschließenden Bemerkungen von *Simitis*, in: IG-Metall, Krise und Reform II, 95: «Erst wenn es sich erweisen sollte, daß Koordination nicht möglich ist, dann kann es auch angebracht sein, sich über andere Instrumente als den Tarifvertrag zu unterhalten.»

111 Vgl. dazu bereits *Simitis*, a. a. O. (Fn. 89), 330f.

112 Ähnlich die Einschätzung bei *Weyand*, a. a. O. (Fn. 18), 225.

hohes Maß an Konfliktfähigkeit und Autonomie gegenüber dem ökonomischen und politischen System. Angesichts dieser schwer realisierbaren Erwartung verwundert es letztlich nicht, daß gewerkschaftliche Reformvorstellungen zur Investitionslenkung auf den staatlichen Apparat fixiert waren.[113] Die Rücksichtnahme auf die begrenzten eigenen Konfliktpotentiale und Autonomiespielräume nahm die Gestalt strukturpolitischer Reformvorschläge an die Adresse der staatlichen Entscheidungsinstanzen an.

Die Bedeutung staatlicher Wirtschaftspolitik für die realpolitische Einschätzung des tarifautonomen Spielraums der Gewerkschaften zeigte sich aber auch in anderer Hinsicht. Sie betraf insbesondere das spezifische Legitimationsrisiko einer gewerkschaftlichen Tarifpolitik, die sich in originär unternehmerische Bereiche hineinbegeben und daher gegenüber der Arbeitnehmerschaft besondere Mitverantwortung für die ökonomische Entwicklung übernommen hätte. Dieses Risiko erschien nicht mehr tragbar, wenn staatliche Wirtschaftspolitik nicht dazu bereit war, die alternative Zielsetzung investitionslenkender Tarifverträge etwa durch steuerliche und sonstige finanzpolitische Begünstigungen oder durch die Planung und den Ausbau notwendiger Infrastrukturmaßnahmen aktiv zu unterstützen. Das Fehlen einer staatlichen Mitwirkung brachte also für die Gewerkschaften besondere Probleme mit sich, die durchaus dazu geeignet waren, sie davon abzuhalten, den Tarifvertrag als Investitionslenkungsinstrument einzusetzen.[114]

Es drängt sich deshalb die Einsicht auf: Die tarifpolitische Artikulation alternativer Investitionsprogramme hätte nur im Zusammenhang mit einer gesellschaftspolitischen Offensive der Gewerkschaften und einer sie begünstigenden staatspolitischen Entwicklung erfolgen können. Nur unter solchen – in Anbetracht der bisherigen Entwicklung schwer vorstellbaren – Bedingungen ließen sich die systemimmanenten, «latenten Schranken»[115] autonomer Tarifpolitik überwinden.

Die tarifpolitische Verfolgung alternativer Investitionsprogramme setzte auch Gewerkschaftsstrukturen voraus, die eine enge Kooperation zwischen den einzelnen Gewerkschaften sowie ihre effektive Mitwirkung an der Steuerung der sozioökonomischen Entwicklung ermöglichten. Notwendig war deshalb die Bildung branchenübergreifender Gewerkschaftsräte vor allem auf dezentraler, regionaler Ebene, mit der spezifischen Aufgabe, technisch-ökonomische Entwicklungen näher zu beurteilen und alternative Investitionspläne zu diskutieren und zu

---

113 Kritisch dazu *Simitis*, in: Krise und Reform I, 69.

114 Zur Bedeutung der staatlichen Wirtschaftspolitik für den faktischen Regelungsspielraum investitionspolitisch agierender Tarifverträge vgl. bereits *Runggaldier*, a. a. O. (Fn. 17), 245f., 398.

115 *Simitis*, a. a. O. (Fn. 89), 331.

artikulieren. Innerhalb dieser Organe hätten Unternehmens- und Branchenegoismen immer weiter abgebaut und die erforderliche stärkere Einbeziehung des wissenschaftlichen Sachverstandes besser koordiniert werden können.

Die tarifpolitische Artikulation arbeitsorientierter Strukturpolitik stellte für die Gewerkschaften zudem ein recht komplexes Problem der Informationsbeschaffung und -verarbeitung dar. Sie bedingte die frühzeitige Offenlegung unternehmerischer Investitions- und Rationalisierungspläne, die genaue Kenntnis sektoraler und regionaler Gegebenheiten und damit verbunden die Ermittlung und Präzisierung des beschäftigungs- und humanisierungspolitischen Gefährdungspotentials in den verschiedenen Branchen und Regionen. Erforderlich war ebenso die Fähigkeit, alternative Investitionsmöglichkeiten zu identifizieren und sie auf spezifische Investitionstätigkeiten und -potentiale einzelner, in Betracht kommender Unternehmen zu beziehen. Dabei hätten sicherlich die in der Unternehmens-Mitbestimmung liegenden Möglichkeiten zur Beschaffung von Informationen über die Binnenstruktur der Unternehmen genutzt werden können. Und die Informationspflicht der Großunternehmen sollte auch im Sinne einer gesellschaftsbezogenen Rechnungslegung erweitert und gegenüber einer speziell dafür eingerichteten Investitionsmeldestelle erfüllt werden.[116] Auch mit der Bereitstellung ausreichender Forschungs- und Beratungskapazitäten wären die Gewerkschaften jedoch nicht an der Notwendigkeit vorbeigekommen, übergreifende komplexe Informationssysteme aufzubauen. Deren Aufgabe hätte darin bestanden, einen genauen Überblick und spezifische Erkenntnisse über unternehmerische Wettbewerbs-, Abhängigkeits- und Kooperationsverhältnisse in einer bzw. mehreren Branchen zu vermitteln. In Anknüpfung daran sollten in Gestalt von beschäftigungs- und humanisierungsbezogenen Warnindikatoren die von der Produktpolitik der Herstellerfirmen neuer Technologien und vor allem die von der Modernisierungspolitik der Großunternehmen ausgehenden Gefährdungen für den Bestand und die Qualität von Arbeitsplätzen in anderen Unternehmen und Wirtschaftsbereichen rechtzeitig aufgezeigt werden. Der Aufbau derartiger Informationssysteme war aber von den Tarifvertragsparteien, insbesondere den Gewerkschaften nicht zu leisten. Die Verantwortung dafür konnte nur der Staat übernehmen. Hier hat sich wieder einmal gezeigt, wie notwendig eine staatliche Mitwirkung für die Inanspruchnahme der Tarifautonomie im Bereich der Investitionslenkung war.

Bei aller Erfüllungsnotwendigkeit der oben umschriebenen Voraussetzungen - der faktische Stellenwert autonomer Tarifpolitik für die Realisierung der hier relevanten Investitionslenkungskonzepte hätte sich letztlich an der Möglichkeit der

116 Zu diesen zwei gewerkschaftlichen Forderungen für den Bereich der Investitionslenkung *Leminsky/Otto*, Politik und Programmatik des DGB, 44.

Gewerkschaften, den Streik als wirksames Druckmittel einzusetzen, entschieden. Die Vision, Tarifverträge zu nutzen, um das unternehmerische Investitionsverhalten vor allem an überbetriebliche Interessenkontexte anzubinden, bekam überhaupt einen Sinn nur bei naheliegender Vermutung, daß solche Tarifverträge Durchsetzungschancen hätten.

Die gewerkschaftlichen Tarifziele setzten hier – sah man von den Fällen ab, wo die Artikulation alternativer Produktionsprogramme betrieblichen, akut gefährdeten Arbeitnehmerinteressen diente – an Forderungen an, die den Arbeitnehmern nicht unmittelbar einsichtig waren. Investitionspolitische (Gemeinwohl-)Forderungen waren für den einzelnen Arbeitnehmer, so wichtig sie sich im übrigen für die Berücksichtigung seiner Interessen erwiesen, relativ abstrakt. Ihre Erstreikbarkeit hätte deshalb besondere Schwierigkeiten bereitet. Sie wäre nur ernsthaft in Erwägung gezogen worden, wenn es gelungen wäre, tarifpolitische Verbindungslinien zwischen den «abstrakten» Investitionszielen und konkreten Belegschaftsinteressen herzustellen.

Forderungen an die Produktpolitik und Produktgestaltung der Technologiehersteller sollten deshalb in eine die gesamte Metallverarbeitung erfassende Tarifkonzeption alternativer Arbeitsgestaltung integriert werden. Die Technologieforschungs- und produktpolitik wäre dadurch nicht mehr isoliert und abstrakt betrachtet worden, sondern in eine überbetriebliche Dialektik eingegliedert, die Zusammenhänge zwischen Technikqualität und konkreten Humanisierungsbedürfnissen in den Betrieben aufzeigte. Dieser Lösungsansatz einer koordinierten Einflußnahme auf Herstellungs- und Anwendungsprozesse neuer Technologien wäre in erster Linie der Durchsetzung von Flächentarifverträgen zugute gekommen. Er hätte eine Firmentarifpolitik nur insoweit streikfähig werden lassen, als die näher zu regelnden Innovationsfragen zugleich wesentliche Humanisierungsinteressen kampfstarker Belegschaften (überwiegend in Großunternehmen) betrafen.[117] Dort, wo diese Voraussetzungen nicht zu erfüllen waren, wo also insbesondere Belegschaftsinteressen keinen relevanten Bezug zum gesamtwirtschaftlichen Ziel der Durchsetzung und Verbreitung von Humanisierungstechnologien hatten oder gegen dieses Ziel ausgespielt werden konnten,[118] hätte der Firmentarifvertrag als Instrument unmittelbarer Beeinflussung der Technologieproduktpolitik im Einzelfall praktisch versagt. Nur institutionelle Formen der Gewerkschaftsbeteiligung konnten hier weiter helfen.

Die Erstreikung von Tarifverträgen, die ausgewählte Großunternehmen zu einem beschäftigungswirksamen Investitionsverhalten zugunsten bestimmter Sek-

---

117 Vgl. auch *Weyand*, a. a. O. (Fn. 18), 227, der von «einer gewissen Situationsabhängigkeit» einer solchen Tarifpolitik spricht.

118 Vgl. dazu auch *Steger*, GMH 1973, 770.

toren und Regionen verpflichten sollten, hätte allzu große, ja fast unüberwindliche Schwierigkeiten bereitet. Anders als bei der Beeinflussung des Herstellungsprozesses neuer Technologien wies hier die präventiv angelegte Rücksichtnahme auf anderweitig gefährdete bzw. allgemeine Arbeitnehmerinteressen keinen bzw. nur einen losen, schwer erkennbaren Bezug zu den Interessen vorhandener Belegschaften auf. Die Gewerkschaften waren dann aber insbesondere auf die Streikbereitschaft der Belegschaften der jeweils in Betracht kommenden Großunternehmen angewiesen, auf deren Interessen die zu verfolgenden investitionspolitischen Tarifziele nicht gerade bedacht waren, sogar hemmend wirkten. Die Durchsetzung der erwünschten Investitionspläne verlangte diesen Belegschaften daher ein hohes Maß an gesellschaftlich geprägtem Solidaritätsbewußtsein und Entschlossenheit ab – eine nicht erfüllbare Erwartung im Hinblick auf die häufige Identifikation dieser Belegschaften mit partikularen Innovations- und Investitionszielen. Ohne ihre «Partizipation» hätten aber auch überbetrieblich angelegte – wenn überhaupt mögliche – Streikaktionen der Gewerkschaften für eine investitionspolitische Inpflichtnahme ihrer Unternehmen viel an Wirksamkeit zu wünschen übrig gelassen.

3. *Fazit und Schlußbetrachtung*

Ausgangspunkt der Betrachtungen in diesem Kapitel war die Einsicht in die konkreten Vorteile, die der Tarifvertrag bei der Gestaltung von Technik und Arbeitsorganisation mit sich brachte, Haupterkenntnis aber, daß er zwar von seinen strukturellen Entfaltungsmöglichkeiten her zu einer letztlich effektiven Regelung der Arbeitsorganisation geeignet war, es jedoch eine ganze Reihe von Faktoren gab, die seiner – hier notwendigen – ausdifferenzierten und problemnahen Verwendung entgegenstanden. In Anbetracht dieser Faktoren wurde die Hauptrolle des Tarifvertrages von nun an dahingehend verstanden, Rahmen- und Mindestnormen über die Gestaltung von Technik und Arbeit zu setzen, und das Hauptproblem dabei in der betriebsspezifischen Ausdeutung solcher Normen gesehen. Die Ausführungen konzentrierten sich dann auf die Probleme, die der damit nötige Rückgriff arbeitsgestaltender Flächentarifpolitik auf den Betriebsrat und die Betriebsvereinbarung aufwarf. Dieser bereits praktizierte Lösungsansatz versprach Erfolg nur, wenn der Flächentarifvertrag zugleich als Anleitungs- und Kontrollinstrument der Betriebspolitik konzipiert und darauf ausgerichtet worden wäre, die Partizipationsmöglichkeiten der Betriebsräte in beratungs- und durchsetzungspolitischer Hinsicht zu erweitern und ihre Inanspruchnahme zu effektivieren. Dabei ginge es vor allem um die Festlegung und Absicherung von Vorkehrungen institutioneller Art (Bildung eines gemeinsamen Planungsausschusses, betriebliche Intervention gewerkschaftlicher Technologieberatung, tarifliche Schlichtungsstelle), die es ermöglichten, die strukturelle Schwäche der Betriebsräte gegenüber den Unternehmensleitungen zumindest teilweise zu kompensieren. Derartige Mitbestimmungsforderungen hätten sinnvollerweise mit den artikulierten allgemeinen Zielvorgaben an die Arbeitsorganisation in ein einheitliches und daher gemeinsam erkämpfbares Tarifpaket integriert werden können. Eine solch starke Verzahnung von Tarif- und Betriebspolitik sollte jedoch keine Illusionen über die damit zu erwartenden Wirkungen in den Betrieben wecken. Die Realisierung arbeitsgestaltender Flächentarifpolitik mußte, selbst bei Abwendung der Gefahr ihrer Fragmentierung, letztlich mit recht unterschiedlichen Bedingungen und Resultaten rechnen, die in den konkreten betrieblichen Machtverhältnissen, den je spezifisch ausgeprägten Handlungskonstellationen sowie in den subjektiven Voraussetzungen der Betriebsräte und der von ihnen vertretenen aktiv mitzuwirkenden Belegschaften begründet waren.

Das Konzept problembezogener tarifvertraglicher Mitbestimmung bedurfte zur adäquaten Regelung der Arbeitsorganisation mithin der Ergänzung durch erweiterte institutionelle Beteiligungsformen auf der einzelwirtschaftlichen Ebene. Der faktische Stellenwert dieses Konzeptes erschöpfte sich aber nicht in der Durchsetzung von materiellen und institutionellen Rahmenbedingungen zugunsten alternativer, bereits erprobter Konzeptionen zur Gestaltung von Technik und Arbeit. Es galt nämlich, den innovativen Firmentarifvertrag nicht zu vergessen. Naheliegend war vielmehr die Einsicht, daß der Prozeß der Konzipierung und Artikulation arbeitsgestaltender Rahmentarifpolitik in dem Maße gedeihen würde, in dem es gelänge, alternative Konzepte der Technik- und Arbeitsgestaltung in einzelnen gewerkschaftsstarken Unternehmen aufzugreifen und durchzuexerzieren. Flächentarifpolitik brauchte konkrete Anstöße und Erfahrungen, die vor allem eine innovative Firmentarifpolitik vermitteln konnte.

Die ganz erheblichen Schwierigkeiten, die die tarifpolitische Verfolgung arbeitsorientierter Strukturpolitik den Gewerkschaften bereitete, ließen hingegen beträchtliche Zweifel am praktischen Nutzen des Tarifvertrages als Instrument der Investitionslenkung aufkommen. Diese Schwierigkeiten sollten, auch im Hinblick auf die insbesondere durch marktbedingte Änderungen der Geschäftsgrundlage verminderte Steuerungsqualität, jedoch nicht zu einer pauschal und definitiv negativen Haltung gegenüber einer möglichen Rolle des Tarifvertrages im investitionspolitischen Bereich leiten. Die Verschiedenheit der Interessenkonstellationen und die Veränderbarkeit der Einflußfaktoren erforderten vielmehr eine differenzierte zukunftsoffene Sicht. Dort, wo sich unternehmenspolitische Forderungen direkt mit konkreten gravierenden, vor allem akut gefährdeten Belegschaftsinteressen verbinden und daher erstreikbar machen ließen, war der Tarifvertrag, insbesondere der Firmentarifvertrag nicht wegzudenken.[119] Anders stellte sich aber die Situation bei der tarifpolitischen Artikulation einer übergreifenden Interessen dienenden Investitionsprogrammatik dar. Die elementaren Voraussetzungen für die Durchführung eines wirksamen Arbeitskampfes waren hier kaum erfüllbar. Das Konzept problembezogener tarifvertraglicher Mitbestimmung erwies sich insofern als faktisch bedeutungslos. Auch die konzeptionelle Vorstellung, mit Hilfe des Tarifvertrages institutionelle erweiterte Formen der Arbeitnehmerbeteiligung auf Unternehmensebene[120] sowie im überbetrieblichen Bereich[121] zu etablieren, war wegen des weiterhin fehlenden Bezugs zur konkreten Interessenlage relevanter Belegschaften mit schwer überwindbaren Artikulations- und Durchsetzungsschwierigkeiten behaftet.

III. Die Mitgestaltung unternehmerischer Personalentscheidungen

Der Zugriff des Tarifvertrages auf die Personalpolitik des Unternehmens erlangte im Rahmen einer präventiven Rationalisierungsschutzkonzeption besondere Bedeutung. Die tarifliche Einwirkung auf unternehmerische Sachentscheidungen versprach vor allem dann praktische Erfolge zu erzielen, wenn der Tarifvertrag zugleich auf die konkrete ebenso wie gezielte Beeinflussung der unternehmerischen Personalplanung ausgerichtet wurde. Alternative Maßnahmen der Technik-, Produkt- und Arbeitsgestaltung und der allgemeinen Investitionspolitik konnten für alle betroffenen Arbeitnehmer erst dann effektiv genutzt werden, wenn der Tarifvertrag sein Regelungsziel ebenso darin sah, die von diesen Maßnahmen ausgehenden Beschäftigungs- und (Re)Qualifizierungsmöglichkeiten abzusichern

119 Vgl. auch mit Blick auf die italienische Erfahrung *Stockmann*, a. a. O. (Fn. 81), 234ff., der konstatiert, eine tarifvertragliche Partizipation an Unternehmensentscheidungen erfolge in der Regel nur dann, wenn konkrete Interessen durchgesetzt werden sollten, die von der Arbeitnehmerschaft mitgetragen würden (235), und spiele eine wesentliche Rolle bei der Bewältigung von Unternehmenskrisen (242).

120 Hier wurde etwa eine gleichgewichtige Beteiligung des (Gesamt-)Betriebsrates bei zentralen unternehmerischen Entscheidungen erwogen. Bei diesem tarifpolitischen Ansatz stellte sich jedoch eher als bei firmenbezogenen Tarifverträgen das Problem der drohenden Vernachlässigung übergreifender Interessen und daran anknüpfender Zielsetzungen, vgl. bereits *Weyand*, a. a. O. (Fn. 18), 229f.

121 In Betracht kam hier etwa die Einrichtung überbetrieblicher Konsultationsgremien sowie sogenannter Branchen-Innovationsbeiräte, die Informationen über den technologischen Wandel sammeln und dessen voraussichtliche soziale Auswirkungen erörtern und abschätzen sollten mit der weiteren Aufgabe, Strukturkonzepte im sektoralen und regionalen Rahmen zu entwickeln und umzusetzen. Bei ihrer Beschlußfassung könnte nach dem Einstimmigkeitsprinzip verfahren werden.

und gerecht zu verteilen. Beschäftigungsabbau und Polarisierung der Arbeitskräftestruktur ließen sich letztlich erst durch tarifliche Regelungskonzepte wirksam konterkarieren, die konkrete Komponenten der unternehmerischen Personalpolitik zu lenken suchten. Dadurch konnten zugleich rationalisierungsgefährdete Interessen des einzelnen Arbeitnehmers unmittelbar und eindeutig angesprochen werden. Tarifdiskussion und –praxis hatten bereits Ansätze und Beispiele für eine solche Ausrichtung der Tarifpolitik im Bereich des Rationalisierungsschutzes geliefert.

1. Regelungskonzepte

Der Versuch, mit Hilfe des Tarifvertrages die Personalpolitik des Unternehmens zu steuern, findet in den quantitativen und qualitativen Besetzungsregelungen der Druckindustrie ein klassisches Beispiel. Beide Tarifregelungen demonstrieren – jede in ihrer spezifischen Wirkungsweise – die Möglichkeit der Verknüpfung von Humanisierungsinteressen mit arbeitsmarktpolitischen Erwägungen im Hinblick auf Arbeitsprozesse, die einer durchgreifenden Rationalisierung durch moderne Techniken unterliegen. Quantitative Besetzungsregelungen schreiben für die Bedienung einer bestimmten Maschine oder für eine bestimmte Tätigkeit eine Mindestzahl von Arbeitskräften bindend vor,[1] während qualitative Besetzungsregelungen für die Beschäftigung in bestimmten, näher umschriebenen Tätigkeitsbereichen ein bestimmtes Qualifikationsniveau, die Ausbildung zur Fachkraft verlangen.[2]

Quantitative Besetzungsregelungen versprechen – sieht man zunächst einmal von den Problemen ab, die mit ihrer Präzision und technologiespezifischen Ausformung zusammenhängen[3] – der Intensivierung der Arbeit und einer damit einhergehenden Arbeitsplatzvernichtung Schranken zu setzen. Sie schützen auch unter modernen Produktionsbedingungen den einzelnen Arbeitnehmer vor physischer, vor allem aber psychischer Überforderung und entfalten eine arbeitsplatz-

---

1 Vgl. die ab 1.3.1980 geltende Fassung der Anhänge zum Manteltarifvertrag für die gewerblichen Arbeitnehmer in der Druckindustrie, insb. den C Anhang Druck, abgedruckt in: *WSI-Tarifarchiv*, Elemente qualitativer Tarifpolitik, Nr. 4, 5ff.; dazu auch *Kempen/Zachert*, TVG, § 1 Rn. 238; weitere Beispiele aus der Tarifpraxis erwähnt *Weyand*, Die tarifvertragliche Mitbestimmung, 52f.

2 Vgl. für den hier besonders relevanten Anwendungsbereich der Lichtsatztechnik den ursprünglichen Entwurf der IG Druck+Papier («Raster-Tarifvertragsentwurf»), veröffentlicht in: Druck und Papier Nr. 23/1977, S. 15f., insb. den § 4; sowie den 1978 vereinbarten RTS-Tarifvertrag, abgedruckt in: GMH 1978, 310ff., insb. die §§ 2 und 3.

3 Dazu gleich unten im Abschnitt 2, S. 88ff.

sichernde Funktion, indem sie eine Komponente der Leistungsintensivierung, die Reduzierung der Zahl der Beschäftigten bei gleichbleibendem Leistungsniveau, in ihrer Wirkung begrenzen.[4] Diese Art Einwirkung auf die Personalpolitik des Unternehmens spricht sicherlich auch den Ansatzpunkt alternativer Arbeitsgestaltung an. Primär relevant ist aber hier der arbeitsmarktlenkende Effekt. Dieser Effekt kennzeichnet insbesondere die qualitativen Besetzungsregelungen. Die Festschreibung eines bestimmten Qualifikationsniveaus für konkrete technologieveränderte Arbeitsbereiche beinhaltet zwar eine Komponente des Arbeits- und Gesundheitsschutzes und bedeutet nicht zuletzt den Versuch einer indirekten Einflußnahme auf die Gestaltung der Qualifikationsanforderungen.[5] Mit dieser Festschreibung soll aber vor allem der Beschäftigungsschutz traditioneller Facharbeitergruppen, die um ihre durch moderne Techniken entwerteten Tätigkeitsbereiche und Arbeitsplätze bangen müssen, wirksam gestaltet werden. Diese Gruppen sehen sich der Lohnkonkurrenz minderqualifizierter Arbeitskräfte ausgesetzt. Qualitative Besetzungsregelungen behindern insofern die Öffnung des Arbeitsmarktes zum Wettbewerb. Sie sind mithin ein arbeitsmarktpolitisches Lenkungsinstrument im Sinne des Konkurrenzschutzes.[6]

Die Abwendung des rationalisierungsbedingten Verlustes von Arbeitsplätzen und erreichtem Qualifikationsniveau bildet auch das Hauptziel der 1978 für die Metallindustrie Nordwürttemberg/Nordbaden von der IG-Metall angestrebten kollektiven Sicherung des durchschnittlichen Eingruppierungsniveaus des Betriebes.[7] Angesprochen ist damit die Schaffung einer sog. Sicherungskennzahl, die den betrieblichen Durchschnitt der Tariflöhne und -gehälter angibt. Dieser wird nach der Zahl der Arbeitnehmer und ihrer Einstufung in die tariflichen Vergütungsgruppen pro Stunde errechnet. Seine Berechnung soll zu Beginn der Lauf-

4 Vgl. *Berg/Wendeling-Schröder/Wolter*, RdA 1980, 301f.

5 Vgl. *Berg/Wendeling-Schröder/Wolter*, a. a. O. (Fn. 4), 302; ebenso *BAG* v. 26. April 1990 – ABR 84/87, Lo-E390/EzA 215 (AP Nr. 57 zu Art. 9 GG), S. 8-9.

6 Die Auseinandersetzung um die Zulässigkeit qualitativer Besetzungsregelungen betrifft gerade diesen arbeitsmarktpolitischen Aspekt. Er läßt sich – entgegen *Reuter*, ZfA 1978, 2, 44, der im Hinblick auf die damals von der IG Druck+Papier erhobenen Forderungen zur Tarifierung des elektronisch gesteuerten Lichtsatzverfahrens von «einem Funktionswandel der Besetzungsregelungen» sprach – auch bei der Beobachtung der historischen Genese und Weiterentwicklung des Tarifwesens im Druckgewerbe nicht wegblenden, dazu *Schmidt-Eriksen*, Tarifvertragliche Betriebsnormen, 242ff. Ohne ausdrückliche Anerkennung der Konkurrenzschutzfunktion qualitativer Besetzungsregelungen jedoch *Berg/Wendeling-Schröder/Wolter*, ebda.

7 Der einschlägige Tarifentwurf ist wiedergegeben bei *Blomeyer*, ZfA 1980, 75f. Näher zu dieser tariflichen Forderung *Kern/Schauer*, GMH 1978, 482ff.; *Funke*, in: Jacobi u. a. (Hrsg.), Kritisches Gewerkschaftsbuch 1977/78, 78f.; *Blomeyer*, a. a. O., 5ff. mit weiteren Angaben; *Krack/Kutscher*, Lieber besser statt mehr ?, 250f.

zeit des Tarifvertrages und jeden neuen Quartals erfolgen, und zwar getrennt für Arbeiter und Angestellte. Die Sicherungskennzahl spiegelt also das einmal erreichte Lohn- und Gehaltsniveau im Betrieb und damit wesentlich eine gewisse Arbeitsplatz- und Qualifikationsstruktur wider, die es gegen die unternehmerische Rationalisierungspolitik jeweils zu wahren gilt. Ihre Herabsenkung würde daher bereits im Betrieb eingetretene Arbeitsplatzverluste und/bzw. Dequalifikationsprozesse indizieren. Die Tarifforderung begnügt sich aber nicht mit einer allgemeinen Garantie des so festgelegten durchschnittlichen Eingruppierungsniveaus des Betriebes. Es geht vielmehr darum, den Unternehmen jeglichen Anreiz zu nehmen, das betriebliche Einkommensniveau zu senken. Jede Senkung der Sicherungskennzahl soll deshalb die Verpflichtung des Arbeitgebers einlösen, Neueinstellungen oder Aufgruppierungen vorzunehmen, um das alte Lohn- und Gehaltsniveau wieder zu erreichen. Diese Anpassungsverpflichtung des Arbeitgebers greift nur dann ein, wenn Arbeitsplätze, deren tarifliche Einstufung oberhalb der Sicherungskennzahl liegt, herabgestuft oder beseitigt würden, wenn also dadurch gerade die Arbeitsplätze qualifizierter Arbeitnehmer betroffen sind. Dem Arbeitgeber ist damit nicht nur verwehrt, individuelle Eingruppierungsgarantien durch entsprechende Umschichtungen der Belegschaft zu unterlaufen, indem etwa in den oberen Lohngruppen Arbeitnehmer entlassen und in den unteren wieder eingestellt werden. Er ist auch nicht in der Lage, einen Qualifikationsabbau in einen Einkommensabbau umzusetzen. Da eine unternehmerische Politik der Dequalifizierung damit ihre lohnpolitische Attraktivität verliert, verspricht dieser Effekt einen indirekten positiven Einfluß auf die Qualifikationsentwicklung.[8]

Diskutiert wurde ferner in den Gewerkschaften – neben der Forderung nach einem generellen Kündigungsschutz – die tarifliche Festlegung einer Personal-

---

8 Die mit der Anwendung dieser Tarifforderung verbundenen Komplikationen, vor allem aber ihre Effektivitätsgrenzen in bezug auf das gesteckte Schutzziel lassen sich nicht verkennen. *Blomeyer*, a. a. O. (Fn. 7), 10f. und ihm folgend *Konertz*, Tarifrechtliche Regelungsmöglichkeiten, 173, weisen zu Recht darauf hin, daß der Arbeitgeber durchaus die Möglichkeit besitze, die Zahl der Arbeitsplätze im Betrieb bei gleichbleibender Sicherungskennzahl zu reduzieren. Dies wäre aber unter der Voraussetzung möglich, daß andere Arbeitnehmer heraufgruppiert würden, also um den Preis zusätzlicher Lohnkosten für die unteren Lohn- und Gehaltsgruppen, diese Einsicht auch bei *Konertz*, ebda. Ähnliches gilt auch für die Bemerkung *Blomeyers*, ebda, daß es durchaus möglich wäre, bei gleichbleibender Sicherungskennzahl das Entgelt für Tätigkeiten mit hohen Leistungsanforderungen zugunsten derjenigen mit geringen Leistungsanforderungen zu senken. Die dadurch entstandenen Lohnkosten könnten jedoch durch gezielte Maßnahmen der Arbeitsintensivierung wettgemacht werden. Allein das gewerkschaftliche Absicherungsmodell vermag gerade einer weiteren Verdichtung der Arbeit bei reduzierter Zahl der Arbeitskräfte im Betrieb keinen Einhalt zu gebieten.

ausgleichsquote.[9] Der Arbeitgeber sollte sich dazu verpflichten, eine bestimmte Anzahl von Arbeitnehmern zusätzlich einzustellen, um den rationalisierungsbedingten Abbau von Arbeitsplätzen teilweise zu kompensieren. Damit konnte zugleich einer weiteren Intensivierung der Arbeit wirksam begegnet werden. Personalausgleichsquoten sollten insbesondere dazu verwendet werden, die erwarteten positiven Beschäftigungseffekte vereinbarter Arbeitszeitverkürzungen sicherzustellen. Am wirkungsvollsten erschien deshalb ihre Verankerung in Tarifverträgen, die Verkürzungen der Arbeitszeit vorsehen würden.[10]

Erwogen wurden ebenso tarifliche Intensivierungsmöglichkeiten des Bestandsschutzes von Arbeitsverhältnissen, die darauf hinausliefen, für ältere Arbeitnehmer einen wirksamen Beschäftigungsschutz, namentlich -vorrang auf geeigneten Arbeitsplätzen einzuräumen oder in Form von verbindlich festgelegten Quoten die Weiterbeschäftigung bzw. (Wieder)Einstellung von Frauen zu garantieren. Damit sollte verhindert werden, daß die Personalanpassung bei der Abwicklung technischer Rationalisierungsprozesse einseitig zu Lasten dieser Arbeitnehmergruppen erfolgte.

Eng verknüpft mit der Verteilung von Beschäftigungsmöglichkeiten war schließlich die Nutzung des Tarifvertrages im bildungspolitischen Bereich. In Betracht kam die tarifliche Einräumung insbesondere eines Anspruchs auf berufliche Weiterbildung. Die Effektivität dieses Anspruchs hing freilich von der gezielten Beeinflussung der Bildungsinhalte ab, die in Wirklichkeit eine eher abhängige Variable der Arbeitsorganisation waren. Die Aufgabe des Tarifvertrages sollte daher darin bestehen, die mit alternativen Maßnahmen der Arbeitsgestaltung verbundenen (Re)Qualifizierungsmöglichkeiten in eine den Arbeitnehmerinteressen adäquate Richtung zu lenken. Dazu diente vor allem die tarifliche Festlegung der Ziele, Inhalte, Organisations- und Finanzierungsformen der betrieblichen Berufsbildung.[11] Gerade tarifliche Vorrangs- und Quotenregelungen für ältere Arbeitnehmer und Frauen erschienen sinnvoll erst in Verbindung mit Vorkehrungen, die ihnen den Zugang zu einer auf ihre spezifischen Bedürfnisse und Fähigkeiten zugeschnittenen Berufsbildung gewährleisteten.[12] Hierzu bot sich auch die Regelungsmöglichkeit tariflicher (Fort)Bildungsquoten im Interesse betroffener Frauen an.[13]

---

9 Vgl. dazu *Lehndorff*, Arbeitslosigkeit und Tarifpolitik, 135ff.

10 *Lehndorff*, a. a. O. (Fn. 9), 173.

11 Vgl. dazu etwa die Überlegungen von *Gerfin*, in: Sinzheimer-Gedächtnisveranstaltung, 45ff.

12 Vgl. etwa *Bednarz-Braun*, WSI-Mitt. 1987, 361.

13 Vgl. *Bednarz-Braun*, a. a. O. (Fn. 12), 362.

2. Verhandlungsebenen und die damit verbundene Effizienz tariflicher Personalregelungen

Auch für tarifpolitische Steuerungsversuche im Bereich unternehmerischer Personalentscheidungen kam in erster Linie der Flächentarifvertrag in Betracht. Die Tarifauseinandersetzungen etwa um die qualitativen Besetzungsregelungen in der Druckindustrie oder die Sicherungskennzahl in der Metallindustrie spielten sich primär auf sektoraler Ebene ab. Diese Besinnung auf den Flächentarifvertrag war sicherlich Ausdruck der Zentralisation im Tarifsystem der Bundesrepublik. Sie ließ sich jedoch zugleich von der Eigenart her und vor dem Hintergrund der oben erwähnten Regelungskonzepte erklären und rechtfertigen.

Die Regelung von Maschinenbesetzungsvorschriften im Flächentarifvertrag entsprach einer alten Tradition in der Druckindustrie. Die Festlegung quantitativer Vorgaben an die unternehmerische Personalplanung, wie die erwünschte Anzahl der Arbeitskräfte pro Maschine oder Anlage, bereitete lange Zeit auf sektoraler Ebene keine besonderen Schwierigkeiten. Differenzierungen waren zwar notwendig, sie ließen sich aber auf der Basis relativ einfacher und einheitlicher Technologie bis zu einem gewissen Grade im Flächentarifvertrag exakt und verbindlich vornehmen. Die gravierenden Vorteile des Flächentarifvertrages, nämlich die Vereinheitlichung des Arbeitnehmerinteresses und die Erfassung einer Vielzahl von Betrieben konnten somit genutzt werden, ohne zugleich den Anspruch auf eine eindeutige und gewissermaßen sachlich abschließende Regelung aufgeben zu müssen.

Die Einführung und Anwendung rechnergesteuerter Textsysteme ließ allerdings andere spezifische Regelungsvorteile des Flächentarifvertrages in Erscheinung treten. Ein wirksamer Beschäftigungsschutz für die besonders gefährdete Berufsgruppe der Schriftsetzer war nur zu erreichen, wenn Tarifbereiche und Arbeitnehmergruppen, die bis dahin in der Regel getrennt tariflich behandelt worden waren, einheitlich erfaßt werden konnten. Erforderlich war eine Tarifregelung mit Geltung auch für die Redaktionen und Verlage und alle ihre Beschäftigten sowie mit dem Anspruch, die unternehmensexternen Wirkungen von Rationalisierungsentscheidungen zu erfassen und zu regulieren.[14] So ein betriebs- und bereichsübergreifender Geltungsanspruch ließ sich eben nur durch eine entsprechend angelegte Flächentarifpolitik aufgreifen. Auch Firmentarifverträge konnten sicherlich bereichsübergreifende Beschäftigungsprärogativen innerhalb des einzelnen Unternehmens regeln. Der Versuch, innerbetriebliche Verteilungsprozesse von Arbeitsplätzen im Interesse anderweitig gefährdeter Arbeitnehmer-

---

14 Vgl. §§ 3 des Raster-Tarifvertragsentwurfes und 5 des RTS-Tarifvertrages (die entsprechenden Fundstellen sind oben in Fn. 2 angegeben).

gruppen zu lenken, erforderte aber eine stark ausgeprägte überbetriebliche Interessensicht und eine besonders feine Interessenabstimmung zwischen den verschiedenen betroffenen Tarifbereichen und Berufsgruppen, die nur durch eine entsprechende Zentralisierung der Verhandlungskompetenzen erreicht werden konnte, wie sie in den Koordinationsbemühungen zwischen allen in Betracht kommenden Gewerkschaften und Arbeitgeberverbänden bei der Tarifauseinandersetzung um die neue Technik 1977-78 zum Ausdruck kam.[15]

Diese strukturellen Regelungsvorteile des Flächentarifvertrages in der Druckindustrie wogen um so mehr, als selbst auf der Ebene abstrakter Vereinheitlichung die Formulierung einer eindeutigen und verbindlichen Vorrangsregelung zugunsten der gefährdeten Schriftsetzergruppen möglich war. Sowohl die geforderten Qualifikationsmerkmale als auch die reservierten Tätigkeitsbereiche ließen sich trotz der verschiedenen Einführungs- und Anwendungsformen der Lichtsatztechnik im Flächentarifvertrag in einer Weise festschreiben, die die Rigidität des erwünschten Beschäftigungsvorranges absicherte. Die dabei verwendeten Umschreibungen mußten sicherlich – auch angesichts nicht ausgereifter Rationalisierungserfahrungen im Betrieb – mehr oder weniger allgemein bleiben. Die Geltung fachfremder Eignungsprofile hätte indes ausdrücklich verboten werden können. Und die Tarifierung der Satz- und Textherstellung hätte künstliche, weil in der Praxis kaum zu haltende Abgrenzungen zwischen den verschiedenen Arbeitsbereichen vermeiden und die Weiterentwicklungstendenzen der Technik und Arbeitsorganisation mit berücksichtigen können.[16] Darin, daß der RTS-Tarifvertrag all diese Erwartungen nicht erfüllte, spiegelte sich nicht die objektive Unmöglichkeit einer wirksamen qualitativen Besetzungsregelung im Rahmentarifvertrag wider, sondern vor allem das damalige Kräfteverhältnis zwischen den Tarifvertragsparteien. Dem entsprach das Aushandeln eines Kompromisses, womit der tariflichen Regelung ein Mangel an Präzision und Erfassungsflexibilität abverlangt wurde.

Diese speziell auf den RTS-Tarifvertrag bezogene Einschätzung bedeutete jedoch nicht, daß der Flächentarifvertrag in der Druckindustrie hinsichtlich der Personalbesetzung von Maschinen und Anlagen seine bis dahin bewährte Regelungseffizienz weiterhin behaupten konnte. Da die Technologie immer komplizierter, von Einsatzbereich zu Einsatzbereich und von Betrieb zu Betrieb unter-

15 An den damaligen Tarifverhandlungen waren auf der Arbeitnehmerseite neben der IG Druck+Papier der Deutsche Journalisten-Verband (DVJ), die Gewerkschaft Handel, Banken und Versicherungen (HBV) und die Deutsche Angestellten-Gewerkschaft (DAG), auf Seiten der Arbeitgeber der Bundesverband Druck (BVD), der Bundesverband Deutscher Zeitungsverleger (BDZV) und der Verband Zeitschriftenverleger (VDZ) beteiligt.

16 Vgl. *Robak/Schlecht*, WSI-Mitt. 1983, 138ff.

schiedlicher wurde, ließen sich exakte, «wasserdichte» Besetzungsnormen im Flächentarifvertrag nicht mehr formulieren. Die zentral-einheitliche Vereinbarung quantitativer Besetzungsregelungen in der Druckindustrie sah sich den gleichen Restriktionen ausgesetzt und mit den gleichen Flexibilitätsproblemen konfrontiert, wie sie auch für eine entsprechende Verwendung von Flächentarifverträgen in anderen Branchen kennzeichnend waren.[17] Gefragt waren nunmehr recht spezifizierte Rahmenvereinbarungen, die allerdings weder die Normsetzungsqualität noch die Flexibilitätspotentiale des Firmentarifvertrages erreichen konnten.

Der Flächentarifvertrag eignete sich aber zur Verwirklichung von Forderungen wie die Garantie des durchschnittlichen Lohn- und Gehaltsgruppenniveaus des Betriebes (Sicherungskennzahl). Sein Ziel bestand hier nicht darin, materielle Vorgaben für die Personalbesetzung festzulegen, die letztlich nur in Kenntnis der konkreten Arbeitsorganisation exakt und daher recht verbindlich zu formulieren wären. Er war lediglich auf die Regelung eines Verfahrens zur Auslese, Sicherung und entsprechenden Anpassung der Personalstruktur ausgerichtet, das von jedem tarifgebundenen Unternehmen befolgt werden sollte. Verfahrensregeln und -modalitäten ließen sich im Flächentarifvertrag eindeutig und abschließend regeln. Auch eine solche Tarifregelung hätte sicherlich Probleme aufgeworfen, die nur unter Berücksichtigung der Situation des konkreten Unternehmens überzeugend zu bewältigen gewesen wären. Die Möglichkeit einer klaren Verfahrensregelung im Flächentarifvertrag war jedoch damit nicht ausgeschlossen.

Demgegenüber konnte die Festlegung von Personalausgleichsquoten nur über Firmentarifverträge erfolgen. Die Verknüpfung von alternativen Maßnahmen der Arbeits- und Produktgestaltung oder von verkürzten Arbeitszeiten mit bestimmten Einstellungsquoten setzte die Kenntnis der konkreten Unternehmens- bzw. Betriebssituation voraus.[18] Erforderlich war aber auch ein Regelungsinstrument, das schnell wie fortlaufend notwendige Korrekturen der festgelegten Quoten ermöglichte. Flächentarifverträge hätten hier nur allgemeine Richtlinien für das Aushandeln von Personalausgleichsquoten auf der Unternehmensebene festlegen können.

Der Flächentarifvertrag wies eine begrenzte Regelungseffizienz nicht zuletzt dort auf, wo es um die Etablierung von Vorrangs- und Quotenregelungen zugunsten älterer Arbeitnehmer und Frauen ginge. Er konnte sicherlich mit Rücksicht

---

17 So auch die Einschätzung bei *Weyand*, a. a. O. (Fn. 1), 224. Vgl. auch *Birke/Krahn/Schwarz*, Beschäftigungspolitische Handlungsspielräume, 236ff., die gerade über gravierende Normierungslücken in den 1979 neu ausgehandelten Anhängen zum Manteltarifvertrag für die gewerblichen Arbeitnehmer in der Druckindustrie berichteten.

18 Vgl. bereits *Simitis*, in: Verhandlungsberichte des 52. DJT II, M 39.

auf die Besonderheiten der Branchenstruktur und des entsprechenden Arbeitsmarktes derartige Beschäftigungsprärogativen aufgreifen. Der tarifliche Eingriff wäre aber erst sinnvoll gewesen, wenn ihm eine differenzierte, fundierte Einschätzung der Beschäftigungsprobleme älterer und weiblicher Arbeitskräfte zugrundegelegen hätte. Flächentarifverträge versprachen hier insbesondere dann Wirkung, wenn sie regional- und bereichsspezifisch angelegt waren. Selbst in diesem Fall konnten sie keine sachlich abschließenden und daher unmittelbar wirksamen Festlegungen über Art und Umfang der vorrangigen Berücksichtigung älterer Arbeitnehmer und Frauen enthalten. Ihre Funktion hätte nur darin bestanden, möglichst verbindliche Richtlinien zu formulieren, die dann der betriebsspezifischen Konkretisierung bedurft hätten. Die Orientierung am Firmentarifvertrag war insofern auch hier erforderlich.

Die besonderen Probleme, die die Verfolgung und vor allem die Erstreikbarkeit einer betriebsnahen Tarifpolitik aufwarf, waren nun bereits bekannt.[19] Das Erfordernis einer ständig im Betrieb vorhandenen Arbeitskampfbereitschaft führte auch im personalpolitischen Bereich dazu, dem Firmentarifvertrag als Umsetzungsinstrument der Flächentarifpolitik geringe Bedeutung beizumessen und ihm eine eher innovative Regelungsfunktion zuzusprechen. Die «offenen» Regelungsprobleme in Flächentarifverträgen sollten deshalb an den Betriebsrat und die Betriebsvereinbarung delegiert werden. Dieser Ausweg erschien hier besonders sinnvoll, da der Betriebsrat Träger von beachtlichen Mitbestimmungskompetenzen in Fragen der Personalpolitik war und sich vorwiegend als solcher verstand. An diesen Mitbestimmungstatbestand konnte der Flächentarifvertrag anknüpfen und ihn für seine betriebliche Umsetzung nutzen.

3. *Anleitung und Erweiterung der Mitbestimmungsmöglichkeiten des Betriebsrates durch den Flächentarifvertrag*

Die bereits skizzierten Defizite und Probleme der Interessenvertretung auf Betriebsebene[20] signalisierten allerdings die Notwendigkeit einer starken Anbindung der Betriebsratspolitik an die gewerkschaftliche Strategievorstellung einer präventiven, alle betroffenen Arbeitnehmer erfassenden Absicherung vor den Rationalisierungsfolgen. Der Rückgriff auf den Betriebsrat versprach Erfolg nur unter den Bedingungen einer engen inhaltlichen und verfahrensmäßigen Abstim-

19 Vgl. die Ausführungen oben im Kapitel II Abschnitt 1.3, S. 51ff., 54f.

20 Zum kompensatorischen Charakter der Interessenpolitik der Betriebsräte, insbesondere zur dabei fehlenden Berücksichtigung der spezifischen Beschäftigungsinteressen von Arbeitslosen, älteren Arbeitnehmern und Frauen vgl. erneut die Ausführungen oben im Kapitel I Abschnitt 3, S. 31.

mung von Flächentarifvertrag und Betriebsvereinbarung. Die Betriebsräte sollten im Hinblick auf die qualitativ erweiterten Regelungsziele des Tarifvertrages sowohl «politisiert» als auch in die Lage versetzt werden, diese Ziele gegenüber dem Arbeitgeber durchzusetzen. Eine Flächentarifpolitik sah sich dazu aufgefordert, die durch sie eröffneten Möglichkeiten des Betriebsrates zur Mitgestaltung unternehmerischer Personalentscheidungen in ihrem Sinne zu effektivieren.

Der gewerkschaftlichen Rahmentarifpolitik boten sich dabei zwei miteinander zu verknüpfende Möglichkeiten der Abstimmung mit der Betriebsratspolitik an: Der Flächentarifvertrag konnte zum einen die personalpolitischen Regelungsmaterien festlegen, die der Mitbestimmung des Betriebsrates unterliegen sollten, zum anderen die Mitbestimmungsziele und Richtlinien festschreiben, woran sich die Betriebsparteien bei ihren konkretisierenden Vereinbarungen auszurichten hatten.

Der Flächentarifvertrag konnte an die Mitbestimmungsmöglichkeiten des Betriebsrates bei der Personalplanung (§§ 92 ff. BetrVG) anknüpfen, sie anhand der Rationalisierungsproblematik näher ausgestalten und erweitern. In ihm waren zunächst die konkreten Sachbereiche der unternehmerischen Personalplanung festzuschreiben, die der Mitbestimmung des Betriebsrates unterliegen sollten. Der Tarifvertrag hätte damit der gesetzlichen Mitbestimmungsregelung präzise inhaltliche Konturen verliehen und insofern Interpretationskontroversen, wie diese um die materielle Reichweite des Auswahlrichtlinien-Instrumentariums (§ 95 BetrVG),[21] überflüssig gemacht. Die Einräumung erweiterter Kompetenzen an

21 Auswahlrichtlinien boten ein Instrumentarium, welches etwa die Betriebsräte in der Druckindustrie dahin verwenden konnten, die innerbetriebliche Verteilung der durch die Lichtsatztechnik entstehenden Arbeitsplätze zugunsten der betroffenen Facharbeitergruppen zu lenken. Wäre es ihnen damals gelungen, die Fachqualifikation des Schriftsetzers als unabdingbare fachliche Voraussetzung für den Zugang zu den Arbeitsplätzen in der technologieveränderten Satzherstellung in Auswahlrichtlinien festzuschreiben, dann hätte insoweit ein wirksamer Beschäftigungs- und zugleich Konkurrenzschutz dieser Berufsgruppe gegenüber minderqualifizierten Arbeitskräften erreicht werden können. § 95 BetrVG eröffnete den Betriebsräten – jedenfalls wenn sie ein Initiativrecht besaßen, was allerdings in der Druckindustrie wegen der dort dominierenden kleinen und mittleren Betriebsgröße weitgehend nicht der Fall war – aber auch die Möglichkeit, durch die Festschreibung sachlich angemessener Eignungsprofile eine vor allem ältere Arbeitnehmer und Frauen diskriminierende Arbeitsanforderungspolitik des Arbeitgebers zu konterkarieren und durch die vorrangige Berücksichtigung persönlicher und sozialer Auswahlkriterien insgesamt die Personalauswahl im Interesse bestimmter Arbeitnehmergruppen zu beeinflussen. Solche Einwirkungsmöglichkeiten des Betriebsrates auf die Personalpolitik des Unternehmens sahen sich zuerst mit der in der Literatur vertretenen und von der Rechtsprechung übernommenen Auffassung konfrontiert, die Erstellung von Anforderungsprofilen unterliege nicht bzw. nur unter bestimmten Voraussetzungen

den Betriebsrat hätte sich auch im personalpolitischen Bereich nur dann als effektiv und sinnvoll für beide Parteien erwiesen, wenn auf generalisierende Kompetenzregelungen verzichtet und ein möglichst detaillierter Katalog an Beteiligungsrechten vereinbart worden wäre.[22] Das Mitbestimmungsrecht des Betriebsrates ließe sich etwa auf die Erarbeitung und Erstellung von Stellenplänen, insbesondere Stellenbesetzungsplänen, Stellenbeschreibungen und Anforderungsprofilen erstrecken und dementsprechend effektiv ausgestalten.[23] Der Tarifvertrag konnte dabei ein für alle in Betracht kommenden Betriebe geltendes Initiativ- und Zustimmungsrecht der betrieblichen Interessenvertretung vorschreiben, also auch die Differenzierung der Mitbestimmungsintensität in § 95 BetrVG überwinden.

Die Regelungsfunktion des Flächentarifvertrages sollte ebenso darin bestehen, materielle Vorgaben für die betriebliche Personalplanung festzuschreiben. In Form von Geboten und Verboten ließen sich allgemeine Zielvorgaben an das personalpolitische Verhalten der Betriebsparteien formulieren. Davon betroffen wären insbesondere die Verpflichtung des Arbeitgebers zum Aushandeln mit dem Betriebsrat einer bestimmten Einstellungsquote als Begleitinstrument vereinbarter Arbeitszeitverkürzungen, die positive Beschäftigungsförderung bestimmter

---

dem Mitbestimmungsrecht nach § 95 BetrVG, vgl. etwa *BAG* v. 31.5.1983 u. v. 31.1.1984 AP Nr. 2 u. 3 zu § 95 BetrVG 1972; *Gaul*, Das Arbeitsrecht im Betrieb, O XIII Rn. 48-49; *Zöllner*, FS für Müller, 676f. Auswahlrichtlinien bezögen sich nur auf die Personalgewinnungsphase, wo es darum gehe, bei Durchführung einer Personalmaßnahme zwischen mehreren Bewerbern auszuwählen. Ihren Inhalt könnten insofern immer nur «Präferenzregeln» bilden, nicht aber Maßnahmevoraussetzungen als solche. Gegenüber dieser Auffassung wurde zutreffend die Ansicht vertreten, daß zwischen Anforderungsprofilen und Auswahlgesichtspunkten kein zwingender Unterschied bestehe. Es sei vielmehr einzusehen, daß die Festlegung von Anforderungsprofilen in aller Regel die Definition fachlicher und persönlicher Gesichtspunkte für die Personalauswahl bereits beinhalte, vgl. vor allem *Simitis/Rydzy*, Von der Mitbestimmung zur staatlichen Administration, 54ff.; *Klebe*, in: Däubler/Kittner/Klebe, BetrVG, § 95 Rn. 6. Zu der hier ebenfalls relevanten Frage der Bindung betrieblicher Auswahlrichtlinien an das Kriterium der «gleichen Eignung» vgl. die Ausführungen gleich unten S. 95f. Fn. 27.

22 Vgl. bereits *Weyand*, a. a. O. (Fn. 1), 229.

23 Vgl. in diesem Sinne die 1984 von der IG Druck+Papier tariflich erhobenen Mitbestimmungsforderungen, abgedruckt in: MitbestGespr. 1984, 147. Dort hieß es: «Bei der Einführung von neuen bzw. der Änderung von bestehenden technischen Anlagen, Geräten, von Arbeitsverfahren oder Arbeitsabläufen hat der Arbeitgeber im Rahmen der Personalplanung Stellenpläne, einschließlich Stellenbeschreibungen und Stellenbesetzungspläne, zu erstellen; die Stellenpläne bedürfen der Zustimmung des Betriebsrates. Unabhängig von diesen Voraussetzungen kann der Betriebsrat vom Arbeitgeber verlangen, daß dieser für den gesamten Betrieb bzw. für bestimmte Abteilungen oder Arbeitsbereiche Stellenpläne erstellt, ändert oder ergänzt.»

schutzwürdiger Arbeitnehmergruppen sowie die Unterlassung jeder Art von Diskriminierung beim Zugang zur Beschäftigung. Der Tarifvertrag konnte damit einen verbindlichen Verhandlungsrahmen für die Betriebsparteien schaffen. Er konnte insbesondere die allgemeine Aufgabestellung nach §§ 75 Abs. 1 und 80 Abs. 1 Nr. 2a – 4 – 6 BetrVG aufgreifen, sie im Hinblick auf regionale bzw. branchenspezifische Gegebenheiten des Arbeitsmarktes konkretisieren und die daran erkennbaren Schutzprioritäten zugleich intensivieren. Im Rahmen dieser Regelungsaufgabe ließen sich persönliche und soziale Auswahlkriterien sowie die Rangfolge ihrer Berücksichtigung bestimmen. Der Flächentarifvertrag hätte auch ein allgemeines Geltungsverbot für bestimmte Anforderungsprofile oder Kriterien der Personalauswahl statuieren können, die erfahrungsgemäß zur verdeckten bzw. faktischen Diskriminierung bestimmter Arbeitnehmergruppen führten.

Die erwähnten Regelungsmöglichkeiten dürften bereits verdeutlicht haben, daß die gewerkschaftliche Tarifpolitik von ihrer Anlage her imstande gewesen wäre, auf das Mitbestimmungsverhalten der Betriebsräte im personalpolitischen Bereich einzuwirken. Hierzu ließen sich im Flächentarifvertrag auch verbindliche Gestaltungsrichtlinien für die betriebsspezifische Ermittlung und Umsetzung etwa von Personalausgleichsquoten und Besetzungsregelungen festschreiben. Die allgemein zu haltenden Tarifnormen hätten insbesondere mit konkreten Mindestanforderungen kombiniert werden können, die bei der betrieblichen Umsetzung dieser Normen zu beachten gewesen wären. Durch eine solche Regelungsvorkehrung wäre ein vertretbarer Kompromiß zwischen der notwendig flexiblen betriebsspezifischen Ausgestaltung personalpolitischer Zielvorgaben einerseits und dem Bedürfnis nach größtmöglicher Sicherung der betrieblichen Anwendung des Tarifvertrages andererseits ermöglicht worden.[24]

Der Flächentarifvertrag konnte auch strukturelle Nachteile kompensieren, die die Handhabung der Betriebsvereinbarung in der Realität kennzeichneten. Das Problem etwa der Etablierung einer vor dem Hintergrund der sog. Bereichsfluchtstrategie[25] notwendig betriebsübergreifenden Geltung qualitativer Beset-

---

24 Vgl. *Birke/Krahn/Schwarz*, a. a. O. (Fn. 17), 298.

25 Die Betriebsräte in der Druckindustrie sahen sich bei der Einführung der Lichtsatztechnik mit einer ungewöhnlichen Situation konfrontiert: Die neue Technik wurde im damals tariffreien Verlagsbereich installiert, wo die Texterfassung traditionell durch angelernte Schreibkräfte ausgeführt wurde, die nun mit den betroffenen Fachkräften in den Technikbetrieben und Vertragsdruckereien um die neu entstehenden Arbeitsplätze ernsthaft konkurrierten, vgl. etwa *Erd/Müller-Jentsch*, Prokla Nr. 35, 38. Damit konnte das Mitbestimmungsrecht der Betriebsräte dieser Betriebe nach § 99 Abs. 2 Nr. 3 BetrVG faktisch umgangen und zugleich der Zuständigkeitsbereich eines Betriebsrates angesprochen werden, der eben eine andere gruppenspezifische Interessensicht besaß.

zungsregelungen in der Druckindustrie ließ sich gerade dadurch bewältigen, daß der Tarifvertrag den Beschäftigungsvorrang der gefährdeten Schriftsetzergruppe generell auf bestimmte relevante, von ihm erfaßte Tätigkeitsbereiche und damit auch auf den Verlagssektor erstreckte. Die betriebliche Umsetzung einer solchen Tarifregelung hing freilich von der engen Zusammenarbeit der jeweils in Betracht kommenden Einzelbetriebsräte und der eventuell erforderlichen Einschaltung des Gesamtbetriebsrates ab. Der Flächentarifvertrag bewirkte immerhin eine positive Veränderung: Die ausgehandelte qualitative Besetzungsregelung wurde nicht nur für den einzelnen Arbeitgeber verbindlich, sondern sie erfüllte zugleich eine wichtige Anleitungsfunktion für das Mitbestimmungsverhalten betroffener Betriebsräte.

Der Flächentarifvertrag vermochte personalpolitischen Betriebsegoismen auch dann entgegenzuwirken, wenn er Vorrangsregelungen zugunsten bestimmter, besonders schutzwürdiger Arbeitnehmergruppen statuiert und ihre unternehmensübergreifende bzw. -weite Geltung vorgeschrieben hätte.[26] Solche Vorrangsregelungen konnten nicht nur im Interesse der jeweiligen Unternehmensangehörigen vereinbart werden, sondern ebenso Arbeitsuchenden zugute kommen. Auswahlrichtlinien in Flächentarifverträgen eröffneten weitaus mehr als betriebliche Auswahlrichtlinien die Möglichkeit, die Personalpolitik des Unternehmens und den externen Arbeitsmarkt aufeinander zu beziehen. Der Tarifvertrag hätte auch sozialen Gesichtspunkten in höherem als dem gesetzlich erlaubten Maße Vorrang vor leistungsbezogenen Kriterien einräumen können.[27] Dabei konnte et-

---

26 Durch den Tarifvertrag ließe sich damit auch die Betriebsbezogenheit des individuellen Kündigungsschutzes überwinden, von der nach herrschender Ansicht grundsätzlich auszugehen ist, vgl. *BAG* v. 25.4.85, AuR 1985, 368 = EzA § 1 KSchG Betriebsbedingte Kündigung Nr. 35; GK-KSchG-*Etzel*, § 1 Rn. 625; *Hueck/v. Hoyningen-Huene*, KSchG, § 1 Rn. 434ff.; *Herschel/Löwisch*, KSchG, § 1 Rn. 215; *Weller*, AuR 1986, 230; relativierend *Müller*, DB 1975, 2133, der in bestimmten Ausnahmefällen, etwa wenn der Betriebsrat einer Kündigung gemäß § 102 Abs. 3 BetrVG widersprochen hat oder der Arbeitnehmer auf Grund seines Arbeitsvertrages im gesamten Unternehmen versetzbar ist, von einer Unternehmensbezogenheit der sozialen Auswahl ausgeht. Demgegenüber will *Löwisch*, DB 1975, 354, in allen Fällen der betriebsbedingten Kündigung die Arbeitnehmer aller Betriebe des Unternehmens miteinander vergleichen.

27 Die effektive Nutzung des § 95 BetrVG-Instrumentariums im Interesse bestimmter, schutzwürdiger Arbeitnehmergruppen bedingte häufig die Aufweichung qualifikations- und leistungsbezogener Kriterien durch soziale Gesichtspunkte. Sie geriet damit aber in Widerspruch zu der in der Kommentarliteratur zum BetrVG etablierten Meinung, wonach die gleiche Eignung eine unabdingbare Zulässigkeitsvoraussetzung für betriebliche Auswahlrichtlinien darstellt; zu diesem weiterhin aktuellen Diskussionsstand vgl. *Stege/Weinspach*, BetrVG, § 95 Rn. 15; *Richardi*, BetrVG, § 95 Rn. 25; *Galperin/Löwisch*, BetrVG, § 95 Rn. 10; *Weiss/Weyand*, BetrVG, § 95

wa an eine materielle Erweiterung sowie Präzisierung des Begriffs der «Vergleichbarkeit»[28] oder an eine angemessene Aufweichung des «berechtigten be-

---

Rn. 10; GK-BetrVG-*Kraft*, § 95 Rn. 32; *Fitting/Kaiser/Heither/Engels*, BetrVG, § 95 Rn. 16 hinsichtlich der Festlegung von Auswahlkriterien im persönlichen Bereich. Diese per Tarifvertrag zu überwindende Meinung läßt sich jedoch bei näherer Betrachtung der gesetzlichen Mitbestimmungsregelung und der einschlägigen Vorschriften des Kündigungsschutzgesetzes nicht halten. Die Vorschrift des § 102 Abs. 3 Nr. 3 – 4 BetrVG sanktioniert in der praktischen Konsequenz, soweit die Zumutbarkeitsgrenze für den Arbeitgeber nicht überschritten wird, gerade die Möglichkeit einer Arbeitsplatzbesetzung, bei der im Interesse rationalisierungsbetroffener Arbeitsplatzinhaber und zu Lasten konkurrenzträchtiger Arbeitsuchender Eignungsgesichtspunkte in den Hintergrund geschoben werden. Die Verpflichtung des Arbeitgebers, dem im Betrieb betroffenen Arbeitnehmer Umschulungs- oder Fortbildungsmaßnahmen anzubieten, um den neuen Arbeitsanforderungen dort nachzukommen, wo seine Weiterbeschäftigung möglich ist, gilt nämlich zunächst unabhängig davon, ob es Arbeitsuchende gibt, die für den in Betracht kommenden Arbeitsplatz eher geeignet sind. Das Zustimmungsverweigerungsrecht des Betriebsrates nach § 99 Abs. 2 Nr. 3 BetrVG ist im wesentlichen auf die Sicherstellung dieser Verteilungswirkung ausgerichtet. § 1 Abs. 3 S. 1 KSchG macht schließlich deutlich, daß Leistungsgesichtspunkte auch im Hinblick auf das Arbeitsplatzkonkurrenzverhältnis der Betriebsangehörigen untereinander nicht uneingeschränkt gelten. Wenn also im System des gesetzlichen Kündigungsschutzes Eignungskriterien keine absolute Geltungspriorität genießen, muß dies auch für die Verwendung des § 95 BetrVG–Instrumentariums zutreffen, dessen Funktion darin besteht, einen klaren und sachlich-objektiven Geltungsrahmen für die Mitbestimmung des Betriebsrates bei personellen Einzelmaßnahmen zu schaffen. Die Relativierung leistungsbezogener Kriterien durch soziale Gesichtspunkte entspricht nicht zuletzt einer Wertung, die in § 80 Abs. 1 Nr. 2a – 4 – 6 BetrVG Ausdruck findet. Durch diese Vorschriften wird dem Betriebsrat die Aufgabe zugewiesen, die Beschäftigung bzw. Eingliederung bestimmter, besonders schutzbedürftiger Arbeitnehmergruppen wie Frauen, Schwerbehinderte und ältere Arbeitnehmer zu fördern. Das sind Arbeitnehmergruppen, die gerade durch bestimmte, tradierte bzw. etablierte Leistungsanforderungen und –kriterien diskriminiert werden. Die Wahrnehmung dieser Aufgabe durch den Betriebsrat soll aber nicht nur Arbeitnehmern, die bereits im Betrieb tätig sind, sondern auch Arbeitsuchenden zugute kommen. Sie betrifft damit ebenso die Verwendung von Auswahlrichtlinien im Bereich der Einstellung.

28 Inwieweit das Prinzip der Sozialauswahl nach § 1 Abs. 2 KSchG Leistungskriterien zurückdrängen darf, bestimmt sich zunächst nach dem Kreis der in die Auswahl einzubeziehenden, «vergleichbaren» Arbeitnehmer. Dieser Personenkreis ist anhand des Merkmals der Austauschbarkeit zu bestimmen, vgl. etwa GK-KSchG-*Etzel*, § 1 Rn. 631 mit Nachweisen. Ein Arbeitnehmer, der aus betriebs-, hier rationalisierungsbedingten Gründen seinen Arbeitsplatz verloren hat, kann gegen einen anderen ausgetauscht werden, wenn er auf Grund seiner bisherigen Tätigkeit im Betrieb und seiner beruflichen Qualifikation in der Lage ist, die Arbeit eines anderen Arbeitnehmers auszuüben, *Herschel/Löwisch*, KSchG, § 1 Rn. 217. Verlangt wird eine jederzeitige personelle Substituierbarkeit, die nicht mehr vorliegt, wenn der unmittel-

trieblichen Bedürfnisses»[29] bei der Sozialauswahl (§ 1 Abs. 3 KSchG) gedacht werden und in Verbindung damit an eine stärkere Inpflichtnahme des Arbeitgebers zur Durchführung kündigungsschonender Umschulungs- bzw. Fortbildungsmaßnahmen.

Der Flächentarifvertrag sollte schließlich die Errichtung eines durch Vertreter der Unternehmensleitung und des Betriebsrates paritätisch besetzten Personalplanungsausschusses vorschreiben. Dieser Ausschuß hätte über die ihm zukommende Informations- und Beratungsfunktion hinaus auch mit Entscheidungsbefugnissen versehen werden können. Für den Fall der Nichteinigung zwischen Arbeitgeber und Betriebsrat wäre die Einschaltung einer tariflichen Schlichtungs-

---

bar von der Kündigung betroffene Arbeitnehmer eine nicht unerhebliche Einarbeitungszeit oder gar eine Umschulung zur Wahrnehmung der anderen Aufgaben benötigt, *Herschel/Löwisch*, KSchG, § 1 Rn. 218; GK-KSchG-*Etzel*, § 1 Rn. 637 mit weiteren Nachweisen. Umstritten ist allerdings dabei, ob sich diese personelle Substituierbarkeit allein auf gleichwertige Tätigkeiten bezieht («horizontale Vergleichbarkeit») oder ob sie auch auf minderwertige Arbeitsplätze, also auf verschiedene Ebenen der Betriebshierarchie erstreckbar ist («vertikale Vergleichbarkeit»). Die vertikale Vergleichbarkeit oder, anders ausgedrückt, die Möglichkeit einer gruppenübergreifenden Sozialauswahl, die ebenfalls die hier genauso relevante Konstellation einer Weiterbeschäftigung auf einem höherwertigen als dem bisherigen Arbeitsplatz einschließt, wurde vom Bundesarbeitsgericht (*BAG* v. 29.3.1990, EzA § 1 KSchG Soziale Auswahl Nr. 29 mit zust. Anm. *Preis*; *BAG* v. 4.2.1993, RzK I 5 d Nr.I 31) nach anfänglichem Schwanken (*BAG* v. 7.2.1985, AuR 1986, 124ff., 126) zuletzt abgelehnt; zustimmend GK-KSchG-*Etzel*, Rn. 640; *Hueck/v. Hoyningen-Huene*, KSchG, § 1 Rn. 446ff. mit weiteren Nachweisen. Sie wird aber von einem Teil des Schrifttums für zulässig gehalten, sofern die Bereitschaft des zu kündigenden Arbeitnehmers vorliegt, zu geänderten Bedingungen weiterzuarbeiten, vgl. etwa *Berkowsky*, Die betriebsbedingte Kündigung, 93f.; *Dänzer-Vanotti*, AuR 1986, 127f. Streitig ist aber die Frage, ob der Arbeitnehmer sein Einverständnis mit dem minderwertigen Arbeitsplatzangebot vor Ausspruch der Kündigung erklärt haben muß, oder ob es ausreicht, wenn er unmittelbar danach entsprechend äußert. Nach *Dänzer-Vanotti*, a. a. O., obliegt es dem Arbeitgeber, den betroffenen Arbeitnehmer danach zu fragen, ob er bereit wäre, zu schlechteren Arbeitsbedingungen weiterzuarbeiten, und ihm gegebenenfalls eine Weiterbeschäftigung zu den geänderten Arbeitsbedingungen anzubieten.

29 Für die Eingrenzung des auswahlrelevanten Personenkreises ist letztlich die in § 1 Abs. 3 S. 2 KSchG vorgeschriebene Abwägung mit den «betriebstechnischen, wirtschaftlichen und sonstigen betrieblichen Bedürfnissen» entscheidend. Das Ergebnis der Sozialauswahl kann dadurch korrigiert werden, daß der Arbeitgeber ein solches, die Weiterbeschäftigung sozial stärkerer Arbeitnehmer bedingendes Bedürfnis darlegt. Das ist etwa der Fall, wenn bestimmte Arbeitnehmer aufgrund ihrer erhöhten fachlichen Qualifikation über Spezialkenntnisse verfügen oder eine besondere Leistungsfähigkeit aufweisen, so daß auf sie im Interesse der Aufrechterhaltung eines geordneten Betriebsablaufs nicht verzichtet werden kann, vgl. näher dazu GK-KSchG-*Etzel*, § 1 Rn. 596ff. mit weiteren Nachweisen.

stelle[30] der Anrufung der Einigungsstelle vorzuziehen gewesen.[31] Denkbar war aber auch eine Tarifvertragsklausel, die dem Arbeitgeber die Durchführung der eingeplanten Rationalisierungsmaßnahme untersagte, bevor eine Betriebsvereinbarung zur Konkretisierung und Absicherung der im Flächentarifvertrag vorgesehenen Personalregelungen abgeschlossen wurde.

4. Resümee

Der Tarifvertrag erwies sich bei der Einflußnahme auf unternehmerische Personalentscheidungen im Zuge technisch-organisatorischer Rationalisierung als ein besonders geeignetes und flexibles Regelungsinstrument. Während sich der Flächentarifvertrag auch mit spezifischen Regelungsmöglichkeiten und –vorteilen verband, konnte der Firmentarifvertrag die letztlich notwendige Konkretisierung und abschließende Ausgestaltung der im Flächentarifvertrag noch «offenen» Regelungsmaterien auf der Betriebs- und Unternehmensebene leisten. Diese optimale Kombination sah sich aber auch hier mit dem Problem der nicht immer gewährleisteten Streikbereitschaft der Belegschaften konfrontiert und daher in ihrer realpolitischen Tragweite stark relativiert. Erforderlich war insofern der Rückgriff auf den Betriebsrat und die Betriebsvereinbarung. Die vorstehenden Ausführungen haben gezeigt, wie wichtig und möglich es war, die damit verbundene Verlagerung tariflicher Verhandlungskompetenzen auf die Betriebsebene mit möglichst exakten Entscheidungsvorgaben sowie Vorkehrungen institutioneller Art zu versehen.

---

30 Vgl. etwa die Regelung der «Mitbestimmung des Betriebsrates in personellen Angelegenheiten und bei Rationalisierungsmaßnahmen» im Manteltarifvertrag der Zigarettenindustrie aus dem Jahre 1975, darüber berichtet *Kohl*, Personalplanung Arbeitsplatzsicherung Tarifvertrag, 58. Die dort vorgesehene Schiedsstelle (§ 17 Nr. 2 des o. g. Tarifvertrages) setzte sich paritätisch aus zwei Arbeitgeber- und Arbeitnehmervertretern zusammen. Der Vorsitz sollte dabei von Fall zu Fall zwischen den beiden Parteien wechseln.

31 Vgl. zu dieser Problematik analog die Ausführungen oben im Kapitel II Abschnitt 1.5.2, S. 64ff.

Zweiter Teil

Zulässigkeit und Grenzen tariflicher Rationalisierungsschutzpolitik

I. Ansatzpunkte und Prämissen der juristischen Problematisierung

Die Neigung, jeden Schritt in neue tarifpolitische Felder dem Verdacht der Kompetenzüberschreitung auszusetzen,[1] und die damit einhergehende Tendenz zu einer mehr oder weniger restriktiven Auslegung der tariflichen Regelungsbefugnis sind für die deutsche Tarifrechtsdiskussion besonders kennzeichnend. Juristische Reflexionen über die Tarifautonomie präsentieren sich insofern als ein stetiges legitimationserschwerendes Begleitphänomen qualitativer Veränderungen des Materialisierungsprozesses tarifautonomer Regelung. Sie prädestinieren damit zugleich die Art und Weise, mit der die juristische Diskussion um die Tarifautonomie geführt wird: Trotz ihrer Gewährleistung in Art. 9 Abs. 3 GG ist die Rechtfertigungsbedürftigkeit jeden neuartigen Tarifvertragsziels faktisch zum Axiom tarifrechtlicher Betrachtungen erhoben. Primär begründungsbedürftig sind nicht die möglichen Einschränkungen der Tarifautonomie, sondern ist diese verfassungsrechtlich legitimierte Regelungsbefugnis der Tarifvertragsparteien.[2] Die besondere Verschärfung der Interpretationskontroverse über die Tarifautonomie und die sich durch die Anrufung der richterlichen Instanzen vollziehende Vorantreibung des Verrechtlichungsprozesses tarifautonomer Regelung erweisen sich dann als unvermeidlich.

Die Untersuchung sieht deshalb, nachdem durch die Ausführungen im 1. Teil ein ebenso konkretisierter wie realpolitisch geprägter Bezugsrahmen gewonnen wurde, die Hauptaufgabe darin, wesentliche Problemfelder einer präventiv angelegten Tarifpolitik im Bereich des Rationalisierungsssschutzes juristisch aufzugreifen und vertiefend zu bearbeiten. Sie knüpft dabei an die Diskussion um Zulässigkeit und Grenzen tariflicher Rationalisierungsschutzpolitik.[3] Der Horizont

---

1 So zutreffend festgestellt früher von *Simitis*, AuR 1975, 331.

2 Kritisch dazu *Simitis*, in: Verhandlungsberichte des 52. DJT II, M 21; *ders.*, in: Kübler (Hrsg.), Verrechtlichung, 134.

3 Aus der inzwischen umfangreichen Literatur vgl. vornehmlich *Reuter*, ZfA 1978, 1ff.; *Koller*, ZfA 1978, 45ff.; *Blomeyer*, ZfA 1980, 1ff.; *Simitis*, in: Verhandlungsberichte des 52. DJT II M 22ff.; *Wiedemann*, FS für das BAG, 635ff., insb. 651ff.; *ders.*, FS für Riesenfeld, 301ff.; *Heidenreich*, FS für Löffler, 69ff.; *Kempen*, AuR 1980, 193ff., insb. 200ff.; *Berg/Wendeling-Schröder/Wolter*, RdA 1980, 299ff.; *Rieth*, Die Steuerung unternehmerischen Handelns; *Beck*, AuR 1981, 333ff 367ff.; *Konertz*, Tarifrechtliche Regelungsmöglichkeiten; *Dälken*, Möglichkeiten eines tarifvertraglichen Bestandsschutzes; *Weyand*, Die tarifvertragliche Mitbestimmung;

juristischer Problematisierung ist damit freilich keineswegs eingeschränkt. Juristische Reflexionen über die Tarifautonomie lassen sich zwar erst vor dem Hintergrund bestimmter tarifpolitischer Strategien und der dazu einschlägigen Tarifpraxis anstellen und erklären. Ihr Aussagegehalt bleibt jedoch dabei nicht auf die konkreten Problemlagen der jeweils real-aktuellen Tarifvertragsgestaltung beschränkt. Vielmehr vermitteln sie zumeist eine gewisse Grundeinstellung über Sinn und Grenzen der tarifautonomen Regelung. Die Kontroverse um die Kompetenz der Tarifvertragsparteien, auch im Bereich des Rationalisierungsschutzes, wurde zugleich in rechtspolitischer Absicht geführt.[4] Sie reflektierte ebenso über bis dahin in der BRD nicht umgesetzte tarifpolitische Strategien und Forderungsinhalte und entzündete sich damit auch an tarifrechtlichen Fragestellungen, die zwar im wesentlichen theoretisch waren, jedoch die Diskussionsperspektiven um die Tarifautonomie erheblich erweiterten.

Mit den oben dargelegten Forderungsinhalten einer präventiv ausgerichteten Tarifpolitik im Bereich des Rationalisierungsschutzes verbanden sich offenbar beträchtliche Auswirkungen auf die unternehmerische Entscheidungs- und Wettbewerbsfreiheit. Die Ausrichtung unternehmerischer Personalpolitik an den Schutzinteressen der Arbeitsbesitzer sowie einzelner Arbeitnehmergruppen beeinflußte, insbesondere unter den Bedingungen einer hohen Arbeitslosigkeit und eines knappen Arbeitsplatzangebots, auch die Stellung der anderen, nicht privilegierten Arbeitnehmer. Angesprochen wurde damit der Aspekt der Verteilungsgerechtigkeit am Arbeitsmarkt. Angesichts dieser wirtschafts- und sozialpolitischen Implikationen[5] ist es letztlich verständlich und legitim, wenn – neben der funktionellen Zuständigkeit der Tarifvertragsparteien – die Suche nach den Grenzen

---

Stark, Verfassungsfragen einer Arbeitsplatzsicherung; *Säcker/Oetker*, Grundlagen und Grenzen der Tarifautonomie, mit weiteren Hinweisen auf bislang nicht veröffentlichte Gutachten, 26. Das Bundesarbeitsgericht hatte mehrmals die Gelegenheit, sich zur rechtlichen Zulässigkeit der in der Druckindustrie vereinbarten qualitativen Besetzungsregelungen zu äußern, *BAG*, AP Nr. 1 zu § 1 TVG Tarifverträge: Druckindustrie; AP Nr. 2 zu § 1 TVG Tarifverträge:Druckindustrie; AP Nr. 20 zu § 1 TVG Tarifverträge:Druckindustrie; EzA § 4 TVG Druckindustrie Nr. 20; NZA 1991, 675ff. Besonders relevant ist aber auch das Urteil des Bundesarbeitsgerichts vom 27. Juni 1989 zum Verhältnis von Tarifautonomie und GWB, *BAG*, AP Nr. 113 zu Art. 9 GG Arbeitskampf, sowie das Urteil desselben Gerichts vom 3. April 1990 zur funktionellen Reichweite der Tarifautonomie, abgedruckt in: AuR 1991, 93ff.

4 Vgl. so vor allem *Biedenkopf*, in: Verhandlungen des 46. DJT I 1, 158ff.; *Däubler*, Das Grundrecht auf Mitbestimmung; *Reuter*, FS für Böhm, 521ff; *Richardi*, ArbRGew 1976, 32f.; *Simitis*, a. a. O. (Fn. 1), 327ff.; *Weiss*, FS für Vetter, 293ff.; *Wiedemann*, FS für Riesenfeld, 301ff.; *Beuthien*, ZfA 1983, 141ff.; *ders.*, ZfA 1984, 1ff.; *Weyand*, a. a. O. (Fn. 3); *Säcker/Oetker*, a. a. O. (Fn. 3).

5 *Säcker/Oetker*, a. a. O. (Fn. 3), sprechen von «hieraus resultierenden Gefahren für eine freiheitliche Arbeits- und Wirtschaftsverfassung», 24.

der Tarifautonomie im Mittelpunkt juristischer Überlegungen stand. Die Diskussion um die tariflichen Regelungsmöglichkeiten im Bereich des Rationalisierungsschutzes wies hierbei zwei Schwerpunkte auf: Es ging zum einen um das Verhältnis von staatlicher Gesetzgebung und Tarifautonomie in der Kompetenzordnung des Grundgesetzes, zum anderen um die Bindung der Tarifvertragsparteien an die Arbeitgeber- und Arbeitnehmergrundrechte. Beide Schwerpunkte zeugten vom verfassungspolitischen Charakter der Kontroverse um die Regelungskompetenz der Tarifvertragsparteien.[6]

1. Das Spannungsverhältnis von staatlicher Gesetzgebung und Tarifautonomie

Die Auffassung, die Tarifvertragsparteien seien an die gesetzlich verankerten Vorsprünge unternehmerischer Entscheidungsfreiheit und marktwirtschaftlicher Verfassung gebunden, prägt nach wie vor die Diskussion über legitime Reichweite und Außenschranken der tarifautonomen Regelung.[7] Dieser Interpretationsansatz, der sich mit unterschiedlichen Argumentationsabläufen und dementsprechend differenzierten Konsequenzen für den Regelungsspielraum der Tarifvertragsparteien verbindet, ist bereits einer gesetzesimmanenten Kritik ausgesetzt.[8] Er verweist indes auf einen realpolitischen Hintergrund: die Konflikte, die eine auf präventiven Rationalisierungsschutz ausgerichtete Tarifautonomie mit der staatlichen Wirtschafts- und Arbeitspolitik heraufbeschwörte.

Spätestens seitdem der Staat die Aufgabe der gesamtwirtschaftlichen Steuerung übernommen hatte (Art. 109 GG – StabG), waren ihm für seine Politik tarifliche Abmachungen auch im Bereich des Rationalisierungsschutzes nicht gleichgültig. Die Globalsteuerung der Makrostrukturen hatte sich längst auch in einer staatlichen Forschungs- und Technologiepolitik niedergeschlagen, deren Zielsetzung darin bestand, die Unternehmen zur Bewältigung von Branchenrisiken und bei Anpassung an veränderte, sich verschärfende Wettbewerbsbedingungen auf dem internationalen Gütermarkt zu unterstützen.[9] «Arbeits- und Wirtschaftsbedingungen» waren erhebliche Faktoren für eine erfolgreiche Krisen- und

---

6 Vgl. zu dieser Charakterisierung bereits *Mayer/Ralfs*, Rationalisierung und Rationalisierungsschutz, 69ff.

7 Zu den Vertretern dieser Auffassung zählen vor allem *Richardi*, Kollektivgewalt, 181; *Reuter*, a. a. O. (Fn. 4), 530ff.; *ders.*, a. a. O. (Fn. 3), 18ff., 31ff.; *Koller*, a. a. O. (Fn. 3), 54ff., 69f., 73f.; *Wiedemann*, a. a. O. (Fn. 4), 313f.; *Beuthien*, ZfA 1984, 4ff.; *ders.*, ZfA 1986, 140ff.; *Scholz*, in: Maunz u. a., GG, Art. 9 Rn. 275.

8 Dazu eingehend unten im Kapitel III Abschnitte 1.2 ff., S. 153ff.

9 Vgl. etwa *Kalmbach*, in: Simmert (Hrsg.), Wirtschaftspolitik kontrovers, 466ff., insb. 473ff.

Technologiepolitik. Für staatliche Steuerungsversuche ergab sich daher die Notwendigkeit, den tarifautonomen Bereich entscheidend mit zu beeinflussen. Konfliktverhalten und Entscheidungsautonomie der Tarifvertragsparteien gerieten damit zwangsläufig in den Vordergrund staatlicher Aufmerksamkeit.[10]

Die staatliche Wirtschaftspolitik erwies sich allerdings auch im Bereich der Technikförderung und -gestaltung als nicht «neutral», sondern blieb in die Logik kapitalorientierten Investitionsverhaltens eingebunden. Sie unterstützte, flankiert durch andere, insbesondere steuer- und finanzpolitische Maßnahmen, eine unternehmerische, am Prinzip der Gewinnmaximierung ausgerichtete Rationalisierungspolitik. Interessenvertretungsinhalte zugunsten der Arbeitnehmer erschienen danach so lange systemkonform, wie sie lediglich auf eine soziale Abfederung der negativen Konsequenzen des Technologieeinsatzes hinausliefen oder zu einer produktivitätssteigernden Gestaltung von menschlicher Arbeit und Technik führten. Der Konflikt mit der staatlichen Wirtschafts- und Modernisierungspolitik bahnte sich aber in dem Augenblick an, wo die Einbindung in das von unternehmerischen Rentabilitätsinteressen dominierte System staatlicher Technologielenkung von den Gewerkschaften nicht mehr akzeptiert und versucht wurde, über den «beweglicheren» Regelungsbereich der Tarifautonomie Arbeitnehmerinteressen als gleichgewichtige Betrofffenheitsfaktoren zu artikulieren und in diesem Sinne auf die Rationalisierungsinvestitionen einzuwirken.

Dieser mögliche Konflikt der Tarifautonomie mit der staatlichen Politik im Bereich des Rationalisierungsschutzes sollte freilich von der verfassungsrechtlich verankerten Verpflichtung des Staates zur aktiven Beschäftigungs- und Sozialpolitik nicht ablenken. Art. 20 Abs. 1 GG läßt daran keinen Zweifel: Die Verfassung verlangt vom Staat, auch für die Beschäftigungs- und Sozialsituation Sorge zu tragen. Wirtschaftspolitische Überlegungen des Staates fordern insofern immer die Auseinandersetzung mit dem Sozialstaatsauftrag heraus. Das Sozialstaatsprinzip begründet zwar nur einen generellen Handlungsauftrag; dem Gesetzgeber verbleibt somit ein weiter Gestaltungsspielraum, mit welchen konkreten Instrumenten er diesen Auftrag erfüllen will.[11] Das ändert dennoch nichts an der grundsätzlichen Pflicht des Staates, seine Politik ebenso als Beschäftigungs- und Sozialpolitik zu konzipieren und zu realisieren.[12]

Die Differenzen zwischen der staatlichen Gesetzgebung und einer tatsächlich alternativen Tarifpolitik im Bereich des Rationalisierungsschutzes sind indes nicht zu verkennen. Gesetzgeberische Bemühungen wie diese im Bereich der Mitbestimmung waren zwar das Ergebnis einer gewerkschaftlichen Einflußnahme

10 Vgl. *Scharpf*, Autonome Gewerkschaften und staatliche Wirtschaftspolitik, 14ff.
11 *BVerfGE* 59, 231 (263).
12 Vgl. in diesem Sinne *Simitis*, in: Verhandlungsberichte des 52. DJT II, M 12.

auf den staatlichen Willensbildungsprozeß und ein unverzichtbarer Fortschritt für die Regelung der Arbeits- und Wirtschaftsbedingungen, auch im Hinblick auf die Vorstellung, den Arbeitnehmern mehr Einfluß auf Ablauf und Konsequenzen der Rationalisierungsbestrebungen einräumen zu müssen. Dahinter steckte aber in Wahrheit, was sich an den beschränkten, sozial-integrativ wirkenden Mitbestimmungsmöglichkeiten nach dem BetrV- und MitbestG offenbarte, zugleich die Absicht, systemstabilisierende Regelungen über Fragen der Wirtschafts- und Arbeitspolitik zu begünstigen.[13] Die auf Konfliktträchtigkeit angelegte Tarifautonomie bildete, insbesondere wenn sie auf die soziale Steuerung der unternehmerischen Rationalisierungspolitik ausgerichtet war, den potentiellen Störungs- und Gefährdungsfaktor dieser Zielsetzung. Staatliche Gesetzgebung und Tarifautonomie konnten daher in ein wirtschafts- und sozialpolitisches Spannungsverhältnis zueinander treten.[14]

Für das Verhältnis von Tarifvertrag und Gesetz zeichnete sich damit eine besonders markante Konkurrenzproblematik ab, die sich für den Rahmen dieser Untersuchung unschwer umreißen läßt: Der Tarifvertrag sollte hier die gesetzlichen, insbesondere durch das Betriebsverfassungs- und Kündigungsschutzgesetz errichteten Schranken in Fragen des Rationalisierungsschutzes überschreiten und die im Gesetz gegen Wettbewerbsbeschränkungen favorisierte Wettbewerbsordnung bestreiten.[15] Die Untersuchung sieht sich deshalb mit der Grundfrage kon-

---

13 Im Mitbestimmungsurteil, *BVerfGE* 50, 290 (350f.), hieß es gerade: «Dies dient nicht nur einem reinen Gruppeninteresse. Vielmehr haben die durch die institutionelle Mitbestimmung angestrebte Kooperation und Integration, die eine Berücksichtigung auch anderer als der unmittelbaren eigenen Interessen erfordern, allgemeine gesellschaftspolitische Bedeutung; die Mitbestimmung ist namentlich als geeignet angesehen worden, die Marktwirtschaft politisch zu sichern.» Ebenso aufschlußreich ist in diesem Zusammenhang der Blick in die Studie vom *Prognos-Institut u. a.*, Technischer Fortschritt, zu dessen Auswirkungen auf Wirtschaft und Arbeitsmarkt bis 1990, 28, 109ff. Die Interessenvertretung über Tarifverhandlungen wurde dort als systemgefährdend angesehen: «In der jüngsten Vergangenheit mehren sich jedoch im Dialog zwischen den Tarifvertragsparteien .... Anzeichen dafür, daß Polarisierungs- und Feindbildungsstrategien an Bedeutung gewinnen.» Rettung kündigte sich dann anderswo an: «Den Polarisierungen entgegen wirkt die Mitbestimmung auf Betriebs- und Unternehmensebene. Sie hat .... die soziale Distanz zwischen Unternehmensleitung und Arbeitnehmer reduziert. Das gegenseitige Vertrauen und Verständnis wächst .... Angesichts der relativ großen strukturellen Umschichtungen bis 1990 und auch darüber hinaus kann die Einführung der Mitbestimmung auf Unternehmensebene als gerade zum richtigen Zeitpunkt erfolgt bewertet werden.»

14 Vgl. dazu bereits *Simitis*, a. a. O. (Fn. 1), 330f.

15 Die präzise Verortung dieser Konkurrenzproblematik erfolgt unten im Kapitel III Abschnitt 1.3, S. 161ff. Ohne nähere Erörterung bleibt hingegen die spezifische Problematik um das Verhältnis von Tarifautonomie und Gesellschaftsrecht, vgl. aber

frontiert, ob und inwieweit gesetzlich verbürgte Prioritäten unternehmerischer Entscheidungsfreiheit und marktwirtschaftlicher Verfassung Modifikationen unterliegen können, die von der Arbeitnehmerschaft mittels Inanspruchnahme der Tarifautonomie angestrebt werden.

2. *Die Kernbereichsgarantie des Art. 9 Abs. 3 GG*

Eine überzeugende wie definitive Beantwortung dieser Grundfrage bedingt die Auseinandersetzung mit der verfassungsrechtlichen Gewährleistung der Tarifautonomie.[16] Insbesondere Inhalt und Reichweite der Kernbereichsgarantie des Art. 9 Abs. 3 GG bestimmen über den Ausgestaltungs- und Eingriffsspielraum des Gesetzgebers[17] gerade im Hinblick auf seine Verpflichtung, ein funktionsfähiges

---

die grundsätzlichen Überlegungen zum Konkurrenzverhältnis von Tarifautonomie und institutionalisierter Mitbestimmung im Kapitel III Abschnitt 1.4.2, S. 174f. Eine Auseinandersetzung mit dieser Problematik ist für den Rahmen dieser Untersuchung nicht erforderlich, da die hier interessierende Tarifkonzeption allein auf eine Verstärkung und Erweiterung der Mitbestimmungsmöglichkeiten des Betriebsrates abstellt, also dem Tarifvertrag nicht zugleich die Funktion zuweist, die gesellschaftsrechtlich geprägte Struktur der Unternehmensverfassung zu verändern und die bestehenden Mitspracherechte in den Unternehmensorganen zu erweitern.

16 Zu dieser Schlußfolgerung leitet die Würdigung der Kontroverse um die gesetzlichen Außenschranken des Tarifvertrages unten im Kapitel III Abschnitte 1 ff., insb. Abschnitte 1.4 ff., S. 164ff.

17 Zur problematischen, namentlich vom Bundesverfassungsgericht vertretenen Differenzierung zwischen Ausgestaltung und Eingriff vgl. kritisch *Kemper*, Die Bestimmung des Schutzbereichs der Koalitionsfreiheit, 82ff.; *Henssler*, ZfA 1998, 11f.; *Rupp*, JZ 1998, 923; *Wiedemann*, in: Wiedemann, Einl. TVG, Rn. 130ff., jeweils mit Nachweisen. Ausgestaltung und Eingriff mögen die jeweils spezifische Zielrichtung bzw. Regelungsaufgabe gesetzgeberischen Handelns im Schutzbereich des Art. 9 Abs. 3 GG zutreffend beschreiben. Ihre gegenseitige Abgrenzung bereitet jedoch in material-rechtlicher Hinsicht unüberwindbare Schwierigkeiten und ist deshalb methodisch bedenklich. Jede gesetzliche Ausgestaltung des Grundrechts bringt eine «Schrankenziehung» mit sich – plastisches Beispiel: § 1 Abs. 1 TVG, über den bestimmt wird, welche Regelungsinhalte überhaupt Gegenstand von Tarifverträgen sein können – und jeder gesetzliche Eingriff in das Grundrecht bedeutet zugleich eine «Inhaltsbestimmung» – weil damit Art und Umfang der grundrechtlichen Freiheit mitdefiniert wird. Ausgestaltung und Eingriff kennzeichnen vielmehr in Entsprechung zu der gewährleistungs- und schrankenrechtlichen Dimension der Kernbereichsgarantie zwei funktional miteinander verbundene Strukturebenen, auf denen das Grundrecht des Art. 9 Abs. 3 GG Wirksamkeit entfalten muß. Vgl. jedoch *Höfling*, in: Sachs, GG, Art. 9 Rn. 76-77, der die Kernbereichsgarantie allein in den Dienst des – wie es heißt – «auxiliären leistungsrechtlichen Gehalts» des Art. 9 Abs. 3 GG stellen will.

Tarifvertragssystem bereitzustellen und zu bewahren.[18] Der Gesetzgeber ist zwar aufgrund seiner Kompetenzen in Art. 74 Nr. 11 und 12 GG berechtigt, die Regelung der Arbeits- und Wirtschaftsbedingungen an sich zu ziehen, und kann dadurch – trotz des fehlenden Gesetzesvorbehalts in Art. 9 Abs. 3 GG – der tariflichen Regelungsbefugnis Schranken setzen.[19] Er darf jedoch den «Kernbereich» der Tarifautonomie nicht antasten. Den Tarifvertragsparteien wird damit ein Regelungsspielraum zugestanden, welcher der Disposition des Gesetzgebers entzogen ist. Die Rede ist auch von der verfassungsrechtlich gewährleisteten «Normsetzungsprärogative» der Tarifvertragsparteien, also ihres (auch) gegenüber dem staatlichen Gesetzgeber geltenden Vorrechts, die Arbeits- und Wirtschaftsbedingungen autonom zu regeln.[20] Der Entzug dieses Vorrechts würde nichts anderes als die «Denaturierung» der Tarifautonomie bedeuten.

---

18 Vgl. *BVerfGE* 4, 96 (106); 18, 18 (26); 19, 303 (321ff.); 28, 295 (304); 38, 281 (305); 38, 386 (393); 50, 290 (368); 57, 220 (245f.); 58, 233 (247).

19 Vgl. etwa *BVerfGE* 50, 290 (369); 44, 322 (348); 84, 212 (228). Daß der Gesetzgeber überhaupt befugt ist, den Regelungsspielraum der Tarifvertragsparteien näher auszugestalten und/bzw. einzuschränken, ist nach wie vor unbestritten. Höchst umstritten ist freilich, zu welchen Bedingungen der Gesetzgeber diese Befugnis genießen kann, mit anderen Worten: wo die Schranken seiner Intervention im Regelungsbereich der Arbeits- und Wirtschaftsbedingungen verlaufen. Daß in Art. 9 Abs. 3 GG ein Gesetzesvorbehalt fehlt, indiziert zwar gerade die limitierten Eingriffsmöglichkeiten des Gesetzgebers, kann aber als tragender Argumentationsansatz für die konkrete Schrankenziehung, insb. für eine allein durch ausdrücklich normierte grundrechtliche Schutzpflichten legitimierbare zweiseitig-zwingende Wirkung arbeitsgesetzlicher Regelungen (so *Kempen/Zachert*, TVG, Grund. Rn. 205; *Kempen*, AuR 1996, 340f.) nicht überzeugen, näher dazu unten im Kapitel III Abschnitt 1.4.1, S. 168. Die in den Verfassungsmaterialien von *Henssler*, a. a. O. (Fn. 17), 4f. aufgespürten Erwägungen des Verfassungsgebers zur gesetzlichen Beschränkbarkeit der Koalitionsfreiheit und insb. des Streikrechts lassen sich genausowenig als unbestreitbarer Beleg einer allgemeinen, allein im Ermessen des Gesetzgebers liegenden Einschränkbarkeit des Grundrechts aus Art. 9 Abs. 3 GG anführen. Auch eine vorbehaltslos garantierte Betätigungsgarantie gewährt kein unbegrenztes Recht auf Eingriff in fremde Rechtsgüter, vgl. etwa *BVerfGE* 84, 212 (228). Sie widerspricht daher – entgegen *Hennsler*, ebda – per se nicht dem subjektiven Willen des Verfassungsgebers.

20 Vgl. vor allem *Biedenkopf*, Grenzen der Tarifautonomie, 154ff.; *Säcker*, Grundprobleme, 34, 45ff., 50ff., 55; erneut *ders.*, AuR 1994, 7: «Diese den Koalitionen verfassungsrechtlich eingeräumte Regelungsprärogative hat zur Folge, daß alle staatlichen oder privaten Regelungen der allgemeinen Arbeits- und Wirtschaftsbedingungen in den geschützten Kernbereichen tarifdispositiv sein müssen, d.h. gegenüber koalitionsrechtlichen Regelungen nachrangig sind.»; auch *BVerfGE* 28, 295 (304); 44, 322 (340f.); 50, 290 (367); abweichend indes *Meik*, Der Kernbereich der Tarifautonomie, 127f., 131ff., der entsprechend der von ihm entwickelten «dreischichtigen Kernbereichsgarantie» die Normsetzungsprärogative der Tarifvertragsparteien

Die vom Bundesverfassungsgericht entwickelte Kernbereichsformel bildet somit den zentralen Interpretationsmaßstab für die Auflösung des oben umschriebenen Konkurrenzverhältnisses zwischen Gesetz und Tarifvertrag.[21] Sie manifestiert mit Nachdruck den von Art. 9 Abs. 3 GG gebotenen Vorbehalt gegenüber legislativen Eingriffen. Dieser Formel kommt die Funktion zu, den verfassungsfesten Schutzbereich des Grundrechts aus Art. 9 Abs. 3 GG zu umschreiben.[22] Sie ist eine in Kenntnis der gesetzlichen Begrenzbarkeit aber auch des spezifischen Freiheitscharakters dieses Grundrechts entwickelte Minimalgarantie.[23] Sie umschreibt nur das von der Verfassung geforderte Minimum, dage-

---

speziell gegenüber der Betriebsautonomie je nach sachlichem Regelungsbereich als ein gleichrangiges, vorrangiges oder gar ausschließliches Normsetzungsrecht auffassen will.

21 Das Problem der Herstellung «praktischer Konkordanz» zwischen der tarifautonomen und der staatlichen Regelungsmacht läßt sich auch durch den Rekurs auf Art. 1 und 2 GG nicht bewältigen. *Däubler*, a. a. O. (Fn. 4), 129ff., 155ff., 174ff. 211ff., sieht in diesen Verfassungsnormen die Koalitionsfreiheit konkretisiert. Art. 9 Abs. 3 GG soll seine Zielrichtung und Rechtfertigung aus der in Art. 1 und 2 GG angelegten Grundentscheidung zugunsten eines universellen Mitbestimmungsrechts in dem sehr allgemeinen Sinn eines die Betroffenen zustehenden Rechts auf Mitentscheidung erhalten. Die Tarifautonomie ist danach auf die Aufhebung der durch den Produktionsprozess vermittelten Objektstellung des Einzelnen durch Mitbestimmung ausgerichtet. Eine derartige «Verortung» der tariflichen Regelungskompetenz greife aber nicht nur angesichts der sachnahen Grundlage in Art. 9 Abs. 3 GG entschieden zu hoch, *Weyand*, a. a. O. (Fn. 3), 68 Fn. 21, der deshalb einen unmittelbaren Rückgriff auf Art. 1 und 2 GG für entbehrlich erachtet. Vielmehr überzeugt es nicht, wenn ein in seinem konkreten Funktionsverständnis so definitionsvariabler Begriff wie dieser der Menschenwürde herangezogen wird, um Art. 9 Abs. 3 GG im Dienste eines umfassenden Selbstbestimmungspostulats zu instrumentalisieren. Dieses Postulat soll dem staatlichen Gesetzgeber u. a. die Möglichkeit unterbinden, der Arbeitgeberseite Entscheidungsprärogativen bei Rationalisierungsinvestitionen zwingend vorzubehalten. Gerade mangelnde Beweisführung für einen Konsens in der verfassungsgebenden Versammlung über eine «geschlossene» Interpretation der Art. 1 und 2 GG wird bei *Däubler* von *Runggaldier*, Kollektivvertragliche Mitbestimmung, 127 Fn. 311 beklagt.

22 Zum Verständnis der Kernbereichslehre zu Art. 9 Abs. 3 GG vgl. auch *Schmidt-Eriksen*, Tarifvertragliche Betriebsnormen, 249ff.

23 Entgegen *Säcker*, Grundprobleme, 56 bezeichnet der Kernbereich nichts anderes als den unantastbaren Wesensgehalt des Grundrechts aus Art. 9 Abs. 3 GG, vgl. in diesem Sinne *BVerfGE* 84, 212 (228) und hierzu die Ausführungen *Däublers*, AuR 1992, 3f.; *Scholz*, in: Handbuch des Staatsrechts VI, § 151 Rn. 77, 78; *Kühling*, AuR 1994, 131; *Butzer*, RdA 1994, 380; *Schmidt-Eriksen*, a. a. O. (Fn. 22), 249; ebenso früher *Seiter*, Streikrecht, 114; *Badura*, RdA 1974, 132; *Weiss*, a. a. O. (Fn. 4), 296; *Otto*, Die verfassungsrechtliche Gewährleistung, 45ff, 47; *Kammerer*, AuR 1984, 70. Die Grundfrage, ob Kernbereich und unantastbarer Wesensgehalt im Sinne von Art. 19 Abs. 2 GG kongruente Begriffe seien, bleibt aber im Schrifttum nach

gen nicht das Maximum zulässiger Koalitionsbetätigungen.[24] Der Schutzbereich des Art. 9 Abs. 3 GG läßt sich daher – wie auch das Bundesverfassungsgericht inzwischen klargestellt hat[25] – nicht auf den «Kernbereich» reduzieren. Die Kernbereichsgarantie begrenzt lediglich die Regelungskompetenz des Gesetzgebers, nicht aber die der Tarifvertragsparteien.

---

wie vor umstritten, vgl. dazu neuerdings *Henssler*, a. a. O. (Fn. 17), 9f. mit weiteren Nachweisen, nach dessen Ansicht (a. a. O., 10, 14) der Kernbereich letztlich als Konkretisierung des Verhältnismäßigkeitsgrundsatzes im Sinne einer besonderen schutzwürdigen Zone aufzufassen und die Aussage des Bundesverfassungsgerichts über die Unantastbarkeit des Kernbereichs der Tarifautonomie dahin zu korrigieren ist, daß «die Tarifautonomie zwar partiell, aber eben auch nur partiell an der Wesensgehaltsgarantie teilnimmt». Zu der damit verbundenen Grundvorstellung eines relativen Kernbereichsschutzes der Tarifautonomie vgl. *Kemper*, a. a. O. (Fn. 17), 115ff., 120; zuletzt *Rupp*, a. a. O. (Fn. 17), 925, der von einem «weichen Kern» der tarifvertraglichen Normsetzungsbefugnis spricht.

24 In diesem Sinne war aber die langjährige Rechtsprechung des Bundesverfassungsgerichts zu deuten, *BVerfGE* 19, 303 (321); 28, 295 (304); 38, 281 (305); 50, 290 (368); 57, 220 (235, 246). Vgl. kritisch dazu *Herschel*, AuR 1981, 267; *Hanau*, AuR 1983, 257f.; *Gröbing*, AuR 1986, 299f.; *Otto*, a. a. O. (Fn. 23), 48; *Pieper*, AuR 1987, 126ff.; *Farthmann/Coen*, in: Benda u. a., Handbuch des Verfassungsrechts, § 19 Rn. 30. Vgl. indes die Gegenkritik bei *Meik*, a. a. O. (Fn. 20), 25ff., der – entgegen der hier vertretenen Auffassung und der neueren Rechtsprechung des Bundesverfassungsgerichts, *BVerfGE* 93, 352 (359f.) – der Kernbereichslehre eine Abgrenzungsfunktion sowohl hinsichtlich des «Dürfens» als auch des «Nicht-Dürfens» zuspricht. Gegen diese – insb. von *Beuthien*, ZfA 1983, 161; *ders.*, ZfA 1984, 22f. vertretene – Auffassung von der Restriktion der grundrechtlichen Aufgabenzuweisung in Art. 9 Abs. 3 GG durch die Kernbereichslehre vgl. auch *Stark*, a. a. O. (Fn. 3), 23ff., der allerdings die tarifvertragliche Einflußnahme auf unternehmerische Entscheidungen von vornherein aus dem Kernbereich der Tarifautonomie ausgrenzen will.

25 *BVerfGE* 93, 352 (359f.). Vgl. dazu *Hanau*, ZIP 1996, 447; *Heilmann*, AuR 1996, 121ff.; *Henssler*, a. a. O. (Fn. 17), 9. Der Umstand, daß das Bundesverfassungsgericht auch in anderen, vorangegangenen gravierenden Entscheidungen – *BVerfGE* 84, 212 (228); 92, 26 (38 ff.); 92, 365 (393 ff.) – die Formel «Kernbereich» nicht mehr verwendet hat, signalisiert im Sinne dieser Klarstellung freilich nicht die Abkehr von der Kernbereichslehre, wie manche Stimmen in der Literatur annehmen, vgl. etwa *Heilmann*, ebda; *Thüsing*, EzA 5/1996, 9ff.; *Hennsler/Suckow*, EzA 8/1996, 18ff.; *Schulte-Westenberg*, NJW 1997, 375; *Zöllner/Loritz*, Arbeitsrecht, 118; zuletzt *Wiedemann*, in: Wiedemann, Einl. TVG, Rn. 104. Jüngste, vor dem Hintergrund der vorerwähnten Gerichtsentscheidungen formulierte Interpretationsansätze zu Art. 9 Abs. 3 GG (vgl. so erneut *Henssler*, a. a. O. (Fn. 17), 3ff.; *Rupp*, a. a. O. (Fn. 17), 919ff.) laufen indes auf eine Art «Rekonstruktion» der Kernbereichslehre hinaus, wobei die Frage zu stellen ist, ob sich nicht mit der damit verbundenen Grundvorstellung eines relativen Kernbereichsschutzes der Tarifautonomie der Abschied von der originären Kernbereichsgarantie abzeichnet.

Für die Untersuchung stellt sich damit die Aufgabe, anhand und hinsichtlich der Rationalisierungsproblematik die materielle Reichweite des Kernbereichsschutzes der tarifautonomen Regelung zu ermitteln. Erst bei genauer Kenntnis dieser Garantie läßt sich auch der durch das Tarifvertragsgesetz eingeräumte Regelungsspielraum in Fragen des Rationalisierungsschutzes abschließend beurteilen. Die – zumal hier höchst umstrittene[26] – Auslegung der in § 1 Abs. 1 TVG

---

26 Die Frage, ob und inwieweit das Tarifvertragsgesetz Regelungskompetenzen zur Mitgestaltung unternehmerischer Entscheidungen begründet, wird im Schrifttum kontrovers diskutiert. Die eine, überwiegend herrschende Meinung verneint – bei aller Unterschiedlichkeit der Argumentationsweise und der jeweils damit verbundenen Ergebnisse der Einzelbewertung – grundsätzlich die Zuständigkeit der Tarifvertragsparteien für originär unternehmerische Fragen. Aus dem zahlreichen Schrifttum vgl. namentlich *Biedenkopf*, a. a. O. (Fn. 4), 156ff.; *Richardi*, a. a. O. (Fn. 7), 181, 265f.; *Rüthers*, Tarifmacht, 14ff., 31ff.; *Wiedemann/Stumpf*, TVG, Einl. Rn. 186, 188; *Reuter*, a. a. O. (Fn. 3), 16, 33; *Koller*, a. a. O. (Fn. 3), 50ff.; *Wiedemann*, a. a. O. (Fn. 4), 313ff.; *Beuthien*, ZfA 1984, 15ff.; *Säcker/Oetker*, a. a. O. (Fn. 3), 130ff., 140, 154; sowie *BAG* AP Nr. 56 zu Art. 9 GG. Dabei bildet die Differenzierung zwischen Betrieb und Unternehmen eine wichtige Interpretationsprämisse, die freilich unterschiedlich gedeutet und gehandhabt wird (so wird die Differenzierung *Biedenkopfs*, a. a. O., zwischen «management prerogatives» und «sozialem Datenkranz des Unternehmens» etwa von *Wiedemann*, a. a. O., 306 und *Beuthien*, a. a. O., 14f., 16f. in ihrer strikten Anwendung abgelehnt). Die andere, gegenteilige Meinung verweist auf die «Offenheit» des schuldrechtlichen Teils des Tarifvertrages und/bzw. auf die (Schutz-)Funktion des Art. 9 Abs. 3 GG und den dort festgeschriebenen weitgefaßten Koalitionszweck der «Wahrung und Förderung der Arbeits- und Wirtschaftsbedingungen». Aus dem ebenfalls vielfältigen Spektrum dieser Gegenmeinung vgl. insb. *Däubler*, a. a. O. (Fn. 4), 186f.; *Simitis*, a. a. O. (Fn. 1), 328, 331; *Säcker*, ArbRGew 1975, 55f.; *Weiss*, a. a. O. (Fn. 4), 298; *Runggaldier*, a. a. O. (Fn. 21), 138ff., 273f., 345f.; *Jahnke*, Tarifautonomie und Mitbestimmung, 73f., 82ff.; *Weyand*, a. a. O. (Fn. 3), 80ff., 83, 104. Die Möglichkeit einer normativen Tarifregelung der Unternehmenspolitik wird aber dabei nicht immer explizit beurteilt. Es überwiegt jedoch die Ansicht, daß der in § 1 Abs. 1 TVG umschriebene normative Teil des Tarifvertrages kein Ansatz für weitergehende Eingriffe in die unternehmerische Planungs- und Entscheidungsautonomie sein kann. Nur *Jahnke*, a. a. O., ihm folgend *Zachert*, AuR 1985, 207 und *Stark*, a. a. O. (Fn. 3), 17 sowie *Rieth*, a. a. O. (Fn. 3), 32f. erwägen ernsthaft die Regelung unternehmenspolitischer Sachfragen im normativen Teil des Tarifvertrages, während *Runggaldier*, a. a. O., 274 und *Weyand*, a. a. O., 97f. sie nur in bezug auf Aspekte der betrieblichen Produktionsgestaltung und Arbeitsorganisation befürworten. Die Kontroverse konzentriert sich dementsprechend auf die Möglichkeit einer Aktivierung des schuldrechtlichen Teils des Tarifvertrages für die Regelung originär unternehmerischer Fragen, ohne daß jedoch der normative Teil dabei in den Hintergrund tritt. Seine im Tarifvertragsgesetz festgelegte Reichweite wird vielmehr nach einer Mindermeinung im Schrifttum als maßgebend für den zulässigen Regelungsumfang schuldrechtlicher Tarifvereinba-

umschriebenen tariflichen Regelungsbefugnis kann letztlich nur mit Rücksicht auf Art. 9 Abs. 3 GG, insbesondere auf den durch diese Verfassungsnorm vorgegebenen sachlich-gegenständlichen Rahmen («Wahrung und Förderung der Arbeits- und Wirtschaftsbedingungen») vorgenommen werden.[27] Dabei ist keineswegs ausgemacht, ob sich die durch das Tarifvertragsgesetz erfolgte Konkretisierung der Regelungskompetenzen als auf Dauer adäquater Kernbereichsschutz erweist.[28] Von daher ist nicht ohne weiteres davon auszugehen, daß die Tarifvertragsparteien den durch § 1 Abs. 1 TVG inhaltlich vorgegebenen Rahmen zwingend zu beachten haben.[29] Art. 9 Abs. 3 GG gebietet vielmehr die Prüfung, ob und inwieweit das vom Gesetzgeber bereitgestellte Tarifvertragssystem den sich wandelnden Bedingungen seines Anwendungsbereichs gerecht wird und somit funktionsfähig bleibt.[30]

---

rungen betrachtet, zum Meinungsstand über die Reichweite schuldrechtlicher Tarifabsprachen vgl. eingehend *Konertz*, a. a. O. (Fn. 3), 120ff.

27 Über diese Schrankenfunktion des Art. 9 Abs. 3 GG herrscht nahezu einhellige Meinung, vgl. *Säcker/Oetker*, a. a. O. (Fn. 3), 34ff. mit zahlreichen Nachweisen.

28 So richtig *Weiss*, a. a. O. (Fn. 4), 297; aber auch *Kempen/Zachert*, TVG, Grund. Rn. 118. Die einfachgesetzliche Ausgestaltung braucht sich freilich – wie *Schmidt-Eriksen*, a. a. O. (Fn. 22) zutreffend bemerkt hat – nicht damit begnügt zu haben, dem Kernbereich Ausdruck zu geben; sie kann gleichfalls den weitergehenden allgemeinen Schutzbereich des Art. 9 Abs. 3 GG konturiert haben. Anders *Meik*, a. a. O. (Fn. 20), 130, der, soweit das Tarifvertragsgesetz eine Konkretisierung der Kernbereichslehre ist, einen unmittelbaren Rückgriff auf Art. 9 Abs. 3 GG ausschließen will. Zur Unhaltbarkeit dieser These *Rupp*, a. a. O. (Fn. 17), 923: Art. 9 Abs. 3 GG verlöre damit nicht nur seine Maßstabs- und Kontrollfunktion gegenüber einfachem Gesetzesrecht, sondern einfaches Gesetzesrecht erhielte unvermittelt Verfassungsrang mit der Folge, daß der Gesetzgeber ein für allemal auf seine „Ausführungs-"-Entscheidung festgelegt wäre und ihm ein Abgehen vom Tarifvertragsgesetz schwerfiele. Auch die – auf den ersten Blick einleuchtende – Begründung *Weyands*, a. a. O. (Fn. 3), 83 Fn. 101, für das Offenlassen der Fragestellung, ob unternehmerische Entscheidungen zum Kernbereich der Tarifautonomie gehören, kann letztlich nicht überzeugen, wenn man bedenkt, daß selbst ein tarifvertragsgesetzlich geöffneter Regelungsspielraum zur Beeinflussung solcher Entscheidungen nicht ohne weiteres den Anforderungen des Art. 9 Abs. 3 GG genügt, sondern sein konkreter Umfang erst bei vorheriger Kenntnis der verfassungsrechtlich gebotenen Reichweite kollektiver Koalitionsbetätigung richtig beurteilt werden kann.

29 Vgl. aber etwa *Säcker/Oetker*, a. a. O. (Fn. 3), 34, 100ff.; *Löwisch/Rieble*, TVG, Grund. Rn. 16ff.

30 Zur Offenheit und inhaltlichen Beweglichkeit bzw. Variabilität der Kernbereichslehre vgl. vornehmlich *Säcker*, Grundprobleme, 92f.; *ders.*, a. a. O. (Fn. 26), 36f. Auch das Bundesverfassungsgericht hat verschiedentlich betont – vgl. etwa *BVerfGE* 50, 290 (368); 58, 233 (248) –, daß die gegenwärtige Gesetzeslage nicht unabänderlich sei, sondern mehr als bei anderen Freiheitsrechten «die Möglichkeit zu Modifikationen und Fortentwicklungen» offenlassen müsse.

Interpretatorische Bemühungen um die verfassungsrechtliche Gewährleistung der Tarifautonomie erscheinen gerade sinnvoll, wenn sie von der Einsicht in die Notwendigkeit getragen sind, über das sozioökonomische Umfeld des tarifautonomen Regelungsverfahrens zu reflektieren. So sehr die Bestimmung der normativen Tragweite des Art. 9 Abs. 3 GG die «bisherige geschichtliche Entwicklung» berücksichtigen muß,[31] so wenig kann sie ohne die Heranziehung der aktuellen sozioökonomischen Funktionsbedingungen dieser Verfassungsnorm erfolgen.[32] Die Besinnung auf die real-aktuellen Funktionsbedingungen der Tarifautonomie, also auf die soziale Wirklichkeit ihrer verfassungsrechtlichen Anerkennung bedeutet das Gebot real-inhaltlicher Interpretation des Art. 9 Abs. 3 GG.[33] Sie suggeriert – bei aller Anerkennung der traditionellen Auslegungsmethoden[34] – ein Interpretationsverständnis, wonach Normfunktion und soziale Wirklichkeit bei der Normkonkretisierung kaum voneinander zu trennen, sondern vielmehr als ineinander verwoben zu betrachten sind.[35] Das besondere Anliegen dabei ist, die Effektivität des Grundrechts aus Art. 9 Abs. 3 GG in der jeweiligen gesellschaftlichen Realität zu wahren.[36]

Die Gewinnung empirischer Erkenntnisse, die für die Funktionsfähigkeit der Tarifautonomie von Bedeutung sind, rückt somit in den Mittelpunkt der interpretatorischen Bemühungen. Die Untersuchung konzentriert sich dabei auf die Implikationen des Einsatzes neuer Technologien für die Normfunktion des Art. 9 Abs. 3 GG. Damit lassen sich real-aktuelle Wirkungszusammenhänge aufzeigen, welche die Funktionsfähigkeit des tarifautonomen Regelungsverfahrens entscheidend zu beeinflussen vermögen. Die gewonnenen Erkenntnisse vermitteln dann die maßgeblichen materialen Gesichtspunkte für die konkret-aktuelle Ausgestaltung der verfassungsrechtlichen Gewährleistung der Tarifautonomie.

---

31 Vgl. *BVerfGE* 4, 96 (101, 106f.); 18, 18 (27, 28f.); 19, 303 (314); 38, 386 (394); 44, 322 (347f.); 50, 290 (367).

32 Vgl. vor allem *BVerfGE* 50, 290 (368f.); aber auch *Weiss*, a. a. O. (Fn. 4), 297.

33 So bereits AK-GG-*Kittner*, 2. Aufl., Art. 9 Abs. 3 GG Rn. 26 (2), mit Blick auf die spezifische Zielrichtung der Koalitionsfreiheit.

34 Das Gebot einer methodengerechten Interpretation des Art. 9 Abs. 3 GG unterstreichen *Säcker/Oetker*, a. a. O. (Fn. 3), 48f. Zur Ergiebigkeit einer solchen Interpretation für die Aufschlüsselung des Doppelbegriffs der «Arbeits- und Wirtschaftsbedingungen» vgl. die Ausführungen unten im Kapitel III Abschnitt 2.2.1, S. 246f.

35 Allgemein zur Bedeutung der sozialen Wirklichkeit für die Grundrechtsinterpretation *Grimm*, in: Grundrechte und soziale Wirklichkeit, 41ff., 45ff., 50f.

36 Zur Bedeutung des Kriteriums der Funktionsfähigkeit der Tarifautonomie *BVerfGE* 50, 290 (373); aber auch 38, 281 (305f.).

3. Die Grundrechtsbindung der Tarifvertragsparteien

Die Diskussion um Zulässigkeit und Grenzen erweiterter Tarifregelungen im Bereich des Rationalisierungsschutzes zeichnete sich durch eine verstärkte wie umfassende Heranziehung der Grundrechte als Schranke der Tarifmacht aus.[37] Die Geltung der Grundrechte für derartige Tarifregelungen wurde bis zur jüngsten Zeit intensiv und kontrovers diskutiert.[38] Die Prüfung tariflicher Mitbestimmungsklauseln erfolgte hinsichtlich der Grundrechtsposition des Arbeitgebers einerseits in Anknüpfung an die Eigentumsfreiheit (Art. 14 GG)[39] und vereinzelt an den Gleichheitssatz (Art. 3 Abs. 1 GG),[40] konzentrierte sich aber zunehmend auf das Grundrecht der Berufsfreiheit. Der Norm des Art. 12 Abs. 1 GG, die grundsätzlich auch die «Unternehmerfreiheit» im Sinne freier Gründung und Führung von Unternehmen schützt,[41] wurde eine herausragende bzw. zentrale Bedeutung für die Bestimmung der verfassungsrechtlichen Grenzen eines noch zulässigen Eingriffs in die Grundrechtssphäre des Arbeitgebers beigemessen.[42] Art. 12 Abs.

---

37 Vgl. ursprünglich *Reuter*, a. a. O. (Fn. 3), 8ff., 35ff.; *Blomeyer*, a. a. O. (Fn. 3), 20ff., 23ff., 28ff., 36ff., 56ff.; *Wiedemann*, FS für das BAG, 651ff.; *Bulla*, DB 1980, 105ff., 158ff.; *Heidenreich*, a. a. O. (Fn. 3), 78ff.; *Wank*, Das Recht auf Arbeit, 113ff., insb. 118ff.; *Berg/Wendeling-Schröder/Wolter*, a. a. O. (Fn. 3), 310ff.; *Rieth*, a. a. O. (Fn. 3), 36ff., 57ff., 83ff.; *Beck*, a. a. O. (Fn. 3), 371ff.; *Moll*, Künstliche Beschäftigung, 133ff.; *Runggaldier*, a. a. O. (Fn. 21), 146ff., 288ff., 331ff., 338ff.; *Konertz*, a. a. O. (Fn. 3), 99ff., 137ff., 153ff., 176ff., 183ff.; *Wend*, Die Zulässigkeit tarifvertraglicher Arbeitsplatzbesetzungsregelungen, 135ff. 165ff.; *Dälken*, a. a. O. (Fn. 3), 80ff., 128ff., 162ff., 186ff., 205f., 209ff.; aber auch *Wiedemann*, a. a. O. (Fn. 4), 312ff., 321ff.; *Beuthien*, ZfA 1984, 12ff.

38 Vgl. neuerdings *Weyand*, a. a. O. (Fn. 3), 107ff., 165ff., 185f.; *ders.*, AuR 1991, 73f.; *Stark*, a. a. O. (Fn. 3), 110ff.; *Säcker/Oetker*, a. a. O. (Fn. 3), 242ff.. 250ff., 257ff., 289ff., 306ff., 317f., mit weiteren Hinweisen auf bislang nicht veröffentlichte Gutachten; *Löwisch/Rieble*, TVG, § 1 Rn. 519ff.; *Rieble*, ZTR 1993, 59ff.; *Däubler*, Tarifvertragsrecht, Rn. 411ff., 815f., 846, 1059ff.; *Kreßel*, RdA 1994, 26ff.; *Wiedemann*, Die Bindung der Tarifnormen, insb. 153ff., 167ff., 204ff., 215f.; *Müller*, Die Berufsfreiheit des Arbeitgebers, insb. 105ff., 151ff., 231ff.; *Kempen/Zachert*, TVG, Grund. Rn. 148ff., 175, 189ff., 193, 198, § 1 Rn. 239; *Hanau*, RdA 1996, 158ff.; *Schleusener*, Die Zulässigkeit qualitativer Besetzungsregelungen, 107ff.

39 Vgl. vornehmlich *Blomeyer*, a. a. O. (Fn. 3), 23ff., 44f., 61; *Rieth*, a. a. O. (Fn. 3), 57ff.; *Beck*, a. a. O. (Fn. 3), 371f.; *Konertz*, a. a. O. (Fn. 3), 137ff., 156ff., 176f.; *Runggaldier*, a. a. O. (Fn. 21), 288ff., 331f.; *Stark*, a. a. O. (Fn. 3), 137ff.; *Weyand*, a. a. O. (Fn. 3), 166f., 185f.

40 Vgl. *Reuter*, a. a. O. (Fn. 3), 43; *Beck*, a. a. O. (Fn. 3), 372f.; *Konertz*, a. a. O. (Fn. 3), 160f.; *Wend*, a. a. O. (Fn. 37), 171ff.

41 *BVerfGE* 50, 290 (363).

42 Vgl. vor allem *Zöllner*, in: Verhandlungen des 52. DJT I, D 99ff.; *Scholz*, ZfA 1981, 265ff., insb. 277ff., 281ff., 291ff.; *Säcker/Oetker*, a. a. O. (Fn. 3), 252ff., 290ff., 306ff., 317f.; neuerdings *Müller*, a. a. O. (Fn. 38), insb. 22ff., 53ff., 157ff., 188ff.,

1 GG stand und steht aber vor allem hinsichtlich der grundrechtlichen Implikationen einer tariflichen Verstärkung des Bestandsschutzes des Arbeitsverhältnisses – markantes Beispiel die qualitativen Besetzungsregelungen in der Druckindustrie – für die Interessensphäre der negativ davon betroffenen Arbeitnehmer im Mittelpunkt der Diskussion. Durch den von ihm umfaßten Schutz der Berufs- und Arbeitsplatzwahlfreiheit des einzelnen Arbeitnehmers[43] bietet dieser Verfassungsartikel – in Verbindung mit dem ebenfalls herangezogenen Gleichheitssatz (Art. 3 GG) – die individualrechtliche Spezialnorm, woran die Legitimationsfähigkeit der Tarifvertragsparteien zur Setzung von Schutzprioritäten beim Zugang zur Beschäftigung zu messen ist. Das löste, zumal im Zeichen der geforderten Reprivatisierung des Arbeitsmarktes,[44] eine lebhafte, auch vor dem Bundesarbeitsgericht mehrfach geführte Kontroverse über die Frage aus, wie Art. 12 Abs. 1 GG auf die Arbeitnehmer und ihre beschäftigungspolitischen Konkurrenzverhältnisse anzuwenden ist.[45] Die Problematik um die inhaltlichen Schranken des Tarifvertrages, die aus diesem und den anderen erwähnten Grundrechten ableitbar sind, soll daher im Hinblick auf die hier interessierenden Tarifinhalte eingehend erörtert werden.

Umstritten bleibt aber nach wie vor die dogmatische Ableitung der Grundrechtsbindung und deren genaues Ausmaß.[46] Die bisher herrschende Meinung in der arbeitsgerichtlichen Rechtsprechung und in der arbeitsrechtlichen Literatur geht von einer vollen und unmittelbaren Bindung der Tarifvertragsparteien an die Grundrechte der Arbeitnehmer und Arbeitgeber aus.[47] Tarifverträge seien, so die primäre Begründung, Gesetzgebung im materiellen Sinne, die als solche den

---

204ff., mit eingehender Darstellung der einschlägigen Rechtsprechung und mit weiteren Nachweisen.

43 *BVerfGE* 7, 377 (397f.); 84, 133 (148); 85, 360 (373).

44 Vgl. dazu die Betrachtungen von *Simitis*, in: Kübler (Hrsg.), Verrechtlichung, 104ff., insb. 112ff., mit Nachweisen.

45 Vgl. insb. *Reuter*, FS für das BAG, 418ff.; *ders.*, Ordo 33 (1982), 187f.; *Wiedemann*, FS für das BAG, 655ff.; *Scholz*, a. a. O. (Fn. 42), 279ff., 293ff.; *Säcker/Oetker*, a. a. O. (Fn. 3), 278ff., 292ff.; auch die in Fn. 3 zitierten, zu den qualitativen Besetzungsregelungen der Druckindustrie ergangenen Entscheidungen des Bundesarbeitsgerichts.

46 Vgl. etwa den systematischen wie umfassenden Überblick über den Meinungsstand bei *Wiedemann*, a. a. O. (Fn. 38), 22ff., sowie die aktualisierte Darstellung des Diskussionsstandes bei *Belling*, ZfA 1999, 553ff., jeweils mit zahlreichen Nachweisen.

47 Das verfassungsrechtliche Schrifttum war stets geschlossen anderer Ansicht, so zutreffend festgestellt von *Dieterich*, FS für Schaub, 118 mit Nachweisen, der zugleich einen bisher wenig beachteten Meinungsschwung im neueren arbeitsrechtlichen Schrifttum konstatiert, 119 mit Nachweisen. Vgl. dazu auch *Wiedemann*, in: Wiedemann, Einl. TVG, Rn. 198.

durch Art. 1 Abs. 3 GG gesetzten Schranken unterlägen.[48] Dieser formale, den Rechtsnormencharakter der tariflichen Vereinbarung hervorhebende[49] Begründungsansatz begegnet aber zu Recht der Kritik, daß die Grundrechtsbindung der Tarifvertragsparteien ein materiell-rechtliches Problem sei, welches sich mit der – zumal unzutreffenden – Qualifizierung der Rechtsnormen des § 1 Abs. 1 TVG als Gesetzgebung im Sinne des Art. 1 Abs. 3 GG nicht befriedigend lösen lasse.[50] Entscheidend für Begründung und Umfang der Grundrechtsgeltung könne vielmehr nur sein, ob sich der einzelne Arbeitnehmer bzw. Arbeitgeber gegenüber der sozialen Macht der rechtsetzenden Koalitionen in einem Abhängigkeitsverhältnis befinde, das dem Verhältnis zwischen Staat und Bürger gleichkomme.[51] Die Grundrechte hätten ebenso die Funktion, den einzelnen Bürger vor sozialer Übermacht zu schützen und dadurch seine Freiheit zu gewährleisten. Das Schutzbedürfnis des einzelnen Arbeitnehmers bzw. Arbeitgebers gegenüber der sozialen Gewalt der Tarifvertragsparteien sei der maßgebliche Gesichtspunkt für

---

48 Bis vor kurzem (denn vgl. gerade die unten in Fn. 62 zitierten neueren Entscheidungen) ständige Rechtsprechung des Bundesarbeitsgerichts seit *BAG* AP Nr. 4 zu Art. 3 GG. Aus dem Schrifttum vgl. etwa *Hueck/Nipperdey*, Arbeitsrecht II/1, 350f.; *Biedenkopf*, Grenzen der Tarifautonomie, 72f.; *Wiedemann/Stumpf*, TVG, Einl. Rn. 57 mit weiteren Nachweisen; aber auch *Löwisch/Rieble*, TVG, § 1 Rn. 155ff. Die volle und unmittelbare Bindung der Tarifvertragsparteien an die Grundrechte wird weiter – im Anschluß an die herrschende Delegationstheorie – mit dem Hinweis begründet, daß, wenn schon die hoheitliche Gewalt an die Grundrechte gebunden sei, dies erst recht für diejenigen gelten müsse, die nur abgeleitete, übertragene Befugnisse ausübten, *Küchenhoff*, FS für Nipperdey, 340f. Insgesamt kritisch dazu jedoch nunmehr *Wiedemann*, a. a. O. (Fn. 47), Rn. 199ff.

49 Vgl. in diesem Sinne aber auch *Säcker/Oetker*, a. a. O. (Fn. 3), 242f., 245, 250, die die Grundrechtsbindung normativer Tarifbestimmungen auf deren Eingliederung in die Normenhierarchie zurückführen. Nach deren Auffassung ergibt sich die Grundrechtsbindung nicht aus Art. 1 Abs. 3 GG, sondern aus der einfach-gesetzlichen Bestimmung des § 4 Abs. 1 TVG. Darin habe der Gesetzgeber den Rechtsnormencharakter der Tarifbestimmungen autoritativ und zwingend bestimmt.

50 Vgl. neuerdings die Kritik bei *Weyand*, a. a. O. (Fn. 3), 109; *Stark*, a. a. O. (Fn. 3), 113f.; *Däubler*, a. a. O. (Fn. 38), Rn. 413; *Wiedemann*, a. a. O. (Fn. 38), 29ff. mit weiteren Nachweisen; *Kempen/Zachert*, TVG, Grund. Rn.154.

51 Vgl. vor allem *Däubler*, a. a. O. (Fn. 4), 226ff.; *ders.*, a. a. O. (Fn. 38), Rn. 414; *Gamillscheg*, AcP 1964, 399f., 407; *ders.*, Die Grundrechte im Arbeitsrecht, 30ff.; *Reuter*, a. a. O. (Fn. 3), 36; *Blomeyer*, a. a. O. (Fn. 3), 22; *Berg/Wendeling-Schröder/Wolter*, a. a. O. (Fn. 3), 310; *Runggaldier*, a. a. O. (Fn. 21), 147ff.; *Weyand*, a. a. O. (Fn. 3), 110; *Schmidt-Eriksen*, a. a. O. (Fn. 22), 305f.; *Wiedemann*, a. a. O. (Fn. 47), Rn. 206; *Belling*, a. a. O. (Fn. 46), 577ff.

die Heranziehung der Grundrechte. Diese müßten auch im Bereich der Tarifautonomie einen elementaren Minderheitenschutz garantieren.[52]

Die Abhängigkeit des Einzelnen von der Verbandsmacht führt allerdings als materieller Begründungsansatz der Grundrechtsbindung nicht zu einheitlichen Bewertungsergebnissen. Während dem Arbeitnehmer keinerlei Möglichkeit bescheinigt wird, der sozialen Gewalt der Tarifvertragsparteien zu «entrinnen», gelangt man zu einer unterschiedlichen Einschätzung der Ausweichmöglichkeiten des Arbeitgebers. Nach einer Auffassung ist der einzelne Arbeitgeber aufgrund seiner wirtschaftlichen Macht letztlich in der Lage, sich durch Verbandsaustritt der tariflichen Rechtsetzung zu entziehen, so daß eine unmittelbare Bindung des Verbandstarifs an seine Grundrechte für entbehrlich gehalten wird.[53] Der Arbeitgeber wird auf das zivilrechtliche Schutzinstrumentarium (§§ 138, 242 BGB) verwiesen; die Tarifvertragsparteien sind insoweit nur im Rahmen der mittelbaren Drittwirkung der Grundrechte gebunden.[54] Nach anderer Auffassung ist es auch dem einzelnen Arbeitgeber praktisch unmöglich, der tarifvertraglichen Regelungsmacht zu entgehen, so daß der Verbandstarif für seine Grundrechtsposition unmittelbar relevant bleibt.[55] Die Konstellation des Firmentarifvertrages wird hingegen eher einhellig beurteilt: Der Umstand, daß der Arbeitgeber seine Interessenlage direkt zur Geltung bringen kann, und die vom Gesetzgeber mit der Zuerkennung der Tariffähigkeit an den einzelnen Arbeitgeber (§ 2 Abs. 1 TVG) unterstellte Gleichgewichtslage lassen hier auf die Entbehrlichkeit einer unmittelbaren Bindungswirkung der Arbeitgebergrundrechte schließen.[56] Dieser Einschätzung widerspricht aber eine Reihe von Autoren, die für eine volle Grundrechtsbindung auch beim Firmentarif eintritt. Die Selbstbindung des Arbeitgebers könne, so die Gegenargumentation, nicht zu einem anderen Ergebnis führen, weil sie ihm durch Arbeitskampf abgezwungen worden sein könne.[57]

---

52 Vgl. aber *Berg/Wendeling-Schröder/Wolter*, ebda, die den Minderheitenschutz als einen ungeeigneten Ansatzpunkt zur Ableitung der Grundrechtsbindung der Tarifvertragsparteien betrachten; kritisch dazu auch *Kempen/Zachert*, TVG, Grund. Rn. 155.

53 *Däubler*, a. a. O. (Fn. 4), 230ff.; *ders.*, a. a. O. (Fn. 38), Rn. 417; *Berg/Wendeling-Schröder/Wolter*, ebda; vorsichtiger *Kempen/Zachert*, TVG, Grund. Rn. 163, 198.

54 *Däubler*, a. a. O. (Fn. 38), Rn. 419, 476.

55 *Runggaldier*, a. a. O. (Fn. 21), 147f.; *Weyand*, a. a. O. (Fn. 3), 110f., 113f.

56 Vgl. *Reuter*, a. a. O. (Fn. 3), 41f.; *Berg/Wendeling-Schröder/Wolter*, a. a. O. (Fn. 3), 310; *Scholz*, a. a. O. (Fn. 42), 296f.; *Runggaldier*, a. a. O. (Fn. 21), 149; *Weyand*, a. a. O. (Fn. 3), 114; *Däubler*, a. a. O. (Fn. 38), Rn. 418; aber auch *Müller*, a. a. O. (Fn. 38), 265f.; *Kempen/Zachert*, TVG, Grund. Rn. 88.

57 Vgl. *Konertz*, a. a. O. (Fn. 3), 105; *Stark*, a. a. O. (Fn. 3), 128; *Löwisch/Rieble*, TVG, § 1 Rn. 201.

Im Gegensatz zur bisher herrschenden Meinung plädieren andere Stimmen in der Literatur generell für eine nur abgeschwächte Grundrechtsbindung der Tarifvertragsparteien.[58] Man geht – bei einer im übrigen differenzierten Betrachtung – davon aus, daß der Abschluß von Tarifverträgen keine Ausübung öffentlich-rechtlicher, hoheitlicher Rechtsetzungsbefugnisse darstellt. Der Tarifvertrag sei vielmehr dem Privatrecht zuzuordnen und daher grundrechtsdogmatisch prinzipiell nicht anders zu behandeln als die übrigen Instrumente der Privatautonomie.[59] Die in Verbindung mit dieser Grundansicht vertretene Lehre von der mittelbaren – nur über die zivilrechtlichen Generalklauseln mediatisierten – Drittwirkung der Grundrechte[60] wird allerdings auch im Schrifttum, welches den privatrechtlichen Charakter der tariflichen Vereinbarung bejaht, vielfach kritisiert und als dogmatisch verfehlt bewertet.[61] Nicht diese Lehre, sondern die neuere, vom Bundesverfassungsgericht für den Privatrechtsverkehr entwickelte Lehre von der Schutzgebotsfunktion der Grundrechte liefere den dogmatisch zutreffenden Ansatzpunkt.[62] Die objektiv-rechtliche Dimension der Grundrechte, d. h. deren wertsetzende Bedeutung für die gesamte Rechtsordnung begründe für die staatlichen Organe (Gesetzgeber – Richter) gerade die Pflicht, sich schützend vor die in ihnen enthaltenen Rechtsgüter zu stellen und sie vor Angriffen seitens privater Dritter zu wahren.[63] Diese Schutzverpflichtung diene der Wahrung einer grundrechtlich verbürgten Mindestposition und sei auslösbar ebenfalls im Hinblick auf die Situation der Koalitionsmitglieder bzw. Außenseiter, die der Rechtsetzungsmacht der Koalitionen und der damit verbundenen Gefahr einer übermäßigen Ein-

58 Vgl. vor allem *Dürig*, in: Maunz u. a., GG, Art. 1 Abs. 3 Rn. 116; *Richardi*, a. a. O. (Fn. 7), 165; *Zöllner*, Die Rechtsnatur der Tarifnormen, 36f.; *Canaris*, AcP 1984, 243f.; *Scholz*, in: Maunz u. a., GG, Art. 9 Rn. 357.

59 *Canaris*, a. a. O,(Fn. 58), 244.

60 Vgl. *Dürig*, a. a. O. (Fn. 58); *Starck*, in: Mangoldt u. a., GG, Art. 1 Rn. 161, 191f.; *Rüfner*, in: Handbuch des Staatsrechts, V, § 117 Rn. 11, 77; AK-GG-*Denninger*, Art. 1 Abs. 2, 3 Rn. 25; *Jarass/Pieroth*, GG, Art. 1 Rn. 28; *Papier*, RdA 1989, 138; *Rieth*, a. a. O. (Fn. 3), 47ff.

61 Vgl. *Wiedemann*, a. a. O. (Fn. 38), 47, 106; *Müller*, a. a. O. (Fn. 38), 249f.

62 Vgl. vor allem *Canaris*, a. a. O. (Fn. 58), 244; *Kirchhof*, Private Rechtsetzung, 523; *Wiedemann*, a. a. O. (Fn. 38), 116ff., 167ff., 204ff.; *Müller*, a. a. O. (Fn. 38), 251ff.; *Dieterich*, a. a. O. (Fn. 47), 122. Der Schutzpflichtenlehre hat sich jüngst auch das Bundesarbeitsgericht bei der Beurteilung tariflicher Altersgrenzenregelungen – *BAG* v. 25.2.98, NZA 1998, 715f. und *BAG* v. 11.3.1998, AuR 1999, 66f. = SAE 4/99, 146 ff., mit gemeinsamer Anmerkung von *Oetker*, 149ff. – angeschlossen; aber auch *BAG* (4. Senat) v. 4.4.2000, RdA 2001, 110ff., mit Anmerkung von *Dieterich*, 112ff.; deutlicher *BAG* (4. Senat) v. 30.8.2000, AuR 2001, 223ff.

63 Vgl. *BVerfGE* 39, 1 (41ff.); 81, 242 (253ff.); 84, 212 (226f.); 88, 203 (254). Eingehend zur einschlägigen Rechtsprechung des Bundesverfassungsgerichts *Müller*, a. a. O. (Fn. 38), 75ff.

schränkung ihrer individuellen Grundfreiheiten ausgesetzt seien. Der Staat müsse auch im Bereich der Tarifautonomie den Minderheiten- und Grundrechtsschutz sicherstellen.

Eine umfassende ebenso wie eingehende Bewertung des vielfältigen Meinungsspektrums zur dogmatischen Ableitung der Grundrechtsbindung der Tarifvertragsparteien kann und soll im Rahmen dieser Untersuchung nicht vorgenommen werden. Die juristische Problematisierung ist hier nicht auf die Erarbeitung und Fundierung einer (grund-)rechtsdogmatischen Konzeption des Tarifvertrages, sondern auf die Ermittlung der inhaltlichen Grundrechtsschranken einer präventiv angelegten Tarifpolitik im Bereich des Rationalisierungsschutzes ausgerichtet. Trotz der unterschiedlichen dogmatischen Begründungsansätze besteht – wie *Säcker/Oetker* zutreffend bemerkt haben[64] – im Ergebnis immerhin nahezu einhellige Übereinstimmung über die Bindung der tarifvertraglichen Regelungen an die Grundrechte. Weniger das Resultat als vielmehr die dogmatische Ableitung der Grundrechtsbindung bilden den Schwerpunkt der juristischen Kontroversen. Diese Einschätzung liegt allerdings um so näher, als sich im Zeichen der Schutzpflichtenlehre und der damit erfolgten Anerkennung einer stärkeren materiellrechtlichen Geltung der Grundrechte im außerstaatlichen Bereich die Überwindung der Trennungslinie zwischen den herkömmlichen Theorien unmittelbarer und mittelbarer Drittwirkung abzeichnet.[65] Auch die «soziale Macht der Koalitionen» bildet selbst bei ihrer Ablehnung als eigenständiger Anknüpfungspunkt für die Konkretisierung der grundrechtlichen Schutzpflichten[66] einen weiterhin relevanten «Hintergrundbegriff»,[67] der die Notwendigkeit eines effektiven Minderheiten- und Außenseiterschutzes im tarifautonomen Regelungsbereich indiziert.[68]

---

64 A. a. O. (Fn. 3), 242.

65 Bezeichnend für diese Überwindung etwa die Ausführungen *Söllners*, NZA 1996, 901f. Vgl. auch *Kempen/Zachert*, TVG, Grund. Rn. 151, die die prinzipielle Grundrechtsbindung der Tarifvertragsparteien auf die Qualität der Tarifautonomie als eines eigenständigen Verfahrens zur Vereinbarung zwingender Rechtsnormen zurückführen – eine Qualität, die für die Effektivität der Tarifautonomie funktionsnotwendig sei, Rn. 157. Diese funktionelle Grundrechtsbindung gliedere sich in zwei verschiedene Stufen normativer Selbstbindung (Stadium der verbandsinternen Willensbildung / materiell-vertraglicher Entscheidungsbereich) und sei dementsprechend unterschiedlich intensiv, dazu im einzelnen Rn. 158ff.

66 Ablehnend in diesem Sinne *Canaris*, a. a. O. (Fn. 58), 206f.; *Wiedemann*, a. a. O. (Fn. 38), 35ff., insb. 39ff.

67 So die Bezeichnung von *Lerche*, FS für Steindorff, 899 Fn. 18, 905.

68 Vgl. etwa *Wiedemann*, a. a. O. (Fn. 38), 120; *Müller*, a. a. O. (Fn. 38), 252. Nach *Fahrtmann/Coen*, in: Benda u. a., Handbuch des Verfassungsrechts, § 19 Rn. 75, bewirkt eine mittelbare Bindung der Tarifvertragsparteien an die Grundrechte der Betroffenen lediglich eine stärkere Differenzierung der einzelnen Sachverhalte nach

Die Bedeutung rechtsdogmatischer Theoriebildung darf freilich nicht unterschätzt werden. Vielmehr prägen Ansichten über die Rechtsnatur und den systematischen Standort des Tarifvertrages explizit oder implizit die Interpretationsbemühungen um Reichweite und Grenzen der tarifvertraglichen Regelungsbefugnis. Auch die interpretatorischen Betrachtungen im Rahmen dieser Untersuchung suggerieren für den Tarifvertrag ein rechtsdogmatisches Grundverständnis: Sie heben die spezifische Schutzfunktion und somit die Eigenartigkeit dieses Regelungsinstruments hervor.[69] Der Kollektivvertrag ist – allem Anschein zuwider – nicht eines von vielen Beispielen für die Konkretisierung der allgemeinen Vertragsprinzipien, sondern genaugenommen die Negation dieser Grundsätze.[70] Anders ausgedrückt: Die durch Art. 9 Abs. 3 GG begründete und legitimierte Normsetzung durch Tarifvertrag beruht auf Fremdbestimmung;[71] nicht Freiwilligkeit, sondern Heteronomität ist das prägende Merkmal einer dem Schutz des Arbeitnehmers dienenden Rechtssetzung durch die Tarifvertragsparteien.[72] Widersprochen wird damit der Ansicht, Existenz und Funktion des Tarifvertrages unter dem Blickwinkel der Privatautonomie und des liberalen Formprinzips erklären und legitimieren zu müssen.[73] Diese – von jeher verschiedenartig formulierte[74], im Zeichen der Deregulierungsforderung und der Wiederentdeckung des Individuums verstärkt vertretene[75] – Grundansicht verbindet sich mit gravierenden Konsequenzen für das Verständnis des in Art. 9 Abs. 3 GG gewährleisteten Grundrechts sowie dessen Verhältnis zu den anderen Grundrechtsgarantien der Arbeits-

---

dem Ausmaß der Schutzpflichten und der jeweiligen Abhängigkeit. Gerade eine im Schrifttum weitgehend bestehende Einigkeit, daß die unterschiedlichen Auffassungen über die Wirkungsweise der Grundrechte nicht zu einer Minderung des Schutzes führen dürften, konstatiert *Belling*, a. a. O. (Fn. 46), 559, mit Nachweisen und unter dem kritischen Hinweis, daß erst die jüngste von *Dieterich* geprägte Rechtsprechung des 7. Senats des Bundesarbeitsgerichts (vgl. erneut die in Fn. 62 zitierten Urteile) mit diesem Konsens gebrochen habe.

69 Vgl. dazu insb. die Ausführungen unten Kapitel III Abschnitt 2.1.1, S. 202ff.

70 So die prägnante Feststellung bei *Kübler/Schmidt/Simitis*, Mitbestimmung als gesetzgebungspolitische Aufgabe, 198f. Auch das *BVerfGE* 4, 96 (108), hat früh erkannt: Der Tarifvertrag «verläßt ... als unabdingbarer Kollektivvertrag ... das Gebiet des privaten Vertragsrechts».

71 Vgl. auch *Löwisch*, ZfA 1996, 296; zustimmend *Söllner*, a. a. O. (Fn. 65), 901.

72 Vgl. auch *Belling*, a. a. O. (Fn. 46), 579ff.

73 Vgl. in diesem Sinne vor allem *Scholz*, Die Koalitionsfreiheit als Verfassungsproblem, insb. 25ff., 121ff.; *Picker*, ZfA 1986, 199ff., insb. 256ff.

74 Zur zivilrechtlichen Rezeption des Tarifvertrages vgl. aus der früheren Literatur insb. *Jabobi*, Grundlehren des Arbeitsrechts, 249ff., 272ff.; *Bötticher*, Gestaltungsrecht und Unterwerfung im Privatrecht, 18ff.; *Ramm*, JZ 1962, 78ff.; *Zöllner*, a. a. O. (Fn. 58), 34ff., 37; *Richardi*, a. a. O. (Fn. 7), 127ff.

75 Vgl. so neuerdings *Picker*, ZfA 1998, 673ff.; *Rieble*, ZfA 2000, 5ff.

und Wirtschaftsverfassung, insbesondere zu der Berufsfreiheitsgarantie des Art. 12 Abs. 1 GG. Die Auseinandersetzung damit erfolgt dementsprechend an mehreren Stellen der Untersuchung.[76] Hier seien nur die grundsätzlichen Bedenken gegen das privatautonome Erklärungsmodell des Tarifvertrages und seine Maßgeblichkeit für die dogmatische Ableitung der Grundrechtsbindung der Tarifvertragsparteien festzuhalten. Sie legen die Ablehnung des Ansatzes einer abgeschwächten, allein durch die zivilrechtlichen Generalklauseln vermittelten Grundrechtsbindung nahe.[77] Diese Bedenken betreffen aber auch die Anwendung der Schutzpflichtenlehre auf die tarifliche Regelungsbefugnis, weil und soweit diese Lehre mit der Vorstellung operiert, der Tarifvertrag sei ein privatrechtliches Regelungsinstrument und Art. 9 Abs. 3 GG statuiere dementsprechend ein privatautonomes Normsetzungsverfahren.[78]

Die Untersuchung baut auf der Erkenntnis, daß die Tarifvertragsparteien mit ihrer Rechtsetzungsbefugnis die Situation des einzelnen Koalitionsmitglieds, aber auch des tariflichen Außenseiters entscheidend beeinflussen und daher in ähnlicher Weise wie der Staat eine Macht ausüben, gegenüber der die Grundrechte ihre freiheitssichernde Funktion unmittelbar zu erfüllen haben.[79] Dieser Schutz

---

76 Unten im Kapitel III Abschnitt 2.1.1, S. 208f., Kapitel IV Abschnitt 1.3.1, S. 301f., Kapitel V Abschnitte 1.4 ff. Vgl. indes bereits die grundlegende, vornehmlich an den Ausführungen *Pickers*, a. a. O. (Fn. 75) ansetzende Kritik von *Waltermann*, ZfA 2000, 69ff.

77 Vgl. jedoch *Ramm*, Die Freiheit der Willensbildung, 53f.; *ders.*, JZ 1991, 6, der trotz der von ihm befürworteten rechtsgeschäftlichen Konzeption des Tarifvertrages zu einer strengen Grundrechtsbindung der Tarifnormen gelangt.

78 Vgl. in diesem Sinne erneut die jüngsten, oben in Fn. 62 zitierten Urteile des Bundesarbeitsgerichts. Danach sind Tarifverträge als «kollektiv ausgeübte Privatautonomie» oder als «gebündelter Ausdruck individueller Selbstbestimmung» aufzufassen, *Dieterich*, a. a. O. (Fn. 47), 121. Die Ermächtigung zum Abschluß von Tarifverträgen werde den Koalitionen durch den privatautonomen Verbandsbeitritt ihrer Mitglieder vermittelt. Sie unterwürfen sich freiwillig geltendem und künftigem Tarifrecht, *Dieterich*, ebda, der darin für die Tarifvertragsparteien einen weitergehenden als den des Gesetzgebers grundrechtlichen Gestaltungsfreiraum begründet sieht und damit ausdrücklich dafür plädiert, die Grundrechtsbindung der Tarifnormen auf ein «Schutzminimum» zu beschränken, *Dieterich*, a. a. O., 124. Gegen diesen Ansatz der privatautonomen Legitimation des Tarifvertrages vgl. *Oetker*, a. a. O. (Fn. 62), 151f.; *Belling*, a. a. O. (Fn. 46), 592ff., zugleich mit grundsätzlicher Kritik an der Schutzpflichtenlehre, 573f.

79 Vgl. aus der neueren Literatur insb. *Gamillscheg*, Kollektives Arbeitsrecht I, 669: «Den sozialen Mächten ist nicht erlaubt, Grundrechte zu verletzen, die zu verletzen der Staat sich selbst verbietet.»; *Wiedemann*, RdA 1997, 302, der das Wirkungsargument als tragfähig für die unmittelbare Bindung der Tarifvertragsparteien an die Grundrechte betrachtet; *Söllner*, a. a. O. (Fn. 65), 901; zuletzt *Belling*, a. a. O. (Fn. 46), 600f. Dem Beitritt zur Gewerkschaft oder zum Arbeitgeberverband wird dabei

kann dem Arbeitgeber nicht vorenthalten werden. Differenzierte Überlegungen zur Grundrechtsposition der Arbeitnehmer- und Arbeitgeberseite sind sicherlich vor dem Hintergrund der grundlegend unterschiedlichen ökonomischen und sozialen Ausgangssituation einsichtig und legitim.[80] Der Arbeitgeber sieht sich – im Gegensatz zum Arbeitnehmer – zunächst mächtig genug, aus dem Arbeitgeberverband auszutreten und sich dadurch der Regelungsgewalt der Koalitionen zu entziehen. Ob und inwieweit aber letztlich der Verbandsaustritt für den einzelnen Arbeitgeber eine wahre Alternative bietet, läßt sich weder pauschal noch mit Sicherheit beurteilen.[81] Es ist auch zu bedenken, daß der aus dem Verband ausgetretene Arbeitgeber erst nach Beendigung des Tarifvertrages andere als die bereits vereinbarten, ihn besonders belastenden Regelungen mit der Gewerkschaft aushandeln darf (§ 3 Abs. 3 TVG).[82] Ein Ausschluß des Arbeitgebers von dem Grundrechtsschutz begegnet immerhin gravierenden verfassungsrechtlichen Bedenken. Insbesondere das Verbandsaustrittsargument suggeriert die Vorstellung, daß der Arbeitgeber durch den Verbandsbeitritt generell auf seinen Grundrechtsschutz verzichten darf. Ein solcher Verzicht widerspricht aber dem verfassungsrechtlichen Postulat, daß die Grundrechte unveräußerlich sind (Art. 1 Abs. 2 GG).[83] Grundrechtsdogmatisch verfehlt ist insoweit auch die mit dem Verbandsaustrittsargument unmittelbar verbundene Vorstellung, daß der Arbeitgeber zum Schutz spezifisch eigener Grundrechtspositionen auf die positive Wahrnehmung seines Grundrechts auf Vereinigungs- und Koalitionsfreiheit (Art. 9 Abs. 1 und 3 GG) verzichten kann.

Die Untersuchung geht im Ergebnis mit der bisher herrschenden Meinung von einer unmittelbaren Bindung der Tarifvertragsparteien sowohl an die Arbeitnehmer- als auch an die Arbeitgebergrundrechte aus. Nur für den Firmentarifver-

---

keine ausschlaggebende Bedeutung für die Geltungswirkung der Grundrechte auf Tarifnormen beigemessen. Jenseits der faktischen und rechtlichen Betroffenheit der nicht organisierten Arbeitnehmer – einsichtig ist vor allem der Hinweis, daß sich die «Freiwilligkeit» des Verbandsbeitritts, soweit sie in der Realität zum Tragen kommt, nicht in eine Vorabgenehmigung später ausgehandelter Tarifinhalte durch das betroffene Koalitionsmitglied umdeuten läßt. Sie bietet keine Gewähr dafür, daß der Adressat des Tarifvertrages seine Interessen bei der Willensbildung im eigenen und bei der Vereinbarung mit dem gegnerischen Verband überhaupt bzw. ausreichend berücksichtigt findet.

80 Gesamtpolitische Ungleichheiten können aber nicht auf tariflicher Ebene durch eine Entrechtung der Arbeitgeberseite kompensiert werden, *Weyand*, a. a. O. (Fn. 3), 111.

81 Vgl. auch *Schmidt-Eriksen*, a. a. O. (Fn. 22), 306f., der mit Rücksicht auf die Situation der «kleinen» Arbeitgeber eine volle Bindung der Tarifvertragsparteien an die Arbeitgebergrundrechte befürwortet.

82 Vgl. näher dazu *Schleusener*, a. a. O. (Fn. 38), 110.

83 *Säcker/Oetker*, a. a. O. (Fn. 3), 247, mit Nachweisen.

trag ist diese Bindungswirkung, soweit sie die Grundrechtsposition des Arbeitgebers betrifft, im Prinzip für entbehrlich zu erachten. Eine unmittelbare Bindung an die Grundrechte des Arbeitgebers käme hier erst in Betracht, wenn im konkreten Einzelfall gravierende, faktisch bzw. rechtlich bedingte Störungen der gesetzlich unterstellten Gegengewichtslage, insbesondere im Hinblick auf die Arbeitskampfsituation, zu Lasten der Verhandlungs- und Abschlußfreiheit des Arbeitgebers festzustellen wären.[84] Auch für den Firmentarifvertrag bleibt insoweit die Bindung an die Arbeitgebergrundrechte relevant.

Bei der unmittelbaren Grundrechtswirkung für die tarifliche Normsetzung kann es aber erneut mit Rücksicht auf die Besonderheiten des tarifautonomen Regelungsverfahrens und der betreffenden Gewährleistung in Art. 9 Abs. 3 GG keine unreflektierte «Parallelverschiebung» der für den Staatseingriff, insbesondere für die Art. 12 und 14 GG ausgearbeiteten Inhaltskriterien auf das Verhältnis zwischen den Tarifvertragsparteien und den Adressaten ihrer Normsetzung geben.[85] Erforderlich ist vielmehr eine eigenständige Bewertung,[86] die weiter unten anhand der hier interessierenden Tarifinhalte vorgenommen wird.[87]

4. Zum Stellenwert tradierter Diskussionsansätze

Die Untersuchung bewegt sich auf der Linie moderner tarifrechtlicher Argumentation, die an interessenspezifische Grundrechtsinhalte (Art. 9 Abs. 3 GG einerseits, Art. 12 Abs. 1, 14 und 3 GG andererseits) anknüpft. Tradierte Diskussionsansätze, wie der dogmatisch-konstruktive Streit über den Ursprung der Tarifmacht,[88] die Kontroverse um die Legitimation der normativen Wirkung des Tarifvertrages gegenüber Arbeitnehmer-Außenseitern[89] oder die Lehre von der Tarifgrenze der Unzumutbarkeit,[90] treten damit eher in den Hintergrund. Sie geraten

---

84 Vgl. in diesem Sinne auch *Müller*, a. a. O. (Fn. 38), 266f.

85 Vgl. zu dieser Erkenntnis *Wiedemann*, a. a. O. (Fn. 47), Rn. 209; *Belling*, a. a. O. (Fn. 46), 602ff., mit weiteren Nachweisen.

86 *Gamillscheg*, a. a. O. (Fn. 79), 670.

87 Vgl. die Ausführungen im Kapitel IV Abschnitt 1.1.3, S. 291 u. Abschnitt 1.3.1, S. 302ff., Kapitel V Abschnitt 1.5.2, S. 338ff.

88 Zum Streitstand vgl. etwa die Darlegung von *Kemper*, a. a. O. (Fn. 17), 71ff., mit umfangreichen Nachweisen.

89 Vgl. dazu insb. *Zöllner*, RdA 1962, 453ff.; *Biedenkopf*, a. a. O. (Fn. 20), 47ff., 57ff., 310ff., 397ff.; *ders.*, a. a. O. (Fn. 4), 153ff.; *Buchner*, Tarifvertragsgesetz, 67ff.; *Richardi*, a. a. O. (Fn. 7), 72f., 214, 224ff., 236f.; *Lieb*, RdA 1967, 441ff.; *Däubler*, a. a. O. (Fn. 4), 281ff.; *Leventis*, Tarifliche Differenzierungsklauseln, 76ff.

90 Aus der früheren Literatur vgl. dazu vor allem *Bötticher*, Die gemeinsamen Einrichtungen, 121ff., 146f.; *Kraft*, ZfA 1976, 259f.; *Zöllner*, Maßregelungsverbote,

zwar immer wieder ins Blickfeld.[91] Von ihrer Schlüssigkeit bzw. Ergiebigkeit für eine überzeugende Bewältigung der hier relevanten Probleme kann aber nicht die Rede sein.

Der Streit um die Frage, ob die Befugnis der Tarifvertragsparteien zur Setzung von Rechtsnormen originär begründet[92], unmittelbar aus Art. 9 Abs. 3 GG ableitbar[93] oder – wie die herrschende Meinung annimmt[94] – als Ergebnis einer Delegation des Gesetzgebers zu bewerten ist, besitzt sicherlich durchaus mehr als nur theoretischen Wert. Er gibt u. a. Auskunft über die Frage, welches die maßgebliche Norm zur Bestimmung des Umfangs der Tarifmacht ist und in welchem Verhältnis Tarifvertragsparteien und Gesetzgeber bei ihrer Normsetzung stehen.[95] Dieser Streit ist und bleibt aber eine Kontroverse, die der Diskussion um Zulässigkeit und Grenzen tariflicher Regelungen zwar rechtsdogmatische Begründungsmuster für die allgemeine Schrankenziehung liefert, jedoch bei der Ermittlung konkret-materialer Grenzen nicht weiterhelfen kann.[96] Erforderlich hierzu ist nach wie vor die Auseinandersetzung mit den verfassungsrechtlichen und einfachgesetzlichen Grundlagen und Schranken des Tarifvertrages.

Das betrifft ebenso die alte Kontroverse um die Verfassungsmäßigkeit von § 3 Abs. 2 TVG.[97] Legitimation und Umfang der tariflichen Normwirkung im Hinblick auf die Außenseiter lassen sich erst mit Rücksicht auf die in Art. 9 Abs. 3 GG enthaltene Aufgabenzuweisung entscheiden.[98] Die Bedeutung dieser Kon-

---

49ff.; neuerdings *Belling/Hartmann*, ZfA 1997, 87ff. mit weiteren Nachweisen; aus der Rechtsprechung grundlegend *BAG* 20, 175 (187) = AP Nr. 13 zu Art. 9 GG.

91 Vgl. insb. *Reuter*, a. a. O. (Fn. 3), 11ff., 25ff.; erneut *ders.*, ZfA 1995, 45ff.; *Koller*, a. a. O. (Fn. 3), 57ff.; *Berg/Wendeling-Schröder/Wolter*, a. a. O. (Fn. 3), 307f; *Blomeyer*, a. a. O. (Fn. 3), 15ff.; *Wend*, a. a. O. (Fn. 37), 60ff., 69ff.; *Konertz*, a. a. O. (Fn. 3), 49ff., 74ff.; *Loritz*, Tarifautonomie und Gestaltungsfreiheit des Arbeitgebers, 41ff., 55ff.; *Weyand*, a. a. O. (Fn. 3), 89ff., 122ff.; *Säcker/Oetker*, a. a. O. (Fn. 3), 136ff., 227ff.; *Schmidt-Eriksen*, a. a. O. (Fn. 22), 109ff.; *Wiedemann*, a. a. O. (Fn. 38), 66ff., 85ff.; *Schleusener*, a. a. O. (Fn. 38), 69ff., 103ff.

92 Vgl. vor allem *Herschel*, FS für Bogs, 129f.; *ders.*, in: Verhandlungsberichte des 46. DJT II, D 16f.

93 Zur sog. Integrationstheorie vgl. etwa *Biedenkopf*, a. a. O. (Fn. 20), 102ff.

94 Zur sog. Delegationstheorie vgl. aus der Rechtsprechung *BAG* AP Nr. 4, 16 und 18 zu Art. 3 GG; aus der Literatur *Adomeit*, Rechtsquellenfragen, 136f.; *Hueck/Nipperdey*, Arbeitsrecht II/1, 346ff.; *Säcker*, Grundprobleme, 74f.; *Scholz*, a. a. O. (Fn. 73), 57ff.

95 *Weyand*, a. a. O. (Fn. 3), 64.

96 Zur begrenzten Relevanz der dogmatischen Kontroverse zwischen der Delegations- und der Integrationstheorie für die sachlich-gegenständliche Reichweite der tarifvertraglichen Regelungsbefugnis vgl. *Säcker/Oetker*, a. a. O. (Fn. 3), 102f., 104.

97 Vgl. dazu neuerdings *Dieterich*, FS für Däubler, 451ff.

98 Die Legitimation zur Vereinbarung normativ wirkender Tarifverträge findet, wie *Weyand*, a. a. O. (Fn. 3), 91 zutreffend bemerkt hat, ihre Grundlage nicht in der Zu-

troverse wird allerdings bei der Rechtmäßigkeisprüfung hier relevanter Regelungskonzepte, wie die qualitativen Besetzungsregelungen, dadurch relativiert, daß Art. 12 Abs. 1 GG als individualrechtliche Spezialschutznorm gegenüber der tarifvertraglichen Regelungsmacht herangezogen wird. Die Interessenposition von Außenseitern findet darin eine spezifische grundrechtliche Berücksichtigung (: Berufs- und Arbeitsplatzwahlfreiheit des von den in Betracht kommenden Arbeitsplätzen ausgeschlossenen Arbeitnehmers). Die gegen tarifliche Betriebsnormen vorgebrachten Argumentationsansätze der fehlenden demokratischen Legitimation und des Verstoßes gegen die negative Koalitionsfreiheit[99] besitzen damit letztlich ein minderes Gewicht für die Diskussion um Zulässigkeit und Grenzen tarifvertraglicher Arbeitsmarktpolitik.[100] Sie erweisen sich vielmehr als unzulänglich für die Lösung der hier erörterten Problematik, wenn man bedenkt, daß tarifliche Besetzungs- und sonstige Präferenzregelungen ebenfalls die Position von Gewerkschaftsmitgliedern negativ beeinflussen können.[101]

Auch die gegen tarifliche Rationalisierungsschutzregelungen herangezogene Lehre von der Unzumutbarkeit hat im Schrifttum gravierende Bedenken ausge-

---

stimmung der Normunterworfenen nach Art. 20 GG, sondern in der verfassungsrechtlichen Anerkennung der Tarifautonomie selbst. Für ein privatautonomes, an Art. 20 GG anknüpfendes Legitimationsbedürfnis der tariflichen Betriebsnormen spicht sich dagegen *Dieterich*, a. a. O. (Fn. 97), 456ff. aus, dem durch eine verfassungskonforme Auslegung des Tarifvertragsgesetzes, d. h. insb. durch eine Eingrenzung des bislang ausufernden Betriebsnormenbegriffs Rechnung getragen werden solle.

99 Vgl. erneut *Zöllner*, *Biedenkopf*, *Buchner*, *Richardi*, *Lieb* und *Loritz* wie angegeben oben in Fn. 89 und 91; zuletzt *Ingelfinger*, Arbeitsplatzgestaltung durch Betriebsnormen, 102ff., 161ff.

100 Durch die Gewichtsverschiebung zugunsten einer an Art. 12 Abs. 1 GG anknüpfenden Beurteilung der Verfassungsmäßigkeit tarifvertraglicher Besetzungsregelungen (als Betriebsnormen) sind aber auch die vom Rechtsgedanken des Art. 80 GG und von der sog. Wesentlichkeitstheorie geleiteten Ausführungen *Hanaus*, a. a. O. (Fn. 38), 158ff., insb. 160ff., 165ff., 176ff. gekennzeichnet. Zwar haben sich die im Haupttext vorgenannten Argumentationsansätze bislang in Rechtsprechung und Literatur nicht durchsetzen können, vgl. insb. *Wiedemann/Stumpf*, TVG, § 1 Rn. 67 ff., mit weiteren Nachweisen; *BAG* v. 26.4.1990, EzA § 4 TVG Druckindustrie Nr. 20, 12f.; *Kempen/Zachert*, TVG, § 3 Rn. 17-18, ebenfalls mit Nachweisen. Mit der Bestätigung bzw. Ausdehnung des potentiellen Anwendungsbereichs der tariflichen Betriebsnormen wird aber – wie *Hanau*, a. a. O., 172 zutreffend festgestellt hat – die verfassungs-, insb. grundrechtliche Problematik nicht entschärft, sondern im Gegenteil erst richtig akzentuiert.

101 Vgl. bereits *Wiedemann*, a. a. O. (Fn. 3), 652; aber auch *Hanau*, a. a. O. (Fn. 38), 161f.

löst.[102] Zutreffend ist – ohne hier diese Bedenken im einzelnen bewerten und gewichten zu müssen – jedenfalls die daraus abgeleitete Erkenntnis, daß die Kategorie der «Unzumutbarkeit» keine eigenständige Funktion im Rahmen der Rechtmäßigkeitsprüfung tarifvertraglicher Regelungen besitzt.[103] Diese Erkenntnis entspricht gerade dem aktuellen Schwergewicht der Diskussion: Angesichts des bestehenden Grundrechtsschutzes der Tarifunterworfenen, und hier im besonderen der Arbeitgeber, erweist sich die Zumutbarkeit als autonome Zulässigkeitsschranke der Tarifautonomie als entbehrlich. Soweit durch tarifliche Regelungen in verfassungsrechtlich abgesicherte Interessenpositionen eingegriffen wird, bietet die Verfassung ausreichenden Schutz vor «unzumutbaren» Belastungen. Jeder Eingriff in grundrechtlich verfestigte Positionen ist nur bei ausreichender Wahrung des Verhältnismäßigkeitsgrundsatzes verfassungsrechtlich legitimiert.[104] Die Grenze der Zumutbarkeit wird daher erst im Zusammenhang mit der Grundrechtskontrolle der hier interessierenden Tarifinhalte relevant und erörterungsbedürftig.

II. Die Regelbarkeit präventiver Rationalisierungsschutzpolitik nach dem Tarifvertragsgesetz

Zur näheren Erörterung der tariflichen Regelbarkeit der im 1. Teil dieser Untersuchung umrissenen Forderungsinhalte ist das Augenmerk zunächst auf das Tarifvertragsgesetz zu richten. Bevor auf die oben angesprochene Problematik des Konkurrenzverhältnisses zwischen Tarifvertrag und Gesetz eingegangen und anschließend der Gehalt der in Art. 9 Abs. 3 GG enthaltenen Gewährleistung aufgeschlüsselt wird, fragt es sich, ob und inwieweit tarifliche Regelungen, die einen präventiven Rationalisierungsschutz verwirklichen, eine rechtliche Legitimation bereits in der aktuellen einfachgesetzlichen Ausgestaltung der Tarifautonomie finden. Das betrifft in erster Linie die Einordnungsmöglichkeit dieser Tarifregelungen unter die in § 1 Abs. 1 TVG umschriebenen Rechtsnormen. Da solche Tarifregelungen direkt oder indirekt – über eine Erweiterung der Mitbestimmungsmöglichkeiten des Betriebsrates – den Bereich spezifisch unternehmerischer Entscheidungen ansprechen, läßt sich die vorgenannte Frage vorerst dahingehend umformulieren, ob und inwieweit unternehmerische Entscheidungen einer nor-

102 Vgl. etwa *Weyand*, a. a. O. (Fn. 3), 123ff. und *Säcker/Oetker*, a. a. O. (Fn. 3), 228ff., jeweils mit weiteren Nachweisen.
103 *Weyand*, a. a. O. (Fn. 3), 126; *Säcker/Oetker*, a. a. O. (Fn. 3), 231.
104 *Säcker/Oetker*, ebda.

mativen Regelung im Tarifvertrag zugänglich sind. Der normative Teil des Tarifvertrages ist von besonderer Bedeutung, weil nur durch unmittelbar und zwingend geltende Tarifnormen eine durchsetzbare Bindungswirkung der Tarifunterworfenen realisiert und damit letztlich die Effizienz des Tarifvertrages gewährleistet werden kann.[1]

1. Die Inanspruchnahme betrieblicher Normen

Tarifinhalte zur Mitgestaltung der unternehmerischen Entscheidungskompetenz etwa in Fragen der Technikgestaltung, der Arbeitsorganisation oder des Personaleinsatzes werden in der Literatur als möglicher Regelungsgegenstand der «Rechtsnormen über betriebliche Fragen» erörtert.[2] Da derartige Tarifinhalte eine Tragweite über das einzelne Arbeitsverhältnis hinaus aufweisen und einheitlich wirkende Festlegungen erforderlich machen, liegt es nahe, sie als Betriebsnormen (§§ 1 Abs. 1 Halbs. 2, 3 Abs. 2 TVG) im Tarifvertrag festzuschreiben.[3] Dement-

---

1 Schuldrechtliche Vereinbarungen in Flächentarifverträgen sind hingegen für den einzelnen Arbeitgeber nicht unmittelbar verbindlich; hier bedarf es der Einwirkung des tarifabschließenden Arbeitgeberverbandes. Vgl. bereits *Weyand*, AuR 1991, 71; auch *Stark*, Verfassungsfragen einer Arbeitsplatzsicherung, 14f. Demgegenüber mißt *Beuthien*, ZfA 1984, 15 bei der Einwirkung auf unternehmerische Sachentscheidungen dem normativen Teil des Tarifvertrages keine Bedeutung bei. Hier gehe es nur um den Erwerb eines Rechtsanspruchs auf Erfüllung der tariflichen Abmachung durch die tarifabschließende Gewerkschaft. *Beuthien* übersieht aber nicht zuletzt, daß Ansprüche des einzelnen Arbeitnehmers gegen den Arbeitgeber von entscheidender Bedeutung für die Realisierung tariflicher Arbeitsgestaltungsnormen sein können. Sie bilden die Grundlage für die Vereinbarung eines innerbetrieblichen Reklamationsverfahrens, das vom Arbeitnehmer selbst ausgelöst wird und auf die Beseitigung von konkreten Verstößen gegen den Tarifvertrag ausgerichtet ist, hierzu oben im 1. Teil der Untersuchung, Kapitel II Abschnitt 1.5.2, S. 67f.

2 Vgl. *Runggaldier*, Kollektivvertragliche Mitbestimmung, 136f., 274; *Jahnke*, Tarifautonomie und Mitbestimmung, 80ff.; *Weyand*, Die tarifvertragliche Mitbestimmung, 94ff.; *ders.*, a. a. O. (Fn. 1), 71f.; *Kreßel*, RdA 1994, 24ff.; *Kempen/Zachert*, TVG, § 3 Rn. 14.

3 Zum Begriff der Betriebsnormen vgl. etwa *Wiedemann*, in: Wiedemann, § 1 TVG, Rn. 555ff.; *Jahnke*, a. a. O. (Fn. 2), 80f.; *Säcker/Oetker*, Grundlagen und Grenzen der Tarifautonomie, 136ff.; *BAG* EzA § 4 TVG Druckindustrie Nr. 20, 12f., jeweils mit weiteren Literaturangaben. Betriebsnormen können zugleich Inhaltsnormen sein (zu dieser denkbaren Doppelnatur *Dieterich*, Die betrieblichen Normen, 70, 73). Das gilt insbesondere für die Regelung der Arbeitsorganisation, wo sich der gewünschte Regelungseffekt allein durch Inhaltsnormen nicht erreichen läßt, vgl. *Däubler*, Tarifvertragsrecht, Rn. 807. Die hier erforderliche einheitlich-abstrakte Normsetzung kann auch derart ausgestaltet werden, daß den betrofffenen (tarifge-

sprechend wird darüber diskutiert, ob und inwieweit der wirtschaftlich-unternehmerische Bereich mit Hilfe dieses Normtypus einer tariflichen Regelung zugänglich ist.

Die bislang herrschende Auffassung im Schrifttum knüpft an die Differenzierung zwischen Betrieb und Unternehmen an und will dementsprechend nur die arbeitsrechtlichen Folgen der unternehmerischen Entscheidungen den Betriebsnormen unterstellen.[4] Durch den Rückgriff auf den «Betrieb» als Bezugspunkt der Betriebsnormen habe der Gesetzgeber die vorgenannte, bereits im Zeitpunkt des Inkrafttretens des Tarifvertragsgesetzes anerkannte Differenzierung adaptiert und daher den wirtschaftlich-unternehmerischen Bereich vom Anwendungsbereich der Betriebsnormen ausgenommen. Durch diese Tarifnormen sei lediglich die arbeitstechnische Organisation der unternehmerischen Zielvorstellungen zu gestalten.[5] Demgegenüber will vornehmlich *Jahnke* unter Hinweis auf den weitgefaßten Gesetzeswortlaut und das Schutzbedürfnis der Arbeitnehmer vor den wirtschaftlichen Auswirkungen des Unternehmerhandelns auf die Arbeitsverhältnisse die Unterscheidung zwischen Betrieb und Unternehmen vollends aufgeben und damit auch die unternehmerischen Entscheidungen in den sachlichen Geltungsbereich der betrieblichen Normen einbeziehen.[6]

Die Differenzierung zwischen Betrieb und Unternehmen als Ansatz für die Eingrenzung des Anwendungsbereichs der Betriebsnormen löste jedoch inzwischen immanente Kritik aus. Vor allem *Beuthien*[7] und *Weyand*[8] machten im An-

---

bundenen) Belegschaftsangehörigen ein einklagbarer Anspruch auf ihre Einhaltung zusteht, vgl. auch *Säcker/Oetker*, a. a. O., 122f.

4 *Wiedemann/Stumpf*, TVG, § 1 Rn. 244; *Hueck/Nipperdey*, Arbeitsrecht II/1, 291; *Dieterich*, a. a. O. (Fn. 3), 97; *Schulz*, Umfang und Wirkung, 38f.; *Löwisch/Rieble*, TVG, § 1 Rn. 121.

5 *Säcker/Oetker*, a. a. O. (Fn. 3), 140.

6 *Jahnke*, a. a. O. (Fn. 2), 82ff., 86f., der aber entgegen dem bisherigen und noch aktuellen Diskussionsstand die Trennung von Betrieb und Unternehmen «bei unbefangener Betrachtung» nicht für einen verwendungsfähigen Ansatz einer restriktiven Interpretation der tariflichen Regelungsbefugnis erachtet, 82. Auf diesen Ansatz geht hingegen *Schmidt-Eriksen*, Tarifvertragliche Betriebsnormen, 314ff., kritisch ein und konstatiert, daß mit den «betrieblichen Fragen» in § 1 Abs. 1 TVG nicht die Ausklammerung wirtschaftlich-unternehmerischer Entscheidungen avisiert sein könnte. Vgl. auch *Rieth*, Die Steuerung unternehmerischen Handelns, 33, der von «der weitgehenden inhaltlichen Offenheit» (auch) des Begriffs der Betriebsnorm spricht; ebenso *Stark*, a. a. O. (Fn. 1), 17. Skeptisch gegenüber der Verwendungsfähigkeit des Betriebsbegriffs als Abgrenzungskriterium zeigt sich zuletzt *Dieterich*, FS für Däubler, 453 Fn. 14, 460 Fn. 59, bei seiner Kritik an der von *Säcker/Oetker*, a. a. O. (Fn. 3), 153, befürworteten Ausklammerung von Maschinenlaufzeiten und Ladenöffnungszeiten aus dem Betriebsnormenbegriff.

7 A. a. O. (Fn. 1), 14f.

schluß an *Wiedemann*[9] und bei aller Anerkennung der herkömmlichen, von der Lehre *Jacobis* geprägten Unterscheidung von Betrieb und Unternehmen darauf aufmerksam, daß es unternehmerische Maßnahmen wie gerade die Einführung neuer Technologien und die damit verbundene Neugestaltung der Arbeitsorganisation gebe, die sich unvermittelt und so nachhaltig auf die betriebliche Arbeitssituation auswirkten, daß sich die wirtschaftliche und betriebliche Seite solcher Maßnahmen kaum voneinander trennen ließen. Wenn und soweit daher bei der betriebseinheitlichen Umsetzung der unternehmerischen Wirtschaftsplanung kollektive Interessen der Arbeitnehmer im Betrieb unmittelbar betroffen seien, müsse sich der Regelungsbereich der Betriebsnormen zwangsläufig mit auf die unternehmerischen Entscheidungen selbst erstrecken.[10] Der Anwendungsbereich der Betriebsnormen sei hingegen nicht mehr angesprochen, wenn nicht die Mitgestaltung der betrieblichen Umsetzung der unternehmerischen Wirtschaftsplanung, sondern vielmehr die Beeinflussung der dieser Umsetzung vorangehenden unternehmerischen Planungs- und Koordinationsentscheidungen angestrebt sei. Die normative Rechtsetzung gem. § 1 TVG in betrieblichen Fragen erfasse daher auch nicht die rein unternehmerischen Entscheidungen.[11]

Die Anerkennung einer Überlagerung des betrieblichen und des wirtschaftlich-unternehmerischen Einwirkungsbereichs erfolgt unter Bezugnahme auf Art. 9 Abs. 3 GG. Sie geht auf die Einsicht in die Notwendigkeit zurück, die Effektivität der tariflichen Normsetzungskompetenz zu wahren. Man sieht mittlerweile, daß der Tarifvertrag den ihm verfassungsrechtlich zugedachten Schutzauftrag nicht zu erfüllen vermag, wenn er auf die Regelung der sozialen Folgewirkungen unternehmerischer Rationalisierungsentscheidungen beschränkt bleibt.[12] Im Hinblick auf diese verfassungsrechtliche Erwägung, die an späteren Stellen der Untersuchung eingehend dargelegt und vertiefend bearbeitet wird,[13] gilt es aber, sich bereits jetzt zu fragen, ob nicht mit der zunehmenden Erkenntnis der bedeutungsvollen Wirkungszusammenhänge zwischen dem betrieblichen Bereich und der unternehmerischen Wirtschaftsplanung die Differenzierung zwischen Betrieb und

---

8 A. a. O. (Fn. 2), 96f.; a. a. O. (Fn. 1), 71f.

9 FS für Riesenfeld, 305f.

10 Dieser Grundsatz wurde für den Regelungsauftrag des Art. 9 Abs. 3 GG und somit für die Reichweite der betrieblichen Tarifnormen zuletzt durch die Entscheidung des Bundesarbeitsgerichts v. 3.4.1990, *BAG* AP Nr. 57 zu Art. 9 GG = SAE 1991, 236, im Streit der Deutschen Bundespost gegen die Deutsche Postgewerkschaft um die Tarifforderung nach Zeitzuschlägen innerhalb eines Personalbemessungssystems adaptiert.

11 So auch *Kempen/Zachert*, TVG, § 3 Rn. 14.

12 Vgl. *Wiedemann*, a. a. O. (Fn. 9), 306f.; *Runggaldier*, a. a. O. (Fn. 2), 273; *Beuthien*, a. a. O. (Fn. 1), 14; *Weyand*, a. a. O. (Fn. 2), 97; *ders.*, a. a. O. (Fn. 1), 70, 72.

13 Im Kapitel III Abschnitt 2.2.2, S. 248ff.

Unternehmen einen letztlich untauglichen Ansatz bietet, die Tragweite der betrieblichen Normen des § 1 Abs. 1 TVG zu umschreiben.[14] Dies um so mehr, als die Auseinandersetzung mit der Begriffsgeschichte dieser Normen insgesamt sowie in Sonderheit mit der engeren Gesetzesgeschichte des Tarifvertragsgesetzes keine Anhaltspunkte für einen Vorbehalt eines auszudifferenzierenden Bereiches unternehmerischer Entscheidungen bietet.[15] Die Tarifrechtsdogmatik und Tarifvertragsnormensystematik *Sinzheimers*, der die sog. Solidarnormen als Bestandteil des Tarifvertrages herausgearbeitet hat,[16] auf die der tarifvertragsgesetzliche Begriff der «Rechtsnormen über betriebliche Fragen» historisch zurückgeht, kannte einen solchen Vorbehalt nicht. Die unternehmerische Entscheidungsfreiheit war den Solidarnormen *Sinzheimers* nicht gerade fremd. Im Gegenteil, sie sollte in der Gestalt des arbeitgeberischen Alleinbestimmungsrechts durch gleichberechtigtes Tarifieren aller die Arbeitnehmer des Betriebs betreffenden Fragen gebrochen werden.[17]

1.1 Die Erstreckbarkeit betrieblicher Normen auf den wirtschaftlich-unternehmerischen Bereich

Mit der grundlegenden Untersuchung von *Jacobi* aus dem Jahre 1926 über «Betrieb und Unternehmen als Rechtsbegriffe» und mit den daran anknüpfenden Annahmen der herrschenden arbeitsrechtlichen Lehre hat sich bereits *Joost*[18] eingehend auseinandergesetzt. Er legte überzeugend dar, daß die Unterscheidung von Betrieb und Unternehmen nach der Verfolgung arbeitstechnischer Zwecke einer-

---

14 Diese Fragestellung liegt um so näher, als selbst bei der differenziert-offenen Handhabung des Ansatzes durch *Weyand*, a. a. O. (Fn. 2), der tragende Gesichtspunkt der Effektivität der tariflichen Normsetzungsbefugnis weiterhin Relativierungen unterliegt, die mit der von *Weyand* vorgenommenen Interpretation des Art. 9 Abs. 3 GG nicht in Übereinstimmung stehen: Einerseits läßt sich nach Art. 9 Abs. 3 GG eine Grenze für die Zuständigkeit der Tarifvertragsparteien erst dort ziehen, wo ein nur noch mittelbarer Zusammenhang zwischen einer unternehmerischen Entscheidung und dem Schutz der Arbeitsbedingungen nicht mehr hergestellt werden kann, *Weyand*, a. a. O. (Fn. 2), 81f.; *ders.*, a. a. O. (Fn. 1), 70. Andererseits wird bei der Bestimmung der Reichweite der tariflichen Betriebsnormen nach § 1 Abs. 1 TVG darauf abgestellt, ob die unternehmerische Sachentscheidung eine unmittelbare, nicht erst vermittelte Betriebsbezogenheit aufweist.

15 *Schmidt-Eriksen*, a. a. O. (Fn. 6), 316, mit eingehender Betrachtung der gesetzeshistorischen Entwicklung des Betriebsnormenbegriffs, 21ff.

16 In seinem unter dem Titel «Der korporative Arbeitsnormenvertrag» 1907-8 erschienenen Buch, Teil I, 2ff., 48ff. Vgl. dazu auch *Schmidt-Eriksen*, a. a. O. (Fn. 6), 30ff.

17 *Schmidt-Eriksen*, a. a. O. (Fn. 6), 316.

18 In seiner Habilitationsschrift «Betrieb und Unternehmen als Grundbegriffe im Arbeitsrecht».

seits, entfernterer Zwecke andererseits auf einer Begriffsbildung beruht, die abstrakt ohne Ausrichtung auf arbeitsrechtliche Normzusammenhänge erarbeitet wurde und inhaltlich unzulänglich ist.[19] Die Betrachtungen *Joosts* gelten vornehmlich dem Mitbestimmungsrecht.[20] Seine hier ansetzende Analyse zeigt, daß die bereits im Betriebsrätegesetz 1920 und danach im Betriebsverfassungsgesetz 1972 angelegte Unterscheidung zwischen der Betriebs- und Unternehmensebene nicht im Sinne einer zuständigkeitsbezogenen Abgrenzung des betrieblichen vom wirtschaftlich-unternehmerischen Funktionsbereich aufgefaßt werden kann. Mit *Joost* ist zum einen festzustellen, daß *Jacobis* Unterscheidung von unmittelbaren und entfernteren Zwecken bereits dem Betriebsrätegesetz nicht entspricht, da dieses Gesetz in mehreren Bestimmungen «Betriebe mit wirtschaftlichen Zwecken» behandelt und daher den Betrieb und nicht gerade das Unternehmen als Bezugspunkt des entfernteren, erwerbswirtschaftlichen Zwecks betrachtet.[21] Darüber hinaus indizieren derzeit normierte echte Mitbestimmungstatbestände, wie diese des § 87 Abs. 1 Nr. 2 und 3 BetrVG, – jenseits ihrer Etikettierung als «soziale Angelegenheiten»[22]- die vielfältigen Einwirkungsmöglichkeiten auf spezifisch – auch im kaufmännischen Bereich angesiedelte – unternehmerische Entscheidungen.[23] Sie zeugen davon, daß der Funktionsbereich des Betriebsrates auch auf Unternehmensebene liegt und keineswegs auf einen betrieblichen Bereich beschränkt bleibt, der im Sinne der herrschenden Lehre nur soweit angesprochen ist, wie es sich um den arbeitstechnischen Vollzug der unternehmerischen Wirtschaftsplanung handelt.

Die Differenzierung zwischen Betrieb und Unternehmen eignet sich daher nicht dazu, verschiedene mitbestimmungsrechtliche Repräsentationsbereiche zu bezeichnen, die Tragweite der gesetzlichen Mitbestimmungsregelung also in realinhaltlicher Hinsicht zu umschreiben.[24] Sie impliziert in ihrem herkömmlichen Verständnis eine künstliche und daher unzutreffende Abgrenzung von betrieblichen und unternehmerischen Tätigkeiten, von Arbeitgeber- und Unternehmerfunktionen. Jeder Arbeitgeber trifft seine Entscheidungen unter wirtschaftlich-

19 *Joost*, a. a. O. (Fn. 18), 48ff.
20 *Joost*, a. a. O. (Fn. 18), 174ff.
21 *Joost*, a. a. O. (Fn. 18), 56.
22 Bereits kritisch dazu *Simitis*, in: Krise und Reform I, 62.
23 Näher dazu *Joost*, a. a. O. (Fn. 18), 190f.
24 «Die Unterscheidung von Betrieb und Unternehmen hat demnach nur einen beschränkten Anwendungsbereich. Sie dient hauptsächlich dazu, verschiedene Repräsentationsstufen zu bezeichnen, zielt also auf eine bestimmte Form der personalen Gruppenabgrenzung auf horizontaler (verschiedene Betriebe desselben Unternehmens) und vertikaler Linie (Betriebsrat und Gesamtbetriebsrat). Sie umschreibt hingegen nicht den Zuständigkeitsbereich des Repräsentationsorgans in funktionaler Hinsicht.», *Joost*, a. a. O. (Fn. 18), 202.

unternehmerischen Gesichtspunkten und jede Regelung der Arbeitsbeziehungen zeitigt (Rück-)Wirkungen auf die unternehmerische Planungs- und Leitungstätigkeit.[25] Das, worauf es letztlich in der Tat ankommt, ist nicht der Adressat und die damit verbundene Interventionsebene, sondern die Reichweite der Beeinflussung. Das unterschiedliche Maß an Einwirkung darf nicht darüber hinwegtäuschen, daß Betriebsangelegenheiten immer auch Unternehmensangelegenheiten im materiellen Sinne sind.[26]

Diese Erkenntnis gilt auch für die Vorschrift des § 1 Abs. 1 TVG und insbesondere den Anwendungsbereich der betrieblichen Normen: Wie sich eine funktionale Trennung betrieblicher und unternehmerischer Tätigkeiten nicht vornehmen läßt,[27] kann genausowenig der wirtschaftlich-unternehmerische Bereich von den «betrieblichen Fragen» des § 1 Abs. 1 TVG abgeschichtet werden.[28] Der Begriff «betriebliche Fragen» bezeichnet nicht lediglich arbeitstechnische und ar-

---

25 Vgl. auch *Seiter*, Streikrecht, 492; *Moll*, Künstliche Beschäftigung, 124f.; *Koller*, ZfA 1978, 49; *Konertz*, Tarifrechtliche Regelungsmöglichkeiten, 137; *Stark*, a. a. O. (Fn. 1), 58f.

26 Die Begriffsbildung «rein unternehmerisch» und «rein betrieblich» (*Beuthien*, a. a. O. (Fn. 1), 17; aber auch *Weyand*, a. a. O. (Fn. 2), 98), ist deshalb eine Fiktion. Fiktiv ist aber auch die Gegenüberstellung des «Ob» und «Wie» der Rationalisierungsmaßnahmen bei *Dälken*, Möglichkeiten eines tarifvertraglichen Bestandsschutzes, 32f. Ebensowenig überzeugt es, wenn *Runggaldier*, a. a. O. (Fn. 2), 263ff. – wesentlich im Widerspruch zu seinen Ausführungen an früherer Stelle (S. 127) – bei der tariflichen Regelung der Arbeitsorganisation die unternehmerische Planungsautonomie und die arbeitgeberische Leitungsmacht voneinander abgrenzen will. Diese Differenzierung implizieren ebenfalls die Betrachtungen von *Gast*, Arbeitsvertrag und Direktion, 185f., 188f. Gerade weil der wirtschaftlich-unternehmerische Bereich – wenn auch in begrenztem Umfang – der Betriebsvereinbarung geöffnet ist, läßt sich auch die von *Beuthien*, a. a. O. (Fn. 1), 21 prognostizierte Sinnwidrigkeit zwischen dem geltenden Tarifvertrags- und Betriebsverfassungsgesetz nicht ohne weiteres heraufbeschwören.

27 Diese für den Bereich des BetrVG von *Joost*, a. a. O. (Fn. 18), 193ff., 198 getroffene Feststellung bleibt auch bei den späteren tarifrechtlichen Betrachtungen *Weyands*, a. a. O. (Fn. 1), 71f. unreflektiert.

28 Tarifverträge unternehmenspolitischen Inhalts hat es allerdings schon in einer sehr frühen Phase des Tarifvertragswesens gegeben. *Sinzheimer*, a. a. O. (Fn. 16), 56ff., berichtet über tarifliche Regelungen zur Mitwirkung der Gewerkschaften bei der Produktions- und kaufmännischen Leitung des Betriebs. Dieser historische Befund bestätigt nach *Zachert*, AuR 1985, 207 die Ansicht, daß der Begriff «betriebliche Fragen» des § 1 Abs. 1 TVG Aspekte des wirtschaftlich-unternehmerischen Bereichs mit einschließen kann. Spätere rechtliche Normierungen (TVO von 1918 und TVG von 1949) wollten doch die bereits gegebene inhaltliche Qualität von Tarifverträgen nicht verschlechtern. Vgl. hierzu auch *Däubler/Hege*, Koalitionsfreiheit, 22; zurückhaltend jedoch *Jahnke*, a. a. O. (Fn. 2), 77, der ebenfalls auf die frühe Existenz von tariflichen Regelungen im originär unternehmerischen Bereich verweist.

beitsorganisatorische Gegebenheiten im Betrieb. Auch damit gemeint sind vielmehr die wirtschaftlich-unternehmerischen Komponenten der Tätigkeit des Arbeitgebers, falls und soweit sie sich auf die kollektive Situation der Arbeitnehmer im Betrieb auswirken können. Dabei kommt es allerdings nicht darauf an, ob die unternehmerische Entscheidung eine derart unmittelbare und zugleich nachhaltige Erscheinungs- und Wirkungsform annimmt, daß sich die betriebliche und wirtschaftliche Sphäre einer solchen Entscheidung kaum voneinander trennen lassen. Eine Differenzierung danach, ob sich die unternehmerische Entscheidung unmittelbar oder erst vermittelt auf der betrieblichen Ebene äußert und wie nachhaltig sie sich auf die Situation der Arbeitnehmer im Betrieb auswirkt, ist dem weitgefaßten Wortlaut der Vorschrift des § 1 Abs. 1 TVG nicht zu entnehmen. Bei unbefangener Betrachtung läßt sich der Begriff «betriebliche Fragen» von vornherein nicht auf seine aktiv-aktuelle Deutung «Fragen des betrieblichen Geschehens» inhaltlich begrenzen.[29] Ein Schutzbedürfnis des Arbeitnehmers läßt sich schließlich dort nicht leugnen, wo das Unternehmerhandeln des Arbeitgebers indirekt die betriebliche Situation beeinflußt. Durch den Rekurs auf die wesentlich unscharfe Vorstellung einer unmittelbaren, sachlich untrennbaren Betriebsbezogenheit der unternehmerischen Entscheidung vermag eine inhaltliche Präzisierung und zugleich funktionale Handhabung der herkömmlichen Abgrenzung zwischen Betrieb und Unternehmen nicht zu gelingen. Jedenfalls wurde bislang nicht herausgearbeitet, anhand welcher materialen Kriterien eine derartige Betriebsbezogenheit unternehmerischer Entscheidungen im Einzelfall zuverlässigerweise beurteilt werden kann.[30]

1.2 Grenzziehung

Das Tatbestandsmerkmal «betriebliche Fragen» deckt aber unmittelbare Einwirkungen des Tarifvertrages auf den wirtschaftlich-unternehmerischen Bereich nur insoweit ab, als diese den eigenen Betrieb und die Situation der dort vorhandenen Belegschaft betreffen. Diese Abgrenzung bereitet jedoch Schwierigkeiten. Es läßt sich nämlich etwa nicht leugnen, daß eine tarifliche Beeinflussung der Forschungs- und Entwicklungspolitik innovationsintensiver Großunternehmen im Sinne ihrer Arbeitnehmer zugleich positive überbetriebliche Wirkungen zeitigen kann. Ferner ist zu bedenken, daß das Betriebsverfassungsgesetz über die Vereinbarung von Einstellungsrichtlinien bei der Personalauswahl (§ 95 BetrVG) die Ausrichtung betrieblicher Beschäftigungspolitik auch an der Interessensituation von Arbeitsplatzbewerbern ermöglicht, d. h. denjenigen, die noch kein Mitglied

---

29 Vgl. aber *Weyand*, a. a. O. (Fn. 2), 98.
30 Vgl. auch *Däubler*, Tarifvertragsrecht, Rn. 1111.

der Belegschaft sind. Das ist aber eine Wertung, die speziell die unternehmerische Personalpolitik im Betrieb betrifft, also gerade auf außerbetriebliche, gesamtwirtschaftliche Interessenkontexte und -dimensionen der unternehmerischen Technologie- und allgemeinen Investitionspolitik nicht ausdehnbar ist. Der tarifliche Eingriff in den wirtschaftlich-unternehmerischen Bereich wird deshalb von den «betrieblichen Fragen» des § 1 Abs. 1 TVG nicht mehr gedeckt, wenn es ihm allein um die Berücksichtigung der anderweitigen sozialen Folgewirkungen unternehmerischer Sachentscheidungen oder um die Wahrnehmung allgemeiner beschäftigungspolitischer Arbeitnehmerinteressen geht. Der normative Teil des Tarifvertrages kann somit nur für die Regelung unternehmerischer Sachentscheidungen in Anspruch genommen werden, die zumindest auch Angelegenheiten des eigenen Betriebs und seiner Arbeitnehmer als Kollektiv betreffen. Demgegenüber sind unternehmerische Personalentscheidungen wegen des stetigen Bezugs auf den eigenen Betrieb einer normativen Regelung im Tarifvertrag uneingeschränkt zugänglich.

Eine normative Tarifregelung der Forschungs- und Produktionspolitik des Unternehmens bedarf also der Bezugnahme auf den eigenen Betrieb und die Interessensituation der dort vorhandenen Belegschaft. Das ist etwa der Fall bei der tarifvertraglichen Formulierung von Forschungs- und Entwicklungszielen für Prozeßinnovationen des Unternehmens im Zusammenhang mit der Regelung der eigenen betrieblichen Arbeitsorganisation, oder bei der Entfaltung neuer Produktlinien, um Möglichkeiten der Weiterbeschäftigung für rationalisierungsbetroffene Arbeitnehmer im eigenen Betrieb sicherzustellen. Investitionslenkungskonzepte, die bei den Herstellerfirmen neuer Technologien und bei innovationsintensiven Großunternehmen ansetzen und allein auf die Berücksichtigung überbetrieblicher Arbeitnehmerinteressen ausgerichtet sind, können hingegen im normativen Teil des Tarifvertrages nicht geregelt werden.[31]

1.3 Zwischenergebnis

Die Trennung von Betrieb und Unternehmen kann als Argumentationsansatz für eine von vornherein vorzunehmende Eingrenzung der tariflichen Regelungskompetenz nicht überzeugen. Unternehmerische Entscheidungen des Arbeitgebers lassen sich, soweit sie sich auf die Interessenlage der eigenen Belegschaft auswirken, vom Betriebsnormenbegriff des § 1 Abs. 1 TVG nicht abgrenzen. Das

31 Das betrifft konkret die tarifpolitisch denkbaren Ansatzpunkte der Durchsetzung und Verbreitung von Humanisierungstechnologien, der Regulierung der mittelbaren Rationalisierungsfolgen für die Arbeitnehmer konkurrenzschwacher bzw. kapazitätsabhängiger Unternehmen, der Schaffung von Ersatzarbeitsplätzen in der Branche oder Region und der ausgewogenen Regionalentwicklung neuer Technologien.

gilt vornehmlich für den gesamten Bereich der Rationalisierungsplanung und die damit angesprochenen Aspekte der Technikgestaltung, Arbeitsorganisation und Regulation des Personalbedarfs.[32] Sie sind einer unmittelbaren normativen Regelung im Tarifvertrag zugänglich.[33] Diese Feststellung liefert freilich kein abschließendes Interpretationsergebnis. Ihre inhaltliche Konkretisierung bedingt vielmehr einerseits die Auseinandersetzung mit Inhalt und Reichweite der verfassungsrechtlichen Gewährleistung der Tarifautonomie. An den vorstehenden Betrachtungen wurde bereits deutlich, daß Art. 9 Abs. 3 GG und insbesondere der dort festgeschriebene Koalitionszweck der «Wahrung und Förderung der Arbeits- und Wirtschaftsbedingungen» bei der interpretatorischen Deutung der «Rechtsnormen über betriebliche Fragen» heranzuziehen ist.[34] Andererseits sollte der Blick auf die Schranken nicht verstellt werden, die sich für die tarifliche Regelungsbefugnis aus der geltenden Gesetzgebung sowie aus den Grundrechten des Arbeitgebers und Arbeitnehmers ergeben können. Die Erstreckbarkeit betrieblicher Tarifnormen auf den Bereich spezifisch unternehmerischer Entscheidungen sagt noch nichts darüber aus, inwieweit die Tarifvertragsparteien legitimiert sind, in diesen Bereich einzugreifen und dabei schutzwürdige Belange Dritter zu berühren. Auf diese Fragestellung und die im Zusammenhang damit entwickelten weiteren Argumentations- und Diskussionsansätze geht die Untersuchung in den nachfolgenden Kapiteln ein.

---

32 Spezifische Aspekte der tariflichen Regelbarkeit erweiterter Regelungsinhalte im personalpolitischen Bereich (Besetzungsregelungen, Sicherungskennzahl etc) werden gleich unten in den Abschnitten 4 ff., S. 138ff. erörtert.

33 Die grundsätzliche Regelbarkeit der Arbeitsorganisation und der Technikgestaltung mit Hilfe der Betriebsnormen bereits bejahend *Runggaldier*, a. a. O. (Fn. 2), 137, 274: *Weyand*, a. a. O. (Fn. 2), 97f.; *ders.*, a. a. O. (Fn. 1), 72, jeweils mit einer auf Art. 9 Abs. 3 GG anknüpfenden Argumentation, die unten im Kapitel III Abschnitt 2.2.2, S. 248ff., insb. 259f. u. Abschnitt 2.2.3.1, S. 261ff. mitreflektiert wird. Anders *Kreßel*, a. a. O. (Fn. 2), 26, der die unternehmerische Einführungsentscheidung zu Systemen der Arbeitsgestaltung gänzlich ausklammert und die tarifliche Regelungskompetenz nur auf Einzelaspekte der Ausgestaltung solcher Systeme bezogen wissen will, die die Interessen der Belegschaft unmittelbar betreffen.

34 Für diese Vorgehensweise bei der Interpretation der Bestimmungen des Tarifvertragsgesetzes, insbesondere dann, wenn aus den gesetzlichen Vorschriften keine klaren Abgrenzungskriterien gewonnen werden, plädiert *Weyand*, a. a. O. (Fn. 2), 84. Auch *Säcker/Oetker*, a. a. O. (Fn. 3), 35, betrachten eine Beachtung des in Art. 9 Abs. 3 GG festgeschriebenen Koalitionszwecks bei der Auslegung der in § 1 Abs. 1 TVG umschriebenen Regelungsbefugnis als zwingend. Von einer sich unmittelbar aus Art. 9 Abs. 3 GG ergebenden Grenzmarke bei der Inhaltskontrolle von Betriebsnormen spricht zuletzt *Dieterich*, a. a. O. (Fn. 6), 461f.

Angesichts der Notwendigkeit einer tarifvertraglichen Erweiterung der Einwirkungsmöglichkeiten des Betriebsrates auf unternehmerische Sach- und Personalentscheidungen im Zusammenhang mit der Einführung und Anwendung neuer Technologien kommt auch der durch § 1 Abs. 1 TVG eingeräumten Befugnis zur Vereinbarung betriebsverfassungsrechtlicher Normen besondere Relevanz zu. Die Frage, ob und inwieweit sich mit Hilfe dieses Normtypus eine gleichgewichtige Beteiligung des Betriebsrates am unternehmerischen Entscheidungsprozess des Arbeitgebers tariflich vereinbaren läßt, kann genauso wie bei den betrieblichen Normen erst mit Rücksicht auf die Innen- und Außenschranken der Tarifautonomie abschließend beantwortet werden. Im Rahmen der hier vorgenommenen Zulässigkeitsprüfung ist lediglich herauszustellen, ob die Befugnis der Tarifvertragsparteien zur normativen Regelung betriebsverfassungsrechtlicher Fragen für die Etablierung einer derart erweiterten Beteiligung des Betriebsrates überhaupt in Anspruch genommen werden kann. Es ist ausschließlich die Vereinbarkeit der entsprechenden tarifvertraglichen Bestimmungen mit dem Tarifvertragsgesetz zu erörtern.

Diese Vereinbarkeit kann erneut mit dem Hinweis auf die im Arbeitsrecht tradierte begriffliche Differenzierung zwischen Betrieb und Unternehmen nicht negativ beschieden werden.[35] Wie gleich oben ausgeführt,[36] ist die bereits im Betriebsrätegesetz 1920 und danach in den Betriebsverfassungsgesetzen 1952 und 1972 angelegte Unterscheidung zwischen der Betriebs- und Unternehmensebene nicht im Sinne einer zuständigkeitsbezogenen Abgrenzung des betrieblichen vom wirtschaftlich-unternehmerischen Funktionsbereich aufzufassen. Auch die daran anknüpfende, später mit dem Betriebsverfassungsgesetz von 1972 und dem Mitbestimmungsgesetz von 1976 vollzogene Gegenüberstellung von Betriebs- und Unternehmensverfassung impliziert keine derartige Abgrenzung, sondern kennzeichnet lediglich die veränderte Gesetzestechnik bei der Regelung der Organisation des Unternehmensträgers. Insoweit ist zwischen dem Unternehmensträger und dem von ihm betriebenen Unternehmen zu unterscheiden.[37] Somit sind Fragen der Verfassung des Unternehmens, herkömmlich Betriebsverfassung genannt, einer normativen Regelung als betriebsverfasungsrechtliche Fragen zugänglich.[38] Das betrifft sämtliche im Betriebsverfassungsgesetz verankerten

35 So aber vornehmlich *Säcker/Oetker*, a. a. O. (Fn. 3), 130ff.

36 Im Abschnitt 1.1, S. 127ff.

37 Vgl. auch *Weyand*, a. a. O. (Fn. 2), 99; *Däubler*, Tarifvertragsrecht, Rn. 1097.

38 Ob auch Fragen der Unternehmensträgerorganisation in den normativen Teil des Tarifvertrages einbezogen werden können, bedarf im Rahmen der vorliegenden Untersuchung keiner Entscheidung, vgl. zur ablehnenden herrschenden Meinung *Säcker/*

Sachmaterien einschließlich der in den §§ 106 ff. BetrVG aufgeführten wirtschaftlichen Angelegenheiten. Eine Aufwertung der dort normierten Konsultationsrechte in echte paritätische Mitbestimmungstatbestände bleibt insofern den Tarifvertragsparteien nicht verschlossen.

Der Anwendungsbereich der betriebsverfassungsrechtlichen Normen kann mithin nicht von vornherein auf die Regelung betrieblicher arbeitstechnischer Entscheidungsfragen reduziert werden. Eine inhaltliche Eingrenzung dieses Normtypus läßt sich nur mit Blick auf die verfassungsrechtlichen und/bzw. anderweitig gesetzlichen Schranken der tariflichen Regelungsbefugnis vornehmen. Von spezieller Bedeutung ist dabei die im weiteren Verlauf der Untersuchung mit zu behandelnde Frage, ob und in welchem Umfang das Betriebsverfassungsgesetz eine Grenze für die hier avisierte tarifvertragliche Kompetenzerweiterung setzt.

3. Der Zugriff auf den schuldrechtlichen Teil des Tarifvertrages

Für die Regelung präventiver Rationalisierungsschutzinhalte kommt ebenfalls der schuldrechtliche Teil des Tarifvertrages in Betracht. Über seinen möglichen Inhalt und die Reichweite gibt aber das Tarifvertragsgesetz selbst nur wenig Aufschluß. Es stellt lediglich fest, daß der Tarifvertrag die «Rechte und Pflichten der Tarifvertragsparteien regelt» (§ 1 Abs. 1 Halbs. 1 TVG). Diese allgemeine, zugleich aber weite Fassung kann dazu leiten, obligatorische Tarifabreden auch auf jene Fragen zu erstrecken, die sich nach der hier herausgebildeten Meinung normativ nicht regeln lassen. Der schuldrechtliche Teil des Tarifvertrages soll damit für die Regelung originär unternehmerischer Fragen auch dann in Anspruch genommen werden können, wenn es ihm allein um die Berücksichtigung überbetrieblicher Arbeitnehmerinteressen geht.

Einer derartigen Verwendungsmöglichkeit des schuldrechtlichen Teils steht die Ansicht entgegen, daß die nicht normative Regelungsbefugnis der Tarifvertragsparteien gemäß § 1 Abs. 1 Halbs. 1 TVG nicht weiter als ihre Befugnis zur normativen Tarifgestaltung gemäß § 1 Abs. 1 Halbs. 2 TVG reicht. Zum einen wird die Auffassung vertreten, daß ein Tarifvertrag obligatorisch nur das zu regeln vermag, was regelungstechnisch auch normativ regelbar wäre.[39] Zum ande-

---

Oetker, a. a. O. (Fn. 3), 133f., mit Nachweisen in Fn. 89; bejahend wohl *Jahnke*, a. a. O. (Fn. 2), 87f.

39 Vgl. ursprünglich *Dietz/Nipperdey*, Die Frage der tariflichen Regelung, 42ff.; später *Hueck/Nipperdey*, Arbeitsrecht II 1, 168 Fn. 34, 330, 337f., 402, 508; *Mayer-Maly*, BB 1966, 1069; jedoch relativierend hinsichtlich der Außenseiterfrage *ders.*, ZAS 1969, 88.

ren wird eine solch instrumentale Gleichschaltung der normativen und obligatorischen Regelungsbefugnis der Tarifvertragsparteien verneint, jedoch zugleich ein «funktionales Gesamtverständnis des Tarifvertrages» befürwortet.[40] Die tarifvertragliche Vereinbarungsbefugnis sollte danach auf Fragen beschränkt sein, die durch den Sachkatalog des § 1 Abs. 1 Halbs. 2 TVG gedeckt sind oder damit im unmittelbaren Sachzusammenhang stehen.[41] Der normative und schuldrechtliche Teil des Tarifvertrages unterlägen damit sachlich denselben rechtlichen Höchstschranken, wie sie sich aus Art. 9 Abs. 3 GG und dem Sachbereich des § 1 Abs. 1 TVG ergäben.

Soweit diese Ansicht auf die Legitimationsbedürftigkeit schuldrechtlicher Tarif- und daher erstreikbarer Vereinbarungen durch Art. 9 Abs. 3 GG verweist, ist ihr zuzustimmen. Dies bedeutet aber, daß die hier interessierende Zuständigkeitsfrage letztlich anhand des Art. 9 Abs. 3 GG gelöst werden muß, und nicht daß die gesetzliche Konkretisierung des von dieser Verfassungsnorm erteilten Regelungsauftrages in § 1 Abs. 1 Halbs. 2 TVG zugleich einen verbindlichen Rahmen für schuldrechtliche Tarifvereinbarungen festlegt. Es ist nirgendwo normativ vorgeschrieben, daß der schuldrechtliche Teil des Tarifvertrages den Sachbereich des § 1 Abs. 1 Halbs. 2 TVG nicht überschreiten darf; es existiert keine derartige gesetzliche Schrankenziehung für tarifliche Regelungen. Der legitime Rahmen der im Tarifvertragsgesetz näher konkretisierten tariflichen Regelungsbefugnis wird vielmehr allein durch die Formel «Wahrung und Förderung der Arbeits- und Wirtschaftsbedingungen» in Art. 9 Abs. 3 GG abgesteckt, die spezifische Ausprägung des tarifautonomen Sachbereichs in § 1 Abs. 1 Halbs. 2 TVG kann daher nicht als unabdingbarer Auslegungsmaßstab für schuldrechtlich vereinbarte Tarifklauseln herangezogen werden.[42] Das funktionale Gesamtverständnis des Tarifvertrages impliziert insofern nicht die Bestimmung eines Rang- und damit verbundenen Harmonieverhältnisses zugunsten seines in § 1 Abs. 1 TVG umschriebenen normativen Teils.[43] In der insoweit befürworteten Elastizität der tarifvertraglichen Regelungsbefugnis spiegelt sich gerade die Entstehungs- und Entwicklungsgeschichte des Tarifvertrages wider: Schuldrechtliche Tarifklauseln

---

40 Vgl. *Beuthien*, ZfA 1983, 159f.; *ders.*, a. a. O. (Fn. 1), 22f.

41 Vgl. auch *Dälken*, a. a. O. (Fn. 26), 38ff., 41; allerdings ohne jede Begründung *Meik*, Der Kernbereich der Tarifautonomie, 150f.

42 So auch die Gegenargumentation bei *Runggaldier*, a. a. O. (Fn. 2), 138f., 345.

43 Vgl. auch *Weyand*, a. a. O. (Fn. 2), 103, mit weiteren Nachweisen, der unter Berufung auf *Gamillscheg*, Die Differenzierung, 78ff. und die ihm folgende Literatur bemerkt, daß das Kongruenzgebot normativer und schuldrechtlicher Abreden das in Art. 9 Abs. 3 GG geschaffene Privileg der Koalitionen in eine Diskriminierung umschlagen lasse, da die Vertragsfreiheit als Bestandteil der allgemeinen Handlungsfreiheit für andere Rechtssubjekte nach Art. 2 Abs. 1 GG in größtem Umfang gewährt sei. Gegen das Kongruenzgebot auch *BAG* AP Nr. 13 zu Art. 9 GG.

waren nicht nur der einzige Regelungsmodus der Koalitionen vor Inkrafttreten der Tarifvertragsordnung im Jahre 1918, sondern vielmehr auch nach der gesetzlichen Anerkennung der Tarifautonomie das Instrument des Vorstoßes der Koalitionen auf Sektoren, die einer normativen Regelung nicht zugänglich waren, später aber zu normativen Regelungen «aufgewertet» wurden.[44]

Gravierende Einwände sind auch gegen den mittels eines funktional-personalen Verständnisses der kollektiven Koalitionsfreiheit von *Säcker/Oetker* entwickelten Interpretationsansatz zu melden, der darauf hinausläuft, den schluldrechtlichen Teil des Tarifvertrages ausschließlich auf die Ordnung und rechtliche Ausgestaltung der Binnenbeziehungen der Verbände zu beschränken.[45] Da laut diesem Ansatz durch den obligatorischen Teil nicht gerade die Arbeits- und Wirtschaftsbedingungen der Mitglieder gewahrt und gefördert werden, können sich insoweit die Koalitionen nicht auf den spezifischen, durch Art. 9 Abs. 3 GG gewährleisteten Schutz, sondern nur auf die in Art. 2 Abs. 1 GG garantierte allgemeine Vertragsfreiheit berufen.[46] Ein derart verengtes Verständnis der obligatorischen Regelung im Tarifvertrag widerspricht aber nicht nur kraß der Geschichte des Tarifrechts; wie soeben ausgeführt, prägen schuldrechtliche Tarifklauseln zur Wahrung und Förderung der Arbeits- und Wirtschaftsbedingungen der Koalitionsmitglieder die Entstehung und Weiterentwicklung des Tarifvertragswesens. Ein solches Verständnis verträgt sich auch nicht mit dem Tarifvertragsgesetz. Einerseits besteht, wie dies allgemein anerkannt wird, eine enge vielfältige Wechselbeziehung zwischen dem schuldrechtlichen und dem normativen Teil des Tarifvertrages, die eine Abkoppelung des ersteren von der spezifischen Schutzwirkung des Art. 9 Abs. 3 GG schlechthin verbietet. Herkömmliche obligatorische Tarifabreden, wie die Durchführungs- und Friedenspflicht, Schieds- und Schlichtungsklauseln oder die Übernahme der Verpflichtung, einen Antrag auf Allgemeinverbindlicherklärung zu stellen, lassen sich erst im Hinblick auf die Setzung von tariflichen Normen legitimieren und erklären. Andererseits legt § 2 Abs. 1 TVG die Tariffähigkeit des einzelnen Arbeitgebers und damit die Möglichkeit des Abschlusses eines Firmentarifvertrages fest. Da dieser Tarifvertragstyp unstreitig auch obligatorische Abreden enthalten kann, verwirft das Tarifvertragsgesetz von vornherein die Vorstellung eines schuldrechtlichen Teils, der ausschließlich auf die Ordnung und rechtliche Ausgestaltung der Binnenbeziehungen der Verbände reduziert ist. Der «besondere drittbezogene Charakter der kollektiven Koalitionsfreiheit», woran sich nach *Säcker/Oetker* die Ausle-

44 Vgl. bereits *Weyand*, a. a. O. (Fn. 2), 103f., mit weiteren Nachweisen; zuletzt *Kempen/Zachert*, TVG, § 1 Rn. 363.

45 *Säcker/Oetker*, a. a. O. (Fn. 3), 155ff., insb. 158ff.

46 *Säcker/Oetker*, a. a. O. (Fn. 3), 160.

gung der Bestimmungen des Tarifvertragsgesetzes orientieren soll,[47] kennzeichnet gerade nicht die tarifrechtliche Position des einzelnen Arbeitgebers. Die personale Drittwirkung des Tarifvertrages betrifft hier nur die Wahrung und Förderung der Interessen des einzelnen Arbeitnehmers über die Gewerkschaft und bedarf nicht der Einwirkung des Arbeitgeberverbandes. Da der einzelne Arbeitgeber als Vertragspartner auftritt und daher unmittelbar zu binden ist, läßt sich eine solche Drittwirkung auch über den obligatorischen Teil des Tarifvertrages erreichen. Sie stellt mithin kein Alleinprivileg des normativen Teils dar und kann daher nicht als tragendes Auslegungskriterium für die sachliche Abgrenzung des normativen vom obligatorischen Teil des Tarifvertrages und dementsprechend für die Bezugnahme der «Arbeits- und Wirtschaftsbedingungen» der Arbeitnehmer lediglich auf normative Tarifbestimmungen herangezogen werden.

Die maßgebliche Legitimationsnorm schuldrechtlich vereinbarter (erstreikbarer) Tarifklauseln kann nur Art. 9 Abs. 3 GG sein.[48] Die Erwähnung der «Wirtschaftsbedingungen» im Wortlaut dieser Verfassungsnorm und der Schutzzusammenhang mit überbetrieblichen Arbeitnehmerinteressen sprechen allerdings dafür, den Tarifvertragsparteien die schuldrechtliche Befugnis auch zur Regelung einer gemeinwohlorientierten Investitionsprogrammatik zuzusprechen. Auch diese sowie andere Nutzungsmöglichkeiten des schuldrechtlichen Teils des Tarifvertrages im originär unternehmerischen Bereich bedürfen aber einer weiteren, materiellen Zulässigkeitsprüfung, die noch unten auf dem Wege verfassungskonformer Auslegung eingehend und abschließend vorgenommen wird: Zum einen soll die funktionelle Zuständigkeit der Tarifvertragsparteien im Bereich unternehmerischer Entscheidungen näher erörtert und möglichst präzise umrissen werden. Zum anderen ist herauszustellen, wo der Tarifvertrag seine Grenzen an der gesetzlich und grundrechtlich geschützten Freiheit wirtschaftlicher Betätigung findet.

4. Bewertung einzelner Regelungskonzepte zur Mitgestaltung unternehmerischer Personalentscheidungen

Nachdem mit der Erstreckbarkeit der betrieblichen und betriebsverfassungsrechtlichen Normen wie des schuldrechtlichen Teils des Tarifvertrages auf den wirtschaftlich-unternehmerischen Einwirkungsbereich ein erster wichtiger Aspekt

47 *Säcker/Oetker*, a. a. O. (Fn. 3), 159.

48 Ebenso *Däubler*, Das Grundrecht auf Mitbestimmung, 193f.; *ders.*, Tarifvertragsrecht, Rn. 175d; *Hölters*, Harmonie, 107, 120; *Konertz*, a. a. O. (Fn. 25), 127; *Runggaldier*, a. a. O. (Fn. 2), 139; *Jahnke*, a. a. O. (Fn. 2), 75; *Weyand*, a. a. O. (Fn. 2), 104; *Stark*, a. a. O. (Fn. 1), 20; *Kempen/Zachert*, TVG, § 1 Rn. 363.

der Problematik um die tarifliche Regelbarkeit präventiver Rationalisierungsschutzpolitik geklärt wurde, sollen nun andere, spezielle Aspekte der Zulässigkeitsprüfung am Maßstab der in § 1 Abs. 1 TVG umschriebenen Rechtsnormen erörtert werden. Sie können anhand der Einzelbewertung der vorgetragenen Regelungskonzepte zur Mitgestaltung unternehmerischer Personalentscheidungen exemplarisch angeleuchtet und beurteilt werden.

4.1 Quantitative und qualitative Besetzungsregelungen

Die vorgenannten Arten von Besetzungsregelungen[49] werden nach herrschender Ansicht zu den Tarifnormen über «betriebliche Fragen» (§ 1 Abs. 1 Halbs. 2 TVG) gerechnet.[50] Sie betreffen die Zusammensetzung der Belegschaft, beschränken damit die Organisationsgewalt des Arbeitgebers und können sinnvollerweise nur einheitlich für alle betroffenen Arbeitnehmer des Betriebs gelten (§ 3 Abs. 2 TVG). Soweit sie auf einen individuellen Arbeits- und Überforderungsschutz und damit auf eine entsprechende Verstärkung der Rechtsstellung des einzelnen Arbeitnehmers gerichtet sind, können sie ebenfalls den Inhaltsnormen (§ 1 Abs. 1 Halbs. 1 TVG) zugeordnet werden.[51] Besetzungsregelungen implizieren hier die Absicht, dem Arbeitnehmer ein individuelles Zurückbehaltungsrecht einzuräumen, wenn ihm eine tarifvertragswidrige Tätigkeit zugewiesen wird.[52]

---

49 Erläutert oben im 1. Teil der Untersuchung, Kapitel III Abschnitt 1, S. 84f.

50 Vgl. etwa *Reuter*, ZfA 1978, 4f., mit weiteren Nachweisen; *Runggaldier*, a. a. O. (Fn. 2), 136, 323; *Konertz*, a. a. O. (Fn. 25), 152f.; *Weyand*, a. a. O. (Fn. 1), 64: *Säcker/Oetker*, a. a. O. (Fn. 3), 150; *BAG* v. 26. April 1990, EzA § 4 TVG Druckindustrie Nr. 20, 12ff., mit weiteren Literaturangaben; *Schmidt-Eriksen*, a. a. O. (Fn. 6), 241.

51 Die Möglichkeit der gleichzeitigen Zuordnung eines Regelungsgegenstandes zu den verschiedenen Typen von Tarifnormen, was vor allem bei den Betriebsnormen relevant ist, wird allgemein anerkannt, vgl. dazu *Säcker/Oetker*, a. a. O. (Fn. 3), 105, 122, mit Nachweisen.

52 Vgl. *Säcker/Oetker*, a. a. O. (Fn. 3), 123f., die «im Hinblick auf den gleichermaßen bewirkten individuellen Überforderungsschutz» von einer «negativen Inhaltsnorm» sprechen; ähnlich wie hier *Löwisch/Rieble*, TVG, § 1 Rn. 517; *Schmidt-Eriksen*, a. a. O. (Fn. 6), 241f.; aber auch *Schleusener*, Die Zulässigkeit qualitativer Besetzungsregelungen, 59ff., 61, soweit qualitative Besetzungsregelungen im Dienste des Überforderungsschutzes innerhalb bestehender Arbeitsverhältnisse wirkten. Nach *Weyand*, a. a. O. (Fn. 2), 164 Fn. 437, könnte der Charakter von Besetzungsregelungen als Inhaltsnorm allenfalls insofern angenommen werden, als diese den geschützten Arbeitnehmern einen bestimmten Bestandsschutz gewähren.

Die Qualifizierung qualitativer Besetzungsregelungen als Betriebsnorm wird von einem Teil der Literatur verneint. *Dälken*[53] hat – im Anschluß an eine verbreitete Ansicht vornehmlich im älteren Schrifttum[54] – die Auffassung vertreten, daß qualitative Besetzungsregelungen als Mittel des Rationalisierungsschutzes nicht zu den Betriebs-, sondern zu den Abschlußnormen des § 1 Abs. 1 Halbs.1 TVG zählen. Hier handele es sich konkret um Abschlußgebote, die den Arbeitgeber dazu verpflichteten, bei der Besetzung eines infolge von Rationalisierungsmaßnahmen neu entstehenden Arbeitsplatzes vorrangig einen Angehörigen einer bestimmten Berufsgruppe einzustellen oder weiterzubeschäftigen[55] Der Gewerkschaft gehe es dabei nicht um das Interesse der Gesamtbelegschaft, sondern allein um das Interesse ihrer zu schützenden Facharbeiter-Mitglieder. Daher sei es nicht geboten, daß auch Außenseiter von diesen Regelungen erfaßt würden.[56] Die Sachlage sei insofern anders als bei quantitativen Besetzungsregelungen, die dem besonderen Zweck des Arbeits- und Gesundheitsschutzes dienten und daher sinnvollerweise eine bestriebseinheitliche Geltung erlangen sollten.[57]

Die Argumentation *Dälkens* überzeugt nicht. Sie beruht auf einer schematischen Trennung möglicher Schutzwirkungen der qualitativen Besetzungsregelung[58] und operiert mit einem verengten und soweit unzutreffenden Verständnis des dabei intendierten Schutzzweckes. Qualitative Besetzungsregelungen in der Druckindustrie sind, wie bereits ausgeführt,[59] gleichzeitig auf mehrere Schutzfunktionen ausgerichtet. Die Festschreibung einer Fachqualifikation für die Beschäftigung in bestimmten Tätigkeitsbereichen zielt zwar in erster Linie auf die Absicherung sozialer Besitzstände gegenüber der Lohnkonkurrenz minderqualifizierter Arbeitskräfte ab.[60] Sie signalisiert jedoch damit zugleich die Forderung nach weiterer Ausnutzung des erreichten Qualifikationsniveaus.[61] Diese Forde-

---

53 A. a. O. (Fn. 26), 157ff.

54 Vgl. *Nikisch*, Arbeitsrecht II, 403; *Marzen*, RdA 1966, 297; *Hentschel*, Die betrieblichen Normen, 76ff.; aber auch *LAG Frankfurt*, SAE 1955, 187.

55 *Dälken*, a. a. O. (Fn. 26), 159.

56 *Dälken*, a. a. O. (Fn. 26), 159f.

57 *Dälken*, a. a. O. (Fn. 26), 161.

58 So aber auch *Reuter*, a. a. O. (Fn. 50), 38; *ders.*, Ordo 33 (1982), 197.

59 Vgl. die Ausführungen im 1. Teil, Kapitel III Abschnitt 1, S. 85.

60 Ebenso *Hanau*, RdA 1996, 179f. Fiktiv ist hingegen die von *Schleusener*, a. a. O. (Fn. 52), 133, befürwortete Differenzierung zwischen sozialer Absicherung und Konkurrenzschutz der Fachkräfte.

61 Vgl. kritisch zu dieser – vom *BAG* AP Nr. 57 zu Art. 9 GG angesprochenen und vom *BAG* Nr. 67 zu Art. 12 GG näher behandelten – Anreizfunktion *Schleusener*, a. a. O. (Fn. 52), 28, der aber letztlich einräumt, daß qualitative Besetzungsregelungen die vorgenannte Funktion gleichzeitig mit dem Schutz des Besitzstandes erfüllen könnten, 29f.

rung, die sich freilich nur durch den direkten Eingriff in die Arbeitsorganisation effektiv erfüllen läßt, erscheint nicht gerade «unsachlich». Denn bisherige wesentliche Anforderungsmerkmale von fachlich qualifizierter Arbeit können auch für die Funktion der umstrukturierten Fertigungsprozesse als notwendig und besonders nützlich betrachtet werden.[62] Ob und inwieweit herkömmliche Qualifikationen – wie damals die des Schriftsetzers – weiterhin erforderlich sind, stellt somit in der Tat eine «offene» Frage bei der Festlegung der Anforderungsprofile für die technologieveränderten Tätigkeitsbereiche und die dort entstehenden Arbeitsplätze dar. Dabei ist aber ebenso zu erkennen, daß die Beschäftigung unzureichend qualifizierter Arbeitskräfte Risiken für den Arbeits- und Gesundheitsschutz mit sich bringen kann. Sie sind in der möglicherweise eintretenden Überforderung dieser Arbeitskräfte begründet.[63] Qualitative Besetzungsregelungen sind allerdings als Instrument des Beschäftigungs- und Konkurrenzschutzes in der Druckindustrie nicht auf die Interessen bloß der gewerkschaftlichen Mitglieder, sondern aller Angehörigen der durch die Rationalisierung bedrohten Berufsgruppen ausgerichtet. Ihnen geht es insofern auch um den Schutz von Außenseitern. Ihre Qualifizierung als bloße Abschlußnorm würde es dem Arbeitgeber ermöglichen, sie bezüglich dieser Arbeitnehmer nicht anzuwenden.

§ 3 Abs. 2 TVG läßt hingegen die Tarifbindung des Arbeitgebers genügen und verschafft der qualitativen Besetzungsregelung volle Verbindlichkeit ohne Rücksicht auf die Tarifgebundenheit der jeweils davon betroffenen Arbeitnehmer. Der qualitativen Besetzungsregelung kommt aber damit hinsichtlich der von ihr erfaßten Tätigkeitsbereiche und Arbeitsplätze nicht nur die Wirkung eines allgemeinen Abschlußgebots zugunsten der begünstigten Facharbeitergruppe bei Neueinstellungen zu. Sie wirkt vielmehr als Abschlußverbot und erlangt auch den Charakter einer Versetzungs- oder gar Kündigungsschutzsperre zu Lasten jener Außenseiter, die keine Fachkraft der Druckindustrie sind.[64] Anders ausgedrückt:

---

62 Vgl. gerade die Ausführungen von *Berg/Wendeling-Schröder/Wolter*, RdA 1980, 303, zur Qualifikationsentwicklung in der Druckindustrie, mit Nachweisen. Ohne diese Einsicht jedoch *Hanau*, a. a. O. (Fn. 60), worauf seine letztlich pauschalisierende Betrachtung der möglichen verschiedenen Funktionen qualitativer Besetzungsregelungen, nämlich die von ihm vertretene Auffassung, Überforderungs- und Beschäftigungsschutz schlössen sich kategorial aus, zurückzuführen sein dürfte.

63 Entgegen *BAG*. a. a. O. (Fn. 50), 8f., betrachtet auch *Schleusener*, a. a. O. (Fn. 52), 29, Besitzstandswahrung und Überforderungsschutz als zwei nicht zur selben Zeit verfolgbare Zielsetzungen.

64 Es trifft deshalb nicht zu, wenn *Dälken*, a. a. O. (Fn. 26), 159, bloß von einer vorrangigen Berücksichtigung von Fachkräften der Druckindustrie spricht. Die qualitative Besetzungsregelung ist rigider ausgestaltet: Sie reserviert die in Betracht kommenden Tätigkeitsbereiche den Fachkräften der Druckindustrie und erlaubt Abwei-

Der Arbeitgeber ist gehindert, die qualitative Besetzungsregelung durch die Einstellung, anderweitige Versetzung oder kündigungsschonende Weiterbeschäftigung minderqualifizierter Arbeitskräfte, aufgrund deren Außenseiter-Position der Tarifvertrag sonst keine Geltung beanspruchen würde, faktisch zu umgehen. Die Abwendung dieser Möglichkeit ist von elementarer Bedeutung im Hinblick darauf, daß der angesprochene Personenkreis der Nichtfachkräfte im Gegensatz zu den Fachkräften einen sehr geringen Organisationsgrad aufweist, also der Anwendungsbereich einer Besetzungsregelung, der kein umfassender Geltungsanspruch zukommt, marginal bleiben muß.[65] Die Zuordnung der qualitativen Besetzungsregelungen zu den betrieblichen Normen ist deshalb von der Schutzwirkung dieser Regelungen her geboten.[66] Der Betriebsnormencharakter der qualitativen Besetzungsregelung läßt sich primär mit Rücksicht auf ihren Schutzzweck legitimieren und erklären. Die für die Zulässigkeit einer Betriebsnorm vom Bundesarbeitsgericht adaptierte Formel der «evident sachlogischen Unzweckmäßigkeit»[67] einer Unterscheidung zwischen Organisierten und Außenseitern geht im wesentlichen auf die Erkenntnis zurück, daß der mit der qualitativen Besetzungsregelung intendierte Schutzzweck eine – um den Preis des Eingriffs in die grundrechtliche Interessensphäre der Außenseiter – einheitliche Regelung auf Betriebsebene erfordert.[68] Das einheitliche Anforderungsprofil für die von der Besetzungsregelung zu erfassenden Arbeitsplätze, auf dessen Notwendigkeit das Gericht im Rahmen einer objektivierten Betrachtungsweise verweist,[69] liefert hier das Spiegelbild für bestimmte Schutzmerkmale und die Priorität ihrer Anerkennung.

Fraglich ist allerdings, ob und inwieweit qualitative Besetzungsregelungen zugleich die Qualität einer Abschlußnorm besitzen. Der Umstand, daß sie auch in der Form eines Abschlußgebots oder –verbots wirken können, darf nach *Säcker/Oetker* nicht dazu verleiten, sie insoweit ebenfalls den Abschlußnormen des § 1 Abs. 1 TVG zuzuordnen.[70] Qualitative Besetzungsregelungen bewirkten zwar

---

chungen davon nur in Ausnahmefällen, vgl. insb. § 2 Abs. 2 a) und b) des RTS-Tarifvertrages.

65 Vgl. auch *Schleusener*, a. a. O. (Fn. 52), 63, 81, 90.

66 In diesem Sinne auch *Reuter*, a. a. O. (Fn. 50), 5, 31; *Beck*, AuR 1981, 160.

67 *BAG*, a. a. O. (Fn. 50), 13. Diese Formel kennzeichnet das dogmatische Konzept, welches zur sachlich-gegenständlichen Konturierung der Betriebsnormen von *Säker/Oetker*, a. a. O. (Fn. 3), 141ff., herausgearbeitet wurde.

68 Zustimmung verdient insoweit die Feststellung *Hanaus*, a. a. O. (Fn. 60), 168, der Zwang zur Einheitlichkeit sei keine quasi naturwissenschaftliche Konstante des betrieblichen Arbeitsverhältnisses.

69 *BAG*, a. a. O. (Fn. 50). 14.

70 A. a. O. (Fn. 3), 117f. Ablehnend auch *BAG*, a. a. O. (Fn. 50), 14, da qualitative Besetzungsregelungen sich im allgemeinen auch an bereits im Betrieb befindliche Ar-

aufgrund der Festschreibung bestimmter Anforderungsmerkmale eine Beschränkung des Auswahl- und Einstellungsermessens des Arbeitsgebers bei rationalisierungsbedingten Personalentscheidungen, räumten aber den Angehörigen der hiervon begünstigten Facharbeitergruppen keinen Individualanspruch auf Abschluß eines Arbeitsvertrages ein und besäßen daher keine Normqualität in der speziellen Gestalt eines Abschlußgebots.[71] Qualitative Besetzungsregelungen seien ebensowenig darauf gerichtet, die Nichtigkeit eines konkreten Arbeitsvertragsabschlusses über § 134 BGB herbeizuführen. Sie regelten auf abstrakt-objektive Weise nur die Zuweisung von Arbeitsplätzen in bestimmten Tätigkeitsbereichen.[72] Sie verböten daher nur die Besetzung dieser Arbeitsplätze mit Arbeitnehmern, die nicht über die geforderte Fachqualifikation verfügten, nicht jedoch den Abschluß eines Arbeitsvertrages mit ihnen. Ihre Qualifizierung als Abschlußnorm sei deshalb auch in der Gestalt eines Abschlußverbotes zu verneinen.[73]

Diese einleuchtenden, an sich zutreffenden Bemerkungen zur Wirkungsweise qualitativer Besetzungsregelungen sprechen jedoch letztlich nicht gegen ihre Klassifizierung als Abschlußnorm. Die unmittelbare und zwingende Wirkung des Tarifvertrages (§ 4 Abs. 1 TVG) soll zwar dem einzelnen Arbeitnehmer zugute kommen, richtet sich aber in erster Linie an den Arbeitgeber. Sie signalisiert die Bereitschaft des Gesetzgebers, dem Arbeitnehmer ein Höchstmaß an Schutz zuzubilligen, läuft deshalb darauf hinaus, Verpflichtungen zu Lasten des Arbeitgebers zu schaffen.[74] Leitender Gesichtspunkt der normativen Wirkung des Tarifvertrages ist somit die Schutzbedürftigkeit des Arbeitnehmers,[75] ihr Ansatzpunkt dabei das Verhalten des Arbeitgebers. Diese Legitimationsvoraussetzung und

---

beitnehmer richteten. Dieses Argument betrifft aber nur die – offenbar unzutreffende – Betrachtung der vorgenannten Regelungen als reine Abschlußnormen. Ebensowenig überzeugt es, wenn *Schmidt-Eriksen*, a. a. O. (Fn. 6), 241 Fn. 59, die Besetzung konkreter Arbeitsplätze und den Akt der Einstellung als zwei stets voneinander trennbare Ansatzpunkte der tariflichen Regelung betrachtet, um den bislang in der Druckindustrie vereinbarten qualitativen Besetzungsvorschriften die Qualität als Abschlußnorm abzusprechen.

71 So auch *Schleusener*, a. a. O. (Fn. 52), 64.

72 *Säcker/Oetker*, a. a. O. (Fn. 3), 118. Vgl. auch *Reuter*, a. a. O. (Fn. 50), 4; *Konertz*, a. a. O. (Fn. 25), 153; *Wend*, Die Zulässigkeit tarifvertraglicher Besetzungsregelungen, 8.

73 *Säcker/Oetker*, ebda; Konertz, a. a. O. (Fn. 25), 152; aber auch *Löwisch/Rieble*, TVG, § 1 Rn. 517, die zwischen der bloßen Zuweisung eines bestimmten Arbeitsplatzes und dem Verbot des Abschlusses eines Arbeitsvertrages differenzieren.

74 Vgl. *Kübler/Schmidt/Simitis*, Mitbestimmung als gesetzgebungspolitische Aufgabe, 206f.

75 Zur Schutzfunktion des Tarifvertrages vgl. näher die Ausführungen unten im Kapitel III Abschnitt 2.1.1, S. 203ff.

Anlage tariflicher Normativität werden aber bereits durch eine Regelung erfüllt, die im Interesse einer bestimmten Berufsgruppe das personalpolitische Verhalten des Arbeitgebers einseitig bindet, ohne zugleich den Angehörigen dieser Gruppe einen Individualanspruch auf Abschluß oder Fortsetzung eines Arbeitsvertrages zu gewähren. Die von der qualitativen Besetzungsregelung intendierte Schutzwirkung erfordert weder die Einräumung eines solchen Anspruches noch die Blockierung einer etwaigen Einstellung minderqualifizierter Arbeitnehmer in anderen als den reservierten Tätigkeitsbereichen.[76] Der Normcharakter eines tariflichen Abchlußgebots bzw. –verbots setzt mithin nicht unbedingt die Begründung oder den Ausschluß eines Individualanspruches voraus.[77]

4.2 Sicherungskennzahl

Besondere Aufmerksamkeit verdient auch die Frage nach der Vereinbarkeit der ehemals von der IG-Metall geforderten kollektiven Absicherung des durchschnittlichen betrieblichen Eingruppierungsniveaus mit dem Tarifvertragsgesetz. Namentlich *Blomeyer* setzt bei der Anpassungsverpflichtung des Arbeitgebers an und sieht darin ein tarifliches Einstellungs- und Höhergruppierungsgebot begründet.[78] Das erstere komme als «Abschlußnorm», das letztere als «Inhaltsnorm» im Sinne des § 1 Abs. 1 Halbs. 1 TVG in Betracht; beide Gebote könnten zugleich als «betriebliche Normen» im Sinne des § 1 Abs. 1 Halbs. 2 TVG behandelt werden. *Blomeyer* spricht aber dem Einstellungsgebot ebenso wie dem Höhergruppierungsgebot die Qualität als Abschluß- und Inhaltsnorm ab. Er tut dies mit der Begründung, diese Tarifklauseln bezögen sich weder auf einen bestimmten noch auf einen im Wege der Auslegung bestimmbaren Kreis von Arbeitnehmern. Der für Abschluß- und Inhaltsnormen maßgebliche Bestimmtheitsgrundsatz, dessen Einhaltung dem einzelnen Arbeitnehmer gerade die Herleitung eigener Rechte

---

76 Eine andere und davon zu unterscheidende Frage ist freilich, daß die qualitativen Besetzungsregelungen als reine Abschlußnormen ihrem Schutzzweck nicht gerecht werden können.

77 Ebenso *Däubler*, Tarifvertragsrecht, Rn. 872, dessen Hinweis auf das *BAG*-Urteil AP Nr. 1 zu § 95 Abs. 1 BetrVG, welches den normativen Charakter von betrieblichen Auswahlrichtlinien bejaht, obwohl auch durch sie in aller Regel keine Ansprüche begründet werden, allerdings nicht überzeugt, da die Tarifnormativität von Personalauswahlrichtlinien bereits aufgrund ihrer primären wie konstanten Bewertung als Betriebsnormen gesichert ist; *Wiedemann*, in: Wiedemann, § 1 TVG, Rn. 479, 485, 486.

78 *Blomeyer*, ZfA 1980, 8ff., 11ff., 31ff.; ebenso *Konertz*, a. a. O. (Fn. 25), 172ff., 178f.; *Säcker/Oetker*, a. a. O. (Fn. 3), 107, 111ff., 121f.

ermöglichen solle, sei somit nicht gewahrt.[79] Das Einstellungsgebot entfalte überdies eine dem Tarifrecht unbekannte Teilnormativwirkung. Indem es praktisch die Funktion einer Tatbestandsvoraussetzung übernehme, bei deren Verletzung bloß die Höhergruppierungspflicht des Arbeitgebers eintrete, bewirke es nur eine Verpflichtung, nicht aber eine Berechtigung.[80] Aber auch seine Qualifizierung als «betriebliche Norm» scheitere daran, daß betriebliche Normen stets auf den Schutz der vorhandenen Belegschaften gerichtet sein müßten und nicht dem Schutz Außenstehender oder allgemeiner Arbeitnehmerinteressen dienen dürften. Den Tarifvertragsparteien sei es verwehrt, allgemeine Wirtschafts- und Arbeitsmarktpolitik im Gewande der Tarifverträge zu betreiben.[81]

Die Argumentation *Blomeyers* beruht auf einem unzutreffenden Funktionsverständnis der gewerkschaftlichen Tarifforderung. Die Anpassungsverpflichtung des Arbeitgebers stellt nämlich nicht den primären Ansatzpunkt der tarifrechtlichen Bewertung dar. Das Einstellungsgebot und das Höhergruppierungsgebot bilden hier keine eigenständigen Tarifklauseln, sondern dienen, indem sie dem Arbeitgeber jeglichen Anreiz nehmen sollen, das betriebliche Einkommensniveau zu senken, der Sicherung vorhandener Arbeitsplätze und Qualifikationen im Betrieb. Ihre Funktion besteht darin, den Arbeitgeber im Hinblick auf eine eventuell von ihm intendierte Aufhebung oder Herabstufung qualifizierter Arbeitsplätze im Betrieb und eine damit einhergehende Senkung der Sicherungskennzahl zu de-

---

79 *Blomeyer*, a. a. O. (Fn. 78), 11f., 33; ihm folgend *Konertz*, a. a. O. (Fn. 25), 174f., 179. *Säcker/Oetker*, a. a. O. (Fn. 3), 113, 122, weisen primär auf den Ermessensspielraum des Arbeitgebers bezüglich der Frage hin, auf welchem Wege er die tarifvertraglich konservierte kollektive Lohnsumme wiederherstellen soll. Dieser Ermessenspielraum schließt nach ihrer Auffassung eine individualrechtliche Auslegung des Einstellungs- und Höhergruppierungsgebots im Sinne einer Abschlußnorm aus. Während die fehlende Bestimmtheit bzw. Bestimmbarkeit des begünstigten Adressatenkreises hier als getrennt-sekundäres Argument gegen die Einordnung unter den Regelungstypus der Abschlußnorm herangezogen wird (S. 113), gehen die Überlegungen von *Säcker/Oetker* zu der Frage, ob das Höhergruppierungsgebot als Inhaltsnorm zu bewerten ist, dahin, die fehlende Bestimmbarkeit auf das dem Arbeitgeber verbleibende Ermessen zurückzuführen.

80 *Blomeyer*, a. a. O. (Fn. 78), 12.

81 *Blomeyer*, a. a. O. (Fn. 78), 14, im Ergebnis aber anders 34; ihm folgend *Konertz*, a. a. O. (Fn. 25), 175. *Säcker/Oetker*, a. a. O. (Fn. 3), 154, verneinen die Zuordnung zu den Betriebsnormen aus dem Grunde, daß das Modell einer kollektiven Verdienstsicherung nicht die arbeitstechnische Organisation (Einsatz der personellen und sächlichen Betriebsmittel) betrifft, sondern die unternehmerischen Zielvorstellungen über die Frage, welche Geldsumme für die personellen Betriebsmittel aufgewendet werden soll. Sie operieren damit erneut mit der Differenzierung zwischen Betrieb und Unternehmen. Die Tragfähigkeit dieser Differenzierung für eine Eingrenzung des Regelungsgegenstandes betrieblicher Tarifnormen wurde bereits an früherer Stelle (Abschnitt 1.1, S. 129f.) verneint.

motivieren. Primär erhoffte Wirkung der Anpassungsverpflichtung des Arbeitgebers ist mithin der Beschäftigungs- und Qualifikationsschutz vorhandener Belegschaften, der gerade über die geforderte Einhaltung des durchschnittlichen Eingruppierungsniveaus des Betriebs verfolgt wird. Die Tarifforderung begründet aber damit in erster Linie die Verpflichtung des Arbeitgebers, im Interesse Belegschaftsangehöriger die Sicherungskennzahl nicht herabzusenken. Sie betrifft die Zusammensetzung der Belegschaft und ist daher als Betriebsnorm im Sinne der §§ 1 Abs. 1 und 3 Abs. 2 TVG zu deuten. Das Einstellungs- und Höhergruppierungsgebot können dann nur mit Rücksicht auf den Schutzzweck dieser Betriebsnorm richtig verstanden und interpretiert werden.

Wenn *Blomeyer* den Bestimmtheitsgrundsatz zur Zulässigkeitsvoraussetzung beider tariflichen Gebote erhebt, übersieht er, daß es in ihnen wesentlich nicht um die Herleitung von Rechten für bestimmte, einzelne Arbeitnehmer geht, sondern darum, die Wirksamkeit der Inpflichtnahme des Arbeitgebers zur Einhaltung der Sicherungskennzahl zu wahren. Nicht die drohenden personalpolitischen Sanktionen selbst, sondern ihr funktionaler Bezug zur Sicherung des betrieblichen Eingruppierungsniveaus und damit zum Schutz qualifizierter Arbeitnehmer im Betrieb ist der bestimmende Aspekt bei der Überprüfung der Normqualität der tariflichen Anpassungsverpflichtung des Arbeitgebers. Das Einstellungs- und Höhergruppierungsgebot stellen insofern eine Tarifklausel dar, die keine Eigenbedeutung besitzt, sondern der Sicherung der Wirksamkeit einer tariflichen Betriebsnorm dient. Die geforderte Nichtherabsenkung des betrieblichen Lohn- und Gehaltsgruppenniveaus und das zur Wiederherstellung dieses Niveaus vorgesehene Verfahren in der Gestalt eines Einstellungs- und Höhergruppierungsgebots bilden eine rechtlich-funktionale Einheitsregelung, die primär auf den Schutz vorhandener Belegschaften gerichtet ist, einseitige Verpflichtungen der tarifgebundenen Arbeitgeber begründet und somit allein die Anforderungen einer Betriebsnorm im Sinne des § 1 Abs. 1 Halbs. 2 TVG erfüllt.[82] Von daher verwundert es nicht, daß das Einstellungs-, aber auch Höhergruppierungsgebot letztlich nur eine Verpflichtung, nicht aber eine Berechtigung bewirken. Einstellungs- und Höhergruppierungsgebot sind nicht auf die Gewährung von individuellen Ansprüchen an bestimmte Arbeitnehmer bedacht, sondern darauf gerichtet, die Effektivität der kollektiven Wahrnehmung betrieblicher Arbeitnehmerinteressen abzusichern. Ihre Normqualität muß deshalb von dieser Zielsetzung her beurteilt

82 Vgl. auch *Beck*, a. a. O. (Fn. 66), 376, der das Einstellungs- und Höhergruppierungsgebot aufgrund des Wahlrechts des Arbeitgebers und ihres gemeinsamen Zweckes als Einheit behandelt (gegen dieses Verständnis *Dälken*, a. a. O. (Fn. 26), 199), ohne jedoch ihren sanktionsspezifischen Regelungscharakter hervorzuheben und sie ausdrücklich auf die Hauptforderung nach Einhaltung der Sicherungskennzahl funktional zu beziehen.

und nicht an ihrer fehlenden individualrechtlichen Ausrichtung oder der Einhaltung des Bestimmtheitsgrundsatzes entschieden werden. Das Einstellungs- und Höhergruppierungsgebot versprechen die Einhaltung der Sicherungskennzahl durch den Arbeitgeber zu bewirken nur, wenn ihnen normative Wirkung zukommt. Erst ihre unmittelbare und zwingende Wirkung gewährleistet ihnen Eingang in das Kalkül des Arbeitgebers. Dieser sieht sich in der Tat nicht mehr daran gehindert, die Sicherungskennzahl zu senken, wenn es bei einer bloßen Einwirkungspflicht des Arbeitgeberverbandes bleiben soll.

Auch die dogmatische Zuordnung des Einstellungs- und Höhergruppierungsgebots zu den Abschluß- bzw. Inhaltsnormen des § 1 Abs. 1 Halbs. 1 TVG ist zu bejahen. Der gegen diese Normqualität vorgebrachte Hinweis, Einstellungs- und Höhergruppierungsgebot räumten bereits im Hinblick darauf, daß der Arbeitgeber hier eine alternative Auswahlmöglichkeit zwischen Neuabschluß und Vertragsänderung besitze, dem einzelnen Arbeitnehmer keinen unmittelbaren, einklagbaren Anspruch auf Einstellung bzw. Höhergruppierung ein,[83] trifft die mit diesen Geboten intendierte Schutzwirkung und die darin begründete Normativität der entsprechenden tariflichen Regelung nicht.[84] Eine – sicherlich mögliche – individualrechtliche Ausgestaltung der Normqualität von Abschlußnormen setzt aber voraus, daß der anspruchsberechtigte Kreis von Arbeitnehmern bestimmt oder zumindest bestimmbar ist.[85] Dieser Voraussetzung genügt bereits eine tarifliche Regelung, die nur auf ein einziges persönliches, fachliches oder sonstiges Differenzierungsmerkmal des begünstigten Arbeitnehmerkreises abstellt, sofern dieses Merkmal für die – nicht zuletzt mit den Mitteln der Auslegung zu gewin-

83 Vgl. *Säcker/Oetker*, a. a. O. (Fn. 3), 112f., 121f. Hingegen bewertet *Däubler*, Das Arbeitsrecht 1, 160, sie zugleich als Inhaltsnormen, da sie auch einzelne Arbeitnehmer begünstigten; *ders.*, Tarifvertragsrecht, Rn. 872, rechnet das Einstellungsgebot ebenfalls zu den Abschlußnormen, da es keinen Grundsatz gebe, wonach Abschlußnormen notwendigerweise Ansprüche einräumen müßten. Eine facultas alternativa stehe der Existenz eines Schuldverhältnisses nicht entgegen.

84 Vgl. analog die Ausführungen gleich oben im Abschnitt 4.1, S. 142f.

85 Einhellige Ansicht im Schrifttum, vgl. etwa *Wiedemann*, in: *Wiedemann*, § 1 TVG, Rn. 486; *Kempen/Zachert*, TVG, § 1 Rn. 29; *Säcker/Oetker*, a. a. O. (Fn. 3), 108ff., mit weiteren Nachweisen, die insb. den Versuch einer einleuchtenden dogmatischen Begründung des Bestimmtheitsgrundsatzes unternehmen: Während tarifliche Inhaltsnormen von außen auf bestehende Arbeitsverhältnisse einwirkten und aus ihnen – bei Fehlen einer näheren Definition des Berechtigtenkreises – alle tarifgebundenen Arbeitnehmer Rechte unmittelbar ableiten könnten, fingiere der Gesetzgeber für die Abschlußnormen, wodurch ein Arbeitsverhältnis erst begründet werden solle, mit der in § 1 Abs. 1 TVG angeordneten unmittelbaren Wirkung bereits ein Rechtsverhältnis zwischen den beiderseits Tarifgebundenen. Elementarer Bestandteil eines jeden Rechtsverhältnisses sei jedoch, daß die Parteien des Rechtsverhältnisses bestimmt oder zumindest bestimmbar seien.

nende – Abgrenzung von anderen, nicht anspruchsberechtigten Arbeitnehmern geeignet ist.[86]

4.3 Personalausgleichsquoten und Beschäftigungsprärogativen

Personalausgleichsquoten kommen, da sie den Arbeitgeber zu kompensatorischen Neueinstellungen einseitig verpflichten und die Zusammensetzung seiner Belegschaft betreffen, als Betriebs-, aber auch als Abschlußnorm in der Form eines Einstellungsgebots in Betracht.[87] Ihre Zuordnung zu den Betriebs- und Abschlußnormen des § 1 Abs. 1 TVG begegnet aber dem Einwand, daß diese stets auf den Beschäftigungsschutz der vorhandenen Belegschaft gerichtet sein bzw. an bestehende Arbeitsverhältnisse anknüpfen müßten,[88] während Personalausgleichsquoten vor allem Neueinzustellenden zugute kämen, die kein Mitglied der Belegschaft bzw. ein Arbeitsverhältnis eingegangen seien. Den Tarifvertragsparteien komme kein beschäftigungspolitisches Mandat zu, insbesondere dürften sie über die Normierung eines Kontrahierungszwangs keine Arbeitsvermittlung betreiben.[89] Zu einem solchen Kontrahierungszwang hätte der Gesetzgeber die Tarifvertragsparteien ausdrücklich ermächtigen müssen. Derselbe Einwand trifft auch das Einstellungsgebot zur Einhaltung der Sicherungskennzahl sowie – ebenfalls als Betriebs- und Abschlußnormen zu klassifizierende[90] – Vorrangs- und sonstige Quotenregelungen zur Beschäftigungsförderung bestimmter schutzwürdiger Arbeitnehmergruppen, nicht zuletzt die qualitativen Besetzungsregelungen, da diese ebenfalls Facharbeiter privilegieren, die sich erstmals bzw. anderweitig um einen Arbeitsplatz bemühen. Der numerus clausus der Tarifnormen lasse es nicht zu, daß im Gewand von Individual- oder Betriebsnormen überbetriebliche

86 Ebenso *Wiedemann*, ebda; *Kempen/Zachert*, ebda; *Däubler*, Tarifvertragsrecht, Rn. 870, 872; zu streng hingegen *Blomeyer*, a. a. O. (Fn. 78), 11f., 33; *Weyand*, a. a. O. (Fn. 2), 87 Fn. 111, 164f.

87 Anders *Säcker/Oetker*, a. a. O. (Fn. 3), 114, die entgegen der hier vertretenen Auffassung die Klassifizierung als Abschlußnorm von der Gewährung eines Individualanspruches auf Einstellung abhängig machen.

88 Vgl. erneut *Blomeyer*, a. a. O. (Fn. 78), 14; *Löwisch/Rieble*, TVG, § 1 Rn. 121-122.

89 *Löwisch/Rieble*, TVG, § 1 Rn. 71 (für die Abschlußnormen), Rn. 525 (für die Betriebsnormen); MünchArbR-*Löwisch*, Kollektives Arbeitsrecht Bd. 3, § 251 Rn. 32 (für die betrieblichen und betriebsverfassungsrechtlichen Normen).

90 Vgl. *Wiedemann*, in: Wiedemann, § 1 TVG, Rn. 480, 483, 579; *Däubler*, Tarifvertragsrecht, Rn. 869; *Kempen/Zachert*, TVG, § 1 Rn. 29; abweichend hinsichtlich der Qualifizierung von Quotenregelungen als Abschlußnorm *Säcker/Oetker*, a. a. O. (Fn. 3), 110f. Fn. 31, erneut mit dem Hinweis auf die fehlende individualrechtliche Anspruchsgrundlage.

Sachverhalte geregelt würden, die mit der Normierung des Arbeits- oder des betrieblichen Rechtsverhältnisses nichts zu tun hätten.[91]

Die Frage, ob und inwieweit die Tarifvertragsparteien Arbeitsmarktpolitik betreiben dürfen, ist erst in Anknüpfung an Art. 9 Abs. 3 GG und insbesondere an den dort vorgeschriebenen Koalitionszweck der «Wahrung und Förderung von Arbeits- und Wirtschaftsbedingungen» zu klären.[92] Aufschlußreich über die Erstreckbarkeit tariflicher Betriebsnormen auch auf die Interessensituation Arbeitsuchender ist indessen bereits die in § 95 BetrVG verankerte Mitbestimmung des Betriebsrates bei Personalauswahlrichtlinien. Diese können den Vorgang von Einstellungen regulieren, ohne daß dabei die Interessensituation der bereits im Betrieb tätigen Arbeitnehmer eigenständig bzw. unmittelbar betroffen ist. Der Bereich der Neueinstellungen ist somit von Gesetzes wegen als «betriebsverfassungsrechtliche Frage» (§ 1 Abs. 1 TVG) durchaus tariflich regelbar. Die in § 80 Abs. 1 Nr. 4, 6 und 7 BetrVG postulierten Aufgaben des Betriebsrates bescheinigen ebenfalls, daß der Aktionsradius der Tarifvertragsparteien im personalpolitischen Bereich nicht bloß auf die Interessenberücksichtigung vorhandener Belegschaften beschränkt ist, sondern auch Einstellungsvorgänge im Sinne der Beschäftigungsförderung besonders schutzbedürftiger Personen wie Schwerbehinderte, langfristig Arbeitslose oder ältere Arbeitnehmer erfaßt. Diese gesetzlichen Wertungen gelten auch für die «betrieblichen Fragen» (§ 1 Abs. 1 TVG). Da betriebliche und betriebsverfassungsrechtliche Normen denselben – personalpolitischen – Einwirkungsbereich ansprechen und die gleiche rechtliche Wirkung aufweisen, gebietet sich hier eine einheitliche Auslegung.[93] Der Regelungsbereich betrieblicher Tarifnormen erstreckt sich daher ohne Eingrenzungen der vorgenannten Art ebenso auf die Einstellungspolitik des Arbeitgebers, zumal sich diese unmittelbar auf die Zusammensetzung der Belegschaft auswirkt und jedenfalls mittel- bzw. längerfristig die Interessensituation der bereits Beschäftigten sowie die anderen Sachbereiche der betrieblichen Personalpolitik beeinflußt. Den Spielraum des individualrechtlichen Arbeitsvertrages können schließlich alle Tarifvertragsnormen, auch Abschlußnormen überschreiten. Die Eigenart des Tarifver-

91 *Rieble*, ZTR 2/1993, 58, der aber nicht einsehen will, daß qualitative Besetzungsregelungen in ihrer beschäftigungspolitischen Wirkung ebenso auf den Schutz betriebsangehöriger Facharbeiter ausgerichtet sind.

92 Vgl. dazu die Ausführungen unten im Kapitel III Abschnitt 2.2.2, insb. S. 257ff., Abschnitt 2.2.3.2, S. 263ff. u. Abschnitt 2.2.3.3, S. 265f.

93 Vgl. auch *Säcker/Oetker*, a. a. O. (Fn. 3), 150f., die sich hinsichtlich der qualitativen Besetzungsregelungen, die nach ihrer Auffassung den Betriebsnormen zuzuordnen sind, auch auf die in § 95 BetrVG verankerte Mitbestimmung des Betriebsrates berufen.

trages besteht – wie *Wiedemann*[94] zutreffend bemerkt hat – gerade darin, auch die Einbettung des Individualarbeitsverhältnisses in den Betrieb, in das Unternehmen und allgemein in den Arbeitsmarkt regeln zu können.

III. Das Konkurrenzverhältnis von staatlicher Gesetzgebung und Tarifautonomie

1. Die bisherige Diskussion – Einschätzung und Problemstellung

1.1 Der ordoliberalistische Interpretationsansatz

Die Strategie restriktiver Interpretation des tariflichen Regelungsspielraums manifestiert sich auch und gerade dort, wo Tarifpolitik auf eine starke Beeinflussung unternehmerischer Sach- und Personalentscheidungen ausgerichtet ist. Eine derartige Verwendung des Tarifvertrages gerate, so der Grundtenor, in Widerspruch zu Unternehmensautonomie und Wettbewerb – jene Prinzipien der Wirtschaftsverfassung, die von jeder tarifvertraglichen Regelung grundsätzlich zu respektieren seien.[1]

Diese bislang im deutschen Tarifrecht herrschende Ansicht ordoliberalistischer Prägung verbindet sich mit unterschiedlichen Argumentationsabläufen und zieht dann, je nach spezifischer Betrachtungsweise, recht differenzierte Konsequenzen für die konkrete Reichweite tarifautonomer Regelung nach sich. Dabei ist zuerst auf den dahin gehenden Ansatz *Biedenkopfs* hinzuweisen, im Rahmen einer verfassungsrechtlichen Zuständigkeitsordnung die Kompetenz des Unternehmens und die Kompetenz des Marktes gegen die Tarifautonomie auszuspielen.[2] Der Tarifvertrag könne nur den «arbeits- und sozialpolitischen Datenkranz» festlegen, den der Arbeitgeber als Unternehmer seinen Planungs- und Koordinationsentscheidungen zugrundelegen müsse. Die Zuständigkeit der Tarifvertrags-

94 RdA 1997, 299.

1 Vgl. namentlich *Biedenkopf*, in: Verhandlungen des 46. DJT I 1, 156ff.; *Richardi*, Kollektivgewalt, 181; *ders.*, ArbRGew 1976, 33f.; *Rüthers*, Tarifmacht, 14ff.. *Hölters*, Harmonie, 152; *Wiedemann*, FS für Riesenfeld, 312ff.; *ders.*, in: Wiedemann, Einl. TVG, Rn. 102, 456; *Reuter*, FS für Böhm, 530ff.; *ders.*, FS für Hilger/Stumpf, 590f.; *Koller*, ZfA 1978, 54ff., 69f. 73f.; *Beuthien*, ZfA 1984, 12ff.; *ders.*, ZfA 1986, 140ff.; auch das Urteil des *BAG* v. 3.4.1990 – 1 AZR 123/89, abgedruckt in: AuR 1991, 93ff., spricht dem Tarifvertrag die Einwirkungsbefugnis auf Grundlageentscheidungen (über Investition, Produktion, Vertrieb) ab und will diese allein der Unternehmensautonomie überlassen; ihm folgend *LAG Hamm* v. 31.5.2000, Az: 18 Sa 858/00.

2 *Biedenkopf*, a. a. O. (Fn. 1), 160ff.

parteien werde in dem Augenblick überschritten, in dem der Tarifvertrag steuernd in die unternehmerische Entscheidungsmöglichkeit des Arbeitgebers eingreife, die sog. «management prerogatives» also zu seinem Gegenstand mache. Von einer Vereinbarung über die «Arbeits- und Wirtschaftsbedingungen» des Art. 9 Abs. 3 GG könne daher nicht mehr die Rede sein, wenn das tarifliche Regelungsziel darin bestehe, die unternehmerische Entscheidung selbst mitzugestalten. Der Tarifvertrag darf damit nach *Biedenkopf* lediglich die Folgen des unternehmerischen Handelns regeln.

Abgesehen von den Bedenken, die die Unterscheidung zwischen management prerogatives und sozialwirtschaftlichem Datenkranz des Unternehmens als solche weckt [3] – die Ansicht *Biedenkopfs* kann keineswegs überzeugen. Sie setzt stillschweigend voraus, daß sich das Tarifrecht einseitig an der bestehenden Wirtschaftsordnung orientiert, letztere also eine Vorrangstellung genießt.[4] Angesichts der wirtschaftspolitischen Neutralität des Grundgesetzes[5] geht es aber nicht an, unter schlichtem Hinweis auf konkret vorgefundene Strukturprinzipien einer existenten Wirtschaftsordnung die fehlende Legitimität einer Tarifpolitik zu behaupten, die auf die aktive Beeinflussung unternehmerischer Entscheidungsprozesse gerichtet ist. *Biedenkopf* sieht sich daher berechtigterweise dem Vorwurf ausgesetzt, er mißverstehe das Grundgesetz als Perpetuierungsgarantie einer ganz konkreten Wirtschaftsordnung.[6]

Die rechtlichen Einwände gegen die tarifliche Erfassung des wirtschaftlich-unternehmerischen Bereichs sind vielmehr durch den Hinweis auf die Entscheidungen des staatlichen Gesetzgebers gekennzeichnet. Die Einsicht, daß «die Ko-

---

3 Kritisch dazu vor allem *Jahnke*, Tarifautonomie und Mitbestimmung, 85, der management prerogatives und sozialwirtschaftlichen Datenkranz als zwei «beliebig relativierbare Größen» betrachtet, die sich wechselseitig zueinander unabgrenzbar verhalten; aber auch *Moll*, Künstliche Beschäftigung, 127f.; *Stark*, Verfassungsfragen einer Arbeitsplatzsicherung, 93ff.; *Schmidt-Eriksen*, Tarifvertragliche Betriebsnormen, 289f.; nicht zuletzt die Ausführungen zur Vordergründigkeit der Differenzierung zwischen Betrieb und Unternehmen bzw. Arbeitgeber- und Unternehmerfunktionen oben im Kapitel II Abschnitt 1.1, S. 127ff.

4 *Weyand*, Die tarifvertragliche Mitbestimmung, 80.

5 Wiederholt bestätigt und hervorgehoben durch das Bundesverfassungsgericht, vgl. etwa *BVerfGE* 4, 7 (17f.); 10, 354 (370f.); 14, 19 (23); 30, 292 (317ff.); 50, 289 (338).

6 *Weiss*, FS für Vetter, 296; aber auch *Richardi*, Kollektivgewalt, 181 Fn. 18; hingegen hält *Gamillscheg*, Kollektives Arbeitsrecht I, 341, den Verweis auf die wirtschaftspolitische Neutralität des GG für ein nicht tragfähiges Argument. Der Ansicht *Biedenkopfs* hat auch das *BAG*, a. a. O. (Fn. 1), explizit widersprochen: «Die tarifvertragsfreie Unternehmensautonomie geht nicht so weit, daß die Gewerkschaften darauf beschränkt sind, nur soziale Folgewirkungen unternehmerischer Entscheidungen zu regeln.»

alitionsfreiheit von Verfassungs wegen nicht einen bestimmten, fest umrissenen wirtschaftspolitischen Inhalt besitzt», verbindet sich mit der Grundansicht, daß das tarifautonome Regelungsmodell «seine Tragweite jeweils an den staatlichen Wirtschaftsordnungsvorstellungen rerflektiert».[7] Die staatliche Wirtschaftsverfassung stehe nicht zur Disposition der Tarifvertragsparteien. Diese müßten sich vielmehr nur innerhalb des vom Gesetzgeber geschaffenen gesamtwirtschaftlichen Ordnungsgefüges betätigen. Die (derzeitige) gesetzliche Wirtschaftsordnung sei aber, wie vor allem das Gesetz gegen Wettbewerbsbeschränkungen und § 1 S. 2 Stabilitätsgesetz zeigten, eine solche der «sozialen Marktwirtschaft».[8] Tarifverträge, welche die damit klare gesetzliche Grundentscheidung für die Steuerung unternehmerischen Handelns durch Leistungswettbewerb in Frage stellten, seien deshalb unzulässig.

Die Neigung, staatliche Ordnungsvorstellungen als verbindlichen Maßstab für die Regelungskompetenz der Tarifvertragsparteien vorzuführen, machte sich insbesondere bei der in den späten 70er Jahren ausgelösten Kontroverse um einen erweiterten tariflichen Rationalisierungsschutz bemerkbar.[9] Diese Debatte um die Tarifautonomie hat aber nicht nur durch die Bezugnahme auf konkrete neuartige bzw. reaktualisierte Forderungskomplexe zur Präzisierung der mit dieser Neigung verbundenen Einwände gegen eine Erweiterung des tariflichen Regelungsspielraums geführt und damit zugleich gezeigt, daß derartige Einwände nicht den gleichen Argumentationsweg beschreiten[10] und sich in der Bewertung einiger Forderungskomplexe voneinander unterscheiden.[11] Signifikant ist dabei die nachdrücklich vertretene Ansicht, die Priorität der marktwirtschaftlich orientierten Politik des Staates gegenüber der Tarifautonomie sei von der Verfassung her

7 *Richardi*, ebda.

8 Vgl. etwa *Richardi*, ArbRGew 1976, 33f.; *Reuter*, FS für Böhm, 529ff., 534f.; *Vollmer*, BB 1977, 820; *Wiedemann*, FS für Riesenfeld, 313f.; aber auch *Söllner*, ArbRGew 1979, 28.

9 Vgl. insb. *Reuter*, ZfA 1978, 16ff., 29ff.; *ders.*, ZfA 1980, 430f.; Ordo 33 (1982), 194f.; *Koller*, a. a. O. (Fn. 1), 49ff.; aber auch *Wiedemann*, FS für Müller, 807ff.

10 Man braucht sich nur die recht unterschiedlichen Argumentationsabläufe bei *Reuter*, ZfA 1978, 1ff. und *Koller*, a. a. O. (Fn. 1), 45ff. anzusehen.

11 Vgl. so hinsichtlich der Zulässigkeitsfrage qualitativer Besetzungsregelungen die unterschiedliche Bewertung bei *Reuter*, ZfA 1978, 34f. und *Wiedemann*, FS für das BAG, 652ff.; FS für Müller, 813ff. Hinsichtlich der Zulässigkeitsfrage tarifvertraglicher Humanisierungsregelungen vgl. einerseits *Reuter*, ZfA 1978, 38 – Ordo 33 (1982), 197, der im Sinne eines arbeitsrechtlichen Ordnungsprinzips, das der Gesetzgeber in den §§ 90 und 91 BetrVG vorgeprägt hat, die Systemkonformität einer humanisierungsbezogenen Tarifpolitik undifferenziert befürwortet, andererseits *Koller*, a. a. O. (Fn. 1), 71, der, streng am Wortlaut des § 91 BetrVG orientiert, das Vorliegen gesicherter arbeitswissenschaftlicher Erkenntnisse verlangt.

geboten.[12] Diese Priorität lasse sich aus Art. 20 Abs. 1 GG herauslesen. Sozialstaatliche Verantwortung für die Gerechtigkeit der gesellschaftlichen Verhältnisse und eine besondere, parlamentarisch-demokratische Legitimation begründeten die verfassungsrechtliche Alleinzuständigkeit des Staates zur Gestaltung der Wirtschafts- und Sozialordnung, zur Definition also der «gemeinwohltragenden» Ordnungsprinzipien, die gerade nicht zur Disposition der Tarifvertragsparteien stünden.[13]

Der Vorteil dieser verfassungspolitischen Option für ordoliberalistische Betrachtungen des deutschen Tarifrechts läßt sich nicht übersehen. Der Verfassung wird zwar kein bestimmtes, die gesetzgeberische Gestaltungsfreiheit recht einschränkendes Wirtschaftsmodell unterstellt und insofern ihrer wirtschaftspolitischen Neutralität Rechnung getragen. Die Bindung der Tarifautonomie an die marktwirtschaftlichen Ordnungsgrundsätze ergibt sich jedoch aus der behaupteten Alleinkompetenz des Staates zur Definition des Gesellschafts- und Wirtschaftssystems. Das Grundgesetz wird zwar nicht auf eine bestimmte Wirtschaftsordnung festgelegt. Als maßgeblich erweist sich aber die höherrangige, weil sozialstaatlich und parlamentarisch-demokratisch legitimierte Entscheidung des staatlichen Gesetzgebers für das Ordnungsmodell der sozialen Marktwirtschaft. Seine variable Systemwahl bleibt weiterhin unberührt. In den Grenzen, die die Verfassung allgemein seiner Tätigkeit zieht, soll der staatliche Gesetzgeber frei sein, über ein Wirtschafts- und Sozialmodell zu entscheiden, an dessen Prinzipien sich aber dann jede außerstaatliche Aktivität, auch die der Tarifvertragsparteien auszurichten hat.[14]

---

12 Vgl. insb. *Reuter*, FS für Böhm, 523ff.; *ders.*, ZfA 1980, 344f.; Ordo 33 (1982), 194f.; FS für Hilger/Stumpf, 578f., 584; aber auch *Koller*, a. a. O. (Fn. 1), 68.

13 Vgl. bereits im Ansatz *Rüthers*, Tarifautonomie und gerichtliche Zwangsschlichtung, 31; *Wiedemann/Stumpf*, TVG, Einl. Rn. 42; *Badura*, ArbRGew 1978, 20ff., 34f.; *ders.*, AöR 1979, 254f.; neuerdings *Henssler*, ZfA 1998, 21ff.

14 Gerade an dieser verfassungspolitischen Kernansicht geht die von manchen Autoren (*Berg/Wendeling-Schröder/Wolter*, RdA 1980, 306, 308; *Beck*, AuR 1981, 338; aber auch *Weyand*, a. a. O. (Fn. 4), 80 Fn. 92 bei seiner Kritik an der Ansicht *Richardis*, sowie 127f.) vorgebrachte Gegenargumentation aus der wirtschaftspolitischen Neutralität des Grundgesetzes vorbei; kritisch zu dieser Gegenargumentation auch *Stark*, a. a. O. (Fn. 3), 91f. Es überzeugt deshalb nicht, wenn die triftigen Einwände von *Kübler/Schmidt/Simitis*, Mitbestimmung als gesetzgebungspolitische Aufgabe, 87ff. gegen die von *Badura/Rittner/Rüthers*, Mitbestimmungsgesetz 1976, 246ff., entwikkelte Vorstellung eines «Ordnungs- und Schutzzusammenhangs wesentlicher Rechte und Garantien der Wirtschafts- und Arbeitsverfassung» auch gegen die mit ihr parallelisierte *Reutersche* Konzeption eines die tarifpolitischen Aktivitäten integrierenden «staatlichen Ordnungsplanes» geltend gemacht werden; so aber etwa *Beck*, ebda und *Weyand*, a. a. O., 128. Diese Einwände lassen sich nur im Hinblick auf die von *Reuter* angewendete Ableitungsmethode staatlicher Ordnungsvorstellungen reaktua-

1.2 Die gesetzesimmanente Kritik

Läßt man sich auf die soeben angestellten Betrachtungen ein, so erscheint unausweichlich die Kontroverse über das Verhältnis zwischen staatlicher Politik und Tarifautonomie in der Kompetenzordnung des Grundgesetzes, genauer gesagt: im Lichte des Funktionsverständnisses von verfassungsrechtlichen Strukturprinzipien wie das Sozialstaats- und Demokratieprinzip.[15] Unübersehbar ist jedoch zuerst die immanente Kritik an der Behauptung einer Bindung der Tarifvertragsparteien an die gesetzlich garantierten marktwirtschaftlichen Ordnungsgrundsätze. Die Diskussion um die Tarifautonomie präsentiert sich nämlich auch als Kontroverse über den wirtschafts- und sozialpolitischen Aussagegehalt der gesetzlichen Ordnung. Diese Kontroverse betrifft einmal die Frage nach der normativen Tragweite des Wettbewerbsprinzips.[16] Sie wird aber ebenso im Hinblick auf den Ansatz einer über die «tragenden Grundsätze des Arbeitsrechts» vermittelten Bindung der Tarifvertragsparteien an rein marktwirtschaftliche Optionen geführt.[17] Relevant ist nicht zuletzt die Auseinandersetzung über die Frage, ob und inwieweit dem Betriebsverfassungsgesetz ein allgemeines Prinzip der unternehmerischen Planungs- und Entscheidungsfreiheit entnommen werden kann, welches auch die Tarifautonomie auf die Regelung der sozialen Begleitfolgen unternehmerischer Entscheidungen beschränken soll.[18]

---

lisieren, dazu in den gleich nachfolgenden Abschnitten 1.2.1 u. 1.2.2. An der Notwendigkeit einer verfassungspolitischen Argumentationsverlagerung ändert sich dadurch im Grunde nichts. Indessen ist zu bemerken, daß der bei *Reuter*, ZfA 1978, 34, aber auch *Koller*, a. a. O. (Fn. 1), 50, argumentativ wirkende Hinweis auf die «volkswirtschaftlichen Nachteile», die im Falle der Durchsetzung erweiterter Tarifforderungen zum Rationalisierungsschutz auftreten würden, ein wirtschaftspolitisches Vorverständnis zugunsten markt- und wettbewerbskonformer Steuerungsprozesse offenbart. Dies dürfte zur hier kurz greifenden Gegenargumentation aus der wirtschaftspolitischen Neutralität des Grundgesetzes verleitet haben.

15 Vgl. dazu die Ausführungen unten in den Abschnitten 1.5.1 u. 1.5.2, S. 194ff., 196ff.

16 Vgl. so etwa einerseits *Däubler*, Das Grundrecht auf Mitbestimmung, 302ff., andererseits *Reuter*, FS für Böhm, 529ff.

17 Dieser Ansatz ist von *Reuter*, ZfA 1978, 34f. – Ordo 33 (1982), 197 – FS für Hilger/Stumpf, 592, bei der Zulässigkeitsprüfung tariflicher Besetzungsregelungen entwikkelt worden; zustimmend *Bulla*, DB 1980, 106, 108.

18 Vgl. in diesem Sinne vornehmlich *Beuthien*, ZfA 1986, 140ff.

Bestritten wird zunächst die These, daß das Wettbewerbsprinzip als universelle, alle Bereiche des Rechts durchdringende Entscheidung normativ verankert sei.[19] Das Gesetz gegen Wettbewerbsbeschränkungen enthalte lediglich bestimmte Verhaltensweisen mit beschränktem Anwendungsbereich. Dieses Gesetz gebe deshalb keine die Wirtschaftsverfassung ausschließlich nach dem Wettbewerbsprinzip strukturierende Gesamtentscheidung vor.[20] Dies zeige sich eher am Sinn und an der Funktion des Stabilitätsgesetzes. Das dadurch anerkannte keynesianische Konzept der Globalsteuerung laufe – zumindest in Makrobereichen – auf eine zusätzliche Einengung des Wettbewerbs hinaus, es bekräftige damit die Einwände gegen dessen Hochstilisierung zum absoluten Prinzip der staatlichen Ordnung.[21] Die in § 1 S. 2 StabG vorgeschriebene Bezugnahme auf den «Rahmen der marktwirtschaftlichen Ordnung» stehe allerdings Beschränkungen des Wettbewerbs nicht entgegen. Marktwirtschaftliche Ordnung bedeute, so die Begründung, nicht notwendig Herrschaft des Wettbewerbsprinzips.[22] Die Gesetzwidrigkeit von Tarifverträgen, die durch die unmittelbare Normierung des unternehmerischen Investitions- und Marktverhaltens Beschränkungen des Wettbewerbs nach sich zögen, sei deshalb noch lange nicht entschieden.

Gegen diese Kritik läßt sich das Argument anführen, daß sie mit dem Abschied des Wettbewerbsrechts von der Gegenstandstheorie und mit der Einführung der Fusionskontrolle einen Teil ihrer Überzeugungskraft eingebüßt hat.[23] Sie suggeriert auch ein Verständnis der gesetzgeberischen Regulationsaufgaben im Bereich des Wettbewerbsschutzes, welches gerade durch die moderne, in Erkenntnis der verfassungs- und marktstrukturpolitischen Realitäten von der Vision des «reinen» Wettbewerbs Abschied nehmende Konzeption des Ordoliberalismus streitig gemacht wird.[24] Hat der klassische Neoliberalismus die Systemnotwendigkeit umfassender (und nicht nur wettbewerbspolitischer) Interventionen des Staates in den Marktablauf systematisch verkannt, so sehen Neoliberale der zweiten Generation, wohl motiviert durch die Existenz der Art. 91a, 104a Abs. 4, 109 Abs. 2 GG, die Dinge weniger dogmatisch.[25] Oligopolistische Struktur der

---

19 Vgl. gegen diese These *Däubler*, a. a. O. (Fn. 16), 306ff.; ebenso *Rieth*, Die Steuerung unternehmerischen Handelns, 102f.; *Beck*, a. a. O. (Fn. 14), 341f.; *Runggaldier*, Kollektivvertragliche Mitbestimmung, 326; *Weyand*, a. a. O. (Fn. 4), 128.

20 *Däubler*, a. a. O. (Fn. 16), 306.

21 *Däubler*, a. a. O. (Fn. 16), 307f.

22 *Däubler*, a. a. O. (Fn. 16), 309.

23 Vgl. bereits *Reuter*, FS für Böhm, 531 Fn. 49.

24 Vgl. die daraus resultierende Kritik *Reuters*, a. a. O. (Fn. 23), 530f.

25 So zutreffend bemerkt von *Nahamowitz*, KJ 1981, 37f.

Märkte und staatliche Konjunktursteuerung im Sinne keynesianischer Fiskalpolitik haben schon längst zur Rekonstruktion der ordoliberalistischen Lehre gezwungen, zur Theorie des «funktionsfähigen Wettbewerbs» geführt.[26] Über die Realisierungsmöglichkeiten einer freien Wettbewerbsordnung werden kaum mehr Illusionen gehegt, das «weite» Oligopol wird als Realität akzeptiert und als wettbewerbspolitische Idealität gepriesen.

Die Bedenken gegen die Konstruktion eines allgemeinen Wettbewerbsprinzips, welches gegenüber Tarifverträgen, die das unternehmerische Investitions- und Marktverhalten unmittelbar steuern, unabdingbare Geltung beanspruchen soll, betreffen in erster Linie ihre methodische Haltbarkeit. Genauer gesagt: Der Einwand richtet sich gegen einen Argumentationsansatz, der bereits aus der Mitbestimmungsdiskussion bekannt ist. Er besteht in der Konstruktion einer «institutionellen Gesamtordnung», deren inhaltliche Orientierung, vermittelt durch Ordnungsprinzipien, aus der Zusammenschau, dem Sinnzusammenhang geltender Einzelnormen oder Normenkomplexe ermittelt wird.[27] Die damals im Mitbestimmungsstreit entwickelte Vorstellung eines «Ordnungs- und Schutzzusammenhangs der Wirtschafts- und Arbeitsverfassung»[28] und das hier interessierende «gesetzliche Sozialmodell der sozialen Marktwirtschaft» präsentieren zwei konkrete Erscheinungsformen dieses Argumentationsansatzes.[29] Während sich die erstere auf Verfassungsnormen (Grundrechte, Verfassungsprinzipien) stützt, schöpft die letztere ihre Berechtigungskraft aus der staatlichen Gesetzesordnung (Gesetz gegen Wettbewerbsbeschränkungen, Stabilitätsgesetz, Bundesbankgesetz, Kündigungsschutzgesetz und Mitbestimmungsgesetze). Gegen beide Konstruktionen ist vom methodischen Standpunkt her einzuwenden, daß sie eine Art Hochrechnung der von ihnen herangezogenen Einzelnormen bzw. Normenkomplexe implizieren. Sie fügen diesen Einzelnormen bzw. Normenkomplexen einen eigenständigen normativen Aussagegehalt hinzu.[30] Wie zwecks der Konstruktion eines institutionellen Zusammenhangs der Wirtschafts- und Arbeitsverfassung die einzelnen Grundrechte sich nicht von ihrem eigentlichen Kern lösen und zu ei-

---

26 Dazu *Cox/Jens/Markert*, Handbuch des Wettbewerbs, 105ff.

27 Auf die Reaktualisierung dieser Argumentationsstrategie hat *Simitis*, in: Verhandlungsberichte des 52. DJT II, M 23, aufmerksam gemacht.

28 *Badura/Rittner/Rüthers*, a. a. O. (Fn. 14).

29 Beide Konstruktionen erfüllen dieselbe Funktion: Sie dienen dazu, den Status quo ante gegen eventuelle Veränderungen durch die Gesetzgebungs- bzw. Tarifpolitik zu sperren, vgl. *Kempen*, AuR 1980, 201.

30 Vgl. auch *Rieth*, a. a. O. (Fn. 19), 101f.; *Berg/Wendeling-Schröder/Wolter*, a. a. O. (Fn. 14), 308 Fn. 104; *Stark*, a. a. O. (Fn. 3), 96ff.; *Wiedemann*, a. a. O. (Fn. 9), 814; *Schmidt-Erisken*, a. a. O. (Fn. 3), 292.

nem Gefüge objektiver Normen verselbständigen lassen,[31] ebensowenig können auch einzelne einfachgesetzliche Bestimmungen durch Objektivierungen, die ihren konkreten normativen Aussagegehalt überhöhen, ein bestimmtes, normativ bindendes Wirtschafts- und Sozialmodell begründen.

Von daher geht es nicht an, aus einem Gesetz wie das gegen Wettbewerbsbeschränkungen, das bekanntlich Kompromißcharakter trägt und dementsprechend zahlreiche bereichsspezifische, inhaltliche und verfahrensmäßige Relativierungen seines Geltungsanspruchs vorsieht,[32] ein abstrakt-allgemeines, normativ bindendes Wettbewerbsprinzip abzuleiten. Dieses Gesetz schreibt kein generelles Verbot von Wettbewerbsbeschränkungen vor, sondern statuiert lediglich bestimmte Verbotstatbestände (§§ 1 und 15 GWB) mit begrenztem Anwendungsbereich.[33] Auf das insoweit gesetzlich normierte Verbot von Wettbewerbsbeschränkungen und die dahinter stehenden Wertentscheidungen des Gesetzgebers ist mithin auch bei der kartellrechtlichen Würdigung von Tarifvertragsklauseln, die das unternehmerische Investitions- und Marktverhalten unmittelbar beeinflussen, abzustellen.

1.2.2 Die «tragenden Grundsätze des Arbeitsrechts»

Der gleiche, methodisch bedenkliche Argumentationsansatz manifestiert sich auch dort, wo aus dem Kündigungsschutz- und dem Betriebsverfassungsgesetz und zugleich aus deren Sinnzusammenhang mit anderen Wirtschaftsgesetzen – wie das Gesetz gegen Wettbewerbsbeschränkungen, das Stabilitätsgesetz und das Bundesbankgesetz – der tragende Grundsatz der Bedarfsabhängigkeit der Arbeitsplätze abgeleitet wird. Dieser Grundsatz verbiete die Schaffung eines künstlichen Arbeitskräftebedarfs, wie er auch durch quantitative und qualitative Besetzungsregelungen erzeugt werden könne.[34]

Das Kündigungsschutz- und Betriebsverfassungsgesetz lassen sicherlich breite Spielräume für die Berücksichtigung unternehmerischer Rentabilitätsinteressen bei Rationalisierungsmaßnahmen zu, vor allem im Hinblick auf die dadurch bedingte Zweckmäßigkeit eines Arbeitsplatzabbaus.[35] Sie sind letztlich auf eine

---

31 Gegen eine derartige Konstruktion hat sich *BVerfGE* 50, 290 (337f.), entschieden ausgesprochen.

32 Zu den Ausnahmen vom Kartellverbot vgl. etwa den Überblick bei *Emmerich*, Kartellrecht, 64ff.

33 Zur legislativen Beschränkung des Kartellverbots von § 1 GWB zugunsten der Tarifautonomie vgl. die Ausführungen unten im Abschnitt 1.4.4.2, S. 182ff.

34 Vgl. erneut *Reuter*, a. a. O. (Fn. 17).

35 Vgl. auch *Schmidt-Eriksen*, a. a. O. (Fn. 3), 311f., mit Nachweisen aus der Rechtsprechung.

marktwirtschaftliche Ordnung bezogen, die zwar nicht im Sinne des ursprünglich liberalistischen Konzeptes zu verstehen ist und keineswegs Verfassungsrang genießt, die aber durch Festlegungen in den oben erwähnten Wirtschaftsgesetzen vom Gesetzgeber favorisiert wurde.[36] Die hohe Abstraktionsstufe und Pauschalität des vorgenannten Grundsatzes legen trotzdem den Einwand nahe: Ein Grundsatz der Abhängigkeit der Arbeitsnachfrage von den wirtschaftlichen Bedürfnissen, der die Entlassung «für den Betrieb unbrauchbarer Arbeitnehmer» schlechthin rechtfertigt,[37] läßt sich dem geltenden Arbeitsrecht nicht entnehmen. Vorschriften wie diese der §§ 1 Abs. 2 KSchG und 99, 102 BetrVG implizieren vielmehr die Absage des Gesetzgebers an das Postulat einer strikten qualitativen Anpassung des Arbeitskräfteangebots an vom Arbeitgeber definierte technisch-ökonomische Bedürfnisse. Das gesetzliche Kündigungsschutzrecht sanktioniert – wie bereits dargelegt [38]- die Möglichkeit einer sich nicht nur auf den einzelnen Betrieb, sondern auf das gesamte Unternehmen erstreckenden Arbeitsplatzbesetzung, bei der im Interesse der Arbeitsplatzinhaber und zu Lasten konkurrenzträchtiger Arbeitsuchender Eignungsgesichtspunkte, soweit die Zumutbarkeitsgrenze für den Arbeitgeber nicht überschritten wird, in den Hintergrund geschoben werden. Der Geltungsspielraum für Wirtschaftlichkeitsüberlegungen des Arbeitgebers wird insoweit eingeschränkt. Der Umstand, daß ein Arbeitnehmer für den Betrieb nicht mehr «brauchbar» ist, legitimiert von Rechts wegen noch nicht zu seiner Kündigung.[39] Nicht von ungefähr spricht *Wiedemann* von einer «durch

---

36 *Däubler*, Das Arbeitsrecht 2, 450. Vgl. indes *Kempen*, a. a. O. (Fn. 29), der auf das in § 1 StabG vorgeschriebene Teilziel des «hohen Beschäftigungsstandes» verweist; einleuchtend dagegen *Reuter*, Ordo 33 (1982), 197: «Die Verpflichtung auf einen hohen Beschäftigungsstand strebt keine Beschäftigungstherapien an, sondern einen volkswirtschaftlichen Zustand, in dem möglichst alle Arbeitsfähigen und -willigen gebraucht werden.»

37 Den Grundsatz der Abhängigkeit des Arbeitskräfteangebots von den betriebswirtschaftlichen Bedürfnissen läßt *Reuter*, ZfA 1978, 38 – Ordo 33 (1982), 197, gegen tarifliche quantitative und qualitative Besetzungsregelungen insoweit nicht gelten, als diese tatsächlich der Humanisierung der Arbeitswelt dienen. In diesem Fall bewegten sie sich im Rahmen einer Wertvorstellung, die der Gesetzgeber in den §§ 90 und 91 BetrVG als allgemein gültig anerkannt habe. Jenseits der Bemerkung, daß die möglichen Schutzwirkungen tarifvertraglicher Besetzungsregelungen kaum voneinander zu trennen sind – die Abstraktion vom konkreten Aussagegehalt geltender Rechtsnormen kennzeichnet auch hier die Betrachtungen *Reuters*: Die gesetzliche Wertvorstellung zugunsten des Humanisierungsziels unterliegt gerade im Hinblick auf die engen Geltungsvoraussetzungen des Mitbestimmungsrechts nach § 91 BetrVG erheblichen Relativierungen.

38 Im 1. Teil der Untersuchung, Kapitel III Abschnitt 3, S. 95f. Fn. 27.

39 Insofern berechtigt die Kritik am *Reuterschen* Interpretationsansatz bei *Däubler/Hege*, Tarifvertragsrecht, Rn. 177 und neuerdings bei *Däubler*, Tarifvertrags-

das geltende Kündigungsschutzrecht vorgezeichnete(n) Wertung», die es vor allem im Hinblick auf Rationalisierungsbestrebungen rechtfertige, tariflich abgesicherte Arbeitsplatzgarantien zugunsten der bereits beschäftigten Arbeitnehmer zu schaffen.[40] Inkongruenzen sind sicherlich nicht zu übersehen, wenn die Legitimationswirkung des gesetzlichen Kündigungsschutzes an der verteilungspolitischen Tragweite der qualitativen Besetzungsregelungen in der Druckindustrie gemessen wird. Diese Tarifregelungen intensivieren den Bestandsschutz des Arbeitsverhältnisses beträchtlich.[41] So kann die qualitative Besetzungsregelung zur Entlassung bereits Beschäftigter zugunsten Arbeitsuchender führen.[42] Sie kommt nicht zuletzt all denjenigen Angehörigen des vor Konkurrenz abgeschirmten Berufs zugute, die zum ersten Mal auf den Arbeitsmarkt drängen. Das Betriebsverfassungsgesetz ermöglicht aber gerade über das Mitbestimmungsrecht nach § 95 BetrVG die Ausrichtung der Personalpolitik auch an der Interessensituation externer Arbeitsplatzbewerber. Der Betriebsrat erhält die Möglichkeit, durch die Festlegung von Eignungsprofilen und Schutzmerkmalen in Auswahlrichtlinien die innerbetriebliche Arbeitsplatzverteilung im Sinne bestimmter Arbeitnehmergruppen zu lenken.[43] Der Blick insgesamt auf die Arbeitsgesetzgebung – wie etwa § 1 Abs. 3 S. 1 KSchG, § 4 Abs. 1 SchwbG und § 9 Abs. 1 MuSchG – bestätigt, daß der Gesetzgeber seine Normsetzung nicht einseitig am Wirtschaftlichkeitsprinzip ausgerichtet, sondern vielmehr zum Schutz der Arbeitnehmer die unternehmerische Entscheidungsfreiheit und damit das Prinzip des freien Wettbewerbs eingeschränkt hat.[44]

---

recht, Rn. 402; nicht überzeugend allerdings die Gegenantwort *Reuters*, FS für Hilger/Stumpf, 592, da sie nur die quantitative Deutung des Grundsatzes der Abhängigkeit der Arbeitsplätze vom wirtschaftlichen Bedarf betrifft. Vgl. aber auch die Kritik bei *Konertz*, Tarifrechtliche Regelungsmöglichkeiten, 110f.

40 *Wiedemann*, FS für das BAG, 659.

41 Vgl. *Reuter*, Ordo 33 (1982), 193.

42 Vgl. *Heidenreich*, FS für Löffler, 85; *Reuter*, ebda.

43 Vgl. hierzu erneut die Ausführungen im 1. Teil der Untersuchung, Kapitel III Abschnitt 3, S. 92f. Fn. 21 u. S. 95f. Fn. 27. Die tarifliche Festlegung von Qualifikationsanforderungen für bestimmte Arbeitsplätze gerät auch nicht zum staatlichen Berufsbildungsrecht in Widerspruch, da dieses nur die Mindestanforderungen für die Erlangung eines berufsqualifizierenden Abschlusses vorschreibt, also keine zwingenden Vorgaben für den von den qualitativen Besetzungsvorschriften angesprochenen Regelungsaspekt enthält, *Säcker/Oetker*, Grundlagen und Grenzen der Tarifautonomie, 190.

44 Vgl. auch *Weyand*, a. a. O. (Fn. 4), 128f.; *Stark*, a. a. O. (Fn. 3), 97f. Die an das Stabilitätsgesetz anknüpfende Feststellung *Kempens*, in: Kittner (Hrsg.), Arbeitsmarkt, 146f., es gebe keine parlamentarische Entscheidung für eine ausschließlich den einzelbetriebswirtschaftlichen Bedürfnissen erfolgende Arbeitsmarktlenkung, beschreibt daher zutreffend die Gesetzeslage.

Der Versuch *Reuters*, mit Hilfe der «tragenden Grundsätze des Arbeitsrechts» die Unzulässigkeit tariflicher Eingriffe in die unternehmerische Entscheidungsautonomie zu begründen, kann auch deshalb nicht überzeugen, weil nach der einschlägig zitierten Judikatur des Bundesarbeitsgerichts[45] solche Grundsätze zum einen nicht darauf gerichtet sind, eine Außenschranke der Tarifautonomie zugunsten des Arbeitgebers zu legitimieren, zum anderen nicht in dem Sinne einer Gebundenheit der Tarifvertragsparteien an staatliche Ordnungsvorstellungen aufzufassen sind.[46] Diese Grundsätze gehen lediglich auf das Anliegen zurück, einen Minimalschutz zugunsten des Arbeitnehmers zu formulieren. Der Arbeitnehmer soll danach vor grundlegenden Schlechterstellungen geschützt werden, die durch Tarifverträge in Abweichung von dem durch zwingendes Gesetz oder tarifdispositives Richterrecht gezogenen Mindeststandard eingeleitet werden. Mit dieser Zielsetzung hat der dahingehende Ansatz, die «tragenden Grundsätze des Arbeitsrechts» in einen Transformationsbegriff für das angeblich durch Tarifvertrag nicht abänderbare «gesetzliche Sozialmodell der sozialen Marktwirtschaft» zu verwandeln, nur noch eine geringe Verwandtschaft.[47]

1.2.3 Unternehmensautonomie und Betriebsverfassungsgesetz

Eine verbreitete Meinung im Schrifttum begründet die Unzulässigkeit einer tariflichen Erweiterung der Beiteiligungsrechte des Betriebsrates in personellen und wirtschaftlichen Angelegenheiten vor allem mit dem Hinweis, daß die Personal- und Wirtschaftsplanungsfreiheit zum Kernbereich der Unternehmensautonomie

---

45 *BAG* AP Nr. 12 zu § 15 AZO – AP Nr. 142 zu § 242 BGB – AP Nr. 4 zu § 62 BAT – AP Nr. 2 zu § 4 TVG – AP Nr. 1 zu § 1 BetrAVG – AP Nr. 36 zu § 620 BGB.

46 Vgl. vorzüglich und eingehend dazu *Säcker/Oetker*, a. a. O. (Fn. 43), 231ff., 234, die sich vor allem und überzeugend mit dem dahingehenden Versuch *Reuters*, FS für Hilger/Stumpf, 590ff., auseinandersetzen, den Grundsatz der Bedarfsabhängigkeit der Arbeitsplätze aus § 138 BGB und dem darin (angeblich) enthaltenen Gebot der Rücksichtnahme auf die «öffentiche Ordnung» dogmatisch herzuleiten und auch damit als gesetzlich fundiertes Ordnungsprinzip zu begründen. Die Entstehungsgeschichte von § 138 BGB belege plastisch die Absicht des Gesetzgebers, eine Kontrolle der Rechtsgeschäfte mittels vager Ordnungsgrundsätze und Prinzipien zu unterbinden. Sie verdeutliche, daß der Begriff der «öffentlichen Ordnung» nicht in den «guten Sitten» enthalten sei. Die Vertragspraxis sollte vielmehr ausschließlich durch Verbotsgesetz (§ 134 BGB) und die in einem engen Sinne zu verstehenden «guten Sitten» inhaltlich reglementiert werden.

47 Vgl. auch *Berg/Wendeling-Schröder/Wolter*, a. a. O. (Fn. 14), 308f.; *Beck*, a. a. O. (Fn. 14), 342; *Rieth*, a. a. O. (Fn. 19), 101f.; *Konertz*, a. a. O. (Fn. 39), 108f.; *Däubler*, Tarifvertragsrecht, Rn. 403.

gehören würden, für den das Betriebsverfassungsgesetz eine Grenze setze.[48] Diese Auffassung stützt sich in erster Linie auf die in der amtlichen Begründung des Regierungsentwurfs und in der parlamentarischen Beratung des Betriebsverfassungsgesetzes zum Ausdruck gekommene grundsätzliche Wertentscheidung des Gesetzgebers, durch die Gewährung von Mitbestimmungsrechten an den Betriebsrat nicht «in die eigentlichen unternehmerischen Entscheidungen, insbesondere auf wirtschaftlichem Gebiet einzugreifen».[49] Das Mitbestimmungsrecht soll sich danach generell auf die Regelung der sozialen Begleitfolgen einer geplanten unternehmerischen Maßnahme beschränken – eine Wertentscheidung, die in den Regelungen der §§ 92 ff. und 106 ff. BetrVG ihren Ausdruck gefunden haben soll.[50]

Eine derartige Grenzziehung gibt aber den Inhalt der gesetzlichen Mitbestimmungsregelung nicht zutreffend wieder. Sie kann daher auch für die tarifliche Regelungskompetenz keine Geltung beanspruchen. Ein allgemeines Prinzip der unternehmerischen Planungs- und Entscheidungsfreiheit läßt sich dem Betriebsverfassungsgesetz nicht entnehmen. Zu Recht hat das Bundesarbeitsgericht darauf hingewiesen, daß die Mitbestimmungsrechte des Betriebsrates nicht unter dem allgemeinen Vorbehalt des Nichteingriffs in die unternehmerische Entscheidungsfreiheit stehen.[51] Mitbestimmungstatbestände wie diese des § 87 Abs. 1 Nr. 2 und 3 BetrVG zeugen vielmehr davon, daß der Betriebsrat an Angelegenheiten beteiligt ist, die im wirtschaftlich-unternehmerischen Entscheidungsbereich angesiedelt sind. Die Freiheit der unternehmerischen Entscheidung bildet somit keine eigenständige Schranke der kollektiven Interessenwahrnehmung, sondern beschreibt in Wahrheit nur den jeweils verbleibenden Spielraum für ein mitbestimmungsfreies unternehmerisches Handeln.[52] Von daher kann aus einzelnen Vorschriften des Betriebsverfassungsgesetzes erst recht keine allgemeine Grenze für die tarifliche Regelungsbefugnis zugunsten der Unternehmensautonomie abge-

---

48 Vgl. etwa *Dietz/Richardi*, BetrVG, § 2 Rn. 137 – Vorb. vor § 106 Rn. 10 – § 111 Rn. 5; *Galperin/Löwisch*, BetrVG, Vorb. vor § 92 Rn. 4ff.; *Säcker*, ZfA-Sonderheft 1972, 46; *Lieb*, DB 1981, Beil. 17, 4; *Reuter*, ZfA 1981, 180ff.; *Beuthien*, ZfA 1988, 1ff.

49 Deutscher Bundestag – Drucksache VI/1786, S. 31; vgl. hierzu die Nachweise bei *Reuter*, a. a. O. (Fn. 48), 166f.

50 Vgl. *Galperin/Löwisch*, BetrVG, Vorb. vor § 1 Rn. 1, § 92 Rn. 6ff.; *v. Hoyningen-Huene*, Betriebsverfassungsrecht, § 1 III 3, 7; GK-BetrVG-*Thiele*, Einl. Rn. 23; *Lieb*, a. a. O. (Fn. 48); *Reuter*, Ordo 36 (1985), 72; *Rüthers*, ZfA 1973, 421; *Wiese*, Das Initiativrecht, 37ff.

51 *BAG* AP Nr. 8 zu § 87 BetrVG 1972 Arbeitszeit; EzA § 87 BetrVG 1972 Arbeitszeit Nr. 17.

52 Vgl. *Jahnke*, a. a. O. (Fn. 3), 97; *Weyand*, a. a. O. (Fn. 4), 177; zustimmend *Schmidt-Eriksen*, a. a. O. (Fn. 3), 314.

leitet werden. Der Gesetzgeber hat beim Erlaß dieses Gesetzes die Unternehmensautonomie nicht allgemein vorausgesetzt,[53] sondern ihren Inhalt durch die Gewährung von Mitbestimmungsrechten näher bestimmt und zugleich eingegrenzt. Damit hat er den Konflikt zwischen einer aus einer Beteiligung des Betriebsrates an unternehmerischen Entscheidungen notwendig folgenden Beschränkung dieser Autonomie und seiner Grundkonzeption, in «eigentl. unternehmerische Entscheidungen, insbes. auf wirtschaftl. Gebiet» nicht einzugreifen, selbst entschieden.[54] Anstatt also allgemein von einem Kernbereich der Unternehmensautonomie zu sprechen, muß die rechtliche Würdigung tarifvertraglicher Mitbestimmungsklauseln an dem Regelungsinhalt, der differenzierten Mitbestimmungsdichte sowie an der Systematik und dem Sinnzusammenhang der Vorschriften des Betriebsverfassungsgesetzes ausgerichtet werden. Eine derartige Würdigung hat daher auf die konkret ableitbaren Vorsprünge unternehmerischer Planungs- und Entscheidungsfreiheit abzustellen, die aufgrund der unterschiedlichen, aber doch insgesamt schwachen Ausgestaltung der Einwirkungsmöglichkeiten des Betriebsrates auf einzelne der hier interessierenden technischen, wirtschaftlichen und personellen Angelegenheiten verbürgt sind.

1.3 Das Konkurrenzverhältnis zwischen Tarifvertrag und Gesetzesrecht – Verortung der Problematik

Die für den Rahmen dieser Untersuchung relevante Problematik des Spannungsverhältnisses von Gesetz und Tarifvertrag kann nicht allein unter dem eher generellen Aspekt einer denkbaren Schrankenziehung durch staatliche Ordnungsprinzipien oder tragende Grundsätze des Arbeitsrechts erörtert werden. Sie betrifft – wie obige Ausführungen bereits angedeutet haben – vielmehr das konkrete Verhältnis der hier interessierenden Tarifinhalte zu jenen einfachgesetzlichen Vorschriften, zu denen sie wegen der Ausgestaltung der gleichen Sachmaterie und der Erzeugung gesetzlich ungewollter bzw. verbotener Wirkungen in Konkurrenz treten. Dieses Konkurrenzverhältnis zwischen Tarifvertrag und Gesetz rückt nunmehr in den Mittelpunkt der Betrachtungen. In systematischer Anknüpfung an die im 1. Teil der Untersuchung dargelegten tarifpolitischen Ansatzpunkte lassen sich dann die Problembereiche wie folgt einordnen und näher umschreiben:

1. Eine Tarifpolitik, die auf die gezielte Beeinflussung unternehmerischer Sach- und Personalentscheidungen sowie die Erweiterung der Beteiligungsrechte des Betriebsrates zur Einflußnahme auf diese Entscheidungen ausgerichtet ist, übersteigt die inhaltliche Reichweite der Mitbestimmungsregelung im Betriebs-

---

53 Entgegen *Meik*, Der Kernbereich der Tarifautonomie, 94.

54 *BAG* AP Nr. 8 zu § 87 BetrVG 1972 Arbeitszeit, Bl. 1013.

verfassungsgesetz und stellt damit die dort garantierten Vorsprünge unternehmerischer Entscheidungsfreiheit in Frage. Diese Kontrastfunktion des Tarifvertrages vollzieht sich bereits auf dem Wege externer Datensetzung durch betriebliche Normen bzw. schuldrechtliche Klauseln, und nicht erst, wenn über betriebsverfassungsrechtliche Normen die Erweiterung der Beteiligungsrechte des Betriebsrates zum Gegenstand der tariflichen Regelung wird.[55] Der Tarifvertrag kontekariert durch die in offener Auseinandersetzung zu erfolgende Festlegung erweiterter Planungsziele und -inhalte die Bindung des Betriebsrates an materielle, gesetzlich normierte Verhaltensrichtlinien, Erfordernisse und Abwägungskriterien, die die Einwirkungsmöglichkeiten dieses Vertretungsorgans einschränkend regulieren.[56]

Um es präziser auszuführen:

(a) Der Tarifvertrag als Instrument alternativer Arbeitsgestaltung bei der Einführung neuer Technologien überschreitet die durch das Betriebsverfassungsgesetz errichteten Schranken in technischen und wirtschaftlichen Angelegenheiten (§§ 91 – 106 ff. BetrVG). Er setzt sich über die engen Geltungsvoraussetzungen des Mitbestimmungsrechts bei der Gestaltung von Arbeitsplatz, Arbeitsablauf und Arbeitsumgebung (§§ 90 Abs. 1 Nr. 2, 3 und 4, 91 BetrVG) hinweg und wandelt die Abwendungs- und Ausgleichsbefugnisse des Betriebsrates in ein echtes Mibestimmungsrecht um.[57] Der Tarifvertrag bewirkt, insbesondere über die Errichtung eines von den Betriebsparteien paritätisch zu besetzenden Planungsausschusses und die Ersetzung der Einigungsstelle des Betriebsverfassungsgesetzes durch eine tarifliche Schlichtungsstelle,[58] zugleich eine in beratungs- und durchsetzungspolitischer Hinsicht beträchtliche Erweiterung der Mit-

55 Bei der hier interessierenden Tarifkonzeption, die Elemente von sach- und gremienbezogener Mitbestimmung miteinander kombiniert, kommt es aber letztlich nicht auf die Frage an, ob die Problematik um das Konkurrenzverhältnis von Tarifvertrag und Betriebsverfassungsgesetz bereits bei direkten weitgehenden Tarifbindungen der unternehmerischen Planungs- und Entscheidungsautonomie oder erst durch den Ansatz der tariflichen Erweiterung der Mitbestimmungsmöglichkeiten des Betriebsrates entsteht.

56 Dazu zählen insbesondere die betriebsverfassungsrechtliche Friedenspflicht des § 74 Abs. 2 BetrVG, die «gesicherten arbeitswissenschaftlichen Erkenntnisse» des § 91 BetrVG und die gesetzlich vorgeschriebene Orientierung der Beschlüsse der Einigungstelle am durch die Unternehmensplanung des Arbeitgebers vorgegebenen Wirtschaftlichkeitsrahmen (§ 76 Abs. 5 S. 2 – 112 Abs. 5 S. 1 BetrVG).

57 Vgl. die Ausführungen oben im 1. Teil der Untersuchung, Kapitel II Abschnitt 1.1, S. 43f.

58 Vgl. die Ausführungen oben im 1. Teil der Untersuchung, Kapitel II Abschnitt 1.5.1 S. 61f. u. Abschnitt 1.5.2, S. 66.

bestimmungsrechte des Betriebsrates im Bereich der wirtschaftlichen Angelegenheiten, soweit dort Fragen der Technik- und Arbeitsgestaltung angesprochen sind (§ 106 Abs. 2 und 3 Nr. 4, 5, 9 – § 111 S. 2 Nr. 4 und 5 BetrVG).

(b) Die in diesem Bereich verbürgten Vorsprünge unternehmerischer Planungs- und Entscheidungsfreiheit bestreitet der Tarifvertrag insbesondere dann, wenn er auf die direkte und – über die Verstärkung und Erweiterung der einschlägigen Mitbestimmungsmöglichkeiten des (Gesamt-)Betriebsrates – indirekte Mitgestaltung von originär unternehmerischen Sachkomplexen, wie die Produktions- und Absatzlage, das Produktions- und Investitionsprogramm oder die Änderung des Betriebszwecks des Unternehmens (§ 106 Abs. 2 Nr. 2, 3 und 9 BetrVG), ausgerichtet ist.[59]

(c) Tarifklauseln, die etwa in der Gestalt von Besetzungsregelungen, Personalausgleichsquoten und der Sicherungskennzahl unternehmerische Personalentscheidungen materiell-rechtlich binden sowie auf die Erweiterung der einschlägigen Beteiligungsrechte des Betriebsrates ausgerichtet sind,[60] überschreiten die durch das Betriebsverfassungsgesetz errichteten Schranken in personellen Angelegenheiten. Der Tarifvertrag legt hier verbindliche Richtlinien für den gegenwärtigen und künftigen Personalbedarf des Unternehmens fest, schreibt die Errichtung eines von den Betriebsparteien paritätisch zu besetzenden Personalplanungsausschusses vor und schafft ein Schlichtungsorgan, das über einen erweiterten Ermessenspielraum im Sinne der tariflichen Zielsetzung verfügt. Er bestreitet insoweit die Vorsprünge unternehmerischer Planungs- und Entscheidungsfreiheit, die aufgrund der insgesamt schwachen Ausgestaltung der Einwirkungsmöglichkeiten des Betriebsrates auf die betriebliche Personalplanung (§§ 92 ff. BetrVG) verbürgt sind. Durch qualitative Besetzungsvorschriften sowie Vorrangs- und Quotenregelungen, die – über das gesetzliche Niveau hinaus – den Bestandsschutz des Arbeitsverhältnisses zugunsten bestimmter, besonders schutzwürdiger Arbeitnehmergruppen intensivieren, wird zugleich eine beachtliche Verstärkung der Beteiligungsrechte des Betriebsrates bei der Aufstellung von Auswahlrichtlinien (§ 95 BetrVG) erwirkt.

2. Die soeben erwähnten, personalpolitisch ausgerichteten Tarifklauseln kollidieren auch mit dem staatlichen Kündigungsschutzrecht. Indem diese Tarifklauseln den Dispositionsspielraum des Arbeitgebers hinsichtlich der Anzahl und der Person der Arbeitnehmer, die bei der Einführung neuer Technologien für eine

59 Zu diesen Ansatzpunkten vgl. näher die Ausführungen oben im 1. Teil der Untersuchung, Kapitel II Abschnitt 2.1, S. 68ff.

60 Vgl. eingehend dazu die Ausführungen oben im 1. Teil der Untersuchung, Kapitel III Abschnitt 1, S. 84ff. u. Abschnitt 3, S. 91ff.

Weiterbeschäftigung im Betrieb bzw. Unternehmen in Betracht kommen, merklich einschränken, vermögen sie – zumindest im Einzelfall – den Ausschluß oder eine – über das gesetzlich erlaubte Maß hinaus – spürbare Beschränkung des Rechts des Arbeitgebers zur ordentlichen (§ 1 Abs. 2 und 3 KSchG) sowie zur außerordentlichen (§ 626 BGB) Kündigung des Arbeitsverhältnisses herbeizuführen. Sie stellen insoweit die hier verbürgten, durch «dringende betriebliche Erfordernisse» (§ 1 Abs. 2 KSchG), durch das «berechtigte betriebliche Bedürfnis» (§ 1 Abs. 3 S. 2 KSchG) oder durch einen «wichtigen Grund» (§ 626 BGB) gerechtfertigten Vorsprünge unternehmerischer Entscheidungsfreiheit in Frage.

3. Tarifvertragsklauseln, die vor allem auf Verbandsebene koordinierten Einfluß auf die unternehmerische Investitions- und Produktpolitik nehmen, vermögen nicht zuletzt «die Erzeugnisse oder die Marktverhältnisse für den Verkehr mit Waren oder gewerblichen Leistungen durch Beschränkungen des Wettbewerbs zu beeinflussen» (§ 1 Abs. 1 GWB) und damit mit dem Gesetz gegen Wettbewerbsbeschränkungen (GWB) in Widerspruch zu geraten. Sie bestreiten insofern die durch die vorgenannte Verbotsregelung sanktionierten Vorsprünge des Markt- und Wettbewerbsprinzips.

Im Rahmen der hier interessierenden Konkurrenzproblematik stellt sich somit die Frage, ob und inwieweit die vorgenannten gesetzlichen Vorschriften eine von den Tarifvertragsparteien nicht zu überschreitende Schranke bilden. Bei der Erörterung dieser Frage liegt es nahe, nach dem Verhältnis der Tarifautonomie zur institutionellen Mitbestimmung, dem staatlichen Kündigungsschutzrecht und dem gesetzlichen Kartellverbot zu fragen und die dazu bisher entwickelten Argumentations- und Lösungsansätze einer gesonderten Würdigung zu unterziehen.

1.4 Die Gewichtung bisheriger Argumentations- und Lösungsansätze

1.4.1 Probleme und Prämissen der Auslegung

Das Verhältnis tariflicher Regelungen zu einfachgesetzlichen Vorschriften scheint auf den ersten Blick eindeutig zu sein. Es kann entsprechend der allgemein anerkannten Unterteilung von *Wiedemann/Stumpf* in tarifdispositive, einseitig-zwingende und zweiseitig-zwingende Gesetzesbestimmungen in dreifacher Weise ausgestaltet sein: Während das tarifdispositive Gesetz ein Abweichen nur den Tarifvertragsparteien erlaubt, gestattet das einseitig-zwingende Gesetz das Abweichen nur zugunsten des Arbeitnehmers, das zweiseitig-zwingende Gesetz läßt ein tarifvertragliches Abweichen überhaupt nicht zu.[61] Für die hier zu erör-

---

61 Vgl. *Wiedemann/Stumpf*, TVG, Einl. Rn. 89ff.; *Löwisch/Rieble*, TVG, § 1 Rn. 218ff.; *Däubler*, Tarifvertragsrecht, Rn. 366ff.; *Kempen/Zachert*, TVG, Grund. Rn.

ternde Konkurrenzproblematik ist insofern herauszustellen, welcher dieser drei Kategorien die vorerwähnten gesetzlichen Vorschriften zuzuordnen sind.

Die Ermittlung des diesen Vorschriften zukommenden Geltungsanspruchs bereitet aber, insbesondere wenn das Verhältnis zum Tarifvertrag angesprochen wird, erhebliche Schwierigkeiten und bietet nach wie vor Anlaß für zahlreiche Kontroversen.[62] Die Rechtsprechung des Bundesarbeitsgerichts und ein Großteil im Schrifttum vertreten für arbeitsgesetzliche Vorschriften die Ansicht, daß diese grundsätzlich als einseitig zwingende Normen aufzufassen sind.[63] Sie sprechen solchen Vorschriften nur dann den zweiseitig zwingenden Charakter zu, wenn die Intention einer abschließenden Regelung dem Gesetz eindeutig zu entnehmen ist. Die Interpretationsprobleme sind aber damit noch lange nicht gelöst. Der auf das Erfordernis einer eindeutigen Regelung abstellende Interpretationsansatz erfaßt nur die arbeitsrechtliche Gesetzgebung, also nicht das Gesetz gegen Wettbewerbsbeschränkungen und andere Wirtschafts- und Zivilgesetze, und ist deshalb nur in beschränktem Umfang verwendungsfähig. Die postulierte Eindeutigkeit ist zudem ein höchst vager Begriff, der seinerseits eine Auslegung der Gesetzesnorm bedingt. Eine allein mit diesem Begriff operierende Argumentation verschleiert daher den wahren Vorgang einer unerläßlichen Auslegung des Gesetzes[64] oder sie bedeutet jedenfalls den Verzicht auf eine nähere, nach außen klare Begründung der juristischen Bewertung.[65] Der Charakter einer gesetzlichen Regelung ist daher aufgrund einer Gesamtwürdigung des betreffenden Normenkomplexes mit Hilfe des tradierten Auslegungsinstrumentariums zu ermitteln.[66] Dabei können

---

204ff.: *Wiedemann*, in: Wiedemann, Einl. TVG, Rn. 357, fügt neuerdings eine vierte Kategorie hinzu, das «allseitig dispositive Gesetz».

62 Vgl. im einzelnen die Nachweise unten in den Fn. 78ff. für das Konkurrenzverhältnis von Tarifautonomie und Betriebsverfassungsgesetz, in den Fn. 109ff. für das Konkurrenzverhältnis von Tarifautonomie und staatlichem Kündigungsschutzrecht, in den Fn. 123ff. für das Konkurrenzverhältnis von Tarifautonomie und dem gesetzlichen Kartellverbot.

63 Vgl. *BAG* AP Nr. 17 zu § 77 BetrVG 1972; spezifizierend AP Nr. 1 zu § 1 BeschFG 1985; AP Nr. 53 zu § 99 BetrVG 1972. Aus dem Schrifttum vgl. etwa *Wiedemann/Stumpf*, TVG, Einl. Rn. 91, § 4 Rn. 214; *Säcker*, AR-Blattei, Tarifvertrag I C, II.

64 So zutreffend bemerkt von *Säcker/Oetker*, a. a. O. (Fn. 43), 181f.

65 Vgl. kritisch zum Eindeutigkeitspostulat auch *Däubler*, Tarifvertragsrecht, Rn. 367.

66 *Säcker/Oetker*, a. a. O. (Fn. 43), 182. Die Notwendigkeit einer derartigen Würdigung wird aber auch vom Bundesarbeitsgericht und denjenigen Stimmen im Schrifttum anerkannt, die mit dem Postulat einer eindeutigen Regelung argumentieren. Vgl. etwa *BAG* AP Nr. 1 zu § 1 BeschFG 1985, wo diese Norm einer minutiösen Auslegung mit Hilfe des tradierten Instrumentariums unterzogen wird, um einen zweiseitig zwingenden Charakter der Vorschrift zu verneinen, sowie die interpretatorischen Betrachtungen *Weyands* zum Betriebsverfassungsgesetz, a. a. O. (Fn. 4), 143f., 176ff., 190f.

jedoch im Einzelfall – nicht zuletzt wegen der großen Spielräume bei der Gewichtung der einzelnen Auslegungsregeln – Zweifel an dem hierduch ermittelten Charakter der gesetzlichen Rechtsnormen bestehen bleiben.[67]

Der zweiseitig zwingende Geltungsanspruch einer gesetzlichen Regelung darf indes nicht ohne weiteres zur Derogation der tarifvertraglichen Regelungsbefugnis leiten. Art. 9 Abs. 3 GG ist zu entnehmen, daß die Regelungsmacht der Tarifvertragsparteien auch vor zweiseitig zwingenden Gesetzesnormen insoweit Vorrang genießen kann, als dies für die Erhaltung und Sicherung der Funktionsfähigkeit des tarifautonomen Regelungsverfahrens erforderlich ist. Der Vorrang der Koalitionen beinhaltet die Garantie eines ausreichenden, auch der Disposition des Gesetzgebers entzogenen Gestaltungsspielraumes, damit sie ihre Aufgaben sinnvoll wahrnehmen und erfüllen können.[68] Jene Betrachtungen des Verhältnisses von Tarifvertrag und Gesetzesrecht, die auf der Prämisse einer nicht zu erwägenden Verletzbarkeit der Kernbereichsgarantie des Art. 9 Abs. 3 GG bauen,[69] verkürzen daher die Auslegungsproblematik. Da die Vermutung des einseitig zwingenden Charakters arbeitsrechtlicher Gesetze und damit verbunden die Formulierung des Eindeutigkeitspostulats ihre Legitimation gerade in der in Art. 9 Abs. 3 GG gewährleisteten Normsetzungsprärogative der Tarifvertragsparteien finden,[70] deutet sich für die Auslegung ein Wertungswiderspruch an, soweit nicht eine differenziert-offene Sicht für das Verhältnis von Tarifvertrag und zweiseitig zwingendem Gesetzesrecht bewürwortet wird. Die bei der Erörterung der Rangordnung arbeitsrechtlicher Rechtsquellen pauschal vertretene Auffassung, die Normen des Tarifvertrages seien unterhalb der einfachen Gesetzgebung angesiedelt,[71] kann deshalb nicht zutreffend sein.[72] Die Kernbereichsgarantie verwirft, soweit sie zum Tragen kommt, die Ansicht, daß Art. 9 Abs. 3 GG eine gegenüber der staatlichen Regelungsmacht rangniedere Regelungskompetenz begründet.

Das Fehlen eines Gesetzesvorbehalts in Art. 9 Abs. 3 GG indiziert gerade die limitierten Eingriffsmöglichkeiten des Gesetzgebers im tarifautonomen Regelungsbereich. Die Regelungskompetenzen des Gesetzgebers nach Art. 74 Nr. 11 und 12 GG sind in einen verfassungsrechtlichen Wertungsrahmen eingebunden, der auch durch die gebotene Rücksichtnahme auf die Normsetzungsprärogative

---

67 *Kempen/Zachert*, TVG, Grund. Rn. 205.
68 Zur Kernbereichsgarantie des Art. 9 Abs. 3 GG vgl. die Ausführungen oben im Kapitel I Abschnitt 2, S. 104ff.
69 Vgl. aber etwa *Weyand*, a. a. O. (Fn. 4), 115; *Säcker/Oetker*, a. a. O. (Fn. 43), 171.
70 Vgl. *Säcker/Oetker*, a. a. O. (Fn. 43), 177f.
71 Vgl. neuerdings *Dütz*, Arbeitsrecht, 61; *Zöllner/Loritz*, Arbeitsrecht, 61.
72 Kritisch dazu *Kempen*, AuR 1996, 336, der von einer unzulässigen Simplifikation spricht.

der Tarifvertragsparteien geprägt ist. Das verbindet sich mit Konsequenzen vor allem für die Ausgestaltung der Bindungswirkung arbeitsgesetzlicher Regelungen. Der fehlende Gesetzesvorbehalt darf jedoch in seinem Aussagegehalt nicht überbewertet werden.[73] Das Sachgebiet der «Arbeits- und Wirtschaftsbedingungen» ist auch nicht der tarifautonomen Regelungsmacht allein vorbehalten; die Verfassung schließt im Prinzip gesetzliche Eingriffe in den Normbereich des Koalitionsgrundrechts nicht aus. Die Regelungskompetenz nach Art. 74 Nr. 12 GG ist eben umfassend normiert. Der Gesetzgeber besitzt auch die Möglichkeit, die «Arbeits- und Wirtschaftsbedingungen» zwingend zu regulieren, wenn und soweit dadurch der Kerngehalt der Tarifautonomie nicht angetastet wird.[74] Eine Vermutung gegen die zweiseitig zwingende Wirkung arbeits-, aber auch wirtschaftsgesetzlicher Regelungen kann daher nur unter Bezugnahme auf die Kernbereichsgarantie des Art. 9 Abs. 3 GG überzeugen. Erst im Lichte dieser verfassungskräftigen Garantie macht es auch Sinn, auf Art. 1 Abs. 3 GG hinzuweisen

---

73 So aber AK-GG-*Kittner*, 2. Aufl., Art. 9 Abs. 3 GG, Rn. 34ff.; *Gröbing*, AuR 1986, 300; *Kempen*, a. a. O. (Fn. 72), 340; *Kempen/Zachert*, TVG, Grund. Rn. 205. Vgl. andererseits MünchArbR-*Löwisch*, Kollektives Arbeitsrecht Bd. 3, § 237 Rn. 30ff.; *Löwisch/Rieble*, TVG, Grund. Rn. 23; *Reuter*, ZfA 1995, 19f.; sowie zuletzt *Henssler*, a. a. O. (Fn. 13), 3ff., deren Ansicht eine Unterbewertung des in Art. 9 Abs. 3 GG fehlenden Gesetzesvorbehalts suggeriert. Zu dem von diesen Autoren vorgebrachten Argument, die vorbehaltslose Gewährleistung betreffe lediglich die Bildung und nicht auch die Betätigung der Koalition im sozialen Raum, gilt es mit *Däubler*, Tarifvertragsrecht, Rn. 351, kritisch zu bemerken, daß Art. 9 Abs. 3 GG damit in zwei Garantien unterschiedlicher Reichweite und Wirkungskraft aufgeteilt würde. Eine derartige Niedrigbewertung der kollektivrechtlichen Dimension der Koalitionsfreiheit läßt sich gerade mit deren Charakter als Doppelgrundrecht, genauer: mit der funktionsorientierten, untrennbaren Verbindung von individueller und kollektiver Koalitionsfreiheit nicht vereinbaren; verfehlt ist deshalb auch der Trennungsansatz von *Wank*, Anmerkung zu BVerfG AP Nr. 76 zu Art. 9 GG, Bl. 185. Der argumentative Vergleich mit dem Schutz der allgemeinen Vereinigungsfreiheit nach Art. 9 Abs. 1 GG (vgl. etwa *Reuter*, ebda) signalisiert – trotz des Hinweises auf den unterschiedlichen, weiter reichenden Garantiegehalt des Art. 9 Abs. 3 GG (*Henssler*, a. a. O., 7) – in Wirklichkeit die mangelnde Bereitschaft, sich auf den besonderen Grundrechtsschutz zu besinnen, den die Tarifvertragsparteien bei der Verfolgung des in Art. 9 Abs. 3 GG speziell normierten Koalitionszwecks der «Wahrung und Förderung der Arbeits- und Wirtschaftsbedingungen» genießen, so nochmals ausdrücklich *BVerfG* Beschluß v. 26. 6. 91 – 1 BvR 779/85, abgedruckt in: AuR 1992, 29ff., 30.

74 Zu der damit angesprochenen Abwägungsproblematik vgl. die kritischen Ausführungen zur bisherigen Rechtsprechung des Bundesverfassungsgerichts unten im Abschnitt 1.5.1, S. 191ff.

und die unmittelbar geltende Bindung der Gesetzgebung an das Grundrecht des Art. 9 Abs. 3 GG hervorzuheben.[75]

Die Auslegungskonzeption *Kempens*, wonach die Einschränkung der tarifvertraglichen Regelungsmöglichkeiten durch zweiseitig zwingendes Gesetz der Rechtfertigung durch ausdrückliche grundrechtliche Schutzpflichten (Art. 1 Abs. 1 – Art. 3 Abs. 2 – Art. 6 – Art. 9 Abs. 3 S. 2 GG) bedarf, für einseitig zwingende Gesetze aber die allgemeine (sozialstaatliche) Schutzaufgabe für ein entsprechendes Grundrecht bzw. ein konkretes anderes Verfassungsrechtsgut als Legitimation ausreicht,[76] fußt hingegen auf der Vorstellung einer prinzipiellen Verschlossenheit des tarifautonomen Regelungsbereichs gegenüber legislativen Eingriffen. Diese Konzeption bestreitet mit Blick auf die Tarifautonomie von vornherein den weiten Spielraum, den der Gesetzgeber bei der konkreten Ausgestaltung der Grundrechte genießt. Bedenklich ist vor allem, daß sie die Intensität der Eingriffsbefugnisse des Gesetzgebers davon abhängig macht, ob die Schutzgebotslegitimation explizit oder implizit in der Verfassung verankert ist, während die Schutzpflichtenlehre maßgeblich auf den objektivrechtlichen Gehalt der Grundrechte sowie die Art und das Ausmaß ihrer drohenden Beeinträchtigung durch die Regelungsmacht Dritter abstellt. Die Konzeption *Kempens* kann auch deswegen nicht überzeugen, weil nicht auszuschließen ist, daß selbst staatliche Eingriffskompetenzen, für die im Grundgesetz eine ausdrückliche Schutzgebotslegitimation besteht, in ihrer konkreten Ausprägung zu einer verfassungsrechtlich unzulässigen Einschränkung der Tarifautonomie führen können.[77]

1.4.2 Tarifautonomie und institutionelle Mitbestimmung

Bestimmend für die Auseinandersetzung über das Verhältnis der Tarifautonomie zur institutionalisierten Mitbestimmung ist zunächst der Versuch, von einem allgemeinen mitbestimmungsrechtlichen Lösungsansatz her die Reichweite der tariflichen Normsetzung einzugrenzen.[78] Namentlich *Vollmer*[79] und *Koller*[80] haben

75 Vgl. aber erneut *Kempen*, a. a. O. (Fn. 72), 340f.; auch *Kempen/Zachert*, TVG, Grund. Rn. 205.

76 *Kempen*, a. a. O. (Fn. 72), 340ff.

77 Auch *Kempen/Zachert*, TVG, Grund. Rn. 205, weisen auf die denkbare Konstellation hin, wo konkurrierende Grundrechtskonzepte im Bereich akuter staatlicher Schutzpflichten, wie etwa zum Schutz der Menschenwürde in der Arbeitswelt, durch den Gesetzgeber einerseits und die Tarifvertragsparteien andererseits entwickelt würden.

78 Vgl. näher dazu *Beck*, a. a. O. (Fn. 14), 338f.; *Weyand*, a. a. O. (Fn. 4), 132ff., mit umfassenden Nachweisen.

79 JurA 1978, 54f.; *ders.*, DB 1979, 308ff, 355ff.; Entwicklung partnerschaftlicher Unternehmensverfassungen, 209ff.

die Ansicht vertreten, daß der Gesetzgeber mit der Schaffung des Betriebsverfassungsgesetzes 1972 und des Mitbestimmungsgesetzes 1976 ein allgemeines Ordnungskonzept verfolge, aufgrund dessen die tarifvertraglichen Regelungskompetenzen zugunsten der mitbestimmungsrechtlichen Regelungsbefugnis eingeschränkt werden sollten.[81] Diese Ansicht wurde zu Recht mit dem historisch begründeten Hinweis kritisiert, daß das deutsche Arbeitsrecht durch die Dualität von Tarifautonomie und Mitbestimmungsrecht gekennzeichnet sei.[82] Tarifvertrag und Mitbestimmung würden von Anfang an als zwei voneinander unabhängige, die Einflußnahmemöglichkeiten der Arbeitnehmer variierende und sich damit nicht ausschließende Konfliktlösungsmechanismen konzipiert.[83] Dementsprechend habe das Bundesverfassungsgericht in seinem Mitbestimmungsurteil[84] festgestellt, daß das Tarifvertragssystem auch nach Verabschiedung des Mitbestimmungsrechts rechtlich unverändert erhalten geblieben sei. Von einem allgemeinen Ordnungskonzept des Gesetzgebers zur Eingrenzung tarifautonomer Gestaltungsmöglichkeiten könne daher weder hinsichtlich der betrieblichen noch der unternehmerischen Mitbestimmung ausgegangen werden.[85]

Die Ablehnung eines Ausschlußverhältnisses von Tarifautonomie und institutioneller Mitbestimmung bedeutet freilich nicht, daß die Regelungen beider Handlungssysteme keinen gegenseitigen Beschränkungen unterliegen können.[86]

---

80 A. a. O. (Fn. 1), 64f.

81 Vgl. aber auch *Beuthien*, ZfA 1984, 5.

82 Vgl. etwa *Beck*, a. a. O. (Fn. 14), 339; *Weyand*, a. a. O. (Fn. 4), 134f.

83 Vgl. vorzüglich *Kübler/Schmidt/Simitis*, a. a. O. (Fn. 14), 45ff., 209ff.

84 *BVerfGE* 50, 290 (371).

85 *Beck*, a. a. O. (Fn. 14), 339; *Weyand*, a. a. O. (Fn. 4), 135.

86 Nicht überzeugend ist jedoch der Versuch *Jahnkes*, a. a. O. (Fn. 3), 124ff., im Wege einer funktionellen Betrachtungsweise den tarifautonomen Bereich von dem der gesetzlichen Mitbestimmung abzugrenzen. Danach soll dem Tarifvertrag der materielle oder wirtschaftliche Interessenausgleich vorbehalten sein, während die institutionelle Mitbestimmung die immateriellen bzw. menschlich-persönlichen Belange wahrzunehmen habe. Diese Abgrenzung nach Funktionsbereichen soll jedoch zu keiner Einschränkung des sachlichen Anwendungsbereichs beider Handlungssysteme führen. Vielmehr ist daran gedacht, daß die Tarifvertragsparteien und die Betriebspartner jeweils von umfassend verstandenen Befugnissen Gebrauch machen. Indessen sollen die Regelungen innerhalb der angestammten Funktionsbereiche den Vorrang gegenüber konkurrierenden Gestaltungen auf der anderen Kollektivebene genießen. Mit *Weyand*, a. a. O. (Fn. 4), 136ff., ist aber dieser Abgrenzungskonzeption entgegenzuhalten, daß sie sich bei näherem Hinsehen weder auf gewachsene Strukturen noch auf dahingehende gesetzliche Hinweise stützen kann. Eine Beschränkung der Tarifautonomie auf die Verfolgung materieller Interessen des Arbeitnehmers hat weder in der normativen Ausrichtung noch in der thematischen Gestaltung der Tarifverträge Ausdruck gefunden. Die Erweiterung des normativen Spielraums auf betriebliche und betriebsverfassungsrechtliche Fragen durch das Ta-

Das Nebeneinander von Tarifvertragssystem und Mitbestimmung könne, wie das Bundesverfassungsgericht in seinem Mitbestimmungsurteil weiter ausgeführt hat, zu Gewichtsverlagerungen, aber auch zu Konkurrenzen führen, die einen Ausgleich erforderlich machten.[87] Einen solchen herzustellen sei der Gesetzgeber aufgrund seiner Regelungskompetenz befugt. Das schliesse die Zulässigkeit von Beschränkungen der Tarifautonomie ein, wenn diese im Prinzip erhalten und funktionsfähig bleibe.

Diese Aussage des Bundesverfassungsgerichts erlangt für die hier zu erörternde Konkurrenzproblematik grundlegende Bedeutung. Das Gericht verweist auf mögliche Beschränkungen der tarifvertraglichen Regelungsbefugnis durch die institutionelle Mibestimmung und markiert zugleich die Grenze für derartige gesetzliche Eingriffskompetenzen. Die Frage, ob und inwieweit die gesetzlich ausgeformte Mitbestimmung einer auf präventiven Rationalisierungsschutz ausgerichteten Tarifautonomie Schranken setzt, bleibt nach wie vor relevant. Sie ist nur nicht im Sinne einer allgemeinen Ordnungskonzeption zugunsten des gesetzlichen Mitbestimmungsrechts zu beantworten. Damit gelangt man erneut zu der bereits umrissenen Auslegungsfrage, welche konkrete Bindungswirkung der Gesetzgeber den hier vor allem interessierenden Vorschriften des Betriebsverfassungsgesetzes über die Mitbestimmung in technisch-organisatorischen, personellen und wirtschaftlichen Angelegenheiten (§§ 91, 92 ff., 106 ff. BetrVG) gegenüber der Tarifautonomie zukommen ließ.

Nach einer verbreiteten Auffassung im Schrifttum besitzen diese Vorschriften weitgehend zwingenden und abschließenden Charakter. Eine Kompetenz der Tarifvertragsparteien zur Erweiterung der hiesigen Mitbestimmungsmöglichkeiten des Betriebsrates wird insoweit verneint.[88] Demgegenüber vertreten andere, in

---

rifvertragsgesetz markiert vielmehr eine entgegengesetzte Tendenz, *Weyand*, a. a. O., 136. Andererseits läßt sich die Kompetenz der Betriebspartner nicht auf die Regelung immaterieller Interessen beschränken. Die Einbeziehung materieller Interessen in die Betriebsverfassung hat vor allem in der Mitbestimmung des Betriebsrates bei der Aufstellung eines Sozialplanes zum Ausgleich der durch eine geplante Betriebsänderung für die betroffenen Arbeitnehmer entstehenden «wirtschaftlichen Nachteile» Ausdruck gefunden, *Weyand*, a. a. O., 137. Die von *Jahnke* gewählte Unterscheidung knüpft schließlich an überkommene Kriterien an, die der Ausgestaltung der tariflichen Praxis und des Arbeitslebens nicht mehr hinreichend Rechnung tragen, *Weyand*, a. a. O., 137f.

87 *BVerfGE* 50, 290 (372f.).

88 Vgl. insb. *Dietz/Richardi*, BetrVG, § 1 Rn. 42ff., § 2 Rn. 130ff., Vorb. vor § 106 Rn. 10, § 111 Rn. 5; *Galperin/Löwisch*, BetrVG, Vorb. vor § 92 Rn. 4ff., Vorb. vor § 106 Rn. 8, 10; *Wiedemann/Stumpf*, TVG, § 1 Rn. 255, 256; spezifizierend *Beuthien*, a. a. O. (Fn. 18), 145ff. mit umfassenden Nachweisen; *Richardi*, NZA 1988, 673ff.; *ders.*, ZfA 1990, 226f.; *Buchner*, SAE 1991, 360. Nach dieser Auffassung – die freilich kein homogenes, sondern ein in der Einzelbewertung differenziertes Bild

der Mehrzahl befindliche Autoren[89] und das Bundesarbeitsgericht[90] die Ansicht, daß die vorgenannten Vorschriften nicht zuletzt mangels ausdrücklichen Hinweises auf eine abschließende Regelungsabsicht des Gesetzgebers als einseitig zwingende Normen aufzufassen sind, welche von den Tarifvertragsparteien überschritten werden können. Die Kontroverse ist dem Umstand zuzuschreiben, daß im Betriebsverfassungsgesetz 1972 eine klärende Regelung zu dieser Frage unterlassen wurde. Der in der Reformdiskussion der 70er Jahre mehrfach unternommene Versuch, eine Regelung in das Gesetz aufzunehmen, welche die Möglichkeit der tariflichen Erweiterung der Mitbestimmungsvorschriften ausdrücklich vorsah,[91] konnte sich nicht durchsetzen.[92] Der Verzicht auf eine explizite Rege-

---

zeigt – soll die Möglichkeit tarifvertraglicher Modifikationen lediglich auf dem Gebiet der Mitbestimmung in den sozialen sowie den ihnen nahestehenden personellen Angelegenheiten bestehen. Das Mitbestimmungsrecht nach § 91 BetrVG wird nur insoweit als tariflich abdingbar zugunsten der Arbeitnehmer betrachtet, als davon keine durchgreifenden Wirkungen auf den wirtschaftlich-unternehmerischen Bereich ausgehen, vgl. insb. *Beuthien*, a. a. O., 144. Auch die tarifliche Erweiterung des § 87 BetrVG dürfe nicht dazu führen, daß die zwingenden Schranken der Mitbestimmung des Betriebsrates in wirtschaftlichen Angelegenheiten umgangen würden, *Beuthien*, a. a. O., 138. Ähnliches soll auch für den Bereich der personellen Angelegenheiten (§ 92 ff. BetrVG) gelten, die allenfalls einer näheren systemkonformen Ausgestaltung durch den Tarifvertrag zugänglich seien. § 92 BetrVG dürfe nicht zu einem personalwirtschaftlichen Mitbestimmungsrecht des Betriebsrates bei der Personalplanung selbst ausgebaut werden, *Beuthien*, a. a. O., 148. In den wirtschaftlichen Angelegenheiten (§§ 106 ff. BetrVG) könnten dem Betriebsrat durch Tarifvertrag keinerlei weitergehende Kompetenzen verschafft werden.

89 Mit ebenfalls abweichenden Positionen in der Einzelbewertung. Vgl. insb. *Däubler*, a. a. O. (Fn. 16), 361ff.; *ders.*, Tarifvertragsrecht, Rn. 1055, 1071ff.; *Jahnke*, a. a. O. (Fn. 3), 194ff.; *Beck*, a. a. O. (Fn. 14), 368f.; *Weyand*, a. a. O. (Fn. 4), 143f., 178, 190f.; *Meier-Krenz*, Die Erweiterung von Beteiligungsrechten, insb. 49ff., 158ff.; *Säcker/Oetker*, a. a. O. (Fn. 43), 195ff., 205; *Kempen/Zachert*, TVG, § 1 Rn. 272ff., 292; *Gamillscheg*, Kollektives Arbeitsrecht I, 610ff.

90 *BAG* v. 18.8.1987, AP Nr. 23 zu § 77 BetrVG 1972. Mit diesem Beschluß wird zwar eine Erweiterung der Beteiligungsrechte des Betriebsrates durch Tarifvertrag grundsätzlich bejaht, jedoch keine Aussage über ihre Reichweite im einzelnen getroffen. Bestätigend *BAG* v. 10.2.1988, AP Nr. 53 zu § 99 BetrVG 1972. Das Bundesarbeitsgericht betrachtet hier im Hinblick auf den (relativen) Schutz der Unternehmensautonomie als entscheidungserheblich den Umstand, daß das tariflich begründete Mitbestimmungsrecht des Betriebsrates nicht auf den Ausschluß des arbeitgeberischen Kündigungsrechts ausgerichtet ist, keinen Kontrahierungszwang für den Arbeitgeber bewirkt und bei fehlender Einigung zwischen den Betriebsparteien letztlich die Möglichkeit besteht, einen verbindlich angemessenen Spruch über die Einigungsstelle herbeizuführen. Das Gericht läßt somit mit Rücksicht auf die Unternehmensautonomie etwa erkennen, wo nach seiner Ansicht die Grenze für eine tarifliche Erweiterung der Beteiligungsrechte des Betriebsrates verläuft.

91 Vgl. hierzu die Angaben bei *Säcker/Oetker*, a. a. O. (Fn. 43), 199.

lung kann jedoch, insbesondere unter Hinweis auf den angeblichen Kompromißcharakter des Betriebsverfassungsgesetzes 1972,[93] nicht in ein stillschweigendes generelles Erweiterungsverbot umgemünzt werden.[94] Nach dem Willen des Gesetzgebers sollte die Frage der tariflichen Erweiterbarkeit, wie schon unter dem Betriebsverfassungsgesetz 1952, offen bleiben.[95] Sie wurde damit Rechtsprechung und Lehre zur Lösung überlassen.[96]

Zur Bekräftigung der Ansicht, daß die Beteiligungsrechte des Betriebsrates durch Tarifvertrag erweitert werden können, verweisen Rechtsprechung und Literatur auf die Vorschrift des § 2 Abs. 3 BetrVG, der die Aufgaben der Koalitionen, insbesondere die Wahrnehmung der Interessen ihrer Mitglieder, unberührt läßt.[97] § 2 Abs. 3 BetrVG vermittelt nur keine konkreten Aussagen über die Reichweite der betriebsverfassungsrechtlichen Regelungsbefugnis der Tarifvertragsparteien. Durch diese Norm wird zwar bestätigt, daß das Betriebsverfassungsgesetz die Tarifautonomie nicht von ganzen Regelungsbereichen, insbesondere nicht von der Regelung «betriebsverfassungsrechtlicher Fragen» (§ 1 Abs. 1 TVG) ausschließen will. Damit wird aber den Tarifvertragsparteien keine ausdrückliche Ermächtigung erteilt, die Einwirkungsmöglichkeiten des Betriebsrates auf unternehmerische Entscheidungen beliebig zu erweitern.[98] Auch der Hinweis auf die Vorrangsregelungen der §§ 77 Abs. 3 und 87 Abs. 1 BetrVG[99] besitzt begrenzten Aussagewert. Ein umfassender, sich auf sämtliche – hier relevante – Mitbestimmungstatbestände erstreckender Vorrang der Tarifautonomie läßt sich aus diesen Vorschriften nicht ableiten. Zum einem ist lebhaft umstritten, ob die Formulierung «Arbeitsentgelte und sonstige Arbeitsbedingungen» in § 77 Abs. 3

---

92 Vgl. *Meier-Krenz*, a. a. O. (Fn. 89), 56ff.

93 Vgl. *v. Hoyningen-Huene*, NZA 1985, 169; *Richardi*, ZfA 1990, 226f.; *Buchner*, a. a. O. (Fn. 88), 360.

94 «Gerade weil dasselbe Problem bereits für das BetrVG 1952 kontrovers diskutiert worden und dem Gesetzgeber des BetrVG 1972 darüber hinaus bekannt gewesen ist, daß das Bundesarbeitsgericht in mehreren Entscheidungen die Erweiterung und Verstärkung der Beteiligungsrechte durch Tarifvertrag für zulässig gehalten hatte, hätte es der Gesetzgeber klar zum Ausdruck bringen müssen, wenn er die Erweiterung der Mitwirkungsrechte durch Tarifvertrag untersagen wollte.», *BAG* v. 10.2.1988, a. a. O. (Fn. 90), Bl. 1206.

95 Vgl. die Begründung zum Regierungsentwurf, BT-Drucksache IV/1786, S. 36.

96 *Meier-Krenz*, a. a. O. (Fn. 89), 62, spricht von einer «bewußten Regelungslücke», die er zugleich als «Rechtsverweigerungslücke» bezeichnet.

97 Vgl. etwa *BAG* v. 10.2.1988, a. a. O. (Fn. 90), Bl. 1205; *Runggaldier*, a. a. O. (Fn. 19), 278f., 328; *Moll*, a. a. O. (Fn. 3), 130; *Weyand*, a. a. O. (Fn. 4), 144; *Däubler*, Tarifvertragsrecht, Rn. 1055.

98 Vgl. *Beuthien*, a. a. O. (Fn. 88), 135; *Meier-Krenz*, a. a. O. (Fn. 89), 54.

99 Vgl. etwa *Rieth*, a. a. O. (Fn. 19), 88f.; *Beck*, a. a. O. (Fn. 14), 339; *Runggaldier*, a. a. O. (Fn. 19), 278; *Kempen*, a. a. O. (Fn. 29), 198.

BetrVG – sämtliche Arbeitsbedingungen oder nur einen Ausschnitt denkbarer Tarifregelungen erfaßt.[100] Da lediglich von Arbeitsbedingungen die Rede ist, bleibt jedenfalls unklar, ob und inwieweit diese Formel den wirtschaftlich-unternehmerischen Entscheidungsbereich anspricht. Zum anderen besteht der Tarifvorrang des § 87 Abs. 1 BetrVG nur in bezug auf die dort genannten Mitbestimmungstatbestände (Abs. 2 Nr. 1-12), sagt also nichts über die tarifvertragliche Erweiterbarkeit dieses Mitbestimmungskatalogs aus.[101] Beiden Vorrangsregelungen läßt sich mit Sicherheit nur entnehmen, daß die Regelungsprärogative der Tarifvertragsparteien durch das Betriebsverfassungsgesetz insoweit nicht beschnitten wird, als sich diese in ihrem angestammten, gewohnten Tätigkeitsbereich bewegen.[102]

Das Betriebsverfassungsgesetz selbst ermöglicht keine sicheren Antworten auf die hier interessierende Problematik des Verhältnisses zum Tarifvertrag. Die Auslegung dieses Gesetzes in grammatikalischer, systematischer, historischer und teleologischer Hinsicht[103] vermag die Behauptung von seinem zweiseitig zwingenden Charakter, soweit dieser eine tarifliche Erweiterung der Beteiligungsrechte des Betriebsrates in personellen und wirtschaftlichen Angelegenheiten versperren soll, zu widerlegen oder jedenfalls nicht zu bestätigen. Entscheidend ist jedoch, wie sich an den im einzelnen voneinander abweichenden Positionen im Schrifttum zeigt, welches die tarifliche Erweiterbarkeit grundsätzlich bejaht,[104] der Rückgriff auf Art. 9 Abs. 3 GG. Das konkrete Interpretationsverständnis dieser Verfassungsnorm und die damit verbundene Sicht über die Reichweite der «betriebsverfassungsrechtlichen Normen» (§ 1 Abs. 1 TVG) vermitteln die maßgebenden Kriterien für die Einzelbewertung. Die Auslegungsbemühungen gelangen aber nicht immer mit Hilfe dieser Kriterien zu konkreten Bewertungsergeb-

---

100 Vgl. etwa zu dieser Streitfrage die Betrachtungen *Jahnkes*, a. a. O. (Fn. 3), 142ff., mit umfassenden Nachweisen.

101 Vgl. *Beuthien*, a. a. O. (Fn. 18), 139; *Jahnke*, a. a. O. (Fn. 3), 49.

102 *Weiss*, a. a. O. (Fn. 6), 301.

103 Vgl. eingehend dazu *Meier-Krenz*, a. a. O. (Fn. 89), 49ff.; *Säcker-Oetker*, a. a. O. (Fn. 43), 196ff.

104 Vgl. so die Ergebnisse der Zulässigkeitsprüfung bei *Säcker/Oetker*, a. a. O. (Fn. 43), 131ff. 196, 327f., die eine tarifliche Erweiterung der Beteiligungsrechte des Betriebsrates in wirtschaftlichen Angelegenheiten grundsätzlich verneinen, bei *Meier-Krenz*, a. a. O. (Fn. 89), 165, 185ff., 199, nach dessen Auffassung Mitbestimmungsrechte des Betriebsrates für die Festlegung des Personalbedarfs sowie für die grundlegenden unternehmerischen Entscheidungen durch Tarifvertrag nicht begründet werden können, und bei *Weyand*, a. a. O. (Fn. 4), 175ff.,184, 192f., der den Tarifvertragsparteien das Recht zuspricht, die Beteiligungsrechte des Betriebsrates auch bei zentralen unternehmerischen Personal- und Sachentscheidungen zu erweitern.

nissen, sondern operieren letztlich jeweils mit dem Argument des fehlenden ausdrücklichen bzw. nicht erkennbaren Hinweises auf eine abschließende Regelungsabsicht des Gesetzgebers.[105] Dieses Argument beansprucht nicht zuletzt so lange Geltung, wie der Gesetzgeber nicht explizit den Regelungsspielraum der Tarifvertragsparteien einengt, etwa hinsichtlich des Rationalisierungsschutzes das Betriebsverfassungsgesetz nicht als absolut zwingende Regelung erklärt. Eine positive ebenso wie definitive Klärung des hier interessierenden Konkurrenzverhältnisses von Tarifautonomie und institutioneller Mitbestimmung gebietet daher die Verlagerung der Interpretationsbemühungen auf die Frage, ob und inwieweit die in Art. 9 Abs. 3 GG garantierte Normsetzungsprärogative der Tarifvertragsparteien, oder in den Worten des Bundesverfassungsgerichts: die Erhaltung der Tarifautonomie und die Sicherung ihrer Funktionsfähigkeit eine gesetzliche Mitbestimmungsregelung gestatten, die zweiseitig zwingenden Charakter in Fragen des Rationalisierungsschutzes besitzt. Insoweit gilt es, auf das verfassungsrechtliche Fundament des Eindeutigkeitspostulats zurückzugreifen und die materielle Reichweite des Kernbereichsschutzes tarifautonomer Regelung zu ermitteln.

Das Konkurrenzverhältnis von Tarifautonomie und institutioneller Mitbestimmung läßt sich allerdings im Wege einer isolierten Betrachtung des Aktiengesetzes und insgesamt des Gesellschaftsrechts nicht überzeugend leugnen. Der Umstand, daß die geschäftspolitische Autonomie des Vorstandes einer Aktiengesellschaft in rechtlich zulässiger Weise durch gesellschaftsfremde Dritte wie z. B. Gläubigerbanken beschränkt werden kann, rechtfertigt an sich nicht die Schlußfolgerung über die Zulässigkeit erweiterter Tarifinhalte im wirtschaftlich-unternehmerischen Bereich.[106] Eine Tarifpolitik, die zur effektiven Berücksichtigung von Arbeitnehmerinteressen die Entscheidungsautonomie des Vorstandes an die Zustimmung des (Gesamt-/Konzern-)Betriebsrates eventuell durch Einsatz wirtschaftlicher Sanktionsmacht (Streik) zu binden sucht, verfolgt von ihrer Interessenbezogenheit und Einwirkungsart her eine spezifische Zielsetzung, die sich von anderweitigen geschäftspoltischen Bindungen des Vorstandes wesentlich unterscheidet. Der allein auf das Aktiengesetz abstellende Ansatz zur Begründung der aktienrechtlichen Konformität einer solchen Tarifpolitik läuft zudem darauf hinaus, das Gesellschaftsrecht hinsichtlich der unternehmenspolitischen Vermittlung von Arbeitnehmerinteressen von seinem «mitbestimmungsrechtlichen Korrektiv»[107] methodisch-argumentativ abzukoppeln. Das Mitbestimmungsgesetz wurde aber auf der Grundlage des Gesellschaftsrechts konzipiert und bildet insoweit mit diesem eine material-rechtliche Einheit innerhalb der gesetzlich fixierten Unternehmensverfassung. Eine Tarifpolitik, die in konfliktträchtiger

---

105 Vgl. in diesem Sinne *Jahnke*, a. a. O. (Fn. 3), 195, 197; *Weyand*, a. a. O. (Fn. 4), 178, 191.

106 Vgl. *Däubler*, a. a. O. (Fn. 16), 336; *ders.*, Tarifvertragsrecht, Rn. 1112a; *Beck*, a. a. O. (Fn. 14), 340.

107 Zur Rolle der Mitbestimmung als unternehmenspolitisches «Korrektiv» des Gesellschaftsrechts *Brinkmann*, Unternehmensinteresse und Unternehmensrechtsstruktur, 84ff.

Weise erweiterte Schutzinhalte artikuliert und direkt beim Geschäftsführungsorgan des Unternehmensträgers ansetzt, vermag gerade die gesellschaftsrechtlich vorgeprägte Aufsichtsratsmitbestimmung funktional zu entwerten und inhaltlich zu übersteigen.[108]

1.4.3 Tarifvertragliche Kündigungsbeschränkungen und staatliches Kündigungsschutzrecht

Tarifvertragliche Vorschriften, die bei der Einführung neuer Technologien den Ausschluß oder die Erschwerung des Rechts des Arbeitgebers zur fristlosen Kündigung des Arbeitsverhältnisses (§ 626 BGB) bewirken, werden nach überwiegend herrschender Ansicht wegen Verstoßes gegen zweiseitig zwingendes Gesetzesrecht für unwirksam erachtet. Die fehlende Disposivität von § 626 BGB wird auf den allgemeinen schuldrechtlichen Grundsatz zurückgeführt, daß niemand an ein unzumutbares Rechtsverhältnis gebunden bleiben müsse.[109] Demgegenüber werden nach verbreiteter Auffassung die tarifvertragliche Beschränkung und der Ausschluß des Rechts des Arbeitgebers zur ordentlichen Kündigung grundsätzlich bejaht.[110] Lediglich im Einzelfall könne dem Kündigungsschutzgesetz der Charakter einer abschließenden, die Regelungsbefugnis der Tarifvertragsparteien vollständig derogierenden Regelung zukommen.[111] Rechtliche Bedenken werden hier insbesondere dann laut, wenn die tarifliche Regelung auf die Privilegierung bestimmter Arbeitnehmergruppen ausgerichtet ist. Der aufgrund eines einzigen Merkmals bewirkte generelle Ausschluß des Rechts zur ordentlichen Kündigung gerate, so der Einwand, in einen Wertungswiderspruch zu dem in § 1 Abs. 3 KSchG zwingend enthaltenen Gebot einer umfassenden Sozial-

---

108 Vgl. gerade *Beuthien*, a. a. O. (Fn. 81), 4f. Anders stellt sich freilich die Sachlage beim Abschluß von Stimmbindungsverträgen oder anderer außertariflichen Abreden, vgl. *Däubler*, Tarifvertragsrecht, Rn. 1103 und *Kempen/Zachert*, TVG, § 1 Rn. 307, jeweils mit weiteren Nachweisen. Diese sind bloß privatrechtliche Vereinbarungen, zu deren Abschluß wirtschaftliche Sanktionsmacht (Streik) nicht eingesetzt werden kann.

109 Vgl. *Säcker/Oetker*, a. a. O. (Fn. 43), 183f.; *Wiedemann*, in: Wiedemann, § 1 TVG Rn. 540, jeweils mit Nachweisen. Abweichend aber *Gamillscheg*, AuR 1981, 105ff.; *Däubler*, Tarifvertragsrecht, Rn. 952; *Wendeling-Schröder*, FS für Kehrmann, 328.

110 Vgl. *Stahlhacke/Preis*, Kündigung und Kündigungschutz im Arbeitsverhältnis, Rn. 210; *Hueck/v. Hoyningen-Huene*, KSchG, § 1 Rn. 9; *Wiedemann*, in: Wiedemann, § 1 TVG Rn. 535; *Däubler*, Tarifvertragsrecht, Rn. 948. Für den einseitig zwingenden Charakter der Vorschrift des § 1 Abs. 2 S. 1 KSchG *BAG*, DB 1990, 2610.

111 Vgl. *Säcker/Oetker*, a. a. O. (Fn. 43), 185f.

auswahl, die die Berücksichtigung zumindest der drei sozialen Grunddaten «Betriebszugehörigkeit, Lebensalter und Unterhaltspflichten» implizieren müsse.[112]

Die hier interessierenden tariflichen Regelungskonzepte etwa in der Gestalt von Besetzungs- und Quotenregelungen sprengen ohne Zweifel den Rahmen, der durch das staatliche Kündigungsschutzrecht vorgegeben ist. Der tarifliche Widerspruch betrifft aber allein die gesetzlich verbürgten Entscheidungsprärogativen des Arbeitgebers bei der Kündigung von Arbeitsverhältnissen und nicht das oben erwähnte Gebot einer umfassenden Sozialauswahl. Wie noch unten herauszustellen ist,[113] steht § 1 Abs. 3 KSchG nicht von vornherein einer Politik der Personalauswahl entgegen, die bei betriebsbedingten Kündigungen ein bestimmtes Schutzmerkmal gegenüber allen anderen in Betracht kommenden Sozialkriterien privilegiert.[114]

Wenn allerdings die herrschende Meinung den zweiseitig zwingenden Charakter des § 626 BGB bejaht und dementsprechend den Ausschluß bzw. die Erschwerung der außerordentlichen Kündigung für schlechthin unzulässig erachtet, so kann dem entgegengehalten werden, daß der Gesetzgeber mit der Regelung des § 102 Abs. 6 BetrVG auch die Möglichkeit der Einschränkung des Kündigungsrechts aus wichtigem Grund gebilligt hat.[115] § 102 Abs. 6 BetrVG stellt – ohne im übrigen zwischen ordentlicher und außerordentlicher Kündigung zu differenzieren – klar, daß Betriebsvereinbarungen, die die Wirksamkeit von Kündigungen von der Zustimmung des Betriebsrates und der Entscheidungsfindung der Einigungsstelle abhängig machen, zulässig sind. Diese gesetzliche Wertungsentscheidung gilt aber ausdrücklich nur für die Betriebsvereinbarung[116] und ist gegenüber dem Arbeitgeber nicht mitbestimmungsrechtlich erzwingbar. Sie bleibt nicht zuletzt inhaltlich unpräzise. Nach dem Wortlaut der vorgenannten Vorschrift soll die Kündigung des Arbeitsverhältnisses nicht gerade ausgeschlossen,

---

112 Vgl. *Löwisch/Rieble*, TVG, § 1 Rn. 565ff.; *Säcker/Oetker*, a. a. O. (Fn. 43), 186ff.; *Wiedemann*, in: Wiedemann, § 1 TVG Rn. 538, jeweils mit weiteren Nachweisen. Anders *Däubler*, Tarifvertragsrecht, Rn. 949 und *Kempen/Zachert*, TVG, Grund. Rn. 213, die mit der bislang überwiegenden Auffassung im Schrifttum die durch den Tarifvertrag unkündbar gestellten Arbeitnehmer nicht in die Sozialauswahl einbeziehen. Die zuletzt genannten Autoren lassen aber zugleich die Möglichkeit einer Aufweichung der tariflichen Unkündbarkeitsregel zu, um Ungerechtigkeiten im Einzelfall zu vermeiden.

113 Im Kapitel V Abschnitt 2.2.4, S. 357f. Fn. 150.

114 Von einer noch offenen Auslegung des KSchG spricht auch *Wiedemann*, a. a. O. (Fn. 112), allerdings mit der Begründung, daß dieses Gesetz von einem vorgegebenen Arbeitnehmerreservoir ausgehe, das es von sich aus nicht korrigiere.

115 Vgl. bereits *Gamillscheg*, a. a. O. (Fn. 109), 107f.

116 Vgl. auch *Meier-Krenz*, a. a. O. (Fn. 89), 52ff.

sondern nur an die Zustimmung des Betriebsrates gebunden werden können. Daraus läßt sich nur der Schluß ziehen, daß auch die Tarifvertragsparteien die Kündigung des Arbeitsverhältnisses von der Zustimmung des Betriebsrates abhängig machen können.[117] Über diesen konkreten Regelungsinhalt hinaus kann der Vorschrift des § 102 Abs. 6 BetrVG insbesondere hinsichtlich der Möglichkeit der Tarifvertragsparteien, die materiellen Schranken des staatlichen Kündigungsschutzrechts zu übersteigen und damit die unternehmerische Entscheidungsfreiheit erheblich stärker einzuschränken, kein sicherer Aussagewert zukommen.[118] Die Vermutung des einseitig zwingenden Charakters staatlicher Arbeitnehmerschutzgesetze läßt sich zudem für die zivilrechtliche, primär auf die Interessenlage des Arbeitgebers zugeschnittene Vorschrift des § 626 BGB nicht aufstellen. Die Unsicherheiten der Auslegung bei der Ermittlung des Geltungsanspruchs gesetzlicher Kündigungsvorschriften werden um so deutlicher, wenn man bedenkt, daß das in § 626 BGB postulierte Zumutbarkeitskriterium auch die Schranken inhaltlich bezeichnet, die § 1 KSchG gegenüber dem Bestandsschutz von Arbeitsverhältnissen errichtet.[119]

Selbst wenn der einseitig zwingende Charakter der gesetzlichen Kündigungsregelung feststeht, bereitet der bei den hier konkurrierenden tarifvertraglichen Regelungen notwendige Günstigkeitsvergleich besondere Schwierigkeiten. Tarifvertragliche Vorschriften, die den Bestandsschutz des Arbeitsverhältnisses verstärken, weisen bei Gesamtbetrachtung ihrer arbeitsmarktpolitischen Implikationen einen ambivalenten Charakter auf. Ein verstärkter Beschäftigungsschutz zugunsten der bereits Arbeitenden oder bestimmter Arbeitnehmergruppen führt bei dem derzeit knappen Arbeitsplätzeangebot zur Verringerung der Beschäftigungschancen und damit zur Benachteiligung aller anderen, nicht begünstigten Arbeitnehmer. Diese Ambivalenz bei der Günstigkeitsbeurteilung[120] stellt einen besonders ins Gewicht fallenden Aspekt bei der Zulässigkeitsprüfung tariflicher Erweiterungen des Bestandsschutzes von Arbeitsverhältnissen dar. Sie führt zu

---

117 *BAG* v. 10.2.1988, a. a. O. (Fn. 90), Bl. 1206, betrachtet diesen Schluß als gerechtfertigt.

118 Bezeichnend dafür sind die mit Rücksicht auf die Unternehmensautonomie den tariflichen Regelungsspielraum einschränkenden Bemerkungen des Bundesarbeitsgerichts im soeben zitierten Urteil, Bl. 1207 – 1208, vgl. dazu die Ausführungen oben, S. 171 Fn. 90.

119 So kann die Vorschrift des § 1 Abs. 2 S. 2 1 b) KSchG bezüglich der Weiterbeschäftigungsmöglichkeit des Arbeitnehmers im Betrieb bzw. Unternehmen nur insoweit gelten, als die hierfür notwendigen Umschulungs- oder Fortbildungsmaßnahmen für den Arbeitgeber wirtschaftlich zumutbar bleiben.

120 Vgl. bereits *Säcker/Oetker*, a. a. O. (Fn. 43), 179.

spezifischen Erkenntnissen für die Interpretation des Art. 9 Abs. 3 GG im Verhältnis zu den betroffenen Grundrechtspositionen des Arbeitnehmers aus Art. 12 Abs. 1 und 3 GG.[121] Von daher sind beträchtliche Zweifel an der Legitimität einer Prüfungsmethode zu äußern, die zur Wahrung rechtstechnischer Praktikabilität gravierende, grundrechtsrelevante Wirkungen der tariflichen Regelung ausklammert und bei der Günstigkeitsbeurteilung allein auf die jeweils von der Tarifnorm angesprochenen, begünstigten Arbeitnehmer abstellt.[122]

Die umrissene Auslegungsproblematik um das Konkurrenzverhältnis von Tarifvertrag und staatlichem Kündigungsschutzrecht und die daran erkennbaren Unsicherheiten machen es notwendig, auf Art. 9 Abs. 3 GG zu rekurrieren. Ob und inwieweit die Tarifvertragsparteien die Möglichkeit besitzen, die gesetzlich verbürgten Entscheidungsprärogativen der Arbeitgeberseite bei der Kündigung von Arbeitsverhältnissen zu bestreiten, läßt sich nur und zunächst mit Rücksicht auf die ihnen verfassungsrechtlich eingeräumte Normsetzungsprärogative überzeugend beantworten. Erforderlich ist mithin die Auseinandersetzung mit der Frage, ob und inwieweit der Kernbereichsschutz der Tarifautonomie eine gesetzliche Kündigungsregelung zweiseitig zwingenden Charakters im Bereich des Rationalisierungsschutzes verträgt.

1.4.4 Tarifvertragliche Wettbewerbsbeschränkungen und gesetzliches Kartellverbot

Die Kartellwirkung der Tarifverträge rückte Ende der 80er Jahre erneut in den Mittelpunkt der juristischen Kontroverse um die Tarifautonomie. Den aktuellen Anlaß bot damals die Diskussion um die kartellrechtliche Zulässigkeit von Tarif-

---

121 Auf diese Problematik, die bereits im Kapitel I Abschnitt 3, S. 112 angeschnitten wurde, geht die Untersuchung unten im Kapitel V ein.

122 So aber *Säcker/Oetker*, a. a. O. (Fn. 43), 179f., die nur im Hinblick auf die Sozialauswahl des § 1 Abs. 3 KSchG, also die Stellung anderer, eventuell eher schutzbedürftiger Arbeitnehmer im Betrieb die ambivalente Wirkung tariflicher Unkündbarkeitsregelungen als relevant für die Zulässigkeitsprüfung anerkennen; vgl. in diesem Sinne auch *Kempen/Zachert*, TVG, Grund. Rn. 213. Der ambivalente Charakter tariflicher Bestandsschutzklauseln ist sicherlich dort, wo es um das Konkurrenzverhältnis unter Betriebsangehörigen geht, unmittelbar und präzise erfaßbar. Er betrifft aber genauso das wie auch immer geartete Konkurrenzverhältnis zwischen Arbeitsbesitzern und Arbeitslosen. Die materiell-rechtliche Gewichtung konkurrierender beschäftigungspolitischer Arbeitnehmerinteressen wird nicht allein bei der Anwendung des Prinzips der Sozialauswahl erforderlich.

verträgen über das Ende der täglichen Arbeitszeit im Einzelhandel.[123] Dieser tarifpolitische Hintergrund erlangt für den Rahmen der vorliegenden Untersuchung Bedeutung schon im Hinblick darauf, daß Tarifvertragsklauseln, die über die gezielte Beeinflussung der Investitions- und Produktpolitik in den originär unternehmerischen Entscheidungsbereich eingreifen, ähnlich wie die Regulierung der Lage der Arbeitszeit im Einzelhandel unmittelbare Folgewirkungen für das unternehmerische Verhalten des Arbeitgebers am Markt erzeugen. Solche tarifvertraglichen Regelungen vermögen aber, insbesondere wenn sie verbindliche Richtlinien für die Forschungs- und Technologieproduktpolitik der Unternehmen enthalten oder auf die Abstimmung des Rationalisierungs- und sonstigen Investitionsverhaltens einer Reihe von Großunternehmen gerichtet und daher in Branchentarifverträgen oder in unternehmensbezogenen Verbandstarifen vereinbart sind, in eher ausgeprägter und recht intensiver Weise die Stellung der Arbeitgeber im Wettbewerb zueinander zu berühren. Sie entfalten eine Kartellwirkung, die deutlich außerhalb des Arbeitsmarktes liegt und die betreffenden Güter- und Dienstleistungsmärkte unmittelbar erfaßt.

Die Frage, ob und inwieweit das Kartellverbot des § 1 GWB der Tarifautonomie Grenzen setzt, wird nach wie vor kontrovers diskutiert. Ist man sich im Ausgangspunkt darin einig, daß das Gesetz gegen Wettbewerbsbeschränkungen nicht auf tarifliche Regelungen anwendbar ist, die bei der inhaltlichen Ausgestaltung des Einzelarbeitsverhältnisses ansetzen, insoweit nur die betriebsinterne Kostenstruktur betreffen und damit das unternehmerische Marktverhalten lediglich mittelbar beeinflussen, so scheiden sich die Ansichten in dem Augenblick, wo die tarifliche Regelung mit unmittelbaren Folgewirkungen für das wettbewerbsrelevante unternehmerische Verhalten des Arbeitgebers verbunden ist. Die heute herrschende, vornehmlich im arbeitsrechtichen Schrifttum vertretene und zuletzt auch vom Bundesarbeitsgericht getragene Meinung lehnt – wenn auch mit Differenzierungen in Begründung und Umfang – grundsätzlich auch bei unmittelbaren Folgewirkungen eine Anwendung von § 1 GWB auf Tarifverträge ab.[124]

---

123 Vgl. hierzu aus der Literatur insb. *Kulka*, RdA 1988, 336ff.; *Immenga*, Grenzen des kartellrechtlichen Ausnahmebereichs Arbeitsmarkt; *Poth*, NZA 1989, 626ff.; *Anzinger/Koberski*, NZA 1989, 744ff.; *Jarass*, NZA 1990, 505ff.; *Reuter*, EzA Art. 9 Nr. 94, 21ff.; *Roth*, in: FIW (Hrsg.), Tarifautonomie und Kartellrecht, 7ff.; *Schmidt-Eriksen*, AuR 1991, 137ff. Aus der Rechtsprechung vor allem *BAG* v. 27.6.1989, AP Nr. 113 zu Art. 9 GG Arbeitskampf; *KG* v. 21.2.1990, NZA 1991, 24ff. Aus der späteren Literatur *Säcker/Oetker*, a. a. O. (Fn. 43), 206ff., mit weiteren Nachweisen.

124 Vgl. *Däubler*, a. a. O. (Fn. 16), 311ff., 314; *Rehbinder*, BB 1964, 900f.; *Vaubel*, Die Anwendbarkeit des GWB, insb. 101ff.; *Säcker*, ZHR 1973, 467; *Hendriks*, Arbeitsrechtliche Vereinbarungen und Kartellrecht, 60; *Wiedemann/Stumpf*, TVG, Einl. Rn. 96; *Rieth*, a. a. O. (Fn. 19), 97ff., 99; *Beck*, a. a. O. (Fn. 14), 341; *Bechtold*, RdA 1983, 100; *Runggaldier*, a. a. O. (Fn. 19), 351; *Weyand*, a. a. O. (Fn. 4), 117, 187;

Demgegenüber plädiert eine vor allem im Kartellrechtsschrifttum herausgebildete Auffassung für eine weitergehende Anwendung des Kartellverbots auf Tarifvertragsklauseln, die Wettbewerbsbeschränkungen auf den Güter- und Dienstleistungsmärkten unmittelbar nach sich ziehen oder zwingend bedingen.[125]

1.4.4.1 Die Erstreckbarkeit von § 1 GWB auf Tarifvertragsabschlüsse

Die Kontroverse betrifft bereits die Frage, ob § 1 GWB von seinen Tatbestandsvoraussetzungen her überhaupt den Abschluß von Tarifverträgen erfassen kann. Das Bundesarbeitsgericht lehnt dies mit der Begründung ab, Gewerkschaften seien zum einen keine Unternehmen im Sinne des § 1 GWB,[126] zum anderen würden Tarifverträge ja nicht zu einem gemeinsamen Zweck abgeschlossen. Einem gemeinsamen Zweck dienten den Wettbewerb beeinflussende Abreden nur dann, wenn sie die wettbewerbsrelevante Handlungsfreiheit von Wettbewerbern der Vertragsschließenden beschränkten. Gewerkschaften und Arbeitgeberverbände seien aber keine Wettbewerber auf dem Güter- oder Dienstleistungsmarkt.[127] Dem Rückgriff auf den Beschluß des Arbeitgeberverbandes als kartellrechtlich relevanten Sachverhalt im Sinne des § 1 GWB («Beschlüsse von Vereinigungen von Unternehmen») tritt das Gericht mit dem Argument entgegen, daß es widersprüchlich sei, den für den Tarifvertrag verbandsrechtlich unverzichtbaren Beschluß am Kartellverbot zu messen, wenn der Tarifvertrag selbst kein nach § 1 GWB verbotener Vertrag sei. Der für den Abschluß eines Tarifvertrages notwendige Beschluß der Tarifvertragspartei könne keinen anderen Zulässigkeitsregelungen unterliegen als der Tarifvertrag selbst.[128]

Die Begründung des Bundesarbeitsgerichts überzeugt – zumindest für den hier vorliegenden Sachzusammenhang – insofern nicht, als sie mangelnde Bereitschaft signalisiert, sich näher mit einigen aktuellen Ansätzen der Kartellrechtsdogmatik zum Anwendungsbereich von § 1 GWB auseinanderzusetzen. Das betrifft zuerst die Frage, ob und inwieweit im Zeichen eines funktional-extensiven, bereits vom Bundesgerichtshof anerkannten Verständnisses des Unternehmens-

Roth, a. a. O. (Fn. 123), 20ff.; *Schmidt-Eriksen*, a. a. O. (Fn. 123), 144; *BAG* v. 27.6.1989, a. a. O. (Fn. 123), bestätigt in: *BAG* AP Nr. 25 zu § 5 TVG, Bl. 6 R; *Säcker/Oetker*, a. a. O. (Fn. 43), 216f.

125 Vgl. *Immenga*, a. a. O. (Fn. 123), 9ff., 18ff.; *Immenga/Mestmäcker*, GWB, § 1 Rn. 321ff., 325; *Nacken*, WuW 1988, 480; *Kulka*, a. a. O. (Fn. 123), 343; die Stellungnahme des *BKartA* v. 3. April 1989 – P – 178/88, abgedruckt in: WuW 1989, 563f.; *Reuter*, a. a. O. (Fn. 123); *Windbichler*, ZfA 1991, 39f.; *Poth*, Die Grenzen des Arbeitsrechts aus kartellrechtlicher Sicht, 44ff., 50.

126 *BAG* v. 27.6.1989, a. a. O. (Fn. 123), Bl. 452.

127 *BAG* v. 27.6.1989, a. a. O. (Fn. 123), Bl. 453.

128 *BAG* v. 27.6.1989, a. a. O. (Fn. 123), Bl. 454.

begriffes nach § 1 GWB die Unternehmereigenschaft auch für die als Tarifvertragspartei agierende Gewerkschaft bejaht werden kann.[129] Speziell im Hinblick auf die hier interessierenden Tarifvertragsklauseln, die im originär unternehmerischen Entscheidungsbereich angesiedelt sind, liegt ein solches Verständnis nahe, da die Gewerkschaften – wie etwa das Beispiel einer gezielten Beeinflussung der Technologieproduktpolitik deutlich zeigt – dadurch, ohne selbst am Markt für Waren oder gewerbliche Leistungen als Anbieter oder Nachfrager aufzutreten, auf das Marktverhalten solcher Nachfrager oder Anbieter maßgeblich Einfluß nehmen können. Selbst bei Ablehnung dieses Verständnisses läßt sich der Tarifvertrag jedenfalls im Hinblick auf seine verbandsrechtlichen Entstehungsvoraussetzungen kartellrechtlich nicht immunisieren. Die gegenteilige Ansicht des Bundesarbeitsgerichts übergeht gerade die in der Kartellrechtsdogmatik anerkannte Erstreckung des Kartellverbots auf Ausführungsverträge.[130] Das Kartellrecht hat sich längst auf den Umstand eingestellt, daß auf der Basis einer gegen § 1 GWB verstoßenden Absprache Verträge abgeschlossen werden, die – wie der Tarifvertrag – für sich genommen nicht dem Kartellverbot unterliegen. Im Gegensatz zu den sog. Folgeverträgen, die von den Mitgliedern des Kartells mit Dritten abgeschlossen werden und grundsätzlich rechtswirksam bleiben, muß sich das Kartellverbot – soll es nicht an Effizienz einbüßen – auch auf die Rechtswirksamkeit solcher Verträge erstrecken, die als Ausführungsverträge zu klassifizieren sind.[131] Als solcher ist auch der Tarifvertrag im Verhältnis zum Zustimmungsbeschluß des Arbeitgeberverbandes einzustufen.[132] Da dieser Beschluß final auf den Abschluß eines Tarifvertrages gerichtet ist, dient der Tarifvertrag seiner Ausführung, so daß die kartellrechtliche Unwirksamkeit eines derartigen Beschlusses auch auf den hierauf bezogenen Tarifvertrag ausstrahlt.[133]

---

129 Vgl. bejahend *Kulka*, a. a. O. (Fn. 123), 338f.; *Reuter*, a. a. O. (Fn. 123), 22; *Immenga*, a. a. O. (Fn. 123), 46ff., jeweils mit Hinweisen auf die Rechtsprechung des Bundesgerichtshofs. Ablehnend etwa *Köhler*, RdA 1987, 234; *Däubler*, a. a. O. (Fn. 16), 313; *Bechtold*, a. a. O. (Fn. 124), 99; *Anzinger/Koberski*, a. a. O. (Fn 123), 745.

130 *Säcker/Oetker*, a. a. O. (Fn. 43), 209.

131 Vgl. etwa *Immenga/Mestmäcker*, GWB, § 1 Rn. 415; *Emmerich*, a. a. O. (Fn. 32), 76f., jeweils mit weiteren Nachweisen.

132 Entgegen *Bechtold*, a. a. O. (Fn. 124), 99, dessen Ansicht die schematische Trennung zwischen dem Tarifvertragsabschluß und der verbandsinternen Willensbildung wie -äußerung bei der Arbeitgeberseite suggeriert.

133 *Säcker/Oetker*, a. a. O. (Fn. 43), 210; wie hier auch *Buchner*, ZHR 1970, 166. *Däubler*, a. a. O. (Fn. 16), 313f.; *Hendriks*, a. a. O. (Fn. 124), 124ff.; *Weyand*, a a. O. (Fn. 4), 118 Fn. 232; *Kulka*, a. a. O. (Fn. 123), 338; *Immenga*, a. a. O. (Fn. 123), 40f.; *Reuter*, a. a. O. (Fn. 123), 24.

1.4.4.2 Die Herausnahme der «gesetzmäßigen Tätigkeit» der Tarifvertragsparteien aus dem Kartellverbot

Zustimmung verdienen trotzdem die Ausführungen des Bundesarbeitsgerichts, wenn sie auf das Tarifvertragsgesetz und die Entstehungsgeschichte des Gesetzes gegen Wettbewerbsbeschränkungen verweisen.[134] Den einschlägigen Gesetzesmaterialien ist zu entnehmen, daß Tarifverträge mit einem nach § 1 TVG zulässigen Inhalt nicht unter die Geltung des Gesetzes gegen Wettbewerbsbeschränkungen unterworfen werden sollten.[135] Der Gesetzgeber hat gerade mit Rücksicht auf die ordnungspolitische Sonderstellung des Arbeitsmarktes die Kartellwirkung von Tarifverträgen grundsätzlich anerkannt[136] und sie insoweit bereits tatbestandlich aus dem Anwendungsbereich von § 1 GWB ausgeschlossen. Diese grundlegende, die Konzeption des GWB prägende Wertentscheidung des Gesetzgebers führt dazu, die «gesetzmäßige Tätigkeit»[137] der Tarifvertragsparteien auch dann kartellrechtlich zu immunisieren, wenn die von ihnen getroffenen Regelungen unmittelbare Folgewirkungen auf den Güter- und Dienstleistungsmärkten erzeugen.[138] Eine Reduzierung der Privilegierung der Kartellwirkung des Tarifvertrages auf die Fälle einer lediglich mittelbaren Beeinflussung des Wettbewerbs der Arbeitgeber zueinander ist weder dem Tarifvertragsgesetz selbst noch dem Willen des historischen GWB-Gesetzgebers zu entnehmen. Die Trennung zwischen einer zulässigen Tarifregelung des Verhaltens auf dem Arbeitsmarkt einerseits und der unzulässigen Tarifregelung des Marktverhaltens auf den Güter- und Dienstleistungsmärkten andererseits erweist sich aufgrund der vielfältigen Interdependenzen dieser Märkte vielmehr als schematisch und vordergründig: Alle tarifvertraglichen Abreden, gleich welchen Inhalts, schlagen immer letztlich auf die betreffenden Güter- und Dienstleistungsmärkte durch und beeinflussen damit, in welchem Maß auch immer, den Wettbewerb der Arbeitgeber zueinander.[139]

---

134 *BAG* v. 27.6.1989, a. a. O. (Fn. 123), Bl. 452, 453.

135 Vgl. dazu *Säcker/Oetker*, a. a. O. (Fn. 43), 210f., die auf die Begründung des Regierungsentwurfes, BT-Drucksache II//1158, S. 30, sowie auf den schriftlichen Bericht des bei den hiesigen Beratungen federführenden «Ausschusses für Wirtschaftspolitik», BT-Drucksache II/3644, S. 40, Bezug nehmen.

136 Zum Telos dieser Anerkennung vgl. die Ausführungen unten im Abschnitt 2.1.1, S. 202ff., näher ergründet im Kapitel V Abschnitt 1.4.1, S. 329ff.

137 Wie es im oben (Fn. 135) zitierten Bericht des «Ausschusses für Wirtschaftspolitik» konkret heißt.

138 Ebenso *Säcker/Oetker*, a. a. O. (Fn. 43), 216.

139 Vgl. auch *Weyand*, a. a. O. (Fn. 4), 117; *Schmidt-Eriksen*, a. a. O. (Fn. 3), 143; *Rieble*, Arbeitsmarkt und Wettbewerb, Rn. 520.

Das Sich-Einlassen auf die Kartellrechtsdogmatik mit ihrer funktional-extensiven Interpretation der einzelnen Tatbestandsmerkmale des § 1 GWB läßt sich daher hinsichtlich des tarifvertraglichen Abschlusses nur insoweit halten, als damit die konzeptionelle Grundentscheidung des Gesetzgebers zugunsten der Kartellwirkung des Tarifvertrages nicht übergangen wird.[140] Mit Rücksicht auf diesen Vorbehalt können das von *Immenga* formulierte Abwägungspostulat[141] und der von *Reuter* adaptierte Ansatz der Immanenzlehre nicht überzeugen. Sie erstreben – wie das Beispiel der Arbeitszeitgestaltung im Einzelhandel zeigt – eine Ausdehnung des gesetzlichen Kartellverbots auf tarifliche Vereinbarungen, die einen nach § 1 TVG zulässigen Inhalt aufweisen und somit tatbestandlich vom Anwendungsbereich des § 1 GWB ausgenommen sind. Bezeichnend für beide Konzeptionen ist die fehlende Anerkennung, daß das Gesetz gegen Wettbewerbsbeschränkungen solche tariflichen Vereinbarungen von vornherein nicht erfaßt. Der Wettbewerbsschutz wird zu einem abstrakt gegenläufigen Ordnungsprinzip erhoben, welches unabhängig von seiner legislativen Beschränkung zugunsten der Tarifautonomie gegenüber dem Anliegen des Arbeitnehmerschutzes Geltung beanspruchen soll.[142]

Wie weit die um der Tarifautonomie willen legislative Beschränkung des Gegenstandsbereichs des Gesetzes gegen Wettbewerbsbeschränkungen reicht, bestimmt sich – in Anlehnung an die Gesetzesmaterialien – nach der «gesetzmäßigen Tätigkeit» der Tarifvertragsparteien.[143] Konkrete Aufschlüsse über die gesetzliche Anerkennung der Kartellwirkung des Tarifvertrages und dessen Herausnahme vom tatbestandlichen Anwendungsbereich des § 1 GWB vermitteln aber die Gesetzesmaterialien nur insoweit, als dort auf «den Abschluß oder den Inhalt von Arbeitsverhältnissen» oder «die Gestaltung der Lohn- und Arbeitsbedingungen» Bezug genommen wird.[144] Mit diesen Formulierungen wird sicherlich der traditionelle Inhalt der Tarifverträge im Regelungsbereich der formellen und materiellen Arbeitsbedingungen umschrieben.[145] Probleme und Unsicherheiten treten jedoch auf, wenn unherkömmliche erweiterte Tarifinhalte, wie diese zur gezielten Beeinflussung der unternehmerischen Investitions- und Produktpo-

---

140 Vgl. bereits *Säcker/Oetker*, a. a. O. (Fn. 43), 215; erneut *dies.*, ZfA 1996, 112. Gegen eine generelle Ausdehnung von § 1 GWB auf Tarifvertragsabschlüsse vgl. auch *Rieble*, a. a. O. (Fn. 139), Rn. 525ff., 532.

141 Kritisch dazu auch *BAG* v. 27.6.1989, a. a. O. (Fn. 123), Bl. 453; *Schmidt-Eriksen*, a. a. O. (Fn. 123), 140ff.

142 Gegen die Vorstellung eines universell geltenden Wettbewerbsprinzips vgl. auch die Ausführungen oben im Abschnitt 1.2.1, S. 154ff.

143 Ebenso im Ausgangspunkt *Kulka*, a. a. O. (Fn. 123), 342.

144 Begründung des Regierungsentwurfes, a. a. O. (Fn. 135).

145 Vgl. *Säcker/Oetker*, a. a. O. (Fn. 43), 211.

litik, einer kartellrechtlichen Würdigung unterzogen werden.[146] Das Bundesarbeitsgericht hält im Rahmen einer derartigen Würdigung fest, daß Gegenstand tarifvertraglicher Regelungen nach § 1 TVG alle Rechtsnormen sein können, die den Inhalt, den Abschluß und die Beendigung von Arbeitsverhältnissen sowie betriebliche und betriebsverfassungsrechtliche Fragen ordnen.[147] Dabei fällt auf, daß das Gericht – vielleicht aus Gründen, die auf den ihm damals spezifisch vorliegenden Streitfall zurückzuführen sind – den schuldrechtlichen Teil des Tarifvertrages nicht erwähnt, obwohl auch schuldrechtliche Verpflichtungen – nicht zuletzt wegen verbandsinterner Anpassungs- und Sanktionsmaßnahmen – ein wettbewerbsbeschränkendes Verhalten der im Verband zusammengeschlossenen Unternehmen zur Folge haben können.[148] Soll also zur Ermittlung der «gesetzmäßigen Tätigkeit» der Tarifvertragsparteien die Vorschrift des § 1 Abs. 1 TVG umfassend herangezogen werden, so gilt es im hier interessierenden Zusammenhang, sich erneut der Frage zu stellen, ob und inwieweit unternehmerische Sachentscheidungen einen regelbaren Sachverhalt im schuldrechtlichen und normativen Teil des Tarifvertrages darstellen.[149] Die Beantwortung dieser nach wie vor kontrovers diskutierten Frage gibt Aufschluß darüber, ob und inwieweit sich die Kartellwirkung einer im originär unternehmerischen Bereich agierenden Tarifpolitik innerhalb des durch § 1 Abs. 1 TVG gezogenen Rahmens hält und daher nicht in den Anwendungsbereich von § 1 GWB einzubeziehen ist.

1.4.4.3 Die maßgebende Bedeutung des Art. 9 Abs. 3 GG

Die hier anzustellenden interpretatorischen Bemühungen um die Vorschrift des § 1 Abs. 1 TVG erfordern – wie bereits an früheren Stellen der Untersuchung herausgestellt[150] – den Rückgriff auf Art. 9 Abs. 3 GG. Die gesetzliche Anerkennung der Kartellwirkung des Tarifvertrages, die im Tarifvertragsgesetz Ausdruck findet, geht gerade auf die verfassungsrechtliche Gewährleistung der Tarifauto-

---

146 Nach *Kulka*, a. a. O. (Fn. 123), 342, legen die in den Gesetzesmaterialien einschlägigen Äußerungen eine gewisse Zurückhaltung nahe. Sie seien sehr allgemein gehalten und könnten deshalb nicht als Stellungnahme zum Problem der Freistellung direkt gütermarktregelnder Tarifverträge verstanden werden, *ders.*, WuW 1987, 17.

147 *BAG* v. 29.6.1989, a. a. O. (Fn. 123), Bl. 452; ebenso *KG* v. 21.2.1990, a. a. O. (Fn. 123), 25, 26. Hingegen bewertet *Kulka*, a. a. O. (Fn. 123), 342, den in den Gesetzesmaterialien fehlenden Hinweis auf die «betrieblichen und betriebsverfassungsrechtlichen Fragen» des § 1 Abs. 1 TVG als Indiz für den engeren Regelungsspielraum der Tarifvertragsparteien beim Abschluß marktregelnder Tarifverträge.

148 Vgl. auch *Runggaldier*, a. a. O. (Fn. 19), 359; *Weyand*, a. a. O. (Fn. 4), 187.

149 Ausführlich dazu oben im Kapitel II, S. 205ff.

150 Vgl. die Ausführungen oben im Kapitel II Abschnitt 1.1, S. 126, Abschnitt 1.3, S. 132 u. Abschnitt 3, S. 137.

nomie zurück. Art. 9 Abs. 3 GG verpflichtet den Gesetzgeber dazu, ein Tarifvertragssystem im Sinne des modernen Arbeitsrechts bereitzustellen, damit die Koalitionen die von dieser Verfassungsbestimmung intendierte «sinnvolle Ordnung des Arbeitslebens» verwirklichen können.[151] Das Tarifvertragsgesetz als ein die Tarifautonomie des Art. 9 Abs. 3 GG konkretisierendes wie ausführendes Gesetz kann nicht anders als im Lichte dieser Verfassungsgarantie verstanden und interpretiert werden. Daraus kann freilich auf die Kongruenz der nach § 1 Abs. 1 TVG zulässigen Tarifinhalte mit dem in Art. 9 Abs. 3 GG normierten Begriff der «Arbeits- und Wirtschaftsbedingungen» nicht geschlossen werden. Der Gesetzgeber ist nicht von vornherein daran gehindert, die verfassungsrechtlich legitimierte Regelungsbefugnis der Tarifvertragsparteien einzugrenzen.[152] Art. 9 Abs. 3 GG verbietet daher nicht jegliche Beschränkungen der kollektiven Koalitionsfreiheit, so daß auch § 1 GWB der Tarifautonomie Schranken setzen kann.[153] Das betrifft etwa tarifvertragliche Vereinbarungen, die, obwohl vom Koalitionszweck der «Wahrung und Förderung der Arbeits- und Wirtschaftsbedingungen» gedeckt, den durch § 1 Abs. 1 TVG gezogenen Rahmen übersteigen und damit eine vom Gesetzgeber nicht gebilligte Kartellwirkung entfalten würden. Nur wenn solche Vereinbarungen der Kernbereichsgarantie des Art. 9 Abs. 3 GG zuzurechnen wären, würden sie vor dem Kartellverbot des § 1 GWB Vorrang genießen. Die Kernbereichsgarantie legt den tarifautonomen Bereich fest, in den die Regelungsbefugnis des Gesetzgebers auch auf dem Gebiet des Kartellrechts nicht eindringen kann.[154] Diese auf die Sicherung des Bestandes und der Funktionsfähigkeit kollektiver Koalitionsbetätigung gerichtete Garantie bezeichnet den inneren Gehalt der verfassungsrechtlichen Gewährleistung in Art. 9 Abs. 3 GG und vermittelt somit die maßgeblichen Gesichtspunkte für die Privilegierung der Kartellwirkung des Tarifvertrages. Sie bietet daher den tragenden Ansatzpunkt auch für die Auflösung möglicher Kollisionen zwischen der tarifautonomen Regelungsmacht und dem gesetzlichen Kartellverbot im Hinblick auf Tarifinhalte, die in sachlich-gegenständlicher Hinsicht dem durch Art. 9 Abs. 3 GG geschützten Bereich der «Arbeits- und Wirtschaftsbedingungen» unterfallen, die gesetzliche Anerkennung der Kartellwirkung des Tarifvertrages aber für sich nicht, zumindest nicht ohne weiteres in Anspruch nehmen können. Diese Kollisionsproblematik stellt sich insbesondere dort, wo die Regelungstätigkeit der Tarifvertragsparteien – jenseits der Möglichkeit ihrer Einordnung in den normativen bzw. schuldrechtlichen Teil des Tarifvertrages nach § 1 Abs. 1 TVG – in Konkurrenz

---

151 *BVerfGE* 4, 96 (106).

152 Vgl. hierzu erneut die Ausführungen oben im Kapitel I Abschnitt 2, S. 104ff.

153 Vgl. ebenso im Ausgangspunkt *Säcker/Oetker*, a. a. O. (Fn. 43), 222.

154 Vgl. auch *KG* v. 21.2.1990, a. a. O. (Fn. 123), 26.

zum Inhalt anderer Gesetzesbestimmungen tritt und insoweit nicht, jedenfalls nicht von vornherein als gesetzmäßig betrachtet werden kann. Eine solche Problematik kennzeichnet gerade die kartellrechtliche Würdigung von tariflichen Vereinbarungen, die im originär unternehmerischen Entscheidungsbereich angesiedelt sind.

1.4.4.4 Die Abgrenzungskonzeption Vaubels

Vaubel hat allerdings die Ansicht vertreten, daß es für die Abgrenzung zwischen kartellrechtlich unbedenklichen und nach § 1 GWB verbotenen Tarifinhalten entscheidend darauf ankomme, ob die Wettbewerbsbeschränkung Folge oder Mittel der Wahrnehmung von Arbeitnehmerinteressen sei.[155] Tarifvertragliche Vereinbarungen unterfielen nicht dem gesetzlichen Kartellverbot, wenn sie unmittelbar der Wahrung anerkannter Arbeitnehmerinteressen dienten und dadurch bloß beschränkende Folgen für den Wettbewerb der Arbeitgeber zueinander hätten.[156] Der Tarifvertrag verdiene diese Privilegierung nicht mehr, wenn er auf eine Wettbewerbsbeschränkung am Gütermarkt abziele, um erst dadurch die Arbeitnehmerposition zu verbessern. Die Wettbewerbsbeschränkung dürfe nicht das Mittel sein, um die Arbeits- und Wirtschaftsbedingungen zu regeln. Das Gesetz gegen Wettbewerbsbeschränkungen sei daher auf Tarifvertragsklauseln anzuwenden, bei denen ein direkter Zusammenhang mit der Wahrung von Arbeitnehmerinteressen fehle.[157]

Diese Abgrenzungskonzeption, die bis heute im arbeitsrechtlichen Schrifttum meist Zustimmung fand,[158] baut einerseits auf der Feststellung, daß Art. 9 Abs. 3 GG und insbesondere der Kernbereichsschutz der Tarifautonomie die Hinnahme einer bloßen beschränkenden Wirkung von Tarifverträgen auf den Wettbewerb am Gütermarkt gebietet,[159] andererseits auf dem Standpunkt, daß die Regelungsautonomie der Tarifvertragsparteien nicht zu wettbewerbswidrigen Zwecken und damit zur Umgehung des vom GWB intendierten Wettbewerbsschutzes mißbraucht werden darf.[160] Der Rückgriff auf die Dogmatik der Gesetzesumgehung und die Lehre vom institutionellen Rechtsmißbrauch[161] kann jedoch erst über-

155 Vgl. *Vaubel*, a. a. O. (Fn. 124), 71, 73, 89ff.
156 Vgl. *Vaubel*, a. a. O. (Fn. 124), 49ff.
157 Vgl. *Vaubel*, a. a. O. (Fn. 124), 97f.
158 Vgl. *Däubler*, a. a. O. (Fn. 16), 314; *Rieth*, a. a. O. (Fn. 19), 99; *Runggaldier*, a. a. O. (Fn. 19), 352; *Weyand*, a. a. O. (Fn. 4), 117f., 187; *Stark*, a. a. O. (Fn. 3), 83; *Schmidt-Eriksen*, a. a. O. (Fn. 123), 143f.
159 Vgl. *Vaubel*, a. a. O. (Fn. 124), 51.
160 Vgl. *Vaubel*, a. a. O. (Fn. 124), 54.
161 In diesem Sinne auch *BAG* v. 27.6.1989, a. a. O. (Fn. 123), Bl. 454; *KG* v.

zeugen, wenn die betroffene Regelungstätigkeit der Tarifvertragsparteien einer Zielsetzung[162] dient, die dem Schutzbereich des Art. 9 Abs. 3 GG und insbesondere der Kenrbereichsgarantie nicht zugeordnet werden kann.[163] Eine derartige Zielsetzung liegt aber nicht bereits vor, wenn die von den Tarifvertragsparteien angestrebte Regelung auf eine «wettbewerbsregelnde Absicht» schließen läßt.[164] Diese Konstellation betrifft vornehmlich tarifvertragliche Vereinbarungen, die auch und gerade zum Zwecke des Rationalisierungsschutzes auf sektoraler Ebene in die «managerial prerogatives» eingreifen. Solche Vereinbarungen implizieren – wie die Beispiele einer gezielten Beeinflussung der Technologieproduktpolitik und einer zeitlichen Streckung der Rationalisierungsinvestitionen von Großunternehmungen zeigen – in der Regel die Absicht zur Regulierung des Wettbewerbs auf dem betreffenden Güter- und Dienstleistungsmarkt, wenngleich ihre Zielsetzung primär in der vorbeugenden Berücksichtigung von Arbeitnehmerinteressen liegt. Die erwünschte Schutzwirkung des Tarifvertrages läßt sich hier nur über eine bewußt in die Kalkulation und daher die Zielrichtung tarifpolitischen Handelns einfließende Beschränkung des Wettbewerbs am Güter- und Dienstleistungsmarkt erreichen. Der Umstand, daß diese Wettbewerbsbeschränkung nicht – wie üblich – erst Folge, sondern Wirksamkeitsvoraussetzung und prägendes Merkmal des Tarifinhaltes ist, verweist an sich nicht auf eine andere, den Umgehungs- bzw. Rechtsmißbrauchstatbestand einlösende Zielsetzung des Tarifvertrages. Daran wird vielmehr die enge, ja untrennbare Verbindung zwischen der Schutzfunktion und der Kartellwirkung dieses Gestaltungsinstruments in besonders markanter Weise demonstriert.[165]

Es ist naheliegend, daß die Legitimität dieser Verbindung nicht nach formalen Kriterien derart entschieden werden kann, ob die Wettbewerbsbeschränkung Folge oder Mittel der Wahrnehmung von Arbeitnehmerinteressen ist. Der Umstand, daß die Tarifregelung eine direkte Behinderung des Wettbewerbs auf dem Gütermarkt beinhaltet, besagt an sich noch nichts über das Vorliegen eines legitimen arbeitsrechtlichen Schutzanliegens und dessen material-rechtliche Gewichtung gegenüber dem gesetzlichen Kartellverbot. Die Trennung zwischen einer zulässi-

---

21.2.1990, a. a. O. (Fn. 123), 25.

162 Ebenfalls auf den Zweck der tariflichen Vereinbarung abstellend *Buchner*, a. a. O. (Fn. 133); *Hendriks*, a. a. O. (Fn. 124), 61ff.; *Wiedemann/Stumpf*, a. a. O. (Fn. 124); *Runggaldier*, a. a. O. (Fn. 19), 326; *Säcker/Oetker*, a. a. O. (Fn. 43), 219; *Rieble*, a. a. O. (Fn. 139), Rn. 516, 533ff.

163 Vgl. auch die abschließenden, die maßgebende Bedeutung des Art. 9 Abs. 3 GG letztlich hervorhebenden Betrachtungen von *Schmidt-Eriksen*, a. a. O. (Fn. 3), 333f.

164 So aber das Bundesarbeitsgericht (Fn. 123) und die soeben (Fn. 162) wie die restlichen in Fn. 157 u. 158 erwähnten Autoren.

165 Zur Schutz- und Kartellfunktion des Tarifvertrages vgl. die Ausführungen unten im Abschnitt 2.1.1, S. 202ff., Abschnitt 2.1.2, S. 218f. u. Abschnitt 2.2.4.2, S. 272f.

gen Tarifregelung des Verhaltens auf dem Arbeitsmarkt und der unzulässigen Tarifregelung des Verhaltens auf den Güter- und Dienstleistungsmärkten bleibt weiterhin vordergründig: Auch Entwicklungsprozesse auf diesen Märkten können letztlich gravierende Auswirkungen auf den Arbeitsmarkt und somit die Situation des Arbeitnehmers erzeugen. Die interdependente Beschaffenheit von Arbeits- und Gütermarkt läßt sich auch hier nicht verneinen. Der Kartellwirkung des Tarifvertrages ist die rechtliche Anerkennung nicht schon deswegen abzusprechen, weil das Schutzinteresse nicht direkt dem Tarifinhalt und der ihn prägenden Wettbewerbsbeschränkung zugeordnet werden kann.[166] Eine derartige Eingrenzung des Kausalzusammenhangs zwischen der Wahrnehmung des Arbeitnehmerinteresses und der Wettbewerbsbeschränkung auf dem Gütermarkt verbindet sich nicht zuletzt mit der Besinnung auf die inzwischen im Kartellrecht überholte Gegenstandstheorie, während die moderne Kartellrechtsdogmatik bei der Anwendung des § 1 GWB maßgeblich nicht auf den Forminhalt (Verhalten am Gütermarkt als direkter Regelungsgegenstand und Mittel der Interessenwahrnehmung), sondern auf die Finalität und Wirkungen des Handelns der Vertragsbeteiligten abstellt.[167] Der Lösungsansatz *Vaubels* verkürzt die Abgrenzungsproblematik und greift einer rechtlichen Bewertung vor, die letztlich auf dem Wege real-inhaltlicher, funktionaler Interpretation des Art. 9 Abs. 3 GG vorzunehmen ist. Bei der Beurteilung der Rechtmäßigkeit der Kartellwirkung des Tarifvertrages kommt es also entscheidend auf die Frage an, ob und inwieweit der jeweils von den Tarifvertragsparteien verfolgte Regelungszweck die verfassungsrechtliche Privilegierung des Art. 9 Abs. 3 GG genießen kann.

1.5 Der Kernbereichsschutz der Tarifautonomie – Fragestellungen und erste Erkenntnisse

Durch die Verlagerung der Interpretationsbemühungen auf die Kernbereichsgarantie des Art. 9 Abs. 3 GG lassen sich die Schranken staatlicher Gesetzgebung im Regelungsbereich der Arbeitsbeziehungen noch lange nicht ermitteln. Der

166 Die interpretatorischen Betrachtungen *Runggaldiers*, a. a. O. (Fn. 19), 128, 342, 346f. und *Weyands*, a. a. O. (Fn. 4), 77ff., 83, wonach Art. 9 Abs. 3 GG auch Tarifinhalte deckt, die einen nur noch mittelbaren Bezug zu schutzspezifischen Arbeitnehmerinteressen aufweisen, geraten damit erkennbar in Wertungswiderspruch zu der von ihnen adaptierten Abgrenzung zulässiger Tarifinhalte, die eine Wettbewerbsbeschränkung auf dem Gütermarkt lediglich bewirken, von unzulässigen Tarifinhalten, die eine direkte Behinderung des Wettbewerbs auf dem Gütermarkt beinhalten, *Runggaldier*, a. a. O., 326, 351f. und *Weyand*, a. a. O., 117f., 187.

167 Zum Abschied von der Gegenstandstheorie hin zur Zweck- und Folgetheorie vgl. die Erörterungen und Nachweise bei *Immenga/Mestmäcker*, GWB, § 1 Rn. 283ff.

Vorbehalt ist zwar klar demonstriert, die dazu verwendete Formel bleibt aber weithin ausfüllungsbedürftig. Uneinigkeit wie Unklarheit bestehen noch darüber, was diesen vielzitierten Kernbereich der Tarifautonomie genau ausmacht.[168] Bezeichnend dafür sind die im Schrifttum verschiedentlich entwickelten Auffassungen über Art und Umfang der inhaltlichen Ausgestaltung der Kernbereichsgarantie.[169]

1.5.1 Der Aussagegehalt der Kernbereichsformel

Der Rechtsprechung des Bundesverfassungsgerichts sind immerhin zwei klare Aussagen grundsätzlicher Bedeutung über den Inhalt der Kernbereichsgarantie zu entnehmen: Die Kernbereichsformel beinhaltet zum einen das Gebot wirkungsvoller Interessenvertretung durch die Koalitionen, so daß die Garantie auf die Abwendung einer Beeinträchtigung des Bestandes und der Wirkungsmöglichkeiten der Gewerkschaften ausgerichtet ist.[170] Zum zweiten soll sich die gebotene wirksame Verfolgung des Koalitionszwecks auf «Lohn- und sonstige materielle Arbeitsbedingungen»[171] sowie die im Betrieb und Unternehmen fallenden Entscheidungen erstrecken.[172] Art. 9 Abs. 3 GG gebietet mit Rücksicht vor allem auf die geschichtliche Entwicklung, daß den Koalitionen, über die Regelung der allgemeinen, für ein sozial angemessenes Arbeitsverhältnis wesentlichen Arbeitsbedingungen hinaus, auch ein Mindestmaß an Teilnahme an den für die Belegschaft relevanten betriebs- und unternehmensbezogenen Entscheidungen des Arbeitgebers gewährt wird. Mit *Säcker*, der den Aussagegehalt der früheren grundlegenden Entscheidungen des Bundesverfassungsgerichts zu Art. 9 Abs. 3 GG überzeugend herausgearbeitet hat, ist grundsätzlich davon auszugehen, daß diese Ver-

168 An dieser Feststellung von *Simitis*, AuR 1975, 331, hat sich bis heute wesentlich nichts geändert.

169 Eine Zusammenstellung und Systematisierung des vielfältigen Meinungsspektrums findet sich bei *Meik*, a. a. O. (Fn. 53), 38ff., mit Nachweisen und eigener Einschätzung.

170 *BVerfGE* 17, 319 (333f.), wo bereits von der wirksamen Verfolgung des Koalitionszwecks die Rede ist; ausdrücklich wie oben im Haupttext *BVerfGE*, 38, 281 (305f.); 50, 290 (373ff.), wo dem Kriterium der Funktionsfähigkeit der Tarifautonomie zentrale Bedeutung bei der Überprüfung der Verfassungsmäßigkeit legislativer Interventionsmaßnahmen im Regelungsbereich der Arbeits- und Wirtschaftsbedingungen beigemessen wird.

171 *BVerfGE* 50, 297 (367). Das Bundesverfassungsgericht hat wiederholt «Löhne und Arbeitsbedingungen» – *BVerfGE* 4, 96 (106); 18 26 (28) – und – eher umfassend – «alle regelungsbedürftigen Einzelheiten des Arbeitsvertrages» – *BVerfGE* 34, 307 (316); 44, 322ff. – in die Kernbereichsgarantie des Art. 9 Abs. 3 GG einbezogen.

172 *BVerfGE* 19, 303 (319); 50, 290 (372); 51, 77 (88); 60 162 (170).

fassungsbestimmung zwei funktionelle (Ober-)Kernbereiche gewährleistet, nämlich einen «Kernbereich verbandsmäßiger Gestaltung der allgemeinen Arbeitsbedingungen» und einen «Kernbereich verbandsmäßiger Mitgestaltung der betriebs- und unternehmensverfassungsrechtlichen Ordnung».[173]

Die allgemeine Umschreibung dieser zwei funktionellen (Ober-)Kernbereiche hilft freilich nicht weiter. Inhalt und Reichweite der dazu zählenden Kompetenzen bleiben bislang eine offene, kontrovers diskutierte Frage. Die Interpretationsschwierigkeiten spitzen sich gerade dann zu, wenn die Mitgestaltung unternehmerischer Sach- und Personalentscheidungen zur Beurteilung steht. Die Frage, ob und inwieweit die Steuerung unternehmerischen Handelns dem Kernbereich der Tarifautonomie zuzurechnen ist, wird allerdings in der Literatur nur vereinzelt erwogen. *Säcker* hat die ursprünglich von ihm allgemein befürwortete Erstrekkung des Kernbereichs auf die unternehmensverfassungsrechtliche Ordnung[174] später als die Garantie einer gleichberechtigten und gleichgewichtigen Einflußnahme der Koalitionen auf die obersten Planungs-, Leitungs- und Organisationsentscheidungen des Unternehmens aufgefaßt.[175] Diesen sicherlich konkretisierungsbedürftigen, inzwischen in Vergessenheit geratenen Ansatz *Säckers* hat früher nur *Weiss* weiterverfolgt und die These allgemein formuliert, daß sich die Einbeziehung unternehmerischer Entscheidungen in die funktionelle Kernbereichsgarantie des Art. 9 Abs. 3 GG mit Rücksicht auf die Funktionsfähigkeit einer sich in gewohnten Bahnen bewegenden Tarifpolitik rechtfertigen ließe.[176] *Weiss* verwies auf die Möglichkeit der Arbeitgeberseite, unter Ausnutzung ihrer Alleinkompetenz in Investitions- und Preisfragen tariflich erzielte Ergebnisse in so zentralen Bereichen wie etwa dem der Lohnpolitik zu konterkarieren und somit bedeutungslos zu machen. Dieser materielle, auf die Wirksamkeit traditioneller Tarifinhalte bedachte Begründungsansatz stieß aber bislang kaum auf Resonanz.[177] Die Vorstellung einer sich auf originär unternehmerische Fragen erstreckenden Kernbereichsgarantie wurde vielmehr unter Hinweis auf die histori-

173 *Säcker*, Grundprobleme, 45ff., 58ff.; *ders.*, ArbRGew 1975, 30ff., 55ff.; aber auch *Säcker/Oetker*, a. a. O. (Fn. 43), 78ff., mit weiteren Nachweisen.

174 *Säcker*, Grundprobleme, 58ff.

175 *Säcker*, ArbRGew 1975, 55ff.

176 *Weiss*, a. a. O. (Fn. 6), 298.

177 Vgl. indes *Berg/Wendeling-Schröder/Wolter*, a. a. O. (Fn. 14), 307, die auf die Gefahr einer weitgehenden Entwertung tariflicher Vereinbarungen in den «klassischen» Regelungsbereichen (Lohn und Arbeitszeit) durch unternehmerische Entscheidungen und insb. Rationalisierungsentscheidungen hinweisen, ohne aber daraus Konsequenzen für die Reichweite der Kernbereichsgarantie des Art. 9 Abs. 3 GG zu ziehen.

sche Erfahrung und das für die unternehmerische Mitbestimmung nicht passende Konfliktmodell des Arbeitskampfes als verfehlt betrachtet.[178]

Das Bundesverfassungsgericht sah sich bisher nicht veranlaßt, die funktionelle Kernbereichsgarantie vorsorglich zu konkretisieren. Stattdessen begnügte es sich bei der Bestimmung des Garantiegehalts eher mit allgemeinen Umschreibungen und Abwägungsformeln. Das Gericht vermag nicht zuletzt auf diese Weise der bewußten Offenheit des Art. 9 Abs. 3 GG für Veränderungen seines sozioökonomischen Umfeldes ebenso Rechnung zu tragen wie der in diesem Zusammenhang grundsätzlich zu respektierenden Entscheidungsautonomie der Tarifvertragsparteien. Die von ihm entwickelten Interpretationslinien zur Reichweite der Kernbereichsgarantie sind jedoch nicht von Konsistenz, sondern von Vieldeutigkeit und Ambivalenz geprägt.[179] Einerseits wird die Gewährleistung eines unantastbaren, als absolute Schutzzone verstandenen Kernbereichs der Koalitionsbetätigung immer wieder hervorgehoben.[180] Andererseits werden aber die Möglichkeiten der gesetzlichen Beschränkbarkeit des Grundrechts derart stark betont, daß die Gewährleistung eines verfassungsfesten Kerngehalts eher in den Hintergrund tritt. Die vom Bundesverfassungsgericht entwickelte Abwägungsformel, daß die durch den Kernbereichsschutz gezogene Grenze überschritten werde, soweit einschränkende Regelungen nicht zum Schutz anderer Rechtsgüter von der Sache her geboten seien,[181] läßt in Verbindung mit dem Hinweis auf «gewichtige Belange anderer, auch des Sozialpartners», die eine legislative Intervention rechtfertigen könnten,[182] den Umfang verfassungsverbürgter Koalitions-

---

178 Vgl. *Rieth*, a. a. O. (Fn. 19), 31; *Beuthien*, ZfA 1984, 7 Fn. 8; *Meik*, a. a. O. (Fn. 53), 204f.

179 Vgl. so bereits früh *BVerfGE* 18, 18 (26f.); 20, 312 (317) – Entscheidungen, die, wie *Säcker*, Grundprobleme, 46 zutreffend bemerkt hat, den Eindruck erwecken als sei die funktionelle Kernbereichsgarantie verbandsmäßiger Gestaltung der allgemeinen Arbeitsbedingungen auf den von legislativer Gesetzgebung noch freien Residualbereich reduziert.

180 Vgl. etwa *BVerfGE* 4, 96 (106); 17, 319 (333f.); 38, 386 (393); 77, 1 (63); aber auch *BAGE* 68, 200 (215).

181 Vgl. etwa *BVerfGE* 50, 290 (368f.); 57, 220 (245f.); 58, 233 (246f.). Das Bundesverfassungsgericht verwendet aber zur Umschreibung der Kernbereichsgarantie parallel die sog. Unerläßlichkeitsformel. Danach sind diejenigen Betätigungen verfassungskräftig verbürgt, die für die Erhaltung und Sicherung des Bestandes der Koalition bzw. zur Erreichung des in Art. 9 Abs. 3 GG genannten Zwecks als unerläßlich betrachtet werden müssen, *BVerfGE* 19, 303 (333f.); 28, 295 (304); 38, 281 (305); 57, 220 (246). Eingehend zum Verständnis dieser Formel unten im Abschnitt 2.1.4.1, S. 234ff. *Höfling*, in: Sachs, GG, Art. 9 Rn. 73-74, hält die Abwägungsformel und die Unerläßlichkeitsformel für nicht vereinbar miteinander.

182 *BVerfGE* 57, 220 (246); aber auch 32, 54 (68ff., 76f.).

betätigung als abhängige Variable anderer Rechtsgüter erscheinen.[183] Bei der Verwendung dieser Abwägungsformel bleibt vor allem unklar, nach welchem Maßstab eigentlich beurteilt werden soll, was von der Sache her zum Schutz anderer Rechtsgüter geboten ist.[184] Das Gericht hat zwar inzwischen die Klarstellung getroffen, daß die kollektive Koalitionsfreiheit gesetzlichen Einschränkungen unterliegen kann, die zum Schutz der Grundrechte Dritter oder anderer mit Verfassungsrang ausgestatteten Rechte geeignet, erforderlich und verhältnismäßig sind.[185] Eine Auseinandersetzung mit den damit verbundenen Konsequenzen für die Tragweite der Kernbereichsgarantie des Art. 9 Abs. 3 GG erfolgte jedoch zugleich nicht[186] – ein gravierendes Versäumnis, wenn man gerade bedenkt, daß

---

183 *Pieper*, AuR 1987, 128: «Während das Bundesverfassungsgericht zunächst schon in (gesetzlichen) Schranken, die nicht von der Sache selbst gefordert werden, den Kernbereich unzulässig berührt sah, meinte es seit der Mitgliederwerbungs-Entscheidung stets, die zum Schutz anderer Rechtsgüter von der Sache her gebotenen Schranken bestimmten den Umfang koalitionsspezifischer Betätigung.»

184 So zutreffend bemerkt von *Otto*, Die verfassungsrechtliche Gewährleistung, 46, mit der ebenfalls berechtigt formulierten Frage: «Kommt es darauf an, welche Bedeutung dem anderen Rechtsgut von Verfassungs wegen zukommt, oder kann der Gesetzgeber selbst den Rang des Rechtsguts festlegen ?» Die Adaption der zweiten Ermessensoption würde es – wie *Stein*, AuR 1998, 4, zutreffend bemerkt hat – praktisch dem Gesetzgeber ermöglichen, uneingeschränkt in den tariflichen Regelungsbereich einzugreifen. Denn Gesetzgebungsvorhaben seien ohne sachlichen Grund kaum vorstellbar; dies um so mehr, als man dem Gesetzgeber bei der Bestimmung des sachlichen Grundes Beurteilungsspielraum zubilligen müßte. Der Gesetzgeber wäre faktisch nur an das Übermaßverbot gebunden, was bedeuten würde, die Tarifautonomie unter einen allgemeinen Gesetzesvorbehalt zu stellen.

185 *BVerfGE* 84, 217 (228) – Urteil v. 26.6.91 – 1 BvR 779/85, abgedruckt auch in: AuR 1992, 29ff., 31 (C I 3 a der Gründe).

186 Einmal war es der Fall selbst, der keinen Anlaß dazu gab, die Grenze eines unantastbaren «Kernbereichs» der Koalitionsfreiheit näher zu bestimmen, vgl. *BVerfGE* 84, 212 (228). Da das Grundrecht aus Art. 9 Abs. 3 GG auch außerhalb dieses Kernbereichs Schutzwirkungen entfalten sollte, sah sich das Bundesverfassungsgericht vielmehr in der Lage, die sich jeweils stellende Abwägungsproblematik im Rahmen einer Verhältnismäßigkeitsprüfung zu bewältigen, ohne die Kernbereichsgarantie explizit bemühen zu müssen, vgl. *BVerfGE* 92, 26; 92, 365; 94, 268. Gleichwohl ist nicht zu verkennen, daß sich das Gericht bei seinen vorerwähnten Entscheidungsfindungen auf wesentliche Elemente dieser Garantie stützt bzw. beruft: Als Grenz- bzw. Orientierungsmarke der Gestaltungsgesetzgebung wird zum einen das «Normziel» oder der «objektive Gehalt» des Art. 9 Abs. 3 GG angeführt, *BVerfGE* 92, 26 (41); 92, 365 (394); vgl. auch *Rupp*, JZ 1998, 919f. Zum anderen soll nach Ansicht des Gerichts der Grundrechtsschutz der Tarifautonomie um so intensiver sein, je stärker eine Materie von den Tarifvertragsparteien durch Tarifvertrag erfaßt worden sei. Das gelte vor allem für die Festsetzung der Löhne und der anderen materiellen Arbeitsbedingungen, *BVerfGE* 94, 268 (284).

nahezu alle in der Praxis relevanten gesetzlichen Beschränkungen der Tarifautonomie sich auf Verfassungsbestimmungen stützen lassen.[187] Das Bundesverfassungsgericht ließ vielmehr schon die Vorfrage offen, ob der Gesetzgeber auch zum Schutze anderer als verfassungsrechtlich geschützter Rechtsgüter den tarifautonomen Regelungsspielraum begrenzen kann.[188] Im Lichte der Kernbereichsgarantie mutet schließlich die Äußerung des Gerichts, daß das Grundrecht des Art. 9 Abs. 3 GG keine Garantie des Bestands des Tarifvertrags- und Arbeitskampfsystems in seiner konkreten gegenwärtigen Gestalt enthalte,[189] paradox an.[190] Sie steht im Widerspruch zur maßgebenden Bedeutung, die das Gericht bei

---

187 Insoweit zutreffend bemerkt von *Henssler*, a. a. O. (Fn. 13), 28; ebenfalls *Bieback*, AuR 2000, 203; vgl. aber auch *Kamanabrou*, RdA 1997, 31f. Das – unstreitige – Herstellungsgebot praktischer Konkordanz zwischen der verfassungsrechtlich garantierten Tarifautonomie und den anderen mit ihr kollidierenden Verfassungsgütern läßt sich deshalb allein mit Hilfe des Verhältnismäßigkeitsgrundsatzes nicht überzeugend bewältigen. Zu Recht meint *Dörner*, FS für Däubler, 34, diesem Grundsatz komme bei aller Wertschätzung nicht die Aufgabe eines verfassungsrechtlichen Tatbestandsmerkmals zu. Die Legitimationsbedürftigkeit gesetzlicher Begrenzungen der Tarifautonomie durch Güter mit Verfassungsrang ist vielmehr mit Blick auf den objektiven Sinngehalt des Art. 9 Abs. 3 GG und die davon ausgehenden verfassungsimmanenten Relativierungen solcher Rechtsgüter zu hinterfragen. Diese Anforderung wurde aber bislang durch das Bundesverfassungsgericht, vgl. erneut die soeben in Fn. 186 erwähnten Urteile, nicht hinreichend erfüllt. Das um so weniger, als sich – wie *Söllner*, NZA 1996, 899 Fn. 17, bereits bemerkt hat – der Rechtsprechung des Gerichts nicht mit hinreichender Deutlichkeit entnehmen läßt, in welcher Weise Rechtsgüter beschaffen und in der Verfassung selbst verankert sein müssen, damit sie den Gesetzgeber zu Eingriffen in vorbehaltslos garantierte Grundrechte ermächtigen.

188 *BVerfGE*, a. a. O. (Fn. 185): «Ob der Gesetzgeber weitergehende Regelungsbefugnisse zum Schutze sonstiger Rechtsgüter hat, braucht nicht vertieft zu werden.» Diese Frage wird auch in der späteren Entscheidung des *BVerfG* v. 24.4.96, AP Nr. 2 zu § 57a HRG = EzA Art. 9 GG Nr. 61 = AuR 1996, 371 aufgrund der dort vorsichtig verwendeten "jedenfalls"-Formulierung offen gelassen: «Jedenfalls dann, wenn der Staat sich auf verfassungsrechtlich geschützte Rechtspositionen stützen kann und bei Verfolgung seines Zieles das Verhältnismäßigkeitsprinzip wahrt, ist er in der Lage, zweiseitig bindendes Recht zu setzen.» Anders jedoch in der Interpretation der neueren Rechtsprechung des Bundesverfassungsgerichts *Söllner*, a. a. O. (Fn. 187), 898. Nach der Entscheidung des *BVerfG* v. 27.4.99 – E 100, 271ff. = AuR 1999, 349f. – reichen allerdings für eine zulässige gesetzliche Einschränkung der in Art. 9 Abs. 3 GG garantierten Koalitionsfreiheit «Gemeinwohlbelange» aus, «denen gleichermaßen verfassungsrechtlicher Rang gebührt». Das ist – wie *Dieterich*, AuR 2000, 441 zutreffend bemerkt – ein sehr dehnbarer Beurteilungsmaßstab, woran sich ein stark unterkühltes Verhältnis des Bundesverfassungsgerichts zur Tarifautonomie zeige.

189 *BVerfGE* 50, 290 (371); so aber auch *BAG*, AP Nr. 64-66 zu Art. 9 GG Arbeitskampf.

190 Bereits kritisch dazu *Simitis*, in: Kübler (Hrsg.), Verrechtlichung, 133f. Fn. 190.

der Interpretation des Art. 9 Abs. 3 GG stets der historisch gewachsenen Betätigung der Koalitionen beigemessen hat. Derartige ambivalente, zwischen einer historischen, kontinuitätssichernden und einer entwicklungsoffenen Betrachtungsweise schwankende Aussagen vermögen die Interpretationsschwierigkeiten und -kontroversen um die Erstreckbarkeit des Kernbereichsschutzes auf erweiterte Forderungsinhalte der Tarifpolitik eher zu verschärfen.

Bleibt die materielle Reichweite des Kernbereichsschutzes tarifautonomer Regelung immer noch eine offene Frage, so sind doch mit *Simitis*[191] die durch die Kernbereichsformel gesetzten Prioritäten für die politische Struktur von Staat und Gesellschaft wohl zu erkennen. Diese Formel hebt an sich nichts anderes hervor als das Bekenntnis des Grundgesetzes zu einer gegliederten, demokratisch-pluralistischen Gesellschaftsordnung, in der die Tarifvertragsparteien die primäre Zuständigkeit besitzen und damit grundsätzlich die Möglichkeit erhalten, autonom oder – in der Formulierung des Bundesverfassungsgerichts – in eigener Verantwortung und im wesentlichen ohne staatliche Einflußnahme «die Arbeits- und Wirtschaftsbedingungen» zu regeln.[192] Verfassungsbestimmungen wie die des Art. 9 Abs. 3 GG bekommen ihren Sinn erst durch die Inpflichtnahme des Staates, im vorgenannten spezifischen Regelungsbereich seine Intervention zurückzustellen, also vor allem die Freiheit der Tarifvertragsparteien nicht zu beschneiden, die Entscheidung über das jeweilige Vertragsziel und den für seine Realisierung richtigen Weg zu treffen.[193] Art. 9 Abs. 3 GG verweist deshalb die Koalitionen und insbesondere die Gewerkschaften nicht auf einen vom Staat mehr oder weniger beliebig definierbaren Restregelungsbereich, sondern begründet vielmehr die Verpflichtung staatlicher Gesetzgebungspolitik zur Zurückhaltung. Diese Verpflichtung besteht freilich – nach den Worten des Bundesverfassungsgerichts – nur insoweit, als Erhaltung und Funktionsfähigkeit der Tarifauto-

191 A. a. O. (Fn. 190), 133ff.

192 *BVerfGE* 44, 322 (341); 50, 290 (367). Vgl. auch *Säcker*, Grundprobleme, 47f.; erneut *ders.*, AuR 1994, 6ff.

193 *Simitis*, a. a. O. (Fn. 190), 134. Das Bundesverfassungsgericht hat den Sinn der Tarifautonomie gerade darauf zurückgeführt, daß «die unmittelbar Betroffenen besser wissen und besser aushandeln können, was ihren beiderseitigen Interessen und dem gemeinsamen Interesse entspricht, als der demokratische Gesetzgeber», *BVerfGE* 37, 307 (317f.). Respekt vor der Vertragszielautonomie der Tarifvertragsparteien demonstrieren auch die Entscheidungen des Bundesarbeitsgerichts v. 30.5.1984, abgedruckt in: DB 1984, 2357f., und v. 19.6.1984, abgedruckt in: DB 1984, 2415f. Neuerdings hat das *BVerfGE* 92, 365 (394), den «objektiven Gehalt» des Art. 9 Abs. 3 GG in dem Sinne betont, daß die Tarifautonomie als ein Bereich gewahrt bleiben müsse, in dem die Tarifvertragsparteien ihre Angelegenheiten grundsätzlich selbstverantwortlich und ohne staatliche Einflußnahme regeln könnten.

nomie es erfordern.[194] Immerhin: Die Devolution von Regelungskompetenzen an die Tarifvertragsparteien und damit die Vergesellschaftung der Arbeitsbeziehungen werden durch Art. 9 Abs. 3 GG zu Funktionsvoraussetzungen verfassungskonformer Staatspolitik erhoben. Offen ist daher nicht der eigentliche Sinn, sondern nur noch der konkret von der Verfassung geforderte Umfang staatlicher Zurückhaltung im Regelungsbereich der «Arbeits- und Wirtschaftsbedingungen».

Die von *Reuter* entwickelte Konzeption eines staatlichen Ordnungsplanes, in den sich die Tarifvertragsparteien einfügen müßten,[195] erweist sich demnach als Ausdruck eines verfehlten Verständnisses des autonomen Willensbildungs- und Entscheidungsprozesses, wie er in Art. 9 Abs. 3 GG vorgezeichnet ist. Den Kernbereichsschutz der Tarifautonomie als Garantie eines an die Tarifvertragsparteien gerichteten Regelungsauftrages zur Konkretisierung und Ergänzung staatlicher Ordnungs- und Gerechtigkeitsvorstellungen aufzufassen,[196] kehrt den Sinn des Art. 9 Abs. 3 GG um. Die Tarifvertragsparteien würden ihrer Regelungsautonomie beraubt. Sie wären lediglich dazu befugt, die vom staatlichen Recht vorgegebenen Regelungsziele materiell auszufüllen oder ihren Geltungsrahmen zu erweitern. Die Tarifautonomie würde damit offenbar zum «Werkzeug staatlicher Politik» degradiert.[197] Von einer tatsächlich selbständigen Regulierung der Arbeitsbeziehungen durch die unmittelbar Betroffenen bliebe nichts mehr übrig. Die bloße Zurückhaltung des Staates von einer «sachnahen» Regelung der Arbeits- und Wirtschaftsbedingungen kann deshalb keine vertretbare Interpretation des Art. 9 Abs. 3 GG darstellen.[198] Sie verschafft nur eine scheinbare Legitimation für den Versuch, die Tarifautonomie jederzeit im Sinne der staatlichen Politik zu instrumentalisieren. Staatliche Intervention erfolgt in diesem Fall im Wege der Verfassungsinterpretation mittelbar, aber doch umfassend.

Verfehlt ist ebenfalls die Vorstellung, wonach der Gesetzgeber bei der Inanspruchnahme seiner Regelungskompetenzen im Bereich der «Arbeits- und Wirtschaftsbedingungen» einen weiten Spielraum genießt, im übrigen nur darauf achten muß, daß den Tarifvertragsparteien ein gewisser Regelungsbereich für die

---

194 *BVerfGE* 50, 290 (373).

195 *Reuter*, ZfA 1978, 19f.; *ders.*, Ordo 33 (1982), 194f.; FS für Hilger/Stumpf, 578f.

196 *Reuter*, FS für Hilger/Stumpf, 578f.

197 Entgegen *Reuter*, Ordo 33 (1982), 194, der von «Grenzen» der Tarifautonomie spricht, trifft diese Bezeichnung von *Simitis*, a. a. O. (Fn. 17), M 22, durchaus zu.

198 Von daher kann auch die Ansicht des *BVerfGE* 94, 268 (284f.) – ebenfalls 100, 271 (283ff.), daß die «Wirkkraft» des Grundrechts von der Sachnähe der Tarifvertragsparteien zur geregelten Materie bestimmt wird, als ein allein auf sich gestellter, tragender Interpretationsansatz zu Art. 9 Abs. 3 GG nicht überzeugen.

eigene Normsetzung verbleibt.[199] Diese als «Subtraktionsmethode» bezeichnete Sicht[200] relativiert in der Sache beträchtlich die in Art. 9 Abs. 3 GG enthaltene Autonomiegewährung, da sie die gesetzliche Erfassung des jeweiligen Regelungsgegenstandes im Grunde quantitativ gewichtet und zugleich am Gesamtumfang der den Tarifvertragsparteien jeweils verbliebenen Regelungsmaterien mißt.[201] Die Substanz der tariflichen Normsetzungskompetenz ist aber bereits getroffen, wo den Tarifvertragsparteien die Möglichkeit genommen wird, eine bestimmte, zum Kernbestand ihres grundrechtlich normierten Tätigkeitsfeldes gehörige Materie selbständig zu regeln. Die Kernbereichsgarantie des Art. 9 Abs. 3 GG verbietet insofern eine gesetzliche Regelung, die das Gewicht von der Selbstregulierung durch die Tarifvertragsparteien auf die staatliche Intervention verschiebt.[202] Anders ausgedrückt: Der Ausgestaltungs- und Eingriffsspielraum des Gesetzgebers im Bereich der «Arbeits- und Wirtschaftsbedingungen» ist im wesentlichen nicht erheblich, sondern durch die Normsetzungsprärogative der Tarifvertragsparteien substanziell vorgeprägt.

1.5.2 Tarifautonomie, Sozialstaatsprinzip und «Gemeinwohl»

Die Konzeption eines staatlichen, die Aktivitäten der Tarifvertragsparteien von vornherein integrierenden Ordnungsplanes beruht allerdings auf einem irreführenden Funktionsverständnis des übergeordneten Sozialstaatsprinzips: Die staatliche Politik stellt nicht die einzige Komponente sozialer Gerechtigkeit in der Kompetenzordnung des Grundgesetzes dar.[203] Sozialstaatsverwirklichung erfolgt vielmehr mit autonomer und durch autonome Rechtsetzung.[204] Die Koalitionsfreiheit des Art. 9 Abs. 3 GG ist, worauf das Bundesverfassungsgericht längst hingewiesen hat,[205] eine frühe konkrete Ausformung des Sozialstaatsgedan-

---

199 Vgl. in diesem Sinne *Kemper*, Die Bestimmung des Schutzbereichs der Koalitionsfreiheit, 122f.; *Rupp*, a. a. O. (Fn. 186), 924; *Henssler*, a. a. O. (Fn. 13), 13, 34.

200 *Biedenkopf*, a. a. O. (Fn. 1), 164.

201 Exemplarisch dafür die Bewertung konkreter gesetzlicher Regelungsinhalte mit tarifzwingender Wirkung bei *Kemper*, a. a. O. (Fn. 199), 132 und *Rupp*, a. a. O. (Fn. 186), 925f.

202 Nicht naheliegend ist deshalb auch die Ansicht von *Wiedemann*, in: Wiedemann, Einl. TVG, Rn. 145, der «objektive Gehalt» der Koalitionsfreiheit dürfte durch eine einzelne Regelung kaum je angetastet werden.

203 Vgl. aber *Reuter*, ZfA 1978, 19f.; *ders.*, FS für das BAG, 416f.; Ordo 33 (1982), 194f.

204 *Kempen*, a. a. O. (Fn. 29), 201.

205 *BVerfGE* 4, 96 (102); 19, 303 (319).

kens.[206] Art. 20 Abs. 1 GG begründet insofern eine kombinierte Verantwortung von Staat und Tarifautonomie für soziale Gerechtigkeit. Von daher geht es nicht an, Sinn und Funktion der tarifvertraglichen Normsetzungsbefugnis der materiellen Erfüllung des Art. 20 Abs. 1 GG entgegenzusetzen. Die von *Reuter* behauptete Antinomie zwischen Sozialstaatsgebot und Tarifautonomie ist mithin ein «entdeckter Gegensatz»,[207] die von ihm geforderte Harmonisierungssynthese zwischen sozialstaatlicher Verantwortung und gesellschaftlicher Normsetzungsbefugnis[208] ein scheinbares Problem der Verfassungsinterpretation. Zutreffend ist nur die mögliche Konstellation eines wirtschafts- und sozialpolitischen Spannungsverhältnisses zwischen beiden Komponenten sozialstaatlicher Verwirklichung[209] – ein Spannungsverhälnis, welches sich gerade am Beispiel einer präventiv angelegten Tarifpolitik im Bereich des Rationalisierungsschutzes demonstrieren sowie in der Gestalt der oben dargelegten Konkurrenzproblematik juristisch ausformen und konkretisieren läßt.[210]

Vor dem Hintergrund dieses Spannungsverhältnisses erklärt sich auch das an der staatlichen Politik ausgerichtete Funktionsverständnis der Sozialstaatsnorm. Danach ist Art. 20 Abs. 1 GG als staatlicher Auftrag zur sozialtechnischen Integration und Stillegung gesellschaftlicher Konflikte im Bereich der Arbeitsbeziehungen aufzufassen.[211] Dieses Sozialstaatsverständnis paßt sicherlich in die sozialstaatliche Entwicklungsgeschichte hinein: Sie ist auch die Geschichte staatlicher Regulation gesellschaftlicher Abläufe, wobei Zielsetzungen und Motive in aller Regel neben ihrer unmittelbaren rein sozialpolitischen Dimension eine mittelbare, auf die Stabilität des gesellschaftlichen Systems insgesamt gerichtete Dimension besitzen.[212] Die Sozialstaatsklausel muß aber mit Rücksicht auf ihre sozial- und dogmengeschichtliche Entwicklung ebenso als Strukturprinzip gesellschaftlicher Interessenorganisation der Konfliktaustragung verstanden und inter-

---

206 Vgl. auch *Scholz*, in: Maunz u. a., GG, Art. 9, Rn. 10, 155; AK-GG-*Kittner*, 2. Aufl., Art. 9 Abs. 3 I Rn. 26.

207 *Kempen*, a. a. O. (Fn. 29), 201.

208 *Reuter*, Ordo 33 (1982), 195.

209 Die Koalitionsfreiheit steht nach *Henssler*, a. a. O. (Fn. 13), 28, sogar in einem permanenten Spannungsverhältnis zum sozialstaatlichen Gestaltungsmandat des Gesetzgebers.

210 Vgl. erneut die Ausführungen oben im Kapitel I Abschnitt 1, S. 101ff. und in diesem Kapitel Abschnitt 1.3, S. 161ff.

211 Kritisch zu diesem Verständnis *Klein*, Koalitionsfreiheit im pluralistischen Sozialstaat, 118ff.; *Hartwich*, in: Kittner (Hrsg.), Streik und Aussperrung, 387ff., jeweils mit Nachweisen.

212 AK-GG-*Kittner*, 1. Aufl., Art. 20 Abs. 1-3 IV Rn. 2.

pretiert werden.[213] Nicht von ungefähr wird das dem Sozialstaatsprinzip entnommene Verbot des «sozialen Rückschritts» auch auf das tarifautonome Regelungsverfahren erstreckt.[214] Daraus sollen – gerade in Entsprechung zu der Kernbereichsgarantie des Art. 9 Abs. 3 GG – zumindest die Bestandssicherung des Tarifvertrages und der Grundsatz folgen, daß die Regelungsgegenstände der Tarifautonomie nicht enger als in der Vergangenheit festgelegt werden dürfen.[215]

Art. 20 Abs. 1 GG dient indes als Legitimationsgrundlage einer von der staatlichen Politik bestimmten Gemeinwohlbindung der Tarifvertragsparteien.[216] Dem von allen Bürgern demokratisch legitimierten Gesetzgeber soll die Alleinkompetenz zur Definition wichtiger Belange der Gesellschaft auf wirtschafts- und sozialpolitischem Gebiet zustehen. Ihm wird im Rahmen seines Sozialgestaltungsauftrages vielmehr die Aufgabe zugewiesen, diese Belange vor schädlichen Wirkungen der von partikulären Interessen geleiteten Tarifautonomie zu wahren und notfalls aktiv durchzusetzen. Dem Gesetzgeber wird damit die Berechtigung zugesprochen, den tarifautonomen Regelungsspielraum entsprechend seinen ordnungspolitischen Vorstellungen zu regulieren und einzuschränken. Das «Gemeinwohl» als immerhin flexibler Vorbehalt, «um Veränderungen der staatlichen Politik aufzunehmen und in handlungsleitende Anforderungen an die Tarifvertragsparteien umzusetzen»,[217] bietet den Transformationsbegriff für diese Vorstellungen. Es fungiert somit als Instrument der Anpassung und damit zugleich als Gradmesser der Verstaatlichung der Arbeitsbeziehungen.[218] Ein solches Funktionsverständnis des Gemeinwohlvorbehalts findet Ausdruck vornehmlich in der Konzeption eines staatlichen, die tarifliche Regelungskompetenz von vornherein intergrierenden Ordnungsplanes,[219] aber auch in einem auf Korrekturen durch tarifzwingendes Gesetzesrecht ausgerichteten Interventionskonzept.[220] Es scheint dem Ansatz einer unmittelbaren Unterwerfung der Tarifvertragsparteien unter eine Gemeinwohlbindung, wie sie das Bundesverfassungsgericht vormals

---

213 Das Grundrecht der Koalitionsfreiheit ist prägnantester Ausdruck der Selbsthilfekomponente des Sozialstaatsprinzips, AK-GG-*Kittner*, 2. Aufl., Art. 9 Abs. 3 I Rn. 26 (2) – Art. 20 Abs. 1-3 IV Rn. 28.

214 Vgl. etwa *Däubler*, a. a. O. (Fn. 16), 177f.; *Säcker*, Grundprobleme, 37; bewertend *Jahnke*, a. a. O. (Fn. 3), 41; *Weyand*, a. a. O. (Fn. 4), 68f.

215 *Weyand*, a. a. O. (Fn. 4), 69.

216 Vgl. etwa *Reuter*, a. a. O. (Fn. 8), 523ff.; *ders.*, FS für Hilger/Stumpf, 570f., 584; *Koller*, a. a. O. (Fn. 1), 68; *Butzer*, RdA 1994, 382; *Kamanabrou*, a. a. O. (Fn. 187), 33; *Henssler*, a. a. O. (Fn. 13), 21ff.

217 So zutreffend bemerkt von *Simitis*, a. a. O. (Fn. 190), 128.

218 *Simitis*, ebda.

219 *Reuter*, a. a. O. (Fn. 195).

220 Neuerdings vertreten von *Henssler*, a. a. O. (Fn. 13), 21ff.

bejaht hat,[221] überlegen zu sein,[222] vermag also auch die aus der Definitionsunfähigkeit des Gemeinwohlbegriffs und dem Prinzip der Rechsstaatlichkeit resultierenden Bedenken[223] zu zerstreuen, da es gesetzlich positivierte Grundsätze und Wertungen oder gar eine klare gesetzliche Regelung für sich beansprucht.[224]

Die damit verbundenen Konsequenzen für die politische Struktur von Staat und Gesellschaft lassen sich wiederum nicht übersehen. Die vom staatlichen Recht ausgeprägte Gemeinwohlbindung der Tarifvertragsparteien deutet gerade auf ein autoritäres Demokratieverständnis hin, welches die Freiheit der gesellschaftlichen Antagonisten, ihre Konflikte offenzulegen und den Ausweg daraus selbst zu bestimmen, nicht anerkennt. Die Konfliktparteien des Arbeitslebens müssen vielmehr als Integrations- und Stabilisationsfaktoren einer allein vom Staat zu bestimmenden Wirtschafts- und Sozialordnung auftreten. Jedoch in dem Augenblick, wo man – in welcher Weise auch immer – dem Tarifvertrag und Arbeitskampf die autonome Zielsetzung aberkennt und damit die Verstaatlichung der Arbeitsbeziehungen sanktioniert, wird die demokratisch-pluralistische Gesellschaftsordnung des Grundgesetzes[225] in eine von der staatlichen Autorität in-

---

221 *BVerfGE* 38, 281 (307). Zur Gemeinwohlbindung der Tarifvertragsparteien vgl. den Meinungsüberblick und die Nachweise bei *Wiedemann*, in: Wiedemann, Einl. TVG, Rn. 345ff.

222 So ausdrücklich ausgesprochen von *Henssler*, a. a. O. (Fn. 13), 22.

223 Vgl. dazu kritisch etwa *Runggaldier*, a. a. O. (Fn. 19), 149ff.; *Weyand*, a. a. O. (Fn. 4), 120ff.; *Kempen/Zachert*, TVG, Grund. 135ff., jeweils mit Nachweisen.

224 Insoweit gilt es festzustellen, daß die Bindung der Tarifvertragsparteien an das Gemeinwohl keinen eigenständigen Diskussionsansatz präsentiert. Die Gemeinwohlbindung ist vielmehr auch als Teil der Kontroverse um das Verhältnis von staatlicher Gesetzgebungspolitik und Tarifautonomie anzusehen und zu erörtern. Ohne diese Einsicht jedoch *Berg/Wendeling-Schröder/Wolter*, a. a. O. (Fn. 14), 309; *Beck*, a. a. O. (Fn. 14), 336f.; *Wend*, Die Zulässigkeit tarifvertraglicher Arbeitsplatzbesetzungsregelungen, 13ff., 41ff.; *Konertz*, a. a. O. (Fn. 39), 111ff. Entgegen *Gamillscheg*, Kollektives Arbeitsrecht I, 319, ist daher der Begründungsansatz, daß Art. 9 Abs. 3 GG keinen Gesetzesvorbehalt enthält, für die Diskussion um die Gemeinwohlbindung der Tarifvertragsparteien von erheblicher Bedeutung.

225 «Die politische Herrschaft von Parlament und Regierung ist von der Mehrheit des Volkes anvertraute, verantwortliche, zeitlich und sachlich begrenzte Herrschaft, die der Kritik und Kontrolle unterliegt und die modifiziert und ergänzt wird durch Anteilnahme des Volkes an der politischen Willensbildung. Hierbei läßt es die demokratische Ordnung des Grundgesetzes nicht bewenden. Als Ordnung eines freien und offenen politischen Prozesses geht es ihr nicht nur um die Begründung zeitlich und sachlich begrenzter, von der Mehrheit des Volkes legitimierter Herrschaft, sondern zugleich um *pluralistische Initiativen und Alternativen.* Sie gibt daher der Verfolgung unterschiedlicher politischer Ziele ebenso Raum wie Konflikten, und sie ermöglicht deren Austragung; sie sichert auch unter diesem Aspekt die gleiche Chance zur Durchsetzung jener Ziele und eröffnet Möglichkeiten der Mitwirkung

haltlich präformierte Gesellschaftsordnung umfunktioniert. Bezogen auf die Funktion des Sozialstaatsprinzips bedeutet dies die Abkehr vom demokratischen Sozialstaat[226] hin zu einem autoritären Wohlfahrtsstaat.[227]

Gravierende Bedenken löst deshalb nicht *Sinzheimers* «Idee eines pluralistischen Rechtssystems»,[228] sondern das institutionelle, strikt an staatlichen Ordnungs- und Gerechtigkeitsvorstellungen orientierte Verständnis der Tarifautonomie[229] aus. *Sinzheimer* betrachtet zwar den Staat als «die unentbehrliche oberste Instanz für die Wahrung der Einheit der gesellschaftlichen Kräfte».[230] Dieser Staat soll aber darauf verzichten, «den Tarifvertragsparteien Entscheidungsnormen im einzelnen zu geben».[231] An dieser These *Sinzheimers* demonstriert sich gerade die Vorstellung einer demokratisch-pluralistischen Sozialordnung, die Eingang in das Grundgesetz fand. Das Dilemma, das durch die möglichen Konkurrenzen wirtschafts- und sozialpolitischen Inhalts zwischen der staatlichen und der gesellschaftlichen Normsetzungsbefugnis aufgeworfen ist, wird jedoch damit nicht gelöst, sondern nur eher verdeutlicht: Die Vorstellung einer sozialen Autonomie im Staat[232] präsentiert eine Kompetenzordnungs-Konzeption, die zwar auf die selbständige Entscheidungsfindung der sozialen Kontrahenten abstellt, zu-

---

und Einflußnahme auch für diejenigen Gruppen, die nicht zu der die Herrschaft tragenden Mehrheit gehören.», *Hesse*, Grundzüge des Verfassungsrechts, 18. Aufl., 57.

226 Zur engen Beziehung der Koalitionsfreiheit zum Demokratieprinzip AK-GG-*Kittner*, 2. Aufl., Art. 9 Abs. 3 I Rn. 27. In der Garantie der Koalitionsfreiheit des Art. 9 Abs. 3 GG kommt das konfliktorisch-demokratische Element des Sozialstaatsprinzips wohl am stärksten und deutlichsten zum Ausdruck, AK-GG-*Kittner*, 2. Aufl., Art. 20 IV Rn. 81.

227 So bereits zutreffend bemerkt von *Simitis*, a. a. O. (Fn. 190), 134f. Vgl. auch *Runggaldier*, a. a. O. (Fn. 19), 151f.

228 Vgl. hierzu *Sinzheimer*, Der korporative Arbeitsnormenvertrag, 61ff.; *ders.*, Ein Arbeitstarifgesetz, 181ff.; Grundzüge des Arbeitsrechts, 79ff.

229 *Reuter*, ZfA 1978, 18f.; *ders.*, FS für das BAG, 427; ZfA 1980, 344f.; FS für Hilger/Stumpf, 578f.; Ordo 33 (1982), 194f. Bezeichnend für die Ausführungen *Reuters* ist der Versuch, das Sozialstaatsprinzip gegen das vor allem von *Sinzheimer* geprägte Konzept der Tarifautonomie auszuspielen. *Reuter* tut dies mit der Begründung, *Sinzheimers* «Idee eines pluralistischen Rechtssystems» basiere auf einem überholten Staatsverständnis und stehe daher mit der grundgesetzlichen Formel vom sozialen Rechtsstaat nicht im Einklang. Dieser dürfe sich im Gegensatz zum liberalen Rechtsstaat nicht damit begnügen, rechtstechnische Handlungsinstrumente für «das freie Spiel der gesellschaftlichen Kräfte» bereitzustellen und im übrigen bloß die allgemeinen Rechtswerte zu wahren.

230 *Sinzheimer*, in: Arbeitsrecht und Rechtssoziologie II, 183.

231 *Sinzheimer*, Ein Arbeitstarifgesetz, 193.

232 «Wir können uns ein "corps social" nur im Staat, nicht neben dem Staat denken.», *Sinzheimer*, a. a. O. (Fn. 230).

gleich aber die tarifautonome gegenüber der staatlichen Rechtssetzung keineswegs immunisieren will.[233]

Daß der Ansatz die Lösung des Dilemmas nicht stimuliert hat, ist vor allem auf ein Staatsverständnis zurückzuführen, das *Sinzheimers* Anschauung lange Zeit geprägt hat. Die vom Grundgesetz vorgesehene Verantwortung für soziales und wirtschaftliches Geschehen (Art. 74 Ziff. 11 und 12, Art. 104a, Art. 109 GG) hat nämlich nichts zu tun mit einer «romantischen oder mystischen Vermenschlichung des Staates»,[234] die bei *Sinzheimer* mit der Betonung der Antithese von Staat und Gesellschaft verbunden war.[235] Staatliche Gesetzgebung erscheint danach nicht als «Resultante des gesellschaftlichen Kräftespiels mit anderen Mitteln»,[236] konkret und vor allem als Widerspiegelungs- und Integrationsmechanismus der gesellschaftlichen Auseinandersetzung, dessen systemdefinierende wie -stabilisierende Effizienz durch das tarifautonome Regelungsmodell möglicherweise in Frage gestellt oder zumindest streitig gemacht wird. Die Möglichkeit eines wirtschafts- und sozialpolitischen Spannungsverhältnisses zwischen ihr und der Tarifautonomie wird dann nicht gesehen, geschweige denn näher problematisiert.

---

233 Vgl. auch *Meik*, a. a. O. (Fn. 53), 37. Das gleiche Dilemma taucht auch bei *Hartwich*, a. a. O. (Fn. 211), 395ff., auf, ohne jedoch gelöst zu werden. Es ist mithin zu bemerken, daß *Reuter* die Vorstellungen *Sinzheimers* teilweise mißversteht. *Sinzheimer* sah die Rolle des staatlichen Rechts nicht in der Lieferung rechtstechnischer Handlungsinstrumente sowie der Wahrung allgemeiner Rechtswerte erschöpft. Er plädierte – im Gegensatz zu antistaatlichen Pluralismustheorien wie diesen von *Laski* und *Cole* – keineswegs für ein Nebeneinanderbestehen staatlicher und gesellschaftlicher Rechtsordnungen: «In dieser Weise wird jedes Gesetz, welches soziale Selbstbestimmung im Recht zuläßt, Normativbestimmungen aufstellen, nach denen allein Rechtserzeugung und Rechtsverwaltung möglich ist. Er schätzt von vornherein die Wirkungen der Freiheit und reguliert sie ... Auf diese Weise wahrt der Staat seine Herrschaft auch über die soziale Rechtsbildung, ohne daß er ihren Inhalt bestimmt ...», *Sinzheimer*, Ein Arbeitstarifgesetz, 192.

234 *Kahn-Freund*, in: Hugo Sinzheimer, Arbeitsrecht und Rechtssoziologie I, 8.

235 Vgl. kritisch dazu bereits *Reuter*, FS für Hilger/Stumpf, 578; erneut *ders.*, a. a. O. (Fn. 73), 17.

236 «... Hätte er in der staatlichen Gesetzgebung nichts anderes gesehen als eine Resultante des gesellschaftlichen Kräftespiels "mit anderen Mitteln", wie hätte er die Theorie der autonomen Rechtsetzung im Arbeitsrecht begründen können, die vielleicht sein wesentlichster Beitrag zur Entwicklung des Arbeitsrechts in Deutschland und weit über Deutschland hinaus gewesen ist ?», *Kahn-Freund*, a. a. O. (Fn. 234), 8f.

1.6 Zusammenfassung der bisherigen Ergebnisse

Die bisherigen Betrachtungen lassen sich wie folgt zusammenfassen: Die Kontroverse um die zulässige Reichweite tariflicher Rationalisierungsschutzpolitik reaktualisierte und dimensionierte zugleich neu die wichtige und vielgestaltige Frage des Verhältnisses von staatlicher Gesetzgebung und Tarifautonomie. Das hier interessierende Verhältnis tarifautonomer Rechtssetzung zur gesetzlichen Mitbestimmungsregelung, dem staatlichen Kündigungsschutzrecht und dem Gesetz gegen Wettbewerbsbeschränkungen wurde zwar im Rahmen dieser Kontroverse vielfach erörtert, bedarf jedoch immer noch einer überzeugenden wie abschließenden Klärung. Gefragt sind nach wie vor die Schranken staatlicher Intervention im Regelungsbereich der Arbeits- und Wirtschaftsbedingungen. Sie lassen sich erst dann ermitteln, wenn Klarheit über die materielle Reichweite des Kernbereichsschutzes tarifautonomer Regelung besteht. Die Kernbereichsgarantie des Art. 9 Abs. 3 GG stellt den geeigneten Ansatzpunkt für die Auflösung des Konkurrenzverhältnisses zwischen der staatlichen Gesetzgebung und einer auf präventiven Rationalisierungsschutz ausgerichteten Tarifautonomie dar. Die interpretatorischen Bemühungen um Art. 9 Abs. 3 GG sind folglich auf die inhaltliche Konkretisierung der Kernbereichsgarantie auszurichten. Dieser Konkretisierungsversuch soll hier speziell mit Blick auf die Folgen neuer Technologien für die Funktionsfähigkeit des tarifautonomen Regelungsverfahrens unternommen werden.

2. Die verfassungsrechtliche Garantie der Tarifautonomie vor dem Hintergrund neuer Technologien

2.1 Funktion und Grundvoraussetzungen der tarifautonomen Regelung

Das Kriterium der Funktionsfähigkeit der Tarifautonomie wird für die Interpretationsbemühungen erst dann operabel, wenn es gelingt, es hinreichend zu präzisieren. Erforderlich dazu ist zuallererst die Bestimmung der verfassungsrechtlich legitimen Funktion der Tarifautonomie.

2.1.1 Schutzfunktion und Gegenmächtigkeitspostulat

«Arbeitsrecht ist seiner ganzen Geschichte und Aufgabe nach der Versuch, mangelndes Gleichgewicht zu kompensieren.»[237] An seinen Vorschriften demon-

237 *Kübler/Schmidt/Simitis*, a. a. O. (Fn. 14), 197.

striert sich die bewußte Reaktion der Rechtsordnung auf die Tatsache, daß die von ihr anerkannte Vertragsfreiheit alles andere als Interessenausgleich auf dem Arbeitsmarkt garantiert.[238] Die Konsequenzen des sehr ungleichgewichtigen Marktes[239] für die ökonomische und soziale Situation der Arbeitnehmer mitsamt ihrer Implikationen zwingen schon längst dazu, liberale Zurückhaltung aufzugeben. An deren Stelle tritt die Intervention der Rechtsordnung zugunsten des Arbeitnehmers, die Notwendigkeit sozialen Schutzes wird, in welchem Ausmaß und mit welcher Effizienz auch immer, rechtlich sanktioniert. Mit dem Arbeitsrecht erfolgt die Aufnahme des «Schutzprinzips» in die Rechtsordnung,[240] damit zerbricht aber zugleich die Einheit des bürgerlichen Rechts.[241]

Der Hinweis auf die Schutzfunktion des Arbeitsrechts behält auch und gerade dann seine volle Relevanz, wenn es um den Tarifvertrag geht. Um «der Ungleichheit der Verhandlungsmacht, die dem Arbeitsverhältnis notwendig innewohnt, ausgleichend entgegenzuwirken»,[242] besteht einerseits die Möglichkeit gesetzlicher direkter Eingriffe.[243] Nicht minder relevant ist aber der Weg über die Kollektivvereinbarung.[244] Die Integration dieses unmittelbar aus dem gesellschaftlichen Bereich entsprungenen, autonomen Regelungsmechanismus in die Rechtsordnung erfolgt nicht anders als in Anerkennung der Tatsache, daß «der Arbeitnehmer als einzelner die ihm vom Arbeitgeber angebotenen Bedingungen annehmen muß»,[245] und damit verbunden der Überzeugung, durch kollektives

---

238 «Das Verhältnis zwischen einem Arbeitgeber und einem isolierten Angestellten oder Arbeiter (ist) typisch eines zwischen einem Machtträger und einem, der keiner ist. Es ist zunächst ein Unterwerfungsakt, in seiner Realisierung ein Zustand der Unterordnung, so sehr auch Unterwerfung und Unterordnung verhüllt sein mögen durch jene unentbehrliche Illusion des juristischen Denkens, die als 'Arbeitsvertrag' bekannt ist.», *Kahn-Freund*, Arbeit und Recht (Labor and the law), 7 (6). Zur Bezeichnung des Arbeitsverhältnisses als soziales Gewaltverhältnis vgl. bereits *Sinzheimer*, in: Arbeitsrecht und Rechtssoziologie I, 116f.

239 Zum strukturellen Machtungleichgewicht zwischen der Angebots- und der Nachfrageseite des Arbeitsmarktes vgl. die Ausführungen unten im Kapitel V Abschnitt 1.4.1, S. 329ff.

240 Die Kodifikationsbemühungen um das Arbeitsrecht, ganz gleich wie sie sich im einzelnen gestalten, bedeuten nichts anderes als die Bestätigung und Institutionalisierung des Schutzprinzips durch die Rechtsordnung, *Kübler/Schmidt/Simitis*, a. a. O. (Fn. 14), 198.

241 Vgl. dazu insb. *Wieacker*, Privatrechtsgeschichte der Neuzeit, 543ff., 549f.

242 *Kahn-Freund*, a. a. O. (Fn. 238), 7 (6).

243 Zu der damit einhergehenden Verrechtlichung der Arbeitsbeziehungen *Simitis*, a. a. O. (Fn. 190), 74ff., 78ff., 88ff., mit Nachweisen.

244 Vgl. *Kübler/Schmidt/Simitis*, a. a. O. (Fn. 14), 198ff. und *Simitis*, a. a. O. (Fn. 190), 95ff., jeweils mit Nachweisen.

245 *Kahn-Freund*, a. a. O. (Fn. 238), 6 (6).

Handeln individuelle Unterlegenheit kompensieren zu können. Mit der rechtlichen Anerkennung und Absicherung der Kollektivvereinbarung erfolgt «eine besonders markante Konkretisierung des generellen arbeitsrechtlichen Schutzprinzips».[246] Dem Tarifvertrag kommt ebenso die Funktion zu, den mit den Mitteln der privatautonomen Vertragsfreiheit nicht erzielbaren Interessenausgleich politisch zu realisieren. Mit einem Unterschied freilich: Realisierungsvoraussetzung des intendierten Ausgleichs ist hier die Schaffung gesellschaftlicher, kollektiver Gegenmacht auf der Arbeitnehmerseite. Sie manifestiert sich vor allem in der drohenden oder notfalls reellen Verweigerung der Arbeit, dem Streik.[247] Kollektivvereinbarungen kommen als genuines Mittel des Interessenausgleichs zwischen Arbeitnehmern und Arbeitgebern erst in Betracht, wenn sich die Arbeitnehmer um ihrer eigenen Interessen willen zusammengetan und damit in die Lage versetzt haben, ihre Interessen über ihre Organisation nachdrücklich zu vertreten. Nur dann läßt sich – in den Worten des Bundesverfassungsgerichts – eine «sinnvolle Ordnung des Arbeitslebens» über Tarifverträge erreichen.[248]

Diese Formulierung, so vieldeutig sie auf den ersten Blick erscheinen mag,[249] umschreibt nichts anderes als den Normzweck des Art. 9 Abs. 3 GG, der eben in der Gestalt des Schutzprinzips auch der verfassungsrechtlich legitime Zweck der Tarifautonomie ist.[250] Der Schutzfunktion des Tarifvertrages kommt somit für die Interpretation des Art. 9 Abs. 3 GG und insbesondere für das Verständnis der darin enthaltenen Kernbereichsgarantie zentrale Bedeutung zu.[251] Diese Bedeu-

---

246 *Kübler/Schmidt/Simitis*, a. a. O. (Fn. 14), 201.

247 *Kahn-Freund*, a. a. O. (Fn. 238), 8f. (9).

248 *BVerfGE* 4, 96 (107); 18, 18 (27f., 32); 20, 312 (317f.); 44, 322 (340f., 342); 50, 290 (367); 58, 233 (246ff.).

249 Dazu *Dorndorf*, FS für Kissel, 140ff.

250 Vgl. nunmehr ganz eindeutig *BVerfG* v. 26.6.1991, abgedruckt in: AuR 1992, 29 (32): «Tarifautonomie ist darauf angelegt, die strukturelle Angelegenheit der einzelnen Arbeitnehmer beim Abschluß von Arbeitsverträgen durch kollektives Handeln auszugleichen und damit ein annähernd gleichgewichtiges Aushandeln der Löhne und Arbeitsbedingungen zu ermöglichen.» Ebenso nach *BAG* AP Nr. 64 zu Art. 9 GG Arbeitskampf, Bl. 4 sind «Tarifverträge dazu bestimmt, einen tatsächlichen Machtausgleich zwischen Arbeitnehmern und Arbeitgebern zu schaffen».

251 *Kübler/Schmidt/Simitis*, a. a. O. (Fn. 14), 207, bemerken gerade: «Von der Schutzfunktion des Tarifvertrages her erscheint es schließlich auch verständlich, warum sich das Bundesverfassungsgericht immer wieder veranlaßt sah, von einem "Kernbereich" des Tarifsystems zu sprechen, der dem Gesetzgeber verschlossen bleibt.» Ebenso *Säcker*, AuR 1994, 7 führt erneut aus: «Bilaterale Monopolisierung des Arbeitsmarktes und Anerkennung der Unabdingbarkeit der Kollektivveinbarung stellten die funktionellen Voraussetzungen für einen sozialgerechten Individualvertragsstatus dar. Darin liegt zugleich auch die konstitutionelle "ratio" für die uneingeschränkte Gewährleistung eines funktionellen Kernbereichs verbandsmäßiger Ge-

tung ist freilich nicht dadurch zu bezweifeln oder jedenfalls zu relativieren, daß der Tarifvertrag auch «andere» Funktionen wahrnimmt. Der Hinweis vor allem auf die Ordnungs-,[252] aber auch die Kartell- und Verteilungsfunktion[253] des Tarifvertrages besitzt nämlich keine eigenständige Bedeutung. Die Tatsache etwa, daß die Koalitionen, insbesondere die Gewerkschaften, in den historischen Ausnahmesituationen nach 1918 und 1945 angesichts des damaligen staatlichen Versagens weitreichende Ordnungsfunktionen wahrgenommen haben, sollte nicht dazu verleiten, von einer die soziale Schutzfunktion überlagernden Ordnungsaufgabe der Tarifautonomie zu sprechen.[254] Eine solche Ansicht verwechselt die bloße, in der Entstehungsgeschichte der tarifautonomen Regelung nicht verwurzelte und nur auf Ausnahmesituationen bezogene Faktizität mit legitimer Normativität (Art. 9 Abs. 3 GG).[255] Die in mehrfacher Hinsicht vom Tarifvertrag geschaffene «Ordnung» bildet an sich kein Motiv des Tarifgedankens, sondern behält ihren Sinn erst durch die Intention sozialen Schutzes und die Notwendigkeit seiner rechtlichen Absicherung. Rechtliche Besonderheiten der tariflichen Regelung wie die normative Wirkung (§ 4 Abs. 1 TVG), der Günstigkeitsgrundsatz (§ 4 Abs. 3 TVG) oder die Nachwirkung (§ 4 Abs. 5 TVG) sind gerade auf das spezifische Schutzbedürfnis des Arbeitnehmers zurückzuführen.[256] Auch die Kartell- und Verteilungswirkung des Tarifvertrages präsentieren nichts anderes als zwei verschiedene Aspekte der Schutzfunktion. Die soziale Schutzfunktion der Tarifautonomie ist zugleich ordnende, kartellmäßige und verteilungspolitische Funktion. Diese Funktionen vermitteln ihre nähere, genauere Umschrei-

---

staltung der allgemeinen Arbeitsbedingungen gegenüber staatlicher und privater Regelung.»
Zur Bedeutung der Schutzfunktion – oder in der Terminologie *Zacherts*, AuR 1993, 100: «machtkompensatorischen Funktion» – des Tarifvertrages, vgl. ferner *Biedenkopf*, Grenzen der Tarifautonomie, 75ff., 112ff.; *ders.*, a. a. O. (Fn. 1), 113, 163; *Hueck/Nipperdey*, Arbeitsrecht II/1, 25f.; *Wiedemann*, in: Wiedemann, Einl. TVG, Rn. 2ff.; *Säcker*, Grundprobleme, 45ff.; *Jahnke*, a. a. O. (Fn. 3), 26f.; *Kempen/Zachert*, TVG, Grund. Rn. 92.

252 Vgl. dazu *Wiedemann*, in: Wiedemann, Einl. TVG, Rn. 13ff.

253 Zu diesen und anderen Funktionen des Tarifvertrages vgl. einerseits *Wiedemann*, in: Wiedemann, Einl. TVG, Rn. 7ff., 27ff., 34ff.; andererseits *Kempen/Zachert*, TVG, Grund., Rn. 92ff.

254 So aber *Herschel*, in: Verhandlungsberichte des 46. DJT II, D 11 ff. Vgl. neuerdings aber auch *Reuter*, a. a. O. (Fn. 73), 11ff., 36ff., der ebenfalls auf den Ordnungsauftrag der Tarifvertragsparteien als den von der herrschenden Arbeitsrechtsdoktrin primär anerkannten Zweck der Tarifautonomie abstellt.

255 Vgl. auch *Kempen/Zachert*, TVG, Grund. Rn. 91.

256 *Kübler/Schmidt/Simitis*, a. a. O. (Fn. 14), 206f.

bung.[257] Dementsprechend lassen sie sich von ihr (verfassungs-)normativ nicht verselbständigen. Sie sind vielmehr nur mit Rücksicht auf sie zu erklären und zu legitimieren.[258] Interpretatorische Bemühungen um die verfassungsrechtliche Anerkennung der Tarifautonomie müssen sich deshalb stets am Schutzbedürfnis des Arbeitnehmers und der spezifischen Schutzfunktion des Tarifvertrages ausrichten.

Reflexionen über die spezifische Schutzfunktion des Tarifvertrages können aber zuerst nichts anderes sein als Überlegungen zum Problem der Bildung gewerkschaftlicher Gegenmacht. Diese ist unabdingbare Voraussetzung für das Funktionieren der Tarifautonomie. «Gegenmacht» heißt soviel wie ausreichende Stärke einer Gewerkschaft, gegenüber dem Arbeitgeber Vereinbarungen durchzusetzen, die auf die Berücksichtigung der Interessen der von ihr vertretenen Arbeitnehmerschaft ausgerichtet sind. "Macht" präsentiert insofern hier keinen Wert an sich, sondern eine funktionsbezogene Wertung unter dem Gesichtspunkt, ob eine Gewerkschaft aufgrund ihrer Stärke in der Lage ist, für ihre Mitglieder «akzeptable» Arbeitsbedingungen auszuhandeln.[259] Genau dies und nichts anderes verbirgt sich hinter dem nahezu ritualisierten Hinweis auf das aus der Tarifautonomie ableitbare Gegengewichts- oder, besser formuliert, Gegenmächtigkeitsprinzip. Weder das Erreichen eines – zumindest tendenziellen – Kräftegleichgewichts zwischen den Tarifvertragsparteien noch die Verfolgung materiell «richtiger» bzw. «gerechter» Vertragsergebnisse sind damit gemeint. Die Formel von der Gegenmächtigkeit signalisiert angesichts der sozioökonomisch bedingten

---

257 Von daher geht es auch nicht an, einen Kontrast zwischen dem Schutzauftrag der Tarifvertragsparteien und der ihnen ebenfalls erwachsenden, auch Verteilungs- und Ordnungsfunktionen umfassenden Gestaltungsaufgabe generell zu konstruieren, vgl. etwa *Wiedemann*, RdA 1997, 298, 300f. Der Schutzauftrag der Tarifvertragsparteien darf konzeptionell nicht auf herkömmliche, die Ausgestaltung des Arbeitsvertrages betreffende Regelungsziele reduziert werden. Die tarifliche Verfolgung beschäftigungspolitischer Ziele dient ebenso Schutzinteressen des einzelnen Arbeitnehmers und zwar in der Gestalt seines elementaren Bedürfnisses nach Sicherung bzw. Erhalt einer Beschäftigungsmöglichkeit; insoweit läßt sich von der beschäftigungspolitischen Schutzfunktion des Tarifvertrages sprechen. Solche Ziele kennzeichnen daher auch keine immanenten, sich aus der Funktion der Tarifautonomie ergebenden Schranken, so aber *Henssler*, a. a. O. (Fn. 13), 14.

258 Näher dazu unten im Abschnitt 2.1.2, S. 218f. u. Abschnitt 2.2.4.2, S. 271ff.

259 Vgl. bereits *Kempen/Zachert*, TVG, § 2 Rn. 20. Hinsichtlich der Akzeptanz der ausgehandelten Arbeitsbedingungen lassen sich freilich verschiedene Abstufungen vorstellen. Um zwei Beispiele etwa aus dem zentralen Bereich der Lohnpolitik aufzugreifen: Der Verzicht auf eine im übrigen berechtigte Lohnerhöhung für die existenziell notwendige Zusicherung eines verbesserten Kündigungschutzes zählt zu den unteren Akzeptanzebenen, während das Erreichen einer dem Produktivitätszuwachs angemessenen Lohnsteigerung als Tarifergebnis oberer Akzeptanz einzustufen ist.

Prädominanz der Arbeitgeberinteressen lediglich das Gebot, gerade über die Bildung gewerkschaftlicher Gegenmacht die Voraussetzungen für ein «faires» Regelungsverfahren der Arbeitsmarktparteien zu schaffen. Entgegen der Option einseitiger Festlegung der Arbeitsbedingungen stellt hierbei die Freiwilligkeit der Tarifabschlüsse und damit die Selbständigkeit der beiderseitigen Willensbildung mit der Konsequenz konsensual legitimierter Ergebnisse das entscheidende Verfahrensmoment dar.[260]

Die Theorie einer Gleichgewichtslage zwischen Arbeitgeberseite und Gewerkschaften[261] und die Verwendung des Begriffs der «materiellen Richtigkeitsgewähr»[262] wecken hingegen Irrtümer und Mißverständnisse. Mit *Weiss* gilt es deshalb zu bemerken, daß der Sinn der Gewährleistung in Art. 9 Abs. 3 GG nicht darin besteht, «das Kräftevolumen der Koalitionen gegeneinander auszutarieren, sondern ein kontradiktorisches Verfahren bereitzustellen, in dem gewährleistet ist, daß nicht eine Seite von der anderen so sehr abhängig ist, daß ihr jede Durchsetzungschance fehlt.»[263] Der tarifliche Prozess gewährleistet nur «reine Verfahrensgerechtigkeit». Die Tarifautonomie gewährt keine «richtigen Ergebnisse» im Sinne einer «justitia distributiva», zu deren Feststellung es allerdings keine unabhängigen und damit empirisch nachprüfbaren Maßstäbe gibt, sondern «nur ein korrektes oder faires Verfahren, das zu einem ebenso korrekten oder fairen Ergebnis führt, welcher Art es auch sei, sofern es ordnungsgemäß angewendet wur-

---

260 Vgl. *Kempen/Zachert*, TVG, Grund. Rn. 83, 88, 89.

261 Vgl. etwa *BAG* AP Nr. 24 zu Art. 9 GG; *Zöllner/Seiter*, Paritätische Mitbestimmung, 52ff., mit Nachweisen; auch *Badura/Rittner/Rüthers*, a. a. O. (Fn. 14), 244, sprechen von der «prinzipiellen Gleichberechtigung und Gleichgewichtigkeit von Kapital und Arbeit im Rahmen der kollektiven Kampf- und Ausgleichsordnung», auf der die Tarifautonomie beruhe; *Scholz*, Die Koalitionsfreiheit, 262ff., 264, dessen liberales Gleichheitsverständnis des Art. 9 Abs. 3 GG auf das «Verhältnis der ausbalancierten Gleichgewichtigkeit» zwischen den Tarifvertragsparteien abstellt. Nicht zuletzt *Meik*, a. a. O. (Fn. 53), 89ff., richtet seine interpretatorischen Betrachtungen zu Art. 9 Abs. 3 GG am – aus dem Sozialstaatsprinzip herleitbaren – «Gebot der chancengleichen Verwirklichung der Produktionsfaktoren Kapital und Arbeit». Das leitet ihn zur Anerkennung eines Grundrechts der Arbeit als Gegengewicht zum Grundrecht auf Eigentum. Die Tarifautonomie diene der Umgestaltung der rechtlichen und tatsächlichen Stellung des Arbeitnehmers mit dem Ziel, die Vormachtstellung des Arbeitgebers aufzuheben. Durch die Gewichtsverlagerung auf die Kollektivebene werde die Gleichgewichtigkeit und damit die Funktionsfähigkeit der Privatautonomie im Arbeitsrecht wiederhergestellt, so ausdrücklich *Meik*, a. a. O., 111f.

262 Vgl. etwa *BAG* 1 AZR 822/79, A I 1c der Gründe, S. 12.

263 *Weiss*, Gewerkschaftliche Vertrauensleute, 45. Gegen die angeblich in Art. 9 Abs. 3 GG angelegte Gleichgewichtsgarantie vgl. auch *Berg/Wendeling-Schröder/Wolter*, a. a. O. (Fn. 14), 306f.; *Kempen/Zachert*, TVG, § 2 Rn. 23, 46.

de».[264] Die sog. «Richtigkeitsgewähr» von Tarifverträgen ist daher nicht im Sinne von «materieller Vertragsgerechtigkeit» aufzufassen, sondern nur als die – durch jene (relative) Freiwilligkeit des tarifautonomen Regelungsverfahrens begründete – Erwartung fairer Vertragsergebnisse zu deuten.[265]

Mit der Übertragung der von *Schmidt-Rimpler* für das Zivilvertragsrecht entwickelten Lehre vom gerechten Interessenausgleich[266] auf die Kollektivvereinbarung offenbart sich nicht zuletzt die Grundansicht, Existenz und Funktion des Tarifvertrages unter dem Blickwinkel der Privatautonomie erklären und legitimieren zu müssen.[267] Prägend ist dabei die Vorstellung, der Tarifvertrag sei nichts anderes als das Bewahrungsinstrument der privatautonomen Funktionsfähigkeit des Individualarbeitsvertrages. Seine Zielsetzung bestehe darin, das liberale Marktmodell als die systemgemäße Methode des Güteraustausches auch auf die Allokation der «Ware» Arbeitskraft zu übertragen.[268] Ursprung und weitere Entwicklung des Koalitions- und Tarifwesens stellten eine folgerichtige Entfaltung des liberalen Denkansatzes dar.[269] Die Koalitionsfreiheit trage den Charakter eines liberalen Freiheitsrechts mit sozialer Zwecksetzung und bleibe dem Formprinzip des liberalen Freiheitsgedankens treu.[270] Träger des Grundrechts in Art. 9 Abs. 3 GG sei allein das Individuum. Bestand und Betätigung der Koalition sollten nur als unselbständiger Ausfluß des Individualgrundrechts anerkannt werden.[271]

Dieser Ansicht kann nicht gefolgt werden. Das privatautonome Verständnis des Tarifvertrages signalisiert in Wirklichkeit die fehlende Bereitschaft, sich auf

---

264 *Rawls*, Eine Theorie der Gerechtigkeit, 107.

265 Nach *Kempen/Zachert*, TVG, Grund. Rn. 89, ist somit in der tariflichen Normsetzungsbefugnis eine «Richtigkeitschance» mit enthalten. Wohl im hier dargelegten Sinne auch *Gamillscheg*, Kollektives Arbeitsrecht I, 284ff., der dreierlei zutreffend bemerkt: «Richtigkeit» sei relativ, «Richtigkeitsgewähr» bedeute auch nicht, daß alle Betroffenen stets mit allen Normen einverstanden seien, sie betreffe das Verhältnis von Leistung und Gegenleistung, nicht das Verhältnis zu Dritten; anders *Wiedemann*, in: Wiedemann, § 1 TVG Rn. 225, 226, der die «Richtigkeitsgewähr» tariflicher Regelungen als «materielle Vertragsgerechtigkeit» auffaßt, sie also auch auf die Dritt- und Gemeinverträglichkeit der Tarifvertragsergebnisse hinterfragt.

266 *Schmidt-Rimpler*, AcP 1941, 130ff.

267 Vgl. radikal in diesem Sinne *Scholz*, a. a. O. (Fn. 261), 25ff., 121ff.; *Picker*, ZfA 1986, 199ff., 256ff.; *Rieble*, ZfA 2000, 5ff.

268 *Picker*, a. a. O. (Fn. 267), 260; erneut *ders.*, ZfA 1998, 673ff., 680.

269 *Scholz*, a. a. O. (Fn. 261), 22ff.

270 *Scholz*, a. a. O. (Fn. 261), 35, 37; *ders.*, in: Maunz u. a., GG, Art. 9 Rn. 155, 156.

271 *Scholz*, a. a. O. (Fn. 261), 51, 121ff. Vgl. in diesem Sinne auch *Richardi*, a. a. O. (Fn. 6), 78f., der die Koalitionsfreiheit als «gemeinschaftsbegründendes Individualrecht» bewertet; *Zöllner*, AöR 1973, 78ff.; *Konzen*, AcP Bd. 177 (1977), 494f.; *Vollmer*, Die Entwicklung partnerschaftlicher Unternehmensverfassungen, 59f.

die spezifische Schutzfunktion zu besinnen, die diesem Regelungsinstrument zukommt. Ein derartiges Verständnis läßt sich mit dieser Regelungsaufgabe nicht vereinbaren. Der Tarifvertrag erfüllt die ihm überantwortete Schutzaufgabe und entfaltet die dazu dienende Kartellwirkung eben dadurch, daß er den liberalen Vorrang von Freiheit und Markt bestreitet. Er weist insofern eine der Privatautonomie diametral entgegengesetzte Funktionslogik auf. Von daher ist es auch verfehlt, bei der Interpretation des Art. 9 Abs. 3 GG maßgeblich auf «das liberale Formprinzip» abzustellen.[272] Die Verfolgung des sozialen Schutzauftrages bedingt vielmehr die besondere, eigenständige Garantie der kollektiven Koalitionsfreiheit und der Tarifautonomie. Ein individualistisch geprägtes Verständnis des Art. 9 Abs. 3 GG geht somit fehl. Insbesondere dürfen die individualrechtliche und kollektivrechtliche Dimension der Koalitionsfreiheit – bei aller Anerkennung der zwischen ihnen bestehenden Spannungen und der Notwendigkeit einer sachgerechten Konfliktaustragung – nicht gegeneinander ausgespielt werden. Denn die Koalitionsfreiheit und im allgemeinen die Individualautonomie des Einzelnen gewinnen unter den Bedingungen der Industriegesellschaft erst in der kollektiven Betätigung Effektivität.[273] Bestand und Betätigung der Koalition sind gerade und allein deshalb geschützt, damit der Einzelne die Möglichkeit der Wahrnehmung seiner Interessen hat. Art. 9 Abs. 3 GG statuiert in diesem Sinne ein «Doppelgrundrecht».[274]

Es bleibt festzuhalten: Die verfassungsrechtliche Anerkennung der Tarifautonomie bedeutet das Gewährleistungsgebot gewerkschaftlicher Gegenmacht. Gerade weil die Arbeitnehmer die strukturell unterlegene Arbeitsmarktpartei sind, kann das Erfordernis von Gegenmächtigkeit nur um ihrer Interessen willen gelten. Die Existenz einer tatsächlich funktionierenden, weil den Interessenausgleich gewährleistenden Tarifautonomie ist an die Macht gebunden, die Gewerkschaften bei Verhandlungen mit der Arbeitgeberseite entfalten können. Ohne die Möglichkeit, auf die strukturell überlegene Gegenseite wirksamen Druck auszuüben, bestehen für die Arbeitnehmer keine echten Verhandlungschancen. Ein Mindest-

272 Vgl. auch *Kempen/Zachert*, TVG, Grund. Rn. 59.

273 So zutreffend *Weyand*, a. a. O. (Fn. 4), 66, unter Bezugnahme auf *Säcker*, Grundprobleme, 31f. Auch *Wiedemann*, in: Wiedemann, Einl. TVG, Rn. 90, spricht von einer «stärkere(n) Qualität der Freiheitsausübung im Kollektiv», die dazu berechtige, den Berufsorganen eine eigenständige, von den gebündelten Individualinteressen losgelöste Grundrechtsverbürgung zu bestätigen.

274 Dieses Grundrechtsverständnis wurde vom Bundesverfassungsgericht frühzeitig entwickelt und seitdem ständig wiederholt, vgl. *BVerfGE* 4, 96 (101); 17, 319 (333); 19, 303 (312); 28, 295 (304); 50, 290 (373); 84, 212 (224). Es wurde auch vom Bundesarbeitsgericht und fast dem gesamten Schrifttum adaptiert, vgl. *BAGE* 14, 282 (288); 17, 218 (221); 19, 217 (221); 20, 175 (210); sowie die zahlreichen Literaturnachweise bei *Wiedemann*, in: Wiedemann, Einl. TVG, Rn. 89.

maß an sozialpolitischem Gegengewicht ist deshalb für die Funktionsfähigkeit des tarifautonomen Regelungssystems schlechthin erforderlich. Bei seinem Fehlen wäre die Tarifautonomie in ihrem Nerv getroffen.

Damit ist freilich noch nicht viel gewonnen. Das der Tarifautonomie inhärente Gegenmächtigkeitspostulat ist zwar inhaltlich grob umrissen. Sein Funktionsverständnis setzt jedoch weitere Konkretisierungsbemühungen voraus, welche in Anknüpfung an die Merkmale der Tariffähigkeit anzustellen sind.

2.1.2 Wesenselemente des Gegenmächtigkeitspostulats

Die Forderung, die Tariffähigkeit von Arbeitnehmerkoalitionen an bestimmte Voraussetzungen zu binden, ist gerade auf die Notwendigkeit der Bildung ausreichender gewerkschaftlicher Gegenmacht zurückzuführen. Ganz gleich, ob es um die Frage nach der «Unabhängigkeit», nach der «Bereitschaft zum Arbeitskampf» oder nach der «sozialen Mächtigkeit des Berufsverbandes» geht, steht doch von Anfang an nichts anderes als die Störung einer solchen Gegenmachtbildung im Mittelpunkt aller Auseinandersetzung um die Anerkennung einer Arbeitnehmerkoalition als Gewerkschaft.[275] Diese Voraussetzungen der Tariffähigkeit stehen deshalb in einem engen, ja unlösbaren Zusammenhang, der bei ihrer Beurteilung nicht vernachlässigt werden darf.[276] Sie können ohne Rekurs auf die sozialgeschichtliche Entwicklung und das Selbstverständnis der beteiligten Verbände weder erklärt noch legitimiert werden.[277] Ebenso erforderlich ist aber dabei, über Anpassungsbedürfnisse der «jeweiligen gesellschaftlichen Wirklichkeit»,[278] über die «fortschreitende Entwicklung»[279] zu reflektieren. Geboten ist mithin eine Betrachtungsweise, die historische Rückbesinnung mit Entwicklungsoffenheit verbindet.

Die Aufmerksamkeit richtet sich zunächst auf die «Gegnerfreiheit» und die «Überbetrieblichkeit», zwei verschiedene Aspekte der «Gegnerunabhängigkeit».[280] Sie demonstrieren die Forderung nach einer unverfälschten, selbständigen Wahrnehmung der Arbeitnehmerinteressen. In ihnen spiegelt sich die historische Erfahrung mit «Harmonieverbänden» und «gelben Werkvereinen» wider, kommt der Wunsch zum Ausdruck, «nur solche Koalitionen als tariffähig anzu-

---

275 *Kempen/Zachert*, TVG, § 2 Rn. 19.

276 Vgl. bereits *Dütz*, AuR 1976, 80.

277 *Dütz*, a. a. O. (Fn. 276), 79; *BVerfGE* 50, 290 (367).

278 *BVerfGE* 20, 312 (318); 50, 290 (369).

279 *Dütz*, a. a. O. (Fn. 276), 79.

280 Vgl. *Sinzheimer*, Grundzüge des Arbeitsrechts, 69f.; *Nipperdey/Säcker*, AR-Blattei D. Berufsverbände I C I 2; *Wiedemann/Stumpf*, TVG, § 2 Rn. 142ff., 163f.; *Kempen/Zachert*, TVG, § 2 Rn. 42ff.

sehen, die sich bei ihren Entscheidungen von den Interessen der Arbeitnehmer leiten lassen».[281] Nur wenn also die Bereitschaft ebenso wie die Fähigkeit vorliegt, den Standpunkt der Arbeitnehmer zu vertreten, läßt sich überhaupt von einer echten und daher wirksamen Gegenmachtbildung auf der strukturell unterlegenen Seite des Arbeitsmarktes sprechen. Die Unabhängigkeit vom sozialen Gegenspieler garantiert uneingeschränkte Parteinahme für die Arbeitnehmer, schafft damit die elementaren Voraussetzungen für eine um der Wahrnehmung ihrer Interessen willen funktionierende Tarifautonomie.

Die Merkmale der «Gegnerfreiheit» und der «Überbetrieblichkeit» werden aber genaugenommen nicht zu unverzichtbaren, die Tariffähigkeit erst konstituierenden Kriterien erhoben. Sie bilden nämlich zwei Grundsätze ohne selbständige Bedeutung. «Gegnerfreiheit» und «Überbetrieblichkeit» erhalten vielmehr ihren Sinn aus der Sorge um eine tatsächlich nachdrückliche und unverfälschte Vertretung der Arbeitnehmerinteressen. Sie können deshalb nur dann richtig verstanden und interpretiert werden, wenn nicht ihre historische Tragweite, sondern ihr funktionaler Bezug zur Unabhängigkeit von Arbeitnehmerkoalitionen im Vordergrund steht.[282] Statt also die historische Priorität beider Merkmale ein für allemal festzuschreiben, gilt es, gerade im Sinne der Entwicklungsoffenheit nach ihrem heutigen Stellenwert für die Wahrung der Unabhängigkeit der Arbeitnehmerkoalitionen zu fragen.

Den Merkmalen der «Gegnerfreiheit» und der «Überbetrieblichkeit» kommt heutzutage nicht der ursprüngliche, auf ganz konkrete historische Vorgänge (: die Bildung von «Harmonieverbänden» und «gelben Werkvereinen») bezogene Stellenwert für die Wahrung der Unabhängigkeit der Arbeitnehmerkoalitionen zu. Zum einen kann und braucht Gegnerunabhängigkeit nicht als strikte Gegnerreinheit aufgefaßt zu werden. Eine tatsächliche Beeinträchtigung der Unabhängigkeit ist nicht zu befürchten, wenn etwa Arbeitgeber oder ihre Vertreter einfach Mitglied der Arbeitnehmerkoalition sind, sondern erst, wenn ihr Einfluß auf den Willensbildungsprozeß der Arbeitnehmerkoalition so entscheidend wird, daß sich die Reinheit der Wahrnehmung von Arbeitnehmerinteressen in Frage gestellt sieht.[283] Zum anderen und wichtigsten bildet die Überbetrieblichkeit nunmehr kein unbedingt notwendiges, essentielles Merkmal der Tariffähigkeit. Die aktuelle Bedeutung der historischen Erfahrungen mit den sog. «Werkvereinen» in der

---

281 *Kübler/Schmidt/Simitis*, a. a. O. (Fn. 14), 201.

282 Vgl. bereits *Kübler/Schmidt/Simitis*, a. a. O. (Fn. 14), 204; AK-GG-*Kittner*, 2. Aufl., Art. 9 Abs. 3 Rn. 51.

283 Vgl. *Herschel*, AuR 1976, 234; *Nipperdey/Säcker*, a. a. O. (Fn. 280), I C I 2a; *Weiss*, a. a. O. (Fn. 263), 46; *Däubler/Hege*, Koalitionsfreiheit, Rn. 117; *Kempen/Zachert*, TVG, § 2 Rn. 44; *Oetker*, in: Wiedemann, § 2 TVG, Rn. 243f., 247.

Zeit vor dem 1. Weltkrieg mag außer Zweifel stehen.[284] Die Rahmenbedingungen gewerkschaftlicher Aktivität haben sich aber seit jener Zeit nachhaltig verändert. Der kleinere Betrieb, der sich ja besonders dazu eignet, Interessenverflechtungen zu erzeugen, die hemmend auf die gewerkschaftliche Aktivität wirken, liefert schon längst keinen typischen Präzedenzfall mehr für Überlegungen zur Tariffähigkeit.[285] Die für den Großbetrieb charakteristische Institutionalisierung von Arbeitsmärkten[286] und nicht zuletzt die Existenz rechtlicher Vorkehrungen gegen Gewerkschaftsdiskriminierung[287] entziehen dem Kriterium der Überbetrieblichkeit seine zwingende Rechtfertigungsgrundlage. Sie vermögen zumindest den Druck zu konterkarieren, den die Verfügungsbefugnis des Arbeitgebers über die Arbeitsplätze seiner organisierten Belegschaft erzeugt. Ausnahmen vom Grundsatz der Überbetrieblichkeit, wie die für den Bereich der Bundespost, sind deshalb bezeichnend für eine notwendig differenzierte Sicht.[288] Damit drängt sich aber die Frage auf, ob nicht das bisherige Festhalten am Erfordernis der Überbetrieblichkeit mehr auf Ordnungsvorstellungen als auf die Sorge um die Erfüllung der spezifischen Schutzfunktion des Tarifvertrages zurückzuführen ist.

Alle Überlegung zur Unabhängigkeit führt – konsequent zu Ende gedacht – zum Erfordernis der «Arbeitskampfbereitschaft».[289] Diese ist notwendige Voraussetzung für die Herstellung ausreichender Gegenmächtigkeit und damit für die Anerkennung einer Arbeitnehmerkoalition als Gewerkschaft (§ 2 Abs. 1 TVG). «Ein letztlich einseitiger Verlauf der Verhandlungen läßt sich nur dann vermeiden, wenn die Gewerkschaft jederzeit zum Streik aufrufen kann und auch willens

---

284 Vgl. *Kübler/Schmidt/Simitis*, a. a. O. (Fn. 14), 202, mit weiteren Nachweisen; zuletzt *Kempen/Zachert*, TVG, § 2 Rn. 45.

285 Vgl. *Däubler/Hege*, a. a. O. (Fn. 283), Rn. 118.

286 «Institutionalisierung von Arbeitsmärkten bedeutet geregelte Knappheit, d.h. begrenzte Austauschbarkeit von Arbeitskräften. Knappheit, Unersetzlichkeit bildet aber eine wesentliche Grundlage gewerkschaftlicher Gegenmacht, genauer, der Chance einer Etablierung gewerkschaftlicher Macht im Betrieb. Die Institutionalisierung von Arbeitsmärkten konstituiert damit wesentliche "Vorleistungen" für das Wirken der Gewerkschaften.», *Billerbeck u. a.*, Neuorientierung der Tarifpolitik ?, 23.

287 *Däubler/Hege*, a. a. O. (Fn. 283). Rn. 118; *Löwisch/Rieble*, TVG, § 2 Rn. 38; *Stelling*, NZA 1998, 924; a. A. *Kempen/Zachert*, TVG, § 2 Rn. 45.

288 Vgl. in diesem Sinne *Däubler/Hege*, ebda; *Nipperdey/Säcker*, a. a. O. (Fn. 280), I C I 2c; recht einschränkend aber nunmehr *Kempen/Zachert*, ebda; die Überbetrieblichkeit als erforderliche Voraussetzung der Tariffähigkeit ganz ablehnend *Löwisch/Rieble*, TVG, § 2 Rn. 38f.; *Oetker*, in: Wiedemann, § 2 TVG, Rn. 278, 279.

289 Vgl. *BAG* AP Nr. 11 zu § 11 ArbGG; AP Nr. 13 zu § 2 TVG; *Reuß*, RdA 1964, 362ff.; *Hueck/Nipperdey*, Lehrbuch des Arbeitsrechts II 1, § 6 III 4, 108f.; *Nipperdey/Säcker*, a. a. O. (Fn. 280), I C III 2; *Löwisch*, ZfA 1970, 309f.; *Kempen/Zachert*, TVG, § 2 Rn. 33ff.

ist, ihn durchzuführen.»[290] Die kollektive Aktion der Arbeitnehmer verspricht gerade in dem Moment das mangelnde Verhandlungsgleichgewicht zu kompensieren, in dem der Arbeitskampf für den Arbeitgeber eine erkennbar einzukalkulierende Möglichkeit der Konfliktaustragung wird. Erst wenn Streikwilligkeit ebenso wie Streikfähigkeit die kollektive Aktion kennzeichnet, sieht sich der Arbeitgeber in der Tat veranlaßt, Arbeitnehmerforderungen ernsthaft zur Kenntnis zu nehmen, also Anstrengungen zu unternehmen, die auf eine den Interessenausgleich herbeiführende Vereinbarung ausgerichtet sind.[291] Das Streikrecht ist als notwendige Hilfseinrichtung für eine funktionsfähige Tarifautonomie in der Verfassung verankert.[292] Die Ansicht, daß auf die Bereitschaft und Fähigkeit zum Arbeitskampf als Voraussetzung der Tariffähigkeit generell verzichtet werden kann,[293] suggeriert deshalb in verfassungswidriger Weise die Vorstellung einer scheinbaren Unabhängigkeit, der die wesentlichen, vitalen Elemente der Eigenständigkeit und Durchsetzungsfähigkeit entzogen sind.[294]

Das Kriterium der «sozialen Mächtigkeit»[295] weist schließlich in bezug auf das Erfordernis gewerkschaftlicher Gegenmachtbildung einen ebenso ergänzen-

---

290 *Kübler/Schmidt/Simitis*, a. a. O. (Fn. 14), 205.

291 Vgl. auch *BAG* 1 AZR 822/79, A I 2a der Gründe, S. 14f.

292 *BAG*, a. a. O. (Fn. 291), S. 15.

293 Vgl. etwa *Dietz*, in: Bettermann/Nipperdey/Scheuner, Die Grundrechte III 1, 440ff.; *Wiedemann/Stumpf*, TVG, § 2 Rn. 191; aber auch *BAG* AP Nr. 25 zu § 2 TVG; AP Nr. 32 zu § 2 TVG, mit Anmerkung von *Rüthers/Roth*; Beschluß v. 10.9.85 – 1 ABR 32/83 teilweise abgedruckt in: AuR 1986, 351, mit Besprechung von *Zachert*, AuR 1986, 321ff. – Entscheidung, die das Kriterium der Arbeitskampfbereitschaft auf das bloße Erfordernis der Arbeitskampfwilligkeit verkürzt. Das Bundesarbeitsgericht hat auch in späteren Entscheidungen (*BAG* AP Nr. 38 und Nr. 39 zu § 2 TVG) auf das Erfordernis der Arbeitskampfbereitschaft und -fähigkeit verzichtet und stattdessen entscheidend darauf abgestellt, ob der Arbeitnehmerorganisation «Durchsetzungsfähigkeit» zukommt. *Söllner*, Grundriß des Arbeitsrechts, 130f., läßt das Problem offen.

294 Daran ändert auch die *BVerfGE* 18, 18 (27ff.), über die Tariffähigkeit des Verbandes der katholischen Hausgehilfinnen und Hausangestellten nichts. Diese Entscheidung statuiert lediglich eine Ausnahme von der Regel, freilich mit einer «besonderen, auf die spezifischen Funktionen des Verbandes und die eigene Tradition gestützten Begründung», *Kübler/Schmidt/Simitis*, a. a. O. (Fn. 14), 204. Doch für den Bereich der gewerblichen Wirtschaft kommt es auf solche Ausnahmen nicht weiter an. Die historische Erfahrung zeigt, daß Tarifvertrag und Arbeitskampf dort in einem existenziell wichtigen, ja unlösbaren Zusammenhang stehen. Erst die Verbindung mit der (drohenden) Möglichkeit eines Arbeitskampfes versetzt den Tarifvertrag in die Lage, seine Funktion als schutzspezifisches Regelungsinstrument in diesem Bereich zu erfüllen.

295 Zu diesem von der Rechtsprechung ständig betonten Kriterium vgl. *BAG* AP Nr. 24, 25, 26, 30, 36, 38 und 39 zu § 2 TVG; AP Nr. 26 zu § 2 TVG; AP Nr. 2 zu § 97

den wie resümierenden Charakter auf. Zur Aufstellung dieser Anforderung berechtigt erneut und primär die Rücksichtnahme «auf die Chance der Arbeitnehmer, ihre Vorstellungen zu verteidigen und durchzusetzen».[296] Geltung erlangt die Ansicht, daß eine Arbeitnehmerkoalition, um tariffähig zu sein, aufgrund ihres sozialpolitischen Gewichts in der Lage sein muß, die Gegenseite jeweils unter wirksamen Druck zu setzen. Zur Debatte steht – in den Worten des Bundesarbeitsgerichts – die «Tauglichkeit» einer Arbeitnehmerkoalition als Träger kollektiver Gegenmacht, d. h. ihre «Mächtigkeit» und «Leistungsfähigkeit», so daß der Gegenspieler sich veranlaßt sieht, auf Verhandlungen über den Abschluß einer tariflichen Regelung der Arbeitsbedingungen einzugehen und zum Abschluß eines Tarifvertrages zu kommen.[297] Erforderlich ist konkret das Vorhandensein einer auf Dauer angelegten leistungsfähigen Organisation, die eine gewisse konstante Mitgliederstärke, einen bestimmten organisatorischen Aufbau und eine ausreichende Finanzkraft aufweist.[298] Diese drei Mindestanforderungen begründen mit die gegenüber dem sozialen Gegenspieler und der eigenen Mitgliedschaft geforderte «Autorität» der Arbeitnehmerkoalition und präsentieren weitere, auf die «Unabhängigkeit» und die «Arbeitskampfbereitschaft» funktional bezogene Elemente des Gegenmächtigkeitspostulats.[299]

Die Kritik, worauf das Kriterium der «sozialen Mächtigkeit» stieß und stößt, ist freilich nicht zu übersehen.[300] Sie verdient besondere Aufmerksamkeit, wenn damit der Vorwurf erhoben wird, Leitmotiv bei der Aufstellung dieses Kriteriums sei in der Tat nicht die Sorge um die Funktionsfähigkeit eines den Interessenausgleich gewährleistenden Tarifsystems, sondern der Wunsch, im Sinne gesamtwirtschaftlicher Ordnungspolitik die Tarifverhandlungen möglichst zu konzentrieren.[301] Der gravierende Einwand lautet mithin: Überlegungen zur Tariffähig-

---

ArbGG 1953: *BVerfGE* 58, 233 (235f., 242f.); aus der zustimmenden Literatur *Reuß*, RdA 1972, 4ff.; *Dütz*, a. a. O. (Fn. 276), 65ff.; *Herschel*, a. a. O. (Fn. 283), 225ff.; *Söllner*, AuR 1976, 321ff.; *Löwisch*, a. a. O. (Fn. 289), 308f.; *Kempen/Zachert*, TVG, § 2 Rn. 22ff.

296 *Kübler/Schmidt/Simitis*, a. a. O. (Fn. 14), 204.

297 *BAG* AP Nr. 24 zu Art. 9 GG = EzA Nr. 12 zu § 2 TVG = AuR 1977, 281.

298 Vgl. im einzelnen *Kempen/Zachert*, TVG, § 2 Rn. 30, 31, mit weiteren Hinweisen auf Rechtsprechung und Literatur.

299 Vgl. auch *Kübler/Schmidt/Simitis*, a. a. O. (Fn. 14), 204, wo «soziale Mächtigkeit» als eine besondere Spielart der «Unabhängigkeit» verstanden wird.

300 Vgl. früher *Mayer-Maly*, AP Nr. 25 zu § 2 TVG; *Zöllner*, SAE 1969, 140; *Nipperdey/Säcker*, AR-Blattei, Tarifvertrag II A, I 2a; *Wiedemann/Stumpf*, TVG, § 2 Rn. 195; *Grunsky*, JZ 1977, 473f.; neuerdings *Bruhn*, Tariffähigkeit von Gewerkschaften, 189ff.; *Gamillscheg*, Kollektives Arbeitsrecht I, 433ff.; *Zöllner/Loritz*, Arbeitsrecht, § 34 2a, 380; *Oetker*, in: Wiedemann, § 2 TVG, Rn. 317ff.

301 *Mayer-Maly*, ebda.

keit lassen sich nicht konsequenterweise auf die verfassungsrechtlich legitime Schutzfunktion des Tarifvertrages zurückführen. Sie begünstigen vielmehr den rigiden Vorrang bestimmter Ordnungsvorstellungen zu Lasten freipluraler Koalitionsbildung und somit um den Preis der Vergabe des freiheitsrechtlichen Gehalts von Art. 9 Abs. 3 GG.[302]

Solche Kritik mag im Hinblick auf die in Deutschland für zweckmäßig erachteten, weitgehend zentralisierten Tarifstrukturen einleuchten. Sie geht jedoch von einem unzutreffenden Verständnis des geforderten Mächtigkeitskriteriums aus. Das Erfordernis der «sozialen Mächtigkeit» bedeutet nämlich nicht zwangsläufig die Privilegierung der bestehenden Industriegewerkschaften gegenüber jeder anderen neuen Koalitionsbildung. Dieses Erfordernis erhält seinen Sinn allein aus dem legitimen Anliegen, bei der Gründung und Betätigung von Arbeitnehmerkoalitionen die Erfüllung von Mindestbedingungen zu garantieren, bei nur deren Existenz eine tatsächlich unabhängige Wahrnehmung von Arbeitnehmerinteressen gesichert ist. Nicht Pluralität und die Freiheit des Marktes,[303] sondern die Chance zum «countervailing power» ist aber damit Primat der Überlegungen zur Tariffähigkeit.[304] Im Vordergrund steht die Frage nach der Leistungs- und Durchsetzungsfähigkeit der Arbeitnehmerkoalition und ihren Konstitutionsmerkmalen. Den Kriterien der organisatorischen Kapazität, der Mitgliederstärke und der Finanzkraft kommt in diesem Zusammenhang eine gewisse Indizwirkung für die Bejahung von Gegenmächtigkeit und damit der Gewerkschaftseigenschaft zu.[305] Wie hoch die Anforderungen für die Erfüllung dieser Kriterien ausfallen, läßt sich nicht in abstrakto, sondern erst im Einzelfall bestimmen. Maßgeblich können nur das Selbstverständnis der jeweils gebildeten Arbeitnehmerkoalition und die sich daraus ergebenden spezifischen Gegebenheiten ihres Aktionsradius sein.[306]

Die sozialgeschichtliche Entwicklung darf jedoch dabei nicht unberücksichtigt bleiben. Im Gegenteil: Erst die historische Rückbesinnung ermöglicht es, den sozioökonomischen Begründungszusammenhang zu den tradiert ausgeformten Elementen des Gegenmächtigkeitspostulats herzustellen. Die Forderung nach ei-

---

302 Vgl. *Nipperdey/Säcker*, a. a. O. (Fn. 300); *Gamillscheg*, FS für Herschel, 102; *ders.*, a. a. O. (Fn. 300), 433; *Zöllner/Loritz*, ebda; *Oetker*, a. a. O. (Fn. 300), Rn. 317.

303 So aber etwa *Scholz*, in: Maunz u. a., GG, Art. 9 Rn. 253.

304 Vgl. auch die Auseinandersetzung *Herschels*, AuR 1978, 321ff., mit dem liberalistischen Ansatz *Grunskys*, a. a. O. (Fn. 300).

305 *Kempen/Zachert*, TVG, § 2 TVG Rn. 31.

306 Gerade deshalb bleibt die von *Gamillscheg*, FS für Herschel, 114, dahingehend formulierte Frage, welchen räumlichen oder beruflichen Bereich der Verband abdecken muß, um Gewerkschaft sein zu können, offen. Vielmehr gilt es umgekehrt zu fragen: Ist der Verband X, der einen bestimmten räumlichen oder beruflichen Bereich abdecken will, als Gewerkschaft zu betrachten ?

nem organisatorischen Aufbau der Arbeitnehmerkoalitionen gemäß dem Industrieverbandsprinzip erweist sich aber dann als nicht willkürlich, sondern vielmehr als unausweichliche Folge des ökonomischen Konzentrations- und verhandlungspolitischen Zentralisationsprozesses der Einzelkapitale.[307] Sie führt in die Realität eines Arbeitsmarktes zurück, der gegen Ende des 19. Jahrhunderts von einer enormen Verstärkung der Arbeitnehmerkonkurrenz gekennzeichnet war. Durch ökonomische, technologisch bedingte Konzentrationsprozesse wurde nicht nur das Kapital, sondern auch die Anwendung der Arbeitskraft im Konkurrenzrahmen vergesellschaftet.[308] Einerseits die dadurch bewirkte Angleichung der Arbeit, andererseits ihre Spezialisierung verschärften – jede in ihrer spezifischen Weise – die Konkurrenz unter den Arbeitskräften.[309] Vor allem der Übergang zum industriellen Großbetrieb, die lokale und sektorale Ausdehnung der Arbeitsmärkte und die Zunahme der Mobilität der Arbeitskräfte erhöhten die Substitutionskonkurrenz und unterminierten damit die natürliche Machtbasis der alten, handwerklich geprägten Berufsgewerkschaften.[310] An deren Stelle mußte nunmehr eine neue gewerkschaftliche Organisationsbildung treten, die den radikal veränderten sozioökonomischen Gegebenheiten des Arbeitsmarktes entsprach, der Industrieverband.

Die Entwicklung von den alten Berufsverbänden hin zu den Industriegewerkschaften verlief zwar langsam und nicht reibungslos, doch aber letztlich unaufhaltsam.[311] Die neue Organisationsbildung hatte nicht nur den Vorteil, daß sie den erweiterten ebenso wie auseinandergefächerten Konkurrenzrahmen der Arbeitskraft gleichzeitig räumlich und fachlich abstecken und damit den immer induzierten, nun aber besonders verschärften Konkurrenzdruck der Arbeitnehmer untereinander effektiv kontrollieren konnte. Ihre Bedeutung resultierte auch und vor allem aus den Implikationen ökonomischer Konzentrations- und verhandlungspolitischer Zentralisationsprozesse auf der Arbeitgeberseite für die Bildung gewerkschaftlicher Gegenmacht. Kleine, zersplitterte Berufs-, aber auch Betriebsgewerkschaften erwiesen sich nicht nur als besonders «anfällig» gegen die sich rapide auseinander entwickelnden beruflichen und Arbeitsmarkt-Lagen im Zuge des Konjunktur- und Strukturwandels.[312] Sie sahen sich vielmehr kaum in der Lage, wirksamen Druck auf eine Gegenseite auszuüben, die zum einen öko-

---

307 Vgl. bereits *Kempen/Zachert*, TVG, Grund. Rn. 87.

308 Vgl. *Dalhoff*, Die gesellschaftliche Stellung und Entwicklung der Tarifvertragsfreiheit, 222ff.

309 *Dalhoff*, a. a. O. (Fn. 308), 224.

310 Vgl. *Müller-Jentsch*, Soziologie der industriellen Beziehungen, 70ff., insb. 73f.

311 Zur Durchsetzung des Industrieverbandes in der Organisation der Freien Gewerkschaften vgl. *Borsdorf*, Grundlagen der Einheitsgewerkschaft, 106ff., 118ff.

312 *Heinze/Hinrichs/Offe/Olk*, Soziale Welt 1981, 519.

nomisch stärker wurde, zum anderen ihre «kollektiven» Interessen zentralisiert und immer besser koordiniert zu vertreten suchte. Die zunehmende Bildung von großen Kapitaleinheiten und die Zentralisation und Abstimmung von Unternehmermacht in Arbeitgeberverbänden indizierten die vielfältigen Möglichkeiten der Arbeitgeberseite, die Verhandlungsmachtposition einzelner Berufsgruppen und Belegschaften, selbst gegenüber kleineren Arbeitgebern, wirksam zu konterkarieren, gegeneinander auszuspielen und damit faktisch bedeutungslos zu machen. Die Arbeitgeberseite war einerseits als Trägerin «starker» Kapitaleinheiten häufig imstande, vereinzelten Tarif- und Kampfaktionen der Arbeitnehmerseite den Druck zu nehmen, ihnen etwa durch entsprechende Anpassungen des Produktionsprozesses bzw. durch Produktionsverlagerungen auszuweichen. Sie verfügte aber auch insgesamt über Kampfmittel wie Lieferhilfe- und Solidaritätsabkommen, Wettbewerbsverbote zugunsten bestreikter Unternehmen oder Arbeitskampfklauseln in Lieferverträgen. Die sich daraus ergebenden gravierenden machtpolitischen Nachteile zu Lasten der Arbeitnehmerseite konnten insgesamt nur durch die Bildung einer entsprechend konzentrierten und koordinierten gewerkschaftlichen Gegenmacht kompensiert werden, die gerade im Industrieverbandsprinzip Ausdruck fand.[313] Die neue Organisationsbildung ermöglichte eine einheitliche und daher schlagkräftige Vertretung der Arbeitnehmerinteressen. Sie versprach durch ihr Mitgliederpotential und im Gegensatz zu den kleinen Berufsverbänden und Betriebsgewerkschaften größere Streiks bzw. Ausweichstrategien und koordinierte Wirtschaftsdepressionen der Arbeitgeberseite organisatorisch und finanziell überstehen zu können. Sie verhinderte den Umstand, daß verschiedene Gewerkschaften sich selbst Konkurrenz machten und damit die Position der Arbeitnehmerseite insgesamt gegenüber den Arbeitgebern erheblich schwächten.[314] Die gewerkschaftliche Organisationsbidlung nach dem Industrieverbandsprinzip führte – was besonders wichtig ist – auch dazu, daß verschiedene, meist un- bzw. minderqualifizierte Arbeitskräftegruppen, welche nicht gerade die Fähigkeit besaßen, ihre Interessen kollektiv und eigenständig zu vertreten, unter den Schutzschirm kollektiver Gegenmacht fielen. Sie versprach nämlich, im Rahmen einer einheitlichen Interessenvertretungs- und Durchsetzungsstrategie die relativ starke Position «wertvoller», beruflich bzw. betriebsspezifisch qualifizierter Arbeitnehmer diesen Arbeitskräftegruppen zugute kommen zu lassen.[315] Solidari-

313 Vgl. gerade *Lipset*, in: Külp/Schreiber (Hrsg.), Arbeitsökonomik, 142 und *Horke*, Soziologie der Gewerkschaften, 234, wo die Entsprechung und Anpassung der Gewerkschaftsstruktur an die wirtschaftlichen Strukturen als erster Bestimmungsfaktor der Verhandlungsstärke genannt wird.

314 Vgl. *Sohn*, Berufsverband und Industriegewerkschaft, 55; *Deutschmann*, Soziale Welt 1981, 513.

315 *Sohn*, a. a. O. (Fn. 314), 29f., 37f., 55.

sche Interessenvertretung ließ sich freilich auch über Betriebsgewerkschaften verfolgen. Dadurch konnte aber weder die Schlagkraft noch die Reichweite der auf die gesamte Arbeitnehmerschaft der Branche abstellenden Interessenvertretungspolitik des Industrieverbandes erreicht werden.

Berufsfachliche und vor allem betriebliche Teilarbeitsmärkte erlangen innerhalb des industrieverbandsgemäßen Organisationstypus konstitutive Bedeutung für gewerkschaftliche Gegenmacht. Die Macht der Industriegewerkschaften liegt vor allem in der Verweigerung der berufsfachlich bzw. betriebsspezifisch qualifizierten und daher nicht einfach austauschbaren Arbeitskraft.[316] Nur: So einsichtig die machtpolitische Bedeutung der damit verbundenen Segmentierung des Arbeitsmarktes für eine wirksame einheitliche Interessenvertretung ist, so unverkennbar sind jedoch zugleich die von der Arbeitsmarktsegmentation ausgehenden Gefahren für die Erfüllung des umfassenden Repräsentationsanspruches, der mit dem Industrieverbandsprinzip ermöglicht und angestrebt wird.[317] Die Segmentierung des Arbeitsmarktes ist machtpolitische Grundlage und zugleich Störungsfaktor des Industrieverbandsprinzips. Diese ambivalente Wirkung auf die Gewerkschaftspolitik kommt in der privilegierten Stellung der Facharbeiter und der Stammbelegschaften gegenüber benachteiligten Randgruppen zum Ausdruck.[318] Ihre realpolitische Tragweite sollte aber nicht dazu verleiten, an dem erklärten Ziel der Einheitsgewerkschaft zu zweifeln. Zu diesem Organisationsmodell gibt es keine die Interessenvertretung aller Arbeitnehmer ermöglichende und die gewerkschaftliche Machtposition besser bewahrende Alternative. Die Frage ist vielmehr, wie die machtpolitische Kontrolle des Arbeitsmarktes erreicht werden kann, ohne daß es zu einer fortwährenden Diskriminierung bestimmter Arbeitnehmergruppen und damit zu einer «Denaturierung» der gewerkschaftlichen Organisationsprinzipien der Einheitlichkeit und der (übergreifenden) Solidarität kommt. Erforderlich ist also eine Sicht, die die Legitimität der Segmentierung des Arbeitsmarktes an diesen Prinzipien mißt.

Man sieht: An der Entstehung der Industriegewerkschaften dokumentiert sich die Einsicht in die großen machtpolitischen Nachteile einer organisatorischen Zersplitterung ebenso wie die Bereitschaft, nachhaltig für alle Arbeitnehmer einzutreten. Die Erkenntnis lautet somit: Die Forderung nach einem organisatorischen Aufbau der Gewerkschaften gemäß dem Industrieverbandsprinzip impliziert die Berücksichtigung eines unabweisbar aufgedrängten umfassenden Schutzauftrages.[319] Solange für einzelne Arbeitskräftegruppen oder Belegschaf-

---

316 *Deutschmann*, a. a. O. (Fn. 314), 515.

317 Vgl. *Heinze/Hinrichs/Offe/Olk*, a. a. O. (Fn. 312), 19ff.

318 *Heinze/Hinrichs/Offe/Olk*, a. a. O. (Fn. 312), 27ff.

319 Vgl. auch *Löwisch*, a. a. O. (Fn. 289), 314f., 318.

ten die Fähigkeit zur eigenständigen, tatsächlich unabhängigen Interessenvertretung nicht besteht oder jedenfalls nicht gesichert erscheint, solange ist die Konzentration gewerkschaftlicher Gegenmacht nach dem Industrieverbandsprinzip für die Erfüllung der Schutzfunktion der Tarifautonomie erforderlich, solange muß also der Tarifvertrag als ein Regelungsinstrument verstanden werden, das in erster Linie darauf gerichtet ist, unabdingbare Mindestbedingungen für die gesamte Arbeitnehmerschaft der einzelnen Wirtschaftszweige sicherzustellen. Die vom Tarifvertrag sanktionierte Vereinheitlichung des Arbeitnehmerinteresses und der Arbeitsbedingungen läßt sich als prägnanter Ausdruck seiner Ordnungs- und Kartellfunktion eben auf die Notwendigkeit einer von ihm global wahrzunehmenden, den Anspruch auf Gesamtrepräsentation der Arbeitnehmerschaft somit begründenden Schutzfunktion zurückführen. Diese (verfassungs-)legitimatorische Wirkung der Schutz- auf die Ordnungs- und Kartellfunktion des Tarifvertrages[320] strahlt zugleich auf das Erfordernis der (Groß-)Überbetrieblichkeit aus. Damit wird aber einer tradiert-inhaltlichen Ausformung der Tariffähigkeitskriterien kein absoluter Geltungsanspruch eingeräumt. Die Tariffähigkeit etwa von großen Unternehmensgewerkschaften ist nicht zu verneinen, wenn und soweit keine Zweifel an deren Mächtigkeit bestehen. Die tatsächliche Erfüllung dieser Voraussetzung, was angesichts der Bildung innerbetrieblicher Arbeitsmärkte, insbesondere in Großunternehmen, und der sich daraus ergebenden Ansatzpunkte für Verhandlungsmacht der dortigen Belegschaften naheliegend ist,[321] muß aber im Einzelfall, d. h. mit Blick auf die konkrete machtpolititsche Situation der jeweils in Betracht kommenden Arbeitnehmerkoalition nachweisbar sein. Dies erfordert die Besinnung auf die bereits umschriebenen Wesenselemente des Gegenmächtigkeitspostulats (: Unabhängigkeit, Arbeitskampfbereitschaft und Organisationsstärke als Generalnenner für ausreichende sachliche und personelle Ausstattung, Mitgliederstärke und Finanzkraft) und ihre jeweils spezifischen Konstitutionsbedingungen.

2.1.3 Gegenmächtigkeitspostulat und materielle Paritätsbetrachtung

Die im Zusammenhang mit der Aussperrungsdiskussion entwickelte «materielle Paritätsbetrachtung»[322] vermittelt den methodischen Ansatz für das richtige

---

320 Durch diese legitimatorische Wirkung werden die Ordnungs- und Kartellfunktion um so stärker geprägt, je größer der räumliche, sachliche und persönliche Geltungsbereich des Tarifvertrages gespannt ist.

321 Vgl. *Deutschmann*, a. a. O. (Fn. 314), 25; *Müller-Jentsch*, a. a. O. (Fn. 310), 69.

322 Vgl. *BAGE* 23, 292 (308) = AP Nr. 43 zu Art. 9 GG Arbeitskampf; *BAG* 1 AZR 168/79, A IV der Gründe, S. 25ff. – 1 AZR 822/79, A IV der Gründe, S. 28ff. = AP Nr. 64-65 zu Art. 9 GG Arbeitskampf, dazu *Dieterich*, FS für Herschel, 45f.; *BAGE*

Funktionsverständnis des Gegenmächtigkeitspostulats. Die tatsächliche Feststellbarkeit «annähernd gleichgewichtiger Verhandlungschancen»[323] soll gerade die Erfüllung der an die Tariffähigkeit gestellten Mindestanforderungen indizieren. Sie ist aber im Hinblick darauf, daß erst die Schaffung kollektiver Gegenmacht auf der strukturell unterlegenen Arbeitnehmerseite dem Tarifvertrag die Möglichkeit gibt, mangelndes Gleichgewicht am Arbeitsmarkt zu kompensieren, primär als eine Frage der realpolitischen Einschätzung gewerkschaftlicher Gegenmachtbildung aufzufassen. Die methodische Prämisse, daß sich das erforderliche Verhandlungsgleichgewicht weder formal fingieren noch normativ anordnen oder zumindest als praestabil vorstellen läßt,[324] signalisiert dann die Notwendigkeit empirischer Nachprüfung des verfassungsrechtlich relevanten Begriffs der «Gegenmächtigkeit». In den Mittelpunkt der Interpretationsbemühungen um Art. 9 Abs. 3 GG rücken somit all jene Faktoren, die die Entfaltung gewerkschaftlicher Gegenmacht zu beeinflussen vermögen. Zu fragen ist also nach den Umständen, die über das jeweilige Kräfteverhältnis zwischen der Arbeitgeberseite und den Gewerkschaften bestimmen und sich insbesondere auf Unabhängigkeit, organisationspolitische Substanz und Streikfähigkeit der Arbeitnehmerkoalitionen auswirken können.

2.1.3.1 Die Entwicklung in der Medienindustrie als Paradigma gestörter Gegenmächtigkeit

Die Entwicklung in der Druck- und insgesamt der Medienindustrie liefert das Paradebeispiel für realpolitische Betrachtungen des Kräfteverhältnisses zwischen den Tarifvertragsparteien. Moderne Rationalisierung und ökonomischer Konzentrationsprozeß warfen hier das Problem gewerkschaftlicher Handlungsfähigkeit in besonderer Schärfe auf.

Bestimmend für diese Einschätzung ist zunächst der Umstand, daß die in den 70er Jahren von den Druckunternehmen forcierten Rationalisierungsstrategien den organisatorischen Kern der Gewerkschaft (IG Druck+Papier) massiv betra-

---

48, 195 (202); *BVerfG* Beschluß v. 26.6.91 – 1 BVR 779/85, abgedruckt in: AuR 1992, 29ff.; *BVerfG* v. 4.7.95 – 1 BvF 2/86; 1 BvF 1/87; 1 BvF 2/87; 1 BvF 3/87; 1 BvF 4/87; 1 BvR 1421/86, abgedruckt in: AuR 1996, 33ff.

323 *BAG* 1 AZR 168/79, A IV 1a der Gründe, S. 26 – 1 AZR 822/79, A IV 1a der Gründe, S. 29.

324 *BAG* 1 AZR 168/79, A IV 1a-b der Gründe, S. 26ff. – 1 AZR 822/79, A IV 1a-b der Gründe, s. 28ff. in Auseinandersetzung mit der Lehre der (a) formellen Parität, *Hueck/Nipperdey*, Lehrbuch des Arbeitsrechts, II 2, § 47 B V2, 929 – (b) normativen Parität, *Mayer-Maly*, DB 1979, 98ff. und *Richardi*, NJW 1978, 2061ff. – (c) prästabil-liberalen Rechtsgleichheit, *Scholz/Konzen*, Die Aussperrung, 175ff.

fen.[325] Die durch Arbeitsplatzabbau und Lohnwettbewerb drohende Existenzvernichtung von Facharbeitergruppen, wie die Maschinensetzer, Metteure oder Anzeigensetzer, stellte ein akutes Problem der gewerkschaftlichen Verhandlungs- und Durchsetzungsmacht dar. Der rasche Beschäftigungs- und Mitgliederschwund dieser Facharbeitergruppen, die aufgrund ihrer hohen Organisierung und Schlüsselstellung im Produktionsprozeß (: ohne Satz kein Druck) bis dahin die Hauptträger gewerkschaftlicher Interessenpolitik im Betrieb und in Arbeitskämpfen waren, drohte offenbar mit einem erheblichen quantitativen und qualitativen Gewichtsverlust zu Lasten der Arbeitnehmerkoalition, der durch die in anderen Produktionsstufen (Druck, Weiterverarbeitung oder Reproduktion) verbleibenden organisierten Fach- und Hilfskräfte kaum zu kompensieren war.[326] Er beschwor damit die Gefahr einer beträchtlichen Störung der gewerkschaftlichen Handlungsfähigkeit in der Branche der Duckindustrie herauf.[327] Die Forderung nach einem effektiven Schutz der Berufsgruppe der Setzer diente insofern der Erhaltung gewerkschaftlicher Gegenmachtbildung und trug daher dazu bei, die Funktionsfähigkeit des Tarifsystems in der Druckindustrie zu wahren. Sie war notwendige Reaktion auf die Sorge um die Fähigkeit der Gewerkschaft, vor dem Hintergrund gravierender struktureller Veränderungen des Arbeitsmarktes und der damit einhergehenden Störung ihrer organisationspolitischen Substanz zentrale, einheitliche Tariferfolge weiterhin erzielen zu können. Die durch die Rationalisierung bewirkte Ablösung der machtpolitischen Grundlage der IG Druck+Papier in Gestalt des bislang in dieser Branche herrschenden berufsfachlichen Teilarbeitsmarktes sollte deshalb zumindest für den Zeitraum verhindert werden, den diese Gewerkschaft für die organisationspolitische Anpassung an die technologieveränderten Beschäftigungsstrukturen und damit für die zeitgemäße Wiederherstellung ihrer Verhandlungsmacht benötigte.[328] Effektiver Facharbeiterschutz hieß, so gesehen, hier die Beibehaltung gewerkschaftlicher Gegenmacht für den Anpassungszeitraum.

---

325 Vgl. *Erd/Müller-Jentsch*, Prokla Nr. 35, 33ff., 45f.; *Billerbeck u. a.*, Neuorientierung der Tarifpolitik ?, 353f., 379f.

326 Vgl. *Birke/Krahn/Schwarz*, Beschäftigungspolitische Spielräume von Betriebsräten, 175.

327 Vgl. *Weber*, Rationalisierungskonflikte, 34.

328 Angesichts der Tatsache, daß der «Facharbeiter bald mehr ein historisches Relikt als eine organisationsstiftende Kraft sein wird», *Billerbeck u. a.*, a. a. O. (Fn. 325), 411f., stand die IG Druck+Papier vor der Anforderung, das Mitgliederpotential in der expandierenden Angestelltenschaft der Druckindustrie effektiv für sich zu erschließen, *Weber*, a. a. O. (Fn. 327), 42; *Erd/Müller-Jentsch*, a. a. O. (Fn. 325), 46f.

Wohlgemerkt, die in den 70er Jahren in der Druckindustrie einsetzenden Rationalisierungsprozesse führten zur Verringerung der Arbeitsanforderungen und entwerteten damit die bisherige Berufs-, zugleich aber auch Schlüsselposition der gefährdeten Schriftsetzergruppen. An der machtpolitischen Notwendigkeit der Erhaltung dieser Gruppen in den technologieveränderten Arbeitsbereichen änderte sich aber dadurch im Grunde nichts. Ihre Weiterbeschäftigung hatte vielmehr im organisationspolitisch weit «unterentwickelten» Verlags- und Angestelltensektor zu erfolgen, in den der streiktaktisch immer besonders relevante Arbeitsprozeß der Satzherstellung in zunehmendem Maße hineinverlagert wurde. Sie garantierte dort für den erforderlichen Anpassungszeitraum zwar nicht die bisherigen Voraussetzungen, jedoch weiterhin elementare Bedingungen für gewerkschaftliche Gegenmacht.

Die angestrebte Beschäftigungsgarantie setzte aber zugleich voraus, daß die Aufgabenverteilung zwischen Redaktion und Technik gewahrt blieb. Sie vermochte in dem Maße leerzulaufen, in dem es den Druckunternehmen gelingen würde, die durch die elektronisch gesteuerte Satzherstellung gebotenen Möglichkeiten dahingehend zu nutzen, Tätigkeiten, die bis dahin in den technischen Abteilungen von den Schriftsetzern verrichtet wurden, in die Redaktion zu verlagern.[329] Die Gewerkschaft erhob deshalb die Forderung nach einer tarifvertraglichen Festschreibung der Tätigkeiten, die die Arbeitgeberseite von den Redakteuren an den Bildschirmterminals verlangen durfte.[330] Die quantitative Ausdünnung der technischen Abteilungen wurde damit freilich nur in begrenztem Maße verhindert. Die Forderung erlangte aber besondere Bedeutung im Hinblick auf die sich nunmehr der Arbeitgeberseite eröffnende Möglichkeit, die Redakteurarbeit zu Zwecken des Streikbruchs einzusetzen.

Die im Medienbereich voranschreitende ökonomische Konzentration und Kooperation auf der Arbeitgeberseite sowie die Flexibilitätspotentiale der von ihr eingesetzten Technik verbanden sich gerade mit beträchtlichen Implikationen für die gewerkschaftliche Streikfähigkeit. Sie eröffneten der Arbeitgeberseite die Möglichkeit, bei der Durchführung von Streikmaßnahmen die Produktion in andere nicht bestreikte Betriebe zu verlagern oder sie mit Hilfe einiger weniger Arbeitskräfte, die zu Streikarbeiten bereit waren, fortzusetzen.[331] «Kompatibilität der Produktion» aufgrund von ökonomischer Konzentration und Kooperation

---

329 Darin bestand das längerfristige Rationalisierungsziel der Druckunternehmen, *Erd/Müller-Jentsch*, a. a. O. (Fn. 325), 38.

330 § 13 Abs. 2 des ersten gemeinsamen Tarifvertragsentwurfes der IG Druck+Papier und der anderen an den damaligen Tarifverhandlungen beteiligten Arbeitnehmerorganisationen («Raster-Tarifvertragsentwurf» – Mai 1977) lautete: «Die Bedienung elektronischer Geräte darf von Journalisten nur zum Lesen und Redigieren verlangt werden. Journalisten dürfen nicht gezwungen werden, eigene Beiträge in elektronische Textverarbeitungsgeräte einzugeben.»

331 Vgl. zum folgenden *Plander*, DB Beil. Nr. 13 zu H. 25/1987, 9; *Hindrichs/Mäulen/Scharf*, in: Muhr (Hrsg.), Streikrecht, Demokratie und Sozialstaat, 65f.; *Hensche*, in: Muhr (Hrsg.), Streikrecht, Demokratie und Sozialstaat, 132f.; *Gegenwart*, Arbeitskampf im Medienbereich, 21ff.; auch die Berichterstattung in: *Die Zeit* Nr. 30/1984, S. 9-10.

wurde, insbesondere im Satzbereich der Zeitungsverlage, ein immer wichtigeres Mittel, um Streiks zu unterlaufen. So konnten Teile der Produktion im Satzbereich einer bestreikten Zeitung von einer anderen zumindest teilweise übernommen werden. Zeitungs- und vor allem Zeitschriftenhersteller sahen sich ferner in der Lage, die Text- und Bildverarbeitung kurzfristig in selbständige, von der Tarifauseinandersetzung nicht erfaßte Satz- und Reprostudios auszulagern. Solche Möglichkeiten des Produktionstransfers waren elektronischen Datenverbundsystemen und Datenfernübertragungseinrichtungen speziell zu verdanken, die vorwiegend bei Pressekonzernen bzw. großen Presseunternehmen unterhalten und von den dortigen Redaktionen benutzt wurden. Darüber hinaus boten neue Technologien Streikbrecher-Möglichkeiten selbst innerhalb der durch die Arbeitskampfmaßnahmen direkt betroffenen Bereiche. Adressat dieser Möglichkeiten waren wiederum arbeitswillige Redakteure, aber auch andere branchenfremde, gegebenenfalls kurzfristig eingestellte Schreibkräfte sowie Leiharbeiter, Auszubildende und Volontäre. Die neue Technik ließ sich jederzeit oder nach kurzer Anlern- und Einweisungszeit prinzipiell auch von ihnen bedienen. Die Streikbrecherarbeit dieser Arbeitnehmergruppen wurde aber vor allem dadurch begünstigt, daß nötige Textmaterialien in zu satztechnischer Weiterverarbeitung geeigneter Form direkt von Presseagenturen und anderen außenstehenden Informationsstellen in das Redaktionssystem abberufen werden konnten. Für die Verrichtung des verbleibenden Restes der Erfassungs- und Gestaltungsarbeiten kamen ihnen dann die technischen Möglichkeiten des Ganzseitenumbruchs zugute. Zudem: Neue Technologien ermöglichten es sogar, vorher geleistete Arbeit als Streikbrecherarbeit einzusetzen. Sie boten nämlich über EDV die Möglichkeit, ganze verschiedene Texte und die zu deren Druck erforderlichen Arbeitsleistungen zu speichern und zu beliebiger Zeit, auch während eines Arbeitskampfes, abzuberufen.

Kurzum, die gewerkschaftliche Machtposition in der Druckindustrie sah sich in den 80er Jahren durch vielfältige, dank der inzwischen ausgebreiteten neuen Technik gebotenen Unterlaufungsmöglichkeiten des Druckmittels Streik spürbar beeinträchtigt. Solche Möglichkeiten der Arbeitgeberseite mögen damals noch mit Restriktionen in bezug auf Ausdauer und Qualität der Streikproduktion verbunden gewesen sein.[332] Sie signalisierten jedoch – auch wegen ihres bedrohlichen Ausmaßes in der Tarifauseinandersetzung 1984[333] – bereits die Gefahren, die moderne Rationalisierungsstrategien in der Druckindustrie für die gewerk-

332 Vgl. *Die Zeit*, a. a. O. (Fn. 331), S. 10.

333 Vgl. zu diesem Umstand die von *Plander*, a. a. O. (Fn. 331), 3 Fn. 31, zitierten zahlreichen Hinweise im späteren Schrifttum; aber auch die exemplarische Beschreibung des Arbeitskampfablaufs 1984 bei der Frankfurter Allgemeinen Zeitung bzw. der Frankfurter Societäts-Druckerei bei *Gegenwart*, a. a. O. (Fn. 331), 9ff.

schaftliche Streikfähigkeit und damit für die Durchsetzungsfähigkeit von Arbeitnehmerinteressen in sich bargen. Vor diesem Hintergrund schien es berechtigt, über neue Formen der Arbeitskampfführung nachzudenken und sie bereits teilweise zu praktizieren. Notwendig war insbesondere eine hohe Flexibilität bei der Bestimmung der Art, des Zeitpunktes und des Umfanges von Streikmaßnahmen.[334] Die Sicherung der Effektivität einer derartigen Arbeitskampfstrategie machte es aber auch erforderlich, jene Arbeitnehmer zu organisieren und in die Streikmaßnahmen aktiv einzubeziehen, die sonst als pontentielle Mitträger unternehmerischer Streikbrecherpolitik in Betracht kämen.[335]

Mehr noch: Die Entwicklung in der Medienindustrie zeugte von der umfassenden Notwendigkeit erhöhter Anforderungen an die strategische und organisatorische Flexibilität der dort angesiedelten Gewerkschaften.[336] Die «bereichsübergreifende» Tarifstrategie in der Auseinandersetzung um die neue Technik 1977-78 hatte bereits die gewerkschaftliche Einsicht in die Tatsache demonstriert, daß überkommene, gespaltene Organisations- und Tarifstrukturen längst keine wirksame Interessenvertretung der abhängig Beschäftigten im Medienbereich ermöglichten.[337] «Bereichsfluchtstrategie» und «Einbeziehung der Journalistenarbeit» waren nichts anderes als Vorzeichen einer umfassenden Rationalisierungsstrategie, der mit traditionellen organisations- und tarifpolitischen Mitteln nicht mehr entgegenzusteuern war.

In diesem Zusammenhang waren die in den 80er Jahren verstärkt einsetzenden Bestrebungen der Zeitungs- und Zeitschriftenverleger, ihren publizistischen Einfluß von den Printmedien auf die elektronischen Medien auszuweiten, sicherlich nicht neu. Sie ließen sich bis in die 50er Jahre zurückverfolgen. Neu war aber die Qualität, die sie vor dem Hintergrund der inzwischen erreichten Pressekonzentration und der Anwendung neuer Technologien angenommen hatten. Immer mehr war festzustellen, daß Print- und Elektronikmedien in wenigen Multimedia-Konzernen angesiedelt wurden. Damit verbanden sich schwerwiegende

---

334 Vgl. *Hensche*, a. a. O. (Fn. 331), 134ff. *Gegenwart*, a. a. O. (Fn. 331), 133ff., betrachtet Betriebsbesetzungen als ein erforderliches Kampfmittel, um das aufgrund der technologischen Entwicklung in der Druchindustrie gestörte Verhandlungsgleichgewicht wieder herzustellen.

335 *Hensche*, a. a. O. (Fn. 331), 135.

336 Vgl. allgemein zu dieser Notwendigkeit *Scharpf*, GMH 1978, 583ff.

337 Vor dem Hintergrund der Bereichsfluchtstrategie der Unternehmerseite, dazu *Projektgruppe Gewerkschaftsforschung*, Tarifpolitik 1978, 191f., erschien es der IG Druck+Papier ratsam, für die neuen Techniken einen – gerade in Abweichung vom bis dahin überkommenen Tarifsystem der Druckindustrie – bereichsübergreifenden Tarifvertrag anzustreben und zu diesem Zwecke die Verhandlungsrunde über die Einladung aller davon betroffenen Gewerkschaften und Arbeitgeberverbände auszuweiten.

Konsequenzen für die Interessensituation aller dort Beschäftigten und die Machtposition der sie vertretenden Gewerkschaften.

Die Entwicklung verlief dahin, daß im Zuge der zunehmenden Konzentration und Verflechtung traditionelle Unternehmen aufgespalten und neue Firmen, sog. «Neue-Medien-Firmen» gegründet wurden. Diese Firmen waren durch bisherige gewerkschaftliche Organisationsstrukturen und Tarifverträge nur selten oder überhaupt nicht zu erfassen.[338] Es entstand mithin eine Art neuartiger Arbeitsmarkt, der nicht nur zur Zerstörung «gewachsener» Belegschaften und damit «gewachsener» Gegenmachtstrukturen führte. Der neu entstandene Arbeitsmarktbereich drohte sich vielmehr ganz der Kontrolle der Gewerkschaften zu entziehen. Dieses Problem stellte sich um so schärfer, als große Unklarheiten hinsichtlich der Tarifzuständigkeit für die neu gegründeten Firmen bestanden und sich daraus die Gefahr von Konkurrenzen zwischen den verschiedenen Gewerkschaften ergab.[339] Die effektive Kontrolle des Arbeitsmarktes durch die Gewerkschaften war aber ein Problem, welches den gesamten Medienbereich erfaßte. Es betraf sowohl die Medien- als auch die Kulturproduzenten. Auch die Situation der letzteren zeichnete sich – bei allen Besonderheiten und wenigen Ausnahmen – durch eine zunehmende Abhängigkeit von den ökonomischen Interessen der Medienunternehmen aus. Ihre wirksame Interessenvertretung auf einem Markt, der sich zunehmend ausweitete und konzentrierte, ließ sich aber durch ihre alten kleinen, zersplitterten und berufsständisch geprägten Organisationen weniger denn je vorstellen.[340]

Die Gesamtbetrachtung der Rationalisierungsentwicklung in der Medienindustrie verwies vielmehr auf die Existenz von gemeinsam gefährdeten, aber auch gegeneinander ausspielbaren Arbeitnehmerinteressen. Die neuen Technologien und die neuen Medien griffen als Rationalisierungsinstrument weniger Multimedia-Unternehmen auf alle Arbeitsbereiche durch.[341] Die Erscheinungsformen mochten im einzelnen unterschiedlich sein, die Wirkungen waren jedoch ähnlich: Arbeitsplatzabbau, Dequalifizierung, Lohnminderung oder Leistungsintensivierung indizieren Interessengefährdungen, die im Prinzip alle Arbeitnehmer der Medienindustrie betreffen konnten. Aber nicht nur die Parallelität der Interessensituation, wie sie sich beispielsweise aus dem Vergleich der Entwicklungen im Zeitungsbetrieb und im Rundfunk ergab, sondern auch die zunehmenden gegenseitigen Wirkungen bzw. Abhängigkeiten zwischen den verschiedenen Arbeitssektoren und Berufsgruppen und damit verbunden die besonders große Gefahr

---

338 *Dokumentation zur Mediengewerkschaft*, S. 15f.
339 *Dokumentation zur Mediengewerkschaft*, S. 16f.
340 Vgl. früher dazu *Wiesand*, GMH 1973, 280ff.
341 *Dokumentation zur Mediengewerkschaft*, S. 17f.

von Konkurrenzen und Konflikten innerhalb der Arbeitnehmerschaft kennzeichneten ein wichtiges Moment des Strukturwandels in der Medienindustrie. Die Gründung von Betrieben der Bildplattherstellung durch die Multimedia-Unternehmen bedeutete beispielsweise in Wirklichkeit den Abbau von Kapazitäten und Arbeitsplätzen in Tiefdruckereien. Ferner signalisierte der Einsatz von Bildschirmtext in den Zeitungsverlagen den Versuch, die Arbeitsteilung zwischen Technik und Redaktion zu Lasten der ersteren und der dort Beschäftigten definitiv aufzuheben.

Besonders wichtig waren wiederum die Auswirkungen der zunehmenden Konzentration und durchgreifenden Rationalisierung auf die gewerkschaftliche Handlungs- und insbesondere Streikfähigkeit. Die Gefahren, die damals für die Fähigkeit der IG Druck+Papier zur effektiven Kampfführung entstanden waren, erhielten ihre volle Dimension im Blick auf die gesamte Medienlandschaft und die Aktionsfähigkeit wie Interessensicht der anderen, dort früher angesiedelten Gewerkschaften. Der mögliche Zugriff auf die Elektronikmedien indizierte einerseits die strukturell erweiterte Möglichkeit der Medienunternehmen, mittels Auftragsverlagerung gewerkschaftliche Streikmaßnahmen zu unterlaufen. Andererseits bedeutete die Existenz kleiner, zersplitterter und berufsständisch geprägter Organisationsstrukturen auf der Arbeitnehmerseite praktisch die Förderung dieser Möglichkeit. Die Medienunternehmen sahen sich nämlich imstande, auch während eines Arbeitskampfes verschiedene Berufsgruppen und Belegschaften gegeneinander auszuspielen.

Die Konsequenz aus den obigen Betrachtungen ist unschwer auszumachen. Der Arbeitsmarkt wurde durch Konzentrations- und Rationalisierungsbewegungen des Kapitals radikal umstrukturiert mit der Folge, daß zum einen gewachsene Interessenvertretungsstrukturen zerstört wurden und neue, gemeinsame Abhängigkeiten entstanden, zum anderen die Übergänge fließend wurden und sich alle Arbeitsbereiche bei den gleichen wenigen Unternehmen konzentrierten. Unter solchen Bedingungen ließen sich die Interessen der Arbeitnehmerschaft in der Medienindustrie nur über eine entsprechend angelegte, einheitlich-schlagkräftige Organisation effektiv vertreten. Sie bildete die strukturelle Voraussetzung dafür, daß die Wirksamkeit der kollektiven Aktion (Streik) nicht durch das nun mögliche Ausweichen des Tarifgegners auf einen anderen Arbeitssektor unterlaufen würde. Der Luxus einzelner, kleiner Gewerkschaften in der Medienindustrie war nur um den Preis schwindenden Gegengewichts auf der Arbeitnehmerseite länger zu leisten.

Die Bemühungen um die im April 1989 in Hamburg neugegründete Industriegewerkschaft Medien – Druck und Papier, Publizistik und Kunst[342] markierten somit den Weg hin zu einer Organisation, die befähigt werden sollte, der hochkonzentrierten und koordinierten Marktmacht der Arbeitgeberseite in der Medienindustrie ein angemessenes sozialpolitisches Gegengewicht zu setzen. Sie waren Bemühungen um organisationspolitische Vorkehrungen gegen Tendenzen, die Wirksamkeit der kollektiven Aktion in Frage zu stellen und damit mittelbar die spezifische Schutzfunktion des Tarifvertrages zu unterlaufen. Sie inkarnierten daher nichts anderes als den unumgänglichen Schritt hin zu einer zeitgemäßen Konkretisierung der Tariffähigkeit in dieser Branche. Die Diskussion um die Mediengewerkschaft war insofern zugleich eine Diskussion um die Tariffähigkeit, konkreter: um die Notwendigkeit zusätzlicher Anforderungen für die Erfüllung der Tariffähigkeitskriterien. Angesprochen war hier zuerst die «Überbetrieblichkeit» und die notwendige Umstrukturierung ihrer bisher gängigen Formen. Davon sollten positive Wirkungen auf die gefährdete «Streikfähigkeit» als Teil der «Arbeitskampfbereitschaft» und insgesamt auf die gestörte «soziale Mächtigkeit» ausgehen.

Die nachteiligen Auswirkungen neuer Technologien auf die gewerkschaftliche Gegenmachtposition betrafen nicht nur die Druck- und Medienindustrie. Sie erreichten zwar dort ein besonderes Ausmaß, traten aber auch in anderen Branchen zutage. Technisch-organisatorische Rationalisierungsstrategien wiesen – bei aller Unterschiedlichkeit in ihrer konkreten Ausprägung und in ihren Umsetzungsbedingungen – gemeinsame Momente auf, an denen sich im Prinzip gleiche Risiken für das Aufkommen und Erhalten gewerkschaftlicher Gegenmacht ablesen ließen. Die mittelfristige Veränderung von Belegschaftsstrukturen und die damit einhergehende Betroffenheit der gewerkschaftlichen Stamm-Mitgliedschaft,[343] die Netzstruktur des EDV-Einsatzes und die damit eröffneten Dispositionsspielräume wie Ausweichmöglichkeiten der Arbeitgeberseite sowie die Zentralisation des Produktionswissens beim technischen Management[344] bezeichneten Tendenzen zur Beeinträchtigung der gewerkschaftlichen Handlungs(Streik-)fähigkeit in allen rationalisierungsintensiven Tarifbranchen. Von einer dermaßen wie in der Medienindustrie eingetretenen Störung der Grundlagen gewerkschaftlicher Gegenmacht konnte indes in der Metall- oder in der Chemieindustrie nicht gesprochen werden. Eine rasche Existenzvernichtung gewerkschaftspolitisch besonders relevanter Berufsgruppen und Belegschaften war dort nicht zu verzeichnen und ebensowenig ließ sich der Unterschied zu den vorher zer-

---

342 Zur organisationspolitischen Notwendigkeit einer Mediengewerkschaft, vgl. etwa den Beitrag von *Hensche/Müller*, in: Die Feder 1/1982, 57f.; den Bericht von *Stänner*, in: Die Zeit v. 28.12.1984, S. 22; die Berichterstattung in: *Die Feder* 7/1985, 12f.

343 Vgl. *Hindrichs/Mäulen/Scharf*, a. a. O. (Fn. 331), 64ff.

344 Vgl. *Hindrichs/Mäulen/Scharf*, a. a. O. (Fn. 331), 59ff.; *Plander*, a. a. O. (Fn. 331), 8, 9f.; *Wolter*, in: Däubler (Hrsg.), Arbeitskampfrecht, Rn. 280vdff., jeweils mit weiteren Nachweisen.

splitterten, berufsständisch geprägten und daher besonders «anfälligen» Gewerkschaftsstrukturen in der Medienindustrie übersehen. Die Gefahr einer erheblichen Beeinträchtigung der gewerkschaftlichen Machtposition durch den Einsatz moderner Technologien sollte trotzdem insgesamt nicht unterschätzt werden. Sie bleibt nämlich solange latent, wie vor dem Hintergrund einer weiterhin zunehmenden Erschwerung der Handlungsmöglichkeiten der Gewerkschaften damit notwendige Vorkehrungen und Strategien für die Sicherung eines wirksamen Drucks auf die Arbeitgeberseite unterbleiben und/bzw. durch die Setzung ungünstiger rechtlicher Rahmenbedingungen verhindert werden.[345]

2.1.3.2 Konsequenzen für die Interpretation des Art. 9 Abs. 3 GG

Die skizzierte Entwicklung in der Medienindustrie bestätigt folgendes: Die für das Funktionieren der Tarifautonomie unerläßliche «Gegenmächtigkeit» auf der Arbeitnehmerseite bildet keinen in seiner materiellen Erfüllung stabilen, sich daher der Notwendigkeit empirischer Nachprüfung entziehenden Begriff des Verfassungsrechts. Im Gegenteil, die Erfüllung des Gegenmächtigkeitspostulats hängt von jenen sich wandelnden sozioökonomischen und politischen Faktoren ab, die die Verhandlungsmachtposition der Gewerkschaften entscheidend zu beeinflussen vermögen. Gerade deshalb läßt – in den Worten des Bundesverfassungsgerichts – die Gewährleistung der Tarifautonomie «dem Gesetzgeber einen weiten Spielraum zur Ausgestaltung und schafft damit die Möglichkeit, die Voraussetzungen der Tariffähigkeit der jeweiligen gesellschaftlichen Wirklichkeit so anzupassen, daß die Koalitionen ihre Aufgaben erfüllen können».[346] Dabei können Gesichtspunkte, die sich aus der auf der Eigentümerposition beruhenden gesellschaftlichen Macht der Arbeitgeberseite ergeben, ebensowenig unberücksichtigt bleiben wie jene Umstände, welche die weitere Absicherung und den Ausbau des strukturellen Machtvorsprungs der Arbeitgeberseite bewirken. Die realpolitische Einschätzung gewerkschaftlicher Gegenmachtbildung erfordert das Abstellen auf eine ganze Reihe von Faktoren, die – wie die konkrete Anknüpfung an die Implikationen neuer Technologien gezeigt hat – miteinander zusammenhängen und aufeinander einwirken.

Der sozialgeschichtlich-empirischen Interpretation des Art. 9 Abs. 3 GG muß deshalb eine theoretische Analyse der sozialen Machtpositionen von Gewerkschaften und Arbeitgebern zugrundegelegt werden. Der Umstand, daß die Arbeitgeber aufgrund ihrer Verfügungsgewalt über die Produktionsmittel allgemeine Investitionsentscheidungsfreiheit genießen, speziell: über Art, Ort und Umfang der Rationalisierung oder der Ausweitung der Produktion, kann bei einer «materiellen Paritätsbetrachtung» nicht außer acht gelassen werden. Dieser Um-

---

345 Zu den neueren Entwicklungen in dieser Hinsicht vgl. die Ausführungen unten im 3. Teil der Untersuchung, Kapitel II Abschnitt 1, S. 388ff.

346 *BVerfGE* 20, 312 (318); 50, 290 (369).

stand zieht – wie die Entwicklung in der Medienindustrie zeigt – im Zusammenwirken mit anderen Faktoren beträchtliche Implikationen für die Verhandlungsmachtposition der Gewerkschaften nach sich. Ebensowenig lassen sich aber auch die Konsequenzen aus dem sich verstärkenden wirtschaftlichen Konzentrationsprozess und dem damit einhergehenden Ausbau der Machtposition der Arbeitgeberseite, aus der Parteilichkeit staatlicher Wirtschafts- und Arbeitspolitik zugunsten der Arbeitgeberinteressen und nicht zuletzt aus der allgemeinen Konjunktur- und Arbeitsmarktsituation für die gewerkschaftliche Verhandlungsmachtposition übersehen. Die Ablehnung einer theoretischen Betrachtung der realen Kräfteverhältnisse durch das Bundesarbeitsgericht und damit verbunden die Reduzierung der «materiellen Paritätsbetrachtung» auf das dogmatische Konstrukt einer «tarifbezogenen Parität»[347] überzeugen deshalb nicht. Die gegen die Lehre der sog. Gesamtparität[348] argumentativ wirkende Aussage des Gerichts, «globale Gleichgewichtigkeit zwischen Arbeitgeber- und Arbeitnehmerkoalitionen werde nie erreichbar sein und könne auch von keiner Rechtsordnung gefordert werden»[349] mag der Klarstellung dienen, daß ein Gesamtgleichgewicht zwischen Arbeitgeber- und Arbeitnehmerseite nicht der Zielpunkt der «materiellen Paritätsbetrachtung» sein kann.[350] Sie schießt aber über die Kernfrage hinaus, um die es hier allein geht, nämlich die tatsächliche Herstellung und Bewahrung ausreichender Gegenmächtigkeit seitens der Gewerkschaften, und verfehlt damit die richtige Ebene der Auseinandersetzung mit den Vertretern einer sozioökonomischen Gesamtbetrachtung, denen es auch um die Frage geht, wie sich die Verhandlungsstärke der sozialen Gegenspieler beim Aushandeln von Tarifverträgen darstellt.[351] Die darauf folgende Aussage des Gerichts über «die begrenzte Funktion des Arbeitskampfrechts im Blick auf die Tarifautonomie»,[352] genauer: daß «eine kollektive Kampf- und Ausgleichsordnung ihrer Natur nach nicht dazu geeignet (ist), etwaige gesamtpolitische Ungleichheiten zu kompensieren und marktwirt-

347 Vgl. *BAG* 1 AZR 822/79, A IV 2-3 der Gründe, S. 31ff.

348 Vgl. insb. *Däubler*, JuS 1972, 642ff.; *Kittner*, GMH 1973, 91ff.; *Zachert/Metzke/Hamer*, Die Aussperrung, 125ff.; *Wolter*, AuR 1979, 193ff.

349 *BAG*, a. a. O. (Fn. 347), S. 33. Diese Aussage wird – wie *Erd*, KJ 1980, 380, kritisch bemerkt hat – mit dem sozialwissenschaftlich unhaltbaren Argument untermauert, daß «die vielfältigen politischen, wirtschaftlichen und sozialen Gestaltungsmöglichkeiten (der Tarifvertragsparteien) sich ... weitgehend der Erfassung und vor allem einer vergleichenden Bewertung (entziehen).», *BAG*, ebda.

350 Vgl. dazu die Ausführungen oben im Abschnitt 2.1.1, S. 207f.

351 Vgl. insb. *Wolter*, a. a. O. (Fn. 348), 196; *ders.*, a. a. O. (Fn. 344), Rn. 888ff.; aber auch bereits *Kittner*, a. a. O. (Fn. 348), 96; *Wohlgemuth*, BB 1979, 113; *Bertelsmann*, Aussperrung, 237ff.; zuletzt *Däubler*, AuR 1992, 6f.

352 *BAG*, a. a. O. (Fn. 347), S. 33; *BAGE* 48, 195 (203).

schaftliche Gesetze aufzuheben»,[353] umschreibt plastisch das Problem der faktischen Schranken der tarifvertraglichen Regelungsmacht.[354] Sie offenbart jedoch zugleich ein politisches Vorverständnis, das – wie noch unten herauszuarbeiten sein wird[355] – kein normatives Modell für die Konkretisierung des Art. 9 Abs. 3 GG abgeben kann.

An den Implikationen unternehmerischer Rationalisierungsstrategien für die Verhandlungsmachtposition der Gewerkschaften zeigt sich gerade, daß die Verhandlungsstärke der sozialen Gegenspieler in der Tarifauseinandersetzung nicht nur durch Arbeitskampfmittel beeinflußt werden kann.[356] Vielmehr wird die Fähigkeit zur effektiven Kampfführung als essentielles Merkmal der Verhandlungsstärke auch und vor allem durch Faktoren bestimmt, die nur aufgrund einer Gesamtbetrachtung der realen Machtpositionen der Tarifparteien zu ermitteln sind.[357] Solche Faktoren bedürfen freilich einer Konkretisierung mit Blick auf die jeweiligen Gegebenheiten in den verschiedenen Wirtschaftssektoren, um so eine notwendig differenzierte Bewertung der sozialen Machtposition der Tarifvertragsparteien vornehmen zu können. Dabei handelt es sich allerdings nicht um die Berücksichtigung der Besonderheiten der jeweiligen Tarifauseinandersetzung, sondern um eine «typisierende Betrachtung»[358] der realen Kräfteverhältnisse, wie diese etwa hinsichtlich der Auswirkungen ökonomischer Konzentration und neuer Technologien auf die Streikfähigkeit der Gewerkschaften in der Medienindustrie anzustellen war. Die negativen Wirkungen sich verändernder Einflußgrößen, wie die Konzentration und Zentralisation von Kapital und Unternehmermacht in Arbeitgeberverbänden, die Rationalisierung in der Gestalt ihrer Neudimensionierung durch die Mikroelektronik, die staatliche Wirtschafts- und Sozialpolitik in der Form der aktiven Unterstützung und gesetzlichen Absicherung weitgehender unternehmerischer Investitionskompetenzen oder die allgemeine Wirtschafts- und Arbeitsmarktsituation in der Erscheinung von Rezession und Massenarbeitslosigkeit, auf die aktuelle gewerkschaftliche Machtposition lassen sich zwar generell nicht abstreiten.[359] Erst aber ihr konkretes, branchenspezifisches Ausmaß und ih-

353 *BAG*, ebda.

354 Vgl. gerade die Ausführungen oben im 1. Teil, Kapitel II Abschnitt 2.2 u. 2.3, S. 73ff. u. S. 76ff.

355 Vgl. hierzu die Ausführungen unten in den Abschnitten 2.2 ff., S. 241ff., insb. 248ff., 269ff.

356 Vgl. auch die realpolitischen Betrachtungen von *Wolter*, a. a. O. (Fn. 344), Fn. 888b.

357 Vgl. zuletzt *BVerfG* v. 4.7.1995, abgedruckt in: AuR 1996, 33ff., 34: «Die Kampfstärke einer Arbeitnehmerkoalition hängt von einer kaum überschaubaren Fülle von Faktoren ab.»

358 *BAG*, a. a. O. (Fn. 347), S. 31.

359 Vgl. etwa *Kempen*, a. a. O. (Fn. 29), 196f.; *Plander*, a. a. O. (Fn. 331), 5ff.; aber

re damit verbundenen Auswirkungen auf die Tariffähigkeit der in Betracht kommenden Gewerkschaften indizieren eine eventuelle Störung des Gegenmächtigkeitspostulats. Eine pauschal typisierende Betrachtungsweise der realen Kräfteverhältnisse hilft deshalb nicht weiter. Ihre mit der Unmöglichkeit exakter empirischer Ableitungen begründbare Legitimation[360] sieht sich nicht zuletzt dadurch entkräftet, daß die interpretatorischen Betrachtungen weder auf die Erfassung der komplexen situativen Besonderheiten der jeweiligen Tarifauseinandersetzung noch auf die genaue Ermittlung und vergleichende Bewertung der vielfältigen politischen, wirtschaftlichen und sozialen Gestaltungsmöglichkeiten der Tarifparteien gerichtet sind. Der «materiellen Paritätsbetrachtung» geht es hier allein um die Gewinnung von typisch-gravierenden, empirisch konkret feststellbaren Erkenntnissen über die Herstellung und Bewahrung ausreichender Gegenmächtigkeit auf der Arbeitnehmerseite. Der Schutzbereich des Art. 9 Abs. 3 GG wird nur durch nachhaltige, erhebliche Störungen der sozialen Mächtigkeit der jeweils in Betracht kommenden Arbeitnehmerkoalition tangiert. Bloße Störungen der gewerkschaftlichen Machtposition, die auf jene die Tariffähigkeit konstituierenden Mächtigkeitselemente nicht «durchschlagen», reichen für eine Anknüpfung an Art. 9 Abs. 3 GG und die Feststellung einer verfassungswidrigen Störung der Funktionsfähigkeit der Tarifautonomie nicht aus.[361]

Bei Beachtung dieser Interpretationsprämisse erlangen die im Hinblick auf die Entwicklung in der Medienindustrie angestellten realpolitischen Betrachtungen zur Entfaltung gewerkschaftlicher Gegenmacht tragende Bedeutung. Diese Betrachtungen stützen sich aber nicht auf rechtstatsächliche Erkenntnisse, die durch bereits abgeschlossene repräsentative empirische Untersuchungen gewonnen wurden. Soweit ersichtlich, liegen derartige Untersuchungen, jedenfalls in veröffentlichter Form, nicht vor.[362] Die hier für die Interpretation des Art. 9 Abs.

---

auch *Dütz*, a. a. O. (Fn. 276), 81, der jedoch Faktoren wie die (im Haupttext) vorgenannten bei der Beurteilung der Tariffähigkeit völlig außer acht lassen will. Dabei übersieht er, daß von solchen Faktoren nicht bloß momentane, sondern nachhaltige Störungen der gewerkschaftlichen Gegenmachtposition ausgehen können.

360 Vgl. *Weiss*, AuR 1984, 100f.

361 Vgl. in diesem Sinne zuletzt *BVerfG* v. 4.7.95, a. a. O. (Fn. 357), wo zwischen einer (bloßen) Beeinträchtigung und einer durchgreifenden bzw. erheblichen Schwächung der Kampf(Streik-)fähigkeit differenziert wird. *Gegenwart*, a. a. O. (Fn. 331), 115, spricht von «starke(n) (augenfällige(n) Störungen des Verhandlungsgleichgewichts», die man nicht unberücksichtigt lassen dürfe. Zudem dürften sich solche evidenten Paritätsstörungen auch wissenschaftlich belegen lassen. Auf dieser Linie liegen aber auch die Ausführungen *Müllers*, Arbeitskampf und Recht, 159, der eine erneute Beurteilung der Tariffähigkeit (Durchsetzungsfähigkeit) einer Koalition erst bei «erkennbaren grundlegenden Veränderungen» bejaht.

362 Vgl. zu dieser Problematik bereits *Plander*, a. a. O. (Fn. 331), 3.

3 GG maßgeblichen Erkenntnisse wurden einerseits auf der Grundlage bereits feststellbarer Tatsachen bzw. mit Hilfe von Plausibilitätsannahmen erarbeitet. Andererseits stellen sie zu einem guten Teil Prognosen dar und können daher keine sicheren Aussagen über die Wirksamkeit gewerkschaftlicher Gegenmachtbildung vermitteln. Diese Unsicherheit als Grundcharakteristikum jeder Prognose wird allerdings um so größer, je weiterreichend und komplexer – wie vorliegend – die angesprochenen Sachverhalte sind. Die Interpretation des Art. 9 Abs.3 GG stößt somit hier auf zwei Probleme: das Fehlen empirischer Untersuchungen und die Sicherheitsdefizite einer auf Prognosen beruhenden Einschätzung.

Diese Probleme sind nicht gerade neu. Bereits das Bundesarbeitsgericht mußte sich in seinen Aussperrungsurteilen mit dem Dilemma auseinandersetzen, welches sich für seine Beschlußfassung aus dem Fehlen empirischer Untersuchungen speziell über die Folgen von Teilstreiks für die Konkurrenzsituation und die Verbandssolidarität der Arbeitgeber ergab. Das Gericht sah sich jedoch nicht in der Lage, einer Entscheidung auszuweichen und begnügte sich deshalb mit groben Erfahrungswerten.[363] In dieser gerichtlichen Haltung kommt die zutreffende Ansicht zum Ausdruck, daß die eigene Einschätzung bereits vorliegender Fakten und die Verwendung von Plausibilitätsannahmen bei der Interpretation des Art. 9 Abs. 3 GG insoweit legitim sind, als erst dadurch die Behandlung wichtiger, die Funktionsfähigkeit des tarifautonomen Regelungsverfahrens betreffender Fragen ermöglicht wird. Solche Rechtsfragen sollten nicht ungeklärt bleiben.[364] Aber auch mit dem Problem der Berücksichtigung der Prognose bei der Verfassungsinterpretation hat sich die Rechtsprechung bereits beschäftigt. Das Bundesverfassungsgericht hat vornehmlich dem Gesetzgeber einen besonders weiten Prognosespielraum bei der Einschätzung und damit verbundenen Regulierung komplexer wirtschafts- und sozialpolitischer Sachverhalte zugestanden.[365] Dieser Prognosespielraum steht dem Gesetzgeber auch bei der Beurteilung der Gegengewichtslage im Tarifsystem und der Ergreifung einer entsprechenden Gesetzesinitiative zu.[366] Verliert demnach der Gesetzgeber durch die Unsicherheit der zu einem derartigen Gesetzesvorhaben leitenden Prognose seine Normsetzungsbefugnis nicht, so kann auch die Befugnis des Richters, einen ähnlich gelagerten Sachverhalt zu würdigen und zu entscheiden, dann nicht ausgeschlossen werden, wenn Ungewißheit über die Folgen der diesen Sachverhalt kennzeich-

---

363 *BAG*, a. a. O. (Fn. 347), S. 44.

364 *BAGE* 48, 195 (202): «Ohne das grundsätzliche Verhandlungsgleichgewicht wäre die Richtigkeitsgewähr autonomer Rechtsgestaltung in Gefahr. Der Richter kann sich daher der Aufgabe, das Verhandlungsgleichgewicht jedenfalls zu sichern, nicht entziehen.»

365 *BVerfGE* 50, 290 (332f.).

366 Vgl. neuerdings *BVerfG* v. 4.7.95, a. a. O. (Fn. 357), 34.

nenden Entwicklungsprozesse besteht. Die Unsicherheit einer Prognose darf deshalb nicht zum Verbot einer sich darauf stützenden Interpretation des Art. 9 Abs. 3 GG verleiten. Voraussetzung ist freilich, daß die aufgestellte Prognose belegbar ist, also nicht auf bloßen Mutmaßungen, sondern auf bestimmten nachprüfbaren Fakten beruht, woran sich die vorausgesagte Entwicklung, hier die Gefahr einer erheblichen Störung der «sozialen Mächtigkeit» der in Betracht kommenden Gewerkschaft, mit hinreichender Deutlichkeit erkennen läßt.

Die bisherigen Betrachtungen machen schließlich folgendes deutlich: Der zentrale Begriff der «Gegenmächtigkeit» weist in seiner inhaltlichen Präzisierung eine hohe Variabilität auf. Daran zeigen sich die Schwierigkeiten, die mit seiner Justiziabilität verbunden sind.[367] «Gegenmächtigkeit» ist zwar an bestimmte Voraussetzungen gebunden (: Unabhängigkeit, Arbeitskampfbereitschaft, sachliche und personelle Ausstattung, Mitgliederstärke, Finanzkraft). Die konkreten Anforderungen für die tatsächliche Erfüllung dieser Voraussetzungen können jedoch je nach dem abzusteckenden Ordnungsbereich und den jeweilig herrschenden sozioökonomischen Rahmenbedingungen verschiedentlich hoch ausfallen. Die Forderung nach vollkommener Justiziabilität des Gegenmächtigkeitspostulats scheitert daran, daß dieses nach Kriterien beurteilt wird, die inhaltlichen Schwankungen unterliegen und daher nicht bis in alle Einzelheiten justiziabel sind.

Da die Kriterien der Tariffähigkeit nicht disponibel sind, sondern nur in ihrer jeweiligen konkreten Ausformung Modifikationen unterliegen, handelt es sich bei der Gewerkschaft des § 2 Abs. 1 TVG nicht um einen «Typus».[368] Die spezifischen (Typus-)Merkmale können durchaus differieren, der wesentliche Begriffskern wird aber dadurch nicht angetastet. Die Gewerkschaft des § 2 Abs. 1 TVG stellt in diesem Sinne einen offenen Begriff dar.

2.1.4 Koalitionswohlgarantie und Gegenmächtigkeitspostulat

Da die Entfaltung der sozialen Schutzfunktion der Tarifautonomie ein Mindestmaß an sozialpolitischem Gewicht der Gewerkschaften erfordert, die Erfüllung des Gegenmächtigkeitspostulats also unabdingbare materielle Funktionsvoraussetzung des tarifautonomen Regelungsmodells ist, nehmen Maßnahmen der Arbeitnehmerkoalitionen, die auf die Bewahrung ihrer sozialen Mächtigkeit ausgerichtet sind, eine dem Kernbereichsschutz der Tarifautonomie dienende Funktion wahr. Gerade weil der Vollzug des Verfassungsauftrages zur «Wahrung und Förderung der Arbeits- und Wirtschaftsbedingungen» erst durch die Herstellung ausreichender Gegenmächtigkeit seitens der Arbeitnehmerkoalitionen ermöglicht wird, gehören von ihnen aufgegriffene Maßnahmen, welche vor dem Hintergrund gravierender Veränderungen des sozioökonomischen Umfeldes zur Sicherung ih-

---

367 Vgl. kritisch dazu *Zöllner*, a. a. O. (Fn. 300); *Nipperdey/Säcker*, a. a. O. (Fn. 300); *Kraft*, SAE 1978, 44.

368 So aber *Herschel*, a. a. O. (Fn. 283), 232ff.

rer sozialen Mächtigkeit erforderlich sind, zur institutionellen Kernbereichs- bzw. Koalitionswohlgarantie des Art. 9 Abs. 3 GG.[369] Die verfassungskräftige Legitimität solcher Maßnahmen der Koalitionsbetätigung wird hergeleitet aus der in Art. 9 Abs. 3 GG enthaltenen rechtlichen Sicherung der Existenz- und Wirkungsmöglichkeiten im Sinne einer Gewährleistung der Voraussetzungen, unter denen eine Arbeitnehmerkoalition zur Wahrnehmung ihres Schutzauftrages fähig ist und um deren Erfüllung sie eigene Bemühungen anstrengen muß.[370]

Für die Interpretation des Art. 9 Abs. 3 GG drängt sich damit folgende Erkenntnis auf: Die Teilhabe organisationspolitisch ausgerichteter Maßnahmen der Koalitionsbetätigung am Kernbereichsschutz des Art. 9 Abs. 3 GG geht auf die Legitimationswirkung des Gegenmächtigkeitspostulats zurück. Die Koalitionswohlgarantie des Art. 9 Abs. 3 GG bedeutet die verfassungskräftige Gewährleistung der Voraussetzungen für die tatsächliche Erfüllung der Tariffähigkeitskriterien als Wesenselemente des Gegenmächtigkeitspostulats. Bildet das Gegenmächtigkeitspostulat einen sozioökonomisch variablen Interpretationsmaßstab, so kennzeichnet diese Variabilität auch die historisch-konkrete Ausgestaltung der Koalitionswohlgarantie. Die institutionelle Garantie der kollektiven Koalitionsfreiheit ist eine gegenüber Wandlungen des sozioökonomischen Substrats tarifautonomer Regelung offene Garantie.

2.1.4.1 Das Unerläßlichkeitskriterium

Das Bundesverfassungsgericht hat die Koalitionswohlgarantie in einer ganzen Reihe von Entscheidungen mit der Standardformel umschrieben, daß «Art. 9 Abs. 3 GG gewerkschaftliche Betätigung nur insoweit verfassungskräftig verbürgt, als diese für die Erhaltung und Sicherung des Bestandes der Koalition als unerläßlich betrachtet werden muß».[371] In seinem Beschluß vom 14.11.1995[372] hat sich der Erste Senat des Bundesverfassungsgerichts von dieser Formulierung distanziert. Der Schutzbereich des Art. 9 Abs. 3 GG sei, so die gerichtliche Klarstel-

369 Zu dieser Garantie *Säcker*, Grundprobleme, 61ff.; *ders.*, ArbRGew 1975, 23f.

370 Zum Verständnis der Koalitionswohlgarantie des Art. 9 Abs. 3 GG als «Normenkomplex- und nicht als Sachverhaltsgarantie» *Säcker*, Grundprobleme, 68f.: «Es besteht keine Verpflichtung des Staates, eine funktionsgerechte Grundrechtsausübung bei Untätigkeit und Desinteresse der Gesellschaft selbst zu organisieren.»

371 *BVerfGE* 17, 319 (333f.); 28, 295 (304); 38, 281 (305); 57, 220 (246). Diese Standardformel wurde auch vom Bundesarbeitsgericht in einer Reihe von Entscheidungen (AP Nr. 28, 29 und 45 zu Art. 9 GG) adaptiert.

372 Abgedruckt in: AuR 1996, 151ff. = *BVerfGE* 93, 352 (359f.).

lung, nicht von vornherein auf den Bereich des Unerläßlichen beschränkt.[373] Der Grundrechtsschutz erstrecke sich vielmehr auf alle Verhaltensweisen, die koalitionsspezifisch sind.[374] Dieser Wandel in der vom Bundesverfassungsgericht vorgenommenen Interpretation des Art. 9 Abs. 3 GG bedeutet freilich nicht den Abschied von der Kernbereichslehre, sondern er soll nur zu ihrem richtigen Funktionsverständnis leiten.[375] Die Prüfung, ob eine koalitionsspezifische Betätigung für die Wahrnehmung der Koalitionsfreiheit unerläßlich sei, könne – wie der Erste Senat ausgeführt hat – erst bei Einschränkungen dieser Freiheit Bedeutung erlangen.[376] Soll aber – wie hier – die Reichweite der unantastbaren institutionellen Kernbereichsgarantie des Art. 9 Abs. 3 GG erörtert werden, so kann das Kriterium der Unerläßlichkeit nicht außer Betracht bleiben. Es ist vielmehr erforderlich, die Funktion dieses Kriteriums entsprechend dem gewandelten Interpretationsverständnis zu bestimmen und es zugleich von begrifflichen Mißverständnissen zu befreien.

So ist bereits die Formulierung «Erhaltung und Sicherung des Bestandes der Koalition» in der Sache nicht ganz zutreffend. Bezugspunkt (auch) einer «unerläßlichkeitsgeprägten» Kernbereichslehre kann nicht bloß der Schutz der Koalition vor einem Existenzrisiko, sondern vielmehr ihre organisations- und durchsetzungspolitische Stärke, ihre «soziale Mächtigkeit» sein.[377] Der Vollzug des Verfassungsauftrages, die Arbeits- und Wirtschaftsbedingungen zu wahren und zu fördern, wird erst durch die Herstellung und Bewahrung ausreichender Gegenmächtigkeit seitens der Arbeitnehmerkoalition ermöglicht.

Das Kriterium der Unerläßlichkeit muß aber auch rechtsdogmatisch verortet werden. Dieses Kriterium dient der gegenseitigen Abgrenzung kollidierender Rechtsgütersphären und geht auf den bei der Grundrechtsprüfung und der damit verbundenen Interessenabwägung zu beachtenden Grundsatz der Verhältnismäßigkeit – anders Notwendigkeitsprinzip genannt – zurück.[378] Es entspricht dem Gebot der Erforderlichkeit, welches – zusammen mit den Geboten der Geeignetheit und Proportionalität – die Anwendung dieses Grundsatzes prägt. Die Feststellung der Erforderlichkeit eines Mittels setzt logischerweise die Feststellung seiner Geeignetheit zur Erreichung eines bestimmten Ziels voraus. Von Erforderlichkeit kann daher nur im Hinblick auf geeignete Mittel gesprochen werden.

---

373 *BVerfG* v. 14.11.95, a. a. O. (Fn. 372), 152.

374 *BVerfG* v. 14.11.95, ebda.

375 Vgl. *Kühling*, AuR 1994, 131; *Kempen/Zachert*, TVG, Grund. Rn. 109.

376 *BVerfG* v. 14.11.95, a. a. O. (Fn. 372), 152. Solche Einschränkungen könnten durch den Gesetzgeber generell, aber auch durch den Richter im konkreten Einzelfall erfolgen.

377 Ebenso *Otto*, a. a. O. (Fn. 184), 52f.

378 Vgl. *Säcker*, Grundprobleme, 134ff.; aber auch neuerdings *Hanau*, ZIP 1996, 447.

den. Neben der Eignung und Erforderlichkeit ist auch zu prüfen, ob nicht der mit dem eingesetzten Mittel erfolgende Eingriff in die Sphäre anderer Rechtsgüter zu dem angestrebten Ziel erkennbar außer Verhältnis steht. Für den hier erörterten Sachzusammenhang bedeutet dies: Die konkrete Betätigung einer Arbeitnehmerkoalition kann mit Rücksicht auf gewichtige Belange des sozialen Gegenspielers und Dritter[379] der Koalitionswohlgarantie des Art. 9 Abs. 3 GG erst zugerechnet werden, wenn sie eine notwendige, d. h. geeignete, erforderliche und angemessene Voraussetzung für ihre soziale Mächtigkeit darstellt.

Da die Kernbereichsgarantie des Art. 9 Abs. 3 GG nicht in eine «Allenfalls-Garantie» umfunktioniert werden darf, kann das Unerläßlichkeitskriterium – entgegen seiner früheren Handhabung – nur eine Minimalgarantie umschreiben. Seine Funktion soll – gerade im Interesse, unnötige, übermäßige Eingriffe in schützenswerte Interessenpositionen vor allem des sozialen Gegenspielers zu vermeiden[380] – darin bestehen, das von der Verfassung geforderte Mindestbetätigungsmaß zur Sicherung von Koalitionswohl, also die koalitionsspezifische Betätigung zur Erlangung und Bewahrung ausreichender Gegenmächtigkeit von allen anderen bloß effektivitätssteigernden Koalitionsmaßnahmen sekuritätspolitischer Art abzugrenzen. Anders formuliert: Das Unerläßlichkeitskriterium dient allein dazu, Eingriffe der koalitionsmäßigen Betätigung in fremde Rechtsgütersphären zu rechtfertigen, wenn und soweit sie für die Wahrung der Existenz und Schlagkraft der Arbeitnehmerkoalition erforderlich sind.[381] Es erfüllt mithin zugleich eine eminente Kontrollfunktion gegenüber legislativen oder auch richterlichen Normen, die im Interesse anderer gravierenden Rechtsgüter das Grundrecht der Koalitionsfreiheit und der Tarifautonomie einschränken.[382]

---

379 An dieser Stelle bedarf es allerdings im Hinblick auf den hier untersuchten Kontext koalitionsgemäßer Betätigung noch keiner Entscheidung, ob der Gesetzgeber nur zum Schutz der Grundrechte Dritter und anderer mit Verfassungsrang ausgestatteter Rechte, oder doch auch zum Schutz einfacher Rechtsgüter in das Grundrecht der Koalitionsfreiheit und der Tarifautonomie eingreifen darf, hierzu das Bewertungsergebnis unten im Abschnitt 2.3.4, S. 284. Eine gewisse, hinreichende Gewichtigkeit der Gegenrechte und –interessen des sozialen Gegenspielers und Dritter ist freilich ohnehin erforderlich, vgl. etwa *BVerfGE* 57, 220 (246); 94, 268 (284).

380 Vgl. *Hanau*, AuR 1983, 258; *ders.*, a. a. O. (Fn. 378), 447, nach dessen Ansicht sich das Unerläßlichkeitskriterium nicht aus dem Schutzbereich der Koalitionsfreiheit, sondern aus den Schutzbereichen der arbeitgeberischen Grundrechte ergeben wird.

381 *Nipperdey/Säcker*, AR-Blattei D, I 2.

382 «Das Unerläßlichkeitskriterium ist von Bedeutung lediglich bei der verfassungsrechtlichen Nachprüfung, ob die legislative oder richterliche Ausführungsnorm den Koalitionen das von der Verfassung geforderte Mindestbetätigungsmaß zur Sicherung von Koalitionswohl und Koalitionszweck gewährt.», *Säcker*, Grundprobleme, 78. *Gamillscheg*, Kollektives Arbeitsrecht I, 230f., betrachtet die Abschirmung des Schutzbereichs des Art. 9 Abs. 3 GG gegenüber legislativen Eingriffen, die im Inter-

Es stellt sich nunmehr die Frage, welchen Anforderungen eine koalitionsmäßige Betätigung genügen muß, um als unerläßlich für die Wahrung ausreichender Gegenmächtigkeit betrachtet zu werden. Bei der Erörterung dieser Frage ist mit *Säcker* von der Unterscheidung zwischen dem logisch-experimentellen und dem juristischen Begriff der Erforderlichkeit auszugehen.[383] Im Gegensatz zum ersteren Begriff, der auf einem recht stringenten, logisch zwanglosen Verhältnis von Ursache und Wirkung baut, erscheint der letztere als Rahmen- oder Globalbegriff, dessen Wirkungsweise und Geltungsintensität sich erst von den rechtlichen Wertungszusammenhängen des konkret vorliegenden Sachverhaltes her bestimmen lassen. Rechtliche Erforderlichkeit reduziert sich nicht auf das, was auch experimentell nach Art der «condition-sine-qua-non-Formel» als erforderlich demonstriert werden kann. An ihre Erfüllung sind – wie bereits die unterschiedlichen rechtlichen Konkretisierungen des Grundsatzes der Erforderlichkeit auf anderen Rechtsgebieten zeigen – geringere normative Anforderungen zu stellen: Sie ist als Sachnotwendigkeit im Dienst einer situationsbezogenen Abwägung zwischen den konkret auf dem Spiel stehenden Rechtsgütern und Interessen aufzufassen.[384] Eine solche Abwägung kann gerade durch empirische Sozialforschung nicht vorweggenommen werden.

---

esse anderer Rechtsgüter erfolgen können, und das Verlangen der Arbeitnehmerkoalition nach eigener Betätigung im Betrieb, was die Zurückstellung davon betroffener Arbeitgebergrundrechte bedeutet, als zwei grundverschiedene Abwägungskonstellationen derart, daß das Kriterium der «Unerläßlichkeit» nur bei der ersteren verwendungsfähig ist. Dem ist nur insoweit zuzustimmen, als in der zweiten Konstellation das (richterliche) Abwägungsergebnis nicht auf ein Verbot oder eine Einschränkung der in Frage kommenden koalitionsspezifischen Betätigung hinausläuft. Sollte dies aber der Fall sein, so kann eine Prüfung der «Unerläßlichkeit» nicht außer Betracht bleiben. Die «Unerläßlichkeit» fungiert im übrigen – entsprechend der schranken- und leistungsrechtlichen Dimension des Kernbereichsschutzes – sowohl als einwendungs- wie auch als anspruchsbegründendes Kriterium und erfordert daher bei der inhaltlichen Ausgestaltung der Kernbereichsgarantie eine einheitliche Verwendung.

383 Vgl. zum folgenden *Säcker*, Grundprobleme, 138ff., 142f.

384 Für eine «objektive bzw. gerechte Abwägung der beiderseitigen Belange» tritt *Gamillscheg*, a. a. O. (Fn. 382), 231f., 248 ein, auch wenn er sich vom Kriterium der «Unerläßlichkeit» distanziert, soweit es um die Begründung von Ansprüchen der Gewerkschaft gegen den Arbeitgeber auf Präsenz und Betätigung im Betrieb geht. Stattdessen befürwortet er den Rückgriff auf die vom Bundesverfassungsgericht entwickelte Abwägungsformel, daß der Betätigung der Koalitionen nur solche Schranken gezogen werden dürften, die «zum Schutz anderer Rechtsgüter von der Sache her geboten» seien. Diese schlicht formulierte Formel, die – wie *Gamillscheg* selbst ausführt – eine konkrete Ausprägung des Verhältnismäßigkeitsgrundsatzes darstellt und daher – wenn auch in anderer Weise – die Berücksichtigung des Erforderlichkeitskriteriums beinhaltet, mag die Erarbeitung angemessener Bewertungser-

Immerhin: Eine strenge Unerläßlichkeitskontrolle der Koalitionsbetätigung verträgt sich nicht mit der in Art. 9 Abs. 3 GG enthaltenen Autonomiegewährung. Die Kernbereichsgarantie begründet – wie bereits ausgeführt[385] – für die Koalitionen die primäre Regelungszuständigkeit im Bereich der Arbeitsbeziehungen. Die Auswahl des jeweiligen Vertragsziels ist davon ebenso betroffen wie die Entscheidung über den für seine Verwirklichung richtigen Weg. Diese Auswahl- und Entscheidungsfreiheit, auch Normsetzungsprärogative genannt, führt dazu, den Koalitionen hinsichtlich der Realisierbarkeit des ausgewählten Vertragsziels sowie der Eignung und Erforderlichkeit des zu seiner Realisierung eingesetzten Mittels einen weiten Prognose- und Beurteilungsspielraum zuzubilligen. Art. 9 Abs. 3 GG gebietet daher, daß Eignung und Erforderlichkeit eines koalitionsspezifischen Mittels nur mit äußerster Zurückhaltung überprüft werden.[386] Dieses Gebot gilt nicht nur für tarifliche Regelungsinhalte, die die Koalitionszweckgarantie des Art. 9 Abs. 3 GG ausfüllen, sondern auch für solche Maßnahmen der Koalitionsbetätigung, die dem Koalitionswohl dienen und erst damit die Verfolgung des Koalitionszwecks ermöglichen. Es wäre mit der Kernbereichsgarantie schlechthin unvereinbar, wenn die Beurteilung der Geeignetheit eines koalitionsspezifischen Mittels und die Würdigung, ob ein anderes Mittel das verfolgte Ziel, hier: die Erlangung und Bewahrung sozialer Mächtigkeit, in gleicher Weise erreichen kann, nicht mehr den Arbeitnehmerkoalitionen, sondern den Gerichten überantwortet wäre. Das Bundesverfassungsgericht hat mehrfach betont, daß den Koalitionen die Wahl der Mittel, die sie zur Erreichung ihres Zwecks für geeignet halten, grundsätzlich gewährleistet sei.[387] Diese Wahlfreiheit darf freilich nicht zu übermäßigen Einschränkungen von anderen Rechtsgütern führen. Für die weiterhin legitime, am Autonomiegehalt des Art. 9 Abs. 3 GG aber auszurichtende Verwendung des Verhältnismäßigkeitsgrundsatzes bedeutet dies: Erst wenn eindeutig feststeht, daß das eingesetzte Mittel ungeeignet ist oder ein anderes Mittel in gleich effektiver Weise das vorgenannte Ziel mit geringeren Lasten für

---

gebnisse in den Fällen einer unwesentlichen Berührung der Belange des Arbeitgebers ermöglichen. Sie ist indes – wie bereits an anderer Stelle angedeutet, oben im Abschnitt 1.5.1, S. 191ff. – mit der Kernbereichsgarantie des Art. 9 Abs. 3 GG kaum in Einklang zu bringen: Sie macht im Grunde den unantastbaren Kernbereich kollektiver Koalitionsbetätigung zur abhängigen Variable anderer in ihrem Rang und Schutzdringlichkeit nicht näher definierten Rechtsgüter, läßt ihn also als eine mehr oder weniger disponible Schutzzone erscheinen. Die vorgenannte Abwägungsformel bietet sich allenfalls zur Eingrenzung des allgemeinen, relativen Schutzbereichs des Art. 9 Abs. 3 GG an.

385 Vgl. die Ausführungen oben im Abschnitt 1.5.1, S. 194f.

386 *Säcker/Oetker*, a. a. O. (Fn. 43), 287.

387 *BVerfGE* 18, 18 (29ff., 32); 50, 290 (368); *BVerfG* Beschluß v. 26.6.91 – 1 BvR 779/85, abgedruckt in: AuR 1992, 30.

den nachteilig betroffenen Rechtsgüterinhaber erreichen kann, darf der betreffenden Koalitionsbetätigung die verfassungsrechtliche Anerkennung versagt werden.[388] Nicht haltbar erscheint damit letztlich die strikte Unterscheidung der abstrakten Ebene der generell garantierten Koalitionsbetätigung von der konkreten Ebene des einzelnen Koalitionsbetätigungsmittels.[389] Das Unerläßlichkeitskriterium darf nämlich nicht verwendet werden, um konkreten Erscheinungs- bzw. Aktualisierungsformen der insgesamt als erforderlich angesehenen Koalitionsbetätigung von vornherein die Legitimation abzusprechen.[390] Dieses Kriterium muß bei Eingriffen der Koalitionsbetätigung in andere Rechtsgütersphären auf eine allgemeine Rechtmäßigkeitsprüfung beschränkt bleiben und darf nicht zu einer die Normsetzungs- und Einschätzungsprärogative der Koalitionen verachtenden Billigkeits- und Inhaltskontrolle instrumentalisiert werden.

---

388 Ebenso *Säcker/Oetker*, a. a. O. (Fn. 43), 288.

389 Vgl. bereits kritisch dazu *Pieper*, AuR 1987, 129.

390 Genauso wie sich die Mächtigkeit einer überbetrieblichen Arbeitnehmerkoalition erst auf der makroökonomischen und -politischen Betrachtungsebene richtig beurteilen läßt, muß auch die Prüfung der «Unerläßlichkeit» der von ihr ergriffenen Maßnahmen für die Bewahrung ihrer Machtposition an den organisationspolitischen Gesamtnotwendigkeiten ihres Handelns ausgerichtet werden. Erst im Rahmen dieser globalen Sichtweise, die eine fragmentarische und daher relativierungsanfällige Verwendung des Unerläßlichkeitskriteriums nicht zuläßt, vermag eine schlüssige Begründung der Erforderlichkeit im Einzelfall zu gelingen, vgl. auch *BVerfGE* 84, 212 (225), wonach der Gesetzgeber den Koalitionen für ihre Betätigung von Verfassungs wegen (nur) die «allgemein erforderlichen» Instrumente bereitstellen muß. Ist man sich im Prinzip etwa darin einig, daß die Präsenz der Gewerkschaft im Betrieb eine elementare Notwendigkeit für die Erfüllung des Schutzauftrages in Art. 9 Abs. 3 GG darstellt und insb. dabei nicht auf eine gezielte Werbung verzichtet werden kann (anders aber *Scholz*, SAE 7/1996, 322), so ist es in erster Linie Sache der betroffenen Arbeitnehmerkoalition, zu bestimmen, welche konkreten Werbungsmaßnahmen effektiv erscheinen und daher zu ergreifen sind. Sollte es sich aber eindeutig herausstellen, daß andere als die gewählten Maßnahmen genauso effektiv sind und trotzdem gewichtige Belange des Arbeitgebers eher berücksichtigen, so ist die «Unerläßlichkeit» der von der Gewerkschaft beschlossenen Werbung in Zweifel zu ziehen. Die Verwendung des Unerläßlichkeitskriteriums muß allerdings stets den Autonomiegehalt des Art. 9 Abs. 3 GG beachten. Die Gewerkschaft genießt also prinzipiell Entscheidungsfreiheit auch darüber, ob, zu welchem Zeitpunkt und in welchen Betrieben Werbungsmaßnahmen durchzuführen sind. Der kritische Hinweis, daß es für die Mächtigkeit einer Gewerkschaft wie die ÖTV oder die IG-Metall nicht auf die Durchführung von Werbungsmaßnahmen zu einem X-Zeitpunkt oder in einem X-Betrieb ankommt (vgl. *Gamillscheg*, a. a. O. (Fn. 382), 232, 247f.), läuft hingegen darauf hinaus, den Arbeitnehmerkoalitionen diese Entscheidungsfreiheit zu bestreiten. Mit diesem verfehlten Verständnis des Unerläßlichkeitskriteriums läßt sich auch kein triftiges Argument gegen seine Verwendungsfähigkeit bzw. Schlüssigkeit anführen.

Der Gesetzgeber ist damit verpflichtet, alles zu unterlassen, was die Bemühungen einer Arbeitnehmerkoalition um Erlangung und Bewahrung ausreichender Gegenmächtigkeit verhindern oder gar erschweren würde. Vielmehr soll er organisationsrechtliche Normenkomplexe bereitstellen, die den Arbeitnehmerkoalitionen die autonome Verfolgung und Umsetzung der zur Wahrung ihrer sozialen Mächtigkeit erforderlichen Maßnahmen ermöglichen.[391] Der Gesetzgeber ist aber ebensowenig wie der Richter daran gehindert, den Arbeitnehmerkoalitionen weiterreichende Betätigungsmöglichkeiten, als die Verfassung zwingend erfordert, einzuräumen, also solche, die für die Herstellung und Bewahrung ausreichender Gegenmächtigkeit nicht erforderlich sind, sofern freilich dadurch nicht in andere zu schützende Interessenpositionen vor allem des sozialen Gegenspielers eingegriffen wird.

2.1.4.2 *Koalitionswohlgarantie und Facharbeiterschutz in der Druckindustrie*

Aufgrund der vorstehenden interpretatorischen Erkenntnisse liegt es nahe, die organisationspolitischen Vorkehrungen zur Gründung und zum Aufbau der Mediengewerkschaft der institutionellen Kernbereichsgarantie des Art. 9 Abs. 3 GG zuzurechnen. Eine der Koalitionswohlgarantie des Art. 9 Abs. 3 GG dienende Funktion kann aber auch den in der Druckindustrie geforderten Tarifvertragsinhalten um die neue Technik in Form der qualitativen Besetzungsregelungen sowie der Festschreibung der Arbeitsteilung zwischen Technik und Redaktion zugesprochen werden. Diese Tarifforderungen zielten auf einen effektiven Beschäftigungsschutz der in ihrer Existenz bedrohten traditionellen «Kerntruppen» der dort angesiedelten Gewerkschaft ab. Dieser war angesichts der auf Arbeitsplatzabbau, auf Lohnwettbewerb durch minderqualifizierte Arbeitskräfte und letztlich auf die Technisierung der Redakteurarbeit bedachten Rationalisierungspolitik der Unternehmerseite notwendig und wegen der defizitären institutionalisierten Einwirkungsmöglichkeiten auf die unternehmerische Personalpolitik nicht anders als über den Tarifvertrag erreichbar. Seine Realisierung sollte auch und gerade der Gefahr schwindenden sozialpolitischen Gegengewichts und damit der faktischen Beeinträchtigung der Funktionsfähigkeit des tarifautonomen Regelungssystems in der Druckindustrie, die sich durch den sonst raschen Schrumpfungsprozeß der für die Gewerkschaftspolitik existenziell wichtigen Facharbeitergruppen abzeichnete, entgegenwirken. Eine solche Einschätzung der Gegengewichtslage im Tarifsystem der Druckindustrie stellt aus damaliger Sicht freilich eine Prognose dar. Der Sach- und Realitätssinn dieser Prognose kann aber ange-

391 Zur Koalitionsmittelgarantie des Art. 9 Abs. 3 GG *Säcker*, Grundprobleme, 68ff., 70, 72.

sichts der Verbreitung und des raschen Tempos der Rationalisierung in dieser Branche und der damit verbundenen Konsequenzen für die organisationspolitische Substanz der dort angesiedelten Gewerkschaft nicht angezweifelt werden.

Bei der Artikulation der vorgenannten, den unternehmerischen Planungs- und Entscheidungsprozeß in der Einwirkungsform externer Datensetzung einbeziehenden Tarifvertragsinhalte ging es daher zugleich um die Bewahrung «ausreichender Mitgliederstärke» und damit der «Streikfähigkeit» der IG Druck–Papier als u. a. ihre Tariffähigkeit konstituierender Mächtigkeitselemente. Die Erfüllung dieser Tariffähigkeitskriterien sollte durch die Erhaltung der erwähnten Facharbeitergruppen in den technologieveränderten Arbeitsprozessen der Druckindustrie zumindest für den Anpassungszeitraum sichergestellt werden, den die vorgenannte Gewerkschaft für den Aufbau stabiler und verläßlicher Organisationsstrukturen im nunmehr wichtigen Angestelltensektor benötigte. Qualitative Besetzungsregelungen und Kontrolle der Arbeitsteilung in der Druckindustrie liefern damit ein prägnantes Beispiel für die Erstreckbarkeit der Koalitionswohlgarantie auf tarifliche präventive Rationalisierungsschutzinhalte.[392]

2.2 Die funktionelle Zuständigkeit der Koalitionen im Bereich des Rationalisierungsschutzes

Art. 9 Abs. 3 GG gewährleistet mit dem Schutz der kollektiven Koalitionsfreiheit nicht nur die Koalition als solche, sondern ebenso den Koalitionszweck und die spezifische Koalitionsbetätigung, damit auch die Befugnis der Koalitionen zur tarifvertraglichen Regelung. Diese Befugnis ist – nach fast einhelliger Meinung – nicht beliebig modifizierbar, sondern sachlich durch den in Art. 9 Abs. 3 GG normierten Koalitionszweck der «Wahrung und Förderung der Arbeits- und Wirtschaftsbedingungen» umschrieben und begrenzt.[393] Mit der Formel «Arbeits- und Wirtschaftsbedingungen» wird also der verfassungsrechtliche Zuständigkeitsbereich der Koalitionen und damit der grundrechtlich geschützte Umfang tarifvertraglicher Regelungsmöglichkeiten abgesteckt. Diese Formel umschreibt das gesamte Aktionsfeld, innerhalb dessen die Tarifvertragsparteien sich legitimerweise betätigen können, und ist mit der konzeptionell «engeren» funktionellen Kernbereichsgarantie nicht zu verwechseln. Legitimität und Unabdingbarkeit der Koalitionsbetätigung bezeichnen zwei verschiedene Abstufungen der in Art. 9 Abs. 3 GG enthaltenen Gewährleistung. Sie sind aber – bei aller damit nahelie-

392 Die Einsetzbarkeit des Instruments Tarifvertrag zur Bewahrung der Handlungs- und Leistungsfähigkeit der Koalitionen hat bereits *Krüger*, in: Verhandlungen des 46. DJT I 1, 68 bejaht.

393 Vgl. vorzüglich *Säcker/Oetker*, a. a. O. (Fn. 43), 35ff., mit zahlreichen Nachweisen.

genden Inkongruenz ihrer Sachbereiche – auf denselben Normzweck wie Normbereich (Art. 9 Abs. 3 GG) bezogen. Die inhaltliche Bestimmung der «Arbeits- und Wirtschaftsbedingungen» bildet daher die notwendige interpretatorische Zwischenstufe hin zur Ermittlung der materiellen Reichweite des Kernbereichsschutzes tarifautonomer Regelung. Der Umfang dieser Garantie und ihre durch das Tarifvertragsgesetz erfolgte Konkretisierung lassen sich erst in Anknüpfung an den von Art. 9 Abs. 3 GG gebilligten Regelungsspielraum und die damit umschriebenen immanenten Grenzen der Koalitionsbetätigung beurteilen.

Für den Versuch einer näheren Bestimmung der tarifvertraglichen Regelungsmöglichkeiten im Bereich des Rationalisierungsschutzes stellt sich daher die Aufgabe, den Begriff der «Arbeits- und Wirtschaftsbedingungen» interpretatorisch aufzuschlüsseln.[394] Dabei soll insbesondere die Frage erörtert werden, ob und unter welchen Grundvoraussetzungen unternehmerische Entscheidungen, die spezifisch der Vorbereitung und Ausgestaltung technologischer Investitionen dienen, in die Koalitionsbetätigungsgarantie einbezogen werden können.[395] Ist diese Frage geklärt, kann eine erste rechtliche Würdigung der hier interessierenden tarifvertraglichen Regelungsmaterien anhand der durch Art. 9 Abs. 3 GG in sachlich-gegenständlicher Hinsicht gezogenen Grenzen erfolgen.[396] Die Interpretationsbemühungen konzentrieren sich dann auf die Frage, ob und inwieweit die unter das Begriffspaar der «Arbeits- und Wirtschaftsbedingungen» subsumierbaren Tarifinhalte der funktionellen Kernbereichsgarantie des Art. 9 Abs. 3 GG zuzurechnen sind.[397]

2.2.1 Zur Interpretation der «Arbeits- und Wirtschaftsbedingungen»

Der Doppelbegriff der «Arbeits- und Wirtschaftsbedingungen» ist nach wie vor Gegenstand einer lebhaften Kontroverse im Schrifttum. Ohne hier auf das vielfältige Meinungsspektrum zur inhaltlichen Bestimmung dieses Begriffes eingehen zu müssen,[398] läßt sich feststellen, daß man sich letztlich nur darüber einig ist, daß sich die Regelungsbefugnis der Koalitionen nicht in Fragen der das Arbeitsverhältnis als Austauschverhältnis betreffenden Bedingungen wie Lohn, Urlaub, Arbeitszeit und Ähnliches erschöpft. Interpretatorische Divergenzen betref-

---

394 Eine kritische Gesamtbetrachtung des Diskussionsstandes findet gleich unten im Abschnitt 2.2.1 statt.

395 Eingehend dazu unten im Abschnitt 2.2.2.

396 Vgl. hierzu die Ausführungen unten in den Abschnitten 2.2.3 ff.

397 Diese Frage wird unten in den Abschnitten 2.2.4 ff. eingehend behandelt.

398 Vgl. etwa die Darstellung des Diskussionsstandes bei *Loritz*, Tarifautonomie und Gestaltungsfreiheit des Arbeitgebers, 67ff. und *Weyand*, a. a. O. (Fn. 4), 71ff., sowie vor allem den näheren Meinungsüberblick bei *Säcker/Oetker*, a. a. O. (Fn. 43), 40ff.

fen insbesondere Tarifinhalte, die eine über das Tatbestandsmerkmal «Arbeitsbedingungen» hinausragende Tragweite aufweisen. Je mehr sich die Tarifvertragsparteien in den Bereich der «Wirtschaftsbedingungen» hineinbegeben, desto größer wird die Neigung, sie dem Verdacht der Kompetenzüberschreitung auszusetzen, desto deutlicher wird damit der Zwang einer besonderen Rechtfertigung der tariflichen Regelungskompetenz. Tarifforderungen, die zum Zwecke des Rationalisierungsschutzes in den wirtschaftlich-unternehmerischen Entscheidungsbereich eingreifen, sind besonders davon betroffen.

Eine thematisch präzise Umschreibung des Doppelbegriffs ist in der bisherigen Rechtsprechung nicht zu finden. Während sich das Bundesverfassungsgericht bislang auf Andeutungen beschränkt, die den Begriff der «Arbeits- und Wirtschaftsbedingungen» allenfalls ansatzweise konturieren,[399] sah sich das Bundesarbeitsgericht erst im Streit über die Zulässigkeit der Tarifforderung der Deutschen Postgewerkschaft, die Personalbemessung bei der Deutschen Bundespost mitzugestalten,[400] dazu veranlaßt, einige von diesem Begriff zu deckende Sachmaterien, zu denen nach Ansicht des Gerichts auch «der Schutz vor Rationalisierungen und vor Folgen neuer Technologien»[401] gehören soll, aufzuzählen. Das Urteil ist vor allem deshalb signifikant, weil das Bundesarbeitsgericht mit der maßgeblich von *Biedenkopf* begründeten, bis dahin herrschenden Auffassung im Schrifttum bricht, die die Kompetenz der Tarifvertragsparteien auf die Regelung sozialer Folgewirkungen unternehmerischer Entscheidungen beschränken will.[402] Mit dieser Urteilsfindung wurde insofern ein Wendepunkt in der Diskussion um die Reichweite der Regelungsbefugnis der Tarifvertragsparteien gesetzt.

Für die Erläuterung des Begriffs der «Arbeits- und Wirtschaftsbedingungen» ist ebenso von Bedeutung, daß das Bundesverfassungsgericht – bereits früh in den Wahlwerbungs- und Mitgliederwerbungs-Entscheidungen[403] und später im Mitbestimmungsurteil[404] – den Koalitionen Handlungskompetenzen im Bereich der Betriebs- und Unternehmensverfassung zuerkannt hat. Damit steht nicht nur grundsätzlich fest, daß Art. 9 Abs. 3 GG sowohl die unmittelbare als auch die mittelbare Wahrung und Förderung der Arbeits- und Wirtschaftsbedingungen in seinen Schutzbereich mit einbezieht.[405] Die vorgenannte Zuerkennung vermittelt eine weitere wichtige Aussage über die thematische Reichweite der Koalitionsbetätigung: Sie bedeutet nicht mehr und nicht weniger, daß der sachlich-

---

399 *Säcker/Oetker*, a. a. O. (Fn. 43), 45ff. mit Nachweisen.
400 *BAG*, Urteil v. 3.4.1990 – 1AZR 123/89, abgedruckt in: AuR 1991, 93ff.
401 *BAG*, a. a. O. (Fn. 400), 95.
402 *BAG*, a. a. O. (Fn. 400), 96.
403 *BVerfGE* 19, 303 (319); 28, 295 (305).
404 *BVerfGE* 50, 290 (371f.) = NJW 1979, 709f.
405 Vgl. *Säcker*, ArbRGew 1975, 31f.

gegenständliche Schutzbereich des Art. 9 Abs. 3 GG eine mitbestimmungsrechtliche, auch den wirtschaftlich-unternehmerischen Bereich betreffende Komponente beinhaltet. Das Bundesverfassungsgericht hat sich damit – ohne zugleich nähere, verbindliche Aussagen über die inhaltliche Reichweite dieser Komponente getroffen zu haben – gegen einen restriktiven Interpretationsansatz, der die tarifvertragliche Regelungskompetenz auf die dem Arbeitsverhältnis unmittelbar zuzuordnenden Materien beschränkt, ausgesprochen. Eine über die «Arbeitsbedingungen» hinausreichende Bedeutung der «Wirtschaftsbedingungen» soll danach nicht in Frage stehen.[406]

Auch die wohl überwiegende Ansicht im Schrifttum lehnt eine Reduzierung des tariflichen Regelungsbereichs – wie sie noch heute vornehmlich von *Zöllner* vertreten wird[407] – auf die «Arbeitsbedingungen» ab. Man geht – bei allen im einzelnen unterschiedlichen Deutungen – davon aus, daß die Einbeziehung der «Wirtschaftsbedingungen» in Art. 9 Abs. 3 GG als eine gegenständliche Erweiterung gegenüber dem noch in § 152 GewO normierten Begriff der «Lohn- und Arbeitsbedingungen» zu bewerten ist.[408] Diese bereits vom Wortlaut und der Geschichte des Art. 9 Abs. 3 GG her naheliegende Erkenntnis verbindet sich mittlerweile mit der Einsicht, daß eine präzise begriffliche Differenzierung zwischen den «Arbeitsbedingungen» einerseits und den «Wirtschaftsbedingungen» andererseits kaum herauszuarbeiten ist.[409] Das Begriffspaar der «Arbeits- und Wirtschaftsbedingungen» könne – wie sich wohl aus der stetigen Bezugnahme der Rechtsprechung des Bundesverfassungsgerichts auf den soziologischen Tatbestandsbegriff des «Arbeitslebens» herauslesen lasse – nicht in isoliert nebeneinanderstehende Segmente aufgespalten werden.[410] Es sei vielmehr als funktionale Einheit aufzufassen mit der Konsequenz, daß die «Wirtschaftsbedingungen» keine separat-eigenständige Funktion neben den «Arbeitsbedingungen» besäßen.[411] Dieses vornehmlich im neueren Schrifttum[412] vertretene und inzwischen auch

---

406 Ebenso in der Würdigung bereits *Weyand*, a. a. O. (Fn. 4), 74; aber auch *Säker/Oetker*, a. a. O. (Fn. 43), 71.

407 *Zöllner*, Arbeitsrecht, 100; erneut *Zöllner/Loritz*, Arbeitsrecht, 101f.

408 Vgl. *Säcker/Oetker*, a. a. O. (Fn. 43), 42, 50, 59f., mit umfassenden Nachweisen.

409 Vgl. *Säcker/Oetker*, a. a. O. (Fn. 43), 43.

410 *Säcker/Oetker*, a. a. O. (Fn. 43), 46, mit Nachweisen. *Stark*, a. a. O. (Fn. 3), 43, spricht von einer «Sinneinheit».

411 *Säcker/Oetker*, a. a. O. (Fn. 43), 53.

412 Vgl. etwa *Scholz*, a. a. O. (Fn. 261), 46; *Badura*, ArbRGew 1978, 27; *Söllner*, ArbRGew 1979, 23ff., 26; *Kempen*, a. a. O. (Fn. 29), 195; *Beuthien*, a. a. O. (Fn. 81), 11f., 13f.; *Wiedemann*, a. a. O. (Fn. 8), 302; *Dütz*, JA 1987, 410; *Meik*, a. a. O. (Fn. 53), 77f., 82.

vom Bundesarbeitsgericht[413] adaptierte Interpretationsverständnis führt dazu, den Tarifvertragsparteien ein allgemeines wirtschaftspolitisches Mandat – wie dies früher namentlich von *Däubler*[414] vertreten wurde – abzusprechen und die «Arbeits- und Wirtschaftsbedingungen» – gerade mit Rücksicht auf das historische Fundament der Koalitionsfreiheit – allein auf die Sachmaterien zu beziehen, die mit der Leistung abhängiger Arbeit zusammenhängen.[415]

Mit diesen ersten interpretatorischen Erkenntnissen läßt sich freilich die Frage, in welchem Umfang die «Wirtschaftsbedingungen» dem Tarifvertrag zugänglich sind, noch nicht beantworten. Bezeichnenderweise wird der erforderliche Bezug zu den Arbeitsbedingungen in der Literatur recht unterschiedlich gedeutet. Insbesondere *Söllner*[416] und die von *Rüthers*[417] begründete sog. Faktorentheorie beziehen das Begriffspaar der «Arbeits- und Wirtschaftsbedingungen» nur auf den Arbeitsmarkt. Die Tarifautonomie soll danach auf die Regelung solcher Materien bechränkt sein, die einen engen oder zumindest mittelbaren Bezug zum Arbeitsverhältnis aufweisen oder – wie *Rüthers* es formuliert – «sich aus der marktmäßigen Sonderstellung abhängiger Arbeit in einer freiheitlichen und marktwirtschaftlich organisierten entwickelten Industriegesellschaft ergeben».[418] Ferner befürworten *Wiedemann*[419] und – im Anschluß an ihn – vor allem *Beuthien*[420] sowie das Bundesarbeitsgericht[421] eine Einbeziehung unternehmerischer Entscheidungen in den sachlich-gegenständlichen Schutzbereich des Art. 9 Abs.

---

413 *BAG*, a. a. O. (Fn. 400), 96.

414 A. a. O. (Fn. 16), 187.

415 Darüber besteht weitgehend Übereinstimmung im Schrifttum, vgl. etwa *Badura*, a. a. O. (Fn. 412), 27; *Söllner*, a. a. O. (Fn. 412), 24; AK-GG-*Kittner*, 2. Aufl., Art. 9 Abs. 3, Rn. 30ff.; *Weyand*, a. a. O. (Fn. 4), 75; *Säcker/Oetker*, a. a. O. (Fn. 43), 64ff., 72; *Kempen/Zachert*, TVG, Grund. Rn. 99.

416 Ebda. Vgl. auch *Badura*, ebda, 27; *Müller*, a. a. O. (Fn. 361), 28; *Richardi*, a. a. O. (Fn. 6), 179f.; *Konzen*, ZfA 1980, 90; *Scholz*, ZfA 1990, 395; *ders.*, FS für Rittner, 635; *Seiter*, Streikrecht, 492f.; *Schelp*, FS für Nipperdey, 592; *Gamillscheg*, Die Differenzierung, 81; *Misera*, Tarifmacht und Individualbereich, 32; *Schnorr*, JR 1966, 331.

417 A. a. O. (Fn. 1), 15ff.

418 A. a. O. (Fn. 1), 15. Nach diesem Interpretationsverständnis bildet Art. 9 Abs. 3 GG lediglich eine verfassungsgesetzliche Kartellgarantie, wobei aber die historisch wie aktuell belegbare Komponente gewerkschaftlicher Betätigung im Bereich der Betriebs- und Unternehmensverfassung unberücksichtigt bleibt, vgl. kritisch dazu *Weiss*, a. a. O. (Fn. 6), 297f.; *Weyand*, a. a. O. (Fn. 4), 76; *Schmidt-Eriksen*, a. a. O. (Fn. 3), 267.

419 A. a. O. (Fn. 412), 302ff.; zustimmend *Säcker/Oetker*, a. a. O. (Fn. 43), 72; *Meik*, a. a. O. (Fn. 53), 82; *Kulka*, a. a. O. (Fn. 123), 345; aber auch *Dütz*, a. a. O. (Fn. 412), 410.

420 A. a. O. (Fn. 81), 12.

421 *BAG*, a. a. O. (Fn. 400), 96.

3 GG, wenn und soweit von diesen Entscheidungen unmittelbare Auswirkungen auf die Arbeitsverhältnisse ausgehen. Schließlich wollen andere Stimmen im Schrifttum eine Grenze für die Regelungsbefugnis der Koalitionen erst dort ziehen, wo ein auch nur noch mittelbarer Zusammenhang zwischen einer wirtschaftlichen Entscheidung und dem Schutz der Arbeitsbedingungen nicht mehr hergestellt werden kann.[422]

Diese divergierenden Interpretationsansätze sind bezeichnend für die Probleme und Schwierigkeiten, die der Versuch einer Aufschlüsselung der unscharfen Formel der «Arbeits- und Wirtschaftsbedingungen» bereitet. Trotz der Einsicht, daß diese Formel unterschiedlichen Auslegungsergebnissen zugänglich ist und daß jedem Auslegungsergebnis naturgemäß bestimmte wirtschafts- und sozialpolitische Wertungsprämissen zugrundeliegen, besteht inzwischen Übereinstimmung darüber, daß eine an der traditionellen Methodenlehre orientierte Interpretation der «Arbeits- und Wirtschaftsbedingungen» geboten ist.[423] Nur auf diesem Weg ist zu vermeiden, daß die mit dem Begriffspaar verbundene Wertentscheidung des Verfassungsgebers für eine thematisch konturierte Koalitionsbetätigung mißachtet und damit der verfassungsrechtlich normierte Bindungsrahmen verlassen wird.[424] Allerdings ist *Weyand*[425] zuzustimmen, wenn er feststellt, daß eine am Wortlaut und dessen geschichtlicher Entwicklung ausgerichtete Auslegung letztlich wenig ergiebig ist. Auch *Säcker/Oetker*[426] wissen auf dem Wege einer ausgiebigen grammatikalischen, systematischen und historischen Auslegung der Verfassungsnorm über die vorerwähnten Grunderkenntnisse hinaus nur einen – zumal nicht näher definierten – Mindeststandardschutz zugunsten der überkommenen Verfassungswirklichkeit abzuleiten. Zur Konkretisierung der kollektiven Koalitionsbetätigungsgarantie ist es vielmehr erforderlich, auf die den Koalitionen in der Rechtsordnung zugewiesene Aufgabe, eine «sinnvolle Ordnung des Arbeitslebens» herbeizuführen, zurückzugreifen.[427] Schutzfunktion der Tarifau-

---

422 Vgl. in diesem Sinne *Runggaldier*, a. a. O. (Fn. 19), 128; *Weyand*, a. a. O. (Fn. 4), 81ff.; *Stark*, a. a. O. (Fn. 3), 51ff., 64; *Däubler*, Tarifvertragsrecht, Rn. 1112.

423 Vgl. *Söllner*, a. a. O. (Fn. 412), 22; *Misera*, a. a. O. (Fn. 416), 28ff.; *Runggaldier*, a. a. O. (Fn. 19), 123; *Konertz*, a. a. O. (Fn. 39), 59ff.; *Stark*, a. a. O. (Fn. 3), 34; *Weiss/Weyand*, BB 1990, 2110; *Säcker/Oetker*, a. a. O. (Fn. 43), 49.

424 *Säcker/Oetker*, ebda.

425 *Weyand*, a. a. O. (Fn. 4), 75; *ders.*, AuR 1991, 68.

426 A. a. O. (Fn. 43), 50ff., 64.

427 Vgl. in diesem Sinne etwa *Weyand*, a. a. O. (Fn. 4), 75ff.; *Säcker/Oetker*, a. a. O. (Fn. 43), 64ff., mit zahlreichen Hinweisen auf die zustimmende Literatur. Verfehlt ist hingegen der methodische Ansatz bei *Meik*, a. a. O. (Fn. 53), 73ff., der ohne direkten Bezug auf die verfassungsrechtlich legitime Funktion der Tarifautonomie das Begriffspaar der «Arbeits- und Wirtschaftsbedingungen» aufzuschlüsseln sucht. *Meik*, a. a. O., 73, fragt vielmehr umgekehrt, ob das Begriffspaar der «Arbeits- und

tonomie und die real-aktuellen Bedingungen ihrer Wahrnehmung stehen damit erneut im Mittelpunkt der interpretatorischen Betrachtungen.

Eine teleologische Betrachtung der «Arbeits- und Wirtschaftsbedingungen» kann aber nur dann überzeugen, wenn sie an inhaltlich klare wie konsistente Überlegungen zur Funktion der Tarifautonomie anknüpft. Im Schrifttum ist indessen die Tendenz einer eigenständigen Hervorhebung der Ordnungs- und Verteilungsfunktion des Tarifvertrages zu erkennen.[428] Insbesondere «die den Koalitionen übertragene Ordnungsaufgabe» wird zum maßgeblichen Kriterium für die Konkretisierung der Koalitionsbetätigungsgarantie erhoben. Daraus wird angesichts der Dynamik des soziologischen, technologischen und ökonomischen Umfeldes des Arbeitslebens auf eine thematisch offene und variable Interpretation der «Arbeits- und Wirtschaftsbedingungen» geschlossen.[429] Dementsprechend wird «die auf das Schutzbedürfnis des einzelnen Arbeitnehmers reduzierte Funktion der Tarifautonomie» abgelehnt und dem Tarifvertrag eine eher umfassende Aufgabenstellung im Sinne einer «kreativ-gestaltenden Tätigkeit» oder einer «innovatorischen und strukturverändernden Politik» zugewiesen.[430]

Derartige Überlegungen zur Funktion der Tarifautonomie – so einleuchtend und historisch begründet sie sind – wecken Bedenken insoweit, als nicht der verfassungsrechtlich legitime Schutzzweck, sondern die Ordnungs- und Verteilungsfunktion des Tarifvertrages als leitender Gesichtspunkt für die interpretatorischen Betrachtungen herangezogen werden. Diese Funktionen lassen sich – wie bereits oben ausgeführt[431] – von der Schutzfunktion der Tarifautonomie normativ nicht verselbständigen. Sie sind vielmehr nur mit Rücksicht auf sie zu erklären und zu legitimieren. Die den Koalitionen übertragene Ordnungsaufgabe wird erst in Anknüpfung an die Intention sozialen Schutzes richtig gedeutet und kann erst dadurch zum tragenden Kriterium für die Interpretation des Art. 9 Abs. 3 GG erhoben werden. Vom verfassungsrechtlich legitimen Schutzzweck losgelöste ordnungs- und verteilungspolitische Zielvorstellungen bergen hingegen die Gefahr einer normativen Überhöhung der kollektiven Koalitionsbetätigungsgarantie in sich.[432] Bezeichnend dafür ist sowohl eine Interpretation des Art. 9 Abs. 3 GG, die maßgeblich auf Art. 1 und 2 GG abstellt und die Tarifautonomie im Sinne ei-

---

Wirtschaftsbedingungen» eine hinreichende Konkretisierung der Funktion der Koalitionen leisten kann.

428 Vgl. *Konertz*, a. a. O. (Fn. 39), 61ff.; *Stark*, a. a. O. (Fn. 3), 60, 62f.; *Weyand*, a. a. O. (Fn. 4), 76; *Säcker/Oetker*, a. a. O. (Fn. 43), 65.

429 *Säcker/Oetker*, ebda; ähnlich *Konertz*, a. a. O. (Fn. 39), 62f.

430 *Weyand*, a. a. O. (Fn. 4), 76.

431 Im Abschnitt 2.1.1, S. 205f.

432 Vgl. aber auch die Kritik von *Schmidt-Eriksen*, a. a. O. (Fn. 3), 265, am funktionalen Interpretationsansatz *Weyands*, a. a. O. (Fn. 4), 76f.

nes universellen Rechts auf Mitbestimmung instrumentalisiert,[433] als auch die dahingehende Ansicht, die funktionelle Reichweite der Tarifautonomie vom geschichtlichen Besitz- und Programmbestand der Arbeitnehmerkoalitionen her bestimmen zu müssen.[434] Die Schutzfunktion der Tarifautonomie weist schließlich – wie gleich unten darzulegen sein wird – eine Tragweite auf, die die Erschließung qualitativ neuer, erweiterter Regelungsfelder impliziert und damit keineswegs auf die unmittelbare Sicherung elementarer Reproduktionsbedingungen für den einzelnen Arbeitnehmer beschränkt bleibt. Die Rückbesinnung auf das historisch-traditionelle Moment des Arbeitnehmerschutzes darf und kann daher die Entwicklung des Tarifrechts zur Bewältigung neuer sozialer Probleme im Arbeitsleben nicht versperren.[435] Anhand der Rationalisierungsproblematik läßt sich vielmehr zeigen, wie eng neue und traditionelle Regelungsfelder der Tarifpolitik miteinander gekoppelt sind.[436]

2.2.2 Die Einbeziehung unternehmerischer Entscheidungen in die Koalitionsbetätigungsgarantie

Die mikroelektronisch gestützten Rationalisierungsprozesse leiteten ab Mitte der 70er Jahre eine nachhaltige Veränderung der Wahrnehmungsbedingungen der tarifautonomen Schutzfunktion ein. Der Einsatz neuer Technologien in der industriellen Produktion verband sich unter den Bedingungen einer wirtschaftlichen Krise bzw. Stagnation und einer ungewöhnlich hohen, bis heute anhaltenden Arbeitslosigkeit mit beträchtlichen Negativfolgen für die Arbeitnehmerinteressen. Gefährdungen in den zentralen Interessenbereichen der Beschäftigung, des Einkommens, der beruflichen Qualifikation und der Gesundheit ließen sich durch eine allein auf die Regulierung der arbeitsrechtlichen Folgewirkungen gerichtete Politik der Interessenvertretung nicht abwenden, sondern nur – meist finanziell – lindern oder allenfalls individuell abfangen. Die Rationalisierungsfrage führte –

433 Vgl. erneut *Däubler*, a. a. O. (Fn. 16), 129ff., 155ff., 174ff., und die an seinem Interpretationsverständnis ansetzende Kritik im Kapitel I Abschnitt 2, S. 106 Fn. 21.

434 *Kempen/Zachert*, TVG, Grund. Rn. 111, 112, die den Schutzbereich der Koalitionsfreiheit insoweit als «realtypisch vorgeprägt» betrachten. Die historische Dimension der Koalitionsbetätigung, dokumentiert durch das Selbstverständnis, die Programmatik und insb. die Tarifpolitik der deutschen Gewerkschaften, besitzt – wie das Bundesverfassungsgericht wiederholt ausgeführt hat, vgl. hierzu erneut die Nachweise oben im Kapitel I Abschnitt 2, S. 110 Fn. 31 – sicherlich tragende Bedeutung für die Auslegung des Art. 9 Abs. 3 GG. Sie kann aber die verfassungsrechtliche Norminterpretation weder prädestinieren noch ersetzen. Die Legitimität tarifpolitischer Zielvorstellungen ist stets am Normzweck des Art. 9 Abs. 3 GG zu messen.

435 *BAG*, a. a. O. (Fn. 400), 95.

436 Vgl. dazu die Ausführungen unten im Abschnitt 2.2.4.2, S. 270ff.

auch im Hinblick auf die limitierten Einwirkungsmöglichkeiten der gesetzlichen Mitbestimmungsträger – dazu, der Schutzfunktion des Tarifvertrages ein weitaus größeres Gewicht zu verleihen. Sie stellte die Tarifautonomie vor die Notwendigkeit, ihren Einwirkungsbereich durch die Erschließung qualitativ neuer Regelungsfelder in Richtung auf Beschäftigungs-, Einkommens- und Qualifikationssicherung sowie Regulation der Arbeitsbelastungen zu erweitern. Dieser sozioökonomisch gebotene Zuwachs des tariflichen Aufgabenfeldes, der in der Tarifpolitik der späten 70er Jahre eine erste historische Bestätigung fand,[437] zog seinerseits beträchtliche Konsequenzen für die legitime Reichweite tarifautonomer Regelung nach sich: Die neu aufgedrängte Qualität tarifautonomer Schutzfunktion ließ sich ohne Zugriff auf den Bereich spezifisch unternehmerischer Entscheidungen nicht erfüllen.

Diese Folgerung geht auf die allgemeine Erkenntnis zurück, daß auf verschiedenen Ebenen der unternehmerischen Rationalisierungsplanung Daten über die technisch-organisatorische Gestaltung des Produktionsprozesses gesetzt werden, die für die Arbeitsplatzsicherheit, das Qualifikations- und Einkommensniveau sowie für die Arbeitsbelastungssituation von prädestinierender Bedeutung sind. Einflußgrößen, wie die Auwahl der Produktionstechnik und der Steuerungskonzeption, das anzustrebende Automatisierungsniveau, der Grad der organisationstechnologischen Integration des Produktionsprozesses, die damit verbundene horizontale und vertikale Arbeitsteilung und nicht zuletzt die Zieldefinition bei der Abstimmung der marktbezogenen Anforderungen mit den produktionstechnischen Bedingungen sowie den produktionsökonomischen Erfordernissen, prägen mehr oder weniger das Ausmaß der Auswirkungen auf die Zahl, den Inhalt und die Belastungsintensität der Arbeitsplätze und bestimmen damit den Spielraum für die Wahrnehmung betroffener Arbeitnehmerinteressen.[438] Dieser Spielraum wird ebenfalls durch anderweitige Produktions- und Investitionsentscheidungen der Unternehmerseite, vor allem in beschäftigungspolitischer Hinsicht, entscheidend beeinflußt. Die Ausgrenzung solch unternehmerischer Entscheidungen aus dem tariflichen Regelungsbereich führt in aller Regel dazu, daß rationalisierungsgefährdete Arbeitnehmerinteressen nicht hinreichend berücksichtigt werden können. Soll hier die Schutzfunktion der Tarifautonomie ihre Effektivität nicht einbüßen, so muß sich der Regelungsauftrag des Art. 9 Abs. 3 GG auch auf den wirtschaftlich-unternehmerischen Bereich erstrecken. Weil und soweit in diesem Bereich für die Situation der Arbeitnehmer gravierende Entscheidungen getroffen

437 Vgl. zur damaligen Neuorientierung der Tarifpolitik *Weyand*, a. a. O. (Fn. 4), 47ff.

438 Vgl. näher dazu *Benz-Overhage u. a.*, Neue Technologien und alternative Arbeitsgestaltung, 395ff., 550ff.

werden, sind die Tarifvertragsparteien zur Entscheidungspartizipation legitimiert.[439]

Die von der Folgen- und Faktorentheorie entwickelte Diffenrenzierung zwischen der unternehmerischen Entscheidung und ihren arbeitsrechtlichen Folgewirkungen verkürzt daher in unzulässiger Weise den Schutzauftrag des Art. 9 Abs. 3 GG. Nicht hinreichend berücksichtigt wird dieser Regelungsauftrag auch durch das von *Wiedemann* postulierte Kriterium der Unmittelbarkeit zwischen der unternehmerischen Entscheidung und ihren Auswirkungen auf die Rechtssphäre der Arbeitnehmer. *Wiedemann* unterscheidet danach, ob durch die jeweilige unternehmerische Maßnahme der Rechtskreis der Arbeitnehmer bereits unmittelbar tangiert wird oder ob solche Auswirkungen zunächst noch von der Reaktion des Marktes auf die unternehmerische Entscheidung abhängig sind.[440] Er verbindet damit die Konsequenz, daß unternehmerische Entscheidungen, von denen lediglich «Fernwirkungen» auf die Arbeitsverhältnisse ausgehen, einer tariflichen Regelung nicht zugänglich sind.[441] Eine solche Differenzierung erweist sich aber – jenseits der Feststellung, daß sie keine Anhaltspunkte im Wortlaut des Art. 9 Abs. 3 GG findet[442] – bei näherem Hinsehen als vordergründig und daher in der Sache nicht geeignet, den tariflichen Regelungsbereich einzugrenzen. Unternehmerische Entscheidungen werden mit Blick und in Reaktion auf die jeweiligen Bedingungen und Anforderungen des Waren- und Dienstleistungsmarktes getroffen. Die davon ausgehenden Wirkungen für die Arbeitnehmerseite werden zwar nach Art und Anlage der betreffenden unternehmerischen Entscheidung verschiedentlich vermittelt. So läßt sich für den Rahmen dieser Untersuchung zwischen den sich unmittelbar abzeichnenden Auswirkungen der Einführung neuer Technologien im Betrieb, den künftigen Folgen einer von der Unternehmensleitung vorgefaßten Entscheidung zur Vornahme bestimmter Rationalisierungsinvestitionen, den längerfristigen Implikationen unternehmerischer Technologieforschungs- und Entwicklungspolitik und den anderweitigen Wirkungen der Modernisierungspolitik von Großunternehmen differenzieren. Die unterschiedliche Weise, mit der sich all diese Auswirkungen entfalten, soll jedoch nicht darüber hinwegtäuschen, daß sie immer eine Folge der reagiblen Wechselbeziehung zwischen der jeweiligen Marktsituation und dem unternehmerischen Entscheidungsprozeß bleiben. Sowohl die Einführung und Anwendung neuer Technologien – eine Maßnahme, die nach Ansicht *Wiedemanns* prinzipiell dem

439 Ebenso bereits *Weiss*, a. a. O. (Fn. 6), 298.
440 *Wiedemann*, a. a. O. (Fn. 8), 303.
441 *Wiedemann*, ebda. Zustimmend die oben in Fn. 419 und 420 genannten Autoren.
442 Vgl. bereits *Stark*, a. a. O. (Fn. 3), 53; *Weyand*, a. a. O. (Fn. 4), 81.

Kriterium der Unmittelbarkeit genügt[443] –, als auch die von ihm für arbeits- und sozialpolitisch neutral gehaltene Entscheidung über die Preisgestaltung gehen auf eine Reaktion des Marktes und die sich daraus ergebenden Konsequenzen für die Unternehmenspolitik zurück. Das Abstellen auf die Unmittelbarkeit der marktvermittelten Folgen einer unternehmerischen Entscheidung liefert deshalb in dieser Hinsicht eine formelle Abgrenzung. Entscheidend ist aber, daß diese Abgrenzung den zwischen unternehmerischen Sachentscheidungen und ihren Wirkungen auf die Arbeitsverhältnisse regelmäßig bestehenden Zusammenhang übergeht.[444] Um beim hier relevanten Beispiel von Rationalisierungsinvestitionen zu bleiben: Unternehmerische Grundentscheidungen etwa über die Richtung und die spezifische Auslegung der künftig zu entwickelnden und im Betrieb anzuwendenden Arbeitstechnologien, über die Einsatzbereiche, die damit verbundenen Umstrukturierungen sowie eventuellen Änderungen des Betriebszwecks oder über das zeitliche Abwicklungstempo technologischer Investitionen sind der konkreten Rationalisierungsplanung und Umsetzungsentscheidung vorgelagert und berühren somit weder unmittelbar noch konkret die Arbeitsverhältnisse in den Betrieben. Entscheidungen dieser Art werden aber auf kurz oder lang in den betrieblichen Bereich hineinwirken und gravierende Auswirkungen auf die Zahl oder die Ausgestaltung der Arbeitsplätze zeitigen. Sie erst dann der tariflichen Regelungskompetenz zugänglich zu machen, wenn sich unmittelbare Auswirkungen auf die Stellung der Arbeitnehmer abzeichnen, birgt – wie *Weyand*[445] bereits zutreffend bemerkt hat – die Gefahr, daß sie als unumstößliches Datum akzeptiert werden müssen, dem die sozialen Interessen der Arbeitnehmer unterzuordnen sind. Dies hätte zur Konsequenz, daß die Tarifautonomie auf eine Art Interessenausgleich «zweiter Qualität» beschränkt bleiben müßte. Der Umstand, daß solche unternehmerischen Entscheidungen einen nur mittelbaren Bezug zu den Arbeitsbedingungen aufweisen, verringert nicht ihre Bedeutung für die Situation der Arbeitnehmer und rechtfertigt daher nicht ihre Ausgrenzung aus dem tariflichen Regelungsbereich.

Die im Anschluß an *Wiedemann*[446] vom Bundesarbeitsgericht geforderte «Untrennbarkeit» von wirtschaftlicher und sozialer Seite einer unternehmerischen

---

443 *Wiedemann*, a. a. O. (Fn. 8), 306.

444 Vgl. bereits *Weyand*, a. a. O. (Fn. 4), 81.

445 A. a. O. (Fn. 4), 82. Auch *Stark*, a. a. O. (Fn. 3), 52ff., 53, setzt sich kritisch mit der geforderten Unmittelbarkeit auseinander und bemerkt: «Die Sicherung der Arbeitsplätze kann auch durch Regelungen versucht werden, die schon im Vorfeld der Entscheidung über eine arbeitsplatzvernichtende Rationalisierungsmaßnahme einsetzen. Solche Regelungen können unter Umständen sogar die einzige Möglichkeit sein, um die Arbeitsplätze zu retten.»

446 A. a. O. (Fn. 8), 307.

Maßnahme[447] löst im Hinblick auf die vorstehenden Überlegungen gravierende Bedenken aus. Die «Untrennbarkeit» bildet sicherlich einen Begriff, der unterschiedlich gedeutet werden kann.[448] Sie ist aber grundsätzlich darauf angelegt, die tarifvertragliche Mitgestaltung unternehmerischer Sachentscheidungen nur für markante Konstellationen eines Ineinandergreifens wirtschaftlicher und sozialer Aspekte zu bejahen. Dieser Interpretationsansatz baut auf der Erkenntnis, daß sich eine klare systematische – und nicht gerade funktionale – Trennung zwischen der unternehmerischen Entscheidung selbst und ihren arbeitsrechtlichen Auswirkungen nicht in allen praktisch relevanten Anwendungsfällen konsequent durchführen lasse.[449] Er wird also in den Fällen, wo eine derartige Trennung keine Schwierigkeiten bereitet, dazu führen, die betreffenden unternehmerischen Sachentscheidungen aus dem tariflichen Regelungsbereich auszugrenzen. Um auf das relevante Beispiel der Einführung und Anwendung neuer Technologien zurückzugreifen: Eine Unterscheidung dieser Maßnahme in eine spezifisch unternehmerische Komponente und ihre betrieblichen Auswirkungen erscheint hier kaum möglich, soweit es sich um Regelungsaspekte der Arbeitsorganisation und Technikgestaltung sowie des Personaleinsatzes handelt. Diese Einschätzung leuchtet aber nicht mehr ein, wenn es um die Beeinflussung der unternehmerischen Grundentscheidungen geht, die die konkrete Ausgestaltung und betriebliche Umsetzung der Rationalisierungsmaßnahmen vorstrukturieren. Da – wie oben ausgeführt – derartige Entscheidungen einen nur mittelbaren, rein funktionalen Bezug zu den veränderten Arbeitsbedingungen aufweisen, wird sich die geforderte systematische Trennung zwischen ihnen und ihren betrieblichen Auswirkungen meist ohne Schwierigkeiten vornehmen lassen. Das Kriterium der «Untrennbarkeit» vermag damit letztlich nur eine partielle, eher die Umsetzungsmodalitäten betreffende Beeinflussung der unternehmerischen Entscheidungsfindung bei der Vornahme technologischer Investitionen zu bewirken und trägt daher dem Schutzauftrag des Art. 9 Abs. 3 GG ebenfalls nicht hinreichend Rechnung.

Die vorgenannten Eingrenzungen der tariflichen Regelungskompetenz werden vor allem unter Hinweis auf einen verfassungsrechtlich verbürgten «Kernbereich autonomer Unternehmertätigkeit» begründet.[450] Den Schutz dieses Kernbereichs, der als Äquivalent zum Kernbereichsschutz der Tarifautonomie konzipiert und verstanden wird,[451] will *Wiedemann*[452] aus dem Gewährleistungszusammenhang der Art. 9 Abs. 3 einerseits, 2, 12 und 14 GG andererseits ableiten. Die Garantie

---

447 BAG, a. a. O. (Fn. 400), 96.
448 Vgl. bereits *Däubler*, Tarifvertragsrecht, Rn. 1111.
449 *Wiedemann*, a. a. O. (Fn. 8), 306.
450 Vgl. *Wiedemann*, a. a. O. (Fn. 8), 312; ebenso *Beuthien*, a. a. O. (Fn. 81), 12.
451 So eindeutig *Beuthien*, ebda; ihm folgend *BAG*, a. a. O. (Fn. 400), 96.
452 A. a. O. (Fn. 8), 312.

der Berufsfreiheit aus Art. 12 GG, die auch die allgemeine Gewerbefreiheit gewährleiste, konstituiere ein System freiheitlich-privatautonomen Berufs- und Gewerbeverhaltens, das ein freies Unternehmertum grundsätzlich einschliesse, und verbinde sich mit der Garantie des Art. 14 GG so zur Gewährleistung des Systems einer freiheitlichen Wirtschaftsordnung, auf dem auch Art. 9 Abs. 3 GG basiere. Diese Vorschrift schütze die Unabhängigkeit der Arbeitgeberseite, die es erfordere, die Entscheidung über Betrieb und Unternehmen im Prinzip dem Unternehmer zu erhalten.[453] Ebenso wie sozialstaatliche Lenkungsmaßnahmen ihre äußerste Grenze in der Wesensgehaltsgarantie des Art. 19 Abs. 2 GG fänden, dürfe auch die Ausübung der Tarifautonomie nicht zu einer völligen Aushöhlung des Prinzips der freien, vom sozialen Gegenspieler unabhängigen Verfügungsgewalt über Betrieb und Unternehmen führen. Eine derartige Selbstentmündigung widerspreche dem Schutzzweck des Art. 9 Abs. 3 GG und sei den Tarifvertragsparteien daher nicht gestattet.

Der Kernbereich der Unternehmensautonomie soll nach *Wiedemann* alle unternehmerischen Grundlageentscheidungen umfassen. Dazu rechnet er die Entscheidungen über Bestand, Umfang und Zielsetzung des Unternehmens.[454] So soll die Geschäftsleitung des Unternehmens allein die grundsätzliche Entscheidung darüber treffen können, welche Geld- und Sachmittel zu welchem Zweck eingesetzt werden (Investitionsbereich), ob, was und wo hergestellt wird (Produktionsbereich), und an wen, wie und wo das Hergestellte am Markt angeboten wird (Vertriebsbereich). Der Tarifautonomie soll damit allein die Frage vorbehalten bleiben, unter welchen Bedingungen die Arbeitnehmer bereit sind, an der Realisierung des von den Kapitaleignern vorgegebenen Betriebszwecks mitzuwirken.[455]

Bezeichnend für die Ausführungen *Wiedemanns* ist der Versuch, den vorgenannten Einzelgrundrechten einen bestimmten gemeinsamen Schutzinhalt zugunsten der Unternehmensautonomie zuzuschreiben. Der «Wesensgehalt» oder «Kernbereich» der Arbeitgebergrundrechte aus Art. 2, 12 und 14 GG, der im Hinblick auf die Notwendigkeit ihrer konkreten Ausgestaltung durch gesetzliche und tarifliche Eingriffskompetenzen nur die negative Schutzgrenze zu markieren vermag, soll ebenso eine positive Inhaltsbestimmung dieser Grundrechte im Sinne der Unternehmensautonomie liefern. Diese Funktionsdeutung der Wesensgehaltsgarantie des Art. 19 Abs. 2 GG verbindet sich aber mit dem Verzicht auf eine nähere Betrachtung der betroffenen Grundrechtsinhalte und ihrer Schrankenbestimmungen. Der Schutz der Unternehmerfreiheit gem. Art. 12 und 14 GG wird vielmehr und vor allem im Hinblick auf die erheblich abgeschwächte Intensität des Grundrechtsschutzes bei Großunternehmungen für nicht ausreichend gehalten, um eine

453 *Wiedemann*, a. a. O. (Fn. 8), 313f.

454 *Wiedemann*, a. a. O. (Fn. 8), 314ff., 315; ebenso *Beuthien*, a. a. O. (Fn. 81), 12; *Meier-Krenz*, a. a. O. (Fn. 89), 96ff.; *BAG*, a. a. O. (Fn. 400), 96.

455 *Wiedemann*, a. a. O. (Fn. 8), 316.

völlige Aushöhlung der Unternehmensautonomie zu unterbinden.[456] Der «Wesensgehalt» als gemeinsamer Nenner aller betroffenen Grundrechtsgarantien (Art. 9 Abs. 3 einerseits, Art. 2, 12 und 14 GG andererseits) rechtfertigt hingegen, gerade in Abstraktion von den einzelnen Grundrechtsnormen, die Ableitung eines Gewährleistungszusammenhangs im Sinne der Unternehmensautonomie und wird damit zum eigenständigen obersten Prüfungsmaßstab tariflicher Regelungskompetenzen erhoben.

Der Interpretationsansatz *Wiedemanns* weist offenbar gewisse Ähnlichkeiten mit der von *Badura/Rittner/Rüthers*[457] entwickelten Formel eines «Schutz- und Ordnungszusammenhangs der Wirtschafts- und Arbeitsverfassung» auf. Wie die wirtschafts- und sozialpolitische Gestaltungsfreiheit des Gesetzgebers soll auch die Betätigungsfreiheit der Tarifvertragsparteien durch die aus einer Zusammenschau verschiedener Grundrechte hergeleitete Bindung an das Prinzip der unternehmerischen Selbstbestimmung eingeschränkt werden. Gemeinsames Charakteristikum beider Konstruktionen ist auch die Bezugnahme auf die einfach-gesetzlichen Konkretisierungen der herangezogenen Grundrechte. Während der «Schutz- und Ordnungszusammenhang» erst aus dem konkreten Gesellschaftsrecht vor dem MitbG 1976 ableitbar ist,[458] wird der aus dem Gewährleistungszusammenhang abgeleitete Kernbereich der Unternehmensautonomie unter Hinweis auf den wettbewerbswirtschaftlichen Charakter der gesetzlichen Ordnung (§ 1 Satz 2 StabG und GWB) begründet[459] und durch Reflexion über die Wertungen, die der gesetzlichen Mitbestimmung (AktG – BetrVG) zu entnehmen sind, inhaltlich konkretisiert.[460]

Der Versuch *Wiedemanns*, einen «Kernbereich autonomer Unternehmertätigkeit» zu konstruieren, der von vornherein jede tarifliche Regelungsmöglichkeit ausschließen soll, fordert mehrfach Widerspruch heraus. Die Beachtung einer unternehmerischen Vorrangkompetenz läuft, wie bereits oben dargelegt,[461] auf eine spürbare, in sachlicher Hinsicht nicht einleuchtende Verkürzung des Schutzauftrags und der Effektivität der Tarifautonomie im Bereich des Rationalisierungsschutzes hinaus. Die versuchte Zuständigkeitsabgrenzung zwischen Tarifautonomie und Unternehmerfreiheit kann auch als solche nicht überzeugen. So werden einerseits unternehmerische Sachentscheidungen als tariflich regelbar betrachtet und die mangelnde Zuständigkeit der Tarifvertragsparteien erst aus dem fehlenden unmittelbaren Bezug zu den Arbeitsbedingungen abgeleitet. Die Unternehmensautonomie wird zumindest insoweit als untaugliche Grenzziehung der Tarifautonomie gewertet. Andererseits wird aber bei der Bestimmung eines unantastbaren Bereichs unternehmerischer Entscheidungsfreiheit darauf abgestellt, ob dem Unternehmer die Möglichkeit eigenverantwortlichen und sinnvol-

456 Vgl. *Wiedemann*, a. a. 0.(Fn. 8), 312.
457 A. a. O. (Fn. 14), 246ff.
458 *Kübler/Schmidt/Simitis*, a. a. O. (Fn. 14), 96.
459 Vgl. *Wiedemann*, a. a. O. (Fn. 8), 313f.
460 *Wiedemann*, a. a. O. (Fn. 8), 315ff.
461 S. 250ff.

len Wirtschaftens verbleibt. Diese Möglichkeit bedeutet aber, konsequent durchdacht, die grundsätzliche Beachtung der Rentabilitätsvorstellungen des Arbeitgebers. Dieser kann somit durch einen Tarifvertrag nicht daran gehindert werden, seine interne Planung prinzipiell nach seinen eigenen Wirtschaftlichkeitserwägungen vorzunehmen. Denkbar ist lediglich, daß er soziale Korrekturen dieser Planung vornehmen muß. Damit aber wird wieder ein Bereich unternehmerischer Freiheit anerkannt, der sich nicht wesentlich von der Unternehmensautonomie unterscheidet.[462] Dieser Wertungswiderpruch wird noch deutlicher, wenn man die von *Wiedemann* formulierte Abgrenzungsformel heranzieht, wonach der Tarifvertrag nur die Frage regeln darf, «unter welchen Bedingungen die Arbeitnehmer bereit sind, an der Realisierung des von den Kapitaleignern vorgegebenen Betriebszwecks mitzuwirken».[463] Diese Bedingungen lassen sich gerade als der «arbeits- und sozialpolitische Datenkranz» für das im Prinzip freie unternehmerische Handeln begreifen. Die Abgrenzung *Wiedemanns* nähert sich damit letztlich dem Interpretationsansatz *Biedenkopfs*,[464] der vom Versuch geprägt ist, das eigentlich «Unternehmerische» von sonstigen Arbeits- und Wirtschaftsbedingungen abzuschichten. Die kaum zu überwindenden Schwierigkeiten einer funktionalen Trennung zwischen den unternehmerischen Entscheidungen und dem betrieblich-sozialen Umfeld ihrer Einwirkung[465] kennzeichnen auch die von ihm vorgenommene Abgrenzung.

Ein von den Tarifvertragsparteien zu beachtender «Kernbereich autonomer Unternehmertätigkeit» läßt sich allerdings mit Rücksicht auf die staatliche Wirtschaftsordnung weder konstruieren noch legitimieren. Zum einen hat der Gesetzgeber die Unternehmensautonomie nicht allgemein vorausgesetzt, sondern insbesondere durch den Erlaß des Betriebsverfassungsgesetzes ihren Inhalt näher bestimmt und zugleich eingegrenzt.[466] Das Betriebsverfassungsgesetz läßt zudem nicht erkennen, daß die wirtschaftlichen Angelegenheiten jeder weitergehenden, auf Tarifvertrag beruhenden Einflußnahme des Betriebsrates entzogen sein sollen.[467] Die dort verbürgten Vorsprünge unternehmerischer Planungs- und Entscheidungsfreiheit können insofern nicht als unabdingbare Schutzinhalte be-

---

462 So bereits *Weyand*, a. a. O. (Fn. 425), 69, der die von *Wiedemann* vertretene, auch vom *BAG*, a. a. O. (Fn. 400), 96, adaptierte Zuständigkeitsabgrenzung zwischen Tarifautonomie und Unternehmensautonomie für methodisch bedenklich hält.

463 *Wiedemann*, a. a. O. (Fn. 8), 316.

464 A. a. O. (Fn. 1), 160ff.

465 Vgl. kritisch dazu *Jahnke*, a. a. O. (Fn. 3), 85, mit der Bemerkung: «Bezeichnenderweise ist es bislang nicht gelungen, sachliche (inhaltliche) Kriterien für eine Abgrenzung dieses Bereichs (unternehmerischer Entscheidungen) anzugeben.»

466 Vgl. dazu die Ausführungen oben im Abschnitt 1.2.3, S. 160f.

467 So richtig *Jahnke*, a. a. O. (Fn. 3), 197.

trachtet werden. Ähnliches gilt auch für das Gesetz gegen Wettbewerbsbeschränkungen. Insbesondere die konzeptionelle Grundentscheidung des Gesetzgebers zugunsten der Kartellwirkung des Tarifvertrages verbietet es, dem Wettbewerb die Geltung eines von vornherein zu beachtenden Ordnungsprinzips zu verschaffen.[468] Zum anderen dürfen die jeweiligen wirtschaftspolitischen Entscheidungen des einfachen Gesetzgebers nicht ohne weiteres in die verfassungsrechtlich geschützte Position der Tarifvertragsparteien eingreifen, jedenfalls nicht, wenn und soweit Art. 9 Abs. 3 GG für die Koalitionen einen Kernbereich der Einflußnahme auf die obersten Planungs-, Leitungs- und Organisationsentscheidungen des Unternehmens garantiert.[469] Ein solcher Kernbereich kann nicht nur im Wege einer gremienbezogenen Mitbestimmung, sondern ebenso durch den Abschluß von Tarifverträgen ausgefüllt werden.[470]

Die Einschränkung der tariflichen Regelungskompetenzen durch die Unternehmensautonomie läßt sich auch durch den Hinweis auf die «Gegnerunabhängigkeit» nicht rechtfertigen. Art. 9 Abs. 3 GG kommt nicht die Funktion zu, das Gleichgewicht von Eigentum und Arbeit derart zu sichern, daß die Entscheidungsprärogativen der Unternehmerseite unangetastet bleiben. Die Wahrung eines solchen Gleichgewichts zugunsten der Arbeitgeberseite kehrt den Sinn des Gegengewichtsprinzips um. Dieses Prinzip geht – wie bereits oben dargelegt[471] – auf die Erkenntnis der strukturellen Unterlegenheit der Arbeitnehmerseite und das daraus resultierende Gebot der Bildung ausreichender Gegenmacht zurück. Es ist ein um der Arbeitnehmerinteressen willen formuliertes, daher auf die Einschränkung der Entscheidungsautonomie des Arbeitgebers ausgerichtetes Prinzip. Die bereits angestellten materiellen Paritätsbetrachtungen haben vielmehr ergeben, daß die Gegenmächtigkeit der Arbeitnehmerkoalitionen erheblichen Störungen unterliegen kann.[472] Derartige Störungen, die auch und gerade durch unternehmerische Rationalisierungsentscheidungen ausgelöst werden, können aber nur durch eine wirksame Kontrolle der Folgewirkungen dieser Entscheidungen aufgefangen werden. Die somit notwendig stärkere Einbindung der Unternehmensautonomie bedeutet zudem nicht zwangsläufig einen Verzicht auf jene Verfügungsbefugnis über das Unternehmen und die Arbeitsplätze, die Abhängigkeit begründet und die der Arbeitsvertrag rechtlich absichert. Sie führt also nicht von vornherein zur Aufhebung jener Fremdbestimmung, die dem Arbeitsverhältnis innewohnt, und damit zu jener Veränderung der Arbeitgeberfunktion, die für die Ar-

468 Näher dazu oben im Abschnitt 1.4.4.2, S. 182ff.

469 Dazu *Säcker*, ArbRGew 1975, 55ff. Zur materiellen Reichweite dieses Kernbereichs vgl. die Ausführungen unten in den Abschnitten 2.2.4.3 u. 2.2.4.4, S. 275ff.

470 So bereits *Jahnke*, a. a. O. (Fn. 3), 84.

471 Im Abschnitt 2.1.1, S. 206ff.

472 Vgl. etwa die Ausführungen oben im Abschnitt 2.1.3.1, S. 220ff.

beitgeberseite die Preisgabe der eigenen Tariffähigkeit bedeuten würde. Mit *Kübler/Schmidt/Simitis*[473] ist daher festzustellen, daß das Grundgesetz in Art. 9 Abs. 3 nicht eine bestimmte Qualität des Arbeitgebers garantiert, sondern lediglich zwischen Funktionen unterscheidet, die durchaus von qualitativ sehr verschiedenen Vertragspartnern wahrgenommen werden können.

Die Unternehmensautonomie findet ihre verfassungsrechtliche Gewährleistung allein in den Grundrechten der Art. 14, 12 Abs. 1 und Art. 2 Abs. 1 GG. Ihre Tragweite gegenüber der Tarifautonomie läßt sich erst in konkreter Anknüpfung an den Inhalt und die Schranken dieser Verfassungsbestimmungen beurteilen.[474] Nur daraus ableitbare, zu schützende Grundrechtspositionen der Arbeitgeberseite könnten, bei Untätigkeit bzw. gebotener Zurückhaltung des Gesetzgebers, zu einer Einschränkung der Regelungsbefugnis der Tarifvertragsparteien führen. Die Suche nach einem sachgerechten Ausgleich zwischen Unternehmens- und Tarifautonomie kann daher nicht auf dem Wege einer eher pauschalisierenden Zuständigkeitsabgrenzung zwischen beiden Autonomien erfolgen, die vom konkreten Gewährleistungsgehalt der vorgenannten Grundrechtsgarantien abhebt.[475] Eine solche Vorgehensweise bei der Grundrechtsinterpretation wurde bereits vom Bundesverfassungsgericht in seinem Mitbestimmungsurteil verworfen.[476] Die Herstellung praktischer Konkordanz zwischen Tarifautonomie und Unternehmerfreiheit stellt mithin eine Frage dar, die sich erst im Rahmen einer Prüfung konkreter Tarifinhalte an den Einzelgrundrechten des Arbeitgebers in Art. 14, 12 Abs. 1 und Art. 2 Abs. 1 GG entscheiden läßt. Darüber hinausreichende Rechte der Unternehmer, die von vornherein jede tarifliche Regelungsmöglichkeit ausschließen, bestehen nicht.[477]

Wenn der Ausgleich zwischen Tarif- und Unternehmensautonomie auf dem Wege einer an den Inhalt und die Schranken der Grundrechte des Arbeitgebers anknüpfenden Interessenabwägung erfolgen muß, so ist dies auch mit Konsequenzen für die Verwendung des Verhältnismäßigkeitsgrundsatzes verbunden. Dieser Grundsatz kann nur im Rahmen einer Einzelprüfung konkreter Tarifinhalte an den Grundrechten des Arbeitgebers aus Art. 14, 12 Abs. 1 und Art. 2 Abs. 1 GG herangezogen werden. Ihm darf daher nicht die Funktion zugewiesen werden, jenseits konkret zu schützender Grundrechtspositionen den Regelungs-

---

473 A. a. O. (Fn. 14), 235.

474 Auf die damit angesprochene Problematik geht die Untersuchung gleich unten im Kapitel IV, insb. S. 292ff. ein.

475 So aber das *BAG*, a. a. O. (Fn. 400), 96.

476 *BVerfGE* 50, 290 (337f.).

477 Ebenso *Jahnke*, a. a. O. (Fn. 3), 85: «Ein tarifvertraglichen Regelungen von vornherein unzulängliches Reservat freier unternehmerischer Entscheidungen existiert nicht.»; *Weyand*, a. a. O. (Fn. 4), 82; *Stark*, a. a. O. (Fn. 3), 54f.

spielraum der Tarifvertragsparteien einzuschränken.[478] Der Grundsatz der Verhältnismäßigkeit kann vielmehr nur unter Beachtung des Beurteilungs- und Prognosespielraums angewandt werden, der den Tarifvertragsparteien hinsichtlich der Eignung und Erforderlichkeit eines tarifvertraglichen Regelungsinstruments zusteht. Dieser Beurteilungs- und Prognosespielraum geht – wie bereits ausgeführt[479] – auf die in Art. 9 Abs. 3 GG enthaltene Autonomiegewährung zurück. Die Autonomie, die die Tarifvertragsparteien bei der Auswahl des jeweiligen Vertragsziels genießen, schließt ebenso die Freiheit ein, die personelle Reichweite der Schutzfunktion des Tarifvertrages zu bestimmen. Diese Bestimmungsfreiheit der Tarifvertragsparteien als konkreter Ausfluß der ihnen zustehenden Normsetzungsprärogative steht vor allem im Dienst des oben herausgestellten umfassenden Schutzauftrages.[480] Die Koalitionsbetätigungsgarantie kann und darf daher nicht auf die ausschließliche Wahrnehmung von jeweils konkret betroffenen Arbeitnehmerinteressen reduziert werden.[481] Die historische Entwicklung bestätigt gerade, daß die Koalitionen, insbesondere die Gewerkschaften seit jeher eine umfassende Repräsentationsfunktion beanspruchen.[482] Dieser die Binnenautonomie der Verbände bezeichnende, durch den Gesetzgeber vielfach anerkannte[483] Vertretungsanspruch bedeutet nicht nur die Ausrichtung der Koalitionsbetätigung auch an den Schutzinteressen der tariflichen Außenseiter, sondern impliziert vielmehr die Berücksichtigung eines über die soziale Absicherung der bereits Arbeitenden hinausgehenden, allgemeinen Arbeitnehmerinteresses. Die Beeinflussung der Beschäftigungssituation gerade mit Rücksicht auf die Interessen derjenigen, die einen Arbeitsplatz suchen oder künftig ihre Arbeitskraft anbieten werden, gehört zu den legitimen,[484] sogar – wie noch unten darzulegen

478 Vgl. aber etwa *Wiedemann*, a. a. O. (Fn. 8), 321ff.; dagegen *Weyand*, a. a. O. (Fn. 425), 70.

479 Vgl. oben die Ausführungen im Abschnitt 2.1.4.1, S. 238f.

480 Vgl. erneut die Ausführungen oben im Abschnitt 2.1.2, S. 218f.

481 So aber *Wiedemann*, a. a. O. (Fn. 8), 322.

482 Anerkannt durch die höchstrichterliche Rechtsprechung, *BVerfGE* 38, 281 (305); 44, 322 (342); *BAGE* 64, 284 (290ff.); *BGHZ* 110, 156 (168). Vgl. auch *Säcker/Oetker*, a. a. O. (Fn. 43), 67ff., die aber diesen Repräsentationsanspruch der Gewerkschaften nur soweit als verfassungsrechtlich legitim betrachten, wie er durch den Gesetzgeber anerkannt sei, 68. Art. 9 Abs. 3 GG begründe im übrigen, insbesondere was das Verhältnis zu den tariflichen Außenseitern anbetreffe, keine originäre Zuständigkeit, sondern die Einflußnahme der Koalitionen auf diesen Personenkreis sei die unvermeidbare Folge (Reflex) einer effektiven Wahrnehmung der Koalitionsmitglieder, *Säcker/Oetker*, a. a. O., 70.

483 Vgl. *Säcker/Oetker*, a. a. O. (Fn. 43), 68f., mit Nachweisen.

484 Vgl. eindeutig in diesem Sinne *Simitis*, a. a. O. (Fn. 27), M 20f.; ebenso *Kempen*, a. a. O. (Fn. 29), 200; *Runggaldier*, a. a. O. (Fn. 19), 322; *Müller*, a. a. O. (Fn. 361), 38; *Säcker/Oetker*, a. a. O. (Fn. 43), 65f., mit weiteren Nachweisen, sprechen von

sein wird[485] – verfassungsrechtlich gebotenen Betätigungsfeldern der Koalitionen. Allgemeine beschäftigungspolitische Erwägungen und eine dadurch bedingte stärkere Einbindung der unternehmerischen Planungs- und Entscheidungsautonomie im Bereich des Rationalisierungsschutzes können mithin vom sachlich-gegenständlichen Schutzbereich des Art. 9 Abs. 3 GG nicht ausgenommen werden.

Die Konsequenz aus den vorstehenden Überlegungen für die Reichweite der Koalitionsbetätigungsgarantie lautet: Eine Grenze für die Zuständigkeit der Tarifvertragsparteien im Bereich unternehmerischer Entscheidungen ist erst dort zu ziehen, wo ein auch nur noch mittelbarer Zusammenhang zwischen einer wirtschaftlichen Entscheidung und der Berücksichtigung von Arbeitnehmerinteressen nicht mehr hergestellt werden kann.[486] Unternehmerische Entscheidungen, die keinerlei Bezug zu den spezifischen Schutzinteressen der Arbeitnehmer erkennen lassen, können dagegen nicht zum Gegenstand tariflicher Vereinbarungen gemacht werden.[487] Bei solchen Entscheidungen wird die der Tarifautonomie immanente Schutzfunktion überschritten.[488] Aufgrund dieser Grenzziehung sieht sich eine Tarifpolitik, die im Sinne vorbeugenden Rationalisierungsschutzes in den wirtschaftlich-unternehmerischen Bereich eingreift, durch Art. 9 Abs. 3 GG legitimiert.

Für den Doppelbegriff der «Arbeits- und Wirtschaftsbedingungen» bestätigt sich somit folgendes: Seine Interpretation kann keine statische, sondern nur eine dynamische, zukunftsoffene Interpretation sein. Gerade weil der Prozeß gesellschaftlicher Entwicklung Veränderungen für die Wahrnehmung der tarifautonomen Schutzfunktion mit sich bringt, kann das verfassungsrechtlich zulässige Betätigungsfeld der Koalitionen nicht im Wege einer «historischen Momentaufnahme»[489] festgeschrieben werden. Der Inhalt von Tarifverträgen ist weder zufallsbedingt noch ein für allemal festgelegt.[490] Die Auslegungsprämisse, daß sich die Wahrnehmung der spezifischen Schutzfunktion des Tarifvertrages erst im Blick auf die jeweiligen Gegebenheiten des sozioökonomischen Umfeldes beurteilen

---

einer kreativ-gestaltenden Tätigkeit der Koalitionen im Hinblick auf den Arbeitsmarkt und die hiermit verbundene Verteilung des Gesamtvolumens der benötigten abhängigen Arbeitsleistung. Den Tarifvertragsparteien spricht hingegen jegliches «beschäftigungspolitische Mandat» insb. *Zöllner*, DB 1989, 2122 ab; ihm folgend *Bengelsdorf*, ZfA 1990, 570f.; *Loritz*, ZfA 1990, 163f.

485 Im Kapitel V insb. Abschnitt 2.1, S. 345f. u. Abschnitt 2.2.3, S. 352ff.

486 Ebenso bereits, neben den oben in Fn. 422 genannten Autoren, *Schwarze*, Der Betriebsrat im Dienste der Tarifvertragsparteien, 93.

487 Ebenso bereits *Runggaldier*, a. a. O. (Fn. 19), 346f.

488 *Weyand*, a. a. O. (Fn. 4), 83.

489 *Säcker*, ArbRGew 1975, 36.

490 *Simitis*, a. a. O. (Fn. 168), 331.

läßt, führt konsequenterweise zu der Einsicht, daß das Maß des konkret Regelbaren in Tarifverträgen je nach der jeweiligen Ausformung des Wirtschafts- und Soziallebens differiert und daher nur vorläufig definierbar ist.[491] Das Bundesverfassungsgericht hat bereits betont, daß «der Gegenstand der Gewährleistung auf sich wandelnde wirtschaftliche und soziale Bedingungen bezogen ist, die mehr als bei anderen Freiheitsrechten die Möglichkeit zu Modifikationen und Fortentwicklungen lassen müssen»; die Gewährleistung der Tarifautonomie wird dann für «ganz allgemein» erklärt.[492] Durch die mögliche Einbeziehung unternehmerischer Sachentscheidungen in den Schutzbereich von Art. 9 Abs. 3 GG bekommt auch die funktionale Begriffsverknüpfung der «Arbeits- und Wirtschaftsbedingungen» ihren vollen Sinn: Sie bringt die zwar immer bestehende, hier aber besonders intensive Interdependenz zwischen den Arbeitsbedingungen und dem unternehmerischen Entscheidungssektor zum Ausdruck.

2.2.3 Würdigung der im 1. Teil der Untersuchung umrissenen Tarifinhalte

Die gewonnenen interpretatorischen Erkenntnisse zur legitimen Reichweite einer tarifvertraglichen Regelung vermitteln freilich noch keine konkreten Aussagen darüber, inwieweit durch eine tarifliche Rationalisierungsschutzpolitik in den wirtschaftlich-unternehmerischen Entscheidungsbereich eingegriffen werden darf. Die Beantwortung dieser Frage bedingt einerseits die noch mit Hilfe der Kernbereichslehre erfolgende Klarstellung des Verhältnisses von staatlicher Gesetzgebung und Tarifautonomie im Bereich des Rationalisierungsschutzes, andererseits die Prüfung der in Betracht kommenden Tarifinhalte an den Grundrechten des Arbeitgebers. Doch bevor diese Problematik um die Außenschranken des Tarifvertrages weiter angegangen und geklärt wird, soll an dieser Stelle eine präzise und differenzierte Bewertung der hier interessierenden, im 1. Teil der Untersuchung aufgeführten Tarifinhalte anhand der Auslegungsergebnisse vorgenommen werden, die soeben für den sachlich-gegenständlichen Schutzbereich von Art. 9 Abs. 3 GG herausgearbeitet wurden. Die generelle und pauschale Feststellung, daß diese Tarifinhalte dem Begriffspaar der «Arbeits- und Wirtschaftsbedingungen» zugeordnet werden können, befreit nicht von der Notwendigkeit einer solchen Bewertung, zumal die Regelbarkeit einzelner Tarifklauseln spezielle Aspekte aufweist. Die bereits gewonnene Interpretation des Art. 9 Abs. 3 GG

---

491 Vgl. auch *Weiss*, a. a. O. (Fn. 6), 298; mit zahlreichen Nachweisen aus der gleichgesinnten Literatur *Säcker/Oetker*, a. a. O. (Fn. 43), 64f., die das Begriffspaar der «Arbeits- und Wirtschaftsbedingungen» als «offenen» Tatbestand verstehen, der auch die Einbeziehung neuer, von den Koalitionen bislang nicht aktiv wahrgenommener Sachmaterien ermögliche.

492 *BVerfGE* 50, 290 (368f.).

vermittelt nicht zuletzt erste Rückschlüsse über die inhaltliche Reichweite der in § 1 Abs. 1 TVG umschriebenen Regelungsbefugnis. Diese Rückschlüsse können erst in Anknüpfung an einzelne Tarifinhalte systematisch wie konkret erörtert werden. Dabei wird nach dem der Untersuchung zugrundeliegenden Differenzierungsschema zwischen unternehmerischen Sach- und Personalentscheidungen und den darin geschilderten Fallgruppen tariflicher Regelungen vorgegangen.

2.2.3.1 Der Ansatzpunkt alternativer Arbeitsgestaltung

Tarifklauseln, die bei den Anwenderbetrieben neuer Technologien ansetzen und zum Zwecke des Rationalisierungsschutzes verschiedene Aspekte der technisch-organisatorischen Gestaltung des Arbeitsprozesses regulieren sowie die entsprechenden Beteiligungsrechte des Betriebsrates erweitern, unterfallen aufgrund ihrer beabsichtigten Schutzwirkung für den einzelnen Arbeitnehmer oder die Belegschaft dieser Betriebe den «Arbeits- und Wirtschaftsbedingungen» des Art. 9 Abs. 3 GG. Dies gilt auch, soweit mit diesen Tarifklauseln auf unternehmerische Sachentscheidungen Einfluß genommen wird.[493] Solche Entscheidungen, die auch Aspekte der strategischen Unternehmensplanung ansprechen, hier aber in erster Linie die technisch-ökonomische Ausgestaltung des Produktionsprozesses und die damit verbundene Systemplanung betreffen, weisen einen klaren, eher unmittelbaren Bezug zu den Leistungsbedingungen abhängiger Arbeit auf. Da diese Entscheidungen in mehr oder minder starkem Maße den Spielraum für alternative Maßnahmen der Arbeitsgestaltung festlegen, können sie nur um den Preis der Undurchsetzbarkeit der beabsichtigten Schutzwirkung aus dem tariflichen Regelungsbereich ausgegrenzt werden. Soweit sich also der angestrebte Ar-

---

493 Vgl. bereits *Runggaldier*, a. a. O. (Fn. 19), 266, 273; *Weyand*, a. a. O. (Fn. 4?), 182; *ders.*, a. a. O. (Fn. 425), 70; ähnlich für den hier angesprochenen Sachzusammenhang der Einführung neuer Technologien am Arbeitsplatz *Säcker/Oetker*, a. a. O. (Fn. 43), 83: «Immer dann, wenn die Unternehmensentscheidung zugleich die Arbeitsverhältnisse der abhängig Beschäftigten berührt, legitimiert der soziale Schutzauftrag der Koalitionen eine Regulierung der unternehmerischen Entscheidung.» Restriktiv hingegen *Kreßel*, RdA 1994, 28, 29ff., der unternehmerische Grundentscheidungen über die Arbeitsgestaltung (z. B. ob und in welchen Bereichen Gruppenarbeit eingeführt wird) der tariflichen Regelungsbefugnis entziehen will und lediglich die nähere Ausgestaltung solcher Entscheidungen für tariflich regelbar hält. Weitergehend als *Kreßel* jedoch *Meier-Krenz*, a. a. O. (Fn. 89), 158ff., 162, nach dessen Auffassung bezüglich der Arbeitsgestaltung und insb. der Frage, mit welchen technischen Anlagen der vom Unternehmen vorgegebene Zweck verfolgt wird, dem Betriebsrat durch Tarifvertrag ein echtes Mitbestimmungsrecht eingeräumt werden kann. Der Kernbereich autonomer Unternehmensentscheidungen über Bestand, Umfang und Zielsetzung des Unternehmens sei hier nicht betroffen, *Maier-Krenz*, a. a. O., 190f.

beitsplatz-, Qualifikations- und Gesundheitschutz nur durch eine gezielte Beeinflussung der technisch-organisatorischen Rahmenbedingungen gewährleisten läßt, sind die Tarifvertragsparteien berechtigt, in den wirtschaftlich-unternehmerischen Entscheidungsbereich einzugreifen.

Konsequent übertragen auf die umstrittene Interpretation des § 1 Abs. 1 TVG bedeutet dies: Tarifnormen über «betriebliche und betriebsverfassungsrechtliche Fragen» erstrecken sich nicht lediglich auf die arbeitstechnische Umsetzung und Realisierung der vom Unternehmensträger vorgegebenen unternehmerischen Entscheidungen. Der Regelungsbereich des § 1 Abs. 1 TVG erfaßt ebenso diese Entscheidungen, wenn und soweit deren Beeinflussung für die angestrebte Schutzwirkung im Interesse der Belegschaft erforderlich ist. Die ohnehin an sich bedenkliche Differenzierung zwischen Betrieb und Unternehmen[494] läßt sich somit im Rahmen der gewonnenen Interpretation des Art. 9 Abs. 3 GG nicht halten. Die Unhaltbarkeit dieser Differenzierung zeigt sich auch dann, wenn man ihre «Öffnung» gerade bei der Regelung der Arbeitsorganisation und Technikgestaltung befürwortet.[495] Die damit als zulässig angesehene Beeinflussung der unternehmerischen Sachentscheidungskompetenz über die Gestaltung des Produktionsprozesses läßt sich von den vorangehenden unternehmerischen Planungs- und Koordinationsentscheidungen insoweit nicht abgrenzen, als sie zumindest Rückwirkungen auf grundlegende Aspekte der Unternehmensplanung erzeugen kann. So vermag z. B. die technische Umgestaltung des Produktionsprozesses oder die Behinderung des Einsatzes bestimmter Arbeitstechnologien strategische Entscheidungen der Unternehmensleitung über Art und Umfang der Produktion und die damit verbundene Vertriebs- bzw. Bezugspolitik durchaus zu beeinflussen. Der Einwirkungsbereich «betrieblicher und betriebsverfassungsrechtlicher Normen» reicht mithin bei real-inhaltlicher Betrachtung über den Regelungsumfang hinaus, der ihnen nach im Differenzierungsschema zwischen Betrieb und Unternehmen befangener Sicht zugesprochen wird.

Die Tarifvertragsparteien können daher zur Realisierung des Ansatzpunktes alternativer Arbeitsgestaltung normative Abreden treffen, die in Form einer betrieblichen Norm verbindliche Daten für den wirtschaftlich-technischen Entscheidungsbereich des Unternehmens festlegen, oder in Form einer betriebsverfassungsrechtlichen Norm die Mitwirkungsrechte des Betriebsrates in diesem Entscheidungsbereich ausweiten, im übrigen ohne Rücksicht darauf, ob mit diesem normativen Eingriff des Tarifvertrages Auswirkungen auch auf grundlegende unternehmerische Planungs- und Koordinationsentscheidungen verbunden sind.

---

494 Vgl. erneut die Ausführungen oben im Kapitel II Abschnitt 1.1, S. 127ff.

495 Vgl. erneut *Wiedemann*, a. a. O. (Fn. 8), 305f.; *Beuthien*, a. a. O. (Fn. 81), 14f.; *Weyand*, a. a. O. (Fn. 4), 96f.; *ders.*, a. a. O. (Fn. 425), 71f.

2.2.3.2 *Der Ansatzpunkt arbeitsorientierter Strukturpolitik*

Die Erörterung des Zuständigkeitsbereichs der Koalitionen bei der Verfolgung dieses Ansatzpunktes bereitet insoweit Schwierigkeiten, als hier zum einen der Zusammenhang zwischen dem wirtschaftlich-unternehmerischen Bereich und der Wahrnehmung von Arbeitnehmerinteressen nicht direkt bzw. eindeutig erkennbar ist, zum anderen das zu schützende Arbeitnehmerinteresse weit über die Belange vorhandener Belegschaften hinausreicht. Die tarifvertragliche Festlegung alternativer Forschungs-, Produktions- und Investitionsprogramme geht auf eine vorausschauende Einschätzung der Auswirkungen der Unternehmenspolitik auf die Situation des Arbeitnehmers zurück und weist daher einen mehr oder weniger abstrakten Bezug zur Wahrnehmung seiner Interessen auf. Diese Interessen werden durch eine solche Tarifpolitik in einem derart weiten Sinne aufgefaßt, daß nicht nur die konkret betroffenen Arbeitnehmer im Betrieb, sondern vielmehr anderweitige bzw. künftige, allgemeine Arbeitnehmerinteressen zu berücksichtigen sind.

Da aber – wie oben herausgearbeitet[496] – ein nur noch mittelbarer Zusammenhang zwischen dem wirtschaftlich-unternehmerischen Entscheidungsbereich und der Wahrnehmung von Arbeitnehmerinteressen für die Einbeziehung einer tariflichen Regelung in den Schutzbereich des Art. 9 Abs. 3 GG ausreicht und dabei den Gewerkschaften ein umfassender Vertretungsanspruch zukommt, läßt sich die Grenzziehung für den Zuständigkeitsbereich der Koalitionen bei der Verfolgung arbeitsorientierter Strukturpolitik relativ sicher feststellen: Die Tarifvertragsparteien sind ermächtigt, Tarifklauseln über die Lenkung der unternehmerischen Forschungs-, Produktions- und allgemeinen Investitionspolitik zu vereinbaren, wenn und soweit diese Klauseln darauf ausgerichtet und geeignet sind, einen sozialen Schutzeffekt für konkret betroffene oder allgemeine Arbeitnehmerinteressen zu bewirken.[497]

Unternehmerische Forschungs- und Entwicklungsvorhaben im Bereich der Technologiepolitik unterliegen daher der Zuständigkeit der Koalitionen, wenn von ihnen nachteilige Auswirkungen auf die betriebliche Beschäftigungs- und Arbeitssituation ausgehen, die es mit einer Tarifregelung abzuwenden gilt.[498] Derartige Auswirkungen können die Arbeitsbedingungen nicht nur in den Betrie-

---

496 Im Abschnitt 2.2.2, insb. S. 257ff., 259.

497 Vgl. bereits in diesem Sinne *Weyand*, a. a. O. (Fn. 4), 182f.; *Stark*, a. a. O. (Fn. 3), 46f., 64ff., der den Tarifvertragsparteien ebenfalls einen weiten Beurteilungs- und Prognosespielraum hinsichtlich der erwarteten Schutzwirkung solcher Klauseln zuspricht.

498 Auch *Runggaldier*, a. a. O. (Fn. 19), 342, erachtet Tarifklauseln über die technische Gestaltung der Produktions- und Fertigungsverfahren für vereinbarungsfähig.

ben der tariflich in Pflicht genommenen Unternehmen, sondern der Branche insgesamt oder gar anderer Branchen betreffen. Auch die tarifvertragliche Mitgestaltung der Modernisierungs- und allgemeinen Investitionspolitik von Großunternehmen, insbesondere im Hinblick auf die stoffliche Ausrichtung des Produktionsprogramms, den zeitlichen Ablauf von Rationalisierungsmaßnahmen oder die Auswahl des Standortes für die Schaffung bzw. Erweiterung von Produktionskapazitäten, ist vom sachlich-gegenständlichen Schutzbereich des Art. 9 Abs. 3 GG gedeckt, wenn und soweit von dieser Mitgestaltung vor allem ein positiver, struktureller bzw. sektoraler oder regionaler Beschäftigungseffekt zu erwarten ist. Tarifklauseln, die durch den Eingriff in die unternehmerische Planungs- und Entscheidungsautonomie die Voraussetzungen dafür schaffen, daß der Eintritt von Arbeitslosigkeit – in welchem Umfang auch immer – verhindert oder bereits eingetretene Arbeitslosigkeit abgebaut wird, dienen dem elementaren Bedürfnis des Arbeitnehmers nach Erhalt und Sicherung einer Beschäftigungsmöglichkeit und daher der Erfüllung der Schutzfunktion des Tarifvertrages in einem zentralen Interessenbereich.[499] Zu diesen Tarifklauseln zählen auch solche, die bei mittelständischen bzw. kleinen Unternehmen ansetzen und durch die Festlegung alternativer beschäftigungswirksamer Produktionsinhalte auf die Kompensation rationalisierungsbedingter Kapazitäts- und Arbeitsplatzverluste ausgerichtet sind.

Für die Einordnung der oben erwähnten Tarifklauseln in den Sachkatalog des § 1 Abs. 1 TVG ist somit festzuhalten: Sämtliche dieser Tarifklauseln können zum Gegenstand schuldrechtlicher Tarifvereinbarungen gemacht werden. Normative Abreden in Form einer betrieblichen Norm kommen hier aber nur insoweit in Betracht, als die zu beeinflussenden unternehmerischen Sachentscheidungen die Schutzinteressen der Belegschaften der tariflich angesprochenen Unternehmen betreffen.[500]

Tarifklauseln schließlich, die eine Ausweitung der Mitwirkungsrechte des Betriebsrates an grundlegenden unternehmerischen Planungs- und Koordinationsentscheidungen zum Gegenstand haben, können in Form einer betriebsverfas-

---

499 Vgl. auch *Säcker/Oetker*, a. a. O. (Fn. 43), 74f., die die tariflich begründete Verpflichtung zur Schaffung von Ersatzarbeitsplätzen – trotz des von ihnen adaptierten (S. 72), auf das «Unmittelbarkeitskriterium» abstellenden Interpretationsansatzes bei der Bestimmung der funktionellen Zuständigkeit der Tarifvertragsparteien – den «Arbeits- und Wirtschaftsbedingungen» des Art. 9 Abs. 3 GG einschränkungslos zurechnen.

500 Vgl. zu dieser Eingrenzung die Ausführungen oben im Kapitel II Abschnitt 1.2, S. 130f.

sungsrechtlichen Norm vereinbart werden, wenn und soweit sie darauf ausgerichtet und geeignet sind, einen sozialen Schutzeffekt zu bewirken.[501]

2.2.3.3 Die Mitgestaltung unternehmerischer Personalentscheidungen

Tarifliche Regelungen, die zum Zwecke des Rationalisierungsschutzes auf unternehmerische Personalentscheidungen Einfluß nehmen und dem Betriebsrat entsprechende erweiterte Kompetenzen zuweisen, lassen sich ohne besondere Schwierigkeiten in den sachlich-gegenständlichen Schutzbereich von Art. 9 Abs. 3 GG einbeziehen. Vorgenannte Entscheidungen weisen eine mehr oder weniger erkennbare Nähebeziehung zur Interessen- und Schutzbedarfslage des einzelnen Arbeitnehmers auf.[502] Quantitative und qualitative Besetzungsregelungen, das Modell der kollektiven Verdienstsicherung (die sog. Sicherungskennzahl), Personalausgleichsquoten oder Quotenregelungen für bestimmte Arbeitnehmergruppen zielen auf eine Intensivierung und Effektivierung des Bestandsschutzes von Arbeitsverhältnissen ab. Derartige Tarifinhalte bewegen sich – trotz der eventuell davon ausgehenden ambivalenten Schutzwirkung, die an sich kein Problem der funktionellen Zuständigkeit der Tarifvertragsparteien, sondern des sachgerechten Ausgleichs kollidierender Arbeitnehmerinteressen darstellt[503] – eindeutig innerhalb des durch Art. 9 Abs. 3 GG geschaffenen Regelungsspielraums.[504] Dies gilt auch, soweit durch Tarifvertrag auf die personalpolitischen Grundsatzentscheidungen des Arbeitgebers (etwa im Bereich der Personalbedarfsplanung) Einfluß genommen werden soll, da sich solche Entscheidungen, obwohl sie noch keine unmittelbaren Auswirkungen auf die Stellung der Arbeitnehmer im Betrieb zeitigen, durch einen, wenn auch nur noch mittelbaren Bezug zu den einzelnen Arbeitsverhältnissen auszeichnen. Der Zusammenhang zwischen der Tarifregelung einer Erweiterung der Kompetenzen des Betriebsrates in personellen Angelegen-

---

501 Anders *Maier-Krenz*, a. a. O. (Fn. 89), 187ff., der die tarifliche Erweiterung der Mitbestimmungsmöglichkeiten des Betriebsrates, soweit sie zentrale wirtschaftliche Entscheidungsfragen wie die Produktions- und Absatzpolitik oder das Investitionsprogramm des Unternehmens betrifft, ohnehin als unzulässig betrachtet. Die Unzulässigkeit einer tarifvertraglichen Erweiterung der Beteiligungsrechte des Betriebsrates in wirtschaftlichen Angelegenheiten aus dem Begriffspaar der «Arbeits- und Wirtschaftsbedingungen» ableitend, früher *Ritter*, Vom Betriebsverfassungsgesetz 1972 abweichende Regelungen, 141ff.

502 Vgl. auch bereits *Weyand*, a. a. O. (Fn. 4), 162f.

503 Vgl. hierzu die Ausführungen unten im Kapitel V Abschnitt 1.5.2, S. 338ff.

504 Ebenso *Runggaldier*, a. a. O. (Fn. 19), 321f.; *Säcker/Oetker*, a. a. O. (Fn. 43), 74ff.

heiten und dem Schutz der Arbeitsverhältnisse kann ebenfalls nicht ernsthaft in Zweifel gezogen werden.[505]

Die erwähnten Tarifinhalte lassen sich nach § 1 Abs. 1 TVG sowohl normativ als auch schuldrechtlich vereinbaren. Soweit aus Effizienzgründen primär eine normative Ausgestaltung in Betracht kommt, sind Besetzungs- und Quotenregelungen sowie die Sicherungskennzahl – wie bereits ausgeführt[506] – als betriebliche Normen zu bewerten. Auch die tarifvertragliche Erweiterung der Kompetenzen des Betriebsrates in personellen Angelegenheiten kann in Form einer betriebsverfassungsrechtlichen Norm geregelt werden. Da sich betriebliche und betriebsverfassungsrechtliche Normen auch auf den wirtschaftlich-unternehmerischen Bereich erstrecken können,[507] sind mit Rücksicht auf den sachlich-gegenständlichen Regelungsbereich des § 1 Abs. 1 TVG für die tarifvertragliche Mitgestaltung unternehmerischer Personalentscheidungen keine Grenzen ersichtlich.

2.2.4 Funktionelle Kernbereichsgarantie und neue Technologien

2.2.4.1 Der Kernbereich verbandsmäßiger Gestaltung der Arbeitsbedingungen

Die entwicklungspolitische Offenheit des Art. 9 Abs. 3 GG kann nur mit Rücksicht auf den «historisch gewordenen Sinn» der Koalitionsfreiheit richtig verstanden und interpretiert werden. Sie darf nicht dazu verleiten, der «bisherigen geschichtlichen Entwicklung» eine untergeordnete Bedeutung für die Interpretation dieser Verfassungsnorm beizumessen. Es war vielmehr der «historisch gewordene Sinn» der Koalitionsgarantie, der dazu führte, dem Tarifvertrag als historisch gewachsenem und bewährtem Instrument der Wahrnehmung von Arbeitnehmerinteressen besonderen, verfassungskräftigen Schutz zu verleihen und insoweit von der in Art. 9 Abs. 3 GG enthaltenen institutionellen Garantie des Kernbereichs eines Tarifvertragssystems zu sprechen. Das Bundesverfassungsgericht hat von Anfang an deutlich so formuliert:

> "Wenn die in Art. 9 Abs. 3 GG garantierte Koalitionsfreiheit nicht ihres historisch gewordenen Sinnes beraubt werden soll, so muß im Grundrecht des Art. 9 Abs. 3 GG ein

---

505 Einschränkend aber *Meier-Krenz*, a. a. O. (Fn. 89), 165, der die tarifliche Begründung eines echten Mitbestimmungsrechts im Bereich der unternehmerischen Personalplanung schlechthin als unzulässig betrachtet und nur für personelle Beurteilungsgrundsätze, Auswahlrichtlinien und Einzelmaßnahmen grundsätzlich befürwortet, 166ff.

506 Vgl. eingehend dazu die Ausführungen oben im Kapitel II Abschnitte 4.1 ff., S. 138ff.

507 Vgl. hierzu die Ausführungen oben im Kapitel II Abschnitte 1 ff. u. 2, S. 127ff., 133f.

verfassungsrechtlich geschützter Kernbereich auch in der Richtung liegen, daß ein Tarifvertragssystem im Sinne des modernen Arbeitsrechts staatlicherseits bereitzustellen ist."[508]

Die historische Begründetheit dieser institutionellen Garantie erlaubt schon eine erste Folgerung über ihre funktionelle Reichweite, die nicht anders als historisch vorgeprägt sein kann. Die Koalitionen genießen insoweit das Vorrecht, den Lohn und die Arbeitszeit zu regeln.[509] Diese werden als jene die elementaren Reproduktionsbedingungen der Arbeitskraft betreffende, die Urphase und weitere Entwicklung des Tarifwesens stetig prägende Verhandlungsgegenstände zu Recht als die «essentialia tarifvertraglicher Vereinbarungsbefugnis» bezeichnet.[510] Eng damit verbunden ist die ebenso längst beobachtete Regelungstätigkeit der Koalitionen bei der Festsetzung der Urlaubsdauer und der vermögenswirksamen Leistungen.[511] Die «bisherige geschichtliche Entwicklung» gebietet mithin als Interpretationsbasis des Art. 9 Abs. 3 GG die Gewährleistung eines «(Unter-)Kernbereichs verbandsmäßiger Lohngestaltung» und die Gewährleistung eines «(Unter-) Kernbereichs verbandsmäßiger Arbeitszeitgestaltung».

Die «bisherige geschichtliche Entwicklung» der Koalitionsfreiheit führt auch dazu, tradierte Regelungsinhalte im Bereich des Rationalisierungsschutzes der funktionellen Kernbereichsgarantie zuzurechnen. Die Koalitionen betätigen sich schon längst in diesem Bereich, der für den Arbeitnehmer ebenso aktuell-wesentlich ist wie die Regelung seines Lohnes und seiner Arbeitszeit. Die Regulierung der Rationalisierungsfolgen ist ein historisch gewachsenes Regelungsfeld mit essentieller Bedeutung für die Effektivität des Schutzauftrages.[512] Das Bun-

508 *BVerfGE* 4, 96 (106).

509 Vgl. *BVerfGE* 4, 96 (110); 18, 18 (26); 50, 290 (367). Aus dem Schrifttum vornehmlich *Säcker*, Grundprobleme, 94; *ders.*, ArbRGew 1975, 31, unter Bezugnahme auf *BVerfGE* 34, 307 (316f.); *Wiedemann*, a. a. O. (Fn. 8), 318; *Jahnke*, a. a. O. (Fn. 3), 76ff. Zum Kernbereich der Tarifautonomie gehört ebenfalls die Normensetzung der Tarifvertragsparteien sowie die Wirkung der Unmittelbarkeit und der Unabdingbarkeit, vgl. etwa *Herschel*, AuR 1981, 266; *Runggaldier*, a. a. O. (Fn. 19), 128f.; ausführlich *Meik*, a. a. O. (Fn. 53), 169ff.

510 *Biedenkopf*, a. a. O. (Fn. 1), 164.

511 Vgl. *Säcker*, ArbRGew 1975, 31; *Meik*, a. a. O. (Fn. 53), 133ff. Auch die Lohnfortzahlung im Krankheitsfall hat und gehört immer noch zu den zentralen Regelungsmaterien von Tarifverträgen, *Stein*, a. a. O. (Fn. 184), 4.

512 Näher dazu gleich unten im Abschnitt 2.2.4.2, S. 270ff. Vgl. ursprünglich *Säcker*, ebda, der die Einbeziehung des Rationalisierungsschutzes in die Kernbereichsgarantie insoweit bejaht, als dies zur wirkungsvollen Wahrnehmung der Arbeitnehmerinteressen durch die Gewerkschaften in einer bestimmten Situation erforderlich wäre. Neuerdings *Meik*, a. a. O. (Fn. 53), 139f., betrachtet ebenfalls die unmittelbaren Rationalisierungsfolgen als wesentliche Arbeitsbedingungen mit elementarer Bedeutung für den einzelnen Arbeitnehmer. Rationalisierungsschutzabkommen, die

desverfassungsgericht hat den unantastbar geltenden Kernbereich der Koalitionsfreiheit nicht gerade eng aufgefaßt, sondern ihm «alle regelungsbedürftigen Einzelheiten des Arbeitsvertrages» zugeordnet.[513] Der Rationalisierungsschutz ist insoweit als (Unter-)Kernbereich verbandsmäßiger Gestaltung der allgemeinen Arbeitsbedingungen aufzufassen. Dazu gehören alle Maßnahmen, die die unmittelbaren Folgen unternehmerischer Rationalisierung für das konkrete Arbeitsverhältnis betreffen, wie etwa Kündigungsschutzbestimmungen, personelle Ausgleichsmaßnahmen, Verdienstsicherungsklauseln und sonstige finanzielle Kompensationsvorschriften. Die Tarifvertragsparteien genießen damit das Vorrecht, die vorgenannten Folgen über Inhalts-, Abschluß- und Beendigungsnormen zu regulieren.

Mit Rücksicht auf das historisch gewachsene Tarifwesen sind nicht zuletzt die seit jeher in der Druckindustrie vereinbarten Besetzungsregelungen in die funktionelle Kernbereichsgarantie des Art. 9 Abs. 3 GG einzubeziehen.[514] Sie finden bereits in ihrer Funktion als Mittel des individuellen Überforderungsschutzes und somit als negative Inhaltsnormen in den soeben umschriebenen (Unter-)Kernbereich verbandsmäßiger Regelung des Rationalisierungsschutzes Eingang. Diese Regelungsinstrumente bieten aber zugleich ein signifikantes Beispiel dafür, daß die Kernbereichsgarantie auch auf solche Regelungsinhalte erstreckbar ist, die über das einzelne Arbeitsverhältnis hinausgehen und somit als betriebliche Fragen zu bezeichnen sind. Zur sinnvollen Ordnung des Arbeitslebens gehört neben der Aushandlung von Lohn und Arbeitszeit insbesondere die Gestaltung der betrieblichen Umfeldbedingungen. Gerade die Regelung dieser Bedingungen durch Betriebsnormen wirkt sich für alle Arbeitnehmer unmittelbar auf das Arbeitsverhältnis aus. Sie besitzt daher eine schwerwiegende Bedeutung für den

---

diese Folgen für die betroffenen Arbeitsverhältnisse regelten, gehörten zu den Inhaltsnormen des Tarifvertrages und damit ausschließlich zum Kernbereich der Tarifautonomie, wobei die ratio dieser von ihm als «dritte Kernschicht» (a. a. O., 127) konzipierten Garantiesperre gegenüber der Betriebsvereinbarung «in der Chancengleichheit der Tarifautonomie mit Rücksicht auf die Attraktivität der Koalitionen» gesehen wird. *Meik*, a. a. O., 144, betont – wesentlich in diesem Zusammenhang – bei der Erörterung der tarifvertraglichen Beendigungsnormen die besondere Bedeutung des Bestandsschutzes von Arbeitsverhältnissen für die Arbeitsvertragsgestaltung und somit für die Attraktivität des Koalitionswesens.

513 *BVerfGE* 34, 307 (316); 44, 322ff.; aber auch 50, 297 (367): «Lohn- und sonstige materiellen Arbeitsbedingungen».

514 So betrachten *Säcker/Oetker*, a. a. O. (Fn. 43), 77, für die Druckindustrie die qualitativen Besetzungsregelungen als ein tradiertes tarifvertragliches Instrumentarium. Auch nach *Schmidt-Eriksen*, a. a. O. (Fn. 3), 242, gehören Besetzungsregelungen zum traditionellen, überkommenen Bestand tarifvertraglicher Abreden.

Schutz des Arbeitnehmers und damit für die Effektivität des Koalitionswesens.[515] Hier zeigt sich – um bei der von *Säcker*[516] vorgenommenen Differenzierung zu bleiben – bereits eine Schnittstelle zwischen dem «Kernbereich verbandsmäßiger Gestaltung der allgemeinen Arbeitsbedingungen» und dem «Kernbereich verbandsmäßiger Gestaltung der betriebsverfassungsrechtlichen Ordnung».[517]

Die materielle Reichweite des Kernbereichsschutzes tarifautonomer Regelung ist aber mit diesen (Unter-)Kernbereichen verbandsmäßiger Gestaltung der allgemeinen Arbeitsbedingungen noch lange nicht abgesteckt. Wiederum läßt sich anhand der Konsequenzen neuer Technologien für die Funktionsfähigkeit des Tarifsystems vielmehr folgendes zeigen: Auch der historisch präformierte, verfassungsrechtlich gesicherte Mindestumfang der tarifvertraglichen Regelungsbefugnis ist – um eine prägnante Formulierung *Säckers*[518] aufzugreifen – nicht «ein für allemal taxativ», sondern im Blick auf die jeweiligen sozioökonomischen Umfeldbedingungen nur «situationsbezogen-exemplifikativ» definierbar. So konnte er im Hinblick auf die Neudimensionierung des Rationalisierungspotentials durch die Mikroelektronik und die sich ab Mitte der 70er Jahre abzeichnende Möglichkeit der Unterminierung erzielter Tariferfolge in bestimmten Branchen nicht bloß auf tradierte Regelungsmaterien beschränkt bleiben. Im Gegenteil: Seine Palette mußte erheblich erweitert, die Eingriffsintensität der dazu zählenden Regelungskompetenzen besonders erhöht werden. Eine derart hohe Elastizität der materiellen Reichweite des Kernbereichsschutzes tarifautonomer Regelung ließ sich bereits von der Wirksamkeit der tariflichen Lohn- und Arbeitszeitpolitik als eines historisch gefestigten und daher nicht zu unterschreitenden Mindestmaßes koalitionsgemäßer Betätigung her rechtfertigen.

---

515 Vgl. auch *Meik*, a. a. O. (Fn. 53), 146.

516 Grundprobleme, 45ff., 58ff.

517 Die Aussage des *BVerfGE* 50, 290 (371), daß das Grundrecht des Art. 9 Abs. 3 GG keine Garantie des Bestands des Tarifvertrags- und Arbeitskampfsystems in seiner konkreten gegenwärtigen Gestalt enthalte, ist angesichts dieser Unterkernbereichsgarantien offenbar mißglückt. Das Gericht mag mit dieser Aussage sein Bekenntnis zu einer abstrakt-allgemeinen, gegenüber der gesellschaftlichen Entwicklung offenen Gewährleistung der Tarifautonomie besonders hervorheben. Eine «offene» Interpretation des Art. 9 Abs. 3 GG darf aber nicht in Widerspruch zum «historisch gewordenen Sinn» der Koalitionsfreiheit treten, also die Existenz eines Tarifsystems in Abrede stellen, welches insbesondere den Lohn und die Arbeitszeit nach wie vor zu seinen Verhandlungsgegenständen zählt.

518 Grundprobleme, 93.

2.2.4.2 *Die Funktionsfähigkeit tariflicher Lohn- und Arbeitszeitpolitik*

Die Aufmerksamkeit richtet sich zunächst auf die lohnmindernden Auswirkungen der Dequalifikationsprozesse, die durch neue Technologien hervorgerufen wurden. An der Tatsache, daß Rationalisierungsmaßnahmen der Unternehmerseite häufig zur Abwertung von Arbeitsplätzen führten und damit aufgrund des herkömmlichen analytischen Arbeitsbewertungsverfahrens die Gefahr von Herabgruppierungen in sich bargen,[519] demonstrierte sich nicht nur die Labilität der individuellen Lohnsituation bei den Arbeitnehmern. Vielmehr bestand dadurch für die Arbeitgeberseite die Chance, mittels Rationalisierungsinvestitionen Tarifabschlüsse in einem so traditionellen und zentralen Bereich wie dem der Lohnpolitik konterkarieren zu können. Die Herabgruppierung bedeutete, sofern dadurch nicht bloß übertarifliche Lohnleistungen betroffen waren, zugleich die Senkung des für den einzelnen Arbeitnehmer tariflich erkämpften Lohnniveaus. Die zuerst individuelle Lebenslagen betreffende Abgruppierungsfrage war dann als Problem der Funktionsfähigkeit tariflicher Lohnpolitik aufzufassen. Tarifpolitische Bemühungen um Sicherung der individuellen Eingruppierung wie die damaligen in der Metallindustrie von Nordwürttemberg/Nordbaden 1978[520] waren deshalb auch darauf gerichtet, der durch neue Technologien eröffneten Möglichkeit des Unterlaufens gewerkschaftlicher Tariferfolge im Bereich der Lohnpolitik entgegenzutreten.

Die Möglichkeiten, die Ergebnisse tariflicher Lohnpolitik zu unterlaufen, ließen sich aber damit noch nicht abfangen. Tarifliche Abgruppierungsverbote statuierten lediglich eine individuelle Absicherung der bereits eingestuften Arbeitnehmer, konnten also die Gefahr einer faktischen Umgehung geltender Lohntarifverträge im Zuge technisch-organisatorischer Dequalifikationsprozesse längerfristig nicht abwenden.[521] Die erwünschte Schutzwirkung war hier nur über gewerkschaftliche Gegenstrategien zu erzielen, die darauf gerichtet waren, entweder die analytische Arbeitsplatzbewertung etwa durch eine qualifikationsbezogene Entgeltbegründung zu ersetzen[522] oder das betriebliche Eingruppierungsni-

---

519 Vgl. zu dieser Problematik *Kempen/Zachert*, TVG, § 1 Rn. 95 ff., mit Nachweisen; eingehend kritisch *Bispinck*, WSI-Mitt. 1988, 407ff., mit weiteren Nachweisen.

520 Dazu *Kern/Schauer*, GMH 1978, 482ff.; *Watkinson/Hildebrandt/Funke*, Prokla Nr. 35, 3ff.

521 Die Forderung nach einem generellen Verbot der individuellen Abgruppierung impliziert zwar bereits die (gewisse) Verselbständigung der Arbeitseinkommen von den technologieverringerten Arbeitsanforderungen, erhebt sie aber nicht zu einem die Entgeltbegründung in den technologieveränderten Arbeitsbereichen allein und immer prägenden Grundsatz.

522 Eine inhaltliche Abwandlung bzw. Abänderung der analytischen Arbeitsplatzbewertung erfolgte bereits in einem Firmentarifvertrag zwischen der IG-Metall und

veau über die sog. Sicherungskennzahl[523] verbindlich festzuschreiben oder noch besser über die Durchsetzung alternativer Arbeitsgestaltungskonzepte das Qualifikations- und dementsprechend das erreichte Lohnniveau zu erhalten. Eine derartige Lohn- und Arbeitsgestaltungspolitik vermochte aber im Hinblick auf die arbeitsplatzvernichtende und leistungsverdichtende Dimension der Rationalisierung wirkungslos zu bleiben. Der massive Abbau von Arbeitsplätzen bot eine besonders wirksame Strategie auch zur Senkung der sich für den Betrieb ergebenden tariflichen Lohnkosten. Die mit technischen Rationalisierungsmaßnahmen verbundene Leistungsverdichtung bewirkte nicht zuletzt eine Verschlechterung des Lohn-Leistungs-Verhältnisses und damit eine gewisse Entwertung der betreffenden Lohntarifabschlüsse.[524] Arbeitsplatzsicherung und Regulation der Arbeitsbelastungen bildeten deshalb zwei weitere Zielkomponenten einer gewerkschaftlichen Gegenstrategie, welche zur Erhaltung der Funktionsfähigkeit tariflicher Lohnpolitik erforderlich war.

Das Problem der Funktionsfähigkeit tariflicher Lohnpolitik stellt sich je nach spezifischer Unterlaufensstrategie mittels Rationalisierung verschiedentlich dar. Hier ist vor allem der Unterschied anzumerken, der zwischen Dequalifikation und Leistungsintensivierung einerseits und Arbeitsplatzvernichtung andererseits besteht. Während bei der ersteren Unterlaufensstrategie tariflich erkämpfte Lohninteressen der Arbeitnehmerseite konkret-aktuell berührt werden und damit die Schutzfunktion der Tarifautonomie im zentralen Bereich der Lohnpolitik direkt und deutlich angesprochen ist, steht bei der letzteren, sofern sie – wie dies

---

dem VW-Werk v. 1.2.1980 und eher im Tarifvertrag zwischen der IG-Metall und dem Baumaschinenunternehmen Vögele v. 1.1.1983, darüber berichten *Kempen/ Zachert*, TVG, § 1 Rn. 98, 99. Mit dem Abschluß des Lohnrahmentarifvertrages I für die nordbadisch-nordwürttembergische Metallindustrie im Jahr 1988 wurden aber der Anforderungsbezug und die Analytik als Basis der Grundlohndifferenzierung erneut festgeschrieben, vgl. dazu *Bispinck*, a. a. O. (Fn. 519), 409ff.

523 Diese 1978 von der IG-Metall in Nordwürttemberg/Nordbaden erhobene Forderung sollte gerade einen fortwährenden Qualifikationsschutz der jeweils höher eingruppierten Arbeitnehmer bewirken, vgl. eingehend dazu die Ausführungen oben im 1. Teil der Untersuchung, Kapitel III Abschnitt 1, S. 85f.

524 Zu den leistungspolitischen Folgen neuer Technologien und den daraus resultierenden Notwendigkeiten und Problemen für die Politik der Gewerkschaften *Schudlich*, WSI-Mitt. 1990, 205ff., der insb. auf die Autonomisierung der Leistungspolitik und die damit im Leistungslohnbereich schwindenden Chancen hinweist, die Arbeitsleistung über die Lohnform kontrollieren zu können, 208, 209. Erforderlich sei eine Leistungspolitik, die zum einen die überkommene Orientierung an der Einzelleistung aufgebe und sich auf das betriebliche Gesamtsystem beziehe, zum anderen aktiv in die Gestaltung von Technik und Arbeit eingreife, 211. Zu den leistungspolitischen Konsequenzen veränderter Produktionskonzepte vgl. auch *Meine/Ohl*, WSI-Mitt. 1990, 197ff., insb. 200ff.

häufig der Fall ist – über andere Regulierungsmechanismen als die Ergreifung von Entlassungsmaßnahmen erfolgt, nicht das unmittelbar betroffene Arbeitnehmerinteresse, sondern der verteilungspolitische Aspekt im Vordergrund. Die Rationalisierungsstrategie des «stillen» Arbeitsplätzeabbaus bedeutet, sofern die dadurch bedingten negativen Beschäftigungseffekte durch Wirtschaftswachstum oder sonstwie kaum zu kompensieren sind, die Möglichkeit der Arbeitgeberseite, die jeweils in den einzelnen Industriezweigen tariflich erreichte Lohnquote herabzusenken, mit anderen Worten: bereits erzielte Verteilungsergebnisse der tariflichen Lohnpolitik hinsichtlich der Beteiligung der Arbeitnehmerschaft am Sozialprodukt zu ihren Gunsten in Frage zu stellen. Steht mithin die verteilungspolitische Wirksamkeit der tariflichen Lohnvereinbarung zur Diskussion, ist damit wesentlich doch ein Entfaltungsproblem der tarifautonomen Schutzfunktion im lohnpolitischen Bereich angesprochen. Die Wahrnehmung des Arbeitnehmerinteresses an «einem ausreichenden, gleichmäßigen und gesicherten Lohn»[525] erlangt überhaupt einen Sinn erst ab Bestand eines Arbeitsplatzes. Tarifliche Lohnvereinbarungen gehen daher in dem Maße, in dem das ihnen zugrundeliegende Beschäftigungsniveau als ein ihre verteilungspolitische Tragweite entscheidend mitbestimmender Faktor durch Rationalisierungsmaßnahmen der Arbeitgeberseite verringert wird, ihres ursprünglichen Schutzwirkungsbereichs verlustig. Soweit dies der Fall ist, sinkt die von ihnen wahrzunehmende Schutzfunktion zur Bedeutungslosigkeit herab. Davon betroffen kann nicht zuletzt ein anderer verteilungspolitischer Aspekt der tariflichen Lohnvereinbarung sein, nämlich ihre Aufgabe, das Verhältnis der Arbeitnehmereinkommen untereinander zu bestimmen.[526] Der Umstand, daß technischen Rationalisierungsmaßnahmen vor allem die Arbeitsplätze minderqualifizierter Arbeitskräfte zum Opfer fallen, verweist auf die Konterkarierungsmöglichkeit jener tariflichen Einkommensverbesserungen, die im Sinne einer bedürfnisgerechteren Verteilung zugunsten der unteren Lohngruppen jeweils erzielt werden. An all diesen realpolitischen Betrachtungen zeigt sich: Die Verteilungsfunktion des Tarifvertrages läßt sich von seiner verfassungsrechtlich legitimen Schutzfunktion nicht verselbständigen.[527] Überlegungen zur verteilungspolitischen Wirksamkeit der tariflichen Lohnvereinbarung sind zugleich Reflexionen über die von ihr wahrzunehmende Schutzfunktion.

Auch die primäre Zielrichtung tarifautonomer Schutzfunktion, nämlich die Bildung von Preiskartellen auf der Arbeitnehmerseite, blieb von der Rationalisierung nicht verschont. An der Entwicklung in der Druckindustrie hat sich bei-

525 *Kittner*, in: Kittner (Hrsg.), Arbeitsmarkt, 27.
526 Vgl. dazu *Wiedemann/Stumpf*, TVG, Einl. Rn. 11; *Kempen/Zachert*, TVG, § 1 Rn. 58ff.
527 Hierzu bereits oben im Abschnitt 2.1.1, S. 205f.

spielhaft gezeigt, wie die Kartellgarantie des Art. 9 Abs. 3 GG – und damit zugleich die Verteilungsfunktion des Tarifvertrages – durch den Einsatz neuer Technologien unterlaufen werden kann. Der dort aufgrund der technologisch hervorgerufenen Dequalifikationsprozesse möglich werdende Lohnunterbietungswettbewerb minderqualifizierter Außenseiter gegenüber gewerkschaftlich organisierten Fachkräften eröffnete der Arbeitgeberseite die Chance, die Kartellwirkung tariflicher Lohnpolitik in dieser Branche zu durchbrechen. Verlauf und Konsequenzen der Rationalisierungsbestrebungen in der Druckindustrie warfen somit in aller Schärfe das Problem der mangelnden normativen Absicherung einer nicht mehr faktisch bewährten tarifautonomen Kartellfunktion auf.

Ein individueller Entlassungs- und Abgruppierungsschutz zugunsten der konkurrenzbedrohten Facharbeitergruppen erwies sich hier – gerade weil die Einstellungspolitik der Druck- und Verlagsunternehmen davon unberührt geblieben wäre – als nicht geeignet, dem Lohnwettbewerb minderqualifizierter Arbeitskräfte und damit der Umgehung der tarifvertraglichen Kartellwirkung im lohnpolitischen Bereich ebenso umfassend wie längerfristig Einhalt zu gebieten. Diesem Regelungsziel wurde durch die zusätzliche Tarifforderung nach qualitativen Besetzungsregelungen zugunsten der gefährdeten Fachkräfte der Druckindustrie in Verbindung mit der Forderung nach Einhaltung des für sie tariflich erkämpften Eingruppierungsniveaus Rechnung getragen. Qualitative Besetzungsregelungen ermöglichen in dieser Kombination einen ebenso effektiven wie sinnvollen Konkurrenzschutz gegenüber minderqualifizierten Außenseitern. Sie schränken hinsichtlich der durch die neue Technik veränderten wie verlagerten Arbeitsbereiche das personalpolitische Auswahlermessen des Arbeitgebers erheblich ein und intensivieren dadurch mittelbar dessen Tarifbindung an bereits erzielte Lohnabschlüsse. Sie bieten daher – neben der Allgemeinverblindlicherklärung des § 5 TVG – ein spezifisches normatives Regelungsmittel, um vor dem Hintergrund technisch-organisatorischer Dequalifikationsprozesse die lohnpolitische Kartellwirkung des Tarifvertrages als eine notwendige rechtliche Voraussetzung für seine zentrale Schutzfunktion[528] bewahren zu können.

Die unternehmerische Rationalisierung betraf nicht nur verschiedene Aspekte der Funktionsfähigkeit tariflicher Lohnpolitik. Sie wirkte sich ebenso auf die Effektivität der tarifvertraglichen Normsetzung im Bereich der Arbeitszeitpolitik aus. Die Produktivitätsvorteile, die über gezielte Kapitalinvestitionen in neue Technologien erschlossen wurden, ermöglichten es zugleich, die erwartete positive Wirkung tariflich erkämpfter Arbeitszeitverkürzungen für die Beschäftigungs- und Belastungssituation weitgehend aufzufangen. Die rasche Verbreitung vernetzter Technologiesysteme bedeutete nicht nur den massiven Abbau von Ar-

528 So richtig *Kempen/Zachert*, TVG, Grund. Rn. 95.

beitsplätzen und damit in Form der «mannarmen Fertigung» eine besonders wirksame Reaktion der Arbeitgeberseite auf beschäftigungsstimulierende tarifliche Arbeitszeitabschlüsse. Neue Technologien und darauf bauende organisatorische Rationalisierungsmaßnahmen eröffneten auch eine neue Etappe der Leistungsverdichtung, somit die Möglichkeit, angestrebte Beschäftigungs- und Humanisierungseffekte verkürzter Arbeitszeiten durch Steigerung der Arbeitsintensität zu kompensieren. Dieser – weiterhin relevante – realpolitische Hintergrund verweist auf die besondere Bedeutung einer alternativen, auf Beschäftigungssicherung und Regulation der Leistungsanforderungen ausgerichteten Strategie der Arbeitsgestaltung. Sie bildet nach wie vor das notwendige Äquivalent zu den technisch-organisatorischen Auffangstrategien der Arbeitgeberseite gegenüber tarifvertraglichen Arbeitszeitverkürzungen.[529] Der enge Sachzusammenhang zwischen dem spezifischen Sektor unternehmerischer Planung und Entscheidung und dem arbeitszeitpolitischen Forderungsbereich läßt sich deshalb nicht übersehen: Solange die mitgestaltende Einflußnahme der Arbeitnehmerseite auf jene die Beschäftigungs- und Leistungssituation prädestinierende Zielgrößen der unternehmerischen Rationalisierungsplanung unterbleibt, solange laufen tariflich erkämpfte Arbeitszeitverkürzungen Gefahr, zur Bedeutungslosigkeit herabzusinken.

Reflexionen über die Funktionsfähigkeit tariflicher Arbeitszeitpolitik haben mittlerweile ein höchstes Maß an Legitimation und Aktualität erreicht. Aber schon zu früheren Zeiten wären sie angebracht gewesen. An der zugenommenen Arbeitsbelastung und gestiegenen Arbeitsintensität verdeutlichte sich zu Beginn der 70er Jahre das Effektivitätsproblem einer bis dahin von den Gewerkschaften betriebenen rein «quantitativen» Arbeitszeitpolitik[530]: Die durch die in den 60er Jahren eingeleitete leistungspolitische Offensive der Arbeitgeberseite erzielten Produktivitätssteigerungen hatten die bereits erfolgten Arbeitszeitverkürzungen obsolet gemacht. Die Humanisierungsdiskussion signalisierte mit der Forderung nach Kontrolle der Arbeitsintensität zugleich die Absicht, die Wirksamkeit tariflicher Arbeitszeitverkürzungspolitik zu bewahren. Die positiven Humanisie-

529 Nicht von ungefähr wurde deshalb die Tarifkonzeption der «kontrollierten Arbeits- und Leistungsbedingungen» innerhalb der IG-Metall und IG Druck+Papier intensiv vertreten. Angesichts des hohen Rationalisierungstempos wurde gefürchtet, daß insb. bei einer stufenweisen Einführung der 35-Stunden-Woche in kleinen Schritten vor allem der beschäftigungsschaffende Effekt durch den Produktivitätsanstieg aufgesogen würde. Für unabdingbar wurde daher gehalten, die Forderung nach Wochenarbeitszeitverkürzung mit einer wirksamen tariflichen Regelung der Arbeitsorganisation zu verknüpfen.

530 Zur Arbeitszeitpolitik der Gewerkschaften unter den Bedingungen des wirtschaftlichen Aufschwungs vgl. *Schudlich*, Leviathan 1983a, Sonderheft 5, 381ff.

rungseffekte verkürzter Arbeitszeiten galten ohne gleichzeitige Einflußnahme auf die «intensive Dimension» der Arbeitszeitgestaltung nicht mehr als gesichert.

Wenn ab Beginn der 80er Jahre der beschäftigungspolitische Aspekt ganz in den Mittelpunkt der gewerkschaftlichen Arbeitszeitdiskussion rückte, so ist dies auf eine durch steigende Arbeitslosenzahlen geprägte ökonomische und technische Entwicklung zurückzuführen. Traditionelle, freizeit- und gesundheitspolitische Aspekte wurden nunmehr von einer beschäftigungspolitisch orientierten Sichtweise überschattet. In den Vordergrund trat zunehmend die Absicht, durch Arbeitszeitverkürzung Beschäftigungseffekte zu erzielen und damit zum Abbau von Arbeitslosigkeit beizutragen. Die Sicherung und Schaffung von Beschäftigungsmöglichkeiten stellt auch weiterhin die primär intendierte Schutzwirkung tariflicher Arbeitszeitpolitik dar. Die aktuelle Wahrnehmung dieser tarifvertraglichen Schutzfunktion, die eine alt-historische Tragweite aufweist,[531] ist bereits dadurch verfassungskräftig legitimiert, daß Art. 9 Abs. 3 GG den Tarifvertragsparteien die Freiheit garantiert, das schutzspezifische Ziel ihrer jeweiligen Vereinbarungen selbst zu wählen.

2.2.4.3 Die Erstreckbarkeit der Kernbereichsgarantie auf unternehmerische Entscheidungen

Die vorstehenden real-inhaltlichen Betrachtungen haben nicht nur gezeigt, daß der Kernbereich verbandsmäßiger Regelung des Rationalisierungsschutzes mit den anderen (Unter-)Kernbereichen verbandsmäßiger Lohn- und Arbeitszeitgestaltung eng verknüpft ist. Sie haben auch verdeutlicht, daß tradierte Regelungsinstrumente im Bereich des Rationalisierungsschutzes nicht geeignet sind, die Implikationen neuer Technologien für die Funktionsfähigkeit der Tarifautonomie schon in diesen zentralen Bereichen der Lohn- und Arbeitszeitgestaltung effektiv aufzufangen. Die Ineffizienz der tariflichen Regelung resultiert hier aus der fehlenden Berücksichtigung struktureller Aspekte der sozialen Auswirkungen technisch-organisatorischer Rationalisierungsmaßnahmen, die das Niveau der Beschäftigung und der beruflichen Qualifikation sowie die Intensität der Leistungsanforderungen betreffen. Die Verfolgung eines «ganzheitlichen Interessenverständnisses», wie dies in der Konzeption der qualitativen Tarifpolitik Ausdruck findet, bietet damit nicht nur einen tragenden Ansatzpunkt für die effektive Ausgestaltung des tariflichen Rationalisierungsschutzes. Sie erweist sich auch von

---

531 Bei der gewerkschaftlichen Forderung nach Verkürzung der Arbeitszeit hat der beschäftigungspolitische Aspekt schon von Anfang an eine Rolle gespielt – mit der Wirtschaftskrise 1929 trat er sogar in den Vordergrund der Arbeitszeitdebatte, dazu *Mettelsiefen*, WSI-Mitt. 1978, 196.

größter Bedeutung für die Wahrnehmung genuiner Regelungsaufgaben der Tarifpolitik. Die möglichst umfassend, gleichwertig und gleichzeitig zu erfolgende Regelung der «Gefährdungsbereiche» Beschäftigung, Einkommen, Qualifikation, Arbeitszeit und Leistungsbedingungen ist einerseits bezeichnend für die engen funktionalen Verknüpfungen zwischen den herausgearbeiteten (Unter-)Kernbereichen zur Regelung der Arbeitsbedingungen. Sie gebietet, daß Lohnpolitik, Arbeitszeitverkürzungen und Rationalisierungsschutz als zusammengehörender Regelungskomplex innerhalb der funktionellen Kernbereichsgarantie des Art. 9 Abs. 3 GG aufgefaßt werden. Die Funktionsfähigkeit dieses Regelungskomplexes läßt sich andererseits mit Hilfe tradierter Regelungsinstrumente nicht absichern. Notwendig ist daher ebenso die Artikulation und Umsetzung erweiterter Forderungsinhalte zur Beschäftigungssicherung, Qualifikationserhaltung sowie zur Regulation der Leistungsanforderungen. Sie bieten ein Instrument der Gegensteuerung dort, wo der «output» eines sich in gewohnten Bahnen bewegenden Tarifhandlungssystems speziell durch unternehmerische Rationalisierungsstrategien nachhaltig relativiert oder zunichte gemacht zu werden droht. Ihre Realisierung bedingt die gezielte wie koordinierte Einflußnahme der Arbeitnehmerseite auf unternehmerische Sach- und Personalentscheidungen. Angesichts der defizitären institutionalisierten Mitbestimmungsmöglichkeiten kann eine derartige Einflußnahme – bei fehlender Inititative des Gesetzgebers – nur von der Tarifpolitik ausgehen.

Die Einsicht in die oben skizzierte Problemdimension des Einsatzes neuer Technologien für die Funktionsfähigkeit traditioneller Tarifpolitik setzt erneut die Bereitschaft voraus, bei der Interpretation des Art. 9 Abs. 3 GG mit einer materiellen Paritätsbetrachtung zu operieren, die sämtliche gravierenden sozioökonomischen Einflußfaktoren des Kräfteverhältnisses zwischen den Tarifvertragsparteien berücksichtigt.[532] Dabei ist insbesondere die strukturelle, durch weitgehende Investitionskompetenzen abgesicherte und im Zuge ökonomischer Konzentration ausgebaute Vormachtposition der Arbeitgeberseite ins Auge zu fassen. Eine so verstandene materielle Paritätsbetrachtung muß gerade und genau im Sinne einer «situationsbezogen-exemplifikativen» Definition der Kernbereichsgarantie auf den Einzelfall (Tarifbranche) abstellen und kann daher mit recht differenzierten Bewertungsergebnissen verbunden sein. Generell drängt sich indessen folgende Konsequenz für den Schutzbereich des Art. 9 Abs. 3 GG auf: Erweiterte – tariflich anzustrebende – Regelungsinhalte, womit in die unternehmerische Planungs- und Entscheidungsautonomie eingegriffen wird, sind in die funktionelle Kernbereichsgarantie des Art. 9 Abs. 3 GG einzubeziehen, wenn und soweit sie die Wirksamkeit des Kernbereichsschutzes verbandsmäßiger Ge-

532 Vgl. hierzu die Ausführungen oben im Abschnitt 2.1.3.2, S. 228ff.

staltung der Arbeitsbedingungen bei Rationalisierungsprozessen absichern, also als erforderliche Zusatzgarantien der «historisch gewordenen» Tarifautonomie fungieren. Die Beeinflussung unternehmerischer Sach- und Personalentscheidungen bildet insofern nicht nur ein legitimes tarifliches Regelungsziel. Sie ist vielmehr dem den Koalitionen vom Gesetzgeber nicht entziehbaren Kernbereich der Tarifautonomie zuzurechnen.[533] Von daher garantiert Art. 9 Abs. 3 GG den Tarifvertragsparteien die Möglichkeit, den materiellen Geltungsrahmen des gesetzlichen Rationalisierungsschutzes zu übersteigen, die Mitbestimmungsrechte des Betriebsrates zu erweitern und zu verstärken sowie die im Gesetz gegen Wettbewerbsbeschränkungen favorisierte Wettbewerbsordnung zu bestreiten. Die früher von *Weiss*[534] formulierte These, «ebensowenig, wie der Kernbereich der Tarifautonomie gegen Veränderungen seines Umfeldes immun ist, ebensowenig sind die 'Kernbereiche' unternehmerischer Entscheidungsfreiheit und marktwirtschaftlicher Verfassung vor Modifikationen gefeit, die Arbeitnehmer mittels Inanspruchnahme der Tarifautonomie erkämpfen», findet somit hier ihre konkrete Bestätigung. Der historische, gegenargumentativ wirkende Hinweis, daß die Tarifautonomie über lange Zeit (ca. 1950 -1970) praktisch ohne das unternehmerische Handeln steuernde Tarifverträge ausgekommen sei,[535] übersieht gerade die seit Mitte der 70er Jahre zu beobachtenden vielfältigen, insbesondere technologisch bedingten Wandlungen des sozioökonomischen Substrats tarifautonomer Regelung und die damit verbundenen Konsequenzen für die Funktionsfähigkeit einer sich in gewohnten Bahnen bewegenden Tarifpolitik.[536] Er suggeriert für Art. 9 Abs. 3 GG ein Interpretationsverständnis, welches auf die Abkoppelung der historischen Tragweite dieser Verfassungsnorm von ihren jeweils aktuellen Funktionsbedingungen hinausläuft.

Die angestellten realpolitischen Betrachtungen suggerieren andererseits keineswegs die Vorstellung, daß die Tarifautonomie in der Bundesrepublik Deutschland eine seit etwa Mitte der 70er Jahre nicht funktionierende Institution ist. Weder die pauschale Behauptung über eine in absoluten Größen auszudrükkende Funktionsunfähigkeit des Tarifsystems noch ein ideelles, von den konkreten Gegebenheiten der Tarifpolitik losgelöstes Normativitätsverständnis tragen hier die Interpretation des Art. 9 Abs. 3 GG. Die gewonnene Erkenntnis über die

---

533 Ebenso bereits *Weiss*, a. a. O. (Fn. 6), 298, allerdings mit allgemeiner materieller Begründung. Ohne diese interpretatorische Einsicht trotz ähnlicher realpolitischer Betrachtungen *Berg/Wendeling-Schröder/Wolter*, a. a. O. (Fn. 14), 306; *Kempen*, a. a. O. (Fn. 29), 197; *Runggaldier*, a. a. O. (Fn. 19), 273.

534 A. a. O. (Fn. 6), 297.

535 *Rieth*, a. a. O. (Fn. 19), 30.

536 Ebenfalls ohne Einsicht *Koller*, a. a. O. (Fn. 1), 69; *Beuthien*, a. a. O. (Fn. 81), 7 Fn. 8; *Meik*, a. a. O. (Fn. 53), 204f.; *Stark*, a. a. O. (Fn. 3), 24.

materielle Reichweite der Kernbereichsgarantie bezieht sich vielmehr auf die historisch feststellbare, tatsächliche Inanspruchnahme der Tarifautonomie und resultiert aus der Notwendigkeit, die Wirksamkeit der jeweils erzielten Ergebnisse der Tarifpolitik zu bewahren. Prämisse der Interpretationsbemühungen bleibt nach wie vor, daß Art. 9 Abs. 3 GG keine «Sachverhaltsgarantie» bildet, noch durch bloße Funktionsstörungen des tarifautonomen Regelungsverfahrens verletzt wird. Maßgeblich ist allein die Feststellung, daß eine sich in gewohnten Bahnen bewegende Tarifpolitik solange substanzielle bzw. nachhaltige Funktionseinbußen erleidet, wie die Gewerkschaften nicht die Möglichkeit erhalten, den unternehmerischen Planungs- und Entscheidungsprozeß eher an den Arbeitnehmerinteressen auszurichten.

2.2.4.4 Die Garantie eines Kernbereichs verbandsmäßiger Gestaltung der Wirtschaftsbedingungen

Die anhand der Rationalisierungsproblematik gewonnene Erkenntnis über die Erstreckbarkeit der funktionellen Kernbereichsgarantie des Art. 9 Abs. 3 GG auf unternehmerische Entscheidungen bestätigt die früher von *Säcker*[537] vertretene Ansicht, daß Art. 9 Abs. 3 GG auch «einen Kernbereich verbandsmäßiger Gestaltung der unternehmensverfassungsrechtlichen Ordnung» mitumfaßt. *Säcker*[538] hat diesen Kernbereich auf die obersten Planungs-, Leitungs- und Organisationsentscheidungen des Unternehmens bezogen und von dem «Kernbereich verbandsmäßiger Gestaltung der betriebsverfassungsrechtlichen Ordnung» abgegrenzt. Die Abgrenzung zwischen beiden Kernbereichen schien ihm gerade im Hinblick auf die Differenzierung zwischen Betriebs- und Unternehmensebene und die daran anzuknüpfenden mitbestimmungspolitischen Erwägungen gerechtfertigt zu sein. Der Betrieb habe als Subsystem der gesamten im Unternehmen bzw. Konzern zusammengefaßten Produktionseinheit nur «dienenden» Charakter; sein Schicksal hänge ab von dem des Unternehmens. Dort sei das oberste betriebswirtschaftliche Entscheidungszentrum angesiedelt. Die im Betrieb fallenden Entscheidungen hätten lediglich ausführenden Charakter und seien daher für die Existenz des Arbeitnehmers oft nur von sekundärer Bedeutung.[539]

Die Abgrenzung *Säckers* ist sicherlich von Nutzen, soweit sie der Klarstellung dient, wo die maßgeblichen Entscheidungen für die Situation der Arbeitnehmer gefällt werden und wo damit die tarifvertragliche Mitbestimmung primär ansetzen muß. Diese Klarstellung erlangt besondere Relevanz im Hinblick auf

537 ArbRGew 1975, 58ff.
538 A. a. O. (Fn. 537), 55ff.
539 *Säcker*, a. a. O. (Fn. 537), 56.

den Umstand, daß die wichtigen Entscheidungskompetenzen über die Entwicklung und Anwendung neuer Technologien weg vom betrieblichen Management der einzelnen Werkseinheiten in den zentralen Planungsabteilungen der Unternehmensspitze konzentriert sind.[540] Daraus ist für den Bereich der Betriebsverfassung zu schließen, daß die Einflußmöglichkeiten von Einzelbetriebsräten faktisch beschnitten sind und daher in erster Linie die Intervention des Gesamt- oder Konzernbetriebsrates gefordert ist. Die Tragweite der Regelungskompetenz der Betriebsparteien läßt sich aber – wie bereits dargelegt[541] – anhand der begrifflichen Differenzierung zwischen Betrieb und Unternehmen in real-inhaltlicher Hinsicht nicht zutreffend umschreiben. Dies gilt um so mehr für die weiterreichende Befugnis der Tarifvertragsparteien bei der Regelung betrieblicher und betriebsverfassungsrechtlicher Fragen. Die an die Unterscheidung zwischen Betrieb und Unternehmen anknüpfende, mit dem Betriebsverfassungsgesetz 1972 und dem Mitbestimmungsgesetz 1976 vollzogene Trennung von Betriebs- und Unternehmensverfassung bietet hinsichtlich der Beeinflussung unternehmerischer Entscheidungen einen eher formellen Ansatzpunkt, der lediglich die veränderte Gesetzestechnik bei der Regelung der Organisation des Unternehmensträgers betrifft und daher keine autoritative Bedeutung für die Umschreibung auch der funktionellen Reichweite der Tarifautonomie besitzen kann. Weil und soweit Betriebs- und Unternehmensverfassung, jede in ihrer spezifischen Regelungsweise, auf denselben Funktionsbereich bezogen sind, liegt es nahe, die Abgrenzung *Säckers* aufzugeben und die von ihm herausgearbeiteten Kernbereiche verbandsmäßiger Gestaltung der betriebsverfassungsrechtlichen und der unternehmensverfassungsrechtlichen Ordnung zu einem (Ober-)Kernbereich der Einflußnahme auf unternehmerische Sach- und Personalentscheidungen zusammenzuführen. Dieser nunmehr einheitliche Kernbereich unterscheidet sich deutlich vom anderen (Ober-)Kernbereich verbandsmäßiger Gestaltung der Arbeitsbedingungen, der die tradierten, historisch gewachsenen Regelungsmaterien umfaßt. Beide Kernbereiche lassen sich je nach Art und konkreter Ausgestaltung des Regelungsinhalts durch alle Normtypen des § 1 Abs. 1 TVG ausfüllen. Entscheidend für ihre Differenzierung ist allein die Reichweite der Beeinflussung: Während der Kernbereich verbandsmäßiger Gestaltung der unternehmerischen Entscheidungen die Regelungsinhalte umfaßt, die auf die Beeinflussung der unternehmerischen Sach- und Personalentscheidungen selbst gerichtet sind, beschränkt sich der Kernbereich verbandsmäßiger Gestaltung der Arbeitsbedingungen auf jene Regelungsinhalte, die die Ausgestaltung des Individualarbeitsvertrages betreffen und damit verbunden die arbeitstechnische Organisation, insbesondere die ar-

540 Vgl. etwa *Benz-Overhage u. a.*, a. a. O. (Fn. 438), 197.
541 Vgl. erneut die Ausführungen oben im Kapitel II Abschnitt 1.1, S. 127ff.

beitsrechtlichen Folgewirkungen der unternehmerischen Entscheidungen des Arbeitgebers regulieren. Die so vorgenommene Abgrenzung zwischen beiden Kernbereichen soll freilich nicht im Sinne einer schematischen Differenzierung verstanden werden. Die immer bestehende Interdependenz zwischen den Arbeits- und Wirtschaftsbedingungen charakterisiert ebenso das Verhältnis dieser Kernbereiche zueinander, und zwar um so mehr, als die Wirksamkeit der Regelung der Arbeitsbedingungen von der Einflußnahme auf die Wirtschaftsbedingungen abhängig ist: Der Kernbereichsschutz der Tarifautonomie dehnt sich in dem Maße aus, in dem die historisch gewachsene Regelung der Arbeitsbedingungen durch erweiterte, im unternehmerischen Entscheidungssektor angesiedelte Regelungsinhalte ergänzt werden soll. Die Elastizität der Kernbereichsgarantie des Art. 9 Abs. 3 GG richtet sich nach der insoweit geforderten Intensität der funktionalen Begriffsverknüpfung der «Arbeits- und Wirtschaftsbedingungen». Es erscheint somit berechtigt, entsprechend dem in Art. 9 Abs. 3 GG normierten Begriff der «Arbeits- und Wirtschaftsbedingungen» zwischen einem «Kernbereich verbandsmäßiger Gestaltung der Arbeitsbedingungen» und einem «Kernbereich verbandsmäßiger Gestaltung der Wirtschaftsbedingungen» inhaltlich zu differenzieren.

Die in Art. 9 Abs. 3 GG enthaltene Garantie eines Kernbereichs verbandsmäßiger Gestaltung der Wirtschaftsbedingungen umschreibt das von der Verfassung geforderte Mindestmaß, in dem eine gleichberechtigte und gleichgewichtige Mitwirkung der Gewerkschaften an den unternehmerischen Sach- und Personalentscheidungen des Arbeitgebers ermöglicht werden soll. Der Gesetzgeber ist daher nicht nur gehalten, bei Inanspruchnahme seiner Regelungsbefugnis auf dem Gebiet des Arbeits- und Wirtschaftsrechts diesen Kernbereich der Koalitionsbetätigung zu respektieren. Er muß auch das rechtliche Instrumentarium zur Entfaltung der Koalitionsbetätigung im Bereich unternehmerischer Entscheidungen zur Verfügung stellen.[542] Aufgrund der bereits vorgenommenen Interpretation des Tarifvertragsgesetzes ist insgesamt festzustellen, daß der Gesetzgeber dieser verfassungsrechtlichen Verpflichtung nachgekommen ist. Das Auslegungsresultat, daß die Tarifvertragsparteien über betriebliche und betriebsverfassungsrechtliche Normen oder schuldrechtliche Abreden in die unternehmerische Sphäre eingreifen können, erweist sich im Lichte des Art. 9 Abs. 3 GG nicht bloß als verfassungskonform, sondern vielmehr als verfassungsrechtlich geboten.

---

542 Zur damit angesprochenen instrumentellen Kernbereichsgarantie des Art. 9 Abs. 3 GG und insb. zur Garantie eines verfassungskonformen Tarifvertragswesens vgl. *Säcker*, Grundprobleme, 69ff., der sie ebenfalls als Gebot zur Einräumung einer unternehmensverfassungsrechtichen Normsetzungskompetenz an die Koalitionen auffaßt, 60; *ders.*, a. a. O. (Fn. 537), 58.

Das Gebot wirkungsvoller Interessenvertretung, das die Kernbereichsgarantie des Art. 9 Abs. 3 GG impliziert, führt jedoch dazu, einige gravierende Regelungsdefizite erneut in Betracht zu ziehen, die hinsichtlich einer Verwendung des Tarifvertrages im Bereich unternehmerischer Entscheidungen ermittelt wurden. Art. 9 Abs. 3 GG beinhaltet zwar keine «Sachverhaltsgarantie», so daß der Gesetzgeber auch nicht verpflichtet ist, ein bestimmtes, paritätisches Mitbestimmungsmodell einzuführen.[543] Die verfassungsrechtliche Gewährleistung des Koalitionswohls und des Koalitionszwecks hat – wie *Säcker*[544] trefflich formuliert hat – nur zum Inhalt, daß die Koalitionen, wenn sie die Arbeits- und Wirtschaftsbedingungen, für die ihnen eine Regelungsprärogative zusteht, regeln wollen, auch tatsächlich regeln können. Das Recht und die Möglichkeit der Koalitionen, auf die Gestaltung der Wirtschaftsbedingungen essentiell Einfluß zu nehmen, sieht sich aber dort abgeschwächt, wo der Tarifvertrag keine normative Wirkung erzeugen kann. Das betrifft die unternehmenspolitische, für die erforderliche Elastizität der Kernbereichsgarantie ebenfalls bedeutsame Berücksichtigung von überbetrieblichen Arbeitnehmerinteressen, soweit deren Tragweite durch die betrieblichen Normen des § 1 Abs. 1 TVG nicht gedeckt werden kann.[545] Hier ist zu bedenken, ob und inwieweit der einzig mögliche Rückgriff auf den schuldrechtlichen Teil des Tarifvertrages dem in Art. 9 Abs. 3 GG enthaltenen Effizienzgebot genügt. Fällt die Antwort auf diese Fragestellung negativ aus, wäre der Gesetzgeber dann verpflichtet, die Befugnis der Tarifvertragsparteien bei der Regelung originär unternehmerischer Fragen umfassend normativ auszugestalten. Der Gestaltungsspielraum des Gesetzgebers ist stärker einzubinden auch hinsichtlich der Frage, ob die Möglichkeit verbandsmäßiger Mitgestaltung der unternehmerischen Entscheidungen in Form einer gremienbezogenen oder sachbezogenen, tariflichen Mitbestimmung zu gewähren ist.[546] Ein notwendigerweise am Tarifvertrag ausgerichtetes Mitbestimmungskonzept scheint ohne eine gremienbezogene Regelung, die den Gewerkschaften den Zugang zu den notwendigen unternehmensinternen Informationen ermöglicht, kaum auf wirksame Weise realisierbar zu sein. Die Kernbereichsgarantie des Art. 9 Abs. 3 GG bedeutet daher

543 *Säcker*, a. a. O. (Fn. 537), 58: «Verfassungsrechtlich gefordert ist allein, daß der Gesetzgeber den Koalitionen organisationsrechtliche Normenkomplexe zur Verfügung stellt, die ihnen aufs ganze betrachtet, d.h. unter Berücksichtigung ihrer tarifrechtlichen, allgemein schuldvertraglichen, arbeitskampfrechtlichen und betriebsverfassungsrechtlichen Kompetenzen, eine die Machtungleichheit am Arbeitsmarkt kompensierende, gleichberechtigte und gleichgewichtige Position einräumen.»

544 Grundprobleme, 147.

545 Hierzu die Ausführungen oben im Kapitel II Abschnitt 1.2, S. 130f.

546 Vgl. auch *Säcker*, a. a. O. (Fn. 537), 56, der insoweit dem Gesetzgeber einen weitreichenden Gestaltungsspielraum zuspricht.

nicht nur, daß es dem Gesetzgeber verboten wäre, bei einer gremienbezogenen Mitbestimmungslösung den Koalitionen jeglichen Einfluß auf die Zusammensetzung dieses Gremiums zu nehmen.[547] Sie impliziert vielmehr die Verpflichtung des Gesetzgebers zur Einführung einer gremienbezogenen Mitbestimmungsregelung, die den Gewerkschaften die frühzeitige wie fortwährende Information über den internen Planungs- und Entscheidungsablauf des Unternehmens garantiert. Die Tarifvertragsparteien könnten sicherlich den informationspolitischen Aspekt in ihre Vereinbarungen einbeziehen.[548] Doch gilt es mit *Weiss*[549] festzustellen, daß zur Beschaffung von Informationen über die Binnenstruktur der Unternehmen ein wie auch immer geartetes tarifpolitisches Mitbestimmungskonzept noch ungeeigneter als eine in Unternehmensorganen angesiedelte Mitbestimmung ist. Die Funktionsfähigkeit der Tarifautonomie gebietet, daß der Gesetzgeber wirksame Vorkehrungen trifft, die den Koalitionen die Inanspruchnahme des bereitgestellten rechtlichen Instrumentariums zur Einflußnahme auf unternehmerische Entscheidungen erst ermöglichen.

2.3 Konzequenzen für das Verhältnis von staatlicher Gesetzgebung und Tarifautonomie

Aufgrund der gewonnenen Interpretationserkenntnisse ergeben sich folgende Konsequenzen für das Konkurrenzverhältnis von staatlicher Gesetzgebung und Tarifautonomie im Bereich des Rationalisierungsschutzes:

2.3.1 Tarifautonomie und gesetzliche Mitbestimmung

Der gesetzlichen Mitbestimmung, insbesondere dem Betriebsverfassungsgesetz kommt die Funktion einer Regelungssperre gegenüber einer Tarifpolitik, die zum Zwecke des Rationalisierungsschutzes auf unternehmerische Sach- und Personalentscheidungen Einfluß nimmt, nicht zu. Der lediglich einseitig zwingende Charakter, den die Vorschriften des Betriebsverfassungsgesetzes bezüglich der Beteiligungsrechte des Betriebsrates in personellen, technischen und wirtschaftlichen Angelegenheiten erkennbar besitzen, ist durch Art. 9 Abs. 3 GG positiv bestätigt: Tarifliche Mitbestimmungsklauseln, welche die im BetrVG errichteten Schranken im Bereich des Rationalisierungsschutzes überschreiten, sind nicht nur als verfassungsrechtlich legitim, sondern vielmehr als verfassungsrechtlich ge-

---

547 *Säcker*, a. a. O. (Fn. 537), 57; *Weiss*, a. a. O. (Fn. 6), 298.

548 Vgl. dazu die Ausführungen oben im 1. Teil der Untersuchung, Kapitel II Abschnitt 1.5.1, S. 60f.

549 A. a. O. (Fn. 6), 305.

boten zu betrachten, wenn und soweit sie die Wirksamkeit ausgehandelter Tarifinhalte in historisch gewachsenen, zentralen Regelungsbereichen der Tarifpolitik sicherstellen. Der Kernbereichsschutz der Tarifautonomie erfordert, daß die Tarifvertragsparteien im Hinblick auf Rationalisierungsmaßnahmen durch neue Technologien die Möglichkeit erhalten, Vereinbarungen zu schließen, welche die unternehmerische Planungs- und Entscheidungsautonomie stärker einbinden und zu diesem Zweck die Beteiligungsrechte des Betriebsrates erweitern.

2.3.2 *Tarifautonomie und staatlicher Kündigungsschutz*

Die Kernbereichsgarantie des Art. 9 Abs. 3 GG legitimiert ebenfalls tarifvertragliche Regelungen, die auf eine weitergehende – als das Gesetz (KSchG, BGB) erlaubt – Beschränkung der Dispositionsfreiheit des Arbeitgebers bei der Aussprache betriebsbedingter Kündigungen hinauslaufen und damit die materiellen Schranken des staatlichen Kündigungsschutzrechts übersteigen, wenn und soweit mit diesen Regelungen die Wirksamkeit tariflicher Vereinbarungen in zentralen Bereichen wie den der Lohn- und Arbeitszeitpolitik gesichert wird. Das betrifft insbedondere den Ausspruch einer außerordentlichen Kündigung als Folge am Arbeitsplatz neu eingeführter Technologien. Das Recht des Arbeitgebers nach § 626 BGB verschließt sich daher nicht der Regelungsbefugnis der Tarifvertragsparteien.

2.3.3 *Tarifautonomie und gesetzliche Wettbewerbsordnung*

Tarifvertragsklauseln, die zum Zwecke des Rationalisierungsschutzes das unternehmerische Verhalten am Markt steuern und damit dem gesetzlichen Kartellverbot (§ 1 GWB) zuwiderlaufen, genießen vor diesem Vorrang, wenn und soweit sie eine die Funktionsfähigkeit der «historisch gewordenen» Tarifautonomie bewahrende Wirkung erzeugen und daher der Kernbereichsgarantie des Art. 9 Abs. 3 GG zuzurechnen sind. Solche Klauseln unterfallen bereits dem sachlich-gegenständlichen Schutzbereich des Art. 9 Abs. 3 GG und dürfen nach dem Tarifvertragsgesetz – überwiegend im schuldrechtlichen Teil des Tarifvertrages – geregelt werden. Sie lassen sich auch im Hinblick auf die gewonnene Erkenntnis, daß die Vorschriften des Betriebsverfassungsgesetzes betreffend die Beteiligungsrechte des Betriebsrates in den hier vor allem relevanten wirtschaftlichen Angelegenheiten lediglich einseitig zwingenden Charakter besitzen, der «gesetzmäßigen Tätigkeit der Tarivertragsparteien» zuordnen. Sie sind daher auch vom tatbestandlichen Anwendungsbereich des Kartellverbots (§ 1 GWB) ausgenommen. Der Wettbewerb stellt mithin ein gesetzliches Rechtsgut dar, welches von den Tarifvertragsparteien durchaus bestritten werden kann.

2.3.4 Die limitierten Eingriffsmöglichkeiten des Gesetzgebers

Obige Konsequenzen führen zur Schlußfolgerung: Der staatliche Gesetzgeber ist insgesamt nicht berechtigt, den Regelungsspielraum der Tarifvertragsparteien auf kompensatorische Rationalisierungsschutzinhalte zu begrenzen, indem er etwa durch konkrete Vorschriften den Kreis der tariflich regelbaren Gegenstände gezielt einengt oder die bereits institutionalisierte Mitbestimmung für eine zwingende, keinerlei Modifikationen zulassende Ordnung erklärt. Allein die Tatsache, daß durch die Tarifkonzeption präventiven Rationalisierungsschutzes «gewichtige Belange des Sozialpartners» berührt werden,[550] legitimiert ihn zu solchen Maßnahmen nicht. Soweit der Kernbereichsschutz der Tarifautonomie reicht, gebietet Art. 9 Abs. 3 GG, daß der Gesetzgeber den Rang dieser Belange niedriger bewertet und erst dann höher gewichtet, wenn und soweit verfassungsrechtlich zu schützende, unabdingbare Belange der Arbeitgeberseite es erfordern. Auch andere, eventuell von der vorgenannten Tarifkonzeption berührte Interessen Dritter und der Allgemeinheit (Arbeitsuchende, Verbraucher etc.) rechtfertigen den gesetzlichen Eingriff in die Tarifautonomie nur, wenn der Schutz solcher Interessen verfassungsrechtlich geboten ist. Darin liegt auch der richtige Ansatzpunkt einer Bindung der Tarifvertragsparteien an das «Gemeinwohl».[551] Der Gesetzgeber ist in diesen verfassungsrechtlichen Wertungsrahmen eingebunden. Er kann daher die Außenschranken des Tarifvertrages im Bereich des Rationalisierungsschutzes nicht durch von diesem Rahmen losgelöste wirtschafts- und sozialpolitische Eigenerwägungen und daran anknüpfende Güterabwägungen bestimmen. Mit dem herausgearbeiteten Funktionsverständnis der Kernbereichsgarantie verdeutlicht sich eher der Sinn des fehlenden Gesetzesvorbehalts in Art. 9 Abs. 3 GG: Die Einschränkung des tarifautonomen Regelungsbereichs durch den Gesetzgeber bedarf der besonderen Rechtfertigung durch verfassungsrechtlich gewährleistete Interessenpositionen der Arbeitgeber- und Arbeitnehmerseite. Eine solche Rechtfertigung bedingt die Auseinandersetzung mit Inhalt und Schranken der betreffenden Grundrechtsgarantien.

---

550 So die vom Bundesverfassungsgericht formulierte Vorbehaltsklausel, *BVerfGE* 57, 220 (246).

551 Zu Recht meint daher *Gamillscheg*, Kollektives Arbeitsrecht I, 322, mit den Grundrechten sei ein wesentlicher Teil dessen, was auch als Gefährdung des Gemeinwohls qualifiziert werden könnte, bereits in engeren Normen erfaßt. Vgl. auch *Otto*, FS für Zeuner, 137f.

IV. Die Bindung tariflicher Rationalisierungsschutzpolitik an die Arbeitgebergrundrechte

Nachdem die Problematik des Konkurrenzverhältnisses zwischen Tarifvertrag und Gesetz im Bereich des Rationalisierungsschutzes behandelt und daraus konkrete Erkenntnisse über Inhalt und Reichweite der Gewährleistung der Tarifautonomie in Art. 9 Abs. 3 GG gewonnen wurden, bedarf es nunmehr – gemäß den bisherigen Ergebnissen der Untersuchung – einer näheren Bestimmung des tarifvertraglichen Regelungsspielraums in Rationalisierungsfragen anhand der Bindung an die Arbeitgebergrundrechte. Zur Bewertung der hier relevanten Tarifinhalte ist es zunächst erforderlich, die Prinzipien und Kriterien festzulegen, an denen die Prüfung tariflicher Rationalisierungsschutzpolitik an den betroffenen Grundrechten des Arbeitgebers aus Art. 14, Art. 12 Abs. 1 und Art. 3 Abs. 1 GG auszurichten ist.

1. Der grundrechtliche Bewertungsrahmen

1.1 Zur Ausgestaltungsbefugnis der Tarifvertragsparteien

Die grundsätzliche Berechtigung der Tarifvertragsparteien, den sachlichen Schutzbereich der vorgenannten Grundrechte des Arbeitgebers auszugestalten, ist weitgehend unstreitig. Inhalt und Schranken dieser Grundrechte ergeben sich nicht nur auf der Ebene des Gesetzesrechts, sondern schon aus dem Grundgesetz selbst, insbesondere aus dem Grundrecht des Art. 9 Abs. 3 GG. Fraglich und Gegenstand kontroverser Erörterungen ist aber die Art und Intensität, mit der die Tarifvertragsparteien in die Grundrechte des Arbeitgebers eingreifen dürfen. Die damit angesprochene Problematik betrifft zunächst die Frage, ob die Tarifvertragsparteien die Kompetenz besitzen, eigenständig und unabhängig vom Gesetzgeber vornehmlich die Grundrechte auf Eigentum und Berufsfreiheit einzuschränken. Aufmerksamkeit verdienen in diesem Zusammenhang sowohl die von *Reuter*[1] erhobenen Bedenken gegen eine unmittelbare Prüfung tariflicher Regelungen an den Grundrechten des Arbeitgebers, als auch die für den Normbereich des Art. 12 Abs. 1 GG namentlich von *Scholz*[2] entwickelte Theorie von der kompetenziellen Schranke der Tarifautonomie.

1 ZfA 1978, 41ff.
2 ZfA 1981, 293ff.

1.1.1 Die Position Reuters

Reuter hat die Auffassung vertreten, daß eine Überprüfung der Ergebnisse des Tarifvertrages anhand des Art. 14 GG ausscheide, da die Tarifautonomie gerade die Sozialpflichtigkeit des unternehmerisch genutzten Eigentums im Verhältnis zu den Arbeitnehmern konkretisiere und als solche das Eigentum der Arbeitgeber immanent beschränke.[3] An der Eigentumsgarantie sei lediglich die Reichweite zu messen, die das staatliche Recht der Tarifautonomie in Erfüllung des Verfassungsauftrags zur Bereitstellung der Institution eines funktionsfähigen Tarifvertragssystems zubillige.[4] Ähnlich soll es sich mit dem Schutz des Arbeitgebers nach Art. 12 Abs. 1 GG verhalten. Die tarifvertragliche Berufsausübungsregelung sei von vernünftigen Erwägungen des Gemeinwohls gedeckt, weil der Gesetzgeber das Tarifvertragssystem eigens zur fraglichen Konfliktlösung bereitgestellt habe.[5] Auch hinsichtlich der Frage, ob und inwieweit die Tarifvertragsparteien die Arbeitgeber in unterschiedlicher Weise belasten dürften, griffen keine Schranken aus Art. 3 Abs. 1 GG ein.[6] Entscheidend sei vielmehr die Frage, ob der betreffende Tarifvertrag im Rahmen der allen Grundrechten verpflichteten, vom Gesetzgeber aber konkret ausgestalteten allgemeinen Rechtsordnung bzw. innerhalb der gesetzlich definierten Gemeinwohlvorstellungen bleibe.[7]

Die Ausführungen *Reuters* sind im Zusammenhang mit dem von ihm vertretenen institutionellen, strikt an staatlichen Ordnungsvorstellungen ausgerichteten Verständnis der Tarifautonomie[8] zu sehen. Die Ablehnung einer unmittelbaren Bindung des Tarifvertrages an die Grundrechte des Arbeitgebers ist eine konsequente Lösung im Hinblick auf dieses Verständnis.[9] Art. 9 Abs. 3 GG einerseits und Art. 3, 12 und 14 GG andererseits bilden danach keine auf der Ebene des

3 *Reuter*, a. a. O. (Fn. 1), 42; ihm zustimmend *Moll*, Künstliche Beschäftigung im Kollektivvertragsrecht, 129.
4 *Reuter*, ebda.
5 *Reuter*, a. a. O. (Fn. 1), 43.
6 *Reuter*, ebda.
7 *Reuter*, a. a. O. (Fn. 1), 42.
8 Vgl. *Reuter*, a. a. O. (Fn. 1), 18ff.
9 Ohne diese Einsicht *Bulla*, DB 1980, 105f., 107f., der, obwohl er sich die Ausführungen *Reuters* über die strikte Bindung der Tarifautonomie an staatliche Ordnungsvorstellungen zu eigen macht, für eine eigenständige Prüfung tarifvertraglicher Rationalisierungsschutzregelungen an den Grundrechten des Arbeitgebers eintritt; aber auch *Blomeyer*, ZfA 1980, 24f.; *Dälken*, Möglichkeiten eines tarifvertraglichen Bestandsschutzes, 130f.; *Konertz*, Tarifrechtliche Regelungsmöglichkeiten der Rationalisierung, 138, der bei der grundrechtlichen Prüfung von Tarifvertragsklauseln – trotz seiner Kritik an *Reuter* – an späterer Stelle (142ff.) für eine systemimmanente, an den jeweiligen ordnungspolitischen Entscheidungen des einfachen Gesetzgebers ausgerichtete Auslegung vornehmlich des Eigentumsgrundrechts eintritt.

Verfassungsrechts offen miteinander kollidierenden, sondern bereits im Rahmen des staatlichen Ordnungsplanes inhaltlich präformierte und aufeinander abgestimmte Grundrechtspositionen. Damit ist ein direkter Konflikt zwischen der Tarifautonomie und den Arbeitgebergrundrechten von vornherein ausgeschlossen. In Betracht kommt nur die Möglichkeit eines Verstoßes des Tarifvertrages gegen die staatlichen Ordnungsvorstellungen, die gerade den Inhalt der vorgenommenen Abstimmung mit den Grundrechten des Arbeitgebers indizieren. Die Befugnis der Tarifvertragsparteien zur Grundrechtsausgestaltung darf diese Ordnungsvorstellungen nicht außer Kraft setzen und kann sich nur innerhalb des Wertungsrahmens bewegen, den die sozialstaatliche Verantwortung des Gesetzgebers für Gestalt und Entwicklung der Gesellschaft zieht.

Diese konzeptionelle Einbindung der tarifvertraglichen Ausgestaltungsbefugnis kann jedoch nicht überzeugen. Wie bereits dargelegt[10] verwirft Art. 9 Abs. 3 GG nicht nur von vornherein die Vorstellung eines staatlichen Ordnungsplanes, dem sich die Tarifvertragsparteien fügen müßten. Der Kernbereichsschutz der Tarifautonomie gebietet vielmehr, daß die Tarifvertragsparteien die Möglichkeit erhalten, Vereinbarungen zu schließen, die die gesetzlich abgesicherten Entscheidungsprärogativen der Arbeitgeberseite in Frage stellen.[11] Das Grundgesetz bekennt sich durch Art. 9 Abs. 3 GG zu einer demokratischen Gesellschaftsordnung, zu deren Grundvoraussetzungen die Fähigkeit, Konflikte offenzulegen und selbständig auszutragen, gehört.[12] Diese Qualität von Konfliktaustragung kann nicht gerade in einer mit Mitteln der staatlichen Politik «erzwungenen» Harmonisierung der Tarifautonomie mit den Grundrechtspositionen der Arbeitgeberseite Ausdruck finden. Die Verfassung geht von einer offenen Kollision des Art. 9 Abs. 3 GG mit dem Produktionsmitteleigentum und der unternehmerischen Berufsfreiheit aus. Die Tarifautonomie als Komponente sozialen Ausgleichs und sozialer Gerechtigkeit im Regelungsbereich der «Arbeits- und Wirtschaftsbedingungen» begrenzt diese Grundrechte bereits vor ihrer Ausgestaltung durch den Gesetzgeber und unabhängig von dessen Ordnungs- und Gerechtigkeitsvorstellungen. Die Tarifvertragsparteien sind im Rahmen der ihnen durch Art. 9 Abs. 3 GG zugesprochenen Kompetenz berechtigt, das Sozialstaatsgebot eigenständig zu definieren und zu verwirklichen.[13] Dabei ist aber nicht auszuschließen, daß der Tarifvertrag die Schranken der Sozialbindung des Eigentumsrechts und der unternehmerischen Berufsfreiheit überschreitet und damit die Grundrechte des

10 Vgl. die Ausführungen oben im Kapitel III Abschnitt 1.5.1, S. 194ff.

11 Vgl. die Ausführungen oben im Kapitel III Abschnitte 2.2.4.3 u. 2.2.4.4, S. 275ff.

12 *Simitis*, ZfA 1980, 333.

13 Zum Verhältnis von Tarifautonomie und Sozialstaatsprinzip, vgl. die Ausführungen oben im Kapitel III Abschnitt 1.5.2, S. 196ff.

Arbeitgebers in verfassungsrechtlich unzulässiger Weise beeinträchtigt.[14] Die Möglichkeit solcher Grundrechtsverletzungen signalisiert vor allem im Hinblick auf die hier interessierenden erweiterten Tarifinhalte die Notwendigkeit ihrer unmittelbaren Prüfung an Art. 14, 12 und 3 GG.

1.1.2 Die Lehre vom «partiellen Delegationsverbot»

Die Auffassung, daß der demokratisch legitimierte Gesetzgeber die Alleinzuständigkeit für die grundlegende Gestaltung der Wirtschafts- und Sozialordnung besitzt und damit die Richtlinien auch für die Befugnis der Tarifvertragsparteien zur Ausgestaltung der Grundrechte abgibt, wird speziell für den Normbereich des Art. 12 Abs. 1 GG auf den darin enthaltenen Gesetzesvorbehalt gestützt. Namentlich *Scholz*[15] hat in Anknüpfung an die Facharzt-Entscheidung des Bundesverfassungsgerichts vom 9. 5. 1972[16] und die dort – in Adaption zuvor bereits entwickelter Ansätze im verfassungsrechtichen Schrifttum[17] – getroffene Feststellung, daß die grundgesetzliche Ordnung und die Funktion des Gesetzesvorbehalts der Verleihung und Ausübung von Satzungsgewalt Grenzen setze, die Theorie von der kompetenziellen Schranke der Tarifautonomie entwickelt. Nach seiner Ansicht darf die Kompetenz der Tarifvertragsparteien zur Regelung der Berufsfreiheit der Normunterworfenen nicht weiter reichen als das berufsverbandliche Autonomierecht der öffentlich-rechtlichen Berufsorganisationen. Da das Bundesverfassungsgericht seit der vorgenannten Entscheidung die Satzungsautonomie der Berufskammern auf die Regelung der freien Berufsausübung ihrer Mitglieder begrenze und «statusbildende» Normen, also Berufswahlregelungen dem staatlichen Gesetzgeber vorbehalten seien, müsse auch die Kompetenz der Tarifvertragsparteien in gleicher Weise reduziert werden. Ihnen stehe allenfalls eine – nach Maßgabe der gesetzlichen Ermächtigung – konkretisierende Befugnis zu.[18] *Scholz* führt seine These auf die vom Bundesverfassungsgericht zum grundrechtlichen Gesetzesvorbehalt entwickelte, auf dem Rechtsstaats- und Demokratieprinzip beruhende «Wesentlichkeitstheorie»[19] zurück. Diese mache auch vor der «Normsetzungsprärogative» der Tarifvertragsparteien nicht Halt. Die Koali-

---

14 Vgl. in diesem Sinne auch die berechtigte Kritik an der Auffassung *Reuters* bei *Blomeyer*, a. a. O. (Fn. 9), 24f. und *Weyand*, Die tarifvertragliche Mitbestimmung, 112.

15 A. a. O. (Fn. 2), 293ff.

16 *BVerfGE* 33, 125 (157ff.); aber auch 33, 303 (342); 45, 393 (399), 76, 171 (184).

17 Vgl. dazu *Säcker/Oetker*, Grundlagen und Grenzen der Tarifautonomie, 259ff., mit umfassenden Nachweisen.

18 *Scholz*, a. a. O. (Fn. 2), 295.

19 Vgl. hierzu die Literaturhinweise bei *Säcker/Oetker*, a. a. O. (Fn. 17), 267f.

tionsverfahrens- und Koalitionszweckgarantien des Art. 9 Abs. 3 GG begründeten insoweit keinen kompetenziellen Vorrang des Tarifvertrages gegenüber dem rechtsstaatlichen und demokratischen Gesetzesvorbehalt.[20]

Säcker/Oetker[21] haben sich bereits mit diesem zur restriktiven Auslegung der tariflichen Ausgestaltungsbefugnis auch von anderen Autoren[22] aufgegriffenen Ansatz von *Scholz* kritisch auseinandergesetzt. Sie wiesen zutreffend darauf hin, daß die Wesentlichkeitstheorie keinen Totalvorbehalt des Parlaments bewirken kann. Da diese Theorie ihren maßgeblichen Ursprung in der verfassungsrechtlichen Kompetenzordnung finde, legitimiere sie keine Umgestaltung der vom Grundgesetz ausdrücklich vorgenommenen Verteilung der Kompetenzen.[23] Die Wesentlichkeitstheorie und die verfassungsrechtliche Präferenz zugunsten des demokratisch legitimierten Gesetzgebers stünden unter dem Vorbehalt der verfassungsrechtlich fundierten Kompetenzverteilung, die auch durch die Grundrechtsrelevanz einer Regelung bzw. Maßnahme nicht überwunden werden könne und dürfe.[24] Dieser kompetenzielle Vorbehalt der Wesentlichkeitstheorie beanspruche ebenso für die Lehre vom «partiellen Delegationsverbot» Geltung. Solange die verfassungsmäßige Ordnung andere Träger staatlicher Gewalt mit der Befugnis zur (autonomen) Rechtssetzung ausstatte, könne diese Verteilung der Rechtssetzungsmacht nicht unter Hinweis auf die Wesentlichkeitstheorie korrigiert werden.[25] Der Vorbehalt zugunsten des demokratisch legitimierten Gesetz-

20 *Scholz*, a. a. O. (Fn. 2), 294f.

21 A. a. O. (Fn. 17), 269ff.

22 Vgl. *Loritz*, ZfA 1990, 149; *ders.*, SAE 1991, 253; aber auch das von *Säcker/Oetker*, a. a. O. (Fn. 17), 266f., zitierte (bislang unveröffentlichte) Gutachten *Friaufs*, Qualitative Besetzungsregelungen in Tarifverträgen und Grundgesetz, 68ff., insb. 82ff. Eine demgegenüber modifizierte, auch Regelungen der Berufsausübung einbeziehende Anwendung der Wesentlichkeitstheorie auf die tarifvertragliche Normsetzung vertritt neuerdings *Hanau*, RdA 1996, 165ff. Unter der – hier bereits abgelehnten – Prämisse, daß sich die durch Art. 9 Abs. 3 GG gewährleistete Normsetzungsbefugnis grundsätzlich nur auf die Mitglieder der tarifvertragsschließenden Parteien erstrecke, spricht er von einer Überschreitung des Rahmens der Tarifautonomie durch die heteronom wirkenden Betriebsnormen. Diese bedürften einer besonderen Rechtfertigung und könnten keinesfalls an einer etwaigen Privilegierung der Tarifautonomie im Rahmen des Art. 9 Abs. 3 GG teilhaben. Die gesetzliche Ermächtigung der Tarifvertragsparteien zur Setzung solcher Normen müsse deshalb dem Gesetzesvorbehalt des Art. 12 Abs. 1 GG unterfallen. Dem Gesetzgeber sei es damit verwehrt, an die Tarifvertragsparteien ohne weiteres Normsetzungskompetenzen zu delegieren, wenn die Tarifvertragsparteien insofern weder demokratisch noch privatautonom legitimiert seien.

23 *Säcker/Oetker*, a. a. O. (Fn. 17), 270, unter Hinweis auf *BVerfGE* 68, 1 (87, 109).

24 *Säcker/Oetker*, a. a. O. (Fn. 17), ebda.

25 *Säcker/Oetker*, a. a. O. (Fn. 17), 271.

gebers greife daher nicht durch, wenn die Befugnis zur autonomen Rechtssetzung nicht auf dem einfachen Gesetzesrecht basiere, sondern das Resultat verfassungsrechtlicher Gewährleistungen und Kompetenzübertragungen sei.[26]

Diese verfassungsrechtliche Erkenntnis trifft insbesondere auf die Tarifautonomie zu.[27] Die Verfassung räumt den Koalitionen die Befugnis ein, die «Arbeits- und Wirtschaftsbedingungen» autonom zu regeln. Gerade die Kernbereichsgarantie des Art. 9 Abs. 3 GG verwirft nicht nur von vornherein jeden dahingehenden Interpretationsansatz, die tarifvertragliche Regelungskompetenz unter einen umfassenden Gesetzesvorbehalt zu stellen.[28] Sie weist – wie oben für den Regelungsbereich des Rationalisierungsschutzes herausgestellt[29] – vielmehr eine hohe Elastizität auf, was den Gesetzgeber verpflichtet, mit seinen Regelungskompetenzen, soweit es um die Arbeitsbeziehungen geht, äußerst vorsichtig umzugehen. Die Verfassung statuiert somit für das Verhältnis von Tarifautonomie und Gesetzgeber eine Kompetenzordnung, innerhalb der die Wesentlichkeitstheorie bzw. die Lehre vom «partiellen Delegationsverbot» keine Verschiebungen zugunsten des Gesetzgebers erzwingen kann.[30] Die Tarifautonomie darf aufgrund ihrer verfassungsrechtlichen Absicherung in Art. 9 Abs. 3 GG nicht mit der berufsständischen Autonomie verglichen werden.[31] Die Tarifvertragsparteien sind, solange sie den sachlich-gegenständlichen Anwendungsbereich der «Arbeits- und Wirtschaftsbedingungen» nicht verlassen, mithin berechtigt, eigenständig in das Grundrecht der Berufsfreiheit einzugreifen.

---

26 *Säcker/Oetker*, ebda, unter Hinweis auf *Starck*, AöR 1967, 473ff.

27 Vgl. auch *Säcker/Oetker*, a. a. O. (Fn. 17), 272f.

28 Vgl. auch *Löwisch*, DB 1988, 1013f.; *Wiedemann*, RdA 1997, 303.

29 Vgl. erneut die Ausführungen im Kapitel III Abschnitt 2.2.4.3, S. 275ff.

30 Solche Verschiebungen erfolgen auch bei *Hanau*, a. a. O. (Fn. 22), insb. 166f., 176f., in einer den Gewährleistungsgehalt des Art. 9 Abs. 3 GG mißachtenden Weise. Der für die Erfüllung des Schutzzwecks bedeutende Typus der Betriebsnormen wird aus der verfassungsrechtlich privilegierten Normsetzungsbefugnis der Tarifvertragsparteien ausgegrenzt und nur noch als eine eng begrenzte, allein auf einfachgesetzlicher Ermächtigungsgrundlage beruhende Annexkompetenz zu dieser Befugnis akzeptiert. Eigentümlicherweise soll sich aber diese Annexkompetenz doch aus Art. 9 Abs. 3 GG herleiten, um tarifliche Betriebsnormen in den von dieser Verfassungsnorm vorgegebenen sachlich-gegenständlichen Legitimationsrahmen («Wahrung und Förderung der Arbeits- und Wirtschaftsbedingungen») bei einer Verhältnismäßigkeitsprüfung an Art. 12 Abs. 1 GG einbinden zu können, *Hanau*, a. a. O., 178.

31 So richtig *Kleine-Cosack*, Berufsständische Autonomie und Grundgesetz, 265f.

1.1.3 Konsequenzen

Da die Tarifvertragsparteien durch Art. 9 Abs. 3 GG die Kompetenz zugesprochen bekommen, die Grundrechte des Arbeitgebers bereits vor ihrer Ausgestaltung durch den Gesetzgeber und unabhängig von dessen jeweiligen Ordnungsvorstellungen auszugestalten, sind sie auch dazu legitimiert, grundsätzlich in gleicher Weise wie der Gesetzgeber Inhalt und Schranken dieser Grundrechte zu bestimmen.[32] Die hierzu durch die Rechtsprechung des Bundesverfassungsgerichts entwickelten Maßstäbe sollen damit auch für die Rechtskontrolle der hier interessierenden Tarifinhalte herangezogen werden. Das darf aber nicht zu einer schematischen und unreflektierten Übertragung dieser Maßstäbe auf die Regelungskompetenz der Tarifvertragsparteien verleiten.[33] Zum einen soll die von Art. 9 Abs. 3 GG ausgehende Sozialbindung der Arbeitgebergrundrechte nicht in jeglicher Hinsicht mit der in Art. 14 Abs. 2 GG ausdrücklich vorgesehenen, der Regelungskompetenz des Gesetzgebers (Art. 14 Abs. 1 S. 2 und Art. 12 Abs. 1 S. 2 GG) vorbehaltenen Gemeinwohlbindung gleichgestellt werden. Beide Regelungskompetenzen dienen zwar der Konkretisierung und Verwirklichung des grundgesetzlichen Sozialstaatsgebots (Art. 20 Abs. 1, Art. 28 Abs. 1 GG) und decken sich in dieser Funktionsrichtung insoweit, als es darum geht, das Wohl der Arbeitnehmer zu wahren und zu fördern. Das Wohl der Arbeitnehmer läßt sich damit zugleich als Wohl der Allgemeinheit darstellen. Letzteres weist dennoch eine über die spezifischen Arbeitnehmerinteressen hinausreichende Tragweite auf und suggeriert somit Inhaltlichkeit, die der in Art. 9 Abs. 3 GG vorgeschriebene Koalitionszweck nicht besitzen kann.[34] Andererseits zieht die in Art. 9 Abs. 3 GG enthaltene Autonomiegewährung – wie bereits ausgeführt[35] – gravierende Konsequenzen für die Anwendung des Verhältnismäßigkeitsgrundsatzes im Rahmen der Rechtmäßigkeitsprüfung tariflicher Regelungsinhalte nach sich. Diese Konsequenzen müssen – auch im Hinblick auf die erkennbare Inkongruenz von Koalitionszweck und Gemeinwohl – für die im Rahmen einer Prüfung an Art. 12 Abs. 1 GG zu erörternde Problematik um die Anwendbarkeit der Stufentheorie des Bundesverfassungsgerichts auf die tarifvertragliche Normsetzung reflektiert werden.[36]

---

32 Ebenso *Säcker/Oetker*, a. a. O. (Fn. 17), 273.
33 Vgl. auch *Wiedemann*, a. a. O. (Fn. 28), 302f.
34 Vgl. auch *Säcker/Oetker*, a. a. O. (Fn. 17), 264f. ; *Wiedemann*, a. a. O. (Fn. 28), 303.
35 Oben im Kapitel III Abschnitt 2.1.4.1, S. 238f. u. Abschnitt 2.2.2, S. 257f.
36 Hierzu unten im Abschnitt 1.3.1, S. 300ff., insb. 302ff.

1.2 Der Schutz des Eigentums (Art. 14 GG)

Tarifregelungen, die der Koalitionszweckgarantie des Art. 9 Abs. 3 GG unterfallen und zum Zwecke des Rationalisierungsschutzes in die unternehmerische Dispositionsfreiheit eingreifen, sind als Eigentumsbeschränkungen an Art. 14 GG zu messen. Sie beeinflussen – jede in ihrer spezifischen Weise und in unterschiedlichem Maße – die Bedingungen, unter denen die in einem Unternehmen zusammengefaßten Vermögenswerte genutzt und verwendet werden.[37] Art. 14 GG schützt das Eigentum in sämtlichen Erscheinungsformen, namentlich auch in denen des ökonomischen Eigentums an den Produktionsmitteln bzw. am Unternehmen. Die Eigentumsgarantie des Art. 14 GG erfaßt das Eigentum der Unternehmensträger am «eingerichteten und ausgeübten Gewerbebetrieb»;[38] hierzu werden auch die Befugnisse der Unternehmensleitung einschließlich des arbeitsrechtlichen Direktionsrechts gerechnet.[39] Dieser Schutz gilt unabhängig davon, ob der Unternehmensträger eine natürliche Person (Eigentümer-Unternehmer), eine Personengesellschaft oder eine Kapitalgesellschaft darstellt. Soweit es sich aber um ein Unternehmen in der Organisationsform einer Kapitalgesellschaft handelt, erstreckt sich der Eigentumsschutz ebenso auf die Anteilseigner. Art. 14 GG schützt auch das gesellschaftsrechtlich vermittelte Anteilseigentum, und zwar prinzipiell sowohl hinsichtlich seiner mitgliedschaftsrechtlichen wie seiner vermögensrechtlichen Elemente.[40]

1.2.1 Die Sozialbindung

Tarifregelungen, die zum Zwecke des Rationalisierungsschutzes die Leitungs- und Dispositionsbefugnisse des Unternehmereigentümers beschränken, sehen sich zunächst dadurch legitimiert, daß das Bundesverfassungsgericht das mit Hilfe abhängiger Arbeit genutzte Eigentum einer verstärkten Sozialbindung unterwirft. Das Gericht sieht zwar das Eigentum im Zusammenhang mit der Garantie

37 Vgl. auch *Stark*, Verfassungsfragen einer Arbeitsplatzsicherung, 137ff., 140.

38 *BVerfGE* 1, 264 (277); 13, 225 (229); 22, 380 (386); 50, 290 (341, 351f.).

39 Vgl. *Kübler/Schmidt/Simitis*, Mitbestimmung als gesetzgebungspolitische Aufgabe, 77: «Der verfassungsrechtliche Eigentumsbegriff hat insoweit Elemente der Vertragsautonomie in sich aufgenommen – insoweit nämlich, als Eigentum mit Hilfe abhängiger Arbeit unternehmerisch genutzt wird...». *Stark*, a. a. O. (Fn. 37), 138f., grenzt hingegen das Weisungsrecht der Unternehmensleitung gegenüber den Arbeitnehmern vom verfassungsrechtlichen Eigentumsbegriff ab und leitet es – in Adaption einer verbreiteten Auffassung im verfassungsrechtlichen Schrifttum, vgl. etwa *Mestmäcker*, FS für Westermann, 414; *Badura*, RdA 1976, 278 – aus der freiwilligen Verpflichtung der Arbeitnehmer im Arbeitsvertrag ab.

40 *BVerfGE* 14, 263 (276ff.); 25, 371 (407); 50, 290 (341ff.).

der personalen Freiheit.[41] Der verfassungsrechtliche Eigentumsschutz ist demzufolge desto stärker, je mehr die Eigentumsnutzung Ausdruck einer freien und eigenverantwortlichen Lebensgestaltung ist. Je mehr aber das Eigentum «in einem sozialen Bezug und einer sozialen Funktion steht», desto stärker ist seine Sozialgebundenheit, desto intensiver ist es der Schrankenziehung durch Gesetz und damit auch durch Tarifvertrag ausgesetzt, desto weiter ist der Gestaltungsbereich des Gesetzgebers und der Tarifvertragsparteien.[42] «Maßgebend hierfür ist der in Art. 14 Abs. 2 GG Ausdruck findende Gesichtspunkt, daß Nutzung und Verfügung in diesem Fall nicht lediglich innerhalb der Sphäre des Eigentümers bleiben, sondern Belange anderer Rechtsgenossen berühren, die auf die Nutzung des Eigentumsobjekts angewiesen sind. Unter dieser Voraussetzung umfaßt das grundgesetzliche Gebot einer am Gemeinwohl orientierten Nutzung das Gebot der Rücksichtnahme auf den Nichteigentümer, der seinerseits der Nutzung des Eigentumsobjekts zu seiner Freiheitssicherung und verantwortlichen Lebensgestaltung bedarf».[43] Das betrifft nach Ansicht des Bundesverfassungsgerichts insbesondere das Anteilseigentum und das Eigentum der Unternehmensträger: «Vor allem bedarf es zur Nutzung des Anteilseigentums immer der Mitwirkung der Arbeitnehmer; die Ausübung der Verfügungsbefugnis durch den Eigentümer kann sich zugleich auf deren Daseinsgrundlage auswirken. Sie berührt damit die Grundrechtssphäre der Arbeitnehmer».[44]

1.2.2 Die Wesensgehaltsgarantie

Die «Rücksichtnahme auf den Nichteigentümer» bezeichnet aber lediglich den Legitimationsrahmen («nicht nur Grund, sondern auch Grenze»)[45] für mögliche Beschränkungen des unternehmerisch genutzten Eigentums. «Zugleich muß das zulässige Ausmaß einer Sozialbindung auch vom Eigentum selbst her bestimmt werden».[46] Das verfassungsrechtlich geschützte Eigentum zeichnet sich in seinem rechtlichen Gehalt «durch Privatnützigkeit, d. h. die Zuordnung zu einem Rechtsträger, in dessen Hand es als Grundlage privater Initiative und im eigenverantwortlichen privaten Interesse "von Nutzen" sein soll, und durch die von dieser Nutzung nicht immer deutlich abgrenzbare grundsätzliche Befugnis über

41 *BVerfGE* 24, 367 (389); 31, 229 (239); 42, 64 (76f.); 50, 290 (339); 53, 257 (290); 61, 82 (100f.).
42 *BVerfGE* 21, 73 (83); 31, 229 (242); 36, 281 (292); 37, 132 (140); 42, 263 (294); 50, 290 (340).
43 *BVerfGE* 50, 290 (340f.).
44 *BVerfGE* 50, 290 (349).
45 *BVerfGE* 50, 290 (340); 25, 112 (118); 52, 1 (29); 58, 300 (335).
46 *BVerfGE*, ebda.

den Eigentumsgegenstand» aus.[47] Das Bundesverfassungsgericht stellt demnach fest, daß die Bestandsgarantie des Art. 14 Abs. 1 S.1 GG, der Regelungsauftrag des Art. 14 Abs. 1 S. 2 GG und die Sozialpflichtigkeit des Eigentums nach Art. 14 Abs. 2 GG «in einem unlösbaren Zusammenhang stehen». «Keiner dieser Faktoren darf über Gebühr verkürzt werden; vielmehr müssen alle zu einem verhältnismäßigen Ausgleich gebracht werden».[48] Dies führt zu der oben erwähnten Differenzierung zwischen dem persönlich genutzten, am stärksten geschützten Eigentum und dem unternehmerisch genutzten, weitergehenden Beschränkungen unterworfenen Eigentum. Auch bei derartigen Beschränkungen «fordert die Bestandsgarantie des Art. 14 Abs. 1 GG in jedem Fall die Erhaltung des Zuordnungsverhältnisses und der Substanz des Eigentums».[49] Die durch Art. 9 Abs. 3 GG legitimierte Regelungsbefugnis findet somit im Verhältnismäßigkeitsgrundsatz und in der Zuordnungs- und Substanzgarantie des Art. 14 Abs. 1 S. 1 GG ihre Grenzen.

Die mit der Prüfung relevanter Tarifinhalte an Art. 14 GG verbundene Problematik verlagert sich damit überwiegend auf die Frage, wie die verfassungsrechtlich unabdingbare Zuordnungs- und Substanzgarantie des Art. 14 Abs. 1 S. 1 GG hinsichtlich des unternehmerisch genutzten Eigentums inhaltlich zu deuten ist. Während die Anwendung des Verhältnismäßigkeitsgrundsatzes die in Art. 9 Abs. 3 GG enthaltene Autonomiegewährung respektieren und notwendigerweise auf die Umstände und Besonderheiten der konkreten Tarifvertragsgestaltung abstellen muß, so geht es hier um das Verständnis der Wesensgehaltsgarantie des Eigentums am Unternehmen und die daraus ableitbaren allgemeingültigen Kriterien und Grenzen, die in jedem Einzelfall zu beachten sind. Damit soll freilich nicht die bereits in der vorgenannten Abstufung des spezifischen verfassungsrechtlichen Eigentumsschutzes zum Ausdruck kommende Sicht des Bundesverfassungsgerichts, daß sich das Ausmaß der Wesensgehaltsgarantie des Eigentums nicht generell, sondern nur differenziert beantworten läßt, aufgegeben werden. Die interpretatorischen Betrachtungen sind nicht auf die positive Auffüllung des unantastbaren Wesensgehalts des unternehmerisch genutzten Eigentums ausgerichtet. Hier geht es nur um die Ermittlung und nähere Bezeichnung der äußersten negativen Grenzen, bei deren Überschreitung die Eigentumsgarantie des Art. 14 GG ohne weiteres als verletzt zu betrachten ist.

Mit *Scholz*[50] ist davon auszugehen, daß Eigentum im wirtschaftlichen Bereich nicht nur substanzhaft gedachtes «Sachrecht», sondern wesentlich auch «aktuali-

47 *BVerfGE* 24, 367 (389f.); 26, 215 (222); 31, 229 (240); 37, 132 (140); 42, 263 (294); 50, 290 (339); 52, 1 (30).
48 *BVerfGE* 50, 290 (340).
49 *BVerfGE* 50, 290 (341).
50 Konzentrationskontrolle und Grundgesetz, 54f.

siertes Sachrecht» oder «aktuell genutzte Verfügungsmacht» bedeutet. Das unternehmerisch genutzte Eigentum kann sich nicht auf eine schlicht vorgegebene oder in sich von vornherein geschlossene Substanz beschränken.[51] In diesem Fall bleibt das Eigentum zwar als formales Vermögensrecht erhalten, als wirtschaftlich nutzbarer Vermögenswert fällt es aber aus.[52] Die Eigentumsgarantie des Art. 14 GG muß vielmehr die betreffende Substanz in ihrer konkreten Wirksamkeit, d. h. in ihrer aktuellen sozioökonomischen Funktion aufnehmen und gerade in diesem Sinne gewährleisten.[53] Dieser funktionale Schutz des unternehmerisch genutzten Eigentums bedeutet aber nicht, daß die Funktionsfähigkeit und Rentabilität des Unternehmens von vornherein in den Schutzbereich des Art. 14 Abs. 1 S. 1 GG einzubeziehen sind. Sie bilden keine absoluten, sondern allein relative Schutzpositionen, deren Beeinträchtigung erst dann als Eingriff in die Substanz- und Zuordnungsgarantie des Art. 14 Abs. 1 S. 1 GG gewertet werden kann, wenn damit zugleich Existenz, Sinn und Funktion des Unternehmens schlechthin in Frage gestellt werden.[54] Anders ausgedrückt: Die Eigentumsgarantie des Art. 14 GG gebietet nicht die Ermöglichung möglichst optimaler Funktionsbedingungen und damit die Gewährleistung größtmöglicher Rentabilität für das Unternehmen.[55] «Chancen und Verdienstmöglichkeiten»[56] sind von dem verfassungsrechtlichen Eigentumsschutz ausgenommen.[57] Der Schutzbereich des Art. 14 GG erschließt sich solchen Eigentumschancen erst dann, wenn ihre Einschränkung oder

51 *Scholz*, Paritätische Mitbestimmung und Grundgesetz, 78.

52 *Scholz*, a. a. O. (Fn. 50), 55.

53 *Scholz*, a. a. O. (Fn. 51), 79.

54 So richtig bereits *Scholz*, a. a. O. (Fn. 51), 80.

55 Entgegen *Blomeyer*, a. a. O. (Fn. 9), 26, bietet das Mitbestimmungsurteil des Bundesverfassungsgerichts keine Anhaltspunkte für einen absoluten Schutz der Unternehmensrentabilität, so aber auch *Konertz*, a. a. O. (Fn. 9), 157, mit unterschiedlichem Argumentationsablauf. Zuzustimmen ist *Blomeyer* freilich, daß sich das Bundesverfassungsgericht nicht für einen abgestuften Schutz des Eigentums nach der Unterscheidung zwischen seiner Substanz und seiner Funktion ausgesprochen hat. Die Ablehnung einer solchen schematischen Unterscheidung ist aber – entgegen *Blomeyer* – nicht als Adaption eines absoluten Schutzes der Unternehmensrentabilität aufzufassen, sondern sie geht gerade auf die Erkenntnis der Notwendigkeit eines einheitlichen, die Vermögenssubstanz des Unternehmens in ihrer Funktionalität erfassenden Eigentumsschutzes zurück.

56 *BVerfGE* 20, 31 (34); 30, 292 (334f.); 39, 210 (237); 45, 142 (173); 65, 196 (209); 68, 193 (223). Vgl. auch die Entscheidung des Vorprüfungsausschusses des *BVerfG* (1. Senat) v. 18.12.1985, NJW 1986, 1601, wonach bloße (Umsatz- oder Gewinn-) Chancen des Unternehmens nicht eigentumsgeschützt sind.

57 Deren Schutz liegt allenfalls im Bereich der Freiheit wirtschaftlicher Betätigung und der ihr korrespondierenden Erwerbsfreiheit aus Art. 12 GG, hierzu unten im Abschnitt 1.3, S. 299.

Entziehung in der Tat die verfassungsrechtlich relevante Aushöhlung oder Vernichtung der wirtschaftlichen Funktionen und damit der Existenz der von jeder Sozialbindung eingriffsfreien «Substanz des Gewerbebetriebs» indizieren. Art. 14 GG schützt daher nicht «jede nur denkbare wirtschafltiche Verwertungsmöglichkeit»,[58] sondern erfordert lediglich, daß dem Unternehmer ein angemessener Spielraum für die Verwertung seiner Vermögensrechte verbleibt. Dieser Spielraum läßt sich gerade mit Hilfe des Kriteriums der Wettbewerbsfähigkeit[59] inhaltlich umreißen: Der in seinen wirtschaftlichen Entfaltungschancen beeinträchtigte Unternehmer darf zwar in seiner aktuellen Wettbewerbsfreiheit (reale Wettbewerbsteilnahme), nicht aber in seiner die Wettbewerbsteilnahme erst ermöglichenden Wettbewerbsfähigkeit beschränkt werden.[60] Soziale Gesichtspunkte können mithin zu einer Beschränkung der Unternehmensautonomie und der damit verbundenen Wirtschaftlichkeitserwägungen solange berechtigen, wie dadurch die Funktions- und somit Existenzfähigkeit des Unternehmens nicht gefährdet bzw. in Frage gestellt wird.

1.2.3 Das Privatnützigkeitskriterium

Dieser wesentlich weit abgesteckte Geltungsbereich der Sozialbindung des unternehmerisch genutzten Eigentums wird unter Hinweis auf die Privatnützigkeit interpretatorisch eingeschränkt und auf ein Minimum an Einflußnahme zurückgeführt, was nur noch Randkorrekturen unternehmerischer Entscheidungen ermöglicht. Eine Sozialbindung dürfe nicht soweit gehen, daß der Gebrauch des Eigentums ausschließlich fremdnützig möglich sei.[61] Art. 14 Abs. 1 GG gewährleiste die Privatautonomie auf vermögensrechtlichem Gebiet.[62] Er sei daher in seinem Wesensgehalt betroffen, wenn jede ins Gewicht fallende privatautonome Verfügungsmacht in Ansehung des konkreten Eigentumsgegenstandes genommen werde.[63] Die unternehmerische Nutzung sei nur dann Ausdruck privater Initiative und könne nur dann als Ausdruck des Eigentumsrechts bezeichnet werden, wenn der Unternehmereigentümer allein die Entscheidung treffen könne, ob Vermögenswerte unternehmerisch genutzt würden, und darüber hinaus die wesentlichen Leitlinien für die Nutzung eigenverantwortlich festlegen dürfe.[64] Stehe den Ei-

---

58 So ausdrücklich *BVerfGE* 31, 229 (241).
59 Zur Bedeutung dieses Kriteriums für die Konkretisierung des Gewährleistungsgehalts des Art. 14 Abs. 1 GG, *Scholz*, a. a. O. (Fn. 50), 56f.
60 *Scholz*, a. a. O. (Fn. 50), 56.
61 *Papier*, in: Maunz u. a., GG, Art. 14 Rn. 275.
62 *Papier*, NJW 1987, 992.
63 *Papier*, ebda.
64 *Stark*, a. a. O. (Fn. 37), 143ff.

gentümern der Unternehmen das Letztentscheidungsrecht in substanziellen Angelegenheiten der unternehmerischen Planungs- und Leitungskompetenz nicht mehr zu, dann sei die prinzipielle Privatnützigkeit des Unternehmenseigentums ausgeschaltet.[65]

Der Einwand gegen diese interpretatorische Deutung des Privatnützigkeitskriteriums resultiert bereits aus der Rechtsprechung des Bundesverfassungsgerichts. Die Privatnützigkeit wird zwar dort als prägendes Merkmal der Eigentumsgarantie betrachtet. Das Mitbestimmungsurteil trifft aber bei der Umschreibung des rechtlichen Gehalts des verfassungsrechtlich geschützten Eigentums von vornherein die Klarstellung: «Der Gebrauch des Eigentums soll zugleich dem Wohle der Allgemeinheit dienen.»[66] Das unternehmerisch genutzte Eigentum wird dann einer verstärkten Sozialbindung unterworfen. Diese Sozialbindung hat zur notwendigen Konsequenz, daß die Privatnützigkeit ihre Charakterzüge privatautonomer Verfügungsmacht einbüßt, weil und soweit die Nutzung des Eigentums ebenfalls an den Belangen der Arbeitnehmer auszurichten ist. Von daher ist das Eigentum nicht durch seine «Privatnützigkeit», sondern viel eher durch seine «Gemeinnützigkeit» gekennzeichnet.[67] Ein prinzipieller Vorrang der Privatnützigkeit zu Lasten der Sozialbindung läßt sich Art. 14 GG ebensowenig entnehmen wie die ausschließliche Ausrichtung des Eigentumsgebrauchs am Gemeinwohl. Gesetzgeber und Tarifvertragsparteien haben schließlich nicht nur auf den Wesensgehalt des Eigentums, sondern auch auf den gleichrangigen Wesensgehalt der Berufsfreiheit der Arbeitnehmer und die darin angelegten persönlichen Entfaltungsmöglichkeiten zu achten.[68] Das Bundesverfassungsgericht relativiert in Wahrheit die Tragweite des Privatnützigkeitskriteriums für die Einhaltung der Bestandsgarantie des Art. 14 Abs. 1 S. 1 GG, da nach seiner Ansicht auch die Grundentscheidung des Verfassungsgebers für eine sozialverpflichtete Eigentumsnutzung nicht über eine übermäßige Ausdehnung der Bestandsgarantie des Eigentums über Gebühr verkürzt werden darf. Diese Faktoren müßten vielmehr zu einem verhältnismäßigen Ausgleich gebracht werden.[69] Nicht von ungefähr greifen die im Mitbestimmungsurteil formulierten Grundsätze zu Inhalt und Schranken des Eigentums nicht auf die eingangs vorgenommene, die «private Initiative und das eigenverantwortliche private Interesse» hervorhebende Definition seines rechtlichen Gehalts zurück. Die Grenze für Sozialbindungen des unternehmerisch genutzten Eigentums wird dort gezogen, wo in das Zuordnungsver-

65 *Papier*, a. a. O. (Fn. 62), 992.
66 *BVerfGE* 50, 290 (339).
67 Diese Sichtweise wird bereits vom Wortlaut des Grundgesetzes nahegelegt, *v. Brünneck*, Die Eigentumsgarantie des Grundgesetzes, 394.
68 So bereits für den Gesetzgeber *Kübler/Schmidt/Simitis*, a. a. O. (Fn. 39), 69.
69 *BVerfGE* 50, 290 (340).

hältnis und die Substanz des Eigentums eingegriffen wird.[70] Die Privatnützigkeit kann daher nur insoweit zum Tragen kommen, als der Unternehmenseigentümer weiterhin Anspruch darauf hat, daß ihm der wirtschaftliche Nutzen seines Vermögens oder seiner Tätigkeit zugeordnet und eine angemessene Verwertung ermöglicht wird. Ebenso hat das Bundesverfassungsgericht festgehalten, daß die Sozialpflichtigkeit des Eigentums nicht erst bei bloßen Funktionsstörungen des Unternehmens verfassungsrechtlich bedenklich wird. Sie darf nur nicht «zur Funktionsunfähigkeit der Unternehmen», zu «der Funktionsunfähigkeit nahekommenden Umständen» oder «zu nachhaltigen Beeinträchtigungen der Funktionsfähigkeit der Unternehmen» führen.[71] Im Hinblick auf diese allgemeine, negativ vorgenommene Grenzziehung bekommt die früher getroffene Feststellung des Gerichts, daß «es keinen vorgegebenen und absoluten Begriff des Eigentums gibt und Inhalt und Funktion des Eigentums der Anpassung an die gesellschaftlichen und wirtschaftlichen Verhältnisse fähig und bedürftig sind»,[72] ihren vollen Sinn. Das Privatnützigkeitskriterium kann für einen darüber hinausgehenden Schutz des Unternehmenseigentums, der auf die Bewahrung der Entscheidungsprärogativen der Unternehmensleitung oder, anders gewendet, «der typischen Formen ökonomisch sinnvoller und rentabler Eigentumsnutzung» bedacht ist,[73] in der Eigentumsordnung des Grundgesetzes nicht instrumentalisiert werden.

1.3 Der Schutz der Berufsfreiheit (Art. 12 Abs. 1 GG)

Das unternehmerische Handeln findet seinen grundrechtlichen Schutz nicht nur in Art. 14 Abs. 1 S. 1 GG, sondern auch in dem Grundrecht der Berufsfreiheit. Schutzgut des Art. 12 Abs. 1 S. 1 GG ist nach ständiger Rechtsprechung des Bundesverfassungsgerichts[74] sowohl bei natürlichen als auch bei juristischen Personen «die Freiheit, eine Erwerbszwecken dienende Tätigkeit, insbesondere ein Gewerbe, zu betreiben».[75] Vorgenannte Grundgesetznorm schützt «grundsätzlich auch die "Unternehmerfreiheit" im Sinne freier Gründung und Führung von Unternehmen».[76] Dieser Schutz erstreckt sich nicht nur auf die kleinen und mittleren

70 *BVerfGE* 50, 290 (341).
71 *BVerfGE* 50, 290 (352).
72 *BVerfGE* 31, 229 (240).
73 So *Scholz*, NJW 1986, 1589.
74 Die Rechtsprechung des Bundesverfassungsgerichts zur Berufsfreiheit des Arbeitgebers wird von *Müller*, Die Berufsfreiheit des Arbeitgebers, 7ff., insb. 21ff., systematisch wie eingehend erörtert.
75 *BVerfGE* 21, 261 (266); 22, 380 (383); 30, 292 (312); 50, 290 (363).
76 *BVerfGE* 50, 290 (363).

Unternehmungen, sondern auch auf die Großunternehmen und Konzerne.[77] Art. 12 Abs. 1 GG erlangt daher – neben Art. 14 GG – besondere Bedeutung für die Rechtmäßigkeit tariflicher Regelungen, die zum Zwecke des Rationalisierungsschutzes in die Unternehmensautonomie eingreifen. Daraus, daß sich die Befugnisse des Arbeitgebers letztlich aus seinem Eigentum ableiten, darf allerdings nicht der Schluß gezogen werden, Art. 12 Abs. 1 GG sei durch Art. 14 Abs. 1 GG verdrängt.[78] Beide Grundrechte sind zwar funktionell aufeinander bezogen.[79] Art. 12 Abs. 1 GG erlangt aber insoweit selbständige Bedeutung, als er die aus dem verfassungsrechtlichen Eigentumsschutz ausgegrenzten «Chancen und Verdienstmöglichkeiten» für das Unternehmen in seinen Schutzbereich aufnimmt. Das ist gerade der Sinn der vom Bundesverfassungsgericht[80] vorgenommenen Abgrenzung von Eigentum und Beruf nach dem Ergebnis der Betätigung, dem Erworbenen (Art. 14 GG) und der Betätigung selbst, dem Erwerb (Art. 12 Abs. 1 GG).[81]

Der in Art. 12 Abs. 1 GG enthaltene Schutz der unternehmerischen Erwerbsfreiheit impliziert aber nicht die Ermöglichung optimaler Funktionsbedingungen und damit die Gewährleistung größtmöglicher Rentabilität für das Unternehmen. Wie das Grundrecht auf Eigentum ist auch das Grundrecht auf freie Gewerbeausübung durch den in Art. 12 Abs. 1 S. 2 GG ausdrücklich genannten Gesetzesvorbehalt stark relativiert, wobei sich der Gesetzgeber speziell auf seine Kompetenzen aus Art. 74 Nr. 12 GG berufen kann. Auch die Tarifvertragsparteien können die Berufsfreiheit des Arbeitgebers beschränken. Die Sozialbindung aus Art. 9 Abs. 3 GG gilt ebenso wie diese aus Art. 74 Nr. 12 GG bei jeder Art von Nutzung abhängiger Arbeit, nicht nur bei der auf Eigentum begründeten.[82] Da die Unternehmen als Grundrechtsträger des Art. 12 Abs. 1 GG die verbürgte Freiheit nur mit Hilfe anderer, der Arbeitnehmer, die ebenfalls Träger des Grundrechts aus Art. 12 Abs. 1 GG sind, wahrnehmen können, steht auch ihre Erwerbsfreiheit in einem sozialen Bezug und in einer sozialen Funktion.[83] Dieser soziale Bezug rechtfertigt ebenso wie im Falle des Eigentumsrechts eine unter dem Verhältnismäßigkeitsgrundsatz stehende und die Grundrechtssubstanz beachtende Beschränkung der Gewerbefreiheit durch die Tarifvertragsparteien. Das Bundesverfassungsgericht hat im Mitbestimmungsurteil gerade die Feststellung getroffen, daß die verfassungsrechtliche Bewertung anhand des Art. 12 Abs. 1

77 *BVerfGE* 50, 290 (364).
78 Vgl. aber etwa *Berg/Wendeling-Schröder/Wolter*, RdA 1980, 311.
79 So ausdrücklich *BVerfGE* 50, 290 (365).
80 *BVerfGE* 30, 292 (335).
81 Vgl. bereits *Kübler/Schmidt/Simitis*, a. a. O. (Fn. 39), 77f.
82 *Kübler/Schmidt/Simitis*, a. a. O. (Fn. 39), 78.
83 *BVerfGE* 50, 290 (365).

GG, auch wenn sie sich nach den zu dieser Verfassungsnorm entwickelten Regeln zu richten hat, im Prinzip keine andere als diejenige sein kann, die anhand des Art. 14 GG vorgenommen wird.[84]

Wie bei der Eigentumsgarantie ist auch bei der Berufsfreiheit zu berücksichtigen, in welchem Maße der personale Grundzug der Berufstätigkeit vorhanden ist. Während dieser Grundzug bei Großunternehmen nahezu gänzlich verloren geht, kommt er bei der Gründung und Führung eines Klein- und Mittelbetriebes voll zum Tragen.[85] Diese Sachlage ist für den Umfang der tariflichen Regelungsbefugnis insoweit von Bedeutung, als der soziale Bezug des Grundrechts ein recht differenziertes Bild mit entsprechenden Konsequenzen für die Intensität der Schrankenziehung zeigt.

1.3.1 Stufenlehre, Verhältnismäßigkeitsprinzip und tarifvertragliche Normsetzung

Fraglich ist allerdings, ob die vom Bundesverfassungsgericht in seinem Apotheken-Urteil entwickelte Drei-Stufen-Lehre[86] auf die tarifvertragliche Normsetzung Anwendung findet. Diese Lehre ist das Ergebnis strikter Anwendung des Prinzips der Verhältnismäßigkeit bei den vom Gemeinwohl her gebotenen Eingriffen des Gesetzgebers in die Berufsfreiheit.[87] Ihr Inhalt läßt sich abstrakt dahin umschreiben, daß mit zunehmender Eingriffsintensität das Gewicht der den Eingriff rechtfertigenden Rechtsgüter und Interessen zunehmen muß.[88] Dem Gesetzgeber kommt hiernach eine abgestufte Regelungsbefugnis zu: Er ist um so freier, je mehr seine strittige Eingriffsskompetenz eine bloße Berufsausübungsregelung darstellt, er ist um so stärker gebunden, je mehr er in die Freiheit der Berufswahl eingreift. Bloße Regelungen der Berufsausübung auf der 1. Stufe müssen durch sachgerechte und vernünftige Erwägungen des Gemeinwohls gerechtfertigt sein. Subjektive Voraussetzungen der Berufszulassung – als Gegenstand der 2. Stufe – dürfen nur zum Schutz wichtiger Gemeinschaftsgüter aufgestellt werden, wobei der Gesetzgeber diese zu definieren berechtigt ist. Objektive Voraussetzungen der Berufszulassung bedürfen wegen der damit verbundenen Ausschlußwirkung – als 3. Stufe – einer Rechtfertigung durch nachweisbare oder höchstwahrscheinliche Gefahren für überragend wichtige Gemeinschaftsgüter.

---

84 *BVerfGE*, ebda.
85 *BVerfGE* 50, 290 (363). Vgl. dazu die näheren Betrachtungen von *Müller*, a. a. O. (Fn. 74), 53ff., 204ff.
86 *BVerfGE* 7, 377 (404ff.).
87 Vgl. *BVerfGE* 13, 97 (104); 19, 330 (337).
88 *Säcker/Oetker*, a. a. O. (Fn. 17), 258.

Bedenken gegen die Anwendung der Stufenlehre auf die tarifvertragliche Normsetzung werden zunächst unter Hinweis auf die grundverschiedene Zweckausrichtung der Tarifautonomie im Verhältnis zur staatlichen Gesetzgebung erhoben. Aufgabe der Tarifvertragsparteien sei es nicht, das Gemeinwohl zu fördern, sondern vielmehr Mitglieder- und Verbandsinteressen und damit Partikularinteressen wahrzunehmen.[89] Am Beispiel des Tarifvertrages zeige sich, daß privatautonomes Handeln grundlegend andere Ziele verfolge als staatliches Handeln. Ersteres verfolge eigene Interessen und versuche den eigenen Nutzen zu maximieren, während letzteres dem Gemeinwohl verpflichtet sei.[90] Die Anwendung der Stufenlehre scheitere bereits an der Unmöglichkeit, die Tarifvertragsparteien auf die Verfolgung legitimer, d. h. gemeinwohlorientierter Ziele festzulegen. Damit sei sie ihres Ausgangspunktes beraubt; denn eine Zweckprüfung verbiete sich gerade.[91]

Der Hinweis auf die grundverschiedene Zweckausrichtung der staatlichen Gesetzgebung und der Tarifautonomie kann nicht überzeugen. Staatliches und tarifautonomes Handeln haben beide der Konkretisierung und Verwirklichung des grundgesetzlichen Sozialstaatsauftrags (Art. 20 Abs. 1, 28 Abs. 1 GG) im Bereich der Arbeitsbeziehungen zu dienen. Von daher können sie, gerade mit Rücksicht auf die Einheit der Verfassung, nicht zwei grundverschiedenen Aufgabestellungen zugeordnet werden. Insbesondere Art. 9 Abs. 3 GG statuiert kein privatautonomes, sondern ein am Sozialstaatsprinzip und am sozialen Schutzzweck normativ ausgerichtetes Handlungssystem.[92] Der Tarifvertrag bietet somit kein Regelungsinstrument, das die Freiheit zur Beliebigkeit in sich trägt.[93] Die Normsetzungsprärogative der Tarifvertragsparteien läßt sich nur mit Rücksicht auf den Schutzauftrag des Art. 9 Abs. 3 GG legitimieren und erklären. Die unterschiedlichen, sogar gegensätzlichen Ordnungsvorstellungen, die der Gesetzgeber und die Tarifvertragsparteien, auch bei der Ausgestaltung des Grundrechts aus Art. 12 Abs. 1 GG, jeweils verfolgen können, sollen nicht darüber hinwegtäuschen, daß beide Kompetenzträger ihre Legitimation aus dem in der Formel vom sozialen Rechtsstaat enthaltenen verbindlichen Regelungsauftrag beziehen. Die von Art. 9 Abs. 3 GG ausgehende Sozialbindung und die speziell dem Gesetzgeber vorbehaltene Gemeinwohlbindung des Art. 12 Abs. 1 GG weisen insofern eine enge, unauflösbare Affinität auf. Das Prinzip der Einheit der Verfassung gebietet es, Art. 9 Abs. 3 GG im Funktionszusammenhang mit jenen anderen Verfassungs-

89 Vgl. in neuerer Zeit insb. *Wiedemann*, Die Bindung der Tarifnormen, 156ff. und *Müller*, a. a. O. (Fn. 74), 242, jeweils mit weiteren Nachweisen.

90 *Müller*, ebda.

91 *Wiedemann*, a. a. O. (Fn. 89), 158.

92 Vgl. eingehend dazu die Ausführungen oben im Kapitel III Abschnitt 2.1.1, S. 204ff.

93 So aber *Müller*, a. a. O. (Fn. 74), 248.

normen (auch Art. 14 Abs. 1 S. 2 und Abs. 2, 74 Nr. 12 GG), die ebenfalls die Sozialgebundenheit der Grundrechte des Arbeitgebers inhaltlich prägen, zu sehen.

Einleuchtend und gravierend sind indes die Bedenken, die im Hinblick auf die in Art. 9 Abs. 3 GG enthaltene Autonomiegewährung gegen die Anwendung der Stufenlehre auf die tarifvertragliche Normsetzung erhoben werden.[94] Diese Lehre verfeinert und präzisiert im Rahmen der Verhältnismäßigkeitsprüfung die auf der Ebene der «Proportionalität» erforderliche Güterabwägung. Der Verhältnismäßigkeitsgrundsatz wird damit in einem neuralgischen Punkt inhaltlich konkretisiert und zugleich rigider ausgestaltet. Vor allem dem Richter wird die Kompetenz zugewiesen, die Sachgerechtigkeit, Gewichtigkeit und Dringlichkeit von Regelungen, die zur Wahrung von Gemeinwohlbelangen in die Berufsfreiheit eingreifen, zu beurteilen und entsprechend einzustufen. Die Einräumung dieser Bewertungskompetenz eröffnet die Möglichkeit einer noch intensiveren Inhalts- und Billigkeitskontrolle von tariflichen Vereinbarungen mit Hilfe des Verhältnismäßigkeitsgrundsatzes und bringt eher die Gefahr einer unzulässigen Tarifzensur mit sich. Sie ist mit der Freiheit, die Art. 9 Abs. 3 GG den Tarifvertragsparteien vornehmlich bei der Bestimmung des mit ihren Vereinbarungen jeweils verfolgten Zwecks zubilligt, kaum zu vereinbaren.

Die Bedenken gegen die Übertragbarkeit der Stufenlehre auf die tarifvertragliche Normsetzung resultieren aber auch aus dem Umstand, daß diese Lehre ursprünglich nur als Schranke staatlicher Eingriffe in die Berufsfreiheit konzipiert wurde. Die dem Gemeinwohl in jeglicher Hinsicht dienende, in festen Umrissen aber insgesamt nicht regulierbare Eingriffskompetenz des Gesetzgebers sollte in eine das Grundrecht effektiv bewahrende Konzeption der mit Hilfe des allgemeinen Verhältnismäßigkeitsprinzips vorzunehmenden Rechtmäßigkeitskontrolle eingebunden werden. Anders als beim Gesetzgeber ist die Eingriffskompetenz der Tarifvertragsparteien im Rahmen des sachlich-gegenständlichen Anwendungsbereichs der «Wahrung und Förderung der Arbeits- und Wirtschaftsbedingungen» fest umrissen. Das führt zu der Erkenntnis, daß Tarifregelungen, die der Koalitionszweckgarantie des Art. 9 Abs. 3 GG zugeordnet werden können, zugleich die Legitimationsfähigkeit zu Eingriffen in das Grundrecht der Berufsfreiheit besitzen. Die von Art. 9 Abs. 3 GG gedeckte Sozialbindung bedarf logischerweise keiner zusätzlichen Prüfung hinsichtlich ihrer Tragweite für das Gemeinwohl der Arbeitnehmer. Die Koalitionszweckgarantie des Art. 9 Abs. 3 GG

94 Vgl. *Wiedemann*, a. a. O. (Fn. 89), 162ff.; *Müller*, a. a. O. (Fn. 74), 242ff. Zur Anwendung des Verhältnismäßigkeitsgrundsatzes auf die tarifliche Normsetzung vgl. bereits die Ausführungen oben im Kapitel III Abschnitt 2.1.4.1, S. 238f. u. Abschnitt 2.2.2, S. 257f.

bildet eine spezielle Legitimationsgrundlage für von den Arbeitnehmerinteressen getragene Gemeinwohlbindungen der Grundrechte des Arbeitgebers. Die Sachgerechtigkeit, Gewichtigkeit und Dringlichkeit der Berücksichtigung von Arbeitnehmerinteressen gehen nicht zuletzt auf Erwägungen zurück, die bereits bei der Interpretation des Art. 9 Abs. 3 GG anzustellen sind.[95] Auch im Hinblick darauf, daß sich tarifliche Regelungen in aller Regel nur auf die Berufsausübung des Arbeitgebers auswirken, ist über das Anliegen einer intensiven Inhaltskontrolle von Tarifverträgen hinaus nicht zu erkennen, weshalb die Stufenlehre des Bundesverfassungsgerichts bei der Prüfung von Tarifinhalten an Art. 12 Abs. 1 GG herangezogen werden soll. Wenn und soweit Tarifregelungen der Koalitionszweckgarantie des Art. 9 Abs. 3 GG unterfallen, müssen sie auch auf vernünftige und sachgerechte Erwägungen des Gemeinwohls zurückzuführen sein.[96]

Wenn aus den vorgenannten Gründen die Anwendung der Stufenlehre auf die tarifliche Normsetzung als verfassungsrechtlich bedenklich und letztlich als nicht ergiebig zu betrachten ist, so bedeutet dies nicht, daß bei der grundrechtlichen Prüfung tariflicher Regelungen vom Verhältnismäßigkeitsprinzip Abstand zu nehmen ist. Soweit der Verzicht auf eine Verhältnismäßigkeitsprüfung mit der sog. Richtigkeitsgewähr des Tarifvertrages begründet wird,[97] ist anzumerken, daß die Vermutung eines angemessenen Interessenausgleichs für die Interessenposition der sich jeweils innerhalb des Arbeitgeberverbandes herausbildenden Minderheit nicht plausibel ist. Das Mitgliederinteresse, das der Arbeitgeberverband (aber auch die Gewerkschaft) in den Tarifverhandlungen repräsentiert, deckt sich – wie *Reuter*[98] zutreffend bemerkt hat – nicht einmal im Idealfall mit der Summe der Individualinteressen der Mitglieder, sondern lediglich mit dem überwiegenden Interesse der Mitglieder, so wie es sich im verbandsinternen Willensbildungsprozess herauskristallisiert hat. Der (Verbands-)Tarifvertrag stellt in der Tat einen Kompromiß zwischen den jeweiligen Mehrheiten auf beiden Seiten dar. Weder die eigene Mehrheit noch die gegnerische Koalition garantiert, daß Interessen der Minderheit überhaupt bzw. hinreichende Berücksichtigung finden, so daß zur effektiven Gewährleistung der Grundrechte dieser Minderheit auf eine Verhältnismäßigkeitsprüfung tariflicher Absprachen nicht verzichtet werden kann.[99] In diesem Zusammenhang kann auch der Hinweis auf die mitgliedschaft-

95 Vgl. erneut die Ausführungen oben im Kapitel III Abschnitte 2.2.2 u. 2.2.3 ff., S. 248ff. u. S. 260ff.

96 Ohne diese Einsicht jedoch *Säcker/Oetker*, a. a. O. (Fn. 17), 265, die für eine entsprechend modifizierte Anwendung der Drei-Stufen-Lehre auf berufsordnende tarifvertragliche Regelungen eintreten.

97 Vgl. *Canaris*, AcP 184 (1984), 244f.; aber auch *Säcker/Oetker*, a. a. O. (Fn. 17), 288f.

98 A. a. O. (Fn. 1), 36.

99 Vgl. auch *Wiedemann*, a. a. O. (Fn. 89), 162.

liche Legitimation des Tarifvertrages[100] nicht überzeugen. Die «Freiwilligkeit», die sicherlich den Verbandsbeitritt des Koalitionsmitglieds bezeichnet, sieht sich jedoch in der Realität erheblichen Relativierungen ausgesetzt. Sie kann daher nicht als Argument für eine durch Art. 9 Abs. 3 GG «aus sich selbst heraus» legitimierte Eingriffskompetenz[101] und damit für eine «lockere» Grundrechtsbindung der Tarifvertragsparteien angeführt werden. Die an sich widerlegbare Vermutung eines angemessenen Interessenausgleichs kommt schließlich erst und solange zum Tragen, wie die Tarifvertragsparteien Konsens über strittige Regelungsfragen erzielt haben. Sie besitzt mithin keine autoritative Bedeutung für die grundrechtliche Prüfung von Forderungsinhalten im Vorfeld und in der Abwicklungsphase tarifpolitischer Auseinandersetzungen.

Maßgebender Gesichtspunkt für die am Garantiegehalt des Art. 9 Abs. 3 GG zu messende Legimität einer Verhältnismäßigkeitsprüfung von Tarifinhalten kann nur die durch diese Verfassungsnorm garantierte Normsetzungsprärogative der Tarifvertragsparteien sein. Ebenso wie bei der Einschätzung der Eignung und Erforderlichkeit führt sie dazu, den Tarifvertragsparteien auch bei der Beurteilung der Angemessenheit einer tariflichen Regelung einen weiten Abwägungsspielraum zuzubilligen.[102] Eine unangemessene und damit unverhältnismäßige Grundrechtsbeschränkung kann daher erst angenommen werden, wenn die Schwere des tariflichen Eingriffs in einem evidenten Mißverhältnis zu dem Gewicht und der Dringlichkeit der ihn rechtfertigenden Gründe steht.[103] Mit der Zuerkennung eines weiten Prognose- und Beurteilungsspielraums und der damit verbundenen Ausrichtung des Verhältnismäßigkeitsprinzips auf das Evidenzkriterium wird der Normsetzungsprärogative der Tarifvertragsparteien ausreichend Rechnung getragen. Die Möglichkeit einer richterlichen Prüfung von tariflichen Forderungsinhalten bzw. Vereinbarungen wird auf eine äußere Negativkontrolle (schlichte Vertretbarkeitskontrolle) beschränkt, so daß praktisch kein Raum für eine durchgängige Inhalts- und Billigkeitskontrolle bleibt, die es dem Richter erlaubt, seine eigene wertende Betrachtung an die Stelle der von den Tarifparteien verfolgten Ziele bzw. gefundenen Ergebnisse zu setzen. Der Verhältnismäßigkeitsgrundsatz schützt die Grundrechtssphäre des Arbeitgebers nur vor beliebigen, rechtsmißbräuchlichen Eingriffen der Tarifvertragsparteien. Die Ablehnung der Stufentheorie gewährleistet zugleich, daß die Festlegung, Gewichtung und Verfolgung von Schutzbelangen der Arbeitnehmerschaft den Tarifvertragsparteien überant-

---

100 *Müller*, a. a. O. (Fn. 74), 247.

101 So aber *Müller*, ebda. Kritisch dazu bereits oben S. 118f. Fn. 79.

102 Vgl. in diesem Sinne auch *Gamillscheg*, Kollektives Arbeitsrecht I, 670.

103 *Gamillscheg*, ebda, spricht von einem «klaren Verstoß»; ebenso im Ergebnis *Stark*, a. a. O. (Fn. 37), 131; aber auch *Säcker/Oetker*, a. a. O. (Fn. 17), 288f., bei Anwendung der Drei-Stufen-Lehre.

wortet bleiben und damit letztlich nur anhand des normativen Gehalts des Art. 9 Abs. 3 GG beurteilt werden.

1.4 Der Schutz der allgemeinen Handlungsfreiheit (Art. 2 Abs. 1 GG)

Die Handlungsfreiheit auf wirtschaftlichem Gebiet wird auch durch Art. 2 Abs. 1 GG garantiert. Das Bundesverfassungsgericht hat hierzu mehrfach ausgesprochen, daß «ein angemessener Spielraum zur Entfaltung der Unternehmerinitiative unantastbar ist».[104] An dieser Abgrenzungsformel wird bereits deutlich, daß die wirtschaftliche Betätigungsfreiheit des Arbeitgebers nicht uneingeschränkt, sondern – wie das Gericht zugleich feststellt – nur in den Schranken des zweiten Halbsatzes des Art. 2 Abs. 1 GG, vor allem denen der «verfassungsmäßigen Ordnung» gewährleistet ist.[105] Zur «verfassungsmäßigen Ordnung» gehört auch Art. 9 Abs. 3 GG und die daraus folgende Sozialbindung. Ersichtlich ist somit, daß Art. 2 Abs. 1 GG der tarifvertraglichen Regelungsbefugnis jedenfalls keine engeren Grenzen zieht als Art. 14 Abs. 1 und 12 Abs. 1 GG.[106]

Art. 2 Abs. 1 GG bildet aber nach nahezu einhelliger Meinung ein Auffanggrundrecht, das nur insoweit zur Anwendung kommt, als nicht der Schutzbereich eines speziellen Grundrechts, insbesondere der des Art. 12 Abs. 1 GG berührt ist.[107] Da bereits die Betroffenheit der Spezialgrundrechte aus Art. 14 und 12 Abs. 1 GG festgestellt wurde,[108] ist eine konkrete Prüfung der hier interessierenden Tarifinhalte an Art. 2 Abs. 1 GG als entbehrlich zu betrachten.[109]

Auch soweit umstritten ist, ob die «allgemeine wirtschaftliche Betätigungsfreiheit bzw. freie Unternehmerinitiative» aus Art. 2 Abs. 1 oder aus Art. 12 Abs. 1 GG geschützt ist,[110] kommt es für die grundrechtliche Prüfung der hier relevanten Tarifinhalte darauf letztlich nicht an. Die aus Art. 9 Abs. 3 GG folgende Sozialbindung richtet sich gegen den Unternehmer in seiner Eigenschaft als Ar-

---

104 Vgl. etwa *BVerfGE* 29, 260 (267); 50, 290 (366).

105 *BVerfGE* 50, 290 (366).

106 Ebenso *Stark*, a. a. O. (Fn. 37), 160. Vgl. aber auch *BVerfGE* 37, 1 (28), wo klargestellt wird, daß die Anforderungen aus Art. 12 Abs. 1 GG strenger sind als die aus Art. 2 Abs. 1 GG.

107 Vgl. *BVerfGE* 30, 292 (336).

108 Oben im Abschnitt 1.2, S. 292 u. Abschnitt 1.3, S. 298f.

109 Ebenso *Runggaldier*, Kollektivvertragliche Mitbestimmung, 292; *Konertz*, a. a. O. (Fn. 9), 147f.; *Weyand*, a. a. O. (Fn. 14), 165 Fn. 443; *Stark*, a. a. O. (Fn. 37), 160f. Abweichend *Dälken*, a. a. O. (Fn. 9), 82ff., 85, 134f., der zwischen gewerblicher und arbeitsrechtlicher Vertragsfreiheit unterscheidet und letztere als durch Art. 2 Abs. 1 GG geschützt betrachtet.

110 Für Art. 12 Abs. 1 GG plädiert etwa *Mestmäcker*, a. a. O. (Fn. 39); zu Art. 2 Abs. 1 GG tendieren hingegen *Badura/Rittner/Rüthers*, Mitbestimmungsgesetz 1976, 232f.

beitgeber; sie relativiert den Grundrechtsschutz des Arbeitgebers unabhängig davon, ob dieser aus den Art. 14, 12 Abs. 1 oder 2 Abs. 1 GG abgeleitet wird.[111]

1.5 Der Gleichheitssatz (Art. 3 Abs. 1 GG)

In Betracht kommt schließlich eine mögliche Verletzung des allgemeinen Gleichheitssatzes (Art. 3 Abs. 1 GG), und zwar insoweit, als die Realisierung der hier interessierenden Tarifinhalte für die Unternehmen recht unterschiedliche Personal- und Sachkosten verursachen kann, für die sich gerade ein vernünftiger, aus der Natur der Sache ergebender oder sonstwie sachlich einleuchtender Grund nicht finden läßt.[112] Das betrifft insbesondere das Problem der differenzierten tarifrechtlichen Behandlung von Klein- und Großunternehmen im Bereich des Rationalisierungsschutzes.

Der aus Art. 3 Abs. 1 GG abgeleitete Grundsatz des Willkürverbots kann allerdings nicht für sich allein betrachtet werden. Der allgemeine Gleichheitssatz wird vielmehr durch die Wertentscheidungen des Grundgesetzes nach bestimmten Richtungen ausgeprägt. Hier ist in erster Linie die Einwirkung des Sozialstaatsprinzips zu beachten: Der Gleichheitssatz ist ein Grundelement des sozialen Rechtsstaates und damit der Offenheit der Verfassung. Insbesondere Art. 9 Abs. 3 GG ist eine im Grundgesetz selbst vorgenommene Konkretisierung des Gleichheitssatzes.[113] Eine Regelung, die sich in die legitime Zweckverfolgung des Art. 9 Abs. 3 GG einfügen läßt, bringt daher alle Voraussetzung mit, um auch einer Prüfung am Maßstab des Art. 3 Abs. 1 GG standhalten zu können. Verletzt sie hingegen Art. 9 Abs. 3 GG, so kann sie auch am Maßstab des Art. 3 Abs. 1 GG keinen Bestand haben.

Der Grundsatz des Willkürverbots überschneidet sich vielfach auch mit anderen verfassungsrechtlichen Gewährleistungen. Er deckt sich mit der aus den betroffenen Grundrechten der Art. 14 Abs. 1 und 12 Abs. 1 GG ableitbaren Anforderung, daß die zu prüfende Regelung mit dem Verhältnismäßigkeitsprinzip vereinbar sein muß, wobei insbesondere auf den personalen Grundzug dieser Grundrechte zu achten ist. Mit gleicher Schutzrichtung ist er zugleich ein Prinzip der rechtsstaatlichen Ordnung und überschneidet sich insoweit mit dem Rechts-

---

111 So richtig bereits *Kübler/Schmidt/Simitis*, a. a. O. (Fn. 39), 81, für die aus dem Betriebsverfassungs- und Mitbestimmungsgesetz folgenden Bindungen.

112 Zu diesem grundrechtlichen Aspekt bei der Zulässigkeitsprüfung quantitativer Besetzungsregelungen vgl. bereits *Reuter*, a. a. O. (Fn. 1), 43; *Beck*, AuR 1981, 372f.; *Konertz*, a. a. O. (Fn. 9), 160f.; *Wend*, Die Zulässigkeit tarifvertraglicher Arbeitsbesetzungsregelungen, 171f.

113 *BVerfGE* 3, 225 (240). Vgl. auch *Benda*, Sozialrechtliche Eigentumspositionen, 204f., 207.

staatsprinzip.[114] In allen diesen Überschneidungen können sich – wie bereits zutreffend angemerkt wurde[115] – aus einer Prüfung am Maßstab des Art. 3 Abs. 1 GG keine neuen verfassungsrechtlichen Gesichtspunkte ergeben.

2. Die Bewertung der im ersten Teil der Untersuchung umrissenen Tarifinhalte

Anhand der oben dargestellten allgemeinen Grundsätze und Erkenntnisse soll im folgenden eine näher differenzierte Rechtmäßigkeitsprüfung der im ersten Teil der Untersuchung umrissenen Tarifinhalte vorgenommen werden. Diese Prüfung knüpft systematisch an die zugrundeliegende Unterscheidung zwischen Tarifinhalten, die die Mitgestaltung unternehmerischer Sachentscheidungen zum Gegenstand haben, und solchen, die auf die Beeinflussung der unternehmerischen Personalpolitik abzielen, an.

2.1 Der Ansatzpunkt alternativer Arbeitsgestaltung

Tarifliche Regelungen zur Gestaltung von Technik und Arbeitsorganisation berühren, indem sie eine bestimmte Verwendung der sachlichen und personellen Produktionsmittel vorschreiben, sowohl die Möglichkeit privatnütziger Verfügung über das Unternehmenseigentum (Art. 14 Abs. 1 GG) als auch das Recht des Unternehmers auf freie Gewerbeausübung (Art. 12 Abs. 1 GG). Solche Tarifregelungen schaffen zwar einen Bindungsrahmen für das einzelwirtschaftliche Kalkül des Arbeitgebers bei der Einführung und Anwendung neuer Technologien: Er kann seine Rentabilitätsvorstellungen hinsichtlich der strukturellen Neuorganisation des Produktionsprozesses und der Festlegung der damit verbundenen Qualifikations- und Leistungsanforderungen nicht uneingeschränkt zur Geltung bringen, sondern er muß die von ihm angestrebte Nutzung neuer Technologien ebenso an betroffenen Humanisierungs- und Beschäftigungsinteressen der Arbeitnehmerschaft ausrichten. Diese spürbare Beschränkung des unternehmerischen Rationalisierungskalküls führt aber nicht zur Aufhebung des Zuordnungsverhältnisses und zieht keine Gefährdung der Funktions- und Wettbewerbsfähigkeit des Unternehmens solange nach sich, wie der Technologieeinsatz trotz seiner sozialorientierten Ausformung noch einen beachtlichen, wirtschaftlich unverzichtbaren Nutzen für das Unternehmen aufweist.[116] Dieser Nutzen ist – wie etwa

114 *BVerfGE* 35, 263 (273).
115 *Kübler/Schmidt/Simitis*, a. a. O. (Fn. 39), 82.
116 Zu abstrakt-pauschal und in der Sache nicht näher begründet ist hingegen die Ansicht von *Konertz*, a. a. O. (Fn. 9), 143ff., Tarifvertragsklauseln, die eine unmittelbare Regelung der Rationalisierungsentscheidung beinhalteten, führten unter den ge-

das Beispiel der «neuen Produktionskonzepte» in den industriellen Kernsektoren im Ansatz deutlich erkennen läßt[117] – nicht gerade mit der Verfolgung tradierter Rentabilitätserwägungen der Arbeitgeberseite gleichzusetzen. Der Eingriff tariflicher Regelungen zur Gestaltung von Technik und Arbeitsorganisation in das Nutzungs- und Verfügungsrecht des Unternehmers erweist sich auch in aller Regel als verhältnismäßig, wenn man erneut bedenkt, daß eine derartige Normierung notwendig ist, um den «Leerlauf» vieler Arbeitsbedingungen zum Schutz der Arbeitnehmer zu verhindern.[118] Er ist um so intensiver möglich, wie der Arbeitsplatz-, Qualifikations- und Gesundheitsschutz der Arbeitnehmer es erfordern. Tarifklauseln, die den Ansatzpunkt alternativer Arbeitsgestaltung ansprechen, erweisen sich mithin als verfassungsrechtlich bedenklich, wenn und soweit sich substantiiert darlegen läßt, daß sie durch eine übermäßige Kostenbelastung der betroffenen Unternehmen keinen Spielraum für eine angemessene Nutzung der Produktivitätsvorteile neuer Technologien lassen und damit die Funktions- bzw. Wettbewerbsfähigkeit dieser Unternehmen in Frage zu stellen drohen.[119]

Entsprechendes gilt auch für tarifliche Regelungen, die dem Betriebsrat ein echtes Mitbestimmungsrecht in technisch-organisatorischen, damit auch wirtschaftlichen Angelegenheiten einräumen und zur Effektivierung der damit verbundenen Einwirkungsmöglichkeiten die Bildung gemeinsamer Planungsaus-

---

genwärtigen Markt- und Wettbewerbsbedingungen zwangsläufig zu Unrentabilität, Wettbewerbsunfähigkeit und damit zur Funktionsunfähigkeit des Unternehmens. Die wirtschaftspolitische Neutralität des Grundgesetzes verweist – wider *Konertz*, a. a. O., 142f. – (auch) auf die Offenheit der Eigentumsgarantie und verbietet es von vornherein, Inhalt und Schranken dieses Grundrechts allein von seiner jeweiligen gesetzlichen Ausgestaltung her interpretatorisch zu betrachten. Im übrigen bleibt die Vorstellung einer «ungebundene(n) Investitionsentscheidung» (*Konertz*, a. a. O., 146, der *Biedenkopf* folgt, 143 und dessen inzwischen überholte Auffassung, vgl. erneut die Ausführungen oben im Kapitel III Abschnitt 1.1, S. 149f. u. Abschnitt 2.2.1 S 243ff., mit Hilfe der Wesensgehaltsgarantie des Art. 14 Abs. 1 GG zu untermauern sucht) nicht nur nebulös, sondern sie findet auch im geltenden Gesetzes-, insb. Mitbestimmungsrecht keine Anhaltspunkte, hierzu oben im Kapitel III Abschnitt 1.2.3, S. 160f.

117 Dazu *Kern/Schumann*, Ende der Arbeitsteilung ?

118 Vgl. bereits *Runggaldier*, a. a. O. (Fn. 109), 289.

119 Ebenso bereits *Weyand*, AuR 1991, 74. *Runggaldier*, a. a. O. (Fn. 109), 289, 291, betrachtet solche Tarifklauseln in aller Regel als verfassungsrechtlich unbedenklich, da durch sie keine wesentlichen Aspekte des privaten Nutzungs- und Verfügungsrechts des Eigentümers und dessen Gewerbefreiheit, wie etwa das Recht zur Entscheidung über die Produktpolitik, berührt würden. Solche Begründung kann aber in dieser allgemeinen Form schon deshalb nicht überzeugen, weil die technisch-organisatorische Gestaltung des Produktionsprozesses beträchtliche Interdependenzen mit anderen, zentralen Bereichen der unternehmerischen Unternehmensplanung aufweist.

schüsse auf Unternehmensebene statuieren.[120] Dieser strukturelle Eingriff des Tarifvertrages in den unternehmerischen Planungs- und Entscheidungsprozeß darf ebenfalls nicht zur Funktionsunfähigkeit des Unternehmens führen. Eine paritätische Beteiligung des Betriebsrates an der Rationalisierungsplanung und -entscheidung des Arbeitgebers ist zwar nicht per se, wohl aber dann verfassungsrechtlich bedenklich, wenn im Tarifvertrag nicht zugleich die notwendigen Vorkehrungen für ein adäquates, die Zügigkeit und Angemessenheit der betreffenden Beschlußfassung sicherstellendes Verfahren der Konfliktlösung zwischen den Betriebsparteien getroffen sind.[121] Die – anstelle der Einigungstelle des BetrVG – in Betracht zu ziehende Etablierung eines tariflichen Schlichtungsorgans begegnet hingegen keinen verfassungsrechtlichen Bedenken, wenn und soweit der materielle, vom (Rahmen-)Tarifvertrag gesetzte Orientierungsrahmen dieses Organs auf die Beachtung des Kriteriums der Funktions- bzw. Wettbewerbsfähigkeit des einzelnen Unternehmens und des Grundsatzes der Verhältnismäßigkeit im oben erörterten Sinne angelegt ist.

2.2 Der Ansatzpunkt arbeitsorientierter Strukturpolitik

Tarifverträge, die die Forschungs-, Modernisierungs- und allgemeine Investitionspolitik von Großunternehmen lenken, betreffen weitere, essentielle Aspekte der Nutzung und Verwendung des Produktionsmitteleigentums und der unternehmerischen Erwerbsfreiheit. Sie nehmen Einfluß auf die Entscheidungsfindung des Unternehmens hinsichtlich der Frage, ob, wo, wann und in welche Richtung unternehmerische Vermögenswerte genutzt werden sollen.

---

120 Anders *Säcker/Oetker*, a. a. O. (Fn. 17), 318, die eine paritätische Mitbestimmung des Betriebsrates in wirtschaftlichen Angelegenheiten von vornherein als unzumutbar betrachten, mit der Begründung, daß hierdurch die Entscheidungskompetenzen für diese Angelegenheiten auf eine nicht dem Unternehmensträger verantwortliche Einrichtung übertragen würden. Anders müsse die Wertung im Grundsatz jedoch für die sozialen und personellen Angelegenheiten ausfallen, wobei eine unzumutbare Beeinträchtigung der Berufsfreiheit des Arbeitgebers durch die gesetzlich vorgeschriebene Orientierung der Einigungstelle (auch) an den Belangen des Betriebs zumeist verhindert werde. Diese recht abstrakt-pauschal gehaltene Begründung knüpft offenbar an die bereits kritisierte (vgl. erneut die Ausführungen oben im Kapitel I Abschnitt 1.1, S. 127ff.) Differenzierung zwischen Betrieb und Unternehmen an und versucht daraus Konsequenzen auch für die materiell-rechtliche Prüfung tarifvertraglicher Mitbestimmungsklauseln an Art. 12 Abs. 1 GG zu ziehen. Darüber hinaus leuchtet es nicht ein, wenn *Säcker/Oetker*, ebda, bei einer solchen Bewertung der paritätischen Mitbestimmung in wirtschaftlichen Angelegenheiten die gesetzliche Ermessensgrundlage der Einigungsstelle außer Betracht lassen.

121 Vgl. auch *Däubler*, Tarifvertragsrecht, Rn. 477.

Die in solchen Tarifverträgen vorgesehenen Beschränkungen der unternehmerischen Autonomie führen zunächst nicht zur Aufhebung der Erwerbsfreiheit des Unternehmers. Die betroffenen Unternehmen können, wenn auch mit starken Einschränkungen, ihrer Erwerbstätigkeit weiterhin nachgehen,[122] zumal – nach der hier vorgestellten Tarifkonzeption – der tarifliche Eingriff nur bestimmte, ausgewählte Investitionsvorhaben und -potentiale dieser Unternehmen betreffen soll. Eine Verletzung ihres Rechts auf freie Berufswahl ist – wie das Bundesverfassungsgericht im Mitbestimmungsurteil ausgeführt hat[123] – nur anzunehmen, wenn sie in aller Regel und nicht nur in Ausnahmefällen wirtschaftlich nicht mehr in der Lage sind, den gewählten «Beruf» ganz oder teilweise zur Grundlage ihrer unternehmerischen Erwerbstätigkeit zu machen. Der Tarifvertrag ist hier nicht gerade auf die Unterbindung bzw. Behinderung der bisherigen Produktionspolitik bzw. sinnvoller Investitionsvorhaben, sondern auf die stoffliche Ausgestaltung, die örtliche Verteilung und zeitliche Streckung der Modernisierungs- und allgemeinen Investitionspolitik von Großunternehmen gerichtet. Er soll dabei die reellen, finanziellen und strukturellen Möglichkeiten dieser Unternehmen in einer den Arbeitnehmerinteressen adäquaten Weise nutzen. Die Berufwahl wird zwar insoweit tangiert, als die Investitionstätigkeit von Großunternehmungen ebenfalls auf eventuell neuartige Geschäftsfelder gelenkt werden muß. Das soll aber nicht zu einer (sogar erheblichen) Einschränkung, sondern vielmehr zu einer Erweiterung des gewählten Berufs führen.

Die hier in Betracht kommenden Sozialbindungen der unternehmerischen Planungs- und Entscheidungsfreiheit sind daher in aller Regel als Eingriff in die Freiheit der Berufsausübung und zugleich als Einschränkung der Möglichkeit privatnütziger Verfügung über das Unternehmensvermögen anzusehen. Sie lassen das private Vermögensrecht unberührt und sehen sich, soweit die Privatnützigkeit zurückgedrängt wird, dadurch verfassungsrechtlich legitimiert, daß das Eigentumsrecht und die Berufsfreiheit des Arbeitgebers hier einen besonders intensiven sozialen Bezug aufweisen: Unternehmerfreiheit im Fall von Großunternehmen ist – wie das Bundesverfassungsgericht im Mitbestimmungsurteil ausgeführt hat[124] – nicht Element der Ausformung der Persönlichkeit des Menschen, sondern grundrechtliche Gewährleistung eines Verhaltens, dessen Wirkungen weit über das wirtschaftliche Schicksal des eigenen Unternehmens hinausreichen. Diese Aussage des Bundesverfassungsgerichts unterstreicht die besondere soziale Verantwortung von Großunternehmen hinsichtlich der Auswirkungen ihres Han-

122 Ebenso bereits *Weyand*, a. a. O. (Fn. 14), 185.
123 *BVerfGE* 50, 290 (364).
124 *BVerfGE* 50, 290 (363).

delns auf überbetriebliche Interessenkontexte.[125] Unter Berücksichtigung der prinzipiellen Gleichgewichtigkeit der zu schützenden Arbeitnehmerinteressen, der entsprechend legitimen Zielsetzung des Tarifvertrages und des weiten Einschätzungs- und Abwägungsspielraums der Tarifvertragsparteien vermag eine stärkere Inpflichtnahme der Modernisierungs- und allgemeinen Investitionspolitik dieser Unternehmen auch das Übermaßverbot nicht zu verletzen: Eine solche Tarifpolitik ist als verhältnismäßig zu betrachten, wenn und soweit ihre Realisierung die Abwendung gravierender sozialer Negativfolgen, vor allem in der Erscheinungsform der technologischen Arbeitslosigkeit und der damit verbundenen Segmentierung der Beschäftigungschancen, erwarten läßt und andere tarifvertragliche, die Unternehmerfreiheit weniger belastende Regelungsinstrumente zum drastischen Abbau dieser Negativfolgen nicht ausreichen.[126] Eine gesonderte tarifvertragliche Behandlung und Kostenbelastung von Großunternehmen ist insofern auch im Hinblick auf das Willkürverbot des Art. 3 Abs. 1 GG sachlich gerechtfertigt.

Die Tarifvertragsparteien haben gleichwohl darauf zu achten, daß eine Gefährdung der Funktions- und Wettbewerbsfähigkeit des Unternehmens nicht eintritt. Die tarifliche Steuerung der Innovations- und Investitionspolitik von Großunternehmen kann insbesondere deren Abhängigkeit vom Markt- und Wettbewerbsgeschehen nicht ignorieren. Eine solche Tarifpolitik kann daher nur mit

---

125 Vgl. hingegen *Stark*, a. a. O. (Fn. 37), 146f., der unternehmerische Grundlageentscheidungen, etwa über die Art und den Umfang der Produktion oder den Standort der Investitionstätigkeit, mit Rücksicht auf die Bestandsgarantie des Art. 14 Abs. 1 GG und insb. die Privatnützigkeit des unternehmerisch genutzten Eigentums von vornherein der tarifvertraglichen Regelungsbefugnis entziehen will. Gegen diese interpretatorische Deutung des Privatnützigkeitskriteriums vgl. aber erneut die Ausführungen oben im Abschnitt 1.2.3, S. 297f.

126 Vgl. auch *Stark*, a. a. O. (Fn. 37), 155, der – neben der Bedeutung der zu erwartenden Nachteile – bei der Verhältnismäßigkeitsprüfung auch auf die Wahrscheinlichkeit, mit der diese Nachteile durch den tarifvertraglichen Einfluß auf die Unternehmensentscheidung abgewendet werden, abstellt. Daraus schließt er, daß die tarifliche Beeinflussung der allgemeinen Unternehmenspolitik, wodurch Arbeitsplatzgefährdungen von vornherein vermieden werden sollten, in der Abwägung gegen die unternehmerische Freiheit eher scheitern würden als tarifliche Regelungen, die dem Schutz unmittelbar bzw. konkret betroffener Arbeitnehmerinteressen dienten. Denn je schwerer vorhersehbar und unsicherer der Nutzen für die Arbeitnehmer sei, desto mehr Gewicht gewinne die unternehmerische Freiheit. Gegen diese Auffassung *Starks* ist aber einzuwenden, daß mit der Wahrscheinlichkeit der Abwendung der sozialen Nachteile ein Kriterium in die Güterabwägung einfließt, welches letztlich zu einer erheblichen Einschänkung des den Tarifvertragsparteien – auch von *Stark* – zugebilligten Beurteilungs- und Prognosespielraums hinsichtlich der Geeignetheit und Erforderlichkeit des von ihnen verwendeten Regelungsinstrumentariums führt.

Rücksicht auf dieses Geschehen und die dadurch bedingten wirtschaftlichen Gesetzmäßigkeiten einer Branche bzw. eines einzelnen Unternehmens in verfassungsrechtlich zulässiger Weise konzipiert und artikuliert werden.[127] Die hier anvisierten Möglichkeiten einer tariflichen Einflußnahme auf grundlegende Unternehmensentscheidungen haben freilich nicht den Sinn, eine existenznotwendige Modernisierungs- und Rationalisierungspolitik zu unterbinden und die Investitionstätigkeit auf Geschäftsfelder zu lenken, die den betroffenen Unternehmungen keine angemessene Verwertung der einzusetzenden Kapitalien ermöglichen. Der Tarifvertrag sucht nur die in der Regel bei Großunternehmen vorhandenen Spielräume zugunsten einer Interessenpolitik auszunutzen, die die Berücksichtigung sozialer Schutzbelange nicht bloß als nachrangigen Nebenaspekt, sondern vielmehr als gleichgewichtigen Ansatzpunkt des unternehmerischen Handelns betrachtet.

Was die tarifliche Erweiterung der Mitbestimmungsmöglichkeiten des Betriebsrates bei zentralen unternehmerischen Entscheidungen anbetrifft, gelten im Grunde die obigen Ausführungen zum Ansatzpunkt alternativer Arbeitsgestaltung.

2.3 Die Mitgestaltung unternehmerischer Personalentscheidungen

Tarifvertragsklauseln, die gezielt über die Regelung des Personaleinsatzes die Verwendungsbedingungen der Produktionsmittel mitgestalten, berühren ebenfalls die Möglichkeit privatnütziger Verfügung über das Unternehmenseigentum sowie das Recht des Unternehmers auf freie Gewerbeausübung, speziell in der Gestalt seiner Vertragsfreiheit zur Begründung und Beendigung von Arbeitsverhältnissen. Die von ihnen ausgehenden Eingriffe in die unternehmerische Entscheidungsfreiheit lassen aber das private Vermögensrecht unberührt und sind zunächst insoweit verfassungsrechtlich unbedenklich, wie sie die durch die Substanzgarantie des Grundgesetzes gewährleistete Funktionsfähigkeit des einzelnen Unternehmens nicht in Frage stellen.[128] Sie sind auch verhältnismäßig, soweit sie geeignet und erforderlich sind, bestehende und neue Beschäftigungsmöglichkeiten zu sichern. Insbesondere Kündigungsverbote, Besetzungsregelungen, Personalausgleichsquoten sowie die kollektive Absicherung des betrieblichen Eingruppierungsniveaus bieten im Hinblick auf die relative Wirkungslosigkeit, die überkommene Rationalisierungsschutzvorschriften unter den Bedingungen von Massenarbeitslosigkeit und der damit verbundenen Segmentierung der Beschäfti-

---

127 Vgl. in diesem Sinne bereits *Weyand*, a. a. O. (Fn. 14), 185.

128 Vgl. auch *Runggaldier*, a. a. O. (Fn. 109), 331f.; *Wend*, a. a. O. (Fn. 112), 168; *Weyand*, a. a. O. (Fn. 14), 167.

gungschancen aufweisen, ein notwendiges Regelungsmittel im personalpolitischen Bereich.[129] Der Einwand, daß derartige Tarifinhalte als Instrument der Regulierung des Arbeitskräftebedarfs zu einer Überbesetzung von Maschinen oder Arbeitsbereichen führen und insoweit für den Arbeitgeber offensichtlich unzumutbare, verfassungsrechtlich unzulässige Belastungen mit sich bringen,[130] soll in dieser schlichten Argumentationsform nicht übernommen werden. Die Ermittlung der Anzahl der arbeitstechnisch benötigten Arbeitnehmer ist eine Entscheidungsfrage, die sich nicht gerade rein sachlich-objektiv beurteilen läßt,[131] sondern vielmehr in aller Regel durch subjektive Rentabilitätsvorstellungen vorgeprägt ist. Eine allein bzw. überwiegend aus der ökonomischen Interessensicht des Arbeitgebers heraus definierte Unzumutbarkeit bietet aber mit Rücksicht auf die Belange der Arbeitnehmer, die gleichrangige Träger des Grundrechts aus Art. 12 Abs. 1 GG sind, und die daraus hergeleitete Sozialbindung unternehmerischer Gewerbefreiheit kein verbindliches Kriterium für die grundrechtliche Bewertung tarifvertraglicher Kündigungsschutz-, Besetzungs- und Quotenregelungen.[132] Art. 12 Abs. 1 GG gebietet insbesondere nicht eine Würdigung nach Maßgabe der aus §§ 1 KSchG und 626 BGB ableitbaren Vorsprünge arbeitgeberischer Vertrags-

129 Ebenso *Beck*, a. a. O. (Fn. 112), 372; *Runggaldier*, a. a. O. (Fn. 109), 332; *Wend*, a. a. O. (Fn. 112), 171; *Weyand*, a. a. O. (Fn. 14), 168; die Eignung und Erforderlichkeit tarifvertraglicher Kündigungsverbote und quantitativer Besetzungsregelungen grundsätzlich bejahend *Säcker/Oetker*, a. a. O. (Fn. 17), 290, 307.

130 Dieser Einwand betrifft insb. die quantitativen Besetzungsregelungen und das durch die Forderung nach Einhaltung der Sicherungskennzahl bewirkte Einstellungsgebot, vgl. dazu vornehmlich *Blomeyer*, a. a. O. (Fn. 9), 27; *Konertz*, a. a. O. (Fn. 9), 156ff.; *Säcker/Oetker*, a. a. O. (Fn. 17), 307f. Einschränkend jedoch *Dälken*, a. a. O. (Fn. 9), 132f., nach dessen Auffassung quantitative Besetzungsklauseln erst dann gegen Art. 14 Abs. 1 und Art. 12 Abs. 1 GG verstoßen, wenn sie entgegen der Wertung des § 626 Abs. 1 BGB für den Arbeitgeber die Verpflichtung bewirken, an Arbeitsverhältnissen mit Arbeitnehmern festzuhalten, für die im Betrieb keine sinnvolle Beschäftigungsmöglichkeit mehr besteht. Die vorerwähnten Grundrechte seien durch das o. g. tarifliche Einstellungsgebot erst verletzt, wenn dadurch eine rentable Führung des Unternehmens ausgeschlossen werde, *Dälken*, a. a. O., 206.

131 Diese Vorstellung, dokumentiert durch Begriffe wie «der sachlich begründete Bedarf an Arbeitsplätzen» oder «der tatsächlich notwendige Arbeitskräftebedarf», prägt die Ausführungen der soeben in Fn. 130 erwähnten Autoren.

132 Auch nach *Runggaldier*, a. a. O. (Fn. 109), 332, dürfen bei der Beurteilung der «Vernünftigkeit» solcher Tarifregelungen nicht nur Kriterien wirtschaftlicher Rationalität eine Rolle spielen. Speziell zur Zulässigkeit frauenbezogener Quotenregelungen im Hinblick auf die verfassungsrechtlich geschützte Vertrags- und Unternehmerfreiheit des Arbeitgebers vgl. bereits *Hohmann-Dennhardt*, Ungleichheit und Gleichberechtigung, 50 ff., die zum einen starre Quotenregelungen im Ausbildungssektor, zum anderen leistungsbezogene Quotenregelungen im Beschäftigungsbereich in dieser Hinsicht als rechtlich unbedenklich betrachtet.

freiheit bei der Abwicklung technischer Rationalisierungsmaßnahmen.[133] Das um so weniger, als der Kernbereichsschutz der Tarifautonomie die Möglichkeit impliziert, diese Vorsprünge zu bestreiten.[134] Von daher können Tarifklauseln der vorgenannten Art, wenn sich nicht die Feststellung treffen läßt, daß sie im Hinblick auf ihre Regelungsintention offensichtlich ungeeignet und unnötig sind, und wenn die von ihnen ausgehende finanzielle Belastung des Unternehmens nicht in ein evidentes Mißverhältnis zu dem Gewicht und der Dringlichkeit der Beschäftigungsinteressen des jeweils angesprochenen Arbeitnehmerkreises gerät, die personelle Dispositionsfreiheit des Arbeitgebers in verfassungsrechtlich zulässiger Weise einschränken. Sie finden aber ihre Grenzen, wo sie durch eine übermäßige Belastung der Unternehmen mit Lohn- und Gehaltskosten keine angemessene Nutzung der Produktivitätsvorteile neuer Technologien mehr zulassen und damit die Funktions- bzw. Wettbewerbsfähigkeit dieser Unternehmen in Frage zu stellen drohen.

Bei Beachtung der vorerwähnten Bewertungskriterien bestehen auch gegen eine tarifliche Erweiterung der Mitbestimmungsmöglichkeiten des Betriebsrates bei unternehmerischen Personalentscheidungen keine verfassungsrechtlichen Bedenken.

2.4 Die tarifvertragliche Behandlung kleinerer Unternehmen

Soweit es um die tarifliche Beeinflussung der Rationalisierungs-, Produktions- und Personalpolitik kleinerer Unternehmungen geht, ist indes zu beachten, daß in diesen Unternehmen der personale Bezug des Arbeitgebers zu den Produktionsmitteln und zur Unternehmensführung stärker ausgeprägt ist, der soziale Bezug dagegen entsprechend zurücktreten muß.[135] Das bedeutet aber nicht, daß alternative Maßnahmen der Arbeits- und Produktgestaltung für kleinere Unternehmen tarifpolitisch keinerlei Geltung beanspruchen können. Der soziale Bezug unternehmerischer Gewerbefreiheit besteht hier, wenn auch in mehr oder weniger geringem Maße, fort. Die tarifliche Erfassung von Mittel- und Kleinbetrieben stößt kaum auf verfassungsrechtliche Bedenken, wenn und soweit der soziale Schutzaspekt die Kehrseite der Berücksichtigung des personalen Grundzuges unterneh-

---

133 Anders vornehmlich *Scholz*, a. a. O. (Fn. 2), 282, 296; eingrenzend hinsichtlich des Rechts zur ordentlichen betriebsbedingten Kündigung *Säcker/Oetker*, a. a. O. (Fn. 17), 291f., mit weiteren Nachweisen; neuerdings unter Anwendung der Schutzpflichtenlehre *Müller*, a. a. O. (Fn. 74), 256ff., ebenfalls mit weiteren Nachweisen.

134 Vgl. die Ausführungen oben im Kapitel III Abschnitt 2.2.4.3, S. 275ff. u. Abschnitte 2.3 ff., S. 282ff.

135 Vgl. bereits *Runggaldier*, a. a. O. (Fn. 109), 290, 292, 374; *Weyand*, a. a. O. (Fn. 14), 168; *Stark*, a. a. O. (Fn. 37), 155.

merischer Gewerbefreiheit darstellt. Das ist etwa der Fall, wenn der Tarifvertrag auf die Berücksichtigung der spezifischen Situation bei mittleren und kleinen Unternehmen angelegt ist und die Realisierung eines Produktionsprogramms zum Gegenstand hat, welches der Existenz- und Wettbewerbssicherung dieser Unternehmen dient. Erforderlich ist jedoch, daß in sektoralen und regionalen Tarifverträgen Sonder- und/bzw. Ausnahmeregelungen für kleinere Unternehmen getroffen werden, die auf den hier stark ausgeprägten personalen Grundzug unternehmerischer Gewerbefreiheit Rücksicht nehmen. Eine auf die Mitgestaltung unternehmerischer Sach- und Personalentscheidungen gerichtete Rahmentarifpolitik muß insbesondere mit Rücksicht auf die recht unterschiedliche Belastbarkeit der von ihr erfaßten Unternehmen konzipiert werden. Sie muß Regelungsvorkehrungen treffen, die es verhindern, daß für bestimmte Unternehmen (z. B. Grenz- und Kleinbetriebe) eine unzumutbare Kosten- und Arbeitsbelastung entsteht, die ihre Funktions- und damit Existenzfähigkeit in Frage zu stellen droht. Eine differenzierte tarifvertragliche Behandlung von Unternehmen im Bereich des Rationalisierungsschutzes hält auch in dieser Hinsicht einer Prüfung am Willkürverbot des Art. 3 Abs. 1 GG stand.

V. Die grundrechtliche Bewertung tariflicher Rationalisierungsschutzpolitik unter dem Gesichtspunkt des Arbeitnehmerinteresses

Der tarifliche Rationalisierungsschutz begegnet verfassungsrechtlichen Bedenken auch unter dem Gesichtspunkt des Arbeitnehmerinteresses. Eine Tarifpolitik, die auf die gezielte Beeinflussung unternehmerischer Personalentscheidungen ausgerichtet ist und dabei Beschäftigungsgarantien für bestimmte Arbeitnehmergruppen statuiert, beeinträchtigt zugleich die Beschäftigungschancen der anderen, nicht begünstigten Arbeitnehmer. Tarifliche Kündigungs-, Besetzungs- und Quotenregelungen tangieren die grundrechtlich geschützte Berufs- und Arbeitsplatzwahlfreiheit dieser Arbeitnehmer (Art. 12 Abs. 1 GG) sowie deren Grundrecht auf Gleichbehandlung beim Zugang zur Beschäftigung (Art. 3 Abs. 1 GG). Von daher stellt sich die Frage der Vereinbarkeit dieser Tarifregelungen mit der Grundrechtsposition der von ihnen negativ betroffenen Arbeitnehmer.

1. Arbeitnehmerwettbewerb: ein durch Art. 12 Abs. 1 GG geschütztes Prinzip?

Bei der Erörterung dieser Frage soll zunächst die im Schrifttum verbreitete Ansicht, wonach Art. 12 Abs. 1 GG den prinzipiell freien Wettbewerb auf dem Arbeitsmarkt gewährleistet und daher als Garantienorm marktkonformer Allokationsprozesse der Arbeitskraft heranzuziehen ist, einer näheren Würdigung unterzogen werden. Diese Grundansicht verbindet sich allerdings mit zwei unterschiedlichen Positionen. Die eine Position, die vornehmlich *Reuter* vertritt, plädiert für eine starke Bindung des Tarifvertrages an das in Art. 12 Abs. 1 GG angelegte Prinzip des Arbeitnehmerwettbewerbs, so daß bereits eine eigenständige Verfolgung des Bestandsschutzes von Arbeitsverhältnissen verfassungsrechtlich bedenklich ist.[1] Die andere Position, die auch das Bundesarbeitsgericht adaptiert hat, bejaht die Möglichkeit von Einschränkungen des vorgenannten Prinzips, wenn und soweit tarifliche Bestandsschutzbestimmungen durch sachbezogene Gründe gerechtfertigt sind und verhältnismäßig bleiben.[2] Über beide Positionen wird nachfolgend sowohl einzeln als auch in gedanklicher Verbindung zueinander reflektiert. Angebracht sind aber zuvor einige einleitende Bemerkungen zur Bedeutung des Art. 12 Abs. 1 GG für die hier angesprochene Problematik.

1.1 Die Prüfungsnorm des Art. 12 Abs. 1 GG

Die Prüfung tariflicher Bestandsschutzbestimmungen an Art. 12 Abs. 1 GG stellt ein legitimes Anliegen dar. Diese Verfassungsnorm garantiert neben der freien Wahl der Ausbildungsstätte die freie Berufswahl, die freie Berufsausübung und die freie Wahl des Arbeitsplatzes. Letztere umschreibt, als eigenständige Teilgarantie des Art. 12 Abs. 1 GG, die Freiheit des einzelnen Arbeitnehmers, seine Arbeitskraft als Träger eines Berufs einem Arbeitgeber anzubieten und ihren Einsatz vertraglich abzusichern. Der Schutzbereich der freien Wahl des Arbeitsplatzes umfaßt daher die Wahl des Vertragspartners samt den dazu notwendigen Voraussetzungen, insbesondere den Zutritt zum Arbeitsmarkt.[3] Tarifliche Besitzstandsgarantien schaffen bei der Zuweisung einer berufsmäßigen Tätigkeit feste Prioritäten zugunsten der sie beanspruchenden Arbeitnehmergruppen und beeinträchtigen damit die Berufsverwirklichungsmöglichkeiten all derjenigen, die hinsichtlich der durch den Bestandsschutz «reservierten» Arbeitsplätze sonst gute Chancen hätten, ihre Arbeitskraft zu vermarkten. Für die insoweit legitime Anknüpfung an Art. 12 Abs. 1 GG ist es allerdings unerheblich, ob der tarifliche Eingriff in die Berufs- und Arbeitsplatzwahlfreiheit dieser Arbeitnehmer gezielt oder nicht gezielt erfolgt.[4] Das Gebot und die Intensität des Grundrechtsschutzes aus Art. 12 Abs. 1 GG können nicht allein von einer finalen Betroffenheit des

1 Vgl. *Reuter*, RdA 1973, 353; *ders.*, ZfA 1978, 37ff.; FS für das BAG, 410ff., 419ff.; Ordo 33 (1982), 186ff., 196f.

2 Vgl. vornehmlich *Wiedemann*, FS für das BAG, 655ff.; *Scholz*, ZfA 1981, 280f.; *BAG* AP Nr. 1 zu § 1 TVG Tarifverträge:Druckindustrie; AP Nr. 57 zu Art. 9 GG.

3 *BVerfGE* 84, 133 (146); 85, 360 (373).

4 So aber *Kempen*, AuR 1980, 202.

Grundrechtsberechtigten abhängig gemacht werden. Entscheidend sind vielmehr die tatsächlichen, faktischen Auswirkungen der Tarifregelung auf den jeweiligen Grundrechtsträger.[5] Zu dessen Gunsten wird nicht – wie bereits eingewendet[6] – ein anspruchsbegründendes «Recht auf Arbeit» angenommen, da Art. 12 Abs. 1 GG hier nur als «Chancengarantie» herangezogen werden soll.[7] Auch der Hinweis, daß die Garantie der freien Arbeitsplatzwahl nicht nur das gegenüber dem Arbeitgeber wirkende Recht umschließt, den gewählten Arbeitsplatz aufzugeben und zu wechseln, sondern auch ihn beizubehalten,[8] kann von einem möglichen Verstoß tariflicher Bestandsschutzbestimmungen gegen Art. 12 Abs. 1 GG nicht ablenken. Er verdeutlicht nur, daß sich jeweils Inhaber des Grundrechts auf Art. 12 Abs. 1 GG – Arbeitsplatzinhaber wie Arbeitsplatzsuchende, Stammfacharbeiter wie minder- bzw. unqualifizierte Arbeitnehmer – gegenüberstehen, ohne jedoch weitere Aussagen über die notwendige Abwägung der Interessen dieser gegenüberstehenden Grundrechtsträger zu vermitteln.

1.2 Die Position Reuters

Namentlich *Reuter* befürwortet im Hinblick auf diese Interessenabwägung eine starke Bindung tariflicher Rationalisierungsschutzpolitik an das Prinzip des Arbeitnehmerwettbewerbs. Er hat bei der Zulässigkeitsprüfung qualitativer Besetzungsregelungen in der Druckindustrie – im Anschluß an die früheren grundlegenden Ausführungen *Biedenkopfs*[9] – die Auffassung vertreten, daß der Tarifvertrag bereits dann in unzulässiger Weise in die Berufs- und Arbeitsplatzwahlfreiheit (Art. 12 Abs. 1 GG) eingreife, wenn er im Interesse rationalisierungsgefährdeter Arbeitnehmer den Bestandsschutz von Arbeitsverhältnissen in einen nackten Konkurrenzschutz gegenüber anderen, für die neu entstehenden Arbeits-

5 *BVerfGE* 46, 120 (137). Vgl. auch *Müller*, Die Berufsfreiheit des Arbeitgebers, 156.

6 Vgl. *Däubler/Hege*, Tarifvertragsrecht, Rn. 238; *Berg/Wendeling-Schröder/Wolter*, RdA 1980, 312; aber auch *Coen*, Das Recht auf Arbeit, 59 Fn. 180; *Rieth*, Die Steuerung unternehmerischen Handelns, 85f.

7 Vgl. auch *Dälken*, Möglichkeiten eines tarifvertraglichen Bestandsschutzes, 163; *Wend*, Die Zulässigkeit tarifvertraglicher Arbeitsplatzbesetzungsregelungen, 141f.; *Schleusener*, Die Zulässigkeit qualitativer Besetzungsregelungen, 114.

8 Vgl. *Badura*, FS für Berber, 21; *Zachert*, Tarifvertrag, 143; *Pitschas*, Berufsfreiheit und Berufslenkung, 46f., 428; ebenfalls *BVerfGE* 84, 133 (146) – 85, 360 (373), mit der Klarstellung, daß mit der freien Wahl des Arbeitsplatzes keine Bestandsgarantie für den einmal gewählten Arbeitsplatz verbunden ist.

9 Grenzen der Tarifautonomie, 110ff. Vgl. auch *Hueck/Nipperdey*, Lehrbuch des Arbeitsrechts, Bd. II 1, 1967, § 19 II 3b, 382; *Wiedemann/Stumpf*, TVG, Einl. vor § 1 Rn. 80.

plätze gleich oder besser geeigneten Arbeitnehmern umwandele.[10] Der Konkurrenzschutz der bereits im Beruf Tätigen könne, wie das Bundesverfassungsgericht festgestellt habe, niemals einen Eingriff in das Recht der freien Berufswahl rechtfertigen.[11] Der Wettbewerb am Arbeitsmarkt könne nur insoweit behindert werden, als dies zum Schutz «überragend wichtiger Gemeinschaftsgüter» erforderlich sei.[12] *Reuter* spricht damit generell den Tarifvertragsparteien die Berechtigung ab, zum Schutz eines Berufsstandes vor Konkurrenz durch potentielle

---

10 *Reuter*, ZfA 1978, 37ff.; ihm folgend *Bulla*, DB 1980, 158f. Vgl. auch *Koller*, ZfA 1978, 51, 57ff.; *Heidenreich*, FS für Löffler, 78ff., 82; *Loritz*, SAE 1991, 254.

11 *Reuter*, ZfA 1978, 39, unter Bezugnahme auf *BVerfGE* 7, 397 (408). An dieser Stelle gilt es, zugleich auf einen methodischen Widerspruch im soeben zitierten Gutachten *Reuters* aufmerksam zu machen. Seine Konzeption über die Rolle der Tarifautonomie zieht beträchtliche Konsequenzen für den Bewertungsmodus tarifvertraglicher Vereinbarungen nach sich. Da die Tarifautonomie an eine gleichsam zweite Verfassung, diese des Staates, gebunden ist, erscheint es danach nicht erforderlich, tarifliche Regelungen direkt an den im Grundgesetz formulierten Freiheitsverbürgungen zu messen. Stattdessen ist die ganze juristische Problematik auf die Frage zu verlagern, ob die zur rechtlichen Bewertung stehende Tarifregelung im Rahmen der zwar allen Grundrechten verpflichteten, sie aber ausgestaltenden und konkretisierenden staatlichen Rechtsordnung bleibt. Anders ausgedrückt: Was hier die juristische Bewertung primär interessiert, ist nicht die direkte Bindung des Tarifvertrages an die einzelnen Grundrechte, sondern seine Bindung an die aus der gesetzlichen Ausgestaltung und Konkretisierung der Grundrechte zu entnehmenden Ordnungs- und Gerechtigkeitsvorstellungen des Staates. Eine solche methodische Betrachtungsweise prägt das Gutachten *Reuters*. Eine getrennte Bindung des Tarifvertrages an das Eigentumsrecht und die Berufsfreiheit des einzelnen Arbeitgebers wird grundsätzlich ausgeschlossen, a. a. O., 42f., und es wird für die tragende Rolle staatlicher Systementscheidungen, wie das Prinzip der «Abhängigkeit des Arbeitskräftebedarfs von den wirtschaftlichen Bedürfnissen» und «die Legitimationsbedürftigkeit der Besetzungsregelungen von der Eigenart der Arbeitsplätze» plädiert. *Reuter* beschreitet indes zugleich einen zweiten Weg, der gerade den methodischen Widerspruch zu seinem grundlegenden Bewertungskonzept indiziert: Er mißt die qualitativen Besetzungsregelungen direkt an Art. 12 Abs. 1 GG, a. a. O., 37ff. Das ist aber letztlich durch seine These zu erklären, der staatliche Gesetzgeber habe dort, wo es um die Begründung und die Beendigung von Arbeitsverhältnissen gehe, die Berufsfreiheit des einzelnen Arbeitnehmers nicht ausreichend berücksichtigt und seine Ordnungsvorstellungen seien daher nicht voll geeignet für die erforderliche «soziale Kontrolle» der Tarifautonomie, vgl. *Reuter*, FS für das BAG, 425f. Der methodische Widerspruch erscheint freilich in dem Augenblick nicht unauflösbar, wo von einem «Ineinandergreifen der Bindung an die Grundrechte und die Ordnungsprinzipien des Arbeitsrechts» die Rede ist, *Reuter*, Ordo 33 (1982), 196. Danach liefert das staatliche Recht immer noch die maßgeblichen Bewertungsgrundlagen für tarifliche Vereinbarungen, nun aber unter der Bedingung der verfassungskonformen Auslegung seiner einzelnen Bestimmungen.

12 Vgl. auch *Reuter*, Ordo 33 (1982), 188.

Mitbewerber den technologisch bedingten qualitativen Anpassungen von Nachfrage und Angebot auf dem Arbeitsmarkt entgegenzuwirken.

Die Ansicht *Reuters* richtet sich nicht nur gegen die bisherige Praxis bzw. Vision einer intensivierten Besitzstandssicherung durch Tarifvertrag. Sie erfaßt ebenso das Nervenzentrum der staatlichen Intervention im Bereich der Arbeitsbeziehungen, die gesetzlichen Kündigungsschutzbestimmungen.[13] Seine Forderung, den Arbeitsmarkt für den Arbeitnehmerwettbewerb offenzuhalten,[14] signalisiert die Abkehr von der originären Lenkungsfunktion staatlicher Politik. Nicht die eigenständige Verfolgung des Bestandsschutzes von Arbeitsverhältnissen, sondern die Berücksichtigung und Offenlassung von echten Konkurrenzsituationen am Arbeitsmarkt bilden danach den maßgeblichen Gesichtspunkt für die Konzipierung und Legitimation arbeitsrechtlicher Regelung. Der Bestandsschutz von Arbeitsverhältnissen bildet nach *Reuter* lediglich die unausweichliche und nur insoweit legitimierbare Begleiterscheinung des Flankenschutzes der Arbeitnehmerrechte und -freiheiten im Betrieb.[15]

Die Forderung nach Offenhaltung des Arbeitmarktes für den Wettbewerb bedeutet eine gravierende Veränderung in der Zielsetzung staatlicher Ordnungspolitik.[16] Die unmittelbare Verantwortung des intervenierenden und steuernden Staates für soziale Gerechtigkeit am Arbeitsmarkt wird zwar weiterhin vorausgesetzt, sogar besonders unterstrichen.[17] Regulativ staatlicher Arbeitsmarktpolitik ist aber nun – anstelle des Bestandsschutzes von Arbeitsverhältnissen – die Bewahrung der privatautonomen Vertragsfreiheit: Der einzelne Arbeitnehmer soll, ungestört von jeder Einmischung, prinzipiell das Recht genießen, die spezifischen Vermarktungschancen seiner Arbeitskraft wahrnehmen zu können.[18]

13 Vgl. *Reuter*, FS für das BAG, 410ff., 419ff.; *ders.*, Ordo 33 (1982), 180ff.

14 Diese Forderung ist nicht gerade neu. «Lange vor der Jahrhundertwende meinten die Richter am Supreme Court der Vereinigten Staaten, kollektive Regelungen nach den auch sonst für Konkurrenzbeschränkungen geltenden Grundsätzen beurteilen zu müssen», *Simitis*, in: Verhandlungsberichte des 52. DJT II, M 24, mit Nachweisen. Die Forderung wird dann später von *Richard Posner* und der Chicagoer Schule nachdrücklich erhoben, vgl. *Posner*, Economic Analysis of Law, 239ff.

15 Vgl. *Reuter*, FS für das BAG, 425; *ders.*, Ordo 33 (1982), 188; FS für Hilger/Stumpf, 580; in diesem Sinne bereits *Schwerdtner*, ZfA 1977, 77.

16 Vgl. dazu *Simitis*, in: Kübler (Hrsg.), Verrechtlichung, 107, 109.

17 Vgl. *Reuter*, ZfA 1978, 19f., 32ff.; *ders.*, FS für das BAG, 417; Ordo 33 (1982), 194ff.; FS für Hilger/Stumpf, 575ff., 590ff.

18 Dazu erforderlich ist u. a. die staatliche Durchsetzung erhöhter Arbeitnehmermobilität, vgl. *Reuter*, RdA 1978, 349ff.; *Vollmer*, Unternehmensverfassungen, 172f. – eine Forderung, die gerade sozialstaatliche dirigistische Momente verrät.

1.2.1 Legitimationshintergrund

Diese Rückbesinnung auf die Privatautonomie fällt allerdings ihrem Verfechter keineswegs schwer. Die ökonomischen und sozialen Folgen eines «freien», individualistisch organisierten Arbeitsmarktes werden als ein alt-historischer, kaum aktualisierbarer Hintergrund betrachtet, welcher dem prinzipiell wiederkehrenden Vertrauen in die Funktionsfähigkeit des Individualarbeitsvertrages nicht mehr Einhalt gebieten kann. Das bereits gewachsene Arbeitsrecht mit seinen gesetzlichen Mindeststandardgarantien und der grundsätzlichen Anerkennung von Gewerkschaften und Tarifautonomie führt vielmehr dazu, die soziale Frage für beendet zu erklären.[19] Hinsichtlich der Legitimität des Bestandsschutzes von Arbeitsverhältnissen wird insbesondere auf eine bereits existente und funktionierende Arbeitslosenversicherung sowie auf eine Reihe möglicher sozialpolitischer Alternativvorkehrungen hingewiesen, welche dazu beitragen bzw. beitragen könnten, die materiellen und ideellen Nachteile des Arbeitsplatzverlustes erheblich abzumildern.[20] Der Bestandsschutz von Arbeitsverhältnissen sieht sich als eigenständiges arbeitsrechtliches Regelungsziel durch die kompensatorische Schutzfunktion von Sozialrecht und Sozialpolitik seiner Rechtfertigungsgrundlage nahezu beraubt. Das ausgereifte, zwar durch Rezession und Arbeitslosigkeit, nicht aber durch akute soziale Krisen gekennzeichnete Substrat des arbeitsrechtlichen Kündigungsschutzes ist mit dem krisenerschütterten, arbeits- und sozialrechtlich unterentwickelten Umfeld seiner ursprünglichen Konstitution nicht gerade vergleichbar.[21]

Bezieht das von *Reuter* geforderte Wettbewerbsmodell seine Berechtigungskraft aus Reflexionen über ein nicht ohnehin einleuchtendes, jedenfalls hier für recht bedenklich erachtetes Schutzbedürfnis des Arbeitnehmers, so zeichnet sich damit ein anderes Verständnis des Arbeitsrechts ab. Verwies die Forderung nach Offenhaltung des Arbeitsmarktes für den Wettbewerb ursprünglich auf die damals (im Jahre 1973) ausgeglichene Arbeitsmarktsituation, welche genug Anlaß dazu gab, an einer «unreflektierten» Geltung arbeitsrechtlicher Prinzipien zu rütteln,[22] so sah sie sich seit dem Ende der absehbar nicht wiederkehrenden Vollbeschäftigung und Hochkonjunktur zur zeitgemäßen Anpassung, ja unverhohlenen Radikalisierung der eigenen Prämissen veranlaßt. Die arbeitsrechtlichen Prämissen wurden nunmehr in Frage gestellt, freilich immer wieder am klassischen Beispiel des Kündigungsschutzes.[23] Am Bestandsschutzgedanken offenbarten sich wohl am

---

19 Vgl. *Rüthers*, DB 1973, 1649ff.; *Zöllner*, AcP 176 (1976), 221ff.; *Westermann*, AcP 178 (1978), 159ff.; *Reuter*, FS für Hilger/Stumpf, 598f.

20 Vgl. *Reuter*, RdA 1978, 344, 345f.; *ders.*, Ordo 33 (1982), 181; *Schwerdtner*, a. a. O. (Fn. 15), 51ff.

21 So zutreffend bemerkt von *Simitis*, a. a. O. (Fn. 16), 113f.

22 Vgl. *Reuter*, RdA 1973, 345f., 350.

23 Vgl. *Reuter*, FS für das BAG, 410ff.; *ders.*, FS für Hilger/Stumpf, 575ff., 579ff.

deutlichsten die Legitimationsdefizite der spezifischen arbeitsrechtlichen Betrachtungsweise. Sie resultierten nicht zuletzt aus berufssoziologischen Erkenntnissen, nämlich aus der Tatsache, daß heute nicht der einheitliche Klassenstatus, sondern die sehr unterschiedliche Rollenkombination und entsprechend dazu die Interessenvariierung das Lebensschicksal des Arbeitnehmers ausmachten.[24] Die Realität verbiete es, von einem auch nur annähernd geschlossenen und sinnidentischen Berufsbild des Arbeitnehmers zu sprechen.[25] Das Arbeitsrecht könne daher dort, wo es um die Auflösung von Arbeitsverhältnissen gehe, nicht umhin, sich von einer bisher unterstellten Interesseneinheit der Arbeitnehmerschaft und der damit verbundenen fiktiven Vorstellung einer pauschalen Arbeitnehmer-Solidarität abzuwenden.[26] Es benötige zwar, soweit die aus der Weisungsgebundenheit des Arbeitnehmers entstehenden Gefahren die Notwendigkeit eines Flankenschutzes vor jeder beliebigen Ausübung des arbeitgeberischen Kündigungsrechts aufwürfen, einer Reihe von Kündigungsschutzvorschriften. Es müsse aber im übrigen bei der Konzipierung seiner Rechtsfolgen bestehende, eben die normale privatrechtliche Problemsicht nahelegende Arbeitsplatzkonkurrenzverhältnisse zur Kenntnis nehmen und berücksichtigen.[27] Das Arbeitsrecht könne deshalb die Einheit des bürgerlichen Rechts nicht zerbrechen. Seine methodische Zukunft sei nicht in seiner eigenständigen Vorantreibung, sondern in seiner «Reintegration in die Gesamtrechtsordnung, insbesondere in das Zivilrechtssystem» zu sehen.[28]

Folgt man dieser Ansicht, so stellt das Arbeitsrecht – um eine treffende Formulierung von *Simitis*[29] aufzugreifen – nichts anderes dar, als «eine Art 'Berufsrecht', das zwar einer Reihe von Sonderregeln bedarf, im übrigen aber durchaus im Rahmen eines 'geläuterten' Zivilrechts aufgefangen werden könnte».[30] Die hier interessierende Forderung nach weitgehender Offenhaltung des Arbeitsmarktes für den Wettbewerb ist gerade eine markante konkrete Widerspiegelung der Diskussion über das Sozialmodell eines als «Sonderprivatrecht» verstandenen Arbeitsrechts.[31] Sie läßt sich erst auf der Basis dieses Verständnisses vom Arbeitsrecht konstituieren und erklären.

Die bereits an den obigen Betrachtungen erkennbaren Legitimationsschwierigkeiten des Bestandsschutzes von Arbeitsverhältnissen resultieren jedoch vorwiegend aus seiner beschäftigungspolitischen Ambivalenz. Primär damit gemeint ist nicht die immer wiederkehrende Behauptung von seiner die Bereitschaft des

24 *Reuter*, FS für das BAG, 413f.; *ders.*, FS für Hilger/Stumpf, 577.
25 *Scholz*, a. a. O. (Fn. 2), 286f.
26 *Reuter*, FS für das BAG, 414; *ders.*, FS für Hilger/Stumpf, 577.
27 *Reuter*, FS für das BAG, 414f.
28 *Reuter*, FS für Hilger/Stumpf, 579.
29 A. a. O. (Fn. 16), 113.
30 Konsequenterweise stellt sich bei *Scholz*, a. a. O. (Fn. 2), 273, folgende prinzipielle Frage: «Wie ist das Verhältnis von Arbeitsrecht und Berufsrecht ? Verköpert das Arbeitsrecht nicht einen bloßen Ausschnitt aus dem Berufsrecht und ist es damit nicht den übergreifenden Ordnungs- und Sinnbezügen des Berufsrechts verpflichtet ?»
31 Vgl. insb. *Westermann*, a. a. O. (Fn. 19), 150ff., 158ff.; *Lieb*, AcP 1978, 196ff.; *Assmann*, Wirtschaftsrecht, 34ff., 44ff.

Arbeitgebers, zusätzliche Arbeitskräfte einzustellen, hemmenden Wirkung.[32] Weitaus gravierender ist der Einwand aus der Einsicht in die Tatsache, daß ein konsequent ausgebauter Bestandsschutz von Arbeitsverhältnissen zugleich die Verringerung der Beschäftigungschancen all derjenigen bedeutet, die ohne Arbeit sind.[33] Sich mehr und mehr auf die Absicherung der bereits Beschäftigten zu konzentrieren heißt, anders formuliert, die Interessen all derjenigen außer acht lassen, die noch keinen Arbeitsplatz haben, die vorhandenen Beschäftigungsmöglichkeiten also einseitig verteilen. Wie reell und substanziell diese Einsicht ist, zeigt schon die frühere Erfahrung in den Vereinigten Staaten deutlich genug.[34] Nicht minder aber die Entwicklung in der Bundesrepublik Deutschland bestätigt die Tendenz zu einer betrieblichen Beschäftigungspolitik, die sich auch und gerade bei der Abwicklung technisch-organisatorischer Rationalisierungsmaßnahmen ausschließlich an der Interessenlage der Arbeitsbesitzer orientiert.[35] Die häufig verfolgte Strategie der zeitlangen Schließung des innerbetrieblichen Arbeitsmarktes ist der unbestreitbare Beleg für eine Politik der Arbeitsplatzverteilung, die von vornherein darauf verzichtet, die Situation all derjenigen mitzubedenken, die arbeitslos sind.

Von daher ist es durchaus verständlich, wenn Rechtfertigungskonstruktionen wie das «betriebliche Bürgerrecht»,[36] vermittelt durch die weitgehend fiktive ebenso wie problematische Vorstellung eines betriebsgemeinschaftsbezogenen und -gebundenen Menschen,[37] und Parallelisierungen wie diese vom Eigentums- und Kündigungsschutz[38] sich dem Verdacht eines «schwer erträglichen sozialpolitischen Opportunismus»[39] ausgesetzt sehen oder als «überaus gefährlich»[40] be-

---

32 Vgl. etwa *Reuter*, FS für das BAG, 419f.; *ders.*, Ordo 33 (1982), 184f.; *Schellhaaß*, ZfA 1984, 155ff. Kritisch dazu *Simitis*, a. a. O. (Fn. 14), M 15.

33 Vgl. insb. *Reuter*, FS für das BAG, 410, 420; *ders.*, Ordo 33 (1982), 180f.; *Simitis*, a. a. O. (Fn. 14), M 14f., M 30f.; *ders.*, a. a. O. (Fn. 16), 114f.; *Zöllner*, in: Verhandlungen des 52. DJT I, D 114; *Richardi*, JZ 1978, 485.

34 Vgl. die Nachweise bei *Simitis*, a. a. O. (Fn. 14), M 31 Fn. 72 und a. a. O. (Fn. 16), 114 Fn. 125.

35 Vgl. dazu oben im 1. Teil der Untersuchung, Kapitel I Abschnitt 3, S. 31 Fn. 39.

36 Vgl. *Herschel*, RdA 1960, 121; *ders.*, RdA 1975, 31f.; BB 1977, 709.

37 Vgl. kritisch dazu *Reuter*, Ordo 33 (1982), 182f.

38 Vgl. in diesem Sinne *Herschel/Löwisch*, KSchG, Vorb. vor § 1 Rn. 3; aber auch *Helle*, Konzernbedingte Kündigungsschranken, 96f.; kritisch dazu, aber letztlich nicht überzeugend *Worpenberg*, Die konzerninterne Arbeitnehmerüberlassung, 254f., der – entgegen der hier, oben im Abschnitt 1.1, S. 317 vertretenen Auffassung – den bereits Beschäftigten den Grundrechtsschutz insb. aus Art. 12 Abs. 1 GG von vornherein abspricht und daher das Vorliegen einer Grundrechtskollision im Hinblick auf die widerstreitenden Beschäftigungsinteressen von Arbeitsbesitzern und Arbeitslosen verneint.

39 *Reuter*, Ordo 33 (1982), 184.

zeichnet werden. Es läßt sich in der Tat nicht leugnen, daß die Diskussion um Reichweite und Grenzen der Legitimität des Bestandsschutzes von Arbeitsverhältnissen mit der veränderten Arbeitsmarktsituation ab Mitte der 70er Jahre qualitativ neue Problemdimensionen angenommen hat. Die Legitimation des Bestandsschutzgedankens im Arbeitsrecht präsentiert sich nämlich zugleich als ein Problem der Austragung von beschäftigungspolitischen Zielkonflikten, die gerade in einer Zeit von Rezession bzw. begrenztem Wirtschaftswachstum und von Dauerarbeitslosigkeit zwangsläufig und in erster Linie zwischen der Notwendigkeit ausreichender Absicherung der bereits Arbeitenden und der legitimen Sorge um die Eingliederung bzw. Wiedereinstellung der Arbeitslosen entstehen.[41]

Vor dem Hintergrund dieses gravierenden Legitimationsbedürfnisses beansprucht die Rückbesinnung auf die privatautonome Vertragsfreiheit ihre Berechtigung. Das geforderte Wettbewerbsmodell bietet sich als das taugliche Verfahren für die Bewahrung bzw. Wiederherstellung von Chancengleichheit auf dem Arbeitsmarkt an. Der Arbeitnehmerwettbewerb stellt, so gesehen, eine schlüssige Funktionsbedingung sozialer Gerechtigkeit dar. Der Vorteil wiegt um so schwerer, als durch die sich nun eröffnende Chance, die Arbeitskosten und damit die Warenpreise zu senken, finanzielle Einbußen der Allgemeinheit (Verbraucher) vermieden werden könnten.[42]

1.2.2 Realpolitische Tragweite

Fraglich ist allerdings, ob und inwieweit der Arbeitnehmerwettbewerb ein tatsächlich funktionierendes Allokationsverfahren darstellt. Die schlechte Arbeitsmarktsituation und die verengten personalpolitischen Anpassungsspielräume in den Betrieben lassen sicherlich auf eine verschärfte Konkurrenz um die Arbeitsplätze schließen. Un- bzw. minderqualifizierte Arbeitnehmer, die den größten Teil der Arbeitslosen ausmachen, können aber im Normalfall mit den höher- bzw. betriebsspezifisch qualifizierten Arbeitsbesitzern um die in Frage kommenden Arbeitsplätze nicht ernsthaft konkurrieren. Arbeitsuchende erhalten hier überhaupt eine Wettbewerbschance, wenn sie für die neu entstehenden Arbeitsplätze besser als die Arbeitsplatzinhaber geeignet sind oder ihre Minderqualifikation vor dem Hintergrund technisch-organisatorischer Dequalifikationsprozesse besondere Bedeutung für Rentabilitätserwägungen der Arbeitgeberseite erlangt. Der Wettbewerb zwischen Insidern und Outsidern bietet, insbesondere für

---

40 *Simitis*, a. a. O. (Fn. 14), M 15.

41 «Die Reaktivierung der Diskussion um den Bestandsschutz von Arbeitsverhältnissen stellt die 'gesamtgesellschaftliche Perspektive' in den Vordergrund», *Ellermann-Witt/Rottleuthner/Russig*, Kündigungspraxis, 277f.

42 Vgl. etwa *Posner*, a. a. O. (Fn. 14), 240; *Reuter*, ZfA 1978, 34.

die internalisierten Arbeitsmärkte der größeren Unternehmungen, indes zumeist kein praktisch relevantes Verfahren der Personalanpassung.[43] Die grundsätzliche Orientierung an den bereits im Betrieb Stehenden wird, auch bei der Abwicklung technisch-organisatorischer Rationalisierungsmaßnahmen, für betriebswirtschaftlich sinnvoller erachtet. Humankapital- und Loyalitätserwägungen lassen vor allem Lohnwettbewerbsaspekte in den Hintergrund treten.[44] Der externe Arbeitsmarkt bildet vornehmlich für Arbeitsverhältnisse, die sich mit Jedermann-Qualifikationen begnügen, einen bedeutsamen Faktor, da sich insoweit der Austausch von Arbeitskräften relativ reibungslos regulieren läßt.[45] Auch dort, wo die Arbeitgeberseite – wie früher in der Druckindustrie – aus Überlegungen, die vornehmlich den Aspekt einer drastischen Lohnkostenreduzierung ansprechen, eine weitgehende Offenhaltung des innerbetrieblichen Arbeitsmarktes oder jedenfalls längerfristig die Ablösung etablierter berufsfachlicher Teilarbeitsmärkte anstrebt, kommt dem Arbeitnehmerwettbewerb als Allokationsverfahren besondere praktische Relevanz zu. Bei aller differenzierter Betrachtung ist jedoch insgesamt festzustellen, daß das von *Reuter* für den Arbeitsmarkt geforderte Wettbewerbsmodell eine begrenzte realpolitische Tragweite aufweist. Es kann daher keine grundlegende Umverteilung der Beschäftigungschancen zwischen Arbeitsbesitzern und Arbeitslosen bewirken.[46] Dies um so weniger, als die denkbare Funktion des Modells in den Einsatzbereichen neuer Technologien vorwiegend Arbeitsplätze betrifft, die früher oder später wegfallen.[47]

---

43 Zur Unvermeidbarkeit interner Arbeitsmärkte *Brandes/Buttler*, FS für Mertens, 99ff.; kritisch dazu *Reuter*, ZfA 1995, 28ff.

44 Zur Unterscheidung zwischen dem generellen Anliegen der Arbeitgeberseite an einem offenen, wettbewerbsorientierten Arbeitsmarkt und ihrem spezifischen segmentationsfördernden Interesse an der Erhaltung bereits bestehender Belegschaften *Lutz*, in: Brinkmann u. a. (Hrsg.), Arbeitsmarktsegmentation, 46. Es sind zum einen die besonderen Probleme der technisch-organisatorischen Umstellungsphase, die dazu führen, daß ein solches spezifisches Interesse überwiegt. In dieser Phase wird auf eine bestimmte, in Fleiß, Zuverlässigkeit, Disziplin und Betriebstreue konkretisierte Arbeitsmoral besonderer Wert gelegt, darüber hinaus individuelle Wendigkeit und umfassendes bzw. betriebsspezifisches Produktionswissen verlangt. Das sind Eigenschaften und Anforderungsmerkmale, die gerade bei entsprechend qualifizierten erfahrenen Betriebsangehörigen am ehesten erfüllt sind. Andererseits setzt sich beim Management zunehmend die Erkenntnis durch, daß Qualifikation und fachliche Souveränität vorhandener Belegschaften Produktivkräfte sind, die es für die marktbezogene Flexibilität der automatisierten Produktionsprozesse und für eine bessere Produktqualität längerfristig und verstärkt zu nutzen gilt, vgl. erneut *Kern/Schumann*, Das Ende der Arbeitsteilung ?

45 *Reuter*, a. a. O. (Fn. 43), 28f.

46 Ähnlich die Einschätzung bei *Nickel*, in: Kittner (Hrsg.), Arbeitsmarkt, 253.

47 Vgl. bereits *Simitis*, a. a. O. (Fn. 14), M 24.

1.3 Die Position Wiedemanns und die Rechtsprechung des Bundesarbeitsgerichts

Die von *Reuter* vertretene Auffassung, daß die Intention eines Konkurrenzschutzes an sich niemals einen Eingriff in das Grundrecht der Berufs- und Arbeitsplatzwahlfreiheit rechtfertigen kann, ist in der Literatur[48] mehrfach auf Widerspruch gestoßen und wurde auch vom Bundesarbeitsgericht[49] nicht adaptiert. Bereits die Annahme, daß qualitative Besetzungsregelungen die Berufswahl als solche einschränken, wurde für unzutreffend erachtet, was eine Diskussion auslöste, ob diese Tarifregelungen zu den subjektiven Voraussetzungen der Berufszulassung zuzurechnen sind[50] oder lediglich Regelungen der Berufsausübung mit entsprechenden Konsequenzen für die Arbeitsplatzwahlfreiheit darstellen.[51] Kritisiert wurde aber vor allem die Übertragung der für Angehörige freier Berufe vom Bundesverfassungsgericht entwickelten Grundsätze des Berufszugangs auf die abhängige Arbeitsleistung und die tarifvertragliche Normsetzung. Die tatsächlichen Voraussetzungen des Wettbewerbs auf dem Arbeitsmarkt und auf den Güter- bzw. Dienstleistungsmärkten könnten nur bedingt miteinander verglichen werden.[52]

Namentlich *Wiedemann*[53] wies darauf hin, daß das Wettbewerbsprinzip von einem unbegrenzten Marktzugang und von einer nicht eingeschränkten Zahl von Unternehmen oder berufstätigen Personen ausgehe. Diese Konstellation trifft nach seiner Auffassung nicht auf die Situation des Arbeitnehmers zu, der sich mit einer geschlossenen Zahl von Arbeitsplätzen konfrontiert sehe. Bei der Verteilung von Arbeitsplätzen gehe es daher nicht wie bei der Zulassung zu einer selb-

48 Vgl. *Simitis*, a. a. O. (Fn. 14), M 23ff.; *Wiedemann*, a. a. O. (Fn. 2), 655ff.; *Wank*, Das Recht auf Arbeit, 113ff.; *Berg/Wendeling-Schröder/Wolter*, a. a. O. (Fn. 6), 311ff.; *Beck*, AuR 1981, 373ff.; *Scholz*, a. a. O. (Fn. 2), 280f.; *Moll*, Künstliche Beschäftigung, 134; *Runggaldier*, Kollektivvertragliche Mitbestimmung, 338f.; *Dälken*, a. a. O. (Fn. 7), 162ff., 169ff.; *Wend*, a. a. O. (Fn. 7), 158ff.; *Konertz*, Tarifrechtliche Regelungsmöglichkeiten, 167ff.; *Weyand*, Die tarifvertragliche Mitbestimmung, 170f.; *Stark*, Verfassungsfragen einer Arbeitsplatzsicherung, 166ff.; *Säcker/Oetker*, Grundlagen und Grenzen der Tarifautonomie, 278ff.

49 *BAG* AP Nr. 1 zu § 1 TVG Tarifverträge:Druckindustrie; AP Nr. 57 zu Art. 9 GG.

50 So etwa *Biedenkopf*, a. a. O. (Fn. 9), 111; *Reuter*, ZfA 1978, 8, 37f.; *Konertz*, a. a. O. (Fn. 48).

51 So etwa *Wiedemann*, a. a. O. (Fn. 2), 656; *Beck*, a. a. O. (Fn. 48), 373; *BAG* AP Nr. 57 zu Art. 9 GG; aber auch grundsätzlich *Säcker/Oetker*, a. a. O. (Fn. 48), 294ff., 296.

52 Vgl. insb. *Wiedemann*, a. a. O. (Fn. 2), 656f.; *Säcker/Oetker*, a. a. O. (Fn. 48), 281f.; aber auch die grundlegende Fragestellung bei *Simitis*, a. a. O. (Fn. 14), M 25, die gleich unten im Abschnitt 1.4.1, S. 329ff. reflektiert wird.

53 A. a. O. (Fn. 2), 656ff.

ständigen beruflichen Tätigkeit um die Frage, wer neben anderen, sondern wer anstelle anderer die gewünschte Berufstätigkeit aufnehmen könne. Die Auswahl des einen Bewerbers habe hier automatisch das Verdrängen des Konkurrenten zur Folge. *Wiedemann* betrachtet insofern die Situation als vergleichbar mit derjenigen in den zulassungsbeschränkten Studiengängen und plädiert für eine entsprechende, Art. 3 Abs. 1 GG als Prüfungsmaßstab einbeziehende Anwendung der Numerus-clausus-Urteile des Bundesverfassungsgerichts zum Hochschulzugang auf die Problematik um die tarifvertragliche Zuweisung von Arbeitsplätzen.[54] Die Bevorzugung bestimmter Arbeitnehmergruppen gegenüber potentiellen Mitbewerbern könne daher legitim sein, wenn der Kollektivvertrag durch sachbezogene Gründe gerechtfertigt werde. Als solche Gründe betrachtet *Wiedemann* soziale Schutz-erwägungen, die den Aspekt des Vertrauensschutzes und des gerechten Ausgleichs der Risiken des wirtschaftlichen und technologischen Fortschritts ansprechen, was ihn dazu bewegt, die Zulässigkeit der im RTS-Tarifvertrag vereinbarten qualitativen Besetzungsregelungen zu bejahen.[55]

Den Ausführungen *Wiedemanns* schloß sich auch das Bundesarbeitsgericht im Urteil vom 13. September 1983[56] an, in dem es sich erstmals mit der Zulässigkeit qualitativer Besetzungsregelungen der Druckindustrie in Gestalt des RTS-Tarifvertrages befaßte. Das Gericht[57] machte in diesem Urteil insbesondere auf den Umstand aufmerksam, daß der Arbeitnehmer, um seine Berufsfreiheit ausüben zu können, auf einen Arbeitgeber angewiesen sei, der ihm einen entsprechenden Arbeitsplatz biete. Für den Arbeitnehmer bilde der Arbeitsplatz die Grundlage seiner wirtschaftlichen und sozialen Existenz und auch eine wesentliche Grundlage der Entfaltung seiner Persönlichkeit. Ein Mangel an Arbeitsplätzen führe deshalb zu unsozialen Härten, die nicht um des Prinzips des freien Wettbewerbs willen einfach hingenommen werden könnten. Vielmehr fordere hier das in Art. 20 Abs. 1 GG verfassungsrechtlich verankerte Sozialstaatsprinzip aus sozialen Rücksichten Möglichkeiten der Einschränkung des freien Wettbewerbs zwischen arbeitsuchenden Arbeitnehmern.

---

54 Ihm zustimmend *Berg/Wendeling-Schröder/Wolter*, a. a. O. (Fn. 6), 312; *Wank*, a. a. O. (Fn. 48), 119f.; *Moll*, a. a. O. (Fn. 48), 134; *Runggaldier*, a. a. O. (Fn. 48), 338; *Dälken*, a. a. O. (Fn. 48), 172; wohl auch *Weyand*, a. a. O. (Fn. 48), 172.

55 Ebenso in der Bewertung – außer den soeben in Fn. 54 genannten Autoren – *Beck*, a. a. O. (Fn. 48), 374f.; *Wend*, a. a. O. (Fn. 7), 157ff.; *Stark*, a. a. O. (Fn. 48), 170f.; *Säcker/Oetker*, a. a. O. (Fn. 48), 299ff.; die Zulässigkeit bejahend, nur soweit der Beschäftigungsvorrang der Fachkräfte der Druckindustrie auf Angehörige des Unternehmens beschränkt bleibt, *Konertz*, a. a. O. (Fn. 48), 169f.

56 *BAG* AP Nr. 1 zu § 1 TVG Tarifverträge:Druckindustrie.

57 *BAG*, a. a. O. (Fn. 56), Bl. 350.

Diese Aussagen veranlaßten weder *Wiedemann* noch das Bundesarbeitsgericht jedoch dazu, an der «wettbewerbsorientierten» Interpretation des Art. 12 Abs. 1 GG zu rütteln. Man geht vielmehr davon aus, daß Art. 12 Abs. 1 GG auch für den Arbeitsmarkt die grundsätzliche Anerkennung des Wettbewerbsprinzips impliziert.[58] Diese Funktionsgarantie entspricht nach *Scholz*[59] der liberal-freiheitsrechtlichen Struktur des Grundrechts der Berufsfreiheit. Bei aller Anerkennung einer eigenständigen Verfolgung des Bestandsschutzgedankens soll damit die Allokation der Arbeitskraft prinzipiell dem Organisations- und Funktionsmuster von Markt und Wettbewerb überantwortet bleiben.[60] Von daher können tarifliche Bestandsschutzbestimmungen zwar zu Einschränkungen des Wettbewerbs am Arbeitsmarkt führen, diese Einschränkungen dürfen aber nicht übermäßig sein oder gar die völlige Ausschaltung des Wettbewerbsprinzips implizieren.[61] Die Eingriffskompetenz der Tarifvertragsparteien wird somit als ein von außen wirkendes Korrektiv aufgefaßt, dem gegenüber der liberal-freiheitsrechtliche Strukturcharakter des Grundrechts der Berufsfreiheit zum Schutz vor unverhältnismäßigen Eingriffen abgeschirmt werden soll. Diesem Interpretationsverständnis entspricht es gerade, wenn das Bundesarbeitsgericht – entgegen seiner Zurückhaltung im Urteil vom 13.9.1983 – in den späteren Urteilen vom 26.4.1990[62] und vom 22.1.1991[63] zur verfassungsrechtlichen Zulässigkeit qualitativer Besetzungsregelungen der Druckindustrie mit dem Abwägungsmodell der Stufentheorie des Bundesverfassungsgerichts operiert hat. Das Gericht betrachtet – anders als in seinem erstgenannten Urteil und entgegen *Wiedemann* – damit letztlich Art. 12 Abs. 1 GG als die maßgebliche Prüfungsnorm zur Bewältigung dieser Problematik.

---

58 So verweist *BAG*, a. a. O. (Fn. 56), Bl. 350, ausdrücklich auf «das in Art. 12 Abs. 1 GG angelegte Prinzip des freien beruflichen Wettbewerbs» als zu beachtenden Maßstab bei der Zulässigkeitsprüfung qualitativer Besetzungsregelungen.

59 A. a. O. (Fn. 2), 274ff., 279.

60 *Scholz*, in: Maunz u. a., GG, Art. 12 Rn. 84, 85, mit der Grundbemerkung – bereits *ders.*, a. a. O. (Fn. 2), 281-, daß es sich bei der Konkurrenz der Arbeitnehmer um die Arbeitsplätze um eine nicht voll kompatible Wettbewerbsbeziehung handele; denn der Arbeitnehmer, der einen Arbeitsplatz inne habe, behaupte bereits das Ergebnis eines vorangegangenen Wettbewerbs (eben um diesen Arbeitsplatz) und verfüge insoweit über eine qualitativ andere Position im fortdauernden Wettbewerb gegenüber dem späteren Konkurrenten, der sich um den gleichen Arbeitsplatz bewerbe. Folgerichtig könne die Rechtsordnung dem Bestandsschutz Priorität gegenüber dem (nachfolgenden) Wettbewerb einräumen.

61 *Scholz*, a. a. O. (Fn. 2), 281.

62 *BAG* AP Nr. 57 zu Art. 9 GG.

63 *BAG*, NZA 1991, 675ff.

1.4 Zu den marktstrukturellen Wahrnehmungsbedingungen der Berufsfreiheit des Arbeitnehmers

Die bisherige Diskussion um die Art und Weise, mit der Art. 12 Abs. 1 GG auf die Arbeitnehmer und ihre beschäftigungspolitischen Konkurrenzverhältnisse anzuwenden ist, liefert – bei aller kritischer Betrachtung – immerhin einen wichtigen, ja elementaren Gesichtspunkt, worauf *Simitis*[64] bereits früh mit Nachdruck hingewiesen hat: die notwendige Berücksichtigung der Besonderheiten des Arbeitsmarktes. Was sich allerdings hinter diesem Begriff verbirgt, hat *Simitis* in Form von konkreten Fragestellungen plastisch formuliert. Es geht, um es auf eine Formel zu bringen, um grundlegende, sozial-ökonomische Aspekte der Vermarktung der Arbeitskraft, die – allem Anschein zuwider – bislang nicht die gebührende Beachtung bei der Interpretation des Art. 12 Abs. 1 GG gefunden haben. Denn die Besonderheiten des Arbeitsmarktes lassen sich recht unzureichend allein mit dem Hinweis auf die geschlossene Zahl von Arbeitsplätzen oder auf die Abhängigkeit des Arbeitnehmers von der Willensentschließung Dritter umschreiben. Eine interpretatorische Annäherung des Art. 12 Abs. 1 GG für das Verhältnis der Arbeitnehmer zueinander erfordert vielmehr die Bereitschaft, über Strukturmerkmale, Funktionsvoraussetzungen und Entwicklung des Arbeitsmarktes ernsthaft nachzudenken, sich also mit den marktstrukturellen Wahrnehmungsbedingungen grundrechtlicher Berufs- und Arbeitsplatzwahlfreiheit sorgfältig auseinanderzusetzen. Unstreitig dürfte freilich soviel sein: Überlegungen zur grundgesetzlichen Berufsfreiheitsgarantie bewegen sich vor allem dort, wo der Aspekt der Arbeitnehmerkonkurrenz angesprochen ist, im luftleeren Raum, wenn ihnen nicht gerade eine Einschätzung jener Bedingungen und Möglichkeiten zugrundeliegt, unter denen die Arbeitskraft als Träger eines Berufs vermarktet wird. Erst diese Einschätzung ermöglicht es, bei der Interpretation des Art. 12 Abs. 1 GG auf die realen sozialen Chancen des Arbeitnehmers zur Verwirklichung beruflicher Freiheit abzuheben, vermittelt damit ein konkretes Verständnis der einschlägigen Berufsfreiheitsgarantie[65] und rechtfertigt jede weitere Überlegung über den Aussagegehalt des Art. 12 Abs. 1 GG für die Konkurrenz der Arbeitnehmer untereinander. Eine «wettbewerbsorientierte» Interpretation des Art. 12 Abs. 1 GG kann daher nur überzeugen, wenn sich tatsächlich herausstellt, daß die ihr zugrundeliegenden marktstrukturellen Annahmen auf die Situation des Arbeitnehmers zutreffen, wenn nämlich der Arbeitsmarkt jene Strukturmerkmale aufweist,

---

64 A. a. O. (Fn. 14), M 25.

65 Zu diesem methodischen Ansatz für die Interpretation des Art. 12 Abs. 1 GG vgl. bereits *Dorndorf*, Freie Arbeitsplatzwahl, 92ff.; aber auch *Pitschas*, a. a. O. (Fn. 8), 56f., 106ff., 123ff., 193ff.

welche für Güter- und Dienstleistungsmärkte die Geltung eines zumindest bedingt funktionierenden Wettbewerbs auf der Angebotsseite nahelegen.

1.4.1 Die «Ware» Arbeitskraft

Die Besonderheiten des Arbeitsmarktes gehen in erster Linie auf den begrenzten strategischen Optionshorizont seiner Angebotsseite zurück.

Der Arbeitnehmer als Anbieter von Arbeitskraft unterliegt aufgrund seines Nichtbesitzes an sachlichen Produktionsmitteln einem besonders intensiven Verkaufszwang. Da er in der Regel nur durch den Verkauf seiner sonst «gegenstandslosen» Arbeitskraft seine Existenz sichern kann, ist er gezwungen, seine Arbeitskraft zu vermarkten.[66] Arbeitskraft-Besitzer verfügen damit – im Gegensatz zu anderen Warenbesitzern – über keine Ausweichmöglichkeiten. So können sie bei verminderter Nachfrage ihre «Ware» nicht – zumindest nicht über längere Zeit – zurückhalten oder horten.[67] Und sie sind letztlich – im Gegensatz zu anderen, ebenfalls vom Verkaufszwang betroffenen Besitzern anderer Güter, die «aber diese entweder selbst verzehren oder doch zur Grundlage der marktexternen Versorgung mit Lebensmitteln machen können»[68] – in keinem Fall in der Lage, sich außerhalb des arbeitsmarktpolitischen Tauschaktes durch Gebrauch ihrer dann vollkommen «wertlosen» Ware zu erhalten. Dieser alternativlose Verkaufszwang wird durch einen weiteren marktstrategischen Nachteil ergänzt: Arbeitskraft-Besitzer verfügen kaum über eigene Möglichkeiten, die Menge ihres Gesamtangebots zu beeinflussen.[69] Die Nachfrageseite des Arbeitsmarktes kann

---

66 Vgl. etwa *Willeke*, HdSW, Bd. 1, 321f., 326f.; *Offe/Hinrichs*, in: Offe (Hrsg.), Opfer des Arbeitsmarktes, 9ff.

67 «Da das Angebot von Arbeitskraft regelmäßig durch die Notwendigkeit motiviert ist, Subsistenzmittel für die Erhaltung des Lebens zu gewinnen, kommt auch eine zeitliche Variation des Angebots allenfalls für kurze "Durststrecken" infrage.», *Offe/Hinrichs*, a. a. O. (Fn. 66), 14f.

68 *Offe/Hinrichs*, a. a. O. (Fn. 66), 15, die darin einen systematischen, empirisch häufig kaum ins Gewicht fallenden Unterschied zwischen den Besitzern von Land bzw. produzierten Gütern auf der einen Seite und Arbeitskraft-Besitzern auf der anderen Seite sehen. Ohne diese Erkenntnis vgl. gerade *Reuter*, FS für Hilger/Stumpf, 581.

69 Zu diesem marktstrategischen Handicap der Arbeitskraft, welches darauf zurückzuführen ist, daß sie als «Ware» nicht – wie «echte» Waren – nach dem Kriterium ihrer erwarteten Verkäuflichkeit, sondern aus völlig anderen Gründen auf dem Arbeitsmarkt auftritt, *Offe/Hinrichs*, in: Offe (Hrsg.), Arbeitsgesellschaft, 50f. Die existenzielle Abhängigkeit der Arbeitnehmer auf die Vermarktung ihrer Arbeitskraft zwingt sie, eine durch ein Überangebot an Arbeitskraft bedingte Lohnsenkung mit einer Ausdehnung des Arbeitsangebots zu beantworten, so daß sich – anders als bei einem Preisverfall auf Gütermärkten – eine Spirale nach unten entwickelt mit recht negativen materiellen und immateriellen Konsequenzen für die Interessenposition der Ar-

hingegen mit ihrem Kapital nicht nur länger warten,[70] sondern vielmehr durch technisch-organisatorische Mittel ihren eigenen Bedarf an Arbeitskräften herabsetzen.[71] Es ergibt sich mithin bereits eine gravierende strategische Benachteiligung der Anbieter von Arbeitskraft gegenüber den Nachfragern nach Arbeitskraft: Die ersteren sind stärker genötigt, ihr Angebot auszuüben, als die letzteren genötigt sind, ihre Nachfrage geltend zu machen.

Aber nicht nur die Unfähigkeit, mit dem Verkauf zu «warten», sondern auch insgesamt die Begrenztheit der strategischen Optionen selbst beim Verkauf charakterisiert die Marktposition der Anbieter von Arbeitskraft. Arbeitsbesitzer sind, gerade weil ihr Arbeitsvermögen physische und psychische Belastungsgrenzen kennt, kaum in der Lage, die Qualität ihres Angebots stark zu variieren.[72] Noch können sie, jedenfalls soweit ihre soziale Situation durch gravierende Bindungen (Ehe, Familie) gekennzeichnet ist, ihre Arbeitskraft an jedem beliebigen Ort anbieten.[73] Solche Einschränkungen des strategischen Optionshorizonts treffen freilich in recht unterschiedlichem Maße auf die Angebotsseite – so weitaus mehr auf ältere als auf jüngere Arbeitskräfte – zu. Sie erscheinen aber um so gewichtiger, je näher man zu der Erkenntnis kommt, daß Arbeitsbesitzer nicht zuletzt vom einmal erreichten Lebensstandard und Berufsstatus existenziell abhängig sind und daher ihre Angebotsbedingungen und -ansprüche nicht – zumindest nicht ohne weiteres – zu unterbieten in der Lage sind.[74] Diese relative «Starrheit» des

---

beitnehmer, vgl. dazu insb. *Stützel*, Marktpreis und Menschenwürde, 18, der diesen marktökonomischen Zusammenhang als «Konkurrenzparadoxon» bezeichnet.

70 *Willeke*, a. a. O. (Fn. 66), 327.

71 Vgl. *Offe/Hinrichs*, a. a. O. (Fn. 66), 12f.

72 Vgl. *Bieback*, in: Achten u. a., Recht auf Arbeit, 130; *Willeke*, a. a. O. (Fn. 66), 327, 330; *Offe/Hinrichs*, a. a. O. (Fn. 66), 14, 16.

73 «Nicht weniger wichtig ist es schließlich, statt die Mobilität als selbstverständliches und unverzichtbares Marktprinzip hinzustellen, sich einmal zu vergegenwärtigen, welche reale Bedeutung denn Mobilität in einer Gesellschaft hat, in der nicht nur sechzig Prozent der Arbeitnehmerhaushalte beide Ehegatten arbeiten, sondern Arbeit kaum als das Vorrecht eines von ihnen ausgegeben werden kann, jedenfalls solange, wie man die Verdrängung bestimmter Arbeitnehmergruppen vom Arbeitsmarkt nicht schlicht für selbstverständlich hält.», *Simitis*, a. a. O. (Fn. 14), M 25.

74 «In nichts sind eben die Menschen konservativer als in der Erhaltung eines einmal erreichten Lebensstandards und eines einmal gewonnenen sozialen Wertbewußtseins auf Grund der bisher eingenommenen Stellung in der allgemeinen Leistungs- und Werthierarchie der Gesellschaft.», *Willeke*, a. a. O. (Fn. 66), 331. Zu Recht bemerkt *Streit*, Theorie der Wirtschaftspolitik, 98, daß auf dem Arbeitsmarkt nicht nur Einkommen und Vermögen, sondern – wenn auch damit eng verknüpft – «Lebenslagen» verteilt werden. Angesprochen seien damit neben den quantitativen Versorgungsmöglichkeiten immaterielle Aspekte, also – wie *Pitschas*, a. a. O. (Fn. 8), 199, meint – «Statusfragen, wie sie beispielsweise zum Ausdruck kommen in der verteilungsbezogenen Zuweisung von Sicherheit vor sozialem Abstieg». «Am Arbeits-

Angebots an Arbeitskraft begründet eine zusätzliche strategische Benachteiligung der Anbieter- gegenüber der Nachfragerseite des Arbeitsmarktes: Letztere verfügt als Besitzerin vom «mobilen» Kapital in der Tauschbeziehung über mehr Optionen als erstere ohne Verletzung von Minimalbedingungen und -ansprüchen realisieren kann.[75] Ein derart strukturelles Ungleichgewicht zwischen Angebot und Nachfrage ist beim Angebot anderer Waren, das im Vergleich zu dem Angebot der «Ware» Arbeitskraft eher variiebar und disponibel ist, nicht anzutreffen. Anders als dem Arbeitsbesitzer bleibt dem normalen Warenbesitzer – selbst bei Voraussetzung eines für ihn unabwendbaren Verkaufszwanges – in der Regel noch ein relativ weiter Optionshorizont, innerhalb dessen er die qualitativen und örtlichen Parameter seines Verkaufs frei bestimmen kann.[76] Darin liegt ein grundlegender Unterschied zwischen dem Arbeitsmarkt und den anderen Märkten.

Der begrenzte strategische Optionshorizont der «Ware» Arbeitskraft indiziert deren mangelnde Marktfähigkeit und liefert die Ursache für die ungleiche Ausgangsposition von Angebot und Nachfrage auf dem Arbeitsmarkt.[77] Das zwischen ihnen bestehende Gefälle in der Verfügbarkeit der diversen marktrationalen Strategien erzeugt ein strukturelles Machtungleichgewicht und macht den Arbeitsmarkt zu einem sehr ungleichgewichtigen Markt. Die Abhängigkeit von der – variablen – Nachfrage der Marktgegenseite ist deshalb hier eine machtspezifische, besonders intensive Abhängigkeit. Sie ist genaugenommen keine institutio-

---

markt geht es um die interessenorientierte Gestaltung von Lebenslagen», *Fürstenberg*, FS für R. König, 479. Auch *Kittner*, in: Kittner (Hrsg.), Arbeitsmarkt, 24, spricht vom Gleichgewicht in einem materiellen Sinne, das nicht vorliegt, wenn nur der Markt «geräumt» ist. Eine Theorie des Arbeitsmarktes muß vielmehr – wie *Bolle*, Einleitung, zu: ders. (Hrsg.), Arbeitsmartkttheorie und Arbeitsmarktpolitik, 21, zitiert nach *Kittner*, a. a. O., 25, es formuliert – «die nicht in Geld ausdrückbaren sozialen Interaktionen» erfassen können.

75 *Offe/Hinrichs*, a. a. O. (Fn. 66), 14.

76 *Offe/Hinrichs*, a. a. O. (Fn. 66), 16. Das übersieht *Reuter*, Ordo 33 (1982), 189, wenn er zwischen der Marktposition des Arbeitnehmers und der eines selbständigen Apothekers oder Handwerkers keinen substanziellen Unterschied konstatiert; erneut *ders.*, a. a. O. (Fn. 43), 26.

77 Das Allokationsproblem des Arbeitsmarktes stellt sich deshalb – entgegen *Pitschas*, a. a. O. (Fn. 8), 195f., der darin vorwiegend ein Problem der Wettbewerbssicherung sieht, welches durch Herstellung erhöhter Markttransparenz und Erleichterung des Marktzugangs zu bewältigen ist – primär als ein Problem der strukturell eingeschränkten Adaptivität der «Ware» Arbeitskraft dar. Der Arbeitsmarkt erweist sich insofern als ein gegenüber seiner Angebotsseite mehr oder weniger «geschlossener», nur begrenzten Zutritt ermöglichender Markt. Ohne diese grundsätzliche Einsicht jedoch *Wiedemann*, a. a. O. (Fn. 2), 656 und *BAG* AP Nr. 1 zu § 1 TVG Tarifverträge:Druckindustrie, die nur auf Situationen des Arbeitsplatzmangels abstellen.

nelle, sondern eine marktstrategisch bedingte Abhängigkeit.[78] Diese Abhängigkeit ist letztlich darauf zurückzuführen, daß als einzige «Ware» die Arbeitskraft bei ihrer marktmäßigen Verwertung mit ihrem Verkäufer, dem Menschen untrennbar verbunden bleibt.[79] Eben diese Erkenntnis gab vielfach Anlaß zu der Einsicht, daß die Arbeitskraft nicht als Ware gewertet[80] und daher nicht unter den ökonomischen Voraussetzungen verfügt werden kann, die sonst Ablauf und Struktur von Gütermärkten prägen.[81] Ihre mangelnde Marktfähigkeit sollte nicht anders als durch den Einsatz marktexterner politischer Machtmittel kompensiert werden. In Anerkennung der Tatsache, daß es zu einer Korrektur der Rahmenbedingungen, unter denen das Angebot erfolgt, keine Alternative gibt, signalisiert die arbeitsrechtiche Regelung den Versuch, den ökonomisch, also mit den Mitteln des Marktes nicht erzielbaren Ausgleich politisch zu realisieren.[82] Dem Tarifvertrag und der Arbeitsgesetzgebung kommt damit eine durchaus erklärliche, dem normalen, sich über Wettbewerb und individuelle Vertragsfreiheit abwickelnden Marktmechanismus zuwiderlaufende Schutzfunktion zu. Sie impliziert für das Verhältnis zwischen Angebot und Nachfrage des Arbeitsmarktes die Negation des Markt- und Kontraktprinzips.

1.4.2 Die Rechtfertigung des Bestandsschutzes von Arbeitsverhältnissen

Die arbeitsrechtliche Regelung entfaltet ihre Schutzfunktion auch und gerade dort, wo es um die Auflösung von Arbeitsverhältnissen geht. Bestimmungen zum Kündigungsschutz sind ebenfalls auf die Erkenntnis der mangelnden Marktfähigkeit der «Ware» Arbeitskraft zurückzuführen. Diese gebietet schon bei einem insgesamt zahlenmäßig ausreichenden, doch aber die Mobilität der Arbeitskraft weiterhin erfordernden – da sehr heterogenen und örtlich begrenzten – Arbeitsplätzeangebot die Einsicht in die spezifische Angewiesenheit des Arbeitnehmers auf die bereits erfolgte Vermarktung seiner Arbeitskraft: Der in seiner Existenz von der Möglichkeit der Verwertung seiner Arbeitskraft abhängige Arbeitnehmer

---

78 Die «institutionelle Abhängigkeit» des Arbeitnehmers, worauf *Reuter*, Ordo 33 (1982), 165f., ganz allgemein verweist, erweist sich demnach als ein deskriptiv-formalistischer Erklärungsansatz.

79 *Willeke*, a. a. O. (Fn. 66), 321.

80 Die Erklärung von Philadelphia der Internationalen Arbeitsorganisation (ILO) vom 10. Mai 1944 stellt lapidar fest: «Arbeit ist keine Ware» (BGBl. II, 1957, S. 317). Diese Fassung geht auf die wortgleiche Formulierung im Versailler Friedensvertrag vom 20. Juni 1919 (RGBl., S. 687) zurück.

81 Vgl. auch *Brandes/Weise*, Arbeitsmarkt und Arbeitslosigkeit 13ff., 172ff.; *Friedmann*, Reallohn und Beschäftigung, 119ff.; *Kantzenbach*, Die Funktionsfähigkeit des Wettbewerbs, 148ff., 152f.

82 *Simitis*, a. a. O. (Fn. 14), M 26.

sieht sich bei Verlust seines Arbeitsplatzes drohenden unzumutbaren Anpassungszwängen – wie Arbeitslosigkeit, Annahme einer minderwertigen Tätigkeit, Minderung des Lebensstandards – ausgesetzt, denen er aufgrund seiner begrenzten fachlich-qualitativen Variierungsfähigkeit und/bzw. der personalen Implikationen seiner etwaigen räumlichen Mobilität – wie die Trennung vom Ehepartner bzw. von der Familie – nicht ohne weiteres auszuweichen in der Lage ist. Der Arbeitsplatzverlust vermag auch in hochkonjunkturell geprägten Arbeitsmarktsituationen gravierende Folgen für die ökonomische und soziale Situation des Arbeitnehmers zu erzeugen.[83] Eben deshalb sah sich der Gesetzgeber dazu veranlaßt, mit einer konjunkturunabhängigen Regelung wie die des Kündigungsschutzgesetzes[84] von vornherein in die Auflösung von Arbeitsverhältnissen und damit in die Vertragsfreiheit und den Wettbewerb regulierend einzugreifen, eben deshalb sah er sich dabei in erster Linie vor die Aufgabe gestellt, dem Arbeitnehmer den Bestand seines Arbeitsverhältnisses zu sichern, ihn damit noch weiterhin dem Markt zu entziehen. Der Kündigungsschutz ist als «Bestandsschutz» konzipiert.[85] Diese Zielsetzung erklärt und rechtfertigt sich nicht anders als durch die spezifischen Merkmale der «Ware» Arbeitskraft, also durch jene ökonomische und soziale Implikationen ihrer marktstrategisch benachteiligten Sonderstellung.

Von daher ist es durchaus einleuchtend, wenn die Milderung der ökonomischen und sozialen Abhängigkeit des Arbeitnehmers als der erkenntnisleitende Gesichtspunkt bei der Anwendung und Fortbildung des Kündigungsschutzrechts angesehen wird. Ökonomische und soziale Abhängigkeit heißt hier für den Arbeitnehmer konkret seine Angewiesenheit auf jenen Arbeitsplatz, der ihm nicht als bloße Einnahmequelle zur bloßen Existenz dient, sondern vielmehr den einmal erreichten Berufsstatus und Lebensstandard mitsamt der Fortführung gravierender sozialer Bindungen garantiert.[86] Sie ist um so stärker ausgeprägt, je weni-

83 Entgegen *Reuter*, RdA 1973, 345ff., 350, bezieht sich aber diese Erkenntnis nicht nur auf den Kreis der älteren bzw. gesundheitlich belasteten Arbeitnehmer oder der Arbeitnehmer im Einzugsbereich monopolisierter Arbeitsmärkte. Soziale Schutzbedürftigkeit reduziert sich nicht auf solche Grenzfälle.

84 «Das Kündigungsschutzgesetz verhält sich gegenüber den Schwankungen des Arbeitsmarktes neutral, es ist bewußt ohne Rücksicht auf irgendeine Konstellation des Arbeitsmarktes erstellt worden», *Herschel*, RdA 1975, 28.

85 Vgl. *Simitis*, a. a. O. (Fn. 16), 83f., unter Hinweis auf die Begründung des Regierungsentwurfs zum KSchG, RdA 1951, 61, 64, wonach Ziel des Gesetzes ist, «dem Arbeitnehmer den Arbeitsplatz und die Betriebszugehörigkeit in den Grenzen des sozial- und wirtschaftlich Vertretbaren zu sichern», sowie mit weiteren Nachweisen.

86 Die Betriebszugehörigkeit ist dabei nicht als ein gegenüber dem Schutz des Arbeitsplatzes selbständiges Schutzgut aufzufassen. Sie inkarniert einfach materielle und immaterielle Vermögenswerte für den Arbeitnehmer, die eben an die Erhaltung seines Arbeitsplatzes gebunden sind. Vgl. auch *Coen*, a. a. O. (Fn. 6), 66f.

ger der einzelne Arbeitnehmer in der Lage ist, bei Verlust seines Arbeitsplatzes Anpassungsstrategien zu praktizieren, die seiner ökonomischen und sozialen Situation angemessen sind. Ihre Milderung erfolgt in dem Maße, in dem es gelingt, ihn vor dem Verlust seines Arbeitsplatzes und damit vor drohenden unzumutbaren Anpassungszwängen zu bewahren.

Je mehr allerdings unter den derzeitigen Arbeitsknappheitsbedingungen und insbesondere durch technisch-organisatorische Maßnahmen der Nachfragerseite der ohnehin begrenzte strategische Optionshorizont von Arbeitskraft-Besitzern eingeschränkt wird, desto notwendiger erscheinen Bemühungen um eine zusätzliche Absicherung der Vermarktung. Anders ausgedrückt: Je höher unter dem Einfluß von Arbeitslosigkeit und Rationalisierung die Anforderungen an eine Milderung der ökonomischen und sozialen Abhängigkeit des Arbeitnehmers wachsen, desto größer wird der Bedarf nach Bestandsschutz. Ein verstärkter Bestandsschutz von Arbeitsverhältnissen erklärt und rechtfertigt sich – auch in seiner den Arbeitnehmerwettbewerb regulierenden Funktion – durch die mit der veränderten Arbeitsmarktsituation eingetretene Intensivierung der strukturellen Zwänge und Restriktionen, denen die Angebotsseite des Arbeitsmarktes unterliegt. Diese sozial-ökonomische legitimatorische Erkenntnis bleibt freilich so lange abstrakt, wie nicht zugleich über die recht unterschiedlichen, konkreten Anpassungschancen und -risiken innerhalb der Arbeitnehmerschaft reflektiert wird, wie also nicht die besondere soziale Schutzbedürftigkeit bestimmter Arbeitnehmergruppen in Betracht gezogen wird.

Die intensivierten Zwänge und Restriktionen, denen Arbeitskraft-Besitzer derzeit unterliegen, werden bereits durch andere arbeitsrechtliche Regelungsmechanismen und ebenfalls durch die Institutionen der sozialen Sicherung gelockert. Dies erfolgt jedoch nicht in einer Art und Weise, die den Bestandsschutz von Arbeitsverhältnissen obsolet macht. Insbesondere die gesetzliche Arbeitslosenversicherung garantiert zwar dem Arbeitskraft-Besitzer bei Verlust seines Arbeitsplatzes die weitere Existenz und versetzt ihn zugleich in die Lage, strategisch zu «warten», indem er nicht unmittelbar und sofort auf jede Nachfrage bzw. jeden angebotenen Lohn einzugehen genötigt ist.[87] Das gilt aber nur für eine begrenzte Zeit und unter der Hinnahme von Einkommensverlusten. Die gesetzliche Arbeitslosenversicherung ersetzt dem arbeitslos gewordenen Arbeitnehmer nur einen Teil seines ausgefallenen Arbeitseinkommens und wendet daher die drastische Minderung seines Lebensstandards nicht ab.[88] Sie bedingt vielmehr in ihrer

87 *Offe/Hinrichs*, a. a. O. (Fn. 69), 52.

88 Schon bei den unmittelbaren finanziellen Wirkungen der Arbeitslosigkeit wird deshalb die materielle Schutzfunktion des Bestandsschutzes von Arbeitsverhältnissen – entgegen *Reuter*, RdA 1978, 345; *ders.*, Ordo 33 (1982), 181 – durch die gesetzliche Arbeitslosenversicherung nur teilweise kompensiert. Bezeichnenderweise sprach

heutigen Ausgestaltung die Bereitschaft des einzelnen Arbeitnehmers, die eigene Lebensführung zu revidieren und dabei bis zu einem bestimmten Grade Belastungen materieller und immaterieller Art in Kauf nehmen zu müssen. Auch gesetzliche und vor allem tarifliche Mindestlohn- und sonstige Arbeitsbedingungen können das Abrutschen auf der Leiter des sozialen Besitzstandes nicht verhindern. Sie markieren lediglich Minimumsgarantien und drosseln insoweit den strukturellen Verkaufszwang in seinen Ausbeutungsfolgen zu Lasten der Arbeitskraft. Durch finanzielle Überbrückungshilfen in Sozialplänen lassen sich allerdings die in räumlicher Hinsicht bestehenden Restriktionen des Arbeitskraft-Angebots in ihrer Wirkung nur zeitlich verzögern. Sie können auch in ihrer fachlich-qualitativen Dimension durch bildungspolitische Anpassungsmaßnahmen allenfalls in engen Grenzen aufgelockert werden. Demgegenüber zielt der Bestandsschutz von Arbeitsverhältnissen – gerade in subtanzieller Verbindung mit Bildungs- und Lohnabsicherungsmaßnahmen – auf die langfristige Vorbeugung all jener unangemessenen Anpassungszwänge der Arbeitskraft, die heutzutage nicht nur in, sondern auch nach der – selbst vorübergehenden – Zeit der Arbeitslosigkeit eintreten. Weil und soweit Arbeitskraft-Besitzer nicht in der Lage sind, bei Verlust ihres Arbeitsplatzes anderweitige Beschäftigung zu finden und selbst dann Anpassungsstrategien zu praktizieren, welche ihrer ökonomischen und sozialen Situation angemessen sind, erhält die – in welchem Maß auch immer erfolgende – Absicherung der Vermarktung ihrer Arbeitskraft einen spezifischen Sinn.

1.5 Konsequenzen für die Interpretation des Art. 12 Abs. 1 GG

1.5.1 Art. 12 Abs. 1 GG als soziale Steuerungsnorm

Läßt man sich auf die vorstehenden Erkenntnisse ein und versucht sie für die Interpretation des Art. 12 Abs. 1 GG nutzbar zu machen, so drängt sich zuerst folgende Feststellung auf: Es ist nicht der «abstrakte» marktrational handelnde, sondern der konkrete marktstrategisch benachteiligte und daher ökonomisch und sozial abhängige Berufsfreiheitsträger, an dem sich hier die interpretatorischen Betrachtungen auszurichten haben. Die in Art. 12 Abs. 1 GG garantierte Freiheit des Einzelnen, seine Arbeitskraft einem Arbeitgeber anzubieten und ihren Einsatz vertraglich abzusichern, wird auf einen sozial-ökonomischen Hintergrund zurückgeführt, der bei ihrer Wahrnehmung – in welchem Maß auch immer – die

---

Wiedemann, RdA 1961, 3, sehr früh und zwar vor Einfügung des § 2 KSchG «von einem durch das KSchG mit subjektiven Rechten ausgeformten sozialen Besitzstand».

stetig begleitende Notwendigkeit sozialen Schutzes ihres Trägers indiziert, damit aber die Behauptung ihrer privatautonomen Selbststeuerungsfähigkeit von vornherein verwirft. Nicht der fiktive Bestand privatautonomer Handlungs- und Entscheidungsfreiheit, sondern der reale Befund marktstrategisch benachteiligter Grundrechtsausübung ist der primäre Anknüpfungspunkt für das Interpretationsverständnis grundrechtlicher Berufs- und Arbeitsplatzwahlfreiheit. Auf diesem realen Befund bauen gerade Existenz und Funktion der Art. 9 Abs. 3 und 74 Nr. 12 GG als konkrete Ausprägungen des Sozialstaatsgebots. Die Schutzfunktion dieser Verfassungsnormen strahlt auch auf den Normbereich des Art. 12 Abs. 1 GG als Schutz der abhängigen Arbeit aus: Sie impliziert die fortwährende Einsicht des Verfassungsgebers in die Tatsache, daß Interessenausgleich auf dem Arbeitsmarkt nicht der individuellen Vertragsfreiheit überantwortet werden kann, somit seine Absage an die Option, die Allokation der Arbeitskraft dem Verfahren privatautonomer Selbststeuerung zu überlassen.

Der begrenzte strategische Optionshorizont von Arbeitskraft-Besitzern verweist angesichts des längst machtmäßig kartellierten wie staatlich gesteuerten und als solchen anerkannten Arbeitsmarktes die interpretatorischen Betrachtungen zu Art. 12 Abs. 1 GG nicht auf eine überholte Wirklichkeit. Er behält seine aktuelle und somit tragende Bedeutung für die Verfassungsinterpretation auch dann, wenn es darum geht, auf dem Hintergrund eines bereits gewachsenen und verbesserten Netzes arbeits- und sozialrechtlicher Vorkehrungen die eigenständige Vorantreibung des Bestandsschutzes von Arbeitsverhältnissen und dessen wettbewerbsregulierende Funktion zu ergründen. Weil und soweit auch unter den Bedingungen eines bereits politisch regulierten Arbeitsmarktes vielfältige spezifische, die Absicherung der Vermarktung der Arbeitskraft erfordernde Schutzbedarfslagen eintreten, hört das Garantiebild einer privatautonom-selbstgenügsamen Berufs- und Arbeitsplatzwahlfreiheit nicht auf fiktiv zu sein. Solche Schutzbedarfslagen betreffen nicht nur bestimmte, besonders gefährdete Arbeitnehmergruppen, sondern im Prinzip alle Arbeitnehmer. Sie begleiten die Wahrnehmung grundrechtlicher Arbeitsplatzwahlfreiheit vornehmlich bei Rezession und Massenarbeitslosigkeit, aber auch in Zeiten der Hochkonjunktur und Vollbeschäftigung. Selbst dann werden jene Restriktionen des Arbeitskraft-Angebots, die auf die geringen fachlich-qualitativen Variierungsmöglichkeiten menschlichen Arbeitsvermögens, die lokal gebundenen gravierenden Sozialbeziehungen des Menschen und nicht zuletzt auf dessen existenzielle Abhängigkeit vom einmal erreichten Lebensstandard und Berufsstatus zurückzuführen sind, nicht aufgehoben, sondern weiterhin aktualisiert. Nur ihre Dimension und Intensität können je nach den Anpassungsmöglichkeiten der einzelnen Arbeitskraft und den jeweiligen sozioökonomischen Rahmenbedingungen ihrer Vermarktung variieren.

Noch einmal: Der reale Befund marktstrategisch benachteiligter Grundrechtsausübung offenbart zugleich das fiktive Freiheitsverständnis, welches die «wettbewerbsorientierte» Interpretation des Art. 12 Abs. 1 GG impliziert. Die Garantievorstellung einer privatautonom-selbstgenügsamen, daher dem Organisations- und Funktionsmuster von Markt und Wettbewerb zu überantwortenden Berufs- und Arbeitsplatzwahlfreiheit läßt sich mit den sozial-ökonomischen Realitäten des Arbeitsmarktes nicht vereinbaren. Der begrenzte strategische Optionshorizont des Arbeitskraft-Besitzers verbietet es von vornherein, seine Berufs- und Arbeitsplatzwahlfreiheit als liberal-bürgerliche, privatautonome Freiheit aufzufassen.[89] Die Erhebung des privatrechtichen Willens- und Wettbewerbsdogmas zur Grundlage des Schutzbereichs des Art. 12 Abs. 1 GG und damit zum Kontrollmaßstab sozialstaatlicher Eingriffskompetenzen[90] erweist sich daher als ein ebenso verfehlter Interpretationsansatz wie bereits das «individualistische Verständnis»[91] oder eine «im Abwehrdenken befangene Sicht»,[92] die lange Zeit die herrschende Interpretation des Art. 12 Abs. 1 GG geprägt haben.[93] Geboten ist vielmehr die Einsicht, daß Art. 12 Abs. 1 GG keinen Gegensatz individueller Freiheit und sozialstaatlicher Eingriffskompetenz statuiert.[94] Diese letztere ist im

---

89 Wenn im Rahmen der von *Pitschas*, a. a. O. (Fn. 8), insb. 477ff., bezüglich des Arbeitsmarktes vertretenen Interpretation des Art. 12 Abs. 1 GG die Dimension privatautonomer Freiheit immer noch – wenn auch nicht vorrangige – Geltung erlangt, so ist dies darauf zurückzuführen, daß die fundamentale Bedeutung des marktstrategischen Optionshorizonts von Berufsfreiheitsträgern für die Verfassungsinterpretation dort kaum gesehen, geschweige denn in ihren konkreten Konsequenzen erwogen wird. Die grundrechtsdogmatische Grundlegung von *Pitschas* erweist sich insofern als undifferenzierend-abstrakt, seine Verwendung des methodischen Interpretationsansatzes über ein «konkretes Verständnis der Berufsfreiheit» bezüglich der hier interessierenden Problematik um den Arbeitnehmerwettbewerb als nicht konsequent. Vgl. zugleich die an *Scholz*, a. a. O. (Fn. 2), ansetzende Kritik *Hoffmanns*, AöR 1982, 189f., aus der Sicht des von *Hoffmann-Riem*, FS für Ipsen, 390ff., 400ff., entwickelten methodischen Interpretationsansatzes «arbeitsteiliger Grundrechtsausübung». Der «Befund arbeitsteiliger Grundrechtsausübung» stellt indes einen eher deskriptiv-legitimatorischen, denn die Substanz der Sache erhellenden Interpretationsansatz. Dieser Ansatz ist, gerade weil er mehr die Phase des «Zusammenwirkens» als die des «Zusammenkommens» von Nachfrage- und Angebotsseite des Arbeitsmarktes anvisiert, zur Bewältigung der hier interessierenden Konkurrenzproblematik um die Arbeitsplätze kaum verwendungsfähig.

90 Vgl. in diesem Sinne erneut *Scholz*, a. a. O. (Fn. 2), 274ff.; *ders.*, in: Maunz u. a., GG, Art. 12, Rn. 48f., 82ff.; *BAG* AP Nr. 1 zu § 1 TVG Tarifverträge: Druckindustrie.

91 *Badura*, AöR 92 (1967), 406.

92 *Hoffmann-Riem*, a. a. O. (Fn. 89), 393.

93 Vgl. kritisch dazu *Hoffmann*, a. a. O. (Fn. 89), 177ff.

94 Ebenso *Pitschas*, a. a. O. (Fn. 8), 524.

Gegenteil als positives Definitionselement sozialen Schutzes und Machtausgleichs und somit als Bewahrungselement individueller Freiheit in den Normbereich des Art. 12 Abs. 1 GG aufzunehmen.[95] Art. 12 Abs. 1 GG läßt sich, nicht zuletzt mit Rücksicht auf die Einheit der Verfassung, von der Sozialstaatsnorm und ihren konkreten Ausprägungen nicht verselbständigen. Die Berufsverfassung der abhängigen Arbeit ist in der Ordnung des Grundgesetzes keine «offene» bzw. «neutrale»,[96] sondern eine «sozialstaatlich befangene» Berufsverfassung. Die Berufsfreiheitsgarantie konstituiert danach und gerade im Zusammenhang mit den Einwirkungen aus Art. 9 Abs. 3 und Art. 74 Nr. 12 GG für den Bereich des Arbeitsmarktes eine soziale Steuerungsnorm, nach der allokative Entscheidungsvorgänge nicht prinzipiell den Preis- und Selektionsmechanismen des Marktes ausgeliefert bleiben, sondern tarifautonomer und staatlicher Lenkung durchaus zugänglich sind. Die Verfassung suggeriert mithin in Art. 12 Abs. 1 GG hinsichtlich der Allokation der Arbeitskraft nicht die grundsätzliche Gewährleistung des Markt- und Kontraktprinzips, sondern vielmehr das Postulat seiner politischen Regulierung.

1.5.2 Das Gebot sozialstaatskonformer Interessenabwägung

Durch die sozialstaatliche Ausformung arbeitnehmerischer Berufsfreiheit wird indes der individualrechtliche Gehalt dieses Grundrechts nicht aufgehoben. Die sozialstaatliche Eingriffskompetenz zielt darauf ab, den Arbeitnehmer vor der einseitigen Abhängigkeit von ökonomisch begründeter Gestaltungsmacht zu bewahren, sie ist also darauf ausgerichtet, individuelle Freiheitsgrade zu verstärken und nicht zu ersetzen.[97] Tarifvertrag und Mitbestimmung können deshalb nicht dazu führen, daß die Berufsfreiheit des einzelnen Arbeitnehmers nunmehr in den Kompetenzen kollektiver Interessenvertretungen aufgeht.[98] Im Gegenteil: Arbeitsrechtliche Regelungen sind wiederum am individualrechtlichen Gehalt arbeitnehmerischer Berufsfreiheit zu messen. Sozialstaatliche Eingriffskompetenzen fungieren nicht ausschließlich als positives, sondern möglicherweise zugleich als negatives Definitionselement individueller Freiheitsgrade.[99] Die beschäftigungspolitische Ambivalenz des Bestandsschutzes von Arbeitsverhältnissen liefert ein markantes Beispiel dafür: Konsequent ausgebaute Absicherungsstrategien zugunsten der bereits Arbeitenden bedeuten in einer Zeit von knappem Arbeits-

---

95 Ebenso *Hoffmann*, a. a. O. (Fn. 89), 190.

96 Entgegen *Scholz*, a. a. O. (Fn. 2), 271; aber auch *Pitschas*, a. a. O. (Fn. 8), 521ff.

97 *Hoffmann*, a. a. O. (Fn. 89), 205.

98 *Hoffmann*, ebda. Bedenklich ist insofern die Konzeption einer «kollektiven Berufsfreiheit» bei *Hege*, Das Grundrecht der Berufsfreiheit im Sozialstaat.

99 Vgl. bereits *Hoffmann*, a. a. O. (Fn. 89), 190f.

plätzeangebot und Massenarbeitslosigkeit zwangsläufig mehr und mehr die Abschottung von beruflichen Freiheitsräumen zu Lasten derjenigen, die ohne Arbeit sind. Eine individualrechtlich ausgerichtete Kontrolle sozialstaatlich motivierter Bestandsschutzgarantien im Rahmen des Art. 12 Abs. 1 GG bietet aus der Sicht dieser Arbeitnehmer gerade das notwendige Äquivalent zu einer kritiklos hingenommenen, tendenziell zu ihrer Diskriminierung führenden Besitzstandswahrung. Sie begründet insofern für den Normbereich des Art. 12 Abs. 1 GG das Gebot einer Abwägung, die auf die Zuordnung zwar markststrategisch benachteiligter, doch aber miteinander kollidierender Grundfreiheiten, Arbeitsplatzwahlfreiheiten ausgerichtet ist. Die Frage lautet dann: Wenn das Wettbewerbsprinzip nicht als Abwägungs- bzw. Kontrollmaßstab sozialstaatlicher Eingriffskompetenzen vorgeführt werden kann, wie läßt sich dieses – auch für das Arbeitsplatzkonkurrenzverhältnis unter Arbeitsbesitzern bzw. Arbeitsuchenden selbst relevante – grundrechtliche Zuordnungsproblem sonst bewältigen ?

Die individualrechtlich ausgerichtete Kontrolle sozialstaatlicher Interventionen in die Begründung und Beendigung von Arbeitsverhältnissen und damit in die Verteilung von Arbeitsplätzen erfordert – allem Anschein zuwider – nicht den Rückgriff auf die Stufentheorie des Bundesverfassungsgerichts. Abgesehen von den gravierenden Bedenken, die die Anwendung dieser Theorie auf die tarifliche Normsetzung auslöst,[100] ist vielmehr einzusehen, daß die Austragung innerer Grundrechtskollisionen im Anwendungsrahmen des Art. 12 Abs. 1 GG nicht mit Hilfe eines Abwägungsmodells erfolgen kann, welches auf die Abschirmung des grundrechtlichen Schutzbereichs gegenüber der sozialstaatlichen Eingriffskompetenz ausgerichtet ist.[101] Es wäre nämlich nicht konsequent, einerseits die sozialstaatliche Eingriffskompetenz zum positiven Definitionselement des grundrechtlichen Schutzbereichs zu erheben – beide kollidierende Arbeitsplatzwahlfreiheiten sind ja auf die sozialstaatliche Eingriffskompetenz angewiesen –, sie aber bei der abwehrrechtlichen Dimensionierung des Grundrechts von dessen normativem Schutzgehalt abzugrenzen und nur noch als externes Vermittlungselement «vernünftiger Erwägungen des Gemeinwohls» bzw. «besonders wichtiger Gemeinschaftswerte» zu akzeptieren. Soll bei der Konkretisierung des Art. 12 Abs. 1 GG ein unstimmiges Neben- bzw. Gegeneinander heterogener Interpreta-

100 Vgl. erneut die Ausführungen oben im Kapitel IV Abschnitt 1.3.1, S. 302f.

101 Gegen die Anwendung der Drei-Stufen-Lehre zuletzt auch *Oetker*, Der arbeitsrechtliche Bestandsschutz, 46: «Der alleinige Rückgriff auf die Dogmatik der Drei-Stufen-Lehre würdigt vor allem nicht hinreichend, daß sich der Gesetzgeber vor die Aufgabe gestellt sieht, konkurrierende Grundrechtspositionen auszugleichen. Insoweit gleichen die Arbeitsplatzwahlfreiheit der Arbeitsplatzbesitzer und diejenige der Arbeitsuchenden einem System kommunizierender Röhren.»

tionsansätze vermieden werden, so scheint die Abkehr von der Stufentheorie hier geboten. Dieses Abwägungsmodell suggeriert gerade in Bezug auf den negativ zu schützenden Grundrechtsträger ein Freiheitsverständnis, welches seiner sozialökonomischen, marktstrategischen Position als Arbeitskraft-Besitzer kraß widerspricht. Die ihm zugrundeliegende Vorstellung, daß sich individuelle Freiheit in einer «abgeschirmten» staatsfreien Sphäre verwirklicht, folgt einem idealtypischen Marktmodell, das nur Individuen kennt, die über die Voraussetzungen zur Durchsetzung ihrer Interessen, zur «Selbstbestimmung» bereits verfügen.[102] Dieser Abstrahierung von den tatsächlichen, sozial-ökonomischen Wahrnehmungsbedingungen individueller Freiheit auf dem Arbeitsmarkt entspricht das Garantiebild einer Arbeitsplatzwahlfreiheit, deren abwehrrechtlicher Schutzgehalt sich nicht nur in einseitiger Distanz zur sozialstaatlichen Eingriffskompetenz, sondern auch ohne nähere Rücksicht auf die konkreten, marktstrategischen Anpassungschancen der jeweils betroffenen Grundrechtsträger konkretisieren soll.[103]

Die Lösung besteht dann allerdings nicht in der Heranziehung des Art. 3 Abs. 1 GG. Durch die Verlagerung der arbeitsmarktpolitischen Konkurrenzproblematik in seinen Normbereich wird zwar der Aspekt der Verteilungsgerechtigkeit deutlich hervorgehoben. Das Zuordnungsproblem grundrechtlicher Freiheiten im Anwendungsrahmen des Art. 12 Abs. 1 GG, nun allgemein definiert als das Problem der Abwägung zwischen Leistungsprinzip und sozialer Besitzstandssicherung,[104] sieht sich aber damit noch lange nicht gelöst. Wenn *Wiedemann*[105] zu diesem Zweck auf das gesetzliche Gebot eines ausgewogenen Verhältnisses zwischen Leistungsprinzip und sozialem Schutz verweist, so gilt es bereits einzuwenden, daß – wie auch immer definierte bzw. definierbare – staatliche Ordnungs- und Gerechtigkeitsvorstellungen, auch in Sachen Arbeitsplatzverteilung, keinen verfassungsrechtlich verbindlichen Orientierungsmaßstab für die diesbezügliche Konkretisierung des Gleichheitssatzes und die darauf gerichtete Rege-

---

102 Vgl. bereits die Kritik an den Grundannahmen der Stufentheorie bei *Hoffmann*, Berufsfreiheit als Grundrecht der Arbeit, 107ff.

103 Bezeichnenderweise wird die Erörterung der Frage, ob durch qualitative Besetzungsregelungen die Stufe der Berufswahlfreiheit oder der Berufsausübung berührt ist, auf das Problem reduziert, ob dadurch der Zugang lediglich zu einem Tätigkeitssektor (vgl. in diesem Sinne *Beck*, a. a. O. (Fn. 48), 373) oder vielmehr zu einem neuen Beruf (so etwa *Schleusener*, a. a. O. (Fn. 7), 121, 127) blockiert wird, ohne der weitaus wichtigeren Frage nachzugehen, welche Vermarktungschancen den negativ davon betroffenen Arbeitnehmergruppen trotzdem verbleiben.

104 Vgl. *Wiedemann*, a. a. O. (Fn. 2), 651ff.; *Wank*, a. a. O. (Fn. 48), 119f.

105 A. a. O. (Fn. 2), 659f.

lungsbefugnis der Tarifvertragsparteien abgeben.[106] Im übrigen geht es nicht an, nach kritischer Betrachtung der Stufentheorie und ihrer Grundannahme Art. 12 Abs. 1 GG zu ignorieren und die Abwägungsproblematik ausschließlich im Rahmen des Art. 3 Abs. 1 GG zu erörtern.[107] Die Feststellung *Dälkens*,[108] es handele sich hier in erster Linie um ein Zuteilungsproblem und nicht um ein Problem des Konkurrenzschutzes, beruht auf einer fiktiven Gegenüberstellung. Tarifverträge, die die Verteilung von Arbeitsplätzen lenken, regulieren zugleich den Wettbewerb am Arbeitsmarkt und berühren die in Art. 12 Abs. 1 GG grundrechtlich geschützte Berufs- und Arbeitsplatzwahlfreiheit der negativ davon betroffenen Arbeitnehmer. Auch die von *Wank*[109] konstatierte Inkongruenz von Sachproblem und Methode in dem Sinne, daß die Stufentheorie auf die Konkurrenzproblematik um die Arbeitsplätze nur begrenzt übertragbar sei, legitimiert das Absehen von Art. 12 Abs. 1 GG nicht. Sie verdeutlicht nur die Notwendigkeit eines spezifischen Interpretationsverständnisses des Art. 12 Abs. 1 GG bei der Bewältigung von Problemen, die den Aspekt der Verteilungsgerechtigkeit am Arbeitsmarkt betreffen. Schließlich kann die – inzwischen vom Bundesarbeitsgericht[110] aufgegebene – analoge Anwendung der Numerus-clausus-Urteile des Bundesverfassungsgerichts[111] auf die angesprochene Problematik nicht überzeugen. Schon deshalb, weil sich der Sachverhalt hier wesentlich anders darstellt. Er betrifft nicht nur den Wettbewerb von Stellenbewerbern untereinander, sondern vielmehr das Konkurrenzverhältnis zwischen Stellenbesitzern und Stellenbewerbern oder gar von Stellenbesitzern untereinander. Auch die angesprochenen Adressaten und Sachbereiche – einerseits der staatliche Ausbildungssektor, andererseits der private Arbeitsmarkt – sind grundverschieden. *Reuter*[112] hat zutreffend bemerkt, daß eine Gleichstellung des Arbeitsmarktes mit einem Leistungssystem der öffentlichen Hand die Berufsfreiheit des Arbeitnehmers in ein Recht auf Arbeit nach Maßgabe der vorhandenen Ressourcen verwandele. Ein solches Recht umschreibt zwar sowohl für die Arbeitsplatzbesitzer als auch für die Arbeitsplatzsuchenden eine legitime Erwartung. Fraglich ist jedoch, ob und inwieweit ihm die Qualität eines individuellen Leistungsanspruchs gegenüber dem Arbeitgeber zukommen

---

106 Vgl. die Ausführungen und Konsequenzen für das Verhältnis von staatlicher Gesetzgebung und Tarifautonomie oben im Kapitel III insb. Abschnitt 1.5.1, S. 194ff. u. Abschnitte 2.3 ff., S. 282ff.

107 So aber *Wiedemann*, a. a. O. (Fn. 2), 657 Fn. 75; ihm folgend *Berg/Wendeling-Schröder/Wolter*, a. a. O. (Fn. 6), 312; *Runggaldier*, a. a. O. (Fn. 48), 338; *Weyand*, a. a. O. (Fn. 48), 171, 172f.

108 A. a. O. (Fn. 7), 171.

109 A. a. O. (Fn. 48), 118f.; ebenso *Moll*, a. a. O. (Fn. 48), 134.

110 *BAG* AP Nr. 57 zu Art. 9 GG; NZA 1991, 675ff.

111 *BVerfGE* 33, 303 (337f., 345f.); 43, 291 (313f.); 59, 1 (30f.); 62, 117 (146ff.).

112 Ordo 33 (1982), 89; zustimmend *Worpenberg*, a. a. O. (Fn. 38), 251f.

kann. Die verfassungsrechtliche Garantiegrundlage einer «sachlichen» Privilegierung gemäß den Numerus-clausus-Urteilen ist somit hier nicht a priori gegeben.[113]

Was die bisherige Diskussion besonders kennzeichnet, ist das Fehlen eines Bewertungsmaßstabes, mit dessen Hilfe sich in verfassungsrechtlich verbindlicher Weise stringente inhaltliche Aussagen zum Zuordnungsproblem kollidierender Arbeitsplatzwahlfreiheiten bzw. zum Problem einer gerechten Arbeitsplatzverteilung treffen ließen.[114] Die vorstehenden Überlegungen führen allerdings dazu, dieses Problem als ein inneres Abwägungsproblem grundgesetzlicher Sozialstaatlichkeit aufzufassen.[115] Unbestreitbar ist nämlich, daß die Berücksichtigung des Wettbewerbs- bzw. Leistungsprinzips auch eine sozialpolitische Kehrseite zugunsten der jeweils davon profitierenden konkurrenzträchtigen Arbeitskraft-Besitzer hat, daß also in den Normbereichen der Art. 12 Abs. 1 und 3 Abs. 1 GG soziale Schutzbedürftigkeit gegen soziale Schutzbedürftigkeit abzuwägen ist. Das unterstreicht aber gerade die Erkenntnis, welche die Auseinandersetzung mit der «wettbewerbsorientierten» Interpretation des Art. 12 Abs. 1 GG und dem Abwägungsmodell der Stufentheorie hervorgebracht hat: Die Austragung innerer Grundrechtskollisionen im Normbereich des Art. 12 Abs. 1 GG kann und muß nicht anders als in einer sozialstaatskonformen, vor allem Sinn und Funktion des Art. 9 Abs. 3 GG entsprechenden Weise erfolgen.

---

113 Kritisch auch *Schleusener*, a. a. O. (Fn. 7), 117f.

114 Auch die vom *BVerfGE* 84, 133 (147) – 92, 140 (150), adaptierte Schutzpflichtenlehre zu Art. 12 Abs. 1 GG und die daraus abgeleitete Legitimation des arbeitsrechtlichen Bestandsschutzes durch das Grundrecht der Berufsfreiheit des Arbeitnehmers, vgl. dazu *Oetker*, a. a. O. (Fn. 101), 26ff.; *ders.*, AuR 1997, 49ff., mit Nachweisen, vermitteln – jedenfalls bislang – keine präzisen Aussagen darüber, wie der hier notwendige Ausgleich konkurrierender Grundrechtspositionen der Arbeitnehmerschaft vorzunehmen ist. Mehr als daß Art. 12 Abs. 1 GG den – wie auch immer definierbaren – Kernbestand eines Arbeitsplatzschutzes gewährleistet, erfährt man nicht. Dem Gesetzgeber wird in Anknüpfung an den Verhältnismäßigkeitsgrundsatz und bei Einräumung eines breiten Gestaltungsspielraums lediglich die Aufgabe zugewiesen, die ausgleichenden und notwendigerweise abhängenden Entscheidungen zu treffen, wobei grundsätzlich nicht zu beanstanden sei, wenn der Gesetzgeber im Rahmen der betriebsbedingten Kündigung einen Vorrang der Arbeitsplatzbesitzer aufstelle, *Oetker*, a. a. O. (Fn. 101), 46. Eine Überdehnung des Bestandsschutzes und damit ein unverhältnismäßiger Eingriff in die Arbeitsplatzwahlfreiheit der Arbeitsuchenden liege erst vor, wenn der Gesetzgeber die Arbeitsplatzchancen der Arbeitsuchenden unangemessen beeinträchtige, *Oetker*, a. a. O. (Fn. 101), 47.

115 *BVerfGE* 59, 231 (266), wies gerade darauf hin, daß das Sozialstaatsprinzip die Verwirklichung einer sozial gerechten Ordnung für alle gebietet und dies auch zur Sorge für diejenigen verpflichtet, die keinen Arbeitsplatz haben und einen solchen suchen.

2. Die Solidarität als Bewertungsmaßstab tariflicher Rationalisierungsschutzpolitik

Der Bewertungsmaßstab für die gebotene sozialstaatskonforme Austragung innerer Grundrechtskollisionen im Normbereich des Art. 12 Abs.1 GG ist kaum schwer zu ermitteln. Er ist zwar im Grundgesetz nicht ausdrücklich formuliert. Doch die Anerkennung der kollektiven Koalitionsfreiheit in Art. 9 Abs. 3 GG läßt an seinem Verbindlichkeitsanspruch in der Rechtsordnung keine Zweifel aufkommen. Die Rede ist vom Prinzip der Arbeitnehmer-Solidarität.[116]

2.1 Die Normativität des Solidaritätsgedankens: Ableitung, Rang, Reichweite

Die Solidarität der Arbeitnehmer stellt – entgegen mancher Ansicht[117] – nicht nur ein soziologisches Phänomen dar. Der Begriff Solidarität umschreibt vielmehr den inneren Gehalt des Art. 9 Abs. 3 GG. Diese Verfassungsnorm baut als konkrete Ausprägung des Sozialstaatsprinzips auf der Erkenntnis, daß die Arbeitnehmer erst durch ihren solidarischen Zusammenhalt und ihre solidarische Aktion, insbesondere den Streik, die Chance erhalten, ihre individuelle Unterlegenheit als Arbeitskraft-Besitzer mit eigener (Gegen-)Macht zu kompensieren.[118] Tarifvertrag und Arbeitskampf bekommen als schutzspezifischer Regelungsmechanismus überhaupt erst einen Sinn, wenn auf der Arbeitnehmerseite die Bereitschaft vorliegt, sich solidarisch zu verhalten. Sie lassen sich deshalb ohne die

---

116 Parallel dazu wird im Zusammenhang mit der Fundamentalgarantie der Menschenwürde und dem Demokratie- und Sozialstaatsprinzip auch vom Prinzip der «sozialen Solidarität» gesprochen, dessen Ausstrahlungswirkung sich auf das gesamte Recht erstreckt. Funktionelle Verbindungslinien zwischen dem arbeitsrechtlichen Prinzip der Arbeitnehmer-Solidarität und dem alle Bereiche des Rechts umfassenden Prinzip der sozialen Solidarität sind nicht zu verneinen, mögen sogar angebracht sein. Doch Ausführungen zur Ableitung und Begründung einer «gesamtgesellschaftlichen» Solidarität sprengen den arbeitsrechtlichen Bezugsrahmen der Untersuchung. Vgl. indes *Maihofer*, in: Benda u. a., Handbuch des Verfassungsrechts, 199f., 225ff., 231f.; *Benda*, in: Benda u. a., Handbuch des Verfassungsrechts, 512f., 525ff.; aus rechtsphilosophisch-ethischer Sicht *Henkel*, Einführung in die Rechtsphilosophie, 375ff.; *Denninger*, Rechtsperson und Solidarität, 121ff., 237ff.

117 Vgl. etwa *Richardi*, RdA 1970, 70, mit weiteren Nachweisen in Fn. 59. Hingegen betrachtet das *BAG* AP Nr. 3 zu § 615 BGB Betriebsrisiko, die Solidarität auch als «Rechtsprinzip» mit normativer Wirkung. Es stützt die Solidarität zum einen auf den Gedanken der Betriebsgemeinschaft, zum anderen auf den Status als Arbeitnehmer. Die Solidarität als Rechtsbegriff insb. im Hinblick auf das hier interessierende Verhältnis der Arbeitnehmer zueinander behandelt *Gamillscheg*, FS für Fechner, 135ff.

118 Vgl. auch *Hensche*, RdA 1971, 12; *Pfarr/Kittner*, RdA 1974, 290.

Einsicht in die Bedeutung der Solidarität weder erklären noch legitimieren.[119] Diese Einsicht kommt gerade im herrschenden Interpretationsverständnis des Art. 9 Abs. 3 GG als «Doppelgrundrecht» zum Ausdruck. Dahinter steckt die Erwägung, daß der Schutz der individuellen Koalitionsfreiheit praktisch wirkungslos und daher bedeutungslos bleiben müßte, wenn nicht Bestand und Betätigung der von den Einzelnen in Ausübung ihres Individualgrundrechts frei gebildeten Koalition garantiert wären.[120] Mit der Garantie der Koalition wird aber nichts anderes als der Solidarverband, die organisiert-kollektive Solidarität der Arbeitnehmerschaft geschützt.

Aus Art. 9 Abs. 3 GG läßt sich zunächst soviel entnehmen: Solidarität wird anerkannt als gemeinsames, kollektiv-organisiertes Handeln von Individuen, die um der Berücksichtigung ihrer Interessen willen gegenüber der strukturell überlegenen Gegenseite füreinander eintreten und einstehen müssen. Die Notwendigkeit ihres kollektiven Zusammenschlusses besteht aufgrund ihrer benachteiligten marktstrategischen Position als Arbeitskraft-Besitzer und ihrer sich daraus ergebenden individuellen Unterlegenheit gegenüber der Nachfragerseite des Arbeitsmarktes. Solidarität setzt damit doppelte Gleichheit voraus: die Gleichheit der ökonomischen und sozialen Situation, wie sie sich – bei aller Einsicht in die Unterschiedlichkeit der Abhängigkeitsstellung der einzelnen Arbeitnehmer und Arbeitnehmergruppen – aus der benachteiligten marktstrategischen Sonderstellung der «Ware» Arbeitskraft ergibt («Gleichheit in der Abhängigkeit»), und die Gleichheit der Zielvorstellung, die sich in der gemeinsamen Absicht der zusammengeschlossenen Arbeitnehmerschaft dokumentiert, ihre Interessen gegenüber dem sozialen Gegenpart wirksam zu vertreten («Gleichheit in der Zielset-

---

119 *Simitis*, a. a. O. (Fn. 14), M 29. Hingegen spricht *Scholz*, Koalitionsfreiheit als Verfassungsproblem, 186 und a. a. O. (Fn. 2), 297, dem Solidaritätsprinzip den Verfassungsrang ab. Das Grundrecht des Art. 9 Abs. 3 GG folge der freiheitsrechtlichen Struktur der rechtsstaatlichen Ordnung und schließe deshalb eine organisiert-kollektive Solidaritätsverfassung aus. Art. 9 Abs. 3 GG habe vielmehr die Strukturgesetzlichkeit des liberalen Formprinzips zu wahren, *Scholz*, in: Maunz u. a., GG, Art. 9 Rn. 155. Gegen diese Ansicht ist – wie bereits oben im Kapitel III Abschnitt 2.1.1, S. 208f. ausgeführt – einzuwenden, daß Art. 9 Abs. 3 GG nicht im Sinne des liberalen Markt- und Kontraktprinzips funktionalisiert werden darf. Im Gegenteil: Der Vorschrift kommt aus der Zielsetzung heraus, die mangelnde Marktfähigkeit der «Ware» Arbeitskraft zu kompensieren, eine den liberalen Vorrang von Markt und Freiheit negierende Schutzfunktion zu. Koalitionsspezifische Betätigung kann diese Schutzfunktion nur wahrnehmen, wenn sie gerade auf organisiert-kollektiver Solidarität beruht. Als «unvertretbarer» Rechtsgrundsatz erweist sich damit – entgegen *Scholz* – nicht die organisiert-kollektive Solidarität, sondern das liberale Formprinzip.

120 Vgl. *Säcker*, ArbRGew 1975, 23, mit weiteren Nachweisen.

zung»).[121] Kurzum, konstitutive Elemente der in Art. 9 Abs. 3 GG geschützten Solidarität sind die sozialökonomische Position als Arbeitskraft-Besitzer und die Gemeinsamkeit in der Wahrnehmung der eigenen Interessen.

Demgemäß weist die Funktion des Solidaritätsbegriffs zwei Aspekte auf. Solidarität fungiert zum einen als Innenverhältnis, als Unmittelbarkeitsbeziehung zwischen den jeweils betroffenen Arbeitnehmern, zum anderen als Außenverhältnis gegenüber dem sozialen Gegenpart. Sie umschreibt einerseits die grundsätzlich gleiche Interessenlage, die notwendige Verbundenheit der Arbeitnehmer im Kollektiv und im Handeln, die damit einhergehende Verpflichtung zur gegenseitigen Hilfsbereitschaft. Andererseits bringt sie die kollektive, aktiv-kämpferische Wahrnehmung der Arbeitnehmerinteressen gegenüber dem Arbeitgeber zum Ausdruck. Beide Aspekte lassen sich nicht strikt voneinander trennen.[122] Sie stehen vielmehr – wie sich gerade am Beispiel einer tariflichen Beschäftigungspolitik zeigen läßt – in einem gegenseitigen Wirkungsverhältnis.

Mehr noch: Art. 9 Abs. 3 GG begründet die Normativität des Solidaritätsgedankens. Indem sich die Arbeitnehmer-Koalitionen auf die Solidarität der in ihnen vereinigten Individuen gründen, verpflichten sie sich zur solidarischen Regelung und Verantwortung. Anders formuliert: Der Schutz der kollektiven Koalitionsfreiheit in Art. 9 Abs. 3 GG statuiert in seiner inneren Logik ein Grundrecht auf Solidarisierung. Dieses Grundrecht steht nicht nur den jeweils in der Gewerkschaft zusammengeschlossenen Arbeitnehmern für das Verhältnis untereinander zu. Der normative Geltungsanspruch des Solidaritätsgedankens erstreckt sich bei gebotener Berücksichtigung des umfassenden Schutzauftrages in Art. 9 Abs. 3 GG[123] vielmehr auf die gesamte, jeweils in Betracht kommende Arbeitnehmerschaft. Gerade weil Art. 9 Abs. 3 GG sich von seiner inneren Logik nicht ablösen läßt, hört Solidarität nicht auf, die Legitimationsgrundlage koalitionsspezifischer Betätigung auch dann zu kennzeichnen, wenn es um die Interessenposition von Außenseitern und ihr Verhältnis zu den organisierten Arbeitnehmern geht. Ein solches Normativitätsverständnis des Solidaritätsgedankens, das eine Spaltung zwischen organisierten und nicht organisierten Arbeitskraft-Besitzern nicht duldet, entspricht dem Selbstverständnis und der Programmatik der deutschen Gewerkschaften und trägt damit auch der in Art. 9 Abs. 3 GG enthaltenen Autonomiegewährung Rechnung. Organisiert-kollektive Solidarität läßt sich daher nicht

---

121 Vgl. *v. Reitzenstein*, Solidarität und Gleichheit, 73, 102; *Pfarr/Kittner*, a. a. O. (Fn. 118), 289.

122 So aber *Pfarr/Kittner*, a. a. O. (Fn. 118), 290, 292f., die, obwohl sie Art. 9 Abs. 3 GG als Grundrecht auf Solidarisierung auffassen, der solidarischen Verbundenheit der Arbeitnehmer untereinander rechtliche Relevanz mit daran zu knüpfenden Rechtsfolgen erst dann beimessen, wenn sie nach außen real in Erscheinung tritt.

123 Vgl. dazu die Ausführungen oben im Kapitel III Abschnitt 2.1.2, S. 218f.

normativ verselbständigen. Vielmehr muß sie sich als aktiv-dienendes und insoweit zu schützendes Element in das normative Konzept einer übergreifenden Solidarität einfügen.

Die Normativität des Solidaritätsgedankens gründet sich somit nicht auf einen stark ausgeprägten, konkret nachweisbaren Wirklichkeitsbezug, sondern allein auf Art. 9 Abs. 3 GG. Wenn daher für die Einlösung des Grundrechts auf Solidarisierung das Vorliegen einer Solidargemeinschaft, die starke realpolitische Bezüge aufweist, gefordert wird, so bedeutet dies die unzulässige Vermischung von legitimer Normativität mit sozialer Wirklichkeit. Als unzutreffend erweist sich damit auch die Sicht des Bundesarbeitsgerichts,[124] wonach die Arbeitnehmer-Solidarität primär eine Wirklichkeit darstellt, die man erst so berücksichtigen kann und muß.

Verfehlt ist allerdings ein Solidaritätsverständnis, wonach Art. 9 Abs. 3 GG ein «Mandat zur sozialen Evolution» beinhaltet und daher Solidarität zum einen als Vehikel zur Veränderung der bestehenden Gesellschaft, zum anderen als prägendes Merkmal einer erstrebten Gesellschaftsordnung aufzufassen ist.[125] Diese normative Überhöhung des Solidaritätsgedankens überzeugt nicht, weil Geltungsgrund der verfassungsrechtlichen Anerkennung in Art. 9 Abs. 3 GG allein die Kompensation mangelnden Gleichgewichts auf dem Arbeitsmarkt ist. Nur zu diesem Schutzzweck gewährt Art. 9 Abs. 3 GG ein Grundrecht auf Solidarisierung. Die Deutung der Solidarität als Mittel zur Veränderung der bestehenden Gesellschaft und zugleich als prägendes Merkmal der erstrebten Gesellschaftsordnung verwechselt historisch-politische Faktizität mit legitimer Normativität. Die Ansicht, daß sich historisch-politische Ursache und geltender Rechtsgrund des Grundrechts auf Solidarisierung deckten,[126] trifft nur im Hinblick auf die Schutzfunktion kollektiver Gegenmacht zu.

Der Einwand *Reuters*[127] gegen die «klassenrechtliche» Betrachtungsweise verdient damit aber keine Zustimmung. Im Gegenteil: Die gemeinsame spezifische Abhängigkeit vom Käufer (=Arbeitgeber) legt es nahe, die Arbeitnehmerschaft als «Klasse» zu betrachten. Diese Betrachtung wird durch die unbestreitbar vorhandene Rollen- und Interessenvariierung innerhalb der Arbeitnehmerschaft nicht widerlegt. Unterschiedliche Rollenkombination und Interessendifferenzie-

---

124 *BAG*, NJW 1981, 938.

125 Vgl. *Pfarr/Kittner*, a. a. O. (Fn. 118), 291, allerdings mit zutreffender Kritik (S. 289) an der soziologischen Begriffsbestimmung *Vierkandts*, in: Wörterbuch der Soziologie, III, 289, worauf die Arbeit *Völkerts*, Solidarität als Rechtspflicht im Arbeitsrecht, 10f., maßgeblich abstellt.

126 *Hensche*, a. a. O. (Fn. 118), 9; *Pfarr/Kittner*, a. a. O. (Fn. 118), 290.

127 FS für das BAG, 411ff.; *ders.*, FS für Hilger/Stumpf, 577; auch *Scholz*, a. a. O. (Fn. 2), 286f.

rung treffen nämlich nicht das allen Arbeitskraft-Besitzern gemeinsame Merkmal der spezifischen Abhängigkeit, aus dem sie sich als «Klasse» herausdefinieren lassen. Solidarität darf mit Rollen- und Interessenhomogenität nicht gleichgesetzt werden. Erforderlich zur Beschreibung der «Arbeitnehmer-Klasse» ist damit freilich eine Typologie, die sich nicht an typisch äußeren (*Max Weber*)[128], sondern an sozial-ökonomischen Kriterien orientiert.

Unzutreffend ist schließlich die Ansicht, Solidarität sei auf den Gedanken der Betriebsgemeinschaft zurückzuführen.[129] Diese Hervorhebung der kollektiven Verbundenheit der Arbeitnehmer im einzelnen Betrieb gerät nicht nur in einen Wertungswiderspruch zum normativen Konzept einer übergreifenden Solidarität.[130] Sie läßt mit der geforderten Rücksichtnahme auf die «betrieblichen Belange» vielmehr ein Fremdelement in die Definition des Solidaritätsbegriffs einfließen.[131] Es drängt sich nicht zuletzt die Vermutung auf, daß das Abstellen auf die organische Einheit «Betrieb» Rechtfertigungsdefizite zu kompensieren sucht, die angeblich die Erstreckung der normativen Kraft des Solidaritätsgedankens auf die Außenseiter betreffen.

Art. 9 Abs. 3 GG läßt daran keinen Zweifel: Die Verfassung impliziert hinsichtlich der Arbeitnehmer die Anerkennung des Solidaritätsgedankens. Die Solidarität der Arbeitnehmer ist die elementare Funktionsvoraussetzung der Selbsthilfekomponente des Sozialstaatsprinzips, «ein Bindeglied zwischen dem sozialstaatlichen und dem demokratischen Gehalt der Koalitionsfreiheit».[132] Die Schaffung von Gegenmacht zur Herstellung sozialen Ausgleichs am Arbeitsmarkt läßt sich ohne sie nicht vorstellen. Arbeitnehmer-Solidarität kennzeichnet die innere Logik und damit zugleich die Legitimationsgrundlage koalitionsspezifischer Betätigung. Sie ist mithin ein tragendes Strukturprinzip des demokratischen Sozialstaates.[133] Ihre entsprechende Berücksichtigung im Tarifrecht und in der sonstigen Arbeitsgesetzgebung ist deshalb verfassungsrechtlich geboten.[134]

---

128 Wirtschaft und Gesellschaft, 177, der die den Arbeitnehmern gemeinsame Lage als «typische Chance» der Güterversorgung, der äußeren Lebensstellung und des inneren Lebensschicksals definiert.

129 Vgl. statt aller *Röhsler*, ArbRGew 1975, 109ff., mit Nachweisen.

130 Dies übersieht *Völkert*, a. a. O. (Fn. 125), 20ff., 81ff.

131 Vgl. gerade *Röhsler*, a. a. O. (Fn. 129), 111.

132 AK-GG-*Kittner*, 2. Aufl., Art. 9 Abs. 3, Rn. 27.

133 Vgl. auch *Hartwich*, in: Kittner (Hrsg.), Streik und Aussperrung, 395.

134 Ebenso AK-GG-*Kittner*, a. a. O. (Fn. 132).

2.2 *Die Austrahlungswirkung der Solidarität auf die Grundrechtsgarantien der Art. 3 und 12 Abs. 1 GG*

2.2.1 *Solidaritätsprinzip und Berufsfreiheit des Arbeitnehmers*

Die verfassungsrechtliche Anerkennung des Solidaritätsgedankens führt freilich nicht dazu, dem individualrechtlichen Gehalt des Arbeitnehmergrundrechts aus Art. 12 Abs. 1 GG eine untergeordnete Bedeutung beizumessen. Die Legitimation des Solidaritätsgedankens geht im Gegenteil auf das Anliegen zurück, über die Bildung kollektiver Gegenmacht individuelle Freiheitsräume für die strukturell unterlegene Arbeitnehmerseite zu schaffen. Individualrechtlicher Gehalt der Berufsfreiheit des Arbeitnehmers und Solidarität bedingen sich gegenseitig. Solidarität ist, um es präziser auszudrücken, das Bindeglied zwischen dem individualrechtlichen Gehalt dieses Grundrechts und der in Art. 9 Abs. 3 GG begründeten sozialstaatlichen Eingriffskompetenz. Sie präsentiert das tragende Element der verfassungsstrukturellen Abstimmung zwischen dem freiheitsrechtlichen Gehalt des Art. 12 Abs. 1 GG und der tarifautonomen Regelungsmacht. Gerade dies erklärt und rechtfertigt ihre Maßgeblichkeit bei der individualrechtlich ausgerichteten Kontrolle tariflicher Eingriffe in die Begründung und Beendigung von Arbeitsverhältnissen. Die Solidarität kennzeichnet einerseits die innere Logik der koalitionsspezifischen Betätigung als unabdingbare Funktionsvoraussetzung individueller Freiheit auf der Arbeitnehmerseite und legitimiert insofern die Ausformung des freiheitsrechtlichen Gehalts des Grundrechts der Berufsfreiheit durch die tarifautonome Regelungsmacht. Sie versteht sich aber damit wesentlich als Prinzip individualrechtlicher Freiheitsverbürgung und deshalb zugleich als Kontrollmaßstab tariflicher Eingriffskompetenzen in den Fällen, wo diese nicht nur als positives, sondern auch und gerade als negatives Definitionselement beruflicher Freiheitsräume des Arbeitnehmers fungieren. Dabei kann sie als übergreifendes Prinzip ein (verfassungs-)normatives Programm geben, welches unabhängig von der Gewerkschafts-, Berufs-, Betriebs- oder gar Branchenzugehörigkeit für die gesamte, jeweils in Betracht kommende Arbeitnehmerschaft Geltung beansprucht. Dieses Programm beinhaltet die Richtlinien zur sozialstaatskonformen Regulierung kollidierender Berufs- und Arbeitsplatzwahlfreiheiten im Normbereich des Art. 12 Abs. 1 GG. Seine Erstellung bedingt nun die sorgfältige Aufschlüsselung des vielseitigen Aussagegehalts des Solidaritätsprinzips.

Die sozial-ökonomische Position als Arbeitskraft-Besitzer und die sich daraus ergebende Notwendigkeit machtpolitischer Kompensation sind – wie oben ausgeführt[135] – entsprechend Konstitutionsfundament und Anerkennungsgrund des

135 Im Abschnitt 2.1, S. 344f.

Prinzips der Arbeitnehmer-Solidarität. Dieses Prinzip kann deshalb (auch) als Bewertungsmaßstab tariflicher Arbeitsplatzverteilung nur in substantiierter Anlehnung an die spezifischen Merkmale der «Ware» Arbeitskraft funktionalisiert werden. Anders formuliert: Die Restriktionen, denen Arbeitnehmer bei der Allokation ihrer Arbeitskraft ausgesetzt sind, charakterisieren den realen, marktstrategischen Hintergrund der Freiheitsverbürgung in Art. 12 Abs. 1 GG. Sie liefern somit die Parameter zur Konkretisierung des Solidaritätsgedankens als individualrechtlicher Wertungsmaßstab tariflicher Eingriffskompetenzen in die Begründung und Beendigung von Arbeitsverhältnissen. Angesprochen sind die Begrenztheit des qualitativen und räumlichen Optionshorizonts bei Arbeitskraft-Besitzern, deren existenzielle Abhängigkeit vom einmal erreichten Lebensstandard und Berufsstatus, zuallererst aber überhaupt die Chance, ihre Arbeitskraft erfolgreich anbieten zu können. Die Wahrnehmung dieser Chance gebietet sich deshalb als primärer Anknüpfungspunkt des Solidaritätsgedankens, weil sie den Kerngehalt der Freiheitsgewährleistung in Art. 12 Abs.1 GG betrifft: Erst das reale Bestehen der Möglichkeit, Zugang zum Beschäftigungssystem zu finden, erlaubt es, von der Wahrnehmung grundrechtlicher Berufs- und Arbeitsplatzwahlfreiheit zu sprechen. Von dieser Möglichkeit hängt auch die Aktualisierung der anderen sozial-ökonomischen Komponenten der Marktposition des Arbeitnehmers ab.

2.2.2 Solidaritätsprinzip und Restrukturierung des Arbeitsmarktes

Die Existenz von Problemgruppen auf dem Arbeitsmarkt indiziert die ungleiche Verteilung der Beschäftigungschancen innerhalb der Arbeitnehmerschaft. Das Beschäftigungsrisiko wird, auch beim Einsatz neuer Technologien, in erster Linie von jenen Arbeitnehmern getragen, deren Nichtbeteiligung am Arbeitsmarkt bereits aufgrund ihnen zugeschriebener und zur Option gestellter Alternativrollen meist als eine gesellschaftliche Normalität angesehen wird. Die benachteiligte Stellung weiblicher und älterer Arbeitskräfte verweist auf einen wichtigen Sachverhalt für den verteilungspolitischen Bezugsrahmen der Untersuchung. Sie erfordert unter dem Blickwinkel des Solidaritätsgedankens eine spezifische Verteilungssicht.

Die Realität eines Arbeitsmarktes, der sich durch die beschäftigungspolitische Benachteiligung bestimmter Arbeitnehmergruppen auszeichnet, gerät in einen krassen Widerspruch zum Prinzip der Arbeitnehmer-Solidarität. Das normative Konzept einer übergreifenden Solidarität, die der machtpolitischen Kompensation der individuellen Unterlegenheit aller Arbeitskraft-Besitzer dienen soll, läßt sich mit dem Zustandekommen eines «sekundären» Machtgefälles am Arbeitsmarkt nicht vereinbaren. Solidarität bedeutet vielmehr die gebotene Rücksichtnahme auf die spezifische Situation jener Arbeitnehmergruppen, die hinsichtlich der Chance, ihre Arbeitskraft zu vermarkten, vielerlei Diskriminierungen und Restriktionen ausgesetzt sind. Diese vor allem an die Tarifvertragsparteien gerichtete Aufforderung ist die Konsequenz der sozialstaatlich vermittelten Ausstrahlung des Solidaritätsgedankens auf die Fundamentalgarantien der Art. 3 Abs. 1 und 12 Abs. 1 GG, wonach für den Einzelnen das Recht und die gleiche Chance zur Vermarktung seiner Arbeitskraft postuliert wird. Die Tarifvertragsparteien tragen als sozialstaatlich legitimierte Kompetenzträger zugleich Verantwortung für «grundrechtliche Chancengleichheit»[136] in dem von ihnen geordneten Bereich des Arbeitsmarktes.[137] Durch die Tatsache, daß bei einzelnen Gruppen von Arbeitnehmern die Wahrnehmung grundrechtlicher Berufs- und Arbeitsplatzwahlfreiheit (Art. 12 Abs. 1 GG) überhaupt kaum möglich bzw. unter ganz restriktiven Bedingungen erfolgt, wird diese Verantwortung besonders herausgefordert. Sie konstituiert sich über das die Sozialstaatsklausel des Grundgesetzes ausformende Prinzip der Arbeitnehmer-Solidarität als verfassungsrechtliche Verpflichtung, für Ausgeglichenheit bei der Verteilung von Beschäftigungschancen zu achten und zu sorgen.[138]

Die Solidarität erweist sich damit dort, wo es um die Verteilung von Arbeitsplätzen geht, als jenes das funktionale Zusammenspiel von Gleichheitssatz und Sozialstaatlichkeit bestimmende Prinzip des Grundgesetzes. Sie liefert zur Bewältigung von Problemen, die den Aspekt der Verteilungsgerechtigkeit am Arbeitsmarkt betreffen, den maßgeblichen Wertungsmaßstab für das sozialstaatliche Verständnis des Gleichheitssatzes. Dabei fungiert sie sowohl als negativer wie auch als positiver Imperativ. Die Solidarität verbietet einerseits diskriminierende Beschäftigungspraktiken, die gegenüber bestimmten Arbeitnehmergruppen nicht nur offen, sondern auch verdeckt erfolgen können. Sie gebietet damit ein Gleichheitsverständnis, welches auf den material-rechtlichen Gehalt und somit die praktischen Auswirkungen tariflicher Arbeitsplatzverteilungspolitik abhebt. Entscheidend ist nicht die formelle Gleichbehandlung, sondern der Befund, wie sich die tarifliche Kriterienbildung bei Maßnahmen der Personalauswahl auf die Be-

---

136 *Häberle*, VVDStRL 30 (1972), 43, insb. 96f., 97: « 'Grundrechtliche Chancengleichheit' ist die Formel, die das korrelative, nicht spannungsfreie Verhältnis von Freiheit und Gleichheit und die Aufgaben leistungsstaatlicher Aktivität umreißt. Dabei bedeutet 'Chance': dem Einzelnen soll grundrechtliche Freiheit möglich sein, ohne zur Pflicht zu werden. Gleichheitssatz und sozialer Leistungsstaat sind demnach einander zugeordnet.»

137 Die Tarifvertragsparteien sind durchaus berechtigt, allgemeine Arbeitsmarktpolitik zu betreiben, hierzu die Ausführungen oben im Kapitel III Abschnitt 2.2.2, S. 258f.

138 Dabei geht es – in den Worten *Häberles*, a. a. O. (Fn. 136), 92 – speziell um eine «Normalisierung» des den diskriminierten Arbeitnehmergruppen zustehenden Grundrechts aus Art. 12 Abs. 1 GG.

schäftigungschancen bestimmter Arbeitnehmergruppen in der Tat auswirkt. Darüber hinaus erlegt aber die Solidarität als Prinzip sozialstaatlichen Aktivitätsschutzes den Tarifvertragsparteien die Verpflichtung auf, Maßnahmen zu ergreifen, die in der Form leistender Aktivität auf die Verwirklichung von Chancengleichheit am Arbeitsmarkt ausgerichtet sind. Die Tarifvertragsparteien sind dazu gehalten, auch die Voraussetzungen zu schaffen, unter denen die dem Einzelnen verfassungskräftig zugesagte Gleichberechtigung beim Zugang zur Beschäftigung Realität wird. Die Solidarität begründet insofern eine Förderungsverpflichtung gegenüber denjenigen Berufsfreiheitsträgern, bei denen die reale, marktstrategische Möglichkeit zur Inanspruchnahme des Grundrechts aus Art. 12 Abs. 1 GG überhaupt nicht gegeben bzw. besonders erschwert ist. Sie verwirft damit ein formales Gleichheitsverständnis, das zugunsten einer vordergründigen Gleichbehandlung aller Arbeitnehmer den Zustand faktischer Diskriminierung am Arbeitsmarkt unberührt läßt. Die Solidarität gebietet mithin die Hinwendung zur faktischen Gleichheit. Sie verlangt nicht nur die Unterlassung einer wie auch immer gearteten Diskriminierung bestimmter Arbeitnehmergruppen beim Zugang zur Beschäftigung. Sie verträgt sich auch nicht mit einer Tarifpolitik, die die gruppentypische Verteilung von Arbeitslosigkeit und Beschäftigungschancen widerspruchslos akzeptiert.[139]

Rekapitulierend: Die Verfassung beläßt es dort, wo es um die Verteilung von Beschäftigungschancen geht, nicht bei einem Appell an die sozialstaatliche Verantwortung der Tarifvertragsparteien. Die von ihr implizierte Anerkennung des Solidaritätsgedankens bedeutet vielmehr die stärkere Anbindung tariflicher Eingriffskompetenzen an den individualrechtlichen Gewährleistungsgehalt des Art. 12 Abs. 1 GG. Das Grundrecht auf Solidarisierung wirkt als sozialstaatliches Strukturelement des Gleichheitssatzes in den Normbereich des Art. 12 Abs. 1 GG hinein und begründet für die in der Wahrnehmung ihrer Arbeitsplatzwahlfreiheit benachteiligten Arbeitnehmergruppen das Recht auf gleiche Teilhabe beim Zugang zur Beschäftigung. Diese – somit verfassungsrechtlich gefestigte – Teilhabedimension des Art. 12 Abs. 1 GG weist sowohl derivative als auch originäre Züge auf. Begründet wird einerseits der Anspruch auf Gleichbehandlung bei konkreten Personalentscheidungen des Arbeitgebers, andererseits der Anspruch auf Herstellung faktisch gleicher Beschäftigungschancen und damit auf ein entsprechendes aktives Handeln der Tarifvertragsparteien.

139 Vgl. bereits *Simitis*, a. a. O. (Fn. 14), M 29f.

2.2.3 Die Solidarität als Regulativ des Konkurrenzverhältnisses von Arbeitsbesitzern und Arbeitslosen

Solidaritätsprinzip und Bestandsschutz des Arbeitsverhältnisses erklären und legitimieren sich beide durch die marktstrategisch benachteiligte Position von Arbeitskraft-Besitzern. Dieses konstitutive Merkmal prägt nicht nur die Art und Weise, mit der die Solidarität auf den Bestandsschutz von Arbeitsverhältnissen einwirkt. Es indiziert auch Gemeinsamkeiten und Interdependenzen bei der Funktion beider Anliegen. Sie decken sich in der Zielsetzung, die mangelnde Marktfähigkeit der «Ware» Arbeitskraft zu kompensieren und dadurch den Wettbewerb am Arbeitsmarkt zu regulieren. Solidarität und Bestandsschutz bedienen sich dabei gegenseitig. Bestandsschutzbestimmungen leisten einen wichtigen Beitrag zur Befriedung des Konkurrenzverhältnisses der Arbeitnehmer untereinander[140] und damit zur Sicherung elementarer Bedingungen für Solidarität. Diese schafft ihrerseits die Voraussetzungen für Gegenmacht und damit für eine wirksame Wahrnehmung der Arbeitnehmerinteressen auch in der zentralen Frage der Arbeitsplatzsicherheit. Bezeichnend für diese Gegenseitigkeit ist die stabilisierende Wirkung des Bestandsschutzes von Arbeitsverhältnissen für berufsfachliche und betriebliche Teilarbeitsmärkte und deren – über die Förderung stark ausgeprägter Formen kollektiv-organisierter Solidarität – konstitutive Bedeutung für gewerkschaftliche Gegenmacht. Zwischen dem Solidaritätsprinzip und dem Bestandsschutz des Arbeitsverhältnisses besteht mithin ein legitimatorischer Funktionszusammenhang.

Dieser Funktionszusammenhang sieht sich aber gestört, wenn der Bestandsschutz von Arbeitsverhältnissen einseitig auf die Berücksichtigung der sozialökonomischen Position der Arbeitsbesitzer ausgerichtet ist. Wie sich die Solidarität mit der Akzeptanz der Benachteiligung weiblicher und älterer Arbeitskräfte nicht verträgt, kann sie ebensowenig eine Beschäftigungspolitik legitimieren, die ihre Verpflichtung nur darin sieht, diejenigen noch mehr und noch besser abzusichern, die ohnehin einen Arbeitsplatz haben. Die Solidarität als sozialstaatliches Prinzip übergreifender Verantwortung gebietet vielmehr die Berücksichtigung

---

140 Vgl. in diesem Sinne *Zöllner*, in: Verhandlungen des 52. DJT I, D 117; zustimmend *Wiedemann*, a. a. O. (Fn. 2), 659. Bezeichnenderweise heißt es bei *Jürgens/Dohse*, in: Dohse u. a. (Hrsg.), Statussicherung, 289ff. 291, die die Bedeutung, Formen und Funktionsweise von Senioritätsregeln – worauf sich das in den USA tariflich etablierte System des Bestandsschutzes von Arbeitsverhältnissen gründet – behandeln: «Senioritätsklauseln sind … mehr als ein bestimmter Normenbestand; sie sind vielmehr Ausdruck eines bestimmten Verständnisses von Fairness, Gerechtigkeit und Legitimität in der betrieblichen Personalpolitik und in den Beziehungen der Beschäftigten untereinander.»

auch der Situation derjenigen, die ihre Arbeitskraft noch ohne Erfolg zur Vermarktung anbieten und dabei den gleichen strukturellen Zwängen und Restriktionen unterliegen wie die Arbeitsplatzinhaber. Das Solidaritätsprinzip erfordert, anders ausgedrückt, eine Beschäftigungspolitik, die ihre Ansatzpunkte ebenso mit Rücksicht auf die sozial-ökonomische Position der Arbeitsuchenden definiert und gewichtet. Der Schutz der bereits Beschäftigten bildet daher ein zwar notwendiges und legitimes, aber kein einziges, immer unbedenkliches wie unabdingbares Tarifziel. Tarifliche Vereinbarungen, die keine Rücksicht auf die konkrete Arbeitsmarktsituation nehmen, lassen sich nicht rechtfertigen.[141] Eine Tarifpolitik muß insbesondere dort, wo es um die Begründung und Beendigung von Arbeitsverhältnissen geht, auch von der Interessensituation der Arbeitslosen her konzipiert und realisiert werden.

Eine solche Ausrichtung der Tarifpolitik erfordert die Erarbeitung und Umsetzung von Regelungskonzepten, die es ermöglichen, neue Arbeitsplätze zu schaffen oder das jeweils bestehende Arbeitsvolumen auf mehrere Arbeitnehmer zu verteilen und den Zugang Arbeitsloser zu den so gesicherten Beschäftigungsmöglichkeiten – vor allem über (Fort-)Bildungsmaßnahmen und eine gezielte Mobilitätsförderung – erleichtern. Sie erlangt aber auch in der Frage der Verteilung knapper Arbeitsplätze Geltung, also dort, wo im Hinblick auf bestehende oder mögliche Konkurrenzen um diese Arbeitsplätze die Notwendigkeit besteht, Präferenzen einzuräumen. Für die Austragung der insoweit unabwendbaren Zielkonflikte und der damit verbundenen Grundrechtskollisionen auf Arbeitnehmerseite kommt dem Prinzip der Solidarität eine wichtige regulative Funktion zu. Die Solidarität negiert zwar den Wettbewerb als bestimmendes Allokationsverfahren der Arbeitskraft. Sie impliziert aber zugleich das Gebot, daß die innerbetrieblichen Arbeitsmärkte offen bleiben:[142] Auch die Arbeitsuchenden sollen im Rahmen der jeweils bestehenden Arbeitsmöglichkeiten die Chance erhalten, ihre Arbeitskraft erfolgreich anbieten zu können. Diese der Solidarität als Prinzip machtpolitischer Kompensation innewohnende Funktion der Kompromißfindung konkretisiert sich – wie oben ausgeführt[143] – in substantiierter Anlehnung an die sozial-ökonomischen Komponenten, die die Marktposition des Arbeitnehmers kennzeichnen und erst durch die überhaupt mögliche Wahrnehmung grundrechtlicher Berufs- und Arbeitsplatzwahlfreiheit aktualisierbar sind. Sie wird um so eher gefordert, je enger die Verteilungsspielräume am Arbeitsmarkt werden.

Infolge der obigen Betrachtungen weckt eine tarifliche Beschäftigungspolitik, die die Schutzprioritäten ausschließlich im Interesse der jeweiligen Unterneh-

141 *Simitis*, a. a. O. (Fn. 14), M 30f.
142 *Simitis*, a. a. O. (Fn. 14), M 31.
143 Im Abschnitt 2.2.1, S. 349.

mensangehörigen setzt, gravierende verfassungsrechtliche Bedenken. Sie sieht sich zur Verfolgung der Schutzinteressen der bereits in Arbeit Stehenden nur insoweit legitimiert, wie diese ähnlich oder gar eher als ihre externen Mitbewerber in der Auswahl der verfügbaren, zumutbaren Optionen zur Vermarktung ihrer Arbeitskraft eingeschränkt sind. Anders ausgedrückt: Wenn und soweit Arbeitsplatzinhaber nicht eindeutig mehr Möglichkeiten als Arbeitsuchende besitzen, ihre Erwartungen zurückzunehmen und dadurch den erreichten Sozialstatus zu bewahren, rechtfertigt es sich, ihnen die wettbewerbsregulierende Schutzfunktion des Tarifvertrages zugute kommen zu lassen. Der Bestandsschutz des Arbeitsverhältnisses bleibt aber nicht mehr substantiiert an die Besonderheiten der «Ware» Arbeitskraft gebunden, wenn der Tarifvertrag dazu benutzt wird, Arbeitsplatzinhaber immer ohne Rücksicht auf die offenbar schlechtere sozial-ökonomische Position Arbeitsuchender zu begünstigen. Eine Politik der Arbeitsplatzverteilung, die darauf hinausläuft, zu Lasten derjenigen, die ohne Arbeit sind, stets diejenigen zu schützen, die eine recht größere fachlich-qualitative, räumliche oder sonstige Mobilitätsfähigkeit besitzen und daher eine deutlich flexiblere Erwartungshaltung aufweisen, verfehlt letztlich den Bestandsschutzgedanken. Die Solidarität verträgt sich mit einer solchen Tarifpolitik nicht. Das hier relevante Konkurrenzverhältnis der Arbeitskraft-Besitzer untereinander soll vielmehr in einer Weise reguliert werden, die dem Gedanken des ausgleichenden Sozialstaates auf das innerste entspricht. Die Solidarität verlangt, daß die Schutzprioritäten auch im Konkurrenzverhältnis zwischen Arbeitsbesitzern und Arbeitslosen derart gesetzt werden, daß sie mit den real-konkreten, unterschiedlichen Anpassungschancen und -risiken innerhalb der jeweils in Betracht kommenden Arbeitnehmerschaft harmonieren.

2.2.4 Solidaritätsprinzip und Sozialauswahl

Das Solidaritätsprinzip prägt normativ nicht zuletzt das Konkurrenzverhältnis der Arbeitsplatzinhaber untereinander. Es besitzt tragende Bedeutung auch für die Sozialauswahl, die bei betriebsbedingten Kündigungen vorzunehmen ist (§ 1 Abs. 3 KSchG). Die Solidarität liefert gerade den allgemeinen Bewertungsmaßstab dafür, wie die sozialen Gesichtspunkte zueinander ins Verhältnis zu setzen sind.[144]

Die Solidarität gebietet hier – erneut mit Rücksicht auf den Kerngehalt der Freiheitsgewährleistung in Art. 12 Abs. 1 GG – den Vorrang derjenigen Arbeit-

144 Entgegen der bisherigen Annahme in Rechtsprechung und Schrifttum, daß es einen solchen Bewertungsmaßstab nicht gibt, vgl. etwa *BAGE* 47, 80 (93); *Weller*, AuR 1986, 231; neuerdings *Kittner*, AuR 1997, 185.

nehmer, die es am schwersten haben, einen neuen, ihrer persönlichen Berufs- und Lebenssituation angemessenen Arbeitsplatz zu finden. Die Chance des Arbeitnehmers, bei Arbeitsplatzverlust seine Arbeitskraft unter zumutbaren Bedingungen anderweitig zu vermarkten, bildet das zentrale Kriterium, wonach der Stellenwert sozialer Gesichtspunkte bei der Auswahl zu Entlassender zu bestimmen ist.[145] An den tatsächlich für die einzelne Arbeitskraft bestehenden Vermarktungschancen entscheidet sich die Frage, wer am ehesten auf den Arbeitsplatz angewiesen ist. Andere Sozialdaten der vergleichbaren, in die Auswahl einzubeziehenden Arbeitnehmer (z. B. Umfang der Unterhaltsverpflichtungen, Familienstand, Gesundheitszustand, wirtschaftliche Verhältnisse) können daher nur dann stärkere oder schwächere Schutzbedürftigkeit herstellen, wenn auf der Ebene der Vermittlungsfähigkeit am Arbeitsmarkt keine Unterschiede bestehen, wenn also alle Arbeitnehmer gleichermaßen gute oder schlechte Aussichten haben, einen neuen Arbeitsplatz zu finden.[146]

Das Kriterium der «Vermittlungsfähigkeit am Arbeitsmarkt» kann freilich erst im Hinblick auf die sozial-ökonomische Position der in Betracht kommenden Arbeitsplatzinhaber und die damit verbundenen Besonderheiten des jeweils vorliegenden Sachverhaltes inhaltlich näher umrissen und verwendet werden. Seine Maßgeblichkeit und zugleich situationsspezifische Deutungsbedürftigkeit zeigen sich daran, daß es allen gravierenden sozialen Gesichtspunkten inhärent ist, ohne daß einem von ihnen Geltungsvorrang a priori und immer zukommen kann.[147] So impliziert die «Dauer der Betriebszugehörigkeit» eine besondere Verminderung der Arbeitsmarktchancen, wenn die berufliche Qualifikation des betroffenen Arbeitnehmers in spezifischer Weise auf die Situation bei ein und demselben Arbeitgeber entwickelt wurde bzw. bei anderen Arbeitgebern nicht nachgefragt wird. Das «Lebensalter» bildet ferner ein stigmatisiertes, in der Regel diskriminiertes und daher mit beträchtlichen Einschränkungen der Vermarktungsmöglichkeiten verbundenes Merkmal der Arbeitskraft. Die Existenz von «Unterhaltspflichten» und deren Ausmaß können besondere Belastungen des Arbeitnehmers (z. B. Alleinerzieher) und eine damit recht unflexible Erwartungshaltung bei der

145 Vgl. in diesem Sinne *BVerfGE* 84, 133 (154); aber auch früher *LAG Düsseldorf*, DB 1952, 828.

146 Vgl. bereits *Pfarr/Bertelsmann*, Diskriminierung im Erwerbsleben, 392.

147 Mit dieser Grunderkenntnis lassen sich gerade in trefflicher Weise die beträchtlichen Interpretationsschwierigkeiten um die Vorschrift des § 1 Abs. 3 KSchG erklären und damit zugleich bewältigen – Schwierigkeiten, die, wie GK-KSchG-*Becker*, § 1 Rn. 353 (2. Aufl.), es vormals formuliert hat, darin bestehen, daß weder die Wertigkeit der drei sog. sozialen Grunddaten (Lebensalter, Dauer der Betriebszugehörigkeit und Zahl der unterhaltsberechtigten Personen) noch der jeweilige Stellenwert der übrigen sozialen Umstände in einer allgemeingültigen Weise feststeht.

Vermarktung der Arbeitskraft zur Folge haben. Und der Umstand, daß der Arbeitnehmer einen berufstätigen Ehepartner und schulpflichtige Kinder hat, deutet auf seine räumlich beschränkte Mobilitätsfähigkeit hin, also auf die fehlende Möglichkeit, einem Arbeitsangebot andernorts zu folgen. Schließlich kennzeichnen Merkmale wie das Schwerbehindertsein und das weibliche Geschlecht erhebliche Einschränkungen der Vermittelbarkeit am Arbeitsmarkt und können somit unter dem Blickwinkel der Solidarität die Sozialauswahl entscheidend beeinflussen.[148] Die von der Situation bestimmter Arbeitnehmergruppen her gebotene Restrukturierung des Arbeitsmarktes und die daraus resultierenden Handlungsanforderungen an die Tarifvertragsparteien[149] erlangen auch für den Bereich der Kündigungsauswahl Geltung.

Die Solidarität beläßt es aber nicht bei der herausragenden Bedeutung des Kriteriums der «Vermittlungsfähigkeit am Arbeitsmarkt» und der daran zu orientierenden Gewichtung der sozialen Gesichtspunkte. Sie entfaltet ihre regulative Funktion weiter dort, wo es darum geht, bei gleichermaßen schlechten oder guten Arbeitsmarktchancen für die betroffene Arbeitnehmerschaft soziale Präferenzen

---

148 Die durch das Arbeitsrechtliche Beschäftigungsförderungsgesetz 1996 adaptierte, aber inzwischen mit Wirkung ab 1.1.99 durch das Gesetz «zu Korrekturen in der Sozialversicherung und zur Sicherung der Arbeitnehmerrechte» v. 18.12.98 aufgehobene Begrenzung der Sozialauswahl des § 1 Abs. 3 KSchG auf die drei oben im Haupttext genannten Grunddaten brachte eine spürbare Eingrenzung des Geltungsrahmens für solidarische Schutzerwägungen mit sich. Die gegen diese Begrenzung erhobenen verfassungsrechtlichen Bedenken waren, auch und gerade mit Rücksicht auf das besondere, für Frauen und Schwerbehinderte geltende Diskriminierungsverbot des Art. 3 Abs. 3 GG, durchaus berechtigt, vgl. etwa *Kittner*, a. a. O. (Fn. 144), 184, der die Schwerbehinderteneigenschaft im Wege verfassungskonformer Auslegung der damaligen Neufassung des Abs. 3 als ungeschriebenes Tatbestandsmerkmal auffassen will. Diese Bedenken erhärteten sich im Hinblick darauf, daß die damalige Neuregelung der Sozialauswahl zugleich den Geltungsrahmen für unternehmerische Nützlichkeitserwägungen erheblich erweiterte. Die Ausrichtung der Sozialauswahl am «berechtigten betrieblichen Interesse» und an dessen im Gesetz formulierten Ausprägungen eröffnete die Möglichkeit einer fühlbaren Entwertung jener sozialen Gesichtspunkte, die stets auf eine besondere Verminderung der Arbeitsmarktchancen hindeuten. Das Anliegen der «Sicherung einer ausgewogenen Personalstruktur» eignete sich dazu, das bisher für die Sozialauswahl typische, vom Solidaritätsgedanken getragene Bewertungsergebnis zugunsten der besonders marktstrategisch benachteiligten Gruppe der älteren Arbeitnehmer zu konterkarieren. Auch die Hervorhebung der «Kenntnisse, Fähigkeiten und Leistungen» bestimmter Arbeitnehmer im Betrieb lieferte die Legitimationsbasis für eine Politik der Sozialauswahl, die auf etablierte Vorrecht- und Imagepositionen abhebt und damit kaum Raum für eine besondere Berücksichtigung der arbeitsmarktpolitisch diskriminierten Gruppe der Frauen zuläßt.

149 Vgl. hierzu die Ausführungen oben im Abschnitt 2.2.2, S. 349ff.

einzuräumen. Die Solidarität gebietet hier die vorrangige Berücksichtigung derjenigen, die es am schwersten haben, die Konsequenzen eines Arbeitsplatzverlustes zu verkraften und zu meistern. Soziale Gesichtspunkte, wie der Umfang von Unterhaltspflichten, der Familienstand oder das Vorhandensein von Vermögen, welche auf der ersten Prüfungsebene gerade mit Rücksicht auf das zentrale Kriterium der Arbeitsmarktchancen möglicherweise kaum zu beachten oder jedenfalls zu relativieren sind, erlangen nun eine größere, entscheidende Bedeutung. Das Erfordernis, soziale Gesichtspunkte umfassend zu berücksichtigen, gelangt damit zur vollen Geltung.

Die Solidarität als individualrechtlicher Kontrollmaßstab der Sozialauswahl verlangt insgesamt eine durchgreifende Prüfung aller sozial relevanten Umstände des Einzelfalls, um festzustellen, wer am ehesten und wer am wenigsten auf die Erhaltung des Arbeitsplatzes angewiesen ist. Sie begründet somit die Pflicht zur angemessenen Binnendifferenzierung der jeweiligen Sozialkriterien. Mit der Erstreckung des Solidaritätsgedankens auf sämtliche Abstufungen der Sozialauswahl ist der Wertungsspielraum nach § 1 Abs. 3 KSchG substantiell vorgeprägt.[150] Die Solidarität besagt, wie die soziale Wertigkeit der verschiedenen in

---

150 Diese Erkenntnis betrifft auch den Ermessensspielraum des Arbeitgebers bei der Vornahme der Sozialauswahl sowie der Betriebsparteien bei der Vereinbarung von Kündigungsrichtlinien. § 1 Abs. 3 KSchG wird aber damit nicht zu einer Regelungssperre gegenüber – auch tarifvertraglich vereinbarten – Auswahlrichtlinien, die bei der Sozialauwahl die vorrangige Berücksichtigung eines bestimmten Schutzmerkmals vorsehen. Die Auffassung, das Prinzip der Sozialauswahl vertrage sich nicht mit einer derartigen Vorrangstellung, da es eine angemessene Berücksichtigung mehrerer relevanter Faktoren im Einzelfall zwingend erfordere (vgl. *BAG* v. 11.3.1976, AP Nr. 1 zu § 95 BetrVG 1972, mit Anmerkung von *Hueck* = EzA Nr. 1 zu § 95 BetrVG 1972, mit Anmerkung von *Gamillscheg*; *Dietz/Richardi*, BetrVG, § 95 Rn. 39f.; *Galperin/Löwisch*, BetrVG, § 95 Rn. 13; *Fitting/Auffahrt/Kaiser/Heither*, BetrVG, § 95 Rn. 19, 21; *Gaul*, Das Arbeitsrecht im Betrieb II, O XIII Rn. 58; *Hueck/v. Hoyningen-Huene*, KSchG, § 1 Rn. 482; *Klebe*, in: Däubler/Kittner/Klebe, BetrVG, § 95 Rn. 21), verkennt gerade die herausragende Bedeutung des Kriteriums der Arbeitsmarktchancen und die darin begründbare Priorität bestimmter Schutzmerkmale. Sie kann um so weniger überzeugen, wenn man den im BetrVG anerkannten Geltungsmodus besonderer Schutzbedürftigkeit und die materiellrechtliche Einheit von individuellem und kollektivem Kündigungsschutz in Betracht zieht, vgl. bereits kritisch zu den bedenklichen Konsequenzen dieser Auffassung *Gamillscheg*, a. a. O., 10f.; *Weiss*, BetrVG (1. Aufl.), § 95 Rn. 3d; erneut *Weiss/Weyand*, BetrVG, § 95 Rn. 13. Vorschriften wie die §§ 75 Abs. 1 S. 2 und 80 Abs. 1 Ziff. 6 BetrVG lassen denn folgendes erkennen: Eine besondere, zu beschäftigungssichernden Regelungsinitiativen verpflichtende Schutzbedürftigkeit gründet sich nicht unbedingt auf einer Mehrzahl verschiedener Sozialkriterien, deren Stellenwert sich nur bei der Einzelfallprüfung bestimmen läßt. Sie ist auch aufgrund eines einzigen, besonders ins Gewicht fallenden Merkmals (: hier fortgeschrittenes Alter) gene-

Betracht kommenden Auswahlgesichtspunkte im Einzelfall zu beurteilen ist. Diese prägende Regulativfunktion verbindet sich freilich – in Anbetracht unterschiedlichster Fallkonstellationen – mit recht differenzierten Bewertungsergebnissen hinsichtlich des Stellenwerts und der Rangfolge der jeweiligen Sozialkriterien. Dabei müssen all jene Faktoren in Betracht gezogen werden, die für die arbeitsmarkt- und sozialpolitische Gewichtung dieser Kriterien bestimmend sind. Soweit diese Faktoren nicht rein objektiv einschätzbar sind, bleibt ein Ermessensspielraum bei der Vornahme der Kündigungsauswahl bestehen. Er ist einzuräumen auch im Hinblick darauf, daß sich die individuelle Betroffenheit der ein-

---

rell definierbar. Eine derart definierte Schutzbedürftigkeit schlägt auch bei der Auswahl zu Entlassender durch. Voraussetzung ist freilich, daß das sie indizierende Merkmal nicht durch andere Kriterien sozialer Schutzbedürftigkeit neutralisiert oder gar überlagert wird. Diesem Merkmal soll also vorrangiger Stellenwert gegenüber allen anderen in Betracht kommenden Sozialkriterien zukommen können. Die Erfüllung dieser Voraussetzung kann allerdings nicht abstrakt-generell beurteilt werden. Sie entscheidet sich als materiell-rechtliches Gewichtungsproblem erst im Hinblick auf die Personalstruktur, die jeweils konkrete Beschäftigungslage und sonstige für die Kündigungsauswahl relevante Gegebenheiten des einzelnen Betriebs bzw. Unternehmens. Gerade mit Rücksicht auf diese Gegebenheiten haben Auswahlrichtlinien die ihnen zugedachte Regelungsfunktion wahrzunehmen. Das Kündigungsschutzgesetz gesteht ihnen nunmehr ausdrücklich einen beachtlichen Ermessensspielraum zu (§ 1 Abs. 4 KSchG). Sie können festlegen, welche sozialen Gesichtspunkte zu berücksichtigen und wie diese Gesichtspunkte im Verhältnis zu einander zu bewerten sind. Diese Bewertung kann von den Gerichten nur auf grobe Fehlerhaftigkeit überpüft werden. Eine solche Fehlerhaftigkeit ist anzunehmen, wenn einzelnen Sozialkriterien völlig unzureichende oder überhöhte Bedeutung beigemessen wird oder ganz naheliegende Gesichtspunkte nicht in die Überlegungen der Betriebsparteien einbezogen worden sind, vgl. *Kittner*, a. a. O. (Fn. 144), 186f., mit weiteren Nachweisen. Betriebliche Auswahlrichtilinien, die vorrangig auf ein bestimmtes Schutzmerkmal abstellen, sind daher nur zu beanstanden, wenn sie die Nichtberücksichtigung und/bzw. die unangemessen niedrige Bewertung anderer gravierender Merkmale implizieren. Sie folgen im übrigen einer Option sozialen Schutzes, die in das Betriebsverfassungsgesetz und damit in das System des kollektiven Kündigungsschutzes Eingang gefunden hat. Die Vorschrift des § 1 Abs. 3 KSchG gegenüber dieser Option zu immunisieren, hieße die materiell-rechtliche Einheit von individuellem und kollektivem Kündigungsschutz in Frage stellen. Vgl. hingegen *v. Hoyningen-Huene*, AP Nr. 13 zu § 1 KSchG 1969, Bl. 600, der insoweit auf den Grundsatz der Trennung von individuellem und kollektivem Kündigungsschutz verweist. Konsequenterweise geht es ihm dann um die Frage, ob § 1 Abs. 3 KschG durch den § 95 BetrVG abgeändert wurde. Vorschriften wie die §§ 1 Abs. 2 Nr. 1, Abs. 4 KSchG und 102 Abs. 3 BetrVG verwerfen aber jeden Versuch, den individuellen und kollektiven Kündigungsschutz materiell-rechtlich voneinander abzukoppeln. Nicht zuletzt deshalb darf auch der individualrechtliche Kündigungsschutz nach § 1 Abs. 3 KSchG durch die kollektivrechtliche Mitwirkung des Betriebsrates nach § 95 BetrVG nicht mißachtet werden.

zelnen Arbeitnehmer durch den Arbeitplatzverlust nicht immer exakt beurteilen läßt.[151]

Die Solidarität als verfassungsrechtlicher Wertungsmaßstab der Sozialauswahl zieht nicht zuletzt Konsequenzen für das Abgrenzungsmerkmal der «Vergleichbarkeit» und den Geltungsrahmen betrieblicher Qualifikations- und Leistungskriterien nach sich.[152] Sie legitimiert – insbesondere bei recht begrenzten personalpolitischen Anpassungsspielräumen – eine Politik der Arbeitsplatzverteilung, die darauf angelegt ist, die personelle Reichweite der gebotenen sozialen Präferenzen möglichst extensiv und zugleich die Vorbehaltsformel des «berechtigten betrieblichen Bedürfnisses» möglichst restriktiv auszulegen. Eine solche Verteilungspolitik signalisiert auch die Möglichkeit einer unternehmensbezogenen Ausgestaltung der Sozialauswahl.[153] Sie findet ihre Grenze dort, wo die Funktionsfähigkeit des Unternehmens die vorrangige Berücksichtigung qualifikations- und leistungsbezogener Gesichtspunkte gebietet.[154]

---

151 Mit Blick auf den von der Solidarität substantiell vorgeprägten Ermessensspielraum der Tarifvertrags- und Betriebsparteien ist es indes letztlich bedenklich, Kündigungsrichtlinien «nur auf grobe Fehlerhaftigkeit» überprüfen zu können (§ 1 Abs. 4 KSchG). Die so begrenzte Möglichkeit der Rechtskontrolle – *Wiedemann*, in: Wiedemann, § 1 TVG Rn. 536, spricht insoweit von einer «Inhaltskontrolle aller Kollektivvereinbarungen» – entspricht sicherlich dem Bedürfnis nach Rechtssicherheit, fördert deshalb Regelungsinitiativen der Tarifvertrags- und Betriebsparteien, die darauf gerichtet sind, das Prinzip der Sozialauswahl mit Rücksicht auf die konkrete betriebliche Realität auszugestalten und damit zugleich die Abstraktion der gesetzlichen Regelung zu korrigieren. Die Vorschrift des § 1 Abs. 4 KSchG darf aber den Tarifvertrags- und Betriebsparteien nicht die Möglichkeit eröffnen, über den individualrechtlichen Sozialschutz des Arbeitnehmers nach § 1 Abs. 3 KSchG zu disponieren. Diese Vorschrift soll daher insoweit kein Mandat zur eigenständigen Bestimmung und Gewichtung der sozialen Auswahlkriterien begründen, sondern den ohnehin vorhandenen Ermessensspielraum bei der Vornahme der Sozialauswahl bekräftigen. Vgl. auch die Überlegungen von *Giesen*, ZfA 1997, 164ff., 169ff., zur inzwischen zurückgenommenen, ebenfalls auf den Prüfungsmaßstab der «groben Fehlerhaftigkeit» abstellenden Regelung der Sozialauswahl im Arbeitsrechtlichen Beschäftigungsförderungsgesetz 1996.

152 Vgl. dazu die Ausführungen oben im 1. Teil der Untersuchung, Kapitel III Abschnitt 3, S. 95ff. Fn. 27, 28, 29.

153 Zum Diskussionsstand vgl. die Ausführungen oben im 1. Teil der Untersuchung, Kapitel III Abschnitt 3, S. 95 Fn. 26.

154 Vgl. zum Grundrechtsschutz des Arbeitgebers die Ausführungen oben im Kapitel IV Abschnitt 2.3, S. 312ff.

2.3 Solidaritätsprinzip und qualitative Besetzungsregelungen im RTS-Tarifvertrag

Die herausgearbeiteten allgemeinen Erkenntnisse über den Aussagegehalt des Solidaritätsprinzips für eine Tarifpolitik der Arbeitsplatzverteilung sollen nachfolgend für die rechtliche Bewertung des relevanten Regelungskonzepts qualitativer Besetzungsvorschriften in der Druckindustrie herangezogen und zugleich konkretisiert werden. Mit Hilfe dieser Erkenntnisse können spezielle Problemaspekte der Interessenabwägung im Anwendungsbereich der vorgenannten Tarifvorschriften erleuchtet und geklärt werden. Die Erörterungsbemühungen konzentrieren sich dabei auf die früher im sog. RTS-Tarifvertrag vereinbarten qualitativen Besetzungsregelungen, die zwar nicht mehr zur Anwendung kommen können, die bislang aber stärkste Ausprägung des Regelungskonzepts darstellen.

2.3.1 Solidaritätsprinzip und Beschäftigungsvorrang der Schriftsetzer

Der tarifpolitisch artikulierte,[155] im RTS-Tarifvertrag[156] – wenn auch mit beträchtlichen Relativierungen – vereinbarte Beschäftigungsvorrang der Berufsgruppe der Schriftsetzer an den durch die Fotosatztechnik neu entstehenden Arbeitsplätzen entspricht einer Wertung, die auf das Solidaritätsprinzip zurückzuführen ist.

Die Schriftsetzer hatten aufgrund ihrer in einer mehrjährigen Ausbildung, aber auch Berufspraxis erworbenen Qualifikation und ihrer Schlüsselposition im Produktionsprozeß der Druckindustrie einen besonderen Sozialstatus erreicht. Die Einführung neuer Technologien stellte ihre persönliche Investition in Fachwissen und Können und ihre damit verbundenen, in Erfüllung gegangenen bzw. gehenden immateriellen und materiellen Lebenserwartungen in Frage. Die Tatsache, daß die Nachfrage nach ihrer Qualifikation wegen der raschen Ausbreitung der Rationalisierung in relativ schnellem Tempo schwinden würde, verwies, zumal in einer Zeit von Rezession und Massenarbeitslosigkeit, auf die besonders starke Betroffenheit ihrer marktstrategisch benachteiligten Position als Arbeitskraft-Besitzer. Die Enttäuschung von hohen beruflichen Anstrengungen und bereits erfüllten bzw. unmittelbar erfüllbaren Lebenserwartungen, die kaum vorhandenen bzw. recht begrenzten Rücknahmemöglichkeiten dieser Erwartungen und der damit drohende Verlust des einmal erreichten sozialen Besitzstandes be-

---

155 Vgl. den in druck + papier Nr. 23/1977, 15ff., veröffentlichten «Raster-Tarifvertragsentwurf» der Gewerkschaften, insb. den § 4, gegenübergestellt dem an gleicher Stelle veröffentlichten Tarifvertragsentwurf der Arbeitgeberseite.

156 Abgedruckt in: GMH 1978, 310ff.

zeichneten zu Lasten der Schriftsetzer-Gruppe eine sozial-ökonomische Härtedimension, die bei der Situation ihrer potentiellen Mitbewerber um die neu entstehenden Arbeitsplätze in den Einsatzbereichen der Fotosatztechnik keine Entsprechung fand. Minderqualifizierte Arbeitnehmer, insbesondere angelernte Schreibkräfte hatten weder denselben Erwartungshorizont und erreichten Sozialstatus noch eine persönliche Sonderinvestition in den technologieveränderten Arbeitsbereichen aufzuweisen. Sie verfügten vielmehr aufgrund ihrer flexibleren Erwartungshaltung und/bzw. ihres auch in anderen Arbeitsbereichen und Wirtschaftszweigen nachgefragten Berufsprofils (angelernte Schreibkraft) über mehr Optionen zur Vermarktung ihrer Arbeitskraft.

Diese unterschiedliche Ausgangssituation und die darauf bezogenen gravierenden Differenzierungsgesichtspunkte (: Sonderinvestition in Fachwissen und Arbeit,[157] Bedrohung des erreichten sozialen Besitzstandes, kaum bestehende bzw. recht begrenzte Chance zur Rücknahme der spezifischen Berufs- und Lebenserwartungen) sollten dazu bewegen, den Schriftsetzern einen Anspruch auf Solidarisierung zu gewähren. Dieser Anspruch gebot – bei gleichzeitiger Absicherung des erreichten Einkommensniveaus[158] – die Zurückstellung der Beschäf-

157 Dieser Vertrauenssachverhalt, ursprünglich von *Wiedemann*, a. a. O. (Fn. 2), 657f., angesprochen, fand in Literatur und Rechtsprechung allgemeine Zustimmung. Vgl. *Wank*, a. a. O. (Fn. 48), 115; *Berg/Wendeling-Schröder/Wolter*, a. a. O. (Fn. 6), 312, 313; *Moll*, a. a. O. (Fn. 48), 134f.; *Rieth*, a. a. O. (Fn. 6), 87; *Konertz*, a. a. O. (Fn. 48), 167f.; *Runggaldier*, a. a. O. (Fn. 48), 338; *BAG* v. 13.9.83, AP Nr. 1 zu § 1 TVG Tarifverträge: Druckindustrie, Bl. 350; *Wend*, a. a. O. (Fn. 7), 160, 164f.; *P. Hanau*, ZfA 1984, 463; *Weyand*, a. a. O. (Fn. 48), 172; *Stark*, a. a. O. (Fn. 48), 171; *Säcker/Oetker*, a. a. O. (Fn. 48), 300f.; *H. Hanau*, RdA 1996, 180. Hiergegen bewertet *Schleusener*, a. a. O. (Fn. 7), 133ff., 138, 171f., den Schutz des Besitzstandes der betroffenen Facharbeiter als ein die Regulierung der Arbeitnehmergrundrechte aus Art. 12 Abs. 1 und 3 Abs. 1 GG nicht legitimierendes Anliegen der Tarifvertragsparteien. Der vom *BAG*, ebda, (vgl. in diesem Sinne auch *Dälken*, a. a. O. (Fn. 7), 173) hervorgehobene Umstand, daß die Schriftsetzer «in der Vergangenheit ihren unentbehrlichen Beitrag zum Funktionieren dieses Wirtschaftszweiges (Druckindustrie) geleistet (haben)» kann aber an sich ihren Beschäftigungsvorrang vor denjenigen, die ebenfalls ihre erworbenen Kenntnisse bisher diesem Wirtschaftszweig gewidmet haben, nicht rechtfertigen.

158 Ein tarifvertraglicher Abgruppierungsschutz, der rationalisierungsbetroffenen Schriftsetzern das frühere Einkommen sicherte, wurde ebenfalls vom Solidaritätsgedanken getragen. Die Solidarität rechtfertigt mit Rücksicht auf die Erkenntnis, daß Arbeitnehmer eine Senkung des Lebensniveaus kaum bzw. nur schwer verkraften können, also vom einmal erreichten Lebensstandard abhängig sind, die Wahrung des erreichten Arbeitseinkommens. Die lohnpolitische Sonderbehandlung betroffener Schriftsetzer war darin begründet, daß sich diese und die anderen, in der gleichen Lohngruppe eingruppierten bzw. an den Bildschirmgeräten gleichartige Tätigkeiten verrichtenden Arbeitnehmer eben doch nicht in gleichen, sondern in unterschiedli-

tigungsinteressen ihrer potentiellen Mitbewerber und legitimierte somit die Einschränkung deren Berufs- und Arbeitsplatzwahlfreiheit beim Zugang zu den Arbeitsplätzen in den technologieveränderten wie -verlagerten Bereichen bisheriger Schriftsetzertätigkeit. Die Reservierung dieser Tätigkeitsbereiche stellte auch im Hinblick darauf, daß sie minderqualifizierten Arbeitskräften vorher nicht zur Verfügung gestanden hatten[159] und die betroffenen Schriftsetzer dort – nach entsprechender Einweisung – weiterhin die Möglichkeit besaßen, ihr Fachwissen – wenn auch in ganz anderer Form und geringerem Ausmaß – zu verwerten[160], eine sachgerechte Solidaritätserwägung dar. Der Solidaritätsgedanke ist damit – entgegen *Reuter*[161] – nicht zu einer Rechtfertigungsideologie für Gruppenegoismus pervertiert. Wer so argumentiert, suggeriert in Wahrheit ein formal-rigides Gerechtigkeitsverständnis, welches die unsoziale Gleichschaltung unterschiedlicher individueller Berufs- und Lebenssituationen innerhalb der Arbeitnehmerschaft impliziert. Die Solidarität gebietet vielmehr eine differenzierte verteilungspolitische Sicht, womit der spezifischen Interessensituation bestimmter Arbeitnehmergruppen und den daran erkennbaren sozial-ökonomischen Restriktionen ihres Arbeitskraft-Angebots Rechnung getragen wird. Diese Sicht erlangt besondere Bedeutung dort, wo die moderne Rationalisierung den durch qualifizierte Facharbeit erreichten sozialen Besitzstand gefährdet.

In den im RTS-Tarifvertrag vereinbarten qualitativen Besetzungsregelungen kommt mithin eine Art sozialer Ausgleich zum Ausdruck, welche die von Art. 9 Abs. 3 GG gebotenen Prioritäten berücksichtigt. Die materielle Erfüllung des Solidaritätsprinzips erfordert eine wettbewerbsregulierende Politik der Arbeitsplatzverteilung, die – wie oben herausgearbeitet[162] – der Kernbereichsgarantie des Art. 9 Abs. 3 GG zuzuordnen ist. Solidaritätsprinzip und Art. 9 Abs. 3 GG können keine gegenläufigen Interpretationsergebnisse implizieren.

---

chen Bedarfslagen befanden. Die Solidarität prägt den sozialen Schutzcharakter von Eingruppierungsgarantien und legitimiert eine Tarifpolitik, die sich bei der Lohngestaltung vom Anliegen der Besitzstandswahrung leiten läßt und das Leistungsprinzip als Bewertungsmaßstab für die Lohngerechtigkeit insoweit außer Kraft setzt, vgl. zu dieser Möglichkeit der Tarifpolitik bereits *Wiedemann*, a. a. O. (Fn. 2), 641ff., 650f. und *Blomeyer*, ZfA 1980, 56ff. Die Solidarität erweist sich auch hier als jenes das funktionale Zusammenspiel von Gleichheitssatz (Art. 3 Abs. 1 GG) und Sozialstaatlichkeit bestimmende Prinzip des Grundgesetzes.

159 Dabei kann es sich auch um Arbeitnehmer handeln, die zuvor in der Druckindustrie beschäftigt waren, vgl. aber anders *Dälken*, a. a. O. (Fn. 7), 173, 175.

160 Vgl. *Berg/Wendeling-Schröder/Wolter*, a. a. O. (Fn. 6), 303, mit Nachweisen.

161 Ordo 33 (1982), 180.

162 Im Kapitel III Abschnitt 2.1.4.2, S. 240f. u. Abschnitte 2.2.4.2 ff. , S. 270ff.

Der verfassungsrechtlich gebotene Beschäftigungsvorrang der Schriftsetzer beim Zugang zu den neu entstehenden, ihrer bisherigen Tätigkeit entsprechenden Arbeitsplätzen im rechnergesteuerten Textsystem soll aber – nicht zuletzt für die einzelfallbezogene Interessenabwägung – präziser umrissen werden. Die Herausarbeitung seiner konkreten Reichweite und damit zugleich seiner Geltungsgrenzen erfordert die Spezifizierung der soeben angestellten Solidaritätserwägungen. Hierzu sind drei verschiedene Fragenkomplexe in folgender Reihe zu erörtern: Erstens soll der Frage nachgegangen werden, auf welche konkreten Tätigkeitsbereiche und Arbeitsplätze im rechnergesteuerten Textsystem sich der gebotene Beschäftigungsvorrang erstrecken und inwieweit er damit die Verdrängung anderer Arbeitnehmer aus dem Betrieb legitimieren kann. Zweitens ist näher zu ermitteln, welche Personengruppen in welcher Rangordnung in den Genuß des Beschäftigungsvorrangs kommen. Drittens gilt es, die Frage zu beantworten, für welchen zeitlichen Raum dieser Beschäftigungsvorrang gelten soll.

2.3.2 Die tätigkeitsbezogene Reichweite des Beschäftigungsvorrangs

Probleme bereitete unter den Einsatzbedingungen der Fotosatztechnik die Abgrenzung zwischen den originären Schriftsetzertätigkeiten und den Tätigkeiten, die vorher in der konventionellen Technik von anderen Arbeitskräften ausgeführt worden waren. Mit der Umstellung auf das rechnergesteuerte Textsystem ging eine radikale Änderung der herkömmlichen Arbeitsteilung einher. Die neue Technik führte nicht nur zur Veränderung und/bzw. Verlagerung, sondern ebenso zur Fusion dieser Tätigkeiten an den Bildschirmterminals. Die verschiedenen, vor allem im Verlagsbereich konzentrierten Arbeitsgänge wurden miteinander gemischt, im Wechsel ausgeführt oder gar alle an einem universellen Terminal verrichtet. Steigende Arbeitsproduktivität bedeutete nicht nur die Verminderung der Anzahl der Arbeitsplätze, sondern ebenso die Verdichtung und Erweiterung der am einzelnen Arbeitsplatz auszuführenden Tätigkeiten. Die neue Technik ermöglichte in immer zunehmendem Maße die Herstellung des früheren Satzvolumens auch durch minderqualifizierte Arbeitskräfte und Redakteure.

Der RTS-Tarifvertrag differenzierte allerdings zwischen den komplizierteren Gestaltungs- und Korrekturarbeiten an den Terminals und der einfacheren Arbeitsaufgabe der Texterfassung. Für die ersteren wurde ein allgemeiner Beschäftigungsvorrang vornehmlich für die Berufsgruppe der Schriftsetzer vereinbart (§ 2), während für die letztere Arbeitsaufgabe lediglich ein persönlich vorrangiger, stark relativierter Weiterbeschäftigungsanspruch für betroffene Fachkräfte des Unternehmens ausgehandelt werden konnte (§ 3). Im RTS-Tarifvertrag wurde zugleich versucht, die Arbeit der Redakteure von den wie soeben reservierten Tätigkeitsbereichen der Textgestaltung und Texterfassung inhaltlich abzugrenzen

(§ 15). Dieser Tarifvertrag war aber davon entfernt, die Anforderungen an eine wirksame Kontrolle der Arbeitsteilung zu erfüllen. Das bedingte vor allem die Möglichkeit einer umfassenden ebenso wie fortwährenden Einflußnahme der Arbeitnehmerseite auf die technisch-organisatorische Gestaltung des Produktionsprozesses – eine Zielsetzung, die dem RTS-Tarifvertrag nicht zugrundelag weder durch diesen allein hätte erfüllt werden können. Fraglich ist jedoch, ob sich eine klare Abgrenzung zwischen der bisherigen Schriftsetzerarbeit und der vorherigen, mit ihr nunmehr an den Bildschirmgeräten fusionierten Tätigkeit anderer Arbeitskräfte überhaupt vornehmen ließ. Hier konnten nur betriebliche Vereinbarungen weiterhelfen, die den Besonderheiten des Einzelfalles Rechnung tragen und damit die jeweils notwendigen Differenzierungen bei der Tätigkeitsbeschreibung und -zuweisung enthalten würden.

Die im RTS-Tarifvertrag getroffene qualitative Besetzungsregelung war aber bedenklich im Hinblick darauf, daß der gebotene Beschäftigungsvorrang der Schriftsetzer im wesentlichen nur auf die Gestaltungs- und Korrekturarbeiten im rechnergesteuerten Textsystem erstreckt wurde. Indessen ließen sich auch die Arbeiten der Texterfassung zum größten Teil als Ersatzform konventioneller Schriftsetzertätigkeit anführen. Der Beschäftigungsvorrang der Schriftsetzer stellte insofern ebenfalls hinsichtlich dieser Arbeiten eine sachgerechte Solidaritätserwägung dar. Durch die vereinbarte Nichtverdrängungsklausel (§ 3 S. 1 RTS-Tarifvertrag) konnte zugleich die Interessenposition anderer, im Betrieb unmittelbar betroffener Arbeitnehmer, wenn und soweit sie vorher in der konventionellen Technik entsprechende Arbeiten der Texterfassung verrichtet hatten, genauso wie bei den Gestaltungs- und Korrekturarbeiten (§ 2 Abs. 2 b RTS-Tarifvertrag), ausreichend berücksichtigt werden. Diese Klausel durfte aber nicht zur Umgehung der qualitativen Besetzungsregelung führen. Das wäre etwa der Fall, wenn der Arbeitgeber minderqualifizierte Arbeitnehmer, vor allem Schreibkräfte im Verlags- und Redaktionsbereich noch rechtzeitig einstellte bzw. versetzte, um so bei der Einführung der neuen Technik die Voraussetzungen für eine entsprechende Anwendung der Nichtverdrängungsklausel zu schaffen. Die Einstellung bzw. Versetzung fachfremder Arbeitskräfte zu Beginn und während der technischen Umstellungsphase, wo das herkömmliche Produktionsverfahren parallel verlief und die Facharbeiter noch nicht «freigesetzt» waren, bildete daher einen äußerst bedenklichen Vorgang. Der Betriebsrat war zur Verhinderung dieses Vorgangs, insbesondere durch Wahrnehmung seines Zustimmungsverweigerungsrechts nach § 99 Abs. 2 Nr. 3 BetrVG, verfassungsrechtlich berechtigt.[163]

---

163 In den *IG Druck-Erläuterungen zum RTS-Tarifvertrag*, S. 25, heißt es gerade: «Um eine Umgehung oder mißbräuchliche Anwendung der Nichtverdrängungsklausel zu verhindern, sollte von den Betriebsräten über die Personalplanung nach BetrVG die

Das Prinzip der Solidarität legitimierte zwar nicht die Verdrängung anderer Arbeitnehmer aus dem Betrieb, wenn und soweit es um Tätigkeiten ging, die vorher in der konventionellen Technik von diesen Arbeitnehmern durchgeführt worden waren. Es erforderte aber genauso für die Schriftsetzergruppe die Reservierung ihres angestammten Betätigungsfeldes und rechtfertigte damit Maßnahmen zu seiner Abschottung.

Die Abwägungsproblematik gestaltete sich indes in der Realität schwieriger, gerade im Hinblick auf den Umstand der Vermischung der am Bildschirmterminal anfallenden Tätigkeiten. Für die Anwendung der im RTS-Tarifvertrag vereinbarten Nichtverdrängungsklauseln bedeutete dies konkret, daß Arbeitsplätze entstehen konnten, welche mit jenen der anderen «unmittelbar betroffenen Arbeitnehmer» in der konventionellen Technik kaum bzw. nicht ohne weiteres vergleichbar waren. Sie ließen sich etwa nicht als der vorherige Arbeitsplatz eines Angestellten in der Anzeigenabteilung oder eines Layouters anführen, da auf ihnen zusätzliche Gestaltungs- und Erfassungsarbeiten anfielen, die aus den bisherigen Tätigkeitsbereichen qualifizierter Facharbeit stammten. Dasselbe Problem stellte sich umgekehrt für die Anwendung der im RTS-Tarifvertrag vereinbarten qualitativen Besetzungsregelung: Es konnten Arbeitsplätze in Betracht kommen, auf denen nicht die Gestaltungs- und Korrekturarbeiten, sondern andere Tätigkeiten überwogen.

Ein denkbarer Lösungsansatz für die Interessenabwägung bestand darin, auf die Art der Tätigkeiten abzustellen, die wesentlich oder überwiegend den in Betracht kommenden Arbeitsplatz prägten.[164] Das mochte auf den ersten Blick einleuchten, erwies sich aber als problematisch, wenn man bedachte, daß der Arbeitgeber die Möglichkeit besaß, Mischarbeitsplätze, auf denen andere Tätigkeiten als die reservierten überwiegend anfielen, einzurichten und insoweit die im RTS-Tarifvertrag vereinbarte Besetzungsvorschrift des § 2 Abs. 1 b zu umgehen. Erzielt worden wäre damit ein Verteilungseffekt zu Lasten des gebotenen Beschäftigungsvorranges: Der Umfang, in dem der Beschäftigungsvorrang der Schriftsetzer aus Rücksicht auf andere im Betrieb unmittelbar betroffene Arbeitnehmer zurücktreten müßte, würde den Anteil der vorher in der konventionellen Technik von diesen Arbeitnehmern verrichteten Tätigkeiten an den neu eingerichteten Arbeitsplätzen deutlich überschreiten. Nicht von ungefähr spricht § 2 Abs. 1 RTS-Tarifvertrag – wie das Bundesarbeitsgericht zutreffend bemerkt

---

Besetzung der in Frage kommenden Arbeitsplätze mit „anderen Arbeitnehmern", also Nicht-Fachkräften, schon frühzeitig verhindert werden.»

164 Vgl. in diesem Sinne den *Arbeitgeber-Kommentar zum RTS-Tarifvertrag*, S. 19

hat[165] – nicht von Gestaltungs- und Korrekturarbeitsplätzen, was auf ein Überwiegen solcher Tätigkeiten hindeuten könnte, sondern schlicht von Gestaltungs- und Korrekturarbeiten, deren Ausübung geeigneten Fachkräften der Druckindustrie, insbesondere Schrifsetzern vorbehalten sein soll. Für eine Anwendung der qualitativen Besetzungsregelung kam es daher nicht darauf an, ob Gestaltungs- und Korrekturarbeiten auf dem einzelnen Arbeitsplatz überwiegend anfielen. Die Verpflichtung des Arbeitgebers zur Einhaltung dieser Regelung bestand vielmehr unabhängig davon, in welchem Umfang solche Arbeiten auf den Bildschirmarbeitsplätzen zu verrichten waren.[166] Auch ein geringer Anteil hätte daher ausgereicht, um den Beschäftigungsvorrang der Schriftsetzer zu begründen.[167] Andernfalls hätte man es noch immer hingenommen, daß originäre Teile bisheriger Schriftsetzertätigkeit anderen Arbeitskräften übertragen wurden.

Eher angemessen erscheint jedoch mit Rücksicht auf das ebenfalls nicht zu verkürzende Beschäftigungsinteresse anderer Arbeitnehmer im Betrieb ein Lösungsansatz, der nicht auf den einzelnen Arbeitsplatz, sondern – genau im Sinne der tätigkeitsbezogenen Ausrichtung des Tarifvertrages – auf den Gesamtanteil einerseits der konventionellen Facharbeit, andererseits der vorherigen Tätigkeit anderer Arbeitskräfte an den neu entstehenden Arbeitsplätzen abgestellt hätte. Gemäß diesen Anteilen, die freilich eine Vereinbarungssache wären, hätte die Zahl der Schriftsetzer und der anderen Arbeitnehmer bestimmt werden können, die jeweils im Betrieb zu beschäftigen waren. Zur Umsetzung dieses Lösungsansatzes, der für die Arbeitnehmerseite eine spezifische Art der Einflußnahme auf die Arbeitsorganisation implizierte, wären betriebliche, auf die Besonderheiten des Einzelfalles zugeschnittene Vereinbarungen erforderlich gewesen. Auf diese Weise konnte am besten eine vorausschauende wie überzeugende Bewältigung der hier angesprochenen Problematik um die Verteilung von Arbeitsplätzen in einer dem Solidaritätsprinzip entsprechenden Weise vorgenommen werden.

165 *BAG*, a. a. O. (Fn. 157), Bl. 348-9.

166 Vgl. in diesem Sinne die *IG Druck-Erläuterungen zum RTS-Tarifvertrag*, S. 23.

167 Vgl. aber auch *BAG*, a. a. O. (Fn. 157), Bl. 349, das auf einen solchen Anteil abstellen will, der nicht mehr als unerhebliche und deshalb zu vernachlässigende Größe angesehen werden kann. Ein solcher Anteil sei jedenfalls zu bejahen, wenn die Gestaltungs- und Korrekturarbeiten 20% der insgesamt anfallenden Arbeiten ausmachten; zuletzt *Schleusener*, a. a. O. (Fn. 7), 30f.

2.3.3 Nutznießer des Beschäftigungsvorrangs und die Rangfolge ihrer Berücksichtigung

Die von manchen Stimmen im Schrifttum[168] befürwortete Einengung des Nutznießer-Kreises auf die aktuell beschäftigten Schriftsetzer, die durch die Einführung der Fotosatztechnik direkt betroffen waren und ihren Arbeitsplatz verloren, überzeugt bei näherer Betrachtung nicht. Betroffenheit ist nicht mit dem Arbeitsplatzverlust gleichzusetzen. Die Rationalisierung traf auch jene Schriftsetzer, die nach Abschluß ihrer Ausbildung zum ersten Mal auf den Arbeitsmarkt drängten. Durch die Ausbreitung der Fotosatztechnik gingen auch für diese beruflichen Neulinge Tätigkeitsbereiche, für die sie sich lange ausgebildet und an die sie auch gewisse materielle und immaterielle Lebenserwartungen gehegt hatten, zunehmend verloren. Ihre Ausgangsposition zeichnete sich ebenfalls durch eine spürbare Begrenztheit in der Auswahl der verfügbaren, ihnen zumutbaren Optionen bei der Vermarktung ihrer Arbeitskraft aus. Weil sie – wenn auch nicht in gleich intensiver Weise wie ihre bereits im Beruf tätigen Kollegen – in die vorgenannten Bereiche investiert hatten, griff auch bei ihnen der Aspekt des Vertrauensschutzes ein.[169] Der Einwand, diese Arbeitnehmer wüßten, daß der von ihnen anvisierte Beruf durch neue Technologien entwertet werde, gleichwohl investierten sie ihre Energien und Fähigkeiten in die Ausbildung zur Fachkraft,[170] geht an der Tatsache vorbei, daß am Markt die Substitution der herkömmlichen durch die moderne Technik der Satzherstellung über einen relativ langen Zeitraum verlief, also ein Bedarf an konventioneller Facharbeit weiterhin bestand.[171] Die durch die Ausbildung zur Fachkraft erworbenen Kenntnisse und Fähigkeiten blieben aber auch unter den Einsatzbedingungen der Fotosatztechnik zumindest teilweise verwertbar.[172] Der erwähnte Einwand verliert schließlich seine Plausibilität, wenn man bedenkt, daß ein guter Teil der bereits im Beruf stehenden Arbeitnehmer genauso im Wissen um die Auswirkungen der technischen Entwick-

168 Vgl. *Säcker/Oetker*, a. a. O. (Fn. 48), 304f.; enger *Konertz*, a. a. O. (Fn. 48), 170, der qualitative Besetzungsvorschriften als unternehmensinterne Besitzstandsregelungen auslegt und sie insoweit nur zum Schutz hauseigener Fachkräfte gelten lassen will; aber auch den *Arbeitgeber-Kommentar zum RTS-Tarifvertrag*, S. 20: «Unter Fachkräften der Druckindustrie sind die Arbeitnehmer zu verstehen, die einen Ausbildungsberuf der Druckindustrie erlernt haben und ausüben.»

169 Anders *Säcker/Oetker*, a. a. O. (Fn. 48), 304; *BAG* v. 22.1.1999, NZA 1991, 675 (679).

170 *Säcker/Oetker*, ebda; *BAG*, ebda.

171 Dies vermag nach *BAG*, ebda, den Schutz der beruflichen Neulinge letztlich zu rechtfertigen.

172 Vgl. erneut *Berg/Wendeling-Schröder/Wolter*, a. a. O. (Fn. 6), 303f., mit Nachweisen.

lung in die Ausbildung zur Fachkraft investiert hatten: Der Abschluß des RTS-Tarifvertrages blickte auf eine sich bereits einige Jahre vollziehende neue Etappe der Rationalisierung zurück. Die Auffassung von *Säcker/Oetker*, in den Schutz der qualitativen Besetzungsregelung seien nur die mit Inkrafttreten des Tarifvertrages bereits zur Fachkraft ausgebildeten Arbeitnehmer einzubeziehen,[173] erweist sich daher als vordergründig. Es ist – um ein pointiertes Beispiel zu geben – nicht einleuchtend, warum ein Arbeitnehmer, der kurz nach Inkrafttreten des RTS-Tarifvertrages die Berufsausbildung abgeschlossen hatte, anders tariflich zu behandeln war als ein Arbeitnehmer, der kurz vor Tarifabschluß mit der Ausbildung fertig geworden war und eine Arbeitsstelle fand oder gar noch suchte. Eine derartige Begrenzung der personellen Reichweite der qualitativen Besetzungsregelung ist formal und in der Sache nicht zutreffend. Auch der im RTS-Tarifvertrag vereinbarte Übergangsschutz von 8 Jahren nach Umstellung der jeweiligen Tätigkeit, worauf sich *Säcker/Oetker* zur Begründung dieser Begrenzung letztlich berufen, ist lediglich das Ergebnis eines tarifpolitischen Kompromisses und kann die verfassungsrechtliche Bewertung nicht präjudizieren. Der Übergangscharakter der Tarifregelung, die längstenfalls bis 1996 wirken konnte, schloß im übrigen nicht aus, daß innerhalb der vorgenannten Geltungsfrist auch Schriftsetzer mit einer erst nach Inkrafttreten des Tarifvertrages abgeschlossenen Ausbildung vorrangig eingestellt wurden. Eine gegenläufige Auslegung findet im Wortlaut des Tarifvertrages keine Stütze. Die qualitative Besetzungsregelung durfte sicherlich nicht zur Perpetuierung eines Berufsstandes, nach dem die Nachfrage schwand, auf Dauer führen.[174] Eine solche Wirkung hätte offenbar über das legitime Anliegen des Beschäftigungsschutzes betroffener Schriftsetzergruppen hinausgeschossen und wäre vom Solidaritätsprinzip nicht mehr gedeckt gewesen. Der qualitativen Besetzungsvorschriften innewohnenden Tendenz zur Verfestigung überkommener Berufsstände ließ sich indes durch andere – als eine berufliche Neulinge schlechthin nicht einbeziehende Tarifregelung – Vorkehrungen entgegenwirken. So hätte der Ausbildungsbedarf nach Schriftsetzern gemäß der tatsächlich noch am Markt vorhandenen Nachfrage reguliert und zugleich von der Anwendung der qualitativen Besetzungsvorschrift abgesehen werden können, wenn Schriftsetzer am Arbeitsmarkt nicht mehr verfügbar waren.[175] Die qualitative Besetzungsregelung büßte mithin ihre Legitimationskraft solange nicht ein, wie sie Arbeitnehmern zugute kam, die im Hinblick auf einen noch am Markt be-

---

173 A. a. O. (Fn.48), 305.

174 Darüber besteht einhellige Ansicht im Schrifttum, vgl. etwa *Wank*, a. a. O. (Fn. 48), 118, 120; *Beck*, a. a. O. (Fn. 48), 375; *Säcker/Oetker*, a. a. O. (Fn. 48), 303f.

175 Eine ähnliche Vorbehaltsklausel wurde auch im RTS-Tarifvertrag (§ 2 Abs. 2 a)) vereinbart.

stehenden Bedarf an konventioneller Facharbeit beträchtlich in die betreffende Ausbildung investiert hatten.[176]

Bedenklich ist auch die im RTS-Tarifvertrag erfolgte Festschreibung der «Geeignetheit» (§ 2 Abs. 1) und der «gleichen Eignung» (§ 4 Abs. 2 – § 5 Abs. 2) als zu beachtende Voraussetzungen bei der Auswahl von Bewerbern für die in Betracht kommenden Arbeitsplätze im rechnergesteuerten Textsystem. Diese auf den ersten Blick einleuchtenden Voraussetzungen konnten zu einer – im Kontext des RTS-Tarifvertrages weiteren – erheblichen Relativierung des verfassungsrechtlich gebotenen Beschäftigungsvorranges der Schriftsetzer führen. Das war jedenfalls solange zu befürchten, wie der Arbeitgeber die Arbeitsanforderungen bzw. Anforderungsprofile für die neu zu besetzenden Arbeitsplätze einseitig festlegte. Damit angesprochen war vornehmlich der Fall, wo Arbeitsplatzanforderungen Leistungskriterien (z. B. eine bestimmte Anzahl von Anschlägen pro Minute für eine bestimmte Zeit) enthielten,[177] die mit dem fachlichen und persönlichen Eignungsprofil betroffener, vor allem älterer Schriftsetzer nicht vereinbar waren und daher zur Benachteiligung dieser Berufsgruppe beim Zugang zu den neu entstehenden Arbeitsplätzen im rechnergesteuerten Textsystem führten. Die vorerwähnten Tarifbestimmungen waren daher mit großer Vorsicht zu genießen und verfassungskonform, d. h. im Sinne der vom Solidaritätsprinzip gebotenen Schutzprioritäten auszulegen. Immerhin war hier eine Politik der Personalauswahl, die maßgeblich auf fachfremde Eignungsprofile und Leistungskriterien abhob, unzulässig.

Die Solidarität verlangte vielmehr, daß die qualitative Besetzungsregelung diejenigen Schriftsetzer vorrangig berücksichtigte, die in der Auswahl der verfügbaren Optionen zur Vermarktung ihrer Arbeitskraft am ehesten eingeschränkt waren. Die Verteilung der reservierten Tätigkeitsbereiche und Arbeitsplätze trüge dem Solidaritätsprinzip erst ausreichend Rechnung, wenn der Tarifvertrag zugleich auf die unterschiedlichen Anpassungschancen und -risiken, die innerhalb der Berufsgruppe der Schriftsetzer anzutreffen waren, eingegangen wäre und die Schutzprioritäten entsprechend spezifiziert hätte. Der Beschäftigungsvorrang mußte derart ausgestaltet werden, daß er in erster Linie älteren Berufsangehörigen, deren sozial-ökonomische Position als Arbeitskraft-Besitzer am härtesten

176 Nicht differenzierend aber *Moll*, a. a. O. (Fn. 48), 135 und *Weyand*, a. a. O. (Fn. 48), 173, die qualitative Besetzungsvorschriften schlechthin als nicht mehr sachlich gerechtfertigt betrachten, wenn sie zu einer Reservierung der Arbeitsplätze für zukünftige Berufsgenossen oder bislang nicht ausgebildete Arbeitnehmer führen.

177 Vgl. gerade die Erläuterungen zum Begriff der «Eignung» im *Arbeitgeber-Kommentar zum RTS-Tarifvertrag*, S. 33. Hingegen heißt es in den *IG Druck-Erläuterungen zum RTS-Tarifvertrag*, S. 33: «Auf keinen Fall dürfen Arbeitsplatzanforderungen Leistungskriterien, zum Beispiel Anschläge enthalten.»

betroffen war, zugute kam. Diese Arbeitnehmer waren nicht nur diejenigen, die mehr als alle anderen in den Beruf investiert und dadurch ihre Erwartungen erfüllt hatten, sondern auch die Folgen einer tiefgreifenden Umstellung ihrer Berufs- und Lebenssituation am schwersten verkraften und meistern konnten. Der Beschäftigungsvorrang älterer Schriftsetzer sollte sich deshalb auf die Arbeitsplätze im rechnergesteuerten Textsystem erstrecken, die ihren Berufsstatus, ihr Leistungsprofil und damit verbundenes Selbstwertgefühl am wenigsten beeinträchtigten. Das bedeutet, daß diese Arbeitnehmer auf den fachlich-qualitativ anspruchsvolleren und gesundheitlich eher zumutbaren Arbeitsplätzen bevorzugt zu beschäftigen waren. Ihre besondere Situation rechtfertigte es aber auch, ihnen nach Möglichkeit den Beschäftigungsvorrang in den noch vorhandenen Arbeitsbereichen konventioneller Technik einzuräumen.

Der Tarifvertrag mußte weiter die Angehörigen der Berufsgruppe gesondert berücksichtigen, deren Situation durch gravierende soziale Bindungen (Ehe, Familie) und damit verbundene Sonderbelastungen (Unterhaltspflichten, Alleinerzieher) gekennzeichnet war. Sie wiesen gegenüber ihren ledigen, kinderlosen bzw. nicht unterhaltspflichtigen Berufskollegen eine größere Schutzbedürftigkeit auf und verdienten insoweit den Vorrang bei der Besetzung der neu entstehenden und anderer frei werdender Arbeitsplätze im Betrieb und Unternehmen.

Im Hinblick auf die erwähnten Schutzprioritäten weckt der im RTS-Tarifvertrag schlicht vereinbarte Grundsatz, Bewerbungen unternehmensangehöriger Arbeitnehmer sei der Vorzug vor externen Bewerbern zu geben (§ 4), verfassungsrechtliche Bedenken. Die Solidarität legitimierte diesen Vorzug nicht mehr, wenn und soweit die sozial-ökonomische Marktposition der externen Bewerber eine offenbar schlechtere war. Die Besetzung der durch die Fotosatztechnik neu entstehenden und anderer frei werdender Arbeitsplätze mit jüngeren, ledigen und nicht unterhaltspflichtigen unternehmensangehörigen Schriftsetzern immer ohne Rücksicht auf die Bewerbung externer älterer, mobilitätsunfähiger und unterhaltspflichtiger Berufskollegen hätte dem Gebot solidarischer Arbeitsplatzverteilung widersprochen. Davon betroffen ist auch der im RTS-Tarifvertrag geregelte Vorgang der vorrangigen Berücksichtigung betroffener Fachkräfte aus den Vertragsdruckereien (§ 5).

Das Beispiel qualitativer Besetzungsregelungen in der Druckindustrie bestätigt nicht zuletzt, daß die Sozialauswahl auf der Grundlage eines einzelnen, besondere Schutzbedürftigkeit indizierenden Abgrenzungsmerkmals (: Schriftsetzer) vorgenommen und anhand weiterer gravierender Einzelmerkmale (: Lebensalter) spezifiziert werden kann.[178] Die qualitative Besetzungsregelung entschied hinsichtlich der reservierten Tätigkeitsbereiche und Arbeitsplätze die Frage der Austauschbarkeit von Arbeitnehmern – eine Frage, die durch die dequalifizierende und betriebsübergreifende Wirkung der Fotosatztechnik neue, verschiedene Berufsgruppen und Arbeitsbereiche umfassende Dimensionen annahm – eindeutig zugunsten der Berufsgruppe der Schriftsetzer. Sie implizierte damit nicht nur die Anerkennung der sog. vertikalen Vergleichbarkeit, sondern vermittelte zugleich die Erkenntnis, daß bei entsprechend gebotener Setzung der Schutzprioritäten die Sozialauswahl betriebsübergreifend und mit Blick auf den externen Arbeitsmarkt auszugestalten ist. Der Beschäftigungsvorrang der Schriftsetzer konnte nämlich dazu führen, daß freigesetzte Berufsangehörige aus der eigenen bzw. kooperierenden Druckerei des Unternehmens oder auch aus anderen Unternehmen bei der Besetzung der im Verlagsbereich neu entstehenden, zu reservierenden Arbeitsplätze die bereits dort tätigen minderqualifizierten Arbeitnehmer verdrängten.

2.3.4 Die Geltungsdauer des Beschäftigungsvorrangs

Die zeitliche Begrenzung des Beschäftigungsvorrangs der Schriftsetzer wird in Literatur und Rechtsprechung unter Hinweis auf die Bindung der Tarifvertragsparteien an den Grundsatz der Verhältnismäßigkeit für verfassungsrechtlich geboten erachtet.[179] Da soziale Schutzbedürftigkeit nur für eine Übergangszeit der Umstellung auf die neue Technologie bestehe, könne sie nur zu einer zeitbefristeten Besetzungsregelung, wie sie gerade im RTS-Tarifvertrag vereinbart sei, berechtigen.[180] Eine solche Ausgestaltung der qualitativen Besetzungsregelung

---

178 Zur Möglichkeit der Privilegierung eines einzigen, besonders gravierenden Merkmals durch betriebliche Kündigungsrichtlinien vgl. die Ausführungen oben im Abschnitt 2.2.4, S. 357f. Fn. 150.

179 Vgl. insb. *Wiedemann*, a. a. O. (Fn. 25), 659f.; *BAG*, a. a. O. (Fn. 157), Bl. 350; *Stark*, a. a. O. (Fn. 48), 171f.; *Säcker/Oetker*, a. a. O. (Fn. 48), 303f., mit weiteren Nachweisen.

180 Vgl. auch *Wank*, a. a. O. (Fn. 48), 120; *Dälken*, a. a. O. (Fn. 48), 174f.; *H. Hanau*, a. a. O. (Fn. 157), 180f., der die in der ab 10.3.1989 geltenden Fassung unbefristet vereinbarten qualitativen Besetzungsregelungen im MTV-Druck als unverhältnismäßig und damit grundrechtswidrig betrachtet; zuletzt aber auch *Schleusener*, a. a. O. (Fn. 7), 178ff., der mit Rücksicht auf die Berufsausübungsfreiheit des Arbeitgebers im allgemeinen für eine verfassungskonforme Auslegung qualitativer Besetzungsvorschriften dahingehend prädiert, daß ihnen keine Nachwirkung im Sinne des § 4 Abs. 5 TVG zukommt.

garantiere, daß die «beati possidentes» keinen Ewigkeitsschutz vor Konkurrenz genießen würden.[181]

Das Gebot einer derartigen zeitlichen Begrenzung des Beschäftigungsvorrangs kann nicht überzeugen. Die Schutzwirkung einer zeitlich befristeten Regelung erweist sich als unzureichend, wenn man bedenkt, daß sich die Rationalisierung, zumal unter den Bedingungen wirtschaftlicher Stagnation und einer ungewöhnlich hohen Arbeitslosigkeit, ständig ausbreitete und damit die Dispositionsspielräume bei der anderweitigen Vermarktung der Arbeitskraft immer enger wurden. Das betraf insbesondere ältere Arbeitnehmer. Die soziale Schutzbedürftigkeit der Berufsgruppe der Schriftsetzer nahm insgesamt im Zeitverlauf nicht ab, sondern im Gegenteil zu. Das Solidaritätsprinzip gebot daher, daß Angehörigen dieser Berufsgruppe der Arbeitsplatz bis zum Ausscheiden aus dem Berufsleben nach Möglichkeit gesichert blieb.[182] Der ratio der qualitativen Besetzungsregelung würde erst damit konsequent entsprochen. Wer darin die Gefahr der Perpetuierung eines überkommenen Berufsstandes sieht, übersieht schließlich, daß es sich weitgehend um die Reservierung von Arbeitsplätzen handelte, die früher oder später mit der weiteren Verdichtung des Rationalisierungsprozesses wegfielen.[183]

2.4 Konsequenzen für die Zulässigkeit tariflicher Rationalisierungsschutzpolitik

Aus den bisherigen Betrachtungen resultieren folgende Konsequenzen für die zulässige Ausgestaltung tariflicher Rationalisierungsschutzpolitik:

2.4.1 Allgemeine Zielvorgaben

Der Tarifvertrag bietet ein zulässiges Rationalisierungsschutzinstrument nur, wenn er zugleich darauf bedacht ist, die Beschäftigungsinteressen aller betroffenen Arbeitnehmer wahrzunehmen. Tarifliche Bestandsschutzbestimmungen müssen daher mit Rücksicht auf die besondere Situation bestimmter Arbeitnehmergruppen ebenso wie die Beschäftigungschancen der Arbeitsuchenden konzipiert werden.

Diese Zielsetzung läßt sich für den Rahmen der vorliegenden Untersuchung wie folgt näher umschreiben:

---

181 *Säcker/Oetker*, a. a. O. (Fn. 48), 303; auch in diesem Sinne *Wiedemann*, in: Wiedemann, Einl. TVG Rn. 330.

182 Im Ergebnis wohl ebenso *Moll*, a. a. O. (Fn. 48), 135 und *Weyand*, a. a. O. (Fn. 48), 173.

183 Vgl. bereits *Simitis*, a. a. O. (Fn. 14), M 24.

- Den Tarifvertragsparteien fällt, auch bei der Einführung und Abwicklung technisch-organisatorischer Rationalisierungsmaßnahmen, die Aufgabe zu, Vorkehrungen zu treffen, die darauf gerichtet sind, die Diskriminierung älterer und weiblicher Arbeitskräfte zu unterbinden und abzubauen.[184]

Der Tarifvertrag hat dafür zu sorgen, daß ältere Arbeitnehmer von rationalisierungsbedingten Entlassungen oder zumindest von einer längeren Arbeitslosigkeit möglichst verschont bleiben und Zugang zu jenen Arbeitsplätzen genießen, die ihrer Interessen- und Bedarfssituation am ehesten Rechnung tragen.

Der Tarifvertrag muß auf die Personalpolitik des Unternehmens derart einwirken, daß Frauen nicht überproportional von der Rationalisierung betroffen sind. Die Tarifvertragsparteien sind insbesondere verpflichtet, Maßnahmen zu ergreifen, die darauf gerichtet sind, die Beschäftigung von Frauen in den Einsatzbereichen neuer Technologien positiv zu fördern.

- Der Tarifvertrag muß auch die Beschäftigungsinteressen derjenigen, die einen Arbeitsplatz suchen, berücksichtigen. Eine tarifliche Rationalisierungsschutzpolitik darf ihre Anstrengungen nicht auf den Schutz der Arbeitsbesitzer reduzieren. Tarifvertragliche Arbeitsplatzpräferenzen sind ebenso an der Interessen- und Bedarfssituation Arbeitsuchender zu messen.[185]

- Tarifliche Rationalisierungsschutzpolitik muß schließlich hart betroffene Facharbeitergruppen – wie damals die Schriftsetzer in der Druckindustrie – ausreichend schützen. Hierzu bietet sich die Vereinbarung qualitativer Besetzungsvorschriften an, die solchen Arbeitnehmergruppen bis zum Ausscheiden aus dem Berufsleben die Weiterbeschäftigung auf den Substitutsarbeitsplätzen unter den möglichst angemessenen Bedingungen sichern.[186]

Der Tarifpolitik bieten sich bei der Verfolgung dieser Zielvorgaben im Grunde zwei Strategien der solidarischen Problembewältigung an. Die eine effektivere, aber in der Vergangenheit wie vor allem gegenwärtig auf große Durchsetzungsprobleme stoßende Strategie zielt darauf ab, bei der Abwicklung technisch-

---

184 Zum solidarischen Gebot einer Restrukturierung des Arbeitsmarktes vgl. die grundlegenden Ausführungen oben im Abschnitt 2.2.2, S. 349ff.

185 Zur regulativen Ausgleichsfunktion der Solidarität im Hinblick auf die hier relevanten Konkurrenzverhältnisse der Arbeitnehmer untereinander vgl. die Grundüberlegungen oben im Abschnitt 2.2.3, S. 352ff.

186 Vgl. exemplarisch dazu die unter dem Blickwinkel der Solidarität angestellten Betrachtungen bei der Zulässigkeitsprüfung der im RTS-Tarifvertrag der Druckindustrie vereinbarten qualitativen Besetzungsregelungen oben in den Abschnitten 2.3 ff., S. 360ff.

organisatorischer Rationalisierungsmaßnahmen die personalpolitischen Anpassungsspielräume möglichst breit zu gestalten, damit die Interessen aller betroffenen Arbeitnehmer angemessene Berücksichtigung finden können. Der Erhalt von Arbeitsplätzen und Qualifikationen, die Schaffung humaner Arbeitsbedingungen und die gleichmäßige Verteilung der damit verbundenen Arbeitsmöglichkeiten stehen dabei im Vordergrund der tarifpolitischen Zielsetzung. Deren Umsetzung dienen vor allem alternative Maßnahmen der Arbeitsgestaltung[187] und eine gezielte Beeinflussung der unternehmerischen Personalpolitik.[188] Die andere Strategie, die eher realisierbar erscheint, ist hingegen darauf angelegt, die Kosten erzwungener Personalanpassung, also die Knappheit der entstehenden oder sonstwie vorhandenen Arbeitsplätze an die betroffene Arbeitnehmerschaft solidarisch zu verteilen. Es ist naheliegend, daß sich im Rahmen dieser Strategie der Anwendungsbereich solidarischer Schutzerwägungen erheblich ausweitet. Je enger die Verteilungsspielräume sind, desto intensiver gestaltet sich der Anspruch auf eine solidarische Abstimmung kollidierender Arbeitnehmerinteressen. Die regulative Funktion des Solidaritätsprinzips gelangt hier zur vollen Entfaltung. Anforderungen an eine entsprechende Ausgestaltung der Tarifpolitik können deshalb mit Blick auf die zuletzt erwähnte Verteilungsstrategie eher konkretisiert werden.

Da mit jeder der oben umschriebenen Zielvorgaben spezielle Aspekte der solidarischen Problembewältigung angesprochen sind, hat diese Konkretisierung entsprechend systematisch zu erfolgen. Nachdem das Gebot eines effektiven Schutzes gefährdeter Facharbeitergruppen anhand des im RTS-Tarifvertrag ausgehandelten Sicherungskonzepts qualitativer Besetzungsvorschriften eingehend erörtert wurde, soll nun versucht werden, den Aussagegehalt des Solidaritätsprinzips mit Blick auf die Interessenlage von älteren Arbeitnehmern, Frauen und Arbeitsuchenden weiter aufzuschlüsseln.

2.4.2 Ältere Arbeitnehmer

Das Gebot solidarischer Arbeitsplatzverteilung betrifft hier in erster Linie die Auflösung des Arbeitsverhältnisses. Nicht von ungefähr bildet die Verbesserung des Kündigungsschutzes für ältere Arbeitnehmer einen der ursprünglichen wie zentralen Ansatzpunkte tariflicher Rationalisierungsschutzpolitik. Die in Tarifverträgen vorgesehene Staffelung der Schutzpriorität dieser Arbeitnehmergruppe bis hin zu deren Unkündbarkeit je nach Höhe des Lebensalters und Länge der

187 Vgl. zu diesem tarifpolitischen Ansatz erneut die Ausführungen oben im 1. Teil der Untersuchung, Kapitel II Abschnitt 1.1, S. 40ff.

188 Vgl. hierzu die Ausführungen oben im 1. Teil der Untersuchung, Kapitel III Abschnitt 1, S. 84ff. u. Abschnitt 3, S. 91ff.

Betriebszugehörigkeit geht auf die Erkenntnis zurück, daß Arbeitnehmer in der Regel, je älter sie werden und je länger sie in demselben Betrieb arbeiten, desto weniger Optionen besitzen, ihre Arbeitskraft anderweitig zu vermarkten.[189] Aufgrund dieser Erkenntnis erklärt und legitimiert sich der besondere Stellenwert, der den Kriterien des Lebensalters und der Betriebszugehörigkeit bei der Vornahme der Sozialauswahl nach § 1 Abs. 3 KSchG beigemessen wird. Zugleich wird die Tragweite einer kombinierten Berücksichtigung beider Kriterien deutlich: Die Betriebszugehörigkeit indiziert dann besondere Schutzbedürftigkeit, wenn sie mit einem höheren Lebensalter des betroffenen Arbeitnehmers korreliert.

Die solidarische Ausrichtung des Tarifvertrages an den Schutzinteressen älterer Arbeitnehmer erfordert die Zurückdrängung dominierender Leistungsvorstellungen und –kriterien. Das Prinzip der Sozialauswahl mag dieses Erfordernis implizieren. Die Tarifvertragsparteien können sich aber auf die Abstraktion der Vorschrift des § 1 Abs. 3 KSchG ebensowenig wie auf die allgemein formulierten – auch den Bereich der Einstellung ansprechenden – Grundsätze der §§ 75 Abs. 1 S. 2 und 80 Abs. 1 Nr. 6 BetrVG verlassen. Sie sehen sich vielmehr mit der Notwendigkeit konfrontiert, Kriterien des Leistungsverhaltens und der Leistungsbereitschaft, die eine diskriminierende oder sonstwie nachteilige Wirkung gegenüber älteren Arbeitnehmern erzeugen, effektiv zu konterkarieren. Für eine Tarifpolitik der Beschäftigungs- und Qualifikationssicherung stellt sich daher die Aufgabe, auf die Arbeitsorganisation derart einzuwirken, daß die Arbeitsbedingungen und –anforderungen den Fähigkeiten und Voraussetzungen älterer Menschen angepaßt werden. Im Rahmen einer kompensatorischen Schutzpolitik trifft aber die Tarifvertragsparteien um so mehr die Verpflichtung, die Weiterbeschäftigungspriorität rationalisierungsbetroffener älterer Arbeitnehmer möglichst wirksam auszugestalten. Es ist sicherlich wichtig, diese Priorität auf mehrere adäquate Arbeitsbereiche im Betrieb oder gar in anderen Betrieben des Unternehmens erstrecken zu können. Entscheidend ist aber letztlich der Stellenwert, der bei der Personalauswahl dem Senioritätskriterium gegenüber Leistungskriterien einzuräumen ist. Eine Politik der solidarischen Verteilung knapper Arbeitsplätze muß mehr oder weniger darauf angelegt sein, das Gewicht leistungsbezogener Selektionskriterien zu relativieren. Der Tarifpolitik bieten sich bei der Verfolgung dieses Anliegens verschiedene Gestaltungsvarianten an, die freilich mit Blick auf den jeweils in Betracht kommenden Verteilungssachverhalt zu spezifi-

189 Zu den Beschäftigungsschwierigkeiten älterer Arbeitnehmer im Zuge der technischen Entwicklung vgl. etwa *Steffen/Niestrath*, in: Offe (Hrsg.), Opfer des Arbeitsmarktes, 93ff., insb. 96ff.

zieren und zu gewichten sind.[190] Der Tarifvertrag hat im Sinne eines vorbeugenden Diskriminierungsschutzes jedenfalls zu gewährleisten, daß sich leistungsbezogene Selektionskriterien ausschließlich auf die konkreten Anforderungen am zu besetzenden Arbeitsplatz beziehen. Ein denkbarer Ansatz besteht ferner darin, ältere Arbeitnehmer auf den durch neue Technologien entstehenden Arbeitsplätzen bevorzugt zu beschäftigen oder auf andere, für sie adäquatere Arbeitsplätze vorrangig zu versetzen, wenn sie die – konkret zu definierenden – Minimalqualifikationen besitzen, um den dortigen Arbeitsanforderungen zu genügen. Aufmerksamkeit verdient schließlich für die Sozialauswahl ein Sicherungskonzept, wonach die vorrangige Geltung leistungsbezogener Kriterien nur in besonders gravierenden, konkret zu benennenden Fällen zu bejahen ist.[191]

In Anbetracht enger personalpolitischer Anpassungsspielräume und der erkennbar ambivalenten Schutzwirkung einer allein bei der Auflösung des Arbeitsverhältnisses ansetzenden Sicherungspolitik[192] sind die Tarifvertragsparteien dazu gehalten, rationalisierungsbetroffene ältere Arbeitnehmer auch bei der Einstellung besonders zu berücksichtigen. Eine solidarische Tarifpolitik der Arbeitsplatzverteilung muß zugleich darauf bedacht sein, arbeitslosen älteren Arbeitnehmern die Wiederbeschäftigung nach Möglichkeit zu sichern. Die besondere Betroffenheit älterer Arbeitnehmer bei Verlust des Arbeitsplatzes und bei längerer Arbeitslosigkeit rechtfertigt es, ihnen tarifvertraglich das Recht auf Wiedereinstellung einzuräumen, und zwar nicht nur im früheren Betrieb, sondern auch und vor allem in anderen naheliegenden Betrieben der Branche. Dieser Beschäftigungsanspruch, der freilich für einen bestimmten Zeitraum nach Freisetzung des betroffenen Arbeitnehmers gelten soll, muß auch dahingehend ausgestaltet werden, daß nach Möglichkeit unter den für die Auswahl in Betracht kommenden

---

190 Aufschlußreich sind in diesem Zusammenhang die Betrachtungen von *Jürgens/Dohse*, a. a. O. (Fn. 140), 294ff., insb. 298ff., zum Stellenwert des durch tarifliche «Competitive Status Seniority Clauses» etablierten Senioritätskriteriums gegenüber dem Selektionskriterium «merit and ability» und zu den damit verbundenen Optionsmöglichkeiten, die im amerikanischen Tarifrecht bei der Geltendmachung von Senioritätsrechten Anwendung finden.

191 Prägend ist dabei die Vorstellung, daß der ausgewählte Arbeitnehmer den anderen älteren «um Längen» in Bezug auf die Einhaltung leistungsbezogener Kriterien überragen muß. Über diese sog. «head-and-shoulder-rule» des amerikanischen Tarifrechts berichten *Jürgens/Dohse*, a. a. O. (Fn. 140), 298.

192 Tarifvertragliche Kündigungsschutzbestimmungen für ältere Arbeitnehmer fallen – wie etwa *Steffen/Niestrath*, a. a. O. (Fn. 189), 106f., 115, konstatieren – vor dem Hintergrund einer gegenläufigen Anpassung der unternehmerischen Personalpolitik in veränderter Form auf die Problemgruppe als Nachteile zurück. Sie haben zur Folge, daß Arbeitnehmer in den entsprechenden Altersstufen vor dem Erreichen der Kündigungsschutzgrenze entlassen werden. Bei älteren Arbeitnehmern wirkt erschwerte Kündbarkeit zusätzlich als Einstellungsbarriere.

älteren Arbeitnehmern der am härtesten betroffene jeweils den Vorrang genießt. Das Recht auf Wiedereinstellung bedingt zu seiner Wirksamkeit – jenseits der auch hier notwendigen Zurückdrängung leistungsbezogener Selektionskriterien – begleitende bildungspolitische Anpassungsmaßnahmen, die auf die spezifischen Bedürfnisse arbeitsloser älterer Arbeitnehmer zugeschnitten sind. Es ist in erster Linie auf Arbeitsplätze zu erstrecken, auf denen das spezifische Leistungsvermögen, die Belastbarkeit und der Gesundheitszustand älterer Arbeitnehmer am ehesten Berücksichtigung finden können.

Die Solidarität verlangt nicht zuletzt die Abstinenz von tariflichen Vereinbarungen, die auf die beschäftigungspolitische Diskriminierung älterer Arbeitnehmer hinauslaufen. Altersgrenzen in Tarifverträgen bieten ein aktuelles wie recht charakteristisches Beispiel für diese Wirkung.[193] Sie sind sicherlich so lange rechtlich nicht zu beanstanden, wie sie sich durch ein spezifisches Schutzbedürfnis des betroffenen Arbeitnehmerkreises rechtfertigen lassen. Genau daran fehlt es aber, wenn die Lebensarbeitszeit mit Rücksicht auf beschäftigungspolitische Überlegungen in Tarifverträgen vorgeschrieben werden soll.[194] Insbesondere die Sorge um die Beschäftigungschancen für nachrückende Berufsanfänger liefert, soweit sie die Verdrängung bestimmter Arbeitnehmergruppen vom Arbeitsmarkt impliziert, keinen akzeptablen «Sachgrund» für die Verteilung von Arbeitsmarktchancen.[195] Eine Tarifpolitik, die eine generelle Verkürzung der Lebensarbeitszeit vorsieht, ohne dem Einzelnen die Möglichkeit zu geben, selbst über die Beendigung seines Arbeitsverhältnisses zu entscheiden, mißachtet vielmehr den Kerngehalt der Freiheitsgewährleistung in Art. 12 Abs. 1 GG und gibt damit zugleich die Solidarität als Prinzip individualrechtlicher Freiheitsverbürgung auf.[196]

---

193 Zum tarifpolitischen Ansatz einer Verkürzung der Lebensarbeitszeit *Kempen /Zachert*, TVG, § 1 Rn. 172ff. mit Darstellung der juristischen Kontroverse der letzten Jahre um die Zulässigkeit tariflicher Altersgrenzen; neuerdings *Bieback*, AuR 1999, 44ff. mit weiteren Nachweisen.

194 *Simitis*, a. a. O. (Fn. 14), M 29 Fn. 67.

195 Vgl. aber *Bieback*, a. a. O. (Fn. 193), 45 und die dort in Fn. 53 angebenen Urteile des BVerfG und Autoren.

196 «Den Tarifvertragsparteien steht es nicht zu, Rentnerglück zu verordnen. Auch dann nicht, wenn man, wie so oft, solche Tendenzen mit umfänglichen Hinweisen auf wachsende Gesundheitsgefährdung und geringe Belastbarkeit rationalisiert. Beides rechtfertigt bestenfalls eine andere Arbeitsorganisation, nicht jedoch die Beendigung des Arbeitsverhältnisses.», *Simitis*, a. a. O. (Fn. 14), M 29f.; vgl. erneut *ders.*, RdA 1994, 260f.

2.4.3 Frauen

Eine auf die besondere Situation rationalisierungsbetroffener Frauen bedachte Tarifpolitik muß einmal darauf angelegt sein, diskriminierende Handlungsweisen bei der Pesonalauslese aufzudecken und zu unterbinden. Die Kriterien für die Vornahme der Sozialauswahl sind tarifvertraglich so zu definieren und zu gewichten, daß eine mittelbare Diskriminierung ausbleibt. Das betrifft insbesondere die Staffelung der Schutzprioritäten in Anknüpfung an die in der Regel nachteilig auf die Frauen wirkenden Kriterien der «Dauer der Betriebszugehörigkeit» und des «Doppelverdienstes».[197] Die gebotene Entwertung von Selektionskriterien, die das weibliche Geschlecht diskriminieren, soll ebenfalls den Vorgang von Wieder- und Neueinstellungen erfassen.

Die Tarifvertragsparteien sind zum anderen verpflichtet, dafür zu sorgen, daß vor dem Hintergrund der Einführung und Anwendung neuer Technologien Männer und Frauen faktisch gleiche Beschäftigungschancen erhalten. Der Tarifvertrag muß daher den Frauen eine bessere Ausbildung ebenso wie den Zugang zu allen relevanten Arbeitsplätzen gewährleisten. Die Regelungskonzepte zur Realisierung dieser Zielsetzung mögen durchaus variieren. Eine in Form von verbindlich festgelegten Quoten konkretisierte (Fort-)Bildungs- und Beschäftigungspflicht bietet aber hierzu solange einen legitimen, ja verfassungsrechtlich gebotenen Tarifinhalt, wie sich die faktische Ungleichbehandlung von Frauen beim Zugang zur Beschäftigung mit anderen Regelungsmitteln nicht effektiv abbauen läßt.[198] Die konkrete Ausgestaltung einer solchen Quotierung kann freilich nur mit Rücksicht auf die Beschäftigungslage des einzelnen Unternehmens vorgenommen werden. Dabei ist im Interesse der gewünschten Verteilungswirkung nicht nur Quotenregelungen im Bildungsbereich, sondern auch Einstellungsquoten im Beschäftigungsbereich die Möglichkeit zuzusprechen, vom Kriterium der gleichen Eignung abzusehen.[199]

---

197 Vgl. dazu etwa *Pfarr/Bertelsmann*, Gleichbehandlungsgesetz, 91ff.; *dies.*, a. a. O. (Fn. 146), 402ff.; *Horstkötter/Schieck*, AuR 1998, 228ff. Zur diskriminierenden Wirkung von Senioritätssystemen im amerikanischen Tarifrecht vgl. etwa *Cooper/Sobol*, Harvard Law Review 1969, 1598ff.

198 Zu den Gestaltungsvarianten und der Legitimität der Forderung nach Frauenquoten vgl. etwa *Hohmann-Dennhardt*, Ungleichheit und Gleichberechtigung, 29ff., 43ff.; *dies.*, ZRP 1979, 247f.; eingehend *Pfarr*, Quoten und Grundgesetz. Zur Frauenförderung durch Quotenregelungen im Tarifvertrag *Kempen/Zachert*, TVG, § 1 Rn. 215 – 216.

199 Diese Möglichkeit wird von *Hohmann-Dennhardt*, ZRP 1979, 247f., unter der Voraussetzung bejaht, daß «die Einschränkung unternehmerischer Handlungsspielräume und die Verringerung der Chancen männlicher Mitbewerber unumgänglich ist, um der faktischen Ungleichbehandlung von Frauen Einhalt zu gebieten». Auch *Pfarr*, a.

2.4.4 *Arbeitsuchende*

Mit der Ausrichtung tariflicher Rationalisierungsschutzpolitik (auch) an den Interessen Arbeitsuchender verbindet sich – vor allem hier – die Aufforderung an die Tarifvertragsparteien, bei der Einräumung von Beschäftigungsprärogativen schematisierende wie pauschalisierende Regelungen zu unterlassen. Tarifliche Beschäftigungspolitik muß vielmehr darauf angelegt sein, die real-konkreten, unterschiedlichen Anpassungschancen und –risiken unmittelbar wie potentiell betroffener Arbeitnehmer näher zu betrachten und gegeneinander abzuwägen. Die Solidarität verlangt dabei einen sachgerechten, ihrem inneren Gehalt entsprechenden Ausgleich der konkurrierenden Interessen von Arbeitsbesitzern und Arbeitsuchenden. Die Schutzprioritäten müssen – um es noch einmal zu erwähnen – in substantiierter Anknüpfung an jene sozial-ökonomische Komponenten gesetzt werden, die die Marktposition des Arbeitnehmers kennzeichnen. Primärer Anknüpfungspunkt ist nach wie vor die Chance des Arbeitnehmers, einen Arbeitsplatz überhaupt erhalten zu können.

Die Solidarität verbietet grundsätzlich eine Beschäftigungspolitik, die darauf hinausläuft, den innerbetrieblichen Arbeitsmarkt zeitlang nach außen zu zementieren. Der Schutz der Arbeitsbesitzer ist nicht um jeden Preis zu gewährleisten. Dieser Preis ist sicherlich angemessen, wenn die Besetzung vakanter Arbeitsplätze im Betrieb bzw. Unternehmen mit Außenstehenden die Entlassung bereits Beschäftigter nach sich zieht, die eine höhere oder zumindest ähnliche Schutzwürdigkeit aufweisen. Er wird aber zu hoch, wenn das Hereinlassen Arbeitsuchender lediglich mit Rücksicht auf das Anliegen einer möglichst günstigen Versorgung der bereits Arbeitenden bei veränderten Produktionsbedingungen ausbleiben soll. Vorschriften wie der § 99 Abs. 2 Nr. 3 BetrVG sind deshalb mit großer Vorsicht zu genießen.[200] Die Abwendung gravierender Nachteile für die im Betrieb Stehenden, wie die drohende Umsetzung auf einen minderwertigen oder einen mit höheren Belastungen verbundenen Arbeitsplatz, kann das elementare Interesse Arbeitsuchender am Erhalt eines Arbeitsplatzes nicht überwiegen, es sei denn, diese Arbeitnehmer haben keine Schwierigkeiten, einen Arbeitsplatz anderweitig zu finden. Sie rechtfertigt bestenfalls eine erneute Interessenabwägung und entsprechende Umverteilung der Arbeitsplätze im Unternehmen, nicht jedoch eine wie auch immer geartete Zugangssperre für Außenstehende.

---

a. O. (Fn. 198), 218f., betrachtet insgesamt Quotenregelungen, die in der Privatwirtschaft an das Merkmal gleicher oder gleichwertiger Qualifikation anknüpfen, als kaum effizient.

200 Vgl. bereits *Simitis*, a. a. O. (Fn. 14), M 30.

Auch häufig praktizierte tarifliche Regelungskonzepte, wonach Arbeitsbesitzern im Fall ihrer Entlassung das Recht einzuräumen ist, im Unternehmen bevorzugt wiedereingestellt und bei Besetzung offener Arbeitsplätze in anderen Unternehmen vorrangig berücksichtigt zu werden, wecken verfassungsrechtliche Bedenken. Der Beschäftigungsvorrang kann gerade zur Benachteiligung jener Arbeitsuchender führen, die nicht in den Genuß der tariflichen Regelung kommen, dennoch aufgrund ihrer Merkmale eine höhere Schutzwürdigkeit als die mit dem Vorrecht versorgten Arbeitnehmer aufweisen. Die Tarifvertragsparteien sind also dazu verpflichtet, sich ebenso konkret wie eingehend mit den Auswirkungen der erwähnten Arbeitsplatzprärogativen auf die Beschäftigungschancen der übrigen Arbeitnehmer auseinanderzusetzen und einen solidarischen Ausgleich anzustreben.[201] Die Schutzprioritäten sind deshalb erneut mit Rücksicht auf die besondere Situation bestimmter Arbeitnehmergruppen, wie arbeitslose ältere Arbeitnehmer und Frauen, zu setzen und derart abzustimmen, daß unter den für die Personalauswahl in Betracht kommenden Arbeitnehmern derjenige den Vorrang genießt, der am ehesten auf den zu besetzenden Arbeitsplatz angewiesen ist.

2.5 Gesamtbetrachtung

Das Solidaritätsprinzip legitimiert und verpflichtet zugleich die Tarifvertragsparteien, auf der Grundlage der herausgearbeiteten Schutzerwägungen und -prioritäten die rationalisierungsbedingte Verteilung von Arbeitsplätzen zu regulieren und dabei konkurrierende Grundrechtspositionen der Arbeitnehmerseite aus Art. 3 und Art. 12 Abs. 1 GG auszugleichen. Den Tarifvertragsparteien (aber auch dem Gesetzgeber) ist insofern bei der Ausgestaltung dieser Grundrechte kein erheblicher,[202] sondern ein substantiell vorgeprägter Spielraum zuzuerkennen. Der tarifliche Eingriff in die Berufsfreiheit des Arbeitnehmers ist nicht bloß an Mindestgarantien und äußerste Grenzen gebunden. Er hat vielmehr ein umfassendes normatives Programm zu beachten, welches mit Blick auf den jeweiligen Verteilungssachverhalt konkret wie eingehend zu erarbeiten ist. Eine beschäftigungspolitisch orientierte Tarifpolitik darf sich daher mit schematischen und abstrakt-pauschalen Regelungsinhalten nicht begnügen. Gefragt ist eine tarifliche Regelung, die sich auf das Gebot einer differenzierten und präzisen Abwägung verschiedener, unmittelbar oder potentiell eintretender Schutzbedarfslagen besinnt und damit letztlich an der Beschäftigungslage des einzelnen Unternehmens ori-

201 Vgl. gerade die kritischen Betrachtungen von *Simitis*, a. a. O. (Fn. 14), M 28 Fn. 63, zum Konzept der gesetzlichen Absicherung eines entlassenen Arbeitnehmern zustehenden Anspruchs auf Wiederbeschäftigung.

202 So aber die vor allem an die «Schutzpflichtenlehre» anknüpfende Ansicht in Literatur und Rechtsprechung, dazu *Bieback*, a. a. O. (Fn. 193), 45, mit Nachweisen.

entiert ist. Die vorstehenden Überlegungen haben gezeigt, daß eine Tarifpolitik der solidarischen Arbeitsplatzverteilung auf den Aufbau eines umfassenden Arbeitsmarktinformationssystems[203] ebensowenig wie auf die Regelungsinstrumente des Firmentarifvertrages und der Betriebsvereinbarung verzichten kann.

Die Solidarität ist ein Verfassungsprinzip, welches sich durch inhaltliche Stringenz, aber auch die erforderliche Elastizität bei der Setzung von Schutzprioritäten auszeichnet. Diese Elastizität ist Ausfluß des funktional abgestuften Wertungssystems, auf dem die Solidarität beruht. Sie zeigt sich an der flexibel-offenen Handhabung von Konkurrenzsituationen, die die spezifische Ausgleichsfunktion dieses Prinzips ermöglicht. Das Gebot einer Offenhaltung des innerbetrieblichen Arbeitsmarktes selbst dort, wo Neueinstellungen die Gefahr von Nachteilen für die bereits Beschäftigten in sich bergen,[204] bietet ein charakteristisches Beispiel dafür. Der nachrangige Stellenwert materieller und immaterieller Erwartungen gegenüber elementaren Beschäftigungsinteressen der Arbeitnehmerschaft ist ein Bewertungsergebnis, welches nicht gerade von einer den erreichten Besitzstand wahrenden Rigidität des Solidaritätsgedankens geprägt ist, sondern – erneut mit Rücksicht auf den Kerngehalt der Gewährleistung in Art. 12 Abs. 1 GG – die situative Anpassungsfähigkeit dieses Gedankens aufzeigt. In diesem Bewertungsrahmen bewegen sich schließlich Regelungskonzepte, die bei krisenhaften und sonstigen Grenzsituationen durch Gleichverteilung der knappen Arbeit (Kurzarbeit, Job-Sharing) und der damit verbundenen Belastungen (Lohnminderungen) an alle Beschäftigten darauf angelegt sind, Entlassungen abzuwenden und dabei vor allem Arbeitnehmer mit besonderen Beschäftigungsschwierigkeiten vor der Arbeitslosigkeit zu bewahren.[205]

203 Auf diese vor allem an die Adresse des Gesetzgebers gerichtete Notwendigkeit hat *Simitis*, a. a. O. (Fn. 14), M 33f., nachdrücklich hingewiesen.

204 Vgl. hierzu erneut die Ausführungen oben im Abschnitt 2.4.4, S. 379.

205 Zur Bedeutung von «shorter workweek and rotating layoff options» für eine Tarifpolitik der Arbeitsplatzverteilung, die die diskriminierende Entlassungsregel «first in – last out» aufgibt und stattdessen auf die gleichmäßige Verteilung der im Unternehmen vorhandenen Beschäftigungsmöglichkeiten ausgerichtet ist, vgl. *A. Blumrosen/R. Blumrosen*, Empl.Rel.L.J. 1975, 2ff.

Dritter Teil

Tarifautonomie und neuere Rationalisierungsentwicklung – Erosionstendenzen und Herausforderungen

Die vorangegangenen Ausführungen über Effizienz und Legitimität des Tarifvertrages als Rationalisierungsschutzinstrument knüpften an eine frühere, bereits Ende der 80er Jahre abgeschlossene Entwicklungsphase des Tarifwesens an. Seitdem ist aber in der Bundesrepublik eine nachhaltige Veränderung der ökonomischen, sozialen und politischen Rahmenbedingungen eingetreten und insbesondere eine neue Qualität in den technologisch gestützten Reorganisations- und Rationalisierungsbestrebungen der Unternehmen mit weitreichenden, eher negativen Konsequenzen für die Funktions- und Legitimationsfähigkeit des etablierten Tarifsystems zu verzeichnen. Diese, die arbeitspolitische Situation in den 90er Jahren prägende Entwicklung soll nun in den Blick genommen werden. Sie gibt Anlaß zur Reflexion über Erkenntnisse, die im bisherigen Verlauf der Untersuchung gewonnen wurden, und regt zu weiteren Einsichten und grundsätzlichen Fragestellungen für die Tragfähigkeit des Regelungsinstruments Tarifvertrag an.

I. Zur arbeitspolitischen Situation in den 90er Jahren

1. Prägende Merkmale

Die 90er Jahre bezeichnen eine Phase tiefgreifender Umbrüche der Bedingungen, unter denen die Gewerkschaften Arbeitnehmerinteressen definieren und wahrnehmen. Das zentrale arbeitspolitische Ereignis zu Beginn des Jahrzehnts war zweifelsohne die deutsche Wiedervereinigung und die damit verbundene Restitution der sozialstaatlichen Institutionen in Ostdeutschland. Was aber die sozioökonomische Entwicklung und damit auch die arbeitspolitische Situation in den vergangenen zehn Jahren essentiell prägt und alle Ereignisse und Konjunkturphasen überlagert, sind die strukturellen Wandlungsprozesse von Wirtschaft und Arbeit. Dazu zählen die kontinuierlich zunehmende Internationalisierung der Unternehmenspolitik und die gleichfalls ungebrochene Konzentration von Kapitalmacht, die Globalisierung und damit einhergehende Verschärfung der Konkurrenzbedingungen, die fortschreitende Tertiarisierung und Privatisierung von Wirtschaftsbereichen, die Reorganisation der Produktions- und Rationalisierungsstrategien sowie die wachsende Heterogenisierung der Interessenlage bei Arbeitnehmern und Unternehmen. Von diesen vielfach miteinander verwobenen

Prozessen geht ein enormer Anpassungs- und Veränderungsdruck auf die Arbeitspolitik aus. Sie münden in eine Erosion der Normalarbeit[1] und des etablierten Tarifsystems.[2]

Die vorgenannten Prozesse zeugen von einer strukturellen Krise der tradierten arbeitsrechtlichen Regulierungsmechanismen.[3] Sie liefern auch die wahre Ursache für die dramatisch verengten Vertretungs- und Handlungsspielräume, mit denen sich die Arbeitspolitik in den vergangenen Jahren konfrontiert sah.[4] Die Rezession von 1992/93 setzte dabei ein markantes Zeichen. Sie zeigte in aller Deutlichkeit, unter welchem Effizienzdruck der «Standort Deutschland» wegen der globalen wirtschaftlichen Verflechtung und der verschärften internationalen Marktkonkurrenz stand, und leitete die Etappe einer grundlegenden Reorganisation der unternehmerischen Produktions- und Rationalisierungsstrategien ein, wobei allerdings ein durchgreifender Personalabbau und ein eruptiver Anstieg der Massenarbeitslosigkeit erfolgten. Vor dem Hintergrund dieser Entwicklung gerieten die Gewerkschaften in eine politische Defensive. Die tiefe Beschäftigungskrise begünstigte alles andere als die Verfolgung und Umsetzung von Reformkonzepten zur Gestaltung der Arbeitsorganisation und zur Regulation der Leistungsbedingungen. Beschäftigung ließ sich, wenn überhaupt, nur über eine Reduzierung der Arbeitszeiten und/bzw. eine Umverteilung des vorhandenen Arbeitsvolumens bei Hinnahme von beträchtlichen Einkommensverlusten und bei gestiegener Leistungsbereitschaft sichern. «Concession bargaining» hieß das sich nunmehr in der Tarif- und Betriebspolitik ausbreitende Aushandlungsmodell,[5] welches den ohnehin vorhandenen Trend zu einer voranschreitenden «Verbetrieblichung» der Arbeitsbeziehungen bestärkte und die allgemeine Schwächung der Verhandlungs- und Sanktionsmacht der Gewerkschaften indizierte. Darin spiegeln sich die wachsenden Einfluß- und Durchsetzungsmöglichkeiten jener Forderungen und der sie tragenden Wertvorstellungen und Theorien, die eine radikale Ökonomisierung des Arbeitslebens anpreisen und dementsprechend eine Deregulierung wie Flexibilisierung der Arbeitsrechtsordnung befürworten.

---

1 Zur Phänomenologie entgrenzter Arbeit *Döhl/Kratzer/Sauer*, WSI-Mitt. 2000, 10f.

2 Dazu etwa *Bahnmüller/Bispinck*, in: Bispinck (Hrsg.), Tarifpolitik der Zukunft, 138ff.

3 Vgl. *Simitis*, Droit Social 1997, 655ff., insb. 657ff. Die im Laufe der 90er Jahre erheblich verschärfte Kritik am Arbeitsrecht überblickend *Oppolzer*, AuR 1998, 45ff., mit Nachweisen.

4 Resümierend unter der Rubrik «Die Krise des Tarifvertrages» *Schauer*, WSI-Mitt. 1999, 433ff.

5 Näher wie überblickend dazu *Seifert*, WSI-Mitt. 1999, 156ff.; *Mauer/Seifert*, WSI-Mitt. 2001, 490 ff.

Der Ansatz einer verstärkten Ökonomisierung kennzeichnet gerade und vor allem die Stoßrichtung der oben erwähnten Reorganisations- und Rationalisierungsstrategien und begründet deren neue Qualität. Die nachfolgenden Betrachtungen konzentrieren sich auf diese Strategien, ihre arbeitspolitischen Konsequenzen und die damit verbundenen Implikationen für die Funktions- und Legitimationsfähigkeit des tarifautonomen Regelungsverfahrens.

2. *Veränderte Stoßrichtung und soziale Folgen unternehmerischer Rationalisierungsstrategien*

Die 90er Jahre waren auch von der Ablösung eines technikzentrierten durch ein organisations- und arbeitskraftorientiertes Leitbild der Rationalisierung gekennzeichnet. Im Mittelpunkt der unternehmerischen Modernisierungsbestrebungen standen nicht mehr der Faktor «Produktionstechnik» und die Vision der High-Tech-Fabrik,[6] sondern die möglichst effiziente Organisation und möglichst breite Nutzung des menschlichen Arbeitsvermögens.[7] Diese veränderte, unter dem allgemeinen Stichwort «lean production» hoch gehandelte Stoßrichtung des Rationalisierungshandelns vollzog sich auf dem Hintergrund der in den 80er Jahren angedachten und streckenweise verfolgten «neuen Produktionskonzepte».[8] Sie gab den bereits damit praktizierten Projekten von Gruppenarbeit neue Schubkraft, bewirkte ihre arbeitspolitische Neudimensionierung und Verbreitung. Sie verband sich zugleich mit den Prozessen der Dezentralisierung und Vermarktlichung größerer Unternehmenseinheiten und des Ausbaus zwischenbetrieblicher Kooperation und unternehmensübergreifender Vernetzung.[9] Dabei kam der sich im Verlauf der 80er Jahre immer weiter entwickelnde und klarer abzeichnende Ansatz einer «systemischen Rationalisierung» zur vollen Entfaltung.

Gruppenarbeit rückte bereits Ende der 80er Jahre ins Rampenlicht der arbeitsorganisatorischen Bemühungen,[10] avancierte aber erst nach der Krise 1992/93 zum wohl wichtigsten Instrument der Reorganisation zentraler Ferti-

6 So festgestellt etwa von *Schumann*, WSI-Mitt. 1997, 223 für die Automobilindustrie und von *Widmaier*, WSI-Mitt. 1998, 98 für den Maschinenbau.
7 Zusammenfassend *Döhl/Kratzer/Sauer*, a. a. O. (Fn. 1), 12f.
8 Vgl. *Schumann*, a. a. O. (Fn. 6), 218.
9 Dazu *Döhl/Kratzer/Sauer*, a. a. O. (Fn. 1), 8f.
10 Vgl. etwa den Bericht von *Minssen/Howaldt/Kopp*, WSI-Mitt. 1991, 434ff., über die Einführung von Gruppenarbeit bei Opel Bochum.

gungsbereiche.[11] Dabei wurden recht unterschiedliche und zum Teil sogar konträre Konzepte realisiert.[12] Gemeinsam war diesen Konzepten immerhin die grundsätzliche Zielrichtung und der daran erkennbare Wandel des klassischen Rationalisierungsverständnisses. Gruppenarbeit diente – anders als die gleichnamigen, in den 70er und 80er Jahren durchgeführten Humanisierungsprojekte – nunmehr in erster Linie einer Strategie der «Rundumnutzung» der Arbeitskraft und bot insofern ein spezifisches, ausgesprochen relevantes Instrument der Rationalisierung. Darin dokumentierte sich das Anliegen der Arbeitgeberseite, bislang weniger zugängliche Leistungspotentiale der Arbeitskräfte für das Unternehmen zu erschließen.[13] Deshalb kaum verwunderlich, wenn die in den 90er Jahren auf die arbeitsorganisatorische Gestaltung von Produktionsarbeit fokussierte arbeitspolitische Debatte nicht von den Gewerkschaften – wie zumindest zeitweise die Debatte zur Humanisierung der Arbeit in den 70er Jahren –, sondern von der Unternehmerseite initiiert und beherrscht wurde.[14] Es überwog zunächst die positive Bewertung, die Vision einer «Überwindung des Taylorismus», im Vordergrund standen die neuen Gestaltungschancen hinsichtlich Qualifikation, Autonomiespielraum und Beteiligung. Dem entsprach das Wahrnehmungsmuster einer «konsensorientierten bzw. partizipativen Rationalisierung», welches sich bereits in den späteren 80er Jahren entlang der «neuen Produktionskonzepte» auf der Grundlage eines Co-Managements der Betriebsräte herausgebildet hatte.[15] Die Arbeitnehmer wurden nicht mehr als Störfaktor, sondern als aktive Mitspieler im Innovationsprozeß wahrgenommen, Humanisierung und Rationalisierung der Arbeit als zwei durchaus miteinander vereinbare Ziele des unternehmerischen Handelns betrachtet. Dieser arbeitspolitische, überwiegend in den Großunternehmen der industriellen Kernsektoren anzutreffende Ansatz ist aber in den letzten Jahren in eine Krise geraten: Zu verzeichnen ist gegenwärtig der Trend hin zu einer Rekoventionalisierung der Rationalisierungsmethoden. In den Unternehmen etwa der Automobilindustrie setzt sich mittlerweile mit dem Hinweis auf den von der Globalisierung ausgehenden, ansteigenden Wettbewerbs-

11 *Schumann*, a. a. O. (Fn. 6), 220, für die Automobilindustrie; steigende Realisierungen von Gruppenarbeit registriert *Widmeier*, a. a. O. (Fn. 6), 97, auch für den Maschinenbau.

12 Signifikant war etwa hinsichtlich der Komponenten «Arbeitsanreicherung» und «Selbstorganisation» der Unterschied zwischen einer «strukturinnovativen» und einer «strukturkonservativen» Variante von Gruppenarbeit, dazu *Schumann*, a. a. O. (Fn. 6), 221ff.; ein ähnliches Spektrum in der Gestaltung von Gruppenarbeit lag auch im Maschinenbau vor, *Widmeier*, a. a. O. (Fn. 6), 97f.

13 *Schumann*, a. a. O. (Fn. 6), 220; *Widmeier*, a. a. O. (Fn. 6), 99.

14 So zutreffend bemerkt von *Döhl/Kratzer/Sauer*, a. a. O. (Fn. 1), 6.

15 Vgl. die skizzenhafte Darstellung dieser arbeitspolitischen Entwicklung bei *Kern/Schumann*, GMH 1996, 715ff.

druck ein kurzfristiges Kosten- und Produktivitätsdenken durch.[16] Es begünstigt vor allem in den personal- und arbeitsintensiven Fertigungsbereichen den Ansatz einer «spezialistengetragenen Rationalisierung» und damit die Rückkehr zu einer Arbeitsgestaltung, die durch minimale Arbeitsumfänge, kurze Bearbeitungszyklen und kaum vorhandene Entscheidungsspielräume von Beschäftigten gekennzeichnet ist.

Die vor dem Hintergrund dieser Entwicklung ausgelöste Kontroverse um den richtigen Rationalisierungsansatz[17] zeigt nur bereits, wie schwierig die Einschätzung der Sachlage aus der Sicht der Arbeitnehmerinteressen geworden ist. Die neuen organisations- und arbeitskraftzentrierten Rationalisierungsstrategien verbinden sich mit zunehmend differierenden und überaus ambivalenten Folgewirkungen für die Beschäftigungs- und Arbeitssituation. Feststellbar sind die wachsenden Unterschiede in der Betroffenheit und Interessenlage der Arbeitnehmer, die verschärften, vielfältigen sozialen Spaltungen und Unsicherheiten.[18] Sie betreffen nicht nur die Belegschaften eines Betriebs bzw. Unternehmens, sondern auch die Beziehungen zwischen Betrieben und Unternehmen, die, angesiedelt in verschiedenen Branchen und Regionen, in komplexe Wertschöpfungsketten (Produktionsnetzwerte, «virtuelle Unternehmen») integriert sind. Bei aller differenzierter Betrachtung der diversen Rationalisierungsvorgänge und ihrer konkreten arbeitspolitischen Konsequenzen – der generelle Befund lautet: Dem eher schmalen, aber nicht mehr stabilen Segment der «Rationalisierungsgewinner» (qualifizierte, jüngere, männliche, deutsche Normalarbeiter vornehmlich in prosperierenden Branchen und Unternehmen, Beschäftigte in den hochqualifizierten und zukunftsträchtigen Dienstleistungsberufen sowie gut verdienende Neuselbständige) steht die nach wie vor große Gruppe der «Rationalisierungsverlierer» (Geringqualifizierte, Ältere, Frauen, Ausländer, geringfügig Beschäftigte, Leiharbeitnehmer, Beschäftigte in kleinen und mittleren Zulieferbetrieben sowie in stagnierenden bzw. schrumpfenden Branchen, Scheinselbständige) gegenüber, die unter zunehmender Restriktivität in ihren Beschäftigungschancen und -bedingungen zu leiden haben.[19] Flexibilisierung und Selbstorganisation als Leitmotive arbeitskraftorientierter Rationalisierung eröffnen zwar Chancen für eine Ar-

16 Vgl. etwa *Kern/Schumann*, a. a. O. (Fn. 15), 719ff.; *Springer*, WSI-Mitt. 1999, 314ff., mit weiteren Nachweisen.

17 Vgl. zum einen *Springer*, a. a. O. (Fn. 16), 316ff., der für das Konzept der «standardisierten Gruppenarbeit» plädiert; demgegenüber kritisch *Gerst*, WSI-Mitt. 2000, 38, 41ff., der, um der Gefahr einer rückwärtsgewandten Arbeitspolitik zu begegnen, eine Erweiterung dieses Ansatzes um Gestaltungsmerkmale der strukturinnovativen, selbstorganisierten / funktionsintegrierten Gruppenarbeit für erforderlich hält.

18 *Döhl/Kratzer/Sauer*, a. a. O. (Fn. 1), 6, 10.

19 *Döhl/Kratzer/Sauer*, a. a. O. (Fn. 1), 13f.

beitsorganisation, die Individualbedürfnissen und Qualifikationsansprüchen von Produktionsbeschäftigten gerecht wird. Sie führen aber bei dünn gehaltener Personaldecke und selbst dort, wo die Variante einer strukturinnovativen, attraktiven Gruppenarbeit verfolgt wird, letztlich zu einer starken Zunahme der Leistungsanforderungen und Arbeitsbelastungen, vor allem des Zeitdrucks.[20] Der damit erweiterte Zugriff der Arbeitgeberseite auf die Arbeitsleistung und die Verausgabung des Arbeitsvermögens wird durch die Einbindung in gesamtbetriebliche und unternehmensübergreifende Koordinierungsmechanismen von Prozeßketten noch effizienter durchgestaltet.[21] Nicht nur der Abbau von Arbeitsplätzen und die immer tiefere Segmentation des Arbeitsmarktes, sondern auch die gesundheitsgefährdenden Potentiale einer derartig unkontrollierten Leistungsverdichtung sind als höchst problematische Momente der neueren Rationalisierungsentwicklung zu betrachten.

II. Implikationen organisations- und arbeitskraftzentrierter Rationalisierung für das Tarifvertragssystem[22]

1. Wandel der Wirtschaftsstrukturen und gewerkschaftliche Gegenmachtbildung

Die auf Dezentralisierung und Vermarktlichung wie auf Kooperation und Vernetzung ausgerichteten unternehmerischen Rationalisierungsstrategien treffen – im Zusammenwirken mit anderen Faktoren – die strukturellen Grundlagen des Tarifvertragssystems. Sie verändern die Unternehmens- und Branchenstrukturen

20 Vgl. etwa *Gerst*, a. a. O. (Fn. 17), 39.

21 Exemplarisch dafür die Ausführungen von *Deiß*, WSI-Mitt. 1994, 435ff., über die leistungspolitischen Konsequenzen der unternehmensübergreifenden Organisation von Produktionsabläufen in der Automobilindustrie, der insb. auf die zunehmend prekäre Situation der in den kleinen und mittleren Zulieferbetrieben dieser Branche beschäftigten Arbeitnehmer aufmerksam macht.

22 Die Darlegung dieser Implikationen ist mit der besonderen Schwierigkeit behaftet, daß sie ineinander greifen und sich auch nicht auf dem Wege einer isolierten Betrachtung der vorerwähnten Rationalisierungsstrategien, sondern erst mit Blick auf eine ganze Reihe von sozioökonomischen, miteinander verwobenen Veränderungsprozessen (oben aufgezählt im Kapitel I Abschnitt 1, S. 383) richtig begreifen lassen. Eine bereits aus Raumgründen vereinfachte Darlegung wie die nachstehende kann aber nicht darauf gerichtet sein, diese Schwierigkeit zu meistern. Ihr Sinn besteht darin, wichtige Problemaspekte für die Diskussion um die Funktions- und Legitimationsfähigkeit des tarifautonomen Regelungsverfahrens zu identifizieren und sie in einer systematischen Reihenfolge zu erfassen.

und beeinflussen dadurch nachhaltig die Bedingungen für das Funktionieren des tarifautonomen Regelungsverfahrens.[23]

Ein erstes wichtiges Ergebnis der vorgenannten Rationalisierungsstrategien ist die Relativierung und teilweise Auflösung des Betriebs als Organisations- und Regulierungszentrum von Arbeit. Mit den Prozessen der Dezentralisierung und Vermarktlichung werden Großunternehmen und –betriebe aufgespalten und in kleinere organisatorische Einheiten überführt, die sich relativ autonom und wendig auf lokalen Märkten bewegen sollen.[24] Das hat gravierende Auswirkungen auf die gewerkschaftliche Interessenvertretung: Gewachsene Belegschaftsstrukturen werden auseinandergerissen, aufeinander eingespielte, arbeitsteilig organisierte Betriebsratseinheiten aufgelöst.[25] Wegen der nun entstehenden klein- und mittelbetrieblichen Strukturen werden zugleich die Bedingungen für kollektives Handeln erheblich erschwert,[26] wobei sich noch das Problem der wechselnden Branchenzugehörigkeit der neu formierten Einheiten und damit der Zuständigkeitskonkurrenz zwischen den einzelnen Industriegewerkschaften stellt.[27] Die Restrukturierung von Unternehmen hat zudem die Unterminierung erzielter Tarifergebnisse zur Folge. Insbesondere «Outsourcing» eröffnet der Arbeitgeberseite die Möglichkeit, Produktionseinheiten, die zuvor im großbetrieblichen Verbund Tarifverträgen mit hohen Standards zugeordnet waren, auf andere Branchen mit niedrigen Tarifstandards oder gar auf tariffreie Sektoren auszulagern.[28] Große Probleme für das bestehende Tarifsystem resultieren nicht zuletzt aus dem weit entwickelten Ansatz einer «systemischen Rationalisierung». Die Herausbildung neuer Formen der zwischen- und überbetrieblichen Arbeitsteilung stellt die Angemessenheit bisheriger Tarifzuständigkeiten in Frage.[29] Der branchenübergreifende und transnationale Charakter von Unternehmensnetzwerken widerspricht zum einen den tradierten, auf Branchen und Regionen zugeschnittenen Prinzipien von Tarifverhandlungen.[30] Zum anderen sind die strategischen, grundlegenden und anderen wichtigen Entscheidungen über diese Netzwerke auf abgehobenen Ebenen angesiedelt, so daß die einzelnen Unternehmens- bzw. Betriebseinheiten zwar formell die Position eines Arbeitgebers einnehmen, jedoch im wesentlichen

---

23 Vgl. zur Einleitung in diese Problematik die kurzgefaßte prognostische Einschätzung bei *Müller-Jentsch*, WSI-Mitt. 1993, 502.

24 Vgl. etwa *Ellguth/Promberger/Trinczek*, in: Bispinck (Hrsg.), Tarifpolitik der Zukunft, 185, 186; *Döhl/Kratzer/Sauer*, a. a. O. (Fn. 1), 8.

25 *Ellguth/Promberger/Trinczek*, a. a. O. (Fn. 24), 187.

26 *Ellguth/Promberger/Trinczek*, ebda.

27 So festgestellt etwa von *Schauer*, in: Bispinck (Hrsg.), Tarifpolitik der Zukunft, 33.

28 *Schauer*, ebda; *Ellguth/Promberger/Trinczek*, a. a. O. (Fn. 24), 187.

29 *Ellguth/Promberger/Trinczek*, ebda.

30 *Schmierl*, WSI-Mitt. 1999, 550.

keine eigene Entscheidungsbefugnis und Verhandlungsmacht besitzen.[31] Den entlang von klar definierbaren Branchen-, Landes- sowie Unternehmens- bzw. Betriebsgrenzen entstandenen tariflichen Vertretungsstrukturen wird damit zunehmend die materiale Basis entzogen.

Die umrissenen Implikationen unternehmerischer Reorganisationsmaßnahmen für das Tarifvertragssystem sind eng verknüpft mit dem ständig stattfindenden ökonomischen Prozeß der Unternehmens- und Kapitalkonzentration, mit der wachsenden Tendenz zur Globalisierung und Internationalisierung von Marktstrategien und Produktionspolitik sowie mit dem gleichfalls zu beobachtenden Entgrenzungsprozeß traditioneller Industriebereiche[32] und mit der Entstehung neuer Branchen.[33] Sie bezeichnen wichtige Aspekte der Problematik um die Konsequenzen all dieser Veränderungsprozesse für die Funktionsfähigkeit des tarifautonomen Regelungsverfahrens. Angesprochen ist zunächst und vor allem die durch solche Prozesse bewirkte Beeinträchtigung der gewerkschaftlichen Gegenmachtposition. Die anhand der früheren Entwicklung in der Druck- und Medienindustrie thematisierten Auswirkungen unternehmerischer Rationalisierung auf die Handlungsfähigkeit der Gewerkschaften[34] haben mittlerweile für die gesamte Tariflandschaft eine verschärfte, vielfach greifende Problemdimension angenommen. Die Anforderungen an die strategische und organisatorische Flexibilität aller Gewerkschaften sind in der Tat enorm gestiegen.[35] Bereits mit Blick auf die Verschiebung und «Verflüssigung» der Branchengrenzen läßt sich das Industrieverbandsprinzip als tragendes Abgrenzungskriterium tariflicher Organisationsbereiche und Zuständigkeiten nicht mehr halten.[36] Die über die einzelnen Branchen hinweg voranschreitende, vor allem in Form von Fusionen und Betriebsübernahmen stattfindende Konzentration von ökonomischer Macht in Unternehmensverbünden, Unternehmensgruppen und Konzernen erfordert vielmehr

---

31 Näher dazu *Schmierl*, a. a. O. (Fn. 30), 552, der auch auf den ständigen Prozeßcharakter von Unternehmensnetzwerken hinweist, was dazu führe, daß die mit den einzelnen Produktionseinheiten ausgehandelten Vereinbarungen über die Arbeitsbedingungen mit jeder Dynamisierung der Situation hinfällig würden, 553. Zu dem damit angesprochenen Problem der Destabilisierung und Aushöhlung normierter Regelungsbereiche vgl. die Ausführungen unten im Abschnitt 3, S. 394ff., mit Blick auf die Entwicklung im lohnpolitischen Bereich.

32 Zu den wesentlichen, auch und gerade durch die Verbreitung neuer Technologien bedingten Auslösern dieses Prozesses *Ellguth/Promberger/Trinczek*, a. a. O. (Fn. 24), 175f.

33 Vgl. dazu *Ellguth/Promberger/Trinczek*, a. a. O. (Fn. 24), 178ff.

34 Vgl. dazu die Ausführungen oben im 2. Teil der Untersuchung, Kapitel III Abschnitt 2.1.3.1, S. 220ff.

35 Dazu *Lang/Schaaf*, GMH 1997, 305ff.

36 Diese Erkenntnis hebt etwa *Hensche*, GMH 1998, 275, hervor.

eine entsprechend angelegte Organisationsbildung auf der Arbeitnehmerseite. Der strukturelle Wandel von der Industrie- zur Informations- und Dienstleistungsgesellschaft bedeutet zudem die Erosion der gewerkschaftlichen Mitgliederbasis.[37] Die Gewerkschaften sehen sich zur Erhaltung ihrer – durch die nach wie vor hohe Arbeitslosigkeit und den ungebremsten Abbau von Arbeitsplätzen immerhin geschwächten – Gegenmachtposition mit der dringenden ebenso wie schwierigen Aufgabe konfrontiert, die in der Gesamtwirtschaft und im Umfeld von Unternehmen neu entstandenen oder gewachsenen Dienstleistungs- und Angestelltenbereiche organisationspolitisch zu erschließen und zu kontrollieren.[38] Sie sind zugleich dazu gehalten, das Problem der tarifpolitischen Zuordnung dieser Bereiche und der neu formierten Betriebseinheiten in einer Weise zu bewältigen, die zwischengewerkschaftliche Konkurrenzen mit der fatalen Folge des gegenseitigen Blockierens bei der Wahrnehmung von Arbeitnehmerinteressen von vornherein abwendet.[39] Eine nachhaltige Schwächung der Verhandlungsmachtposition der Gewerkschaften ist letztlich kaum zu vermeiden, solange deren Organisations- und Vertretungsstrukturen nicht auch der Globalisierung und Internationalisierung der Operationsbasis der Arbeitgeberseite wirksam entsprechen. Ein auf die nationale oder regionale Regulierung der Lohn- und Arbeitsbedingungen beschränktes Tarifsystem vermag sich in Anbetracht der Ausweichmöglichkeiten weltweit agierender Unternehmen und des damit verbundenen Anpassungsdrucks in Form einer Unterbietungskonkurrenz bei den Arbeitskosten immer weniger zu behaupten.[40]

Obige Betrachtungen bekräftigen die inhaltliche, durch Wandlungen des sozioökonomischen Substrats tariflicher Regelung bedingte Variabilität des Gegenmächtigkeitspostulats und die tragende Bedeutung einer umfassenden materi-

---

37 Vgl. so etwa *Welsch*, GMH 1998, 81f.

38 Diese Aufgabe, die bislang unzureichend bewältigt wurde, betonen etwa *Lang/Schaaf*, a. a. O. (Fn. 35), 307. Ihre Schwierigkeit hängt vor allem mit den individualistischen Mustern der Interessenwahrnehmung zusammen, die die Sicht der Arbeitnehmer in den oben genannten Bereichen prägen. Zum Faktor der Individualisierung und Heterogenisierung von Interessenlagen vgl. die Ausführungen gleich unten im Abschnitt 2.

39 Skeptisch zu den Perspektiven einer solchen Antizipation *Ellguth/Promberger/Trinczek*, a. a. O. (Fn. 24), 188. Vgl. etwa zur Problematik um die Etablierung durchgreifender und verläßlicher Tarifstrukturen im neu entstandenen, dynamischen Sektor der «Informationstechnik» *Bispinck/Trautwein-Kalms*, WSI-Mitt. 1997, 228ff., insb. 232ff., 239ff.

40 Vgl. *Bahnmüller/Bispinck*, a. a. O. (Fn. 2), 140f., auch mit Einschätzung der Grenzen und Möglichkeiten des Internationalisierungsansatzes in der Tarifpolitik, 158f.; *Schmierl*, a. a. O. (Fn. 30), 553f. Speziell zu den Konsequenzen der Europäischen Währungsunion für die nationale Tarifpolitik *Heise*, in: Bispinck (Hrsg.), Tarifpolitik der Zukunft, 230ff.

ellen Paritätsbetrachtung für die Interpretation des Art. 9 Abs. 3 GG.[41] Sie verweisen auf Faktoren, die in der Gestalt der vorgenannten Veränderungsprozesse bei der Beurteilung des Kräfteverhältnisses zwischen den Tarifvertragsparteien nicht wegzudenken und daher zum Verständnis der Verfassungsgarantie der Tarifautonomie systematisch wie vertiefend zu bearbeiten sind.[42] Eruierungsbedürftig sind in erster Linie die erkennbar negativen Konsequenzen dieser Prozesse für die soziale Mächtigkeit der Arbeitnehmerkoalitionen als Grundvoraussetzung der Funktionsfähigkeit des Tarifvertragssystems.[43] Die seit den frühen 90er Jahren intensiv laufende Organisationsdebatte im Gewerkschaftslager, insbesondere die bereits erfolgten Gewerkschaftsfusionen,[44] aber auch die verstärkten Koordinationsbemühungen der Gewerkschaften auf supranationaler Ebene[45] unterstreichen die realpolitische Tragweite eines darauf gerichteten Interpretationsverständnisses.

---

41 Vgl. die Ausführungen oben im 2. Teil, Kapitel III Abschnitte 2.1.3.2 u. 2.1.4, S. 228ff.

42 Eine solche Bearbeitung kann und soll freilich im Rahmen der vorliegenden Untersuchung nicht vorgenommen werden. Dabei stellt sich erneut die Problematik um das Fehlen repräsentativer empirischer Untersuchungen über die angesprochenen Auswirkungen der oben im Haupttext genannten außerrechtlichen Faktoren, vgl. bereits dazu die Ausführungen im 2. Teil, Kapitel III Abschnitt 2.1.3.2, S. 231f. *Zachert*, KJ 1997, 420f., verweist allerdings auf die Schwierigkeit der Erfassung der Realität, die oft nicht nur in der unzureichenden Faktenlage bestehe, sondern mindestens ebenso sehr darin, die wissenschaftliche Deutung der vorhandenen Fakten selbst wertend zu erfassen und vor diesem Hintergrund ein eigenes überzeugendes Deutungsmuster zu entwickeln.

43 Zum Stellenwert des Mächtigkeitskriteriums für die Erfüllung der Schutzfunktion des Tarifvertrages vgl. die Ausführungen oben im 2. Teil, Kapitel III Abschnitte 2.1.1 u. 2.1.2, S. 206ff., 210ff.

44 Dazu zählen die Zusammenschlüsse: a. der IG-Metall mit der Gewerkschaft Textil-Bekleidung und der Gewerkschaft Holz und Kunststoff – b. von IG Chemie-Papier-Keramik, IG Bergbau und Energie und Gewerkschaft Leder zur „IG Bergbau-Chemie-Energie" – c. von der IG Bau-Steine-Erden und der Gewerkschaft Gartenbau, Land- und Forstwirtschaft zur „IG Bauen-Agrar-Umwelt" – d. der fünf Gewerkschaften DAG, HBV, IG Medien, Postgewerkschaft und ÖTV zur «Vereinten Dienstleistungsgewerkschaft» (ver.di) im März 2001. Zu dieser größten organisationspolitischen Veränderung der Gewerkschaftsbewegung in der Geschichte der Bundesrepublik Deutschland vgl. urpsrünglich die Beiträge der Vorsitzenden der vorgenannten Gewerkschaften in: GMH 1998, 271ff. sowie den Beitrag des ersten Vorsitzenden von ver.di *Bsirske*, GMH 2001, 321ff.

45 Zu den Bemühungen etwa um die Konzipierung einer einheitlichen, die gesamte europäische Branche der Informationstechnik erfassenden Tarifstrategie vgl. *Euro FIET (Hrsg.)*, 5. IT-Forum: Europäische Betriebsräte in der IT-Branche, Nizza September 1996, Tagungsunterlagen, zitiert nach *Bispinck/Trautwein-Kalms*, a. a. O. (Fn. 39), 241.

2. *Individualisierung und Heterogenisierung von Interessenlagen*

Große Probleme für das Tarifsystem ergeben sich auch aus der inzwischen weitreichenden Differenzierung und Heterogenisierung der Interessenlage von Arbeitnehmern und Unternehmen. Dieser insbesondere durch organisations- und arbeitskraftorientierte Rationalisierungsstrategien der Unternehmerseite vorangetriebene Entwicklungsprozeß[46] bedeutet die zunehmende Einschränkung der Gestaltungsspielräume für eine Tarifpolitik, die auf Homogenisierung und Vereinheitlichung der Lohn- und Arbeitsbedingungen abzielt. Betroffen ist der Flächentarifvertrag. Für Gewerkschaften und Arbeitgeberverbände wird es immer schwieriger, die Mediatisierung der von ihnen vertretenen Einzelinteressen in kollektiv getragene Forderungen sicherzustellen und damit eine elementare Voraussetzung ihrer Handlungsfähigkeit zu erfüllen.[47] Austritt, Tarifflucht, Tarifabstinenz oder das Phänomen der OT-Mitgliedschaft kennzeichnen je nach spezifischer Situation und Kalkül vielmehr das Verhalten einer immer mehr wachsenden Zahl von Arbeitgebern, die ihre Interessen als nicht bzw. unzureichend berücksichtigt durch die Verbandspolitik betrachten.[48] Sie indizieren die durchgreifende Legitimationskrise der etablierten Tarifstrukturen und lassen die Arbeitgeberverbände geradezu als die Achillesferse des deutschen Modells industrieller Beziehungen erscheinen.[49] Deutlicher als je zuvor zeigt sich, wie notwendig für eine funktionierende Tarifautonomie die Existenz zweier starker Vertragspartner ist.

Die vorbezeichnete Legitimationskrise des Flächentarifvertrages verbindet sich mit gravierenden Folgen für die verfassungsrechtlich garantierte Wahrnehmung der Arbeitnehmerinteressen. Die besonderen Schwierigkeiten bei der Homogenisierung und Vereinheitlichung von Interessenlagen bezeichnen restriktiv ausgeprägte Bedingungen für die Entfaltung der Ordnungs- und Kartellfunktion des Tarifvertrages und damit für die Erfüllung des umfassenden Schutzauftrages, den Art. 9 Abs. 3 GG gebietet.[50] Das betrifft vornehmlich und gerade die Interessenposition jener Arbeitnehmergruppen, die zu den sog. Rationalisierungsverlierern zählen und den tarifvertraglichen Schutz am ehesten benötigen. Diese Ar-

---

46 Zu den wachsenden Unterschieden in der Betroffenheit und Interessenlage der Arbeitnehmer siehe bereits oben im Kapitel I Abschnitt 2, S. 387; vgl. umfassend auch *Bahnmüller/Bispinck*, a. a. O. (Fn. 2), 142f., mit Nachweisen.

47 *Bahnmüller/Bispinck*, a. a. O. (Fn. 2), 143.

48 Vgl. etwa *Zachert*, a. a. O. (Fn. 42), 422f.; näher zu den oben – im Haupttext – genannten unterschiedlichen Verhaltensweisen der Arbeitgeber *Schroeder/Weinert*, GMH 1998, 321ff., jeweils mit Nachweisen.

49 *Schroeder*, GMH 1996, 601ff.

50 Vgl. erneut die Ausführungen oben im 2. Teil, Kapitel III Abschnitt 2.1.2, S. 218f., Abschnitt 2.2.2, S. 257ff. u. Kapitel V Abschnitt 2.1, S. 345f., spezifiziert in den Abschnitten 2.2 ff., S. 348ff.

beitnehmer arbeiten vorwiegend in kleinen und mittleren Betrieben, bei denen nicht nur zumeist eine organisierte oder relativ souveräne Arbeitnehmervertretung fehlt, sondern auch die Neigung zur Tarifflucht bzw. Tarifabstinenz am stärksten zu sein scheint.[51]

Mit dem Dienstleistungssektor, vor allem den industrienahen Informations- und Kommunikationsunternehmen, die sich durch eine besonders ausgeprägte Individualisierungstendenz bei der Interessenwahrnehmung kennzeichnen, drohen überdies dem tarifvertraglichen Organisationswesen und Regulierungssystem jene Bereiche in weitem Umfang fern zu bleiben, wo überhaupt noch Zuwachs stattfindet und die Modelle für die industriellen Beziehungen der Zukunft entwickelt werden.[52]

3. Dezentralisierung und Destabilisierung normierter Regelungsbereiche

Die organisations- und arbeitskraftorientierten Rationalisierungsstrategien der Unternehmerseite fördern ebenfalls die Tendenz zur Dezentralisierung der industriellen Beziehungen, vornehmlich die in der Bundesrepublik bereits seit Mitte der 80er Jahre beobachtbare Verschiebung der Gewichte zwischen der tariflichen Makro- und der betrieblichen Mikroebene zugunsten der letzteren, bezeichnet auch mit dem Stichwort «Verbetrieblichung». Sie verschärfen die Segmentierung und Heterogenisierung von Arbeitsprozessen und Interessenlagen und erzeugen einen erheblichen Veränderungsdruck auf zentrale normierte Regelungsbereiche. Damit begünstigen sie in immer zunehmendem Maße betriebsindividuelle wie arbeitsplatznahe Formen der Interessenregulierung. Daraus erwachsen besondere Probleme für das Tarifvertragssystem, die sich darin zuspitzen, daß bislang konsolidierte Verhandlungsfelder sukzessive destabilisiert und ausgehöhlt werden. Diese Probleme sind etwa und gerade mit Blick auf den sich mit den neuen Arbeitsformen vollziehenden Wandel der betrieblichen Lohnsysteme[53] konkret darstellbar.

---

51 Vgl. etwa zu den nachteiligen Konsequenzen einer fortschreitenden Abnahme der Bindungskraft des Flächentarifvertrages für die Interessenvertretung der Beschäftigten in Klein- und Mittelbetrieben des Maschinenbaus *Widmaier*, a. a. O. (Fn. 6), 99.

52 Auf diese Gefahr machen etwa *Schroeder/Weinert*, a. a. O. (Fn. 48), 323 und *Streeck*, GMH 1998, 7 aufmerksam.

53 Ausführlich dazu *Schmierl*, WSI-Mitt. 1996, 652ff. Dabei läßt sich ein umfassender Bedeutungsverlust des bislang vorherrschenden Einzelakkords feststellen. Zu verzeichnen ist die Verbreitung neuer, arbeitskraftzentrierter Lohnmodelle (Zeitlohn mit Leistungszulage, Kontraktlohn, Polyvalenzlohn). Das wichtigste Merkmal dieser Lohnmodelle ist die Berücksichtigung der Arbeitseinsatzflexibilität und der Poly-

Bei technisch-organisatorischen Umstellungen des Produktionsprozesses auf flexible Fertigungsinseln und/bzw. Gruppenarbeit läßt sich eine in hohem Maße unübersichtliche Vielzahl betrieblicher Einzellösungen zu Fragen der Lohngestaltung feststellen.[54] Sie werden meistens zwischen den Unternehmensleitungen und den betroffenen Betriebsräten ausgehandelt. Solche Betriebsvereinbarungen oder ad-hoc-Absprachen auf der Betriebsebene dringen nicht nur in genuine tarifliche Regelungsbereiche hinein. Vielmehr brechen sie durch die von ihnen etablierte Vielfalt neuartiger unterschiedlichster Entgeltformen, -kriterien und –methoden die tradierten tarifvertraglichen, für die einzelnen Regionen und Branchen einheitlich geltenden Regelungen auf. Diese – im Hinblick auf die in der Verfassung verankerte (Art. 9 Abs. 3 GG) und auf der einfachgesetzlichen Ebene klar bestätigte (§§ 77 Abs. 3, 87 Abs. 1 BetrVG) Priorität tariflicher Regelung – rechtlich bedenkliche Folge ist insbesondere dem Umstand zuzuschreiben, daß eine angemessene Reaktion der Tarifpolitik auf die betriebs- und arbeitsorganisatorischen Umwälzungen und ihre lohn(leistungs-)politischen Konsequenzen bislang nicht erfolgte. Von wenigen Ausnahmen abgesehen spiegeln die Flächentarifverträge noch das Bild der tayloristischen Betriebsorganisation wider.[55] Darin offenbaren sich auch die Probleme der mangelnden zeitlichen und strukturellen Flexibilität, die der Flächentarifvertrag als Regelungsinstrument mit sich bringt[56] – Probleme, die gerade in den vergangenen Jahren wegen der wachsenden Ungleichzeitigkeit und Widersprüchlichkeit der Restrukturierungsprozesse auf der betrieblichen Mikroebene sowie angesichts der Verschiebungen im Branchenspektrum größer geworden sind. Die so erheblich verminderte Steuerungskapazität des Flächentarifvertrages erklärt – neben anderen, bereits erwähnten Faktoren[57] – seine schwindende Legitimität gegenüber den Betriebs- und Arbeitsvertragsparteien.[58]

---

valenz der Arbeitskräfte in einem eigenständigen Leistungsparameter oder einer ausgewiesenen Lohnkomponente. Vgl. auch unten Fn. 60.

54 Davon berichtet *Schmierl*, a. a. O. (Fn. 53), 654, für die Produktionsbereiche der Metallindustrie.

55 Vgl. etwa *Riester*, Die Mitbestimmung 4/1992, 16ff.

56 Vgl. dazu erneut die Ausführungen oben im 1. Teil, Kapitel II Abschnitt 1.2, S. 45ff.

57 Zur Interessendifferenzierung bei Arbeitnehmern und Unternehmen gleich oben im Abschnitt 2.

58 Organisations- und arbeitskraftzentrierte Rationalisierungsstrategien bewirken in allen Produktionsbereichen zusehends die Ablösung der in der Vergangenheit vorherrschenden standardisierten Formen der Leistungsvergütung und -abgabe durch ergebnisorientierte Arbeitseinsatzkonzepte, die in projektförmige Leistungs- und Kooperationsstrukturen integriert sind. Vor diesem Hintergrund ist die immer wachsende Bedeutung subjektiver Leistungsprofile und –kriterien, wie flexible, ergebnisorientierte Einsatzbereitschaft, Improvisations- und Innovationsfähigkeit und ver-

Die betriebsindividuelle Aushandlung von Fragen, die die Umsetzung organisations- und arbeitskraftzentrierter Rationalisierungsstrategien für den Bereich der Lohngestaltung aufwirft, verbindet sich mit eher problematischen Folgen. Vor dem Hintergrund der insgesamt für die Betriebsräte erheblich erschwerten Handlungsbedingungen[59] und insbesondere der fehlenden tarifpolitischen Antizipation und Unterstützung führt sie letztlich dazu, daß ein klassisches Verhandlungsfeld, das bislang als konsolidiert und normativ abgesichert galt, recht unzureichend abgesteckt und destabilisiert wird. Die meisten Betriebsräte sind von sich aus kaum in der Lage, solche sich in gewandelter Form und Dimension stellenden Fragen, wie die Kriterien der Leistungsbewertung, das Verhältnis von Grundverdienst und Leistungsanteil, die lohnpolitisch abgesicherte Erweiterung von Qualifikationen oder die langfristigen Auswirkungen von Änderungen der Lohnform, zu problematisieren und zum Verhandlungsgegenstand zu machen.[60] Ihre Bemühungen konzentrieren sich stattdessen auf traditionelle Regelungsfelder, wie anforderungsbezogene Entlohnung und vor allem Lohnhöhe. Die somit verengte Mitbestimmungssicht hat aber zur Konsequenz, daß grundlegende Änderungen zu den vom Management vorgeschlagenen Entlohnungsgrundsätzen zumeist nicht gefordert und die eigentlich entscheidenden Fragen des Lohn-Leistungs-Verhältnisses und der Bedingungen der Leistungsverausgabung nicht thematisiert werden. Unter diesen Umständen verschiebt sich das Verhältnis zwischen Leistungskontrolle und –autonomie strategisch zugunsten des Managements.[61] Selbst bei finanzieller Besitzstandswahrung und gleichbleibendem Lohn kann eine überproportionale Verschlechterung des zu dessen Erreichung notwendigen Leistungsniveaus eintreten.[62] Der relativ konsistente Lohn-Leistungs-

---

antwortliches Mitdenken, und deren besondere Wertschätzung durch das Unternehmen und nicht zuletzt durch die davon betroffenen Arbeitnehmer zu verzeichnen. Herkömmliche, situationsunabhängige allgemeine Regelungen in Tarifverträgen werden deshalb zunehmend als unangemessen empfunden, ebenso wie Versuche eines Wegregelns von Unterschieden der individuellen Leistungsbereitschaft, *Streeck*, a. a. O. (Fn. 52), 17. Vgl. auch *Schmierl*, a. a. O. (Fn. 53), 654, der den tarifpolitischen Mangel an tragfähigen, zukunftsweisenden Lösungen zur Abgeltung der Vielseitigkeit im Arbeitseinsatz u. a. als mitverantwortlich für den zeitgleich in der Metallverarbeitung auftretenden Trend zur Verbandsflucht von Arbeitgebern betrachtet.

59 Vgl. zuletzt *Schmierl*, a. a. O. (Fn. 30), 551ff., anhand der Auswirkungen transnationaler Produktionsnetzwerke auf die Wahrnehmung der gesetzlich eingeräumten Mitbestimmungsmöglichkeiten.

60 *Schmierl*, a. a. O. (Fn. 53), 659, führt dies vor allem auf den eigentümlichen Charakter des systemischen Rationalisierungsprozesses, konkret: auf die räumlich, zeitlich und personell entkoppelten Wirkungen dieses Prozesses zurück, die für die Betriebsräte nur schwer zu überblicken sind.

61 *Schmierl*, a. a. O. (Fn. 53), 660.

62 So richtig bemerkt von *Schmierl*, a. a. O. (Fn. 53), 659.

Kompromiß, der in der Vergangenheit in bestimmten Produktionsbereichen erreicht werden konnte, wird damit in Frage gestellt.[63]

Diese Entwicklung bestätigt einmal mehr die starken Interdependenzen von Tarif- und Betriebsebene. Stellte sich anhand der früheren Rationalisierungsentwicklung heraus, wie sehr eine wirksame Flächentarifpolitik auf die Erweiterung und Verstärkung der Mitbestimmungsmöglichkeiten der Betriebsräte angewiesen war,[64] so wird nunmehr in umgekehrter Richtung deutlich, wie negativ der Mangel an tarifpolitischen Lösungskonzepten und Vorgaben die Verhandlungsposition der betrieblichen Interessenvertretungen und damit die von ihnen betriebene Wahrnehmung von Arbeitnehmerinteressen zu beeinflussen vermag. Die betriebsindividuelle Regulierung der Rationalisierungsfolgen erweist sich wegen der Vernachlässigung der Leistungsseite durch die Betriebsräte[65] vielmehr als ein Prozess, auf dessen Basis die Funktionsfähigkeit eines sich in gewohnten Bahnen bewegenden Tarifsystems erheblich beeinträchtigt werden kann. Die sich mit den veränderten Rationalisierungsstrategien vollziehende Leistungsverdichtung droht nämlich tariflich erzielte Ergebnisse in den zentralen traditionellen Regelungsbereichen der Lohn- und Arbeitszeitpolitik essentiell zu entwerten. Die gewonnenen Erkenntnisse über die Implikationen unternehmerischer Rationalisierung für die funktionelle Kernbereichsgarantie des Art. 9 Abs. 3 GG[66] rücken damit – wenn auch in einer anderen Form und Dimension – erneut in den Mittelpunkt der Betrachtungen. Aufgrund dieser Einschätzung gewinnen auch jene Regelungsprobleme an Bedeutung, die sich aus dem Spannungsverhältnis von Arbeitszeitflexibilisierung, Leistungsabforderung und Personalbemessung ergeben. Überhaupt stellt sich die Frage, wie der Schutz des Arbeitnehmers vor Überforderung durch Flexibilisierung gewährleistet, seine individuellen Einflußmöglichkeiten auf die Arbeitszeitgestaltung verbessert und damit letztlich die erwarteten positiven Beschäftigungswirkungen vereinbarter Arbeitszeitverkürzungen gesichert werden können.

Probleme für das Tarifvertragssystem resultieren nicht zuletzt aus den direkten Formen der arbeitsplatznahen Interessenaushandlung und Konfliktbewältigung, die durch die Umsetzung organisations- und arbeitskraftzentrierter Rationalisierungsstrategien begünstigt werden.[67] Qualitätszirkel, Problemlösungsgrup-

---

63 *Schmierl*, a. a. O. (Fn. 53), 659f.

64 Vgl. erneut die Ausführungen oben im 1. Teil, Kapitel II Abschnitte 1.3, 1.4 u. 1.5 ff., S. 48ff., Kapitel III Abschnitte 2. u. 3, S. 88ff.

65 *Kotthoff*, Betriebsräte und Bürgerstatus, 58f., 59, bezeichnet die interessenpolitische Ausklammerung des Wandels der Leistungspolitik als «blinden Fleck» der Betriebsräte mit den langfristig schwersten Folgen.

66 Vgl. dazu die Ausführungen oben im 2. Teil, Kapitel III Abschnitt 2.2.4.2, S. 270ff.

67 Vgl. *Bahnmüller/Bispinck*, a. a. O. (Fn. 2), 141f.

pen, Lernstätten, Gruppenbesprechungen und ähnliches mehr bilden neuartige Mechanismen der Interessenwahrnehmung, die den traditionellen Vertretungsstrukturen und –ritualen bei der Festlegung der Arbeitsbedingungen ernsthafte Konkurrenz machen. Über sie wird bereits ein relativ breites Sprektrum von Themen kanalisiert, zu denen auch die zentrale Frage der Leistungskompromißfindung gehört.[68] Die bisherigen Erfahrungen mit diesen arbeitsplatznahen Foren der Interessenregulierung zeugen einerseits von deren Labilität und Schutzbedürftigkeit.[69] Unübersehbar ist jedoch zugleich die relativ hohe Akzeptanz, die solche Partizipationsangebote unter akzeptablen Rahmenbedingungen bei den Arbeitnehmern finden können. Sie signalisieren die große «Beteiligungslücke», die das System der industriellen Beziehungen bislang gekennzeichnet hat. Die Notwendigkeit ihrer positiven Aufarbeitung und Verknüpfung mit der gewerkschaftlichen Tarif- und Betriebspolitik ist deshalb nicht zu bezweifeln.[70] Sie wird um so dringlicher, je eher das Risiko besteht, daß diese Formen der Interessenregulierung in ein Instrument der Aushöhlung des normierten Verhandlungssystems ausarten.

III. Konsequenzen für den Tarifvertrag

1. Anforderungen

Die Folgen organisations- und arbeitskraftzentrierter Rationalisierungsstrategien für die Arbeitnehmerinteressen stellen den Tarifvertrag vor neue Aufgaben und Probleme. Die Sicherung von Beschäftigung, die Erhaltung und Erweiterung von Qualifikationen, die Regulation der Leistungsanforderungen sowie die solidarische Verteilung von Beschäftigungschancen bilden zwar für ihn weiterhin wichtige und dringliche Schutzziele, die nach wie vor eine präventiv-koordinierte Einwirkung auf unternehmerische Sach- und Personalentscheidungen erfordern. Der Tarifvertrag hat aber bei der Verfolgung dieser Ziele nicht nur den gewandelten Formen und den anders gearteten Wirkungen der Reorganisations- und Produktionskonzepte der Unternehmen Rechnung zu tragen. Vielmehr sieht er sich – wie anhand der Auswirkungen der vorgenannten Rationalisierungsstrategi-

---

68 *Schumann*, a. a. O. (Fn. 6), 222.

69 *Dörre*, Auf der Suche nach einem neuen Kompromiß. Das deutsche System industrieller Beziehungen im Spannungsfeld von globaler Ökonomie, Unternehmensreform und gesellschaftlicher Regulierung, Beitrag zur Tagung «Gesellschaft im Übergang – Beiträge zu einer anderen Standortdebatte», unveröffentlichtes Manuskript, Göttingen 1995, zitiert nach *Bahnmüller/Bispinck*, a. a. O. (Fn. 2), 142.

70 *Bahnmüller/Bispinck*, a. a. O. (Fn. 2), 153f.

en näher dargelegt[71] – zugleich mit der drohenden Erosion seiner eigenen Einwirkungsmöglichkeiten und damit letztlich seiner Existenzberechtigung konfrontiert. Diese negative Perspektive des Tarifvertrages hat verständlicherweise in den vergangenen Jahren die Diskussion um die von ihm gebotenen Regelungsmöglichkeiten zur Realisierung auch qualitativer Forderungsinhalte geprägt. Sie betrifft in erster Linie das typisch-tragende Ordnungsinstrument im deutschen System industrieller Beziehungen, den Flächentarifvertrag[72] und zeigt sich vor allem an der unaufhaltsamen Verlagerung tariflicher Verhandlungskompetenzen auf die Betriebsebene und der damit einhergehenden Autonomisierung der Betriebsräte. Dieser Prozeß, der insbesondere bei der Regulierung der Rationalisierungsfolgen vonstatten ging, verbindet sich mit recht problematischen Folgen für die Wahrnehmung der Arbeitnehmerinteressen[73] und ist auch den Tarifvertragsparteien selbst zuzuschreiben.[74] Bei einer näheren Einschätzung der aktuellen Wirkungspotentiale des Tarifvertrages muß er deshalb – anders als in früheren Zeiten[75] – von vornherein in die Betrachtungen einbezogen und problematisiert werden. Im Mittelpunkt der arbeitsrechtlichen Diskussion steht die Frage, ob der Verfall des Flächentarifvertrages aufgehalten werden kann, welche Anforderungen sich also nunmehr an ihn zur Selbstbehauptung stellen und inwieweit diese Anforderungen von ihm erfüllbar sind.

Einigkeit besteht zunächst darüber, daß die Dezentralisierung und Verbetrieblichung der industriellen Beziehungen wegen des sozioökonomischen Strukturwandels und des damit immer wachsenden Bedürfnisses nach Gestaltbarkeit der Arbeitsbedingungen «vor Ort» ein an sich natürlicher wie notwendiger, irreversibler Prozeß ist.[76] Relevant ist daher eigentlich nur die Frage, ob dieser

---

71 Gleich oben im Kapitel II, S. 388ff.

72 Zum nach wie vor aktuellen Problem «Krise des Flächentarifvertrages ?» vgl. insb. die Dokumentation des dritten Gesprächs der Otto-Brenner-Stiftung, das am 8. Dezember 1995 in Frankfurt am Main stattfand.

73 Vgl. exemplarisch dazu erneut die Ausführungen oben im Kapitel II Abschnitt 3, S. 396f.

74 So zutreffend festgestellt von *Simitis*, RdA 1994, 174, mit dem Hinweis, daß Versuche, dem Firmentarifvertrag eine größere Bedeutung einzuräumen, deshalb zum Scheitern verurteilt waren, weil sowohl die Arbeitgeber als auch die Gewerkschaften nicht nur unterschiedliche, sondern auch wechselnde Positionen eingenommen haben.

75 Vgl. etwa *Weyand*, Die tarifvertragliche Mitbestimmung, 229ff., der die Verlagerung tariflicher Regelungskompetenzen auf die Ebene des Betriebs als ein gravierendes Folgeproblem der von ihm adaptierten tarifvertraglichen Mitbestimmungskonzeption behandelt.

76 Vgl. *Bahnmüller/Bispinck*, a. a. O. (Fn. 2), 145f., mit Nachweisen. Sie betrachten eine gewerkschaftliche Strategie, die darauf abstellte, diesen in allen hochentwik-

Prozeß in einer Weise gesteuert werden kann, die dem Flächentarifvertrag seinen Nutzen und damit seine Zukunftsfähigkeit sichert.[77] Ein Grundinteresse der Arbeitgeberseite, am Flächentarifvertrag grundsätzlich festzuhalten,[78] läßt sich allerdings – anders als bei der Regulierung von Kern(Kosten-)fragen des Arbeitsverhältnisses – für den qualitativen Forderungsbereich nicht ohne weiteres erblicken. Dort kommt der Kartell-, Stabilisierungs- und Entlastungsfunktion, die der Flächentarifvertrag vornehmlich im lohnpolitischen Bereich wahrnimmt,[79] jedenfalls nicht dieselbe Bedeutung zu – man denke auch erneut an die auf der Betriebsebene autonom entwickelten und gerade aus der Interessensicht der Arbeitgeber bewährten Mechanismen der Verarbeitung von Interessenkonflikten bei technisch-organisatorischen Rationalisierungsprozessen. Um den Flächentarifvertrag insgesamt attraktiv zu halten, kommt es vielmehr darauf an, ihn so zu reformieren, daß er die zunehmend differierende Sach- und Interessenlage einzelner Sektoren, Unternehmen und Arbeitnehmergruppen berücksichtigen kann.

Eine solche Reform läßt sich nur im Rahmen einer inhaltlichen Erneuerung des Flächentarifvertrages ernsthaft vorstellen und vorantreiben.[80] Die längst fällige Weiterentwicklung seiner Regelungsinhalte zu einer angemessenen, sozialverträglichen Regulierung der neuen Formen der Arbeitsorganisation und der Leistungsabforderung bildet die Grundlage und zugleich den Anstoß für jede weitere Überlegung über Sinn und Wege der notwendigen Anpassung. Der Flächentarifvertrag wird seine schwindende Gestaltungs- und Legitimationskraft erst zurückgewinnen können, wenn es gelingt, Regelungskonzepte zu entwickeln und in ihm festzuschreiben, welche die sich vielfältig verändernden wie ausdifferenzierenden Arbeitssituationen und Bedürfnisstrukturen fortlaufend reflektieren und die daraus erwachsenden Probleme einer sozialen Absicherung der Arbeitnehmerschaft umfassend wie überzeugend beantworten. Eine diesen Imperativen verpflichtete Regulierungsstrategie verlangt es einerseits, die spezifischen Vor-

---

kelten Industriestaaten im Gang befindlichen Prozeß aufzuhalten bzw. umzukehren, weder als realistisch noch als erfolgversprechend, 153.

77 «Die eigentlich spannende Frage ist nicht mehr ob, sondern was und wie «verbetrieblicht» werden soll und ob dieser Prozeß gesteuert oder «wild» verläuft.», *Bahnmüller/Bispinck*, a. a. O. (Fn. 2), 146.

78 *Streeck*, a. a. O. (Fn. 52), 7. Die aus der Sicht der Unternehmen infolge der grundlegend veränderten Wettbewerbsbedingungen zusehends abnehmende Bedeutung der Kartellwirkung des Flächentarifvertrages konstatiert hingegen *Dieterich*, AuR 2000, 442.

79 Dazu *Streeck*, a. a. O. (Fn. 52), 7ff.

80 Vgl. bereits in diesem Sinne *Streeck*, a. a. O. (Fn. 53), 16f. Auch nach *Dieterich*, a. a. O. (Fn. 78), 442f., liegt der eigentliche Kern des Problems in der «Konzeption einer modernen Tarifpolitik».

teile der tarifpolitischen Makroebene in Anspruch zu nehmen,[81] andererseits aber die mit dieser Ebene verbundenen Steuerungsdefizite positiv anzuerkennen, sie also als leitenden Gesichtspunkt und somit als Anlaß für erforderliche Korrekturen des Vertrags- und Verhandlungssystems wahrzunehmen.[82] Mittlerweile hat sich eben die Erkenntnis durchgesetzt, daß die dem Flächentarifvertrag immanente Abstraktifizierung und Vereinheitlichung konkreter Bedarfs- und Interessenlagen, auch in den klassischen Regelungsbereichen (Lohn, Arbeitszeit), sich solange als disfunktional und unvertretbar erweist, wie sie auf einer starren Normierung der «Arbeits- und Wirtschaftsbedingungen» beruht.[83] Gefragt ist stattdessen eine tarifvertragliche Normsetzung, die, ohne auf die Festschreibung substanzieller Vorgaben zu verzichten,[84] individuelle Entscheidungs- und Gestaltungsspielräume konsequent eröffnet. Die Tarifvertragsparteien sind dazu gehalten, sich auf eine flächendeckende Regulierung der Arbeitsbeziehungen einzustellen, die dem Gebot inhaltlicher Differenzierung genügt und damit auch von vornherein darauf angelegt ist, ein hinreichendes Maß an Auswahl- und Anwendungskompetenz auf die Mikroebene des Betriebs oder Unternehmens zu delegieren.[85] Wie dieser Weg der strukturellen Anpassung zu beschreiten ist, welche Risiken und Chancen er für den Tarifvertrag mit sich bringt, ist Gegenstand der nachfolgenden Überlegungen.

---

81 Solche Vorteile, die von der Veranlagung des Flächentarifvertrages herrühren, allgemeine Arbeitnehmerinteressen zu berücksichtigen und damit makroökonomische Schutzeffekte zu erzeugen, wurden oben im 1. Teil der Untersuchung, insb. Kapitel II Abschnitt 1.2, S. 46f., Abschnitt 1.5, S. 57f., Abschnitt 2.2, S. 70f., 72f. u. Kapitel III Abschnitt 3, S. 91ff., im Rückblick auf die tarifpolitische Verfolgung einer präventiven Rationalisierungsschutzstrategie exemplarisch erläutert.

82 Vgl. auch *Simitis*, a. a. O. (Fn. 74), 175; aber nicht zuletzt *Weiss*, RdA 1994, 178.

83 Zwischenzeitlich hat sich in diesem Sinne über die tarifpolitische Diskussion hinaus auch die Tarifpraxis erheblich weiterentwickelt. Zu verzeichnen ist die zunehmende Flexibilisierung (Differenzierung und Dezentralisierung) der in Flächentarifverträgen ausgehandelten Bestimmungen insb. über Fragen der Arbeitszeit- und Lohngestaltung – eine Entwicklung, die nicht nur die Behauptung vom starren Flächentarifvertrag mehr oder weniger widerlegt, sondern vielmehr die Probleme vor Augen führt, die sich damit für die Tarifvertrags- und Betriebsparteien stellen. Vgl. dazu überblickend wie eingehend *Bispinck und WSI-Tarifarchiv*, Nr. 35 u. Nr. 37.

84 Näher zu diesem Erfordernis unten in den Abschnitten 2 und 3, S. 403f. u. 409f.

85 Inhaltliche Erneuerung bzw. Differenzierung und strukturelle Dezentralisierung sind nach *Streeck*, a. a. O. (Fn. 52), 17, zwei notwendige, sich gegenseitig bedingende Gestaltungsoptionen des tarifvertraglichen Regulierungsmechanismus. Für ein an der Lösung des Innovationsproblems ausgerichtetes Sicherheitsverständnis und für einen entsprechenden Umbau der tariflichen Regulierungssysteme plädiert *Kern*, GMH 1995, 610ff., 617f.

2. *Strukturelle Anpassung*

Denkbar ist zunächst, die betriebsnahe Ausgestaltung des Flächentarifvertrages nicht mehr der Betriebsvereinbarung, sondern dem erstreikbaren Zusatztarifvertrag prinzipiell zu überantworten.[86] Das verspricht, den Einfluß der Gewerkschaften auf den materiell immer wichtiger werdenden Prozeß der betrieblichen Umsetzung von Tarifregelungen zu verstärken, die gewerkschaftliche Position im Betrieb aufzuwerten und damit auch die Verselbständigungstendenz der Betriebsräte direkt zu konterkarieren. Dieser Ansatz erweist sich indes nicht nur als wenig praktikabel,[87] sondern er zieht vielmehr beträchtliche Risiken für den Flächentarifvertrag selbst nach sich. Ein durch erstreikbare Zusatztarife konkretisierungs- und umsetzungsfähiger Flächentarifvertrag böte dem einzelnen Arbeitgeber praktisch keine betriebliche Friedensgarantie mehr und drohte daher die Position des Arbeitgeberverbandes zu unterminieren.[88] Auch weil kein Unternehmen sich der Gefahr aussetzen würde, zweimal bestreikt zu werden, erst wegen des Flächentarifs und dann wegen des Zusatztarifs, wäre letztendlich damit der Übergang vom Flächen- zum Firmentarifvertrag geebnet[89] – eine Entwicklung, die sich gerade und vor allem aus gewerkschaftlicher Sicht nicht empliehlt.[90] Die Option des erstreikbaren Zusatztarifs vermag aber ebenso auf der Arbeitnehmerseite entsolidarisierend zu wirken mit negativen Folgen für das Artikulations- und Durchsetzungsvermögen einer Flächentarifpolitik. Streikfähige Belegschaften in prosperierenden Unternehmen dürften nämlich kaum bereit sein, für den Flächentarifvertrag zu streiken, wenn über ihre eigenen effektiven Beschäftigungs-

---

86 So etwa *Ellguth/Promberger/Trinczek*, a. a. O. (Fn. 24), 177f.

87 Vgl. hierzu erneut die Ausführungen oben im 1. Teil, Kapitel II Abschnitt 1.3, S. 54f.

88 *Streeck*, a. a. O. (Fn. 52), 9.

89 *Streeck*, ebda.

90 Näher dazu *Streeck*, a. a. O. (Fn. 52), 10f., der – unter Hinweis auch auf die ausländische Erfahrung (Großbritannien, Vereinigte Staaten von Amerika) – bei einer solchen Entwicklung den umfassenden Repräsentationsanspruch der Gewerkschaften de facto auf die Vertretung der organisierten Arbeitnehmer in organisierbaren Betrieben einschrumpfen sieht, das Entstehen von zahlreichen tariffreien Zonen ebenso wie eine explosive Zunahme der Unterschiede zwischen den Arbeitnehmereinkommen prognostiziert und insgesamt eine deutlich größere Variationsbreite der in den Betrieben geltenden Regelungen vermutet. Die in den letzten Jahren bei den Gewerkschaften intensiv diskutierte Alternative Flächen- oder Haustarifvertrag (vgl. etwa die Diskussionen auf dem 5. außerordentlichen Bundeskongreß des DGB, 13.-16.11.1996 in Dresden, und die Presseberichterstattung dazu) erweist sich vor dem Hintergrund dieser Perspektive als ein verfehlter Ansatz.

bedingungen in einer anschließenden zweiten, betrieblichen Verhandlungs- und möglicherweise Streikrunde entschieden würde.[91]

Um noch einmal festzustellen[92]: Eine Alternative zur Betriebsvereinbarung besteht in Wirklichkeit nicht. Flächentarifvertrag und betriebliche Mitbestimmung sind zwei miteinander zwar konkurrierende, jedoch zugleich korrespondierende Regulierungsmechanismen. Das zwischen beiden gewachsene arbeitsteilig-komplementäre Beziehungs- und Bedingungsgefüge ist und bleibt – bei allen Inkongruenzen und Fehlentwicklungen – an sich eine unentbehrliche Funktionsbedingung für das deutsche System industrieller Beziehungen. Die erforderliche Anpassung der Tarifstrukturen kann und soll daher nicht zur Auflösung dieses Verhältnisses führen.[93] Gefragt ist vielmehr seine Neujustierung, die Wiederherstellung der gestörten Balance zwischen tariflicher und betrieblicher Regelungsebene. Sie verlangt eine optimale, d. h. koordinierte und pragmatisch wie selektiv orientierte Ausnutzung der Einwirkungsmöglichkeiten, die Tarifvertrag und Betriebsvereinbarung bieten. Der Prozeß der Dezentralisierung und Verbetrieblichung der Arbeitsbeziehungen kann nur dadurch effektiv gesteuert werden, daß die Tarifpolitik die Kontrolle über die Betriebsvereinbarung oder auch andere betriebsindividuelle wie arbeitsplatznahe Regulierungsmechanismen bekommt und wahrt,[94] andererseits aber durchaus bemüht ist, dort eigenständig zu agieren, wo dies notwendig ist und möglich erscheint.

Erforderlich ist daher zunächst eine kontrollierte Kompetenzverlagerung von der tariflichen Makro- auf die betriebsverfassungs- und individualrechtliche Regelungsebene. Eine solche Kompetenzverlagerung bedingt vor allem, daß der Flächentarifvertrag einen substanziellen Regelungsinhalt aufweist, der Richtung

91 *Streeck*, a. a. O. (Fn. 52), 9.

92 Der nötige Rückgriff des Flächentarifvertrages auf die Betriebsvereinbarung ist eine Erkenntnis, von der sich bereits die Ausführungen im 1. Teil der Untersuchung zu den Möglichkeiten einer wirksamen Ausgestaltung der tarifvertraglichen Regelungsmöglichkeiten im Bereich des Rationalisierungsschutzes leiten ließen, vgl. insb. Kapitel II Abschnitte 1.5 ff., S. 57ff. u. Kapitel III Abschnitt 3, S. 91ff.

93 Dies um so weniger, als die Auflösung dieses Verhältnisses zu einer viel schärferen Vertretungskonkurrenz auf betrieblicher Ebene zwischen betriebsverfassungsrechtlichen und tariflichen Institutionen führen könnte; ebenfalls mit dieser Einsicht *Ellguth/Promberger/Trinczek*, a. a. O. (Fn. 24), 192f. Anm. 9.

94 Es käme damit letztlich darauf an, das Dreiecksverhältnis Tarifvertrag, betriebliche Aushandlung und direkte Beschäftigtenbeteiligung neu auszutarieren. Die Frage, wie sich die arbeitsplatznahen Formen der Interessenregulierung mit den bestehenden Institutionen der repräsentativen Mitbestimmung verbinden lassen, hat daher – wie *Bahnmüller/Bispinck*, a. a. O. (Fn. 2), 154, zutreffend feststellen – nicht nur ihren Platz im Rahmen einer Diskussion über die Reform der bestehenden Betriebsverfassung, sondern charakterisiert vielmehr eine der zentralen Zukunftsaufgaben der Tarifpolitik.

und Rahmen für die einzellfallbezogene Ausgestaltung klar vorgibt,[95] und zugleich Vorkehrungen trifft, die einen fortwährenden Einfluß der Tarifvertragsparteien auf das betriebliche Umsetzungsgeschehen sicherstellen.[96] Sie dürfte sich um so effizienter erweisen, je eher sich der Flächentarifvertrag dahin verwenden ließe, unterschiedliche Mindeststandards und Gestaltungsrichtlinien für bestimmte Arbeitnehmergruppen, Betriebe oder Teilbranchen festzuschreiben. Eine möglichst weitgehende Differenzierung der im Flächentarifvertrag vereinbarten Norminhalte verspricht, seine Legitimations- und Bindungswirkung gegenüber den Betriebs- und Arbeitsvertragsparteien erheblich zu steigern.

Die strukturelle Anpassung des Tarifvertrages bedeutet – wie kurz vorhin angedeutet – jedoch mehr als den Vorgang einer Kompetenzverlagerung der soeben erwähnten Art. Mit Blick auf die Entstehung von Unternehmensnetzwerken, tariffreien Sektoren und tariforganisatorisch diffusen Bereichen gilt es ebenso, neue tarifvertragliche Mechanismen der überbetrieblichen Regulierung zu schaffen und das Instrument des Firmentarifvertrages gezielter und häufiger als je zuvor einzusetzen.

Zum einen geht es darum, Tarifstrukturen zu etablieren, die dem branchenübergreifenden und transnationalen Charakter von Unternehmensnetzwerken entsprechen. Das setzt die Bildung branchen- und landesübergreifender Tarifgemeinschaften voraus und erfordert die Konzipierung einer tariflichen Mitbestimmungsstrategie, die darauf angelegt ist, den gesamten Unternehmensverbund und dabei vor allem die strategischen Entscheidungsebenen zu erfassen. Bei der Verfolgung einer solchen Strategie erlangen das Regelungsinstrument des internationalen Konzerntarifvertrages und die damit verbundenen Möglichkeiten einer koordinierten Einflußnahme der Arbeitnehmerseite auf die oberste Planungs- und Leitungsebene (Konzernobergesellschaft) besondere Bedeutung. Sie bedürfen allerdings der Ergänzung durch Vereinbarungen, die auf den ebenfalls wichtigen Entscheidungsebenen der produkt- und projektbezogenen internationalen Business-Areas (BA) und der nationalen Konzernspitzen ansetzen und so damit die mitbestimmungspolitischen Vorgaben für die operativen Verantwortungsbereiche der verschiedenen Unternehmenseinheiten näher definieren. Auf diese Weise soll der Interessenvertretungsrahmen wirksam abgesteckt werden, innerhalb dessen sich die mit der unternehmens- bzw. betriebsspezifischen Konkretisierung und Umsetzung der obigen Vorgaben betrauten Regulierungsmechanismen (Firmentarifverträge, Betriebsvereinbarungen) bewegen müssen.

95 Vgl. etwa *Zachert*, a. a. O. (Fn. 42), 427.

96 Die Notwendigkeit solcher Vorkehrungen unterstreicht *Molitor*, in: Die Mitbestimmung 6/1998, 41, der insb. für die Zustimmungspflichtigkeit betrieblicher Vereinbarungen durch die Tarifvertragsparteien plädiert, 42.

Der umschriebene tarifvertragliche Weg liefert freilich ein idealtypisches Modell. Zweifel an seiner Praktikabilität und Realisierbarkeit sind alles andere als unangebracht.[97] Die ohnehin ganz erheblichen Artikulations- und Durchsetzungsschwierigkeiten, die für die tarifliche Verfolgung einer an überbetrieblichen Interessenzusammenhängen orientierten Arbeitspolitik an früherer Stelle der Untersuchung konstatiert wurden,[98] sind vor dem Hintergrund der neueren Entwicklungen (Segmentierung und Heterogenisierung von Arbeitsprozessen und Interessenlagen, Globalisierung und Internationalisierung der unternehmerischen Markt- und Produktionsstrategien, Zentralisierung strategischer Entscheidungen auf abgehobene, tarifrechtlich nicht gedeckte Leitungsebenen, verschärfte zwischengewerkschaftliche Tarifkonkurrenzen) noch größer geworden. Realistischer und pragmatischer erscheint deshalb die Forderung nach Novellierung und Ausbau der institutionalisierten Mitbestimmungsmöglichkeiten auf sämtlichen der in Betracht kommenden Ebenen der unternehmerischen Entscheidungsfindung. Diese Sicht der Dinge darf jedoch nicht dazu verleiten, dem Tarifvertrag jegliche Rolle abzusprechen. Nicht nur, weil organisatorische Tarifverträge einen geeigneten, in § 3 BetrVG inzwischen geregelten Ansatzpunkt bilden, um den neuen Herausforderungen für die Mitbestimmung gerecht zu werden.[99] Bei dem Versuch, die Interessenvertretung der Arbeitnehmerschaft innerhalb transnationaler Produktionsnetzwerke zu effektivieren, wird es vielmehr darauf ankommen, auch die spezifischen Vorteile, die vornehmlich der Konzerntarif und der Firmentarif gegenüber anderen Mitbestimmungsinstrumenten bieten, nach Kalkül und Möglichkeit zu nutzen, sie also mit den primär in Betracht kommenden Mitbestimmungsorganen und Regularien (Konzern-, Euro-, Gesamt-, Sparten- Regionalbetriebsräte und entsprechende Vereinbarungen) sinnvoll zu verknüpfen und damit in eine erweiterte institutionelle, das Eigengewicht der Gewerkschaften am besten bewahrende Mitbestimmungskonzeption konsequent zu integrieren.

---

97 Das betrifft zuerst die Problematik um die faktische Kompetenz der Akteure, namentlich die Frage, ob die Gewerkschaften mit der ihnen eigenen Industrieverbandsstruktur einer Konzernorientierung des Tarifvertrages überhaupt gewachsen wären.

98 Vgl. erneut die Ausführungen oben im 1. Teil der Untersuchung, Kapitel II Abschnitt 2.3, S. 76ff. u. Abschnitt 3, S. 82f.

99 Mit der Neufassung des § 3 BetrVG sollen, wie es in der Begründung zum BetrVerf-Reformgesetz, S. 26 heißt, den Beteiligten vor Ort, insbesondere den Tarifvertragsparteien weitreichende und flexible Gestaltungsmöglichkeiten eingeräumt werden, damit sie mit Hilfe von Vereinbarungslösungen Arbeitnehmervertretungen schaffen, die auf die besondere Struktur des jeweiligen Betriebs, Unternehmens oder Konzerns zugeschnitten sind. Das betrifft auch und gerade die Errichtung von unternehmensübergreifenden Spartenbetriebsräten und Spartengesamtbetriebsräten (Nr. 2) sowie die Schaffung von anderen Arbeitnehmervertretungen entlang der Wertschöpfungskette (Nr. 3).

Firmentarifverträge stellen andererseits ein geeignetes Instrument für das gewerkschaftliche Bemühen dar, die neu formierten Unternehmens- bzw. Betriebseinheiten tarifpolitisch zu erschließen oder deren noch bestehende Tarifbindung aufrechtzuerhalten.[100] Insbesondere durch den Abschluß von Anerkennungstarifverträgen auf Unternehmens- bzw. Betriebsebene kann dieses Bemühen recht zügig gelingen. Firmentarifverträge könnten aber auch gewerkschaftlichen Tarifkooperationen zugute kommen, die angesichts der verfließenden Branchengrenzen zur Abwendung der daraus entstehenden Tarifkonkurrenzen notwendig erscheinen. Nach wie vor eignen sie sich gerade und vor allem dazu, innovative Lösungskonzepte in bestimmten Betrieben und Bereichen durchzuexerzieren und so den Boden für flächendeckende Tarifvereinbarungen neuen Zuschnitts und Inhalts vorzubereiten.

3. Tragweite

In Anbetracht des oben definierten Reform- und Anpassungsbedarfs stellt sich indes die Frage, ob sich nicht damit der (Flächen-)Tarifvertrag mit Anforderungen konfrontiert sieht, die seine originären Charakterzüge als einheitlich und verbindlich wirkendes Instrument der Wahrnehmung von Arbeitnehmerinteressen verändern, pointiert formuliert: ein Regelungsinstrument mit wesentlich anderer Funktionslogik als die des Tarifvertrages auf den Plan rufen. Eine immer stärkere Ausdifferenzierung der Tarifinhalte und -strukturen, unausweichliche Konsequenz der fortschreitenden Heterogenisierung und Individualisierung von Interessenlagen, bedeutet nicht nur aufgrund der steigenden Unübersichtlichkeit und abnehmenden Gemeinsamkeit erheblich erschwerte Bedingungen bei der überbetrieblichen Artikulation und Durchsetzung von Tarifforderungen. Sie kann vielmehr zur Dominanz von Partialforderungen führen, was den Anspruch der Gewerkschaften auf Gesamtvertretung der Arbeitnehmerschaft unterminieren und damit den Tarifvertrag zu einem Instrument der Berücksichtigung von Partikularinteressen denaturieren würde.[101] Eine sich konsequent vollziehende Kompetenzverlagerung auf die betriebliche Mikroebene hat andererseits den immer weniger verbindlichen Charakter von Regelungen auf der tarifpolitischen Makroebene zur Folge. Der Tarifvertrag droht sich zu einer «soft-law-Vereinbarung» zu wandeln, die eher Absichtserklärungen, Zielkataloge und Empfehlungen beinhaltet als bin-

---

100 Diese Nutzungsmöglichkeiten des Firmentarifvertrages werden auch und gerade im neuen Sektor der Informationstechnik in Anspruch genommen, vgl. dazu *Bispinck/Trautwein-Kalms*, a. a. O. (Fn. 39), 232f.

101 Diese Gefahr beziehen *Bahnmüller/Bispinck*, a. a. O. (Fn. 2), 156, speziell auf den Versuch, diverse qualitative Tarifforderungen umzusetzen.

dende und erzwingbare Normen vorgibt.[102] Auch das würde den von ihm zu erfüllenden Schutzauftrag aufs Spiel setzen.

Wenn auch die Formulierung generalisierbarer Bezugspunkte bei der tarifpolitischen Interessenverfolgung immer schwieriger fällt oder kaum möglich erscheint – der (Flächen-)Tarifvertrag büßt damit seine Legitimationsgrundlage nicht ein. Die mit der Informatisierung der Arbeitsbeziehungen einhergehende Pluralisierung und Individualisierung von Interessen- und Bedarfslagen führt nämlich nicht zur Aufhebung der spezifischen Abhängigkeit, die die sozialökonomische Position aller Arbeitskraft-Besitzer kennzeichnet[103] und die Konstitutionsbasis für das Prinzip der Arbeitnehmer-Solidarität abgibt.[104] Virtuelle Arbeitsstrukturen und neue Arbeitseinsatzformen schaffen vielmehr eine Situation, in der die in funktionaler Hinsicht feststellbare Vordergründigkeit herkömmlicher Begriffsbildungen und daran anknüpfender Zuständigkeitsabgrenzungen, wie etwa und vor allem die Trennung zwischen Betrieb und Unternehmen.[105] und die mangelnde Stichhaltigkeit eher deskriptiver Kriterien zur Beurteilung des Arbeitnehmerstatus und damit zur Definition des Anwendungsbereichs arbeitsrechtlicher Regelung[106] deutlicher denn je naheliegen.

Die Besinnung auf die Essenz der Dinge verlangt es aber um so mehr, die Gewichtsverschiebungen im dialektischen, widersprüchlichen Verhältnis von individueller Freiheit und kollektiver Sicherheit zu berücksichtigen und nach Wegen zu suchen, die es ermöglichen, die sich um dieses Verhältnis neu stellenden Probleme adäquat zu lösen.[107] Der Tarifvertrag ist weitaus eher als in der Ver-

---

102 Vgl. zu dieser Einschätzung bereits *Bahnmüller/Bispinck*, a. a. O. (Fn. 2), 157f., die indes auch tariflichen «soft agreements» eine gewisse Impulswirkung und Orientierungsfunktion zusprechen, 157.

103 Vgl. dazu die Ausführungen oben im 2. Teil der Untersuchung, Kapitel V Abschnitt 1.4.1, S. 329ff.; auch die Auseinandersetzung *Oppolzers*, a. a. O. (Fn. 3), 48ff., mit der hier relevanten Fragestellung «Das strukturelle Machtgleichgewicht zwischen Arbeitgeber und Arbeitnehmer – historisch überholt ?».

104 Vgl. dazu die Ausführungen oben im 2. Teil der Untersuchung, Kapitel V Abschnitt 2.1, S. 343ff.

105 Zur Auflösung des herkömmlichen Betriebsbegriffs infolge der «Virtualisierung» der Arbeitsbeziehungen *Linnenkohl*, BB 1998, 47f.

106 Zum Phänomen der «Scheinselbständigkeit» und der damit an die Stelle des herkömmlichen Abgrenzungskriteriums «weisungsgebundener Abhängigkeit» zutage tretenden Maßgeblichkeit der «wirtschaftlichen Abhängigkeit vom Auftraggeber» *Linnenkohl*, a. a. O. (Fn. 105), 48f.

107 Für eine stärkere Berücksichtigung individueller Bedürfnisse und Interessen im (kollektiven) Arbeitsrecht plädiert vor allem *Simitis*, in: Sinzheimer Cahiers 1991, 7ff., insb. 17ff., der deshalb «Garantien der Selbstbestimmung» für notwendig erachtet, 33. Sie festzulegen sei zuallererst Sache des Gesetzgebers. Nur er sei in der

gangenheit dazu gefordert, Individualfreiheiten und -bedürfnisse zu beachten und die Schutzstandards bzw. -prioritäten so festzulegen, daß sie mit der Solidarität als tragendes Prinzip der verfassungsstrukturellen Abstimmung von individueller Selbstbestimmung und tarifautonomer Regelungsmacht[108] harmonieren. «Individualität durch Solidarität» bezeichnet die alternative Diskussions-Plattform gegenüber einem individualistischen, Kernelemente des Tarifrechts in Frage stellenden Verständnis des Tarifvertrages[109] und bietet den Ansatz auch für das richtige Interpretationsverständnis des Günstigkeitsprinzips.[110]

An der konsequenten Verfolgung dieses Ansatzes wird es sich in erster Linie entscheiden, ob der (Flächen-)Tarifvertrag seine Existenzberechtigung beibehalten und seine Identität wahren wird. Vieles wird von der Möglichkeit der Gewerkschaften abhängen, gemeinsame Bezugspunkte für die vielfältigen Interessen- und Bedarfslagen innerhalb der Arbeitnehmerschaft herauszuarbeiten wie überzeugend darzulegen und so die Voraussetzungen für kollektives Handeln weiterhin zu garantieren. Dabei müssen sich die Gewerkschaften auf eine neue Form der Fundierung solidarischer Verhaltensdispositionen seitens der Arbeitnehmerschaft einstellen, welche die tradierten tarifpolitischen Begründungsschemata mehr oder weniger «überholt» erscheinen läßt, für die Vermittlungsfähigkeit von Tarifforderungen also einen anderen, subjektiven differenzierten Bewertungen standhaltenden, erheblich größeren Argumentationsaufwand abverlangt.[111] Als zentraler Bezugspunkt für eine solche Vorgehensweise zeichnet sich das Verhältnis von Arbeit und Leben ab, genauer: die Probleme, Chancen und Risiken, die aus der wachsenden Verschränkung der persönlichen Arbeits- und Lebenssituation – ein gerade gravierendes Ergebnis der neueren Rationalisierungsentwicklung – resultieren.[112] Dieses Verhältnis eignet sich vorzüglich für die notwendige funktionale Abstimmung von Individual- und Kollektivinteressen, da

---

Lage, Schranken aufzurichten, die bei jeder Regelung der Arbeitsbedingungen beachtet werden müßten, ebda.

108 Zur regulativen Funktion des Solidaritätsprinzips speziell mit Blick auf die individuellen Grundrechtsgarantien aus Art. 3 und 12 Abs. 1 GG vgl. die Ausführungen oben im 2. Teil der Untersuchung, Kapitel V Abschnitte 2.2 ff., S. 348ff.

109 Vgl. bereits *Oppolzer*, a. a. O. (Fn. 3), 53ff.

110 Zu diesem Prinzip, dem im Rahmen der Bewertung der Tarifverträge zur Arbeitszeitverkürzung und Beschäftigungssicherung eine besondere Bedeutung zukommt, vgl. kritisch *Zachert*, in: Krise des Flächentarifvertrages ?, 56ff.; *Däubler*, AuR 1996, 347ff., jeweils mit Nachweisen.

111 Zu dieser auf die arbeitspolitischen Konsequenzen des innovativen Rationalisierungsinstruments «Gruppenarbeit» bezogenen Erkenntnis *Kuhlmann/Schumann*, WSI-Mitt. 2000, 18ff., insb. 25ff. Grundlegend zur Notwendigkeit einer «Pluralisierung des Solidaritätsbegriffs» vgl. erneut *Schumann*, WSI-Mitt. 2001, 531ff.

112 Vgl. *Döhl/Kratzer/Sauer*, a. a. O. (Fn. 1), 14ff.

es den Vorteil hat, abstrakt und konkret zugleich zu sein.[113] Lebensweltliche Interessenorientierungen sind allerdings weitgehend diffus und damit offen für alle möglichen politischen Zielsetzungen. Daraus erwachsen Anforderungen an eine stärkere Politisierung der Gewerkschaften und ihrer Arbeitspolitik. Diffuse allgemeine Fragen und Forderungen aufzugreifen, sie mit konkreten Interessen(gegensätzen) zu verknüpfen und damit als arbeitspolitische Forderung zu reformulieren, setzt die Bereitschaft ebenso wie Fähigkeit voraus, die Vertretung von Arbeitnehmerinteressen als gesellschaftliche Aufgabe aufzufassen, sie auf gesellschaftliche Interessen und Strukturen zu beziehen.[114]

Die besondere Berücksichtigung individueller Interessen und Freiheiten erfordert von den Tarifvertragsparteien ein anderes regulatives Verhalten. Sie können zur Bewältigung dieser Aufgabe nicht umhin, von einer ebenso zwingenden wie abschließenden Regelung der Arbeitsbeziehungen im Flächentarifvertrag abzusehen. Gefragt ist stattdessen eine Vertragsgestaltung, die dahin geht, materielle Vorgaben in der mehr oder weniger offen-flexiblen Form von Mindeststandards, Grundsätzen, Richtwerten oder Optionsmenüs festzulegen und sie mit prozeduralen Regelungen für die diversen betriebsindividuellen und arbeitsplatznahen Aushandlungsprozesse zu verbinden.[115] Auch bei einer derartigen «Öffnung» und der dadurch bewirkten Abnahme seiner Geltungskraft wird der Tarifvertrag einen substanziellen Inhalt aufweisen und eine normative (Schutz-)Wirkung erzeugen können, wenn und soweit es den Tarifvertragsparteien gelingt, die zugestandenen Differenzierungs- und Flexibilisierungsmöglichkeiten auf betriebsverfassungs- und individualrechtlicher Ebene in einen klar definierten Geltungsrahmen einzubinden und ihre Umsetzung effektiv zu kontrollieren.[116] Art. 9 Abs. 3 GG gebietet, daß der (Flächen-)Tarifvertrag Vorkehrungen trifft, die sicherstellen, daß seine Anwendung den Intentionen und Präferenzen der ihn schließenden Parteien entspricht. Eine tarifliche Rahmenvereinbarung, die dieser Anforderung nicht genügt,[117] verstößt gegen die verfassungsrechtlich garantierte Normset-

---

113 So richtig bemerkt von *Döhl/Kratzer/Sauer*, a. a. O. (Fn. 1), 16.

114 *Döhl/Kratzer/Sauer*, ebda.

115 Vgl. auch *Oppolzer*, a. a. O. (Fn. 3), 54ff.

116 Dabei stellt sich – wie *Dieterich*, a. a. O. (Fn. 78), 443, es formuliert – die tarifpolitisch wie (verfassungs-)rechtlich brisante Frage, «bei welchen Themen und in welchem Ausmaß die Entscheidungskompetenz der Tarifvertragsparteien zurückgenommen werden sollte.» Diese Frage kann freilich im Rahmen der vorliegenden Untersuchung nicht näher erörtert werden.

117 Diese Anforderung betrachtet *Kittner*, FS für Schaub, 408ff. mit Kasuistik, als nicht erfüllt, wenn der Tarifvertrag eine aus sich selbst wirkende Norm nicht enthält und keine hinreichend transparenten Vorgaben für das Tätigwerden der Betriebsparteien macht; zustimmend *Zachert*, a. a. O. (Fn. 42), 427: «Der Tarifvertrag selbst muß inhaltliche Mindestgrundsätze im Sinne eines *Selbstentscheidungserfordernisses* so-

zungsprärogative der Tarifvertragsparteien und verdient die Bezeichnung als «Tarifvertrag» nicht.

Wie sich Tariföffnungen letztlich auswirken, hängt freilich nicht nur von der Anlage des Tarifvertrages und den darin enthaltenen Vorkehrungen, sondern von mehreren Faktoren ab. Ungewiß ist vor allem, ob und inwieweit die Betriebsparteien, insbesondere die Betriebsräte imstande sind, die ihnen zuwachsende Ergänzungs- und Entlastungsfunktion für die Tarifpolitik effektiv wahrzunehmen.[118] Der Abschluß von langfristig wirksamen Rahmen- und Manteltarifverträgen ist auch angesichts der immer schneller wechselnden und differenzierten betrieblichen Gegebenheiten vielfach mit großen Unsicherheiten hinsichtlich der tatsächlichen Wirkungen verbunden.[119] Sicher ist aber, daß sich eine tarifpolitische Steuerung der Dezentralisierungs- und Verbetrieblichungsprozesse ohne die Bewältigung der somit wachsenden Kompetenz- und Ressourcenprobleme auf der betrieblichen Ebene nicht ernsthaft vorstellen läßt. Den Verbänden, insbesondere den Gewerkschaften fällt daher stärker als bisher die Aufgabe zu, die für die Ausfüllung und Anwendung tariflicher Rahmenregelungen erforderlichen informations- und beratungspolitischen Kapazitäten «vor Ort» bereitzustellen.[120] Für die gewerkschaftliche Tarifpolitik stellt sich aber auch damit dringender als je zuvor die Notwendigkeit, die Beteiligungsmöglichkeiten und –rechte der betrieblichen Interessenvertretungen und der einzelnen Beschäftigten an die veränderten Bedingungen und Regelungsbedürfnisse anzupassen und zu erweitern.[121] Die Wirksamkeit des (Flächen-)Tarifvertrages und seine Tragfähigkeit als Schutz- und Gestaltungsinstrument hängen schließlich davon ab, ob und inwieweit es den Gewerkschaften gelingen wird, ihre Betriebspolitik neu auszurichten und eine effektive Umgestaltung der institutionalisierten Mitbestimmungsmög-

---

wie Rahmen- bzw. Strukturvorgaben im Sinne eines *Programmvorgabeerfordernisses* festlegen.»

118 *Dieterich*, a. a. O. (Fn. 78), 443, betrachtet allerdings die Frage als vordringlich, ob die Umfunktionierung des Betriebsrates in einen solch wichtigen tarifpolitischen Entscheidungs- und Umsetzungsträger überhaupt sinnvoll und wünschenswert ist. Sie müßte doch zwangsläufig den wirtschaftsfriedlichen Charakter der deutschen Betriebsverfassung aufgeben und auch der Rolle des Co-Managers zuwiderlaufen, die dem Betriebsrat heute in vielen Unternehmen zugewachsen sei.

119 Zutreffend bemerkt von *Bahnmüller/Bispinck*, a. a. O. (Fn. 2), 155.

120 *Bahnmüller/Bispinck*, a. a. O. (Fn. 2), 154f., prognostizieren insoweit die «veränderte Rolle» der Verbände.

121 Vgl. zu dieser Notwendigkeit das Plädoyer für eine Reform der Betriebsverfassung von *Burghardt/Hinrichs/Hummel/Kummert/Lakies/Wolter*, kurzgefaßt in: AuR 2000, 205ff.

lichkeiten zu erreichen.[122] Trotz der veränderten Ausgangs- und Problemsituation gelangt man mithin erneut zu der Grunderkenntnis, die bereits im Rückblick auf die gewerkschaftlichen Bemühungen um soziale Steuerung des technologischen Wandels und die in den 70er und 80er Jahren dazu entwickelten Ansätze einer qualitativen Tarifpolitik gewonnen wurde: Die Konzipierung und konsequente Verfolgung einer betriebsnahen Regulierungsstrategie stellt eine elementare Bedingung für die Erhaltung der Funktions- und Legitimationsfähigkeit der Tarifautonomie dar.

122 Zu den neuen Anforderungen an die gewerkschaftliche Betriebspolitik *Benz-Overhage*, WSI-Mitt. 2000, 46ff.

Zusammenfassung der Betrachtungen und Ergebnisse

Erster Teil

I.

1. Der Tarifvertrag wurde in den 70er Jahren in Anbetracht der durch neue Technologien forcierten Rationalisierungsbestrebungen als ein geeignetes Regelungsinstrument gesehen, um die negativen Folgen dieser Entwicklung für die Arbeitnehmerinteressen effektiv aufzufangen. Anders als die gesetzliche Mitbestimmung eröffnete er die Chance einer sozialen Steuerung des unternehmerischen Handelns und damit einer präventiven Absicherung. Ansatzpunkte für eine solche Ausrichtung des Tarifvertrages waren die alternative Gestaltung von Technik und Arbeit im Anwenderbetrieb, die Verfolgung einer arbeitsorientierten Strukturpolitik und die gezielte Beeinflussung der Personalpolitik des Unternehmens. Die in den 70er und 80er Jahren von den Gewerkschaften verfolgte «qualitative Tarifpolitik» beruhte auf dieser positiven Einschätzung der Wirkungspotentiale des Tarifvertrages.

II.

2. Die Umsetzungskonzepte qualitativer Tarifpolitik, die damit verbundenen Erfahrungen und Resultate verwiesen jedoch zugleich auf eine ganze Reihe von Faktoren, welche die Effizienzschranken tariflicher Einwirkung auf unternehmerische Sach- und Personalentscheidungen indizierten. Zu diesen Faktoren zählten insbesondere der verkürzte Ansatz der Humanisierungsforschung, die inadäquate Organisationsstruktur der Gewerkschaften, deren mangelnde Konfliktfähigkeit und Autonomie gegenüber der staatlichen Wirtschafts- und Technologiepolitik, die Dominanz betriebs- bzw. branchenegoistischer Tendenzen, die nur bedingt oder kaum vorhandene Arbeitskampfbereitschaft betroffener bzw. relevanter Belegschaften.
3. Der Tarifvertrag wies zwar zur Regelung der Arbeitsorganisation die erforderliche strukturelle Flexibilität auf, war jedoch faktisch als technologie- bzw. bereichsspezifische Rahmenvereinbarung, vor allem aber als Firmentarif beschränkt einsetzbar und daher auf die Verkoppelung mit der Betriebsvereinbarung angewiesen. Der praktizierte Lösungsansatz, Flächentarifvertrag und Betriebsvereinbarung miteinander in Verbindung zu bringen, versprach Erfolg nur, wenn der

Flächentarifvertrag zugleich als Anleitungs- und Kontrollinstrument der Betriebspolitik konzipiert und darauf ausgerichtet würde, die Mitbestimmungsmöglichkeiten der Betriebsräte zu erweitern und deren Arbeit durch Vorkehrungen institutioneller Art zu effektivieren.

4. Der Tarifvertrag bot von seinen strukturellen Entfaltungsmöglichkeiten her ein nutzbares Instrument der Investitionslenkung, wenn auch sich dabei das Problem der besonders stark ausgeprägten Labilität der in ihm ausgehandelten Regelungsinhalte und der damit verminderten Steuerungsqualität stellte. Seine faktischen Einsatzmöglichkeiten erwiesen sich aber hier als recht begrenzt. Eine mögliche Rolle des Tarifvertrages war nur in den Fällen zu sehen, wo sich unternehmenspolitische Forderungen direkt mit konkreten gravierenden, vor allem akut gefährdeten Belegschaftsinteressen verbinden und daher erstreikbar machen ließen. Die tarifpolitische Verfolgung einer übergreifenden Interessen dienenden Investitionsprogrammatik schien hingegen kaum realisierbar zu sein.

III.

5. Die erforderliche Kombination von Flächen- und Firmentarifvertrag sah sich auch hinsichtlich der Einflußnahme auf unternehmerische Personalentscheidungen in ihrer realpolitischen Tragweite stark relativiert. Notwendig war insofern der Rückgriff auf den Betriebsrat und die Betriebsvereinbarung. Ebenfalls diese Verlagerung tariflicher Verhandlungskompetenzen auf die Betriebsebene sollte mit möglichst exakten Eintscheidungsvorgaben und institutionellen Vorkehrungen versehen werden.

Zweiter Teil

I.

6. Eine präventiv ausgerichtete Tarifpolitik im Bereich des Rationalisierungsschutzes verband sich mit beträchtlichen Auswirkungen auf die Interessenposition des einzelnen Arbeitgebers und Arbeitnehmers. Sie geriet in Konflikt sowohl mit der staatlichen Politik, genauer: mit den gesetzlich verbürgten Prioritäten unternehmerischer Entscheidungsfreiheit und marktwirtschaftlicher Verfassung, wie auch mit den Grundrechten des Arbeitgebers aus Art. 14 und 12 GG, und beeinträchtigte, indem sie besondere Beschäftigungsgarantien für bestimmte Arbeitnehmergruppen statuierte, die Beschäftigungschancen und damit die Grundrechte der anderen, nicht begünstigten Arbeitnehmer aus Art. 12 und 3 GG.

7. Die Grundfrage, ob und inwieweit der Tarifvertrag die gesetzlich abgesicherten Entscheidungsprärogativen der Arbeitgeberseite und die staatlich favorisierte Wettbewerbsordnung bestreiten kann, bedingt zu ihrer Beantwortung die Auseinandersetzung mit der verfassungsrechtlichen Gewährleistung der Tarifautonomie in Art. 9 Abs. 3 GG, insbesondere die Konkretisierung der darin enthaltenen Kernbereichsgarantie. Erst bei genauer Kenntnis dieser Garantie läßt sich auch der durch das Tarifvertragsgesetz eingeräumte Regelungsspielraum abschließend beurteilen. Die Interpretationsbemühungen sind daher darauf auszurichten, anhand und hinsichtlich der Rationalisierungsproblematik die materielle Reichweite des Kernbereichsschutzes der tarifautonomen Regelung zu ermitteln. Die Funktionsfähigkeit des Tarifvertragssystems bildet dabei den zentralen Maßstab und erfordert die Besinnung auf die real-aktuellen Funktionsbedingungen der Institutsgarantie in Art. 9 Abs. 3 GG.
8. Die Ableitung der Außenschranken des Tarifvertrages im Bereich des Rationalisierungsschutzes macht es ebenso notwendig, sich mit Inhalt und Reichweite der Grundrechtsgarantien aus Art. 14, 12 und 3 GG auseinanderzusetzen. Dabei ist von einer unmittelbaren Bindung der Tarifvertragsparteien sowohl an die Arbeitgeber- als auch an die Arbeitnehmergrundrechte auszugehen. Nur für den Firmentarifvertrag ist diese Bindungswirkung, soweit sie die Grundrechtsposition des Arbeitgebers betrifft, im Prinzip für entbehrlich zu betrachten. Sie darf auch nicht zu einer unreflektierten «Parallelverschiebung» der für den Staatseingriff, insbesondere für die Art. 12 und 14 GG ausgearbeiteten Bewertungskriterien auf das Verhältnis zwischen den Tarifvertragsparteien und den Adressaten ihrer Normsetzung führen.
9. Die Anknüpfung an interessenspezifische Grundrechtsinhalte (Art. 9 Abs. 3, 12, 14 und 3 GG) läßt den Stellenwert tradierter Ansätze zur Diskussion um Reichweite und Grenzen der Tarifautonomie verblassen. Der dogmatisch-konstruktive Streit über den Ursprung der Tarifmacht, die Kontroverse um die Legitimation der normativen Wirkung des Tarivertrages gegenüber den Außenseitern oder die Lehre von der Tarifgrenze der Unzumutbarkeit geraten zwar immer wieder ins Blickfeld. Sie erweisen sich aber für eine überzeugende Bewältigung der vorbezeichneten Problematik als nicht schlüssig bzw. unergiebig.

II.

10. Die betrieblichen Normen des Tarifvertrages können, sofern sie einer materiellen Zulässigkeitsprüfung standhalten, auch den wirtschaftlich-unternehmerischen Entscheidungsbereich erfassen. Die Trennung von Betrieb und Unternehmen überzeugt als Argumentationsansatz für eine von vornherein vorzunehmende Eingrenzung der tariflichen Regelungskompetenz nicht. Der normative Teil des

Tarifvertrages ist aber für die Regelung unternehmerischer Sachentscheidungen nur insoweit offen, als diese (zumindest auch) Angelegenheiten des in Betracht kommenden Betriebs und seiner Arbeitnehmer als Kollektiv betreffen. Die mögliche Inanspruchnahme betrieblicher Normen bezieht sich daher auf den gesamten Bereich der Rationalisierungsplanung und die damit angesprochenen Aspekte der Technikgestaltung, Arbeitsorganisation und Regulation des Personalbedarfs. Investitionslenkungskonzepte, die bei den Herstellern neuer Technologien und bei innovationsintensiven Großunternehmen ansetzen und allein auf die Berücksichtigung überbetrieblicher Arbeitnehmerinteressen ausgerichtet sind, können hingegen im normativen Teil des Tarifvertrages nicht geregelt werden. Eine solche Investitionsprogrammatik ließe sich allenfalls im schuldrechtlichen Teil des Tarifvertrages regeln. Betriebsverfassungsrechtliche Normen bieten sich schließlich für die tarifvertragliche Erweiterung der Einwirkungsmöglichkeiten des Betriebsrates auf unternehmerische Sach- und Personalentscheidungen an.
11. Qualitative Besetzungsregelungen sind in erster Linie als Betriebs- und zugleich als Abschlußnormen zu klassifizieren. Der Normcharakter eines tariflichen Abschlußgebots bzw. –verbots setzt nicht unbedingt die Einräumung oder den Ausschluß eines Individualanspruchs voraus. Die Tarifforderung nach Einhaltung des durchschnittlichen Eingruppierungsniveaus des Betriebs (Sicherungskennzahl) ist ebenfalls primär als Betriebsnorm zu deuten. Das darin enthaltene Einstellungs- und Höhergruppierungsgebot besitzt lediglich dienenden Charakter zur Sicherung der Wirksamkeit dieser Betriebsnorm. Auch tarifliche Personalausgleichsquoten und Beschäftigungsprärogativen für bestimmte, besonders schutzwürdige Arbeitnehmergruppen lassen sich im Gewand einer Betriebs- und Abschlußnorm regeln. Der Ansatz einer Ausgrenzung des überbetrieblichen Interessenkontextes aus dem normativen Teil des Tarifvertrages erweist sich, soweit dies vornehmlich den personalpolitischen Einwirkungsbereich betrifft, als nicht triftig.

III.

12. Eine Bindung der Tarifvertragsparteien an gesetzlich verankerte marktwirtschaftliche Ordnungsgrundsätze begegnet bereits dem Einwand, daß das staatliche Recht die Unternehmensautonomie und den freien Wettbewerb nicht uneingeschränkt gelten läßt, sondern bis zu einem gewissen Maße beschränkt. Gesetzliche Schranken für die Tarifautonomie lassen sich im Sinne dieser Prinzipien nur aus konkreten Vorschriften ableiten, die ihre Geltungspriorität umreißen und normieren. Von daher gilt es, der Frage nachzugehen, ob und inwieweit solche Vorschriften, die im BetrVG (§§ 90, 91, 106, 111), KSchG (§1 Abs. 2 und 3),

BGB (§626) und GWB (§1) zu finden sind, eine von den Tarifvertragsparteien nicht zu überschreitende Schranke bilden.

13. Die zu dieser Frage bisher entwickelten Argumentations- und Lösungsansätze bieten keine überzeugende wie definitive Antwort. Insbesondere das vom BAG und einem Großteil im Schrifttum adaptierte Eindeutigkeitspostulat für die Ermittlung des zweiseitig zwingenden, abweichende Tarifnormen derogierenden Charakters einer gesetzlichen Regelung ist nur in beschränktem Umfang verwendungsfähig und mit den üblichen Unsicherheiten der Gesetzesauslegung behaftet. Mit Rücksicht auf die in Art. 9 Abs. 3 GG gewährleistete Normsetzungsprärogative der Tarifvertragsparteien gebietet sich nicht zuletzt eine differenziert-offene Sicht für das Verhältnis von Tarifvertrag und zweiseitig zwingendem Gesetzesrecht. Auch die nähere Betrachtung des Konkurrenzverhältnisses von Tarifautonomie und den oben erwähnten Vorschriften bestätigt im Grunde die Relativität der Ergebnisse der Gesetzesauslegung und die letztlich maßgebende Bedeutung des Art. 9 Abs. 3 GG.

14. Bei aller Uneinigkeit über die materielle Reichweite des Kernbereichsschutzes der tarifautonomen Regelung und bei allen Relativierungen dieser Garantie durch die Rechtsprechung des BVerfG – die Kernbereichsformel legt klare, an der politischen Struktur von Staat und Gesellschaft orientierte Prioritäten fest: Sie unterstreicht das Bekenntnis des Grundgesetzes zu einer demokratisch-pluralistischen Gesellschaftsordnung, in der die Tarifvertragsparteien die primäre Zuständigkeit besitzen und damit grundsätzlich die Möglichkeit erhalten, die «Arbeits- und Wirtschaftsbedingungen» autonom zu regeln. Sie begründet, soweit Erhaltung und Funktionsfähigkeit der Tarifautonomie es erfordern, die Verpflichtung staatlicher Gesetzgebungspolitik zur Zurückhaltung. Die Konzeption eines staatlichen, die Regelungsaktivitäten der Tarifvertragsparteien von vornherein integrierenden Ordnungsplanes und jeder andere, die autonome Zielsetzung des Tarifvertrages aberkennende Interpretationsansatz erweisen sich demnach als verfehlt. Sie signalisieren die Abkehr vom demokratischen Sozialstaat hin zu einem autoritären Wohlfahrtsstaat.

15. Interpretarorische Bemühungen um die verfassungsrechtliche Anerkennung der Tarifautonomie müssen sich stets am Schutzbedürfnis des Arbeitnehmers und der spezifischen Schutzfunktion des Tarifvertrages ausrichten. Die Wahrnehmung dieser Funktion bedingt die Bildung und Existenz von Gegenmacht auf der strukturell unterlegenen Arbeitnehmerseite. Art. 9 Abs. 3 GG beinhaltet daher das Gewährleistungsgebot gewerkschaftlicher Gegenmacht (Gegenmächtigkeitspostulat). Gegenmächtigkeit darf allerdings nicht mit Gleichgewichtigkeit verwechselt werden und läßt sich gerade in Anknüpfung an die Merkmale der Tariffähigkeit korrekt auffassen. Sie ist auch nicht statisch zu begreifen, sondern hängt, wie die sozialgeschichtliche Entwicklung insgesamt, insbesondere aber die

Implikationen neuer Technologien für die Funktionsfähigkeit des Tarifystems im Medienbereich zeigen, von sich wandelnden sozioökonomischen und politischen Faktoren ab. Solche Faktoren sind aufgrund einer Gesamtbetrachtung der realen Machtpositionen der Tarifvertragsparteien zu ermitteln, bedürfen andererseits der Konkretisierung und einer somit differenzierten Bewertung mit Blick auf die jeweiligen Gegebenheiten in den verschiedenen Wirtschaftssektoren und Tarifbereichen. Sie indizieren eine verfassungswidrige Störung der Funktionsfähigkeit der Tarifautonomie nur, wenn sie eine nachhaltige, erhebliche Beeinträchtigung der sozialen Mächtigkeit und damit der Tariffähigkeit der in Betracht kommenden Gewerkschaft nach sich ziehen.

16. Die Teilhabe organisationspolitisch ausgerichteter Maßnahmen der Koalitionsbetätigung am Kernbereichsschutz des Art. 9 Abs. 3 GG (Koalitionswohlgarantie) ist der Legitimationswirkung des Gegenmächtigkeitspostulats zuzuschreiben. Das zur Umschreibung dieser Garantie vom BVerfG herangezogene Kriterium der «Unerläßlichkeit» geht auf den bei der Grundrechtsprüfung zu beachtenden Grundsatz der Verhältnismäßigkeit zurück. Seine Funktion besteht zwecks Vermeidung unnötiger, übermäßiger Eingriffe in schützenswerte Positionen der Arbeitgeberseite darin, die zur Koalitionswohlgarantie des Art. 9 Abs. 3 GG gehörende Koalitionsbetätigung von allen anderen bloß effektivitätssteigernden Koalitionsmaßnahmen sekuritätspolitischer Art abzugrenzen. Die Handhabung dieses Kriteriums soll insbesondere die Normsetzungsprärogative der Tarifvertragsparteien respektieren und darf daher nicht zu einer strengen Inhaltskontrolle führen.

17. Aufgrund der vorstehenden interpretatorischen Erkenntnisse sind sowohl die organisationspolitischen Vorkehrungen zur Gründung und zum Aufbau der IG Medien als angemessene Reaktion auf die Erosion der Verhandlungsmacht der Gewerkschaften im Medienbereich, wie auch die in der Druckindustrie geforderten Tarifvertragsinhalte zum effektiven Schutz der ihrer Existenz bedrohten Facharbeiter-Kerntruppen der IG Druck+Papier (qualitative Besetzungsregelungen / Festschreibung der Arbeitsteilung zwischen Technik und Redaktion) der Koalitionswohlgarantie des Art. 9 Abs. 3 GG zuzurechnen.

18. Der Regelungsauftrag des Art. 9 Abs. 3 GG ersteckt sich auch auf den wirtschaftlich-unternehmerischen Entscheidungsbereich, weil und soweit dies für die effektive Wahrnehmung der Schutzfunktion des Tarifvertrages bei technisch-organisatorischen Rationalisierungsprozessen erforderlich ist. Davon betroffen sind ebenfalls unternehmerische Grundlageentscheidungen, die einen nur mittelbaren Bezug zu den Arbeitsbedingungen aufweisen, sich jedoch als gravierend für die Situation der Arbeitnehmer erweisen. Der Schutzauftrag des Art. 9 Abs. 3 GG wird hingegen durch die Folgen- und Faktorentheorie sowie durch das für das Verhältnis von unternehmerischer Entscheidung und ihren sozialen Auswirkungen herangezogene Kriterium der «Unmittelbarkeit» bzw. «Untrennbarkeit» ohne durchschlagende Sach- und Rechtsargumente verkürzt. Die Unternehmensautonomie findet ihre verfassungsrechtliche Gewährleistung allein in den Grundrechten des Arbeitgebers aus Art. 14, 12 Abs. 1 und 2 Abs. 1 GG. Die für den sachgerechten Ausgleich von Unternehmens- und Tarifautonomie in Betracht kommende Verwendung des Verhältnismäßigkeitsgrundsatzes muß beim konkreten Gewährleistungsgehalt dieser Grundrechte ansetzen und zugleich den Beurteilungs- und Prognosespielraum beachten, den die Tarifvertragsparteien aufgrund ihrer Normsetzungsprärogative genießen. Die Gewerkschaften sind damit berechtigt, allgemeine beschäftigungspolitische Interessen der Arbeitnehmerschaft zu vertreten und zu diesem Zweck die Unternehmensautonomie stärker einzubinden. Die Koalitionsbetätigungsgarantie des Art. 9 Abs. 3 GG findet hinsichtlich des wirtschaftlich-unternehmerischen Einwirkungsbereichs ihre Grenze erst dort, wo ein auch nur noch mittelbarer Zusammenhang zwischen einer wirtschaftlichen Entscheidung und der Berücksichtigung von Arbeitnehmerinteressen nicht mehr hergestellt werden kann.

19. Die alternative Gestaltung der Arbeitsorganisation in den Anwenderbetrieben neuer Technologien bildet ein legitimes Regelungsziel der Tarifautonomie. Soweit sich der damit angestrebte Arbeitsplatz-, Qualifikations- und Gesundheitsschutz nur durch eine gezielte Beeinflussung der technisch-organisatorischen Rahmenbedingungen gewährleisten läßt, sind die Tarifvertragsparteien berechtigt, durch betriebliche Normen verbindliche Daten für den wirtschaftlich-technischen Entscheidungsbereich des Unternehmens festzulegen und durch betriebsverfassungsrechtliche Normen die Mitwirkungsrechte des Betriebsrates in diesem Bereich zu erweitern. Die Tarifvertragsparteien sind ebenfalls ermächtigt, Tarifklauseln über die Lenkung der unternehmerischen Forschungs-, Produktions- und allgemeinen Investitionspolitik zu vereinbaren, wenn und soweit diese Klauseln darauf ausgerichtet und geeignet sind, einen sozialen Schutzeffekt für konkret betroffene oder allgemeine Arbeitnehmerinteressen zu bewirken. Der schuldrechtliche Teil des Tarifvertrages bietet sich uneingeschränkt für die Vereinbarung solcher Klauseln an und betriebsverfassungsrechtliche Normen lassen sich für eine Ausweitung der Mitwirkungsrechte des Betriebsrates an unternehmerischen Grundlageentscheidungen in Anspruch nehmen. Betriebliche Normen kommen hingegen nur insoweit in Betracht, als die zu beeinflussenden unternehmerischen Sachentscheidungen die Schutzinteressen der Belegschaften der tariflich angesprochenen Unternehmen betreffen. Der sachlich-gegenständliche Schutzbereich des Art. 9 Abs. 3 GG erfaßt schließlich auch tarifliche Regelungen, die zum Zwecke des Rationalisierungsschutzes auf unternehmerische Personalentscheidungen Einfluß nehmen und dem Betriebsrat entsprechende erweiterte

Kompetenzen zuweisen. Betriebliche und betriebsverfassungsrechtliche Normen bieten hier das primär verwendbare Instrumentarium.

20. Art. 9 Abs. 3 GG enthält die Garantie eines «Kernbereichs verbandsmäßiger Gestaltung der allgemeinen Arbeitsbedingungen», dem vor allem die Regelung des Lohnes und der Arbeitszeit, wie auch tradierte Regelungsinhalte im Bereich des Rationalisierungsschutzes zuzurechnen sind. Er garantiert ferner die Gestaltung der betrieblichen Umfeldbedingungen durch die Koalitionen und damit die Erstreckbarkeit des Kernbereichschutzes auch auf tarifliche Regelungen, die über das einzelne Arbeitsverhältnis hinausgehen und den Arbeitnehmer als Mitglied der Belegschaft betreffen. Dieser verfassungsrechtlich abgesicherte Mindestumfang der tarifvertraglichen Regelungsbefugnis ist allerdings nicht ein für allemal taxativ definierbar, sondern bei situationsbezogen-exemplifikativer Betrachtung um solche Regelungsinhalte zu erweitern, die eine präventive Ausrichtung des Rationalisierungsschutzes verwirklichen und somit im wirtschaftlich-unternehmerischen Entscheidungsbereich angesiedelt sind. Eine derart hohe Elastizität der materiellen Reichweite der Kernbereichsgarantie gebietet sich in Anbetracht der Implikationen unternehmerischer Rationalisierung für die Funktionsfähigkeit tariflicher Lohn- und Arbeitszeitpolitik und im Hinblick auf die fehlende Möglichkeit der Gewerkschaften, über andere als der Tarifvertrag Regulierungsmechanismen diese Implikationen effektiv aufzufangen. Art. 9 Abs. 3 GG enthält insofern auch die Garantie eines «Kernbereichs verbandsmäßiger Gestaltung der Wirtschaftsbedingungen», der die Beeinflussung unternehmerischer Sach- und Personalentscheidungen umfaßt und den Gesetzgeber zur Bereitstellung des hierfür erforderlichen rechtlichen Instrumentariums verpflichtet.

21. Art. 9 Abs. 3 GG erfordert daher, daß die Tarifvertragsparteien die Möglichkeit erhalten, Vereinbarungen zu schließen, die den materiellen Geltungsrahmen des gesetzlichen Rationalisierungsschutzes (KSchG, BGB, BetrVG) übersteigen, also die Unternehmensautonomie stärker einbinden und zu diesem Zweck insbesondere die Mitbestimmungsrechte des Betriebsrates ausweiten. Mit dieser interpretatorischen Erkenntnis wird der lediglich einseitig zwingende Charakter, den die betreffenden Vorschriften des BetrVG erkennbar besitzen, positiv bestätigt. Auch die staatlich favorisierte Wettbewerbsordnung läßt sich durch tarifliche Rationalisierungsschutzklauseln, die das unternehmerische Handeln am Markt steuern, durchaus bestreiten. Solche Tarifklauseln können eine die Funktionsfähigkeit der «historisch gewordenen» Tarifautonomie bewahrende Wirkung erzeugen und insoweit in die funktionelle Kenbereichsgarantie des Art. 9 Abs. 3 GG einbezogen werden. Andererseits sind sie der «gesetzmäßigen Tätigkeit der Tarifvertragsparteien» zuzuordnen und daher bereits vom tatbestandlichen Anwendungsbereich des Kartellverbots (§ 1 GWB) ausgenommen. Der Gesetzgeber ist insgesamt nicht berechtigt, den Regelungsspielraum der Tarifvertragsparteien auf kompensatorische Rationalisierungsschutzinhalte zu beschränken. Soweit der Kernbereichsschutz der Tarifautonomie reicht, gebietet Art. 9 Abs. 3 GG, daß der Gesetzgeber den Rang betroffener, gewichtiger Interessen der Arbeitgeberseite, Dritter und der Allgemeinheit niedriger bewertet und erst dann höher gewichtet, wenn und soweit der Schutz dieser Interessen verfassungsrechtlich geboten ist.

IV.

22. Die Tarifvertragsparteien sind bei Bestimmung von Inhalt und Schranken der Grundrechte prinzipiell in derselben Situation wie der Gesetzgeber. Sie sind berechtigt, die Grundrechte des Arbeitgebers aus Art. 14, 12 Abs. 1, 2 Abs. 1 und 3 Abs. 1 GG unabhängig von den jeweiligen Ordnungs- und Gerechtigkeitsvorstellungen des Gesetzgebers auszugestalten. Die vom Tarifvertrag ausgehende Sozialbindung des unternehmerisch genutzten Eigentums und der unternehmerischen Erwerbsfreiheit kann zu einer Beschränkung der Unternehmensautonomie und damit verbundener Rentabilitätserwägungen so lange führen, wie dadurch die Funktions- bzw. Wettbewerbs- und somit Existenzfähigkeit des Unternehmens nicht gefährdet wird. Die Intensität dieser Sozialbindung variiert je nach Maß des personalen Grundzugs der Eigentums- und Berufsfreiheit. Bei der ebenfalls erforderlichen Verhältnismäßigkeitsprüfung tariflicher Regelungen ist von einer wie auch immer gearteten Anwendung der Drei-Stufen-Lehre des BVerfG Abstand zu nehmen. Eine Regelung, die sich in die legitime Zweckverfolgung des Art. 9 Abs. 3 GG einfügen läßt, bringt alle Voraussetzung mit, um auch einer Prüfung am Maßstab des Art. 3 Abs. 1 GG standhalten zu können.

23. Tarifvertragsklauseln, die eine alternative Gestaltung von Technik und Arbeit vorschreiben und den Personaleinsatz gezielt steuern, erweisen sich im Hinblick auf die Grundrechte des Arbeitgebers erst als bedenklich, wenn sich substantiiert darlegen läßt, daß sie keine angemessene Nutzung der Produktivitätsvorteile neuer Technologien mehr zulassen und damit die Funktions- bzw. Wettbewerbsfähigkeit des Unternehmens in Frage zu stellen drohen. Auch die tarifliche Erweiterung der Einwirkungsmöglichkeiten des Betriebsrates auf unternehmerische Sach- und Personalentscheidungen ist nicht per se, sondern nur dann verfassungsrechtlich bedenklich, wenn im Tarifvertrag nicht zugleich die notwendigen prozeduralen und material-rechtlichen Vorkehrungen für die Wahrung der Funktions- bzw. Wettbewerbsfähigkeit des einzelnen Unternehmens getroffen sind Der Eingriffsspielraum für eine tarifliche Lenkung der Innovations- und Investitionspolitik von Großunternehmen ist ferner – bei aller gebotenen Rücksicht auf deren Abhängigkeit vom Markt- und Wettbewerbsgeschehen – aufgrund des hier besonders intensiven sozialen Bezugs der Eigentums- und Berufsfreiheit relativ breit. Eine auf die Mitgestaltung unternehmerischer Entscheidungen gerichtete Tarifpolitik hat schließlich die unterschiedliche Belastbarkeit der von ihr erfaßten Unternehmen mit in Blick zu nehmen und daher Sonder-/Ausnahmeregelungen für kleinere konkurrenz- bzw. finanzschwache Unternehmen zu adoptieren.

V.

24. Eine durch Tarifvertrag verfolgte Intensivierung des Bestandsschutzes von Arbeitsverhältnissen verringert die individuellen Berufschancen der anderen, nicht begünstigten Arbeitnehmer und liefert das prägnante Beispiel für die aus der Sicht der ökonomischen Analyse des Rechts laute Kritik an den Prämissen des Arbeitsrechts. Sie fordert die Auseinandersetzung mit der Frage heraus, ob und inwieweit Art. 12 Abs. 1 GG den Arbeitnehmerwettbewerb garantiert. Die zu dieser Frage entwickelten Interpretationsansätze im Sinne einer recht starken oder einer nur begrenzten Geltung des Wettbewerbsprinzips am Arbeitsmarkt überzeugen nicht. Sie implizieren die fehlende bzw. unzureichende Berücksichtigung der Besonderheiten des Arbeitsmarktes, welche in erster Linie auf den begrenzten strategischen Optionshorizont des Arbeitnehmers als Arbeitskraft-Besitzer zurückgehen und damit auch den Bestandsschutz von Arbeitsverhältnissen rechtfertigen. Da die Berufsfreiheit des Arbeitnehmers demnach nicht als liberal-bürgerliche, privatautonome Freiheit aufzufassen ist, geht die Erhebung des Willens- und Wettbewerbsdogmas zur Grundlage des Schutzbereichs des Art. 12 Abs. 1 GG und zum Kontrollmaßstab sozialstaatlicher Eingriffskompetenzen fehl. Art. 12 Abs. 1 GG konstituiert vielmehr und gerade im Zusammenhang mit den Einwirkungen aus Art. 9 Abs. 3 GG und Art. 74 Nr. 12 GG für den Bereich des Arbeitsmarktes eine soziale Steuerungsnorm, nach der allokative Entscheidungsvorgänge nicht prinzipiell den Preis- und Selektionsmechanismen des Marktes ausgeliefert bleiben, sondern tarifautonomer und staatlicher Lenkung durchaus zugänglich sind.

25. Tarifliche Besitzstandsgarantien sind indessen stets am individualrechtlichen Gehalt des Arbeitnehmergrundrechts aus Art. 12 Abs. 1 GG zu messen. Aus ihrer beschäftigungspolitischen Ambivalenz resultiert das Gebot einer sozialstaatskonformen Abwägung der bei der Zuteilung von Arbeitsplätzen miteinander kollidierenden Individualfreiheiten aus Art. 12 Abs. 1 GG. Eine solche, auch den Normbereich des Art. 3 Abs. 1 GG betreffende Abwägung läßt sich weder mit dem Modell der Stufentheorie noch durch analoge Anwendung der Numerus-clausus-Urteile des BVerfG noch in Anknüpfung an die Schutzpflichtenlehre und die darauf gerichtete Verwendung des Grundsatzes der Verhältnismäßigkeit überzeugend vornehmen. Den geeigneten Abwägungsmaßstab liefert allein das Prinzip der Arbeitnehmer-Solidarität: Es umschreibt den inneren Gehalt des Art. 9 Abs. 3

GG, bildet ein tragendes Strukturprinzip des demokratischen Sozialstaates und beansprucht (verfassungs-)normative, sämtliche Arbeitnehmer umfassende Geltung. Es ist das Prinzip der verfassungsstrukturellen Abstimmung von individueller Selbstbestimmung und tarifautonomer Regelungsmacht, von Gleichheit und Sozialstaatlichkeit. Seine Funktionalisierung als Bewertungsmaßstab tariflicher Arbeitsplatzverteilung muß in substantiierter Anlehnung an die spezifischen Merkmale der Arbeitskraft und die daran erkennbaren Schutzprioritäten erfolgen.

26. Die Solidarität begründet für die Tarifvertragsparteien die Verpflichtung, für Ausgeglichenheit bei der Verteilung von Beschäftigungschancen zu sorgen. Sie verlangt die Unterlassung einer wie auch immer gearteten Diskriminierung bestimmter Arbeitnehmergruppen beim Zugang zur Beschäftigung und verträgt sich nicht mit einer Tarifpolitik, die die gruppentypische Verteilung von Arbeitslosigkeit und Beschäftigungschancen widerspruchslos akzeptiert. Tarifliche Rationalisierungsschutzpolitik muß daher Vorkehrungen treffen, die vor allem darauf gerichtet sind, die Benachteiligung älterer und weiblicher Arbeitskräfte zu unterbinden und abzubauen. Der Tarifvertrag soll ferner die Beschäftigungschancen all derjenigen berücksichtigen, die einen Arbeitsplatz suchen. Die Solidarität verbietet eine Reduzierung der tarifpolitischen Anstrengungen auf den Schutz der Arbeitsbesitzer und erfordert die Ausrichtung tariflicher Beschäftigungspolitik ebenso an der Interessen- und Bedarfssituation Arbeitsuchender. Als Regulativ auch der Sozialauswahl gebietet sie den Vorrang derjenigen Arbeitnehmer, die es am schwersten haben, einen neuen, ihrer persönlichen Situation angemessenen Arbeitsplatz zu finden, und bei gleichermaßen guten oder schlechten Arbeitsmarktchancen den Vorrang derjenigen, die es am schwersten haben, die Konsequenzen eines Arbeitsplatzverlustes zu verkraften. Tarifliche Rationalisierungsschutzpolitik ist schließlich dazu gehalten, hart betroffene Facharbeitergruppen, wie damals die Schriftsetzer in der Druckindustrie, ausreichend zu schützen. Qualitative Besetzungsregelungen, die solchen Arbeitnehmergruppen bis zum Ausscheiden aus dem Berufsleben die Weiterbeschäftigung auf den Substitutsarbeitsplätzen unter den möglichst angemessenen Bedingungen sichern, entsprechen einer Wertung, die auf das Solidaritätsprinzip zurückzuführen ist. Die Tarifvertragsparteien sind zugleich legitimiert und verpflichtet, auf der Grundlage der obigen Zielvorgaben und Schutzprioritäten die rationalisierungsbedingte Verteilung von Arbeitsplätzen zu regulieren und dabei konkurrierende Grundrechtspositionen der Arbeitnehmerseite auszugleichen.

27. Die strukturellen Wandlungsprozesse von Wirtschaft und Arbeit und dabei insbesondere die Verfolgung neuer, organisations- und arbeitskraftzentrierter Rationalisierungsstrategien haben die arbeitspolitische Situation in den vergangenen Jahren verändert. Sie verbinden sich mit weitreichenden Folgen für die Funktionsfähigkeit und Legitimität des Regelungsinstruments Tarifvertrag: Zum einen ist die vielfältig wie nachhaltig bewirkte Beeinträchtigung der gewerkschaftlichen Gegenmachtposition, zum anderen die erheblich verminderte Steuerungskapazität des Flächentarifvertrags und die Dezentralisierung wie Destabilisierung tariflich normierter Regelungsbereiche festzustellen. Diese negative Entwicklung, die sich nachteilig auf die Interessenposition der Arbeitnehmer auswirkt, kann nur durch eine grundlegende Reform des Tarifvertragssystems aufgefangen werden. Angesprochen ist die inhaltliche Erneuerung und Differenzierung des Flächentarifvertrags, die damit stärkere Berücksichtigung individueller Bedürfnisse und Gestaltungsspielräume auf Arbeitgeber- wie Arbeitnehmerseite, die hierzu erforderliche kontrollierte Kompetenzverlagerung von der tariflichen Makro- auf die Betriebs- und Individualebene, die Schaffung von Regulierungsmechanismen entlang der Wertschöpfungskette mit Konsequenzen für die Positionierung des Tarifvertrags im transnationalen Kontext und im Konzernverbund.
28. Die mit Blick auf die historischen Abläufe der 70er und 80er Jahre herausgearbeiteten Lösungsansätze der Untersuchung bieten sich auch zur Bewältigung der aktuellen Problematik um die Tarifautonomie an. Ihre fundierte Weiterentwicklung stellt die adäquate Antwort auf das realpolitisch verengte wie individualistisch geprägte Funktionsverständnis des Tarifvertrags dar. Sie zeigen einerseits, daß Reflexionen über die Tarifautonomie und ihre Gewährleistung in Art. 9 Abs. 3 GG ein entwicklungsoffener, den jeweiligen Realitäten Rechnung zu tragender Prozeß sind, bestätigen aber auch, daß der Tarifvertrag die dogmatischen Fundamente aufweist, um den neuen Herausforderungen gerecht zu werden.

Schrifttumsverzeichnis

Achten, Udo u. a. : Das Recht auf Arbeit – eine politische Herausforderung, Neuwied und Darmstadt 1978. Zitierweise: *(Verfasser)*, in: Achten u. a., Das Recht auf Arbeit, S.

Adomeit, Klaus : Rechtsquellenfragen im Arbeitsrecht, München 1969. Zitierweise: *Adomeit*, Rechtsquellenfragen, S.

Alternativkommentar zum Grundgesetz : Wassermann, Rudolf (Gesamtherausgeber), Kommentar zum Grundgesetz für die Bundesrepublik Deutschland, 1. Auflage, Band 1 Art. 1-20, Neuwied 1984 – 2. Auflage, Band 1 Art. 1-37, Neuwied 1989. Zitierweise: *AK-GG-(Bearbeiter)*, Aufl., Art. Rn.

Altmann, Norbert/Deiß, Manfred/Döhl, Volker/Sauer, Dieter : Ein „neuer Rationalisierungstyp" – Neue Anforderungen an die Industriesoziologie, in: Soziale Welt 2-3/1986, 191 ff.

Altmann, Norbert/Düll, Klaus : Rationalisierung und neue Verhandlungsprobleme im Betrieb, in: WSI-Mitteilungen 1987, 261 ff.

Angermeier, Max : Betriebliche Interessenvertretung und externe Beratung – Erfahrungen am Beispiel der Technologieberatungsstelle Oberhausen, in: WSI-Mitteilungen 1987, 379 ff.

Anzinger, Rudolf/Koberski, Wolfgang : Das Gesetz zur Einführung eines Dienstleistungsabends und seine Auswirkungen auf individualarbeitsrechtliche, kollektivrechtliche und kartellrechtliche Fragen, in: Neue Zeitschrift für Arbeits- und Sozialrecht 1989, 737 ff.

Assmann, Heinz-Dieter : Wirtschaftsrecht in der Mixed Economy, Königstein 1980. Zitierweise: *Assmann*, Wirtschaftsrecht, S.

Badura, Peter : Die Rechtsprechung des Bundesverfassungsgerichts zu den verfassungsrechtlichen Grenzen wirtschaftspolitischer Gesetzgebung im sozialen Rechtsstaat, in: Archiv des öffentlichen Rechts 1967, 382 ff.

Badura, Peter : Grundfreiheiten der Arbeit. Zur Frage einer Kodifikation "sozialer Grundrechte", in: Blumenwitz, D./ Randelzhofer, A. (Hrsg.), Festschrift für Friedrich Berber zum 75. Geburtstag, München 1973, 11 ff. Zitierweise: *Badura*, FS für Berber, S.

Badura, Peter : Arbeitsgesetzbuch, Koalitionsfreiheit und Tarifautonomie, in: Recht der Arbeit 1974, 129 ff.

Badura, Peter : Unternehmeriche Mitbestimmung, soziale Selbstverwaltung und Koalitionsfreiheit, in: Recht der Arbeit 1976, 275 ff.

Badura, Peter : Das Recht der Koalitionen. Verfassungsrechtliche Fragestellungen, in: Das Arbeitsrecht der Gegenwart 1978, 17 ff.

Badura, Peter : Die Tarifautonomie im Spannungsfeld von Gemeinwohlerfordernissen und kollektiver Interessenwahrung, in: Archiv des öffentlichen Rechts 1979, 246 ff.

Badura, Peter/Rittner, Fritz/Rüthers, Bernd : Mitbestimmungsgesetz 1976 und Grundgesetz. Gemeinschaftsgutachten, München 1977. Zitierweise: *Badura/ Rittner/Rüthers*, Mitbestimmungsgesetz 1976, S.

Bahnmüller, Reinhard/Bispinck, Reinhard/Schmidt, Werner : Weiterbildung durch Tarifvertrag – Am Beispiel der betrieblichen Umsetzung des Lohn- und Gehaltsrahmentarifvertrages I der Metallindustrie in Nordwürttemberg/Nordbaden, in: WSI-Mitteilungen 1991, 171ff.

Balduin, Siegfried : Gewerkschaftliche Politik zur Einflußnahme auf Arbeitsbedingungen und Beschäftigung, in: Gewerkschaftliche Monatshefte 1977, 345 ff.

Bechtold, Rainer : Zur Anwendung des Kartellverbots auf wettbewerbsbeschränkende Tarifverträge, in: Recht der Arbeit 1983, 99 ff.

Beck, Thorsten : Rationalisierungsschutz und Grenzen der Tarifmacht, in: Arbeit und Recht 1981, 333 ff. (I), 367 ff. (II).

Bednarz-Braun, Iris : Frauenarbeit in der Elektroindustrie – Arbeitspolitik für Rationalisierungsverliererinnen, in: WSI-Mitteilungen 1987, 354 ff.

Behr, Michael/Pohlmann, Markus : Die Rolle der Betriebsräte im Innovationsprozeß, in: WSI-Mitteilungen 1991, 250 ff.

Belling, Detlev W., Die Verantwortung des Staates für die Normsetzung durch die Tarifpartner. Zur Grundrechtstreue und Legalitätskontrolle von Tarifnormen, in: Zeitschrift für Arbeitsrecht 1999, 547 ff.

Belling, Detlev W./Hartmann, Christian : Die Unzumutbarkeit als Begrenzung der Bindung an den Tarifvertrag, in: Zeitschrift für Arbeitsrecht 1997, 87 ff.

Benda, Ernst : Sozialrechtliche Eigentumspositionen im Arbeitskampf. Ein Beitrag zur Diskussion um die Änderung des § 116 Arbeitsförderungsgesetz, Baden-Baden 1986. Zitierweise: *Benda*, Sozialrechtliche Eigentumspositionen, S.

Benda, Ernst/Maihofer, Werner/Vogel, Hans-Jochen (Hrsg.) : Handbuch des Verfassungsrechts der Bundesrepublik Deutschland, 2., neubearbeitete und erweiterte Auflage, Berlin – New York 1994. Zitierweise: *(Verfasser)*, in: Benda u. a., Handbuch des Verfassungsrechts, § Rn.

Bengelsdorf, Peter : Tarifliche Arbeitszeitbestimmung und Günstigkeitsprinzip, in: Zeitschrift für Arbeitsrecht 1990, 563 ff.

Benz-Overhage, Karin : Automatisierung der Fertigung im Maschinenbau und ihre Folgen für die Arbeitsgestaltung, in: WSI-Mitteilungen 1983, 79 ff.

Benz-Overhage, Karin : Die Fabrik der Zukunft. Wie werden wir morgen arbeiten ?, in: Blätter für deutsche und internationale Politik 1984, 1207 ff.

Benz-Overhage, Karin : Neue Anforderungen an die Betriebspolitik, in: WSI-Mitteilungen 2000, 46 ff.

Benz-Overhage, Karin/Brumlop, Eva/Freyberg, Thomas von/Papadimitriou, Zissis : Neue Technologien und alternative Arbeitsgestaltung: Auswirkungen des Computereinsatzes in der industriellen Produktion, Frankfurt a. M. – New York 1982. Zitierweise: *Benz-Overhage u. a.*, Neue Technologien und alternative Arbeitsgestaltung, S.

Berg, Peter/Wendeling=Schröder, Ulrike/Wolter, Henner : Die Zulässigkeit tarifvertraglicher Besetzungsregelungen, in: Recht der Arbeit 1980, 299 ff.

Bergmann, Joachim/Jacobi, Otto/Müller-Jentsch, Walther : Gewerkschaften in der Bundesrepublik. Gewerkschaftliche Lohnpolitik zwischen Mitgliederinteressen und ökonomischen Sachzwängen, Frankfurt a. M. 1975. Zitierweise: *Bergmann/Jacobi/Müller-Jentsch*, Gewerkschaften in der BRD, S.

Berichte ausgewählter Gewerkschaften zur qualitativen Tarifpolitik, in: Gewerkschaftliche Monatshefte 1980, 251 ff.

Berkowsky, Wilfried : Die betriebsbedingte Kündigung. Eine umfassende Darstellung unter Berücksichtigung des Betriebsverfassungsrechts und des Arbeitsgerichtsverfahrens, 4. Auflage, München 1997. Zitierweise: *Berkowsky*, Die betriebsbedingte Kündigung, S.

Bertelsmann, Klaus : Aussperrung. Eine Untersuchung ihrer Zulässigkeit unter besonderer Berücksichtigung ihrer geschichtlichen Entwicklung und Handhabung in der Praxis, Berlin 1979. Zitierweise: *Bertelsmann*, Aussperrung, S.

Bettermann, Karl-August/Neumann, Franz L./Nipperdey, Hans Carl (Hrsg.) : Die Grundrechte. Handbuch der Theorie und Praxis der Grundrechte, III 1., 2. Halbband, Berlin 1967. Zitierweise: *(Verfasser),* in: Bettermann/Neumann/Nipperdey (Hrsg.), Die Grundrechte III 1 oder 2, S.

Beuthien, Volker : Unternehmerische Mitbestimmung kraft Tarif- oder Betriebsautonomie ?, in: Zeitschrift für Arbeitsrecht 1983, 141 ff. (Teil I).

Beuthien, Volker : Mitbestimmung unternehmerischer Sachentscheidungen kraft Tarif- oder Betriebsautonomie ?, in: Zeitschrift für Arbeitsrecht 1984, 1 ff. (Teil II).

Beuthien, Volker : Tarifverträge betriebsverfassungsrechtlichen Inhalts. Ein neuer Weg zu mehr Mitbestimmung im Betrieb und Unternehmen ?, in: Zeitschrift für Arbeitsrecht 1986, 131 ff.

Beuthien, Volker : Die Unternehmensautonomie im Zugriff des Arbeitsrechts, in: Zeitschrift für Arbeitsrecht 1988, 1 ff.

Bieback, Karl-Jürgen : Übergang vom Erwerbsleben in den Ruhestand. Anmerkungen zur Diskussion der arbeits- und sozialrechtlichen Probleme auf dem 62. Deutschen Juristentag 1998, in: Arbeit und Recht 1999, 41 ff.

Bieback, Karl-Jürgen : Neue Strukturen der Koalitionsfreiheit ? Zum Konflikt zwischen Tarifvertrag und Gesetz im Urteil des Bundesverfassungsgerichts v. 27. 4. 1999 – Abstandsgebot, in: Arbeit und Recht 2000, 201 ff.

Biedenkopf, Kurt H. : Grenzen der Tarifautonomie, Karlsruhe 1964.

Biedenkopf, Kurt H. : Sinn und Grenzen der Vereinbarungsbefugnis der Tarifvertragsparteien. Gutachten für den 46. DJT, in: Verhandlungen des 46. Deutschen Juristentages, Band I, Teil 1, München/Berlin 1966, 97 ff. Zitierweise: *Biedenkopf*, in: Verhandlungen des 46. DJT I 1, S.

Billerbeck, Ulrich/Deutschmann, Christoph/Erd, Rainer/Schmiede, Rudi/Schudlich, Edwin : Neuorientierung der Tarifpolitik ? Veränderungen im Verhältnis zwischen Lohn- und Manteltarifpolitik in den siebziger Jahren, Frankfurt a. M. – New York 1982. Zitierweise: *Billerbeck u. a.*, Neuorientierung der Tarifpolitik ?, S.

Birke, Martin/Krahn, Karl/Schwarz, Michael : Beschäftigungspolitische Handlungsspielräume von Betriebsräten. Fallstudien zur Umsetzung tarifvertraglicher und betrieblicher Regelungen im Industriebetrieb, Frankfurt a. M. – New York 1985. Zitierweise: *Birke/Krahn/Schwarz*, Beschäftigungspolitische Handlungsspielräume, S.

Birke, Martin/Schwarz, Michael : Interessenvertretungspolitik zur Gestaltung von Arbeit und Technik – Neuansätze und Umsetzungsprobleme in Betrieben der Metall- und Druckindustrie, in: WSI-Mitteilungen 1988, 535 ff.

Birkwald, Reimar/Pornschlegel, Hans : "Gesicherte" arbeitswissenschaftliche Erkenntnisse. Ebenen und Kategorien im Sinne der §§ 90 und 91 Betriebsverfassungsgesetz, in: Das Mitbestimmungsgespräch 1973, 95 ff.

Bispinck, Reinhard : Tarifvertragliche Regelung von Arbeitsbedingungen und Entlohnungsverfahren. Zu den Forderungen der IG Metall für einen Lohnrahmentarifvertrag für Südwürttemberg/Hohenzollern und Südbaden, in: WSI-Mitteilungen 1982, 561 ff.

Bispinck, Reinhard : Montagetätigkeit im Wandel. Arbeitsbedingungen zwischen Fließband und Computer, in: WSI-Mitteilungen 1983, 88 ff.

Bispinck, Reinhard : Erster einheitlicher Entgelttarifvertrag in der Metallindustrie, in: WSI-Mitteilungen 1983, 149 ff.

Bispinck, Reinhard : Rationalisierung, Arbeitspolitik und gewerkschaftliche Tarifpolitik, in: WSI-Mitteilungen 1988, 402 ff.

Bispinck, Reinhard : Qualifikation und Qualifizierung in Tarifverträgen, in: WSI-Mitteilungen 1992, 329 ff.

Bispinck, Reinhard (Hrsg.) : Tarifpolitik der Zukunft. Was wird aus dem Flächentarifvertrag ?, Hamburg 1995 Zitierweise: *(Verfasser),* in: Bispinck (Hrsg.), Tarifpolitik der Zukunft, S.

Bispinck, Reinhard/Trautwein-Kalms, Gudrun : Gewerkschaftliche Tarifpolitik im Sektor Informationstechnik. Ausgangsbedingungen, bestehende tarifliche Regelungen und neu gewerkschaftliche Handlungsansätze, in: WSI-Mitteilungen 1997, 228 ff.

Bispinck, Reinhard und WSI-Tarifarchiv : Elemente qualitativer Tarifpolitik Nr. 35. Zwischen Plus und Minus: Zeitkonten in Tarifverträgen. Eine Analyse ausgewählter tariflicher Regelungen in 70 Tarifbereichen, Düsseldorf, Juli 1998. Zitierweise: *Bispinck und WSI-Tarifarchiv*, Nr. 35, S.

Bispinck, Reinhard und WSI-Tarifarchiv : Elemente qualitativer Tarifpolitik Nr. 37. Das Märchen vom starren Flächentarifvertrag. Eine Analyse von tariflichen Öffnungsklauseln aus über 100 Tarifbereichen, Düsseldorf, März 1999. Zitierweise: *Bispinck und WSI-Tarifarchiv*, Nr. 37, S.

Bleicher, Siegfried (Hrsg.) : Technik für den Menschen. Soziale Gestaltung des technischen Wandels. Eine Dokumentation zur Technologiepolitischen Konferenz des DGB in Bonn 12. – 14. September 1985, Köln 1987. Zitierweise: *(Verfasser),* in: Bleicher (Hrsg.), Technik für den Menschen, S. bzw. (Bericht etc.), in: *Bleicher (Hrsg.)*, Technik für den Menschen, S.

Blomeyer, Wolfgang : Besitzstandswahrung durch Tarifvertrag. Zugleich ein Beitrag zu den Grenzen der Tarifmacht, in: Zeitschrift für Arbeitsrecht 1980, 1 ff.

Blumrosen, Alfred W./Blumrosen, Ruth G. : Layoff or Work Sharing: The Civil Rights Act of 1964 in the Recession of 1975, in: Employee Relations Law Journal, Volume 1, Number 1, Summer 1975, 2 ff.

Böhle, Fritz/Lutz, Burkart : Rationalisierungsschutzabkommen. Wirksamkeit und Probleme. Untersuchung zur Vermeidung sozialer Härten bei technischen und wirtschaftlichen Veränderungen. Göttigen 1974. Zitierweise: *Böhle/Lutz*, Rationalisierungsschutzabkommen, S.

Bötticher, Eduard : Gestaltungsrecht und Unterwerfung im Privatrecht, Berlin 1964. Zitierweise: *Bötticher*, Gestaltungsrecht und Unterwerfung, S.

Bötticher, Eduard : Die gemeinsamen Einrichtungen der Tarifvertragsparteien, Heidelberg 1966. Zitierweise: *Bötticher*, Die gemeinsamen Einrichtungen, S.

Borsdorf, Ulrich (Hrsg.) : Grundlagen der Einheitsgewerkschaft: historische Dokumente und Materialien, Köln 1977. Zitierweise: *Borsdorf*, Grundlagen der Einheitsgewerkschaft, S.

Brandes, Wolfgang/Buttler, Friedrich : Die Unvermeidbarkeit interner Arbeitsmärkte, in: Reyher, L./Kühl, J. (Hrsg.), Resonanzen, Arbeitsmarkt und Beruf – Forschung und Politik. Festschrift für Dieter Mertens, Beiträge zur Arbeitsmarkt- und Berufsforschung Band III, Nürnberg 1988, 94 ff. Zitierweise: *Brandes/Buttler*, FS für Mertens, S.

Brandes, Wolfgang/Weise, Peter : Arbeitsmarkt und Arbeitslosigkeit, Würzburg – Wien 1980.

Bredeweg, Udo/Kowol, Uli : Systemische Rationalisierung und Technikgestaltung – Hersteller-Anwender-Beziehungen und neue Anforderungen für eine gewerkschaftliche Innovationspolitik, in: WSI-Mitteilungen 1991, 419 ff.

Brinkmann, Thomas : Unternehmensinteresse und Unternehmensrechtsstruktur. Aufgaben und Grenzen eines normativen Regulativs unternehmenspolitischer Prozesse, Frankfurt a. M. – Bern 1983. Zitierweise: *Brinkmann,* Unternehmensinteresse und Unternehmensrechtsstruktur, S.

Brünneck, Alexander von : Die Eigentumsgarantie des Grundgesetzes, Baden-Baden 1984.

Bruhn, Claus-Jürgen : Tariffähigkeit der Gewerkschaften und Autonomie – eine Kritik der Mächtigkeitslehre des Bundesarbeitsgerichts, 1993. Zitierweise: *Bruhn*, Tariffähigkeit der Gewerkschaften, S.

Brumlop, Eva/Rosenbaum, Wolf : "Humanisierung der Arbeitsbedingungen" durch gewerkschaftliche Tarifpolitik, in: Bergmann, J. (Hrsg.), Beiträge zur Soziologie der Gewerkschaften, Frankfurt a. M. 1979, 264 ff. Zitierweise: *Brumlop/Rosenbaum*, in: Bergmann (Hrsg.), Beiträge zur Soziologie der Gewerkschaften, S.

Bsirske, Frank : Ver.di: Aussichten, Chancen, Probleme, in: Gewerkschaftliche Monatshefte 2001, 321 ff.

Buchner, Herbert : Tarifvertragsgesetz und Koalitionsfreiheit, Diss. München 1964. Zitierweise: *Buchner*, Tarifvertragsgesetz, S.

Buchner, Herbert : Besprechung von Mathys. Das Verhältnis zwischen Kartellrecht und kollektivem Arbeitsrecht (Basel und Stuttgart 1969), in: Zeitschrift für das gesamte Handelsrecht und Wirtschaftsrecht 1970, 165 ff.

Buchner, Herbert : Anmerkung zu BAG vom 10.02.1988, in: Sammlung Arbeitsrechtlicher Entscheidungen 1991, 356 ff. Zitierweise: *Buchner*, SAE 1991, S.

Bulla, Werner : Tarifverträge über Rationalisierungsmaßnahmen in Betrieben und Unternehmen. Probleme ihrer Zulässigkeit und Grenzen, in: Der Betrieb 1980, 103ff.(I), 158ff.(II).

Burghardt, Marion/Hinrichs, Oda/Hummel, Dieter/Kummert, Nils/Lakies, Thomas/Wolter, Henner : Plädoyer für eine Reform der Betriebsverfassung, in: Arbeit und Recht 2000, 205 ff.

Butzer, Hermann : Verfassungsrechtliche Grundlagen zum Verhältnis zwischen Gesetzgebungshoheit und Tarifautonomie, in: Recht der Arbeit 1994, 375 ff.

Canaris, Claus-Wilhelm : Grundrechte und Privatrecht, in: Archiv für die civilistische Praxis 1984, 201 ff.

Coen, Martin : Das Recht auf Arbeit und der Bestandsschutz des gekündigten Arbeitsverhältnisses. Materiellrechtliche und vollstreckungsrechtliche Probleme des Beschäftigungsrechts, Köln 1979. Zitierweise: *Coen*, Das Recht auf Arbeit, S.

Cooper, George/Sobol, Richard B. : Seniority and Testing under fair employment laws: A general approach to objective criteria of hiring and promotion, in: Harvard Law Review Vol. 82 1969, 1598 ff.

Cox, Helmut/Jens, Uwe/Markert, Kurt (Hrsg.) : Handbuch des Wettbewerbs: Wettbewerbstheorie, Wettbewerbspolitik, Wettbewerbsrecht, München 1981. Zitierweise: *Cox/Jens/Markert*, Handbuch des Wettbewerbs, S.

Dälken, Johannes : Möglichkeiten eines tarifvertraglichen Bestands- und Inhaltsschutzes für Arbeitsverhältnisse gegen Rationalisierungsmaßnahmen, Diss. jur., Münster 1986. Zitierweise: *Dälken*, Möglichkeiten eines tarifvertraglichen Bestandsschutzes, S.

Dänzer-Vanotti, Christoph : Anmerkung zu BAG vom 13.6.1986, in: Arbeit und Recht 1987, 183 f.

Däubler, Wolfgang : Die unverhältnismäßige Aussperrung – BAG(GS) AP Art. 9 GG – Arbeitskampf – Nr. 43, in: Juristische Schulung 1972, 642 ff.

Däubler, Wolfgang : Das Grundrecht auf Mitbestimmung und seine Realisierung durch tarifvertragliche Begründung von Beteiligungsrechten, 3. unveränderte Auflage, Frankfurt a. M. 1975. Zitierweise: *Däubler*, Das Grundrecht auf Mitbestimmung, S.

Däubler, Wolfgang : Das Arbeitsrecht 1, 8. leicht überarbeitete Auflage, Hamburg 1986. Zitierweise: *Däubler*, Das Arbeitsrecht 1, S.

Däubler, Wolfgang : Das Arbeitsrecht 2, 4. erweiterte und überarbeitete Auflage, Hamburg 1986. Zitierweise: *Däubler*, Das Arbeitsrecht 2, S.

Däubler Wolfgang : Arbeitskampfrecht mit neuen Konturen, in: Arbeit und Recht 1992, 1 ff.

Däubler, Wolfgang : Tarifvertragsrecht. Ein Handbuch. 3., grundlegend überarbeitete Auflage, Baden-Baden 1993. Zitierweise: *Däubler*, Tarifvertragsrecht, Rn.

Däubler, Wolfgang : Abschaffung der Tarifautonomie mit Hilfe des Günstigkeitsprinzips ?, in: Arbeit und Recht 1996, 347 ff.

Däubler, Wolfgang (Hrsg.) : Arbeitskampfrecht, 2. Auflage, Baden-Baden 1987. Zitierweise: *(Verfasser)*, in: Däubler (Hrsg.), Arbeitskampfrecht, Rn.

Däubler, Wolfgang/Hege, Hans : Tarifvertragsrecht, 2. überarbeitete und erweiterte Auflage, Baden-Baden 1981. Zitierweise: *Däubler/Hege*, Tarifvertragsrecht, Rn.

Däubler, Wolfgang/Kittner, Michael/Klebe, Thomas : Betriebsverfassungsgesetz mit Wahlordnung. Kommentar für die Praxis, 6., überarbeitete und erweiterte

Auflage, Frankfurt a. M. 1998. Zitierweise: *(Autor)*, in: Däubler/Kittner/Klebe, BetrVG, § Rn.

Dalhoff, Michael : Die gesellschaftliche Stellung und Entwicklung der Tarifvertragsfreiheit. Eine theoretische Untersuchung mit Beispielen der historischen Entwicklung in Deutschland, Diss. phil., Konstanz 1979. Zitierweise: *Dalhoff*, Die gesellschaftliche Stellung und Entwicklung der Tarifvertragsfreiheit, S.

Deiß, Manfred : Arbeit in der Automobilindustrie – Probleme und Risiken durch unternehmensübergreifende Rationalisierung, in: WSI-Mitteilungen 1994, 425 ff.

Denck, Johannes : Bildschrirmarbeitsplätze und Mitbestimmung des Betriebsrates, in: Recht der Arbeit 1982, 279 ff.

Denninger, Erhard : Rechtsperson und Solidarität. Ein Beitrag zur Phänomenologie des Rechtsstaates unter besonderer Berücksichtigung der Sozialtheorie Max Schelers, Frankfurt a. M. – Berlin 1967. Zitierweise: *Denninger*, Rechtsperson und Solidarität, S.

Der Spiegel Nr. 5/1982, 129 ff. : "Nur wer mitmacht, überlebt"(I). "Club of Rome" – Bericht über Chancen und Gefahren der Mikroelektronik.

Der Spiegel Nr. 6/1982, 144 ff. : "20 Mann betreiben ein Stahlwerk"(II). "Club of Rome" – Bericht über Chancen und Gefahren der Mikroelektronik.

Der Spiegel Nr. 36/1982, 74 ff. – Nr. 37/1982, 92 ff. : "Sagen wir lieber nicht Humanität". Spiegelreporter Peter Brügge über Auswirkungen der Mikroelektronik auf westdeutsche Arbeitnehmer.

Deutschmann, Christoph : Gewerkschaften und Arbeitsmarktsegmentierung. Replik auf Rolf G. Heinze, Karl Hinrichs, Claus Offe, Thomas Olk, „Einheitsprobleme der Einheitsgewerkschaft“, in: Soziale Welt 1981, 512 ff.

Die Zeit Nr.30/1984, Dossier S. 9-10: Die Drucker bleiben am Drücker. Noch ist die Gewerkschaft nicht verloren: Erste Lehren aus dem Streik (Erika Martens/Heinz Michaels).

Diefenbacher, Hans/Nutzinger G. Hans (Hrsg.) : Mitbestimmung. Probleme und Perspektiven der empirischen Forschung. Frankfurt a. M. – New York 1981. Zitierweise: *(Verfasser)*, in: Diefenbacher/Nutzinger (Hrsg.), Mitbestimmung, S.

Dieterich, Thomas : Die betrieblichen Normen nach dem Tarifvertragsgesetz vom 9.4.1949, Heidelberg 1964. Zitierweise: *Dieterich*, Die betrieblichen Normen, S.

Dieterich, Thomas : Die Grundrechtsbindung von Tarifverträgen, in: Schlachter, M./Ascheid, R./Friedrich, H.-W. (Hrsg.), Tarifautonomie für ein neues Jahrhundert. Festschrift für Günter Schaub zum 65. Geburtstag, München 1998, 117 ff. Zitierweise: *Dieterich*, FS für Schaub, S.

Dieterich, Thomas : Zur Verfassungsmäßigkeit tariflicher Betriebsnormen, in: Klebe, T./Wedde, P./Wolmerath, M. (Hrsg.), Recht und soziale Arbeitswelt. Festschrift für Wolfgang Däubler zum 60. Geburtstag, Köln 1999, 451 ff. Zitierweise: *Dieterich*, FS für Däubler, S.

Dieterich, Thomas : Zukunft der Tarifautonomie, in: Arbeit und Recht 2000, 441 ff.

Dietz, Rolf/Nipperdey, Hans Carl : Die Frage der tariflichen Regelung der Einziehung von Gewerkschaftsbeiträgen durch die Betriebe, Schriftenreihe der Bundesvereinigung der Deutschen Arbeitgeberverbände, Heft 33, 1963. Zitierweise: *Dietz/Nipperdey*, Die Frage der tariflichen Regelung, S.

Dietz, Rolf/Richardi, Reinhard : Betriebsverfassungsgesetz-Kommentar, 6. Auflage, München 1982. Zitierweise: *Dietz/Richardi*, BetrVG, § Rn.

Döhl, Volker/Kratzer, Nick/Sauer, Dieter : Krise der NormalArbeit(s)Politik. Entgrenzung der Arbeit – neue Anforderungen an Arbeitspolitik, in: WSI-Mitteilungen 2000, 5 ff.

Dörner, Hans-Jürgen : Die Einschätzungsprärogative des Gesetzgebers und die grundrechtlich geschützte Tarifautonomie, in: Klebe, T./Wedde, P./ Wolmerath, M. (Hrsg.), Recht und soziale Arbeitswelt. Festschrift für Wolfgang Däubler zum 60. Geburtstag, Köln 1999, 31 ff. Zitierweise: *Dörner*, FS für Däubler, S.

Dohse, Knuth/Jürgens, Ulrich/Russig, Harald (Hrsg.) : Statussicherung im Industriebetrieb: alternative Regelungsansätze im internationalen Vergleich, Frankfurt a. M. – New York 1982. Zitierweise: *(Verfasser),* in: Dohse u. a. (Hrsg.), Statussicherung, S.

Dohse, Knuth/Jürgens, Ulrich/Russig, Harald (Hrsg.) : Ältere Arbeitnehmer zwischen Unternehmensinteressen und Sozialpolitik, Frankfurt a. M. – New York 1982. Zitierweise: *(Verfasser),* in: Dohse u. a. (Hrsg.), Ältere Arbeitnehmer, S.

Dokumentation zur Mediengewerkschaft und Medienpolitik : Außerordentlicher Gewerkschaftstag 1985. Industriegewerkschaft Druck+Papier 3. bis 5. Juni 1985 in Fellbach. Zitierweise: *Dokumentation zur Mediengewerkschaft*, S.

Dorndorf, Eberhard : Freie Arbeitsplatzwahl und Recht am Arbeitsergebnis. Zur rechtlichen Bedeutung des Konflikts zwischen Arbeitsmobilität und Aneignungsfähigkeit des Arbeitsprodukts, Frankfurt a. M. 1979. Zitierweise: *Dorndorf*, Freie Arbeitsplatzwahl, S.

Dorndorf, Eberhard : Das Verhältnis von Tarifautonomie und individueller Freiheit als Problem dogmatischer Theorie, in: Heinze, M./Söllner, A. (Hrsg.), Arbeitswelt in der Bewährung. Festschrift für Otto Rudolf Kissel zum 65. Geburtstag, München 1994, 139 ff. Zitierweise: *Dorndorf*, FS für Kissel, S.

Drinkuth, Andreas : Das IG Metall-Aktionsprogramm "Arbeit und Technik" – Eine Zwischenbilanz, in: Gewerkschaftliche Monatshefte 1986, 617 ff.

Düll, Klaus : Gesellschaftliche Modernisierungspolitik durch neue „Produktionskonzepte" ?, in: WSI-Mitteilungen 1985, 141 ff.

Dütz, Wilhelm : Soziale Mächtigkeit als Voraussetzung eines einheitlichen Koalitionsbegriffs ?, in: Arbeit und Recht 1976, 65 ff.

Dütz, Wilhelm : Koalitionsautonome Regelung der Arbeits- und Wirtschaftsbedingungen, in: Juristische Arbeitsblätter 1987, 405 ff.

Dütz, Wilhelm : Arbeitsrecht, 3. Aufl. XL, München 1997.

Ehmann, Horst : Arbeitsschutz und Mitbestimmung bei neuen Technologien. Eine Darstellung der Mitbestimmung des Betriebsrates am Beispiel der Einrichtung von Arbeitsplätzen mit Bildschirmterminals, Berlin 1981. Zitierweise: *Ehmann*, Arbeitsschutz und Mitbestimmung, S.

Elsner, Wolfram/Katterle, Siegfried (Hrsg) : Wirtschaftsstrukturen, neue Technologien und Arbeitsmarkt. Ein Beispiel kooperativer Forschung in der Region, Köln 1984. Zitierweise: *(Verfasser),* in: Elsner/Katterle (Hrsg.), Wirtschaftsstrukturen, S.

Emmerich, Volker : Kartellrecht, völlig neubearbeitete und wesentllich erweiterte Auflage der Schrift "Wettbewerbsrecht", München 1982.

Erd, Rainer : Aussperrung – Eine Institution des Wettbewerbsrechts ? Zur neuen Arbeitskampfrechtsprechung des Bundesarbeitsgerichts, in: Kritische Justiz 1980, 373 ff.

Erd, Rainer/Müller-Jentsch, Walther : Ende der Arbeiteraristokratie ? – Technologische Veränderungen, Qualifikationsstruktur und Tarifbeziehungen in der Druckindustrie, in: Prokla Nr. 35 (1979), 17 ff.

Fitting, Karl/Kaiser, Heinrich/Heither, Friedrich./Engels, Gerd : Betriebsverfassungsgesetz (mit Wahlordnung). Handkommentar, 19. Auflage, München 1998. Zitierweise: *Fitting/Kaiser/Heither/Engels*, BetrVG, § Rn.

Fricke, Werner : Zum Verhältnis von Arbeitswissenschaften und betrieblicher Personalplanung, in: Gewerkschaftliche Monatshefte 1973, 11 ff.

Fricke, Werner : Humanisierung der Arbeit – Eine Chance selbstbestimmter Gestaltung der Arbeit durch die Arbeitenden, in: Borsdorf, U./Hemmer, O. u. a. (Hrsg.), Gewerkschaftliche Politik: Reform und Solidarität, zum 60. Geburtstag von Heinz Oskar Vetter, Köln 1977, 311 ff. Zitierweise: *Fricke*, FS für Vetter, S.

Fricke, Werner/Peter, Gerd/Pöhler, Willi (Hrsg.) : Beteiligen, Mitgestalten, Mitbestimmen – Arbeitnehmer verändern ihre Arbeitsbedingungen, Köln 1982. Zitierweise: *(Verfasser),* in: Fricke/Peter/Pöhler (Hrsg.), Beteiligen, Mitgestalten, Mitbestimmen, S.

Friedmann, Willi : Reallohn und Beschäftigung. Ein Beitrag zur Ungleichgewichtsanalyse des gesamtwirtschaftlichen Arbeitsmarkts, Köln – Berlin – Bonn – München 1975. Zitierweise: *Friedmann*, Reallohn und Beschäftigung, S.

Fürstenberg, Friedrich : Arbeitsmarktprobleme in soziologischer Sicht, in: Albrecht, G./Daheim, H./Sack, F. (Hrsg.), Festschrift für Rene König zum 65. Geburtstag, 1973, 479 ff. Zitierweise: *Fürstenberg*, FS für König, S.

Gaitanides, Michael/Gottschalk, Bernhard : Zur "rechtzeitigen" Unterrichtung des Betriebsrates von Planungsvorhaben (§ 90 Betriebsverfassungsgesetz), in: Angewandte Planung Bd. 2 1978, 22 ff.

Galperin, Hans/Löwisch, Manfred : Kommentar zum Betriebsverfassungsgesetz, 6. neubearbeitete und erweit. Aufl., Heidelberg 1982. Zitierweise: *Galperin/Löwisch*, BetrVG, § Rn.

Gamillscheg, Franz : Die Differenzierung nach der Gewerkschaftszugehörigkeit, Berlin 1966. Zitierweise: *Gamillscheg*, Die Differenzierung, S.

Gamillscheg, Franz : Die Solidarität als Rechtsbegriff, in: Wannagat, G./Gitter, W. (Hrsg.), Festschrift für Erich Fechner zum 70. Geburtstag, Tübingen 1973, 135 ff. Zitierweise: *Gamillscheg*, FS für Fechner, S.

Gamillscheg, Franz : Anmerkung zu BAG vom 11.3.1976, in: Entscheidungssammlung zum Arbeitsrecht Nr. 1 zu § 95 BetrVG, 9 ff. Zitierweise: *Gamillscheg*, EzA Nr. 1 zu § 95 BetrVG, S.

Gamillscheg, Franz : Der zweiseitig-zwingende Charakter des § 626 BGB, in: Arbeit und Recht 1981, 105 ff.

Gamillscheg, Franz : Sozialpolitische Bedeutung und Repräsentativität der Gewerkschaft im deutschen und ausländischen Recht, in: Hanau P./Müller, G./Wiedemann, H./Wlotzke, O. i. V. mit dem Deutschen Arbeitsgerichtsverband e.V. (Hrsg.), Festschrift für Wilhelm Herschel zum 85. Geburtstag, München 1982, 99 ff. Zitierweise: *Gamillscheg*, FS für Herschel, S.

Gamillscheg, Franz : Die Grundrechte im Arbeitsrecht, Berlin 1989.

Gamillscheg, Franz : Kollektives Arbeitsrecht, Band. I: Grundlagen/ Koalitionsfreiheit/Tarifvertrag/Arbeitskampf und Schlichtung, München 1997. Zitierweise: *Gamillscheg*, Kollektives Arbeitsrecht I, S.

Gast, Wolfgang : Arbeitsvertrag und Direktion. Zweiseitige Leistungsbestimmung im Arbeitsverhältnis, Berlin 1978. Zitierweise: *Gast*, Arbeitsvertrag und Direktion, S.

Gaul, Dieter : Das Arbeitsrecht im Betrieb, 8. Aufl., Band I u. II, Heidelberg 1986. Zitierweise: *Gaul*, Das Arbeitsrecht, Bd. I bzw. II, Kapitel Rn.

Gegenwart, Peter : Arbeitskampf im Medienbereich. Neue Formen des Arbeitskampfes in der Druckindustrie, insbesondere Betriebsbesetzungen, Frankfurt

a. M. – Bern – New York – Paris 1988. Zitierweise: *Gegenwart*, Arbeitskampf im Medienbereich, S.

Gemeinschaftskommentar zum Betriebsverfassungsgesetz: hrsg. und bearbeitet von Fabricius, F. /Kraft, A./Wiese, G./Kreutz, P./Oetker, H., Band 2: §§ 74 – 132, 6. Auflage, Neuwied, Kriftel, 1998. Zitierweise: GK-BetrVG-*(Verfasser)*, § Rn.

Gemeinschaftskommentar zum Kündigungsschutzgesetz und zu sonstigen kündigungsschutzrechtlichen Vorschriften : hrsg. von Becker, F./Etzel, G. u. a. 2. Auflage 1984 – 5. Auflage, Neuwied-Kriftel 1998. Zitierweise: GK-KSchG-*(Verfasser)*, § Rn.

Gerfin, Harald : Funktionswandel der Tarifverträge, in: Hugo Sinzheimer – Gedächtnisveranstaltung zum 100. Geburtstag, Frankfurt a. M. – Köln 1975, 25 ff. Zitierweise: *Gerfin*, in: Sinzheimer – Gedächtnisveranstaltung, S.

Gerlach, Gerhard : Neuere tarifpolitische Strategien der Gewerkschaften in der BRD zur Sicherung von Arbeitsplätzen und Besitzständen, in: WSI-Mitteilungen 1979, 221 ff.

Germelmann, Claas-Hinrich/Matthes, Hans-Christoph/Prütting, Hanns : Arbeitsgerichtsgesetz – Kommentar, München 1999. Zitierweise: *Germelmann/Matthes/Prütting*, ArbGG, § Rn.

Gerst, Detlef : Arbeitspolitik im Rückwärtsgang ? Konzeptionskonkurrenz und Wandel von Kontrolle in der Automobilindustrie, in: WSI-Mitteilungen 2000, 37 ff.

Giesen, Richard : Die Sozialauswahl bei betriebsbedingter Kündigung nach neuem Recht, in: Zeitschrift für Arbeitsrecht 1997, 145 ff.

Gießelmann, Peter/Künstler, Ulrich/Milz, Arwed/Simoleit, Jürgen : Probleme betrieblicher Interessenvertretung bei Rationalisierungsmaßnahmen, in: Gewerkschaftliche Monatshefte 1976, 25 ff.

Grimm, Dieter : Grundrechte und soziale Wirklichkeit. Zum Problem eines interdisziplinären Grundrechtsverständnisses, in: Hassemer, W./Hoffmann-Riem, W./Limbach, J. (Hrsg.), Grundrechte und soziale Wirklichkeit, Baden-Baden 1982, 39 ff. Zitierweise: *Grimm*, in: Grundrechte und soziale Wirklichkeit, S.

Gröbing, Karl : Das Koalitionsrecht der Arbeitnehmer in der Krise, in: Arbeit und Recht 1986, 297 ff.

Grunsky, Wolfgang : Anmerkung zu BAG vom 15.3.1977, in: Juristenzeitung 1977, 473 f.

Häberle, Peter : Grundrechte im Leistungsstaat, in: Veröffentlichung der Vereinigung Deutscher Staatsrechtslehrer 30 (1972), 44 ff.

Hanau, Hans : Zur Verfassungsmäßigkeit von tarifvertraglichen Betriebsnormen am Beispiel der qualitativen Besetzungsregeln, in: Recht der Arbeit 1996, 158 ff.

Hanau, Peter : Zum Kernbereich des Koalitionswesens, in: Arbeit und Recht 1983, 257 ff.

Hanau, Peter : Die Koalitionsfreiheit sprengt den Kernbereich, in: Zeitschrift für Wirtschaftsrecht und Insolvenzpraxis (ZIP-Kommentar) 1996, 447.

Hartwich, Hans-Hermann : Sozialstaat und Arbeitskampf. Zum Staatsverständnis in der Rechtsprechung des Bundesarbeitsgerichts, in: Kittner, M. (Hrsg.), Streik und Aussperrung. Protokoll der wissenschaftlichen Veranstaltung der IG Metall 13.-15. September 1973 in München, 349 ff. Zitierweise: *Hartwich*, in: Kittner (Hrsg.), Streik und Aussperrung, S.

Hege, Hans : Das Grundrecht der Berufsfreiheit im Sozialstaat, Berlin 1977.

Heidenreich, Peter : Rechtsprobleme des Tarifvertrages über Einführung und Anwendung rechnergesteuerter Textsysteme, in: Presserecht und Pressefreiheit. Festschrift für Martin Löffler zum 75. Geburtstag, München 1980, 69 ff. Zitierweise: *Heidenreich*, FS für Löffler, S.

Heilmann, Joachim : Koalitionsfreiheit als normales Grundrecht. Gedanken zum Beschluß des Bundesverfassungsgerichts v. 14.11.95, in: Arbeit und Recht 1996, 121 ff.

Heinze, Rolf G./Hinrichs, Karl/Offe, Claus/Olk, Thomas : Einheitsprobleme der Einheitsgewerkschaft. Arbeitsmarktmacht und organisationspolitische Vertretungschancen verschiedener Kategorien von Arbeitnehmern, in: Soziale Welt 1981, 19 ff.

Helfert, Mario : Chancen neuer Produktionskonzepte. Zur Kontroverse um die neue Studie von Horst Kern und Michael Schumann, in: WSI-Mitteilungen 1985, 136 ff.

Helfert, Mario : Gewerkschaften und technische Entwicklung, Köln 1987.

Helle, Michael : Konzernbedingte Kündigungsschranken bei Abhängigkeit und Beherrschung durch Kapitalgesellschaften, Berlin 1989. Zitierweise: *Helle*, Konzernbedingte Kündigungsschranken, S.

Hendriks, Birger : Arbeitsrechtliche Vereinbarungen und Kartellrecht, Diss. Hamburg 1976.

Henkel, Heinrich : Einführung in die Rechtsphilosophie. Grundlagen des Rechts, 2. völlig neubearbeitete Auflage, München 1977. Zitierweise: *Henkel*, Einführung in die Rechtsphilosophie, S.

Hensche, Detlef : Zur Zulässigkeit von Firmentarifverträgen mit verbandsangehörigen Unternehmen, in: Recht der Arbeit 1971, 9 ff.

Hensche, Detlef : Neuordnung der gewerkschaftlichen Arbeit – Zwischen Vergemeinschaftung und Dezentralisierung, in: Gewerkschaftliche Monatshefte 1998, 274 ff.

Hensche, Detlef/Müller, Heinz : Mediengewerkschaft – ein neuer Anfang, in: Die Feder 1/1982, 57 f.

Henssler, Martin : Tarifautonomie und Gesetzgebung, in: Zeitschrift für Arbeitsrecht 1998, 1 ff.

Henssler, Martin/Suckow, Jens : Anmerkung zu BVerfG Arbeitsförderungsgesetz § 116, in: Entscheidungssammlung zum Arbeitsrecht 8/1996, 17 ff. Zitierweise: *Henssler/Suckow*, EzA 8/1996, S.

Hentschel, Albrecht : Die betrieblichen Normen nach dem Tarifvertragsgesetz vom 9. April 1949, Diss. Kiel 1972. Zitierweise: *Hentschel*, Die betrieblichen Normen, S.

Herschel, Wilhelm : Zur Rechtsnatur der Allgemeinverbindlichkeitserklärung von Tarifverträgen, in: Jantz, K./Neumann-Duesberg, H. (Hrsg.), Sozialreform und Sozialrecht. Beiträge zum Arbeits- und Sozialversicherungsrecht und zur Sozialpolitik, Festschrift für Walter Bogs, Berlin 1959, 125 ff. Zitierweise: *Herschel*, FS für Bogs, S.

Herschel, Wilhelm : Die Betriebszugehörigkeit als geschütztes Rechtsgut, in: Recht der Arbeit 1960, 121 ff.

Herschel, Wilhelm : Sinn und Grenzen der Vereinbarungsbefugnis der Tarifvertragsparteien, Referat für den 46. DJT, in: Verhandlungen des 46. Deutschen Juristentages, Bd.II (Sitzungsberichte), München – Berlin 1967, D 7ff. Zitierweise: *Herschel*, in: Verhandlungsberichte des 46. DJT II, D

Herschel, Wilhelm : Kündigungsschutz und Wettbewerb, in: Recht der Arbeit 1975, 28 ff.

Herschel, Wilhelm : Leistungsfähigkeit – eine Voraussetzung arbeitsrechtlicher Koalitionen, in: Arbeit und Recht 1976, 225 ff.

Herschel, Wilhelm : "Recht auf Arbeit" und Kündigungsschutz, in: Betriebs-Berater 1977, 708 ff.

Herschel, Wilhelm : Zur Präzisierung des Koalitionsbegriffs, in: Arbeit und Recht 1978, 321 ff.

Herschel, Wilhelm : Kernbereichslehre und Kodifikationsprinzip in der Tarifautonomie, in: Arbeit und Recht 1981, 265 ff.

Herschel, Wilhelm/Löwisch, Manfred : Kommentar zum Kündigungsschutzgesetz, 6. neubearbeitete und erweiterte Auflage, Heidelberg 1984. Zitierweise: *Herschel/Löwisch*, KSchG, § Rn.

Hesse, Konrad : Grundzüge des Verfassungsrechts der Bundesrepublik Deutschland, 18. Auflage, Heidelberg 1991. Zitierweise: *Hesse*, Grundzüge des Verfassungsrechts, S.

Hindrichs, Wolfgang/Mäulen, Claus/Scharf, Günter : Die Veränderung von Belegschaftsstrukturen und ihre Auswirkung auf gewerkschaftliche Arbeitskampffähigkeit, in: WSI-Mitteilungen 1988, 28 ff.

Hinz, Horst : Gewerkschaftliche Innovations- und Technologieberatung "vor Ort", in: Frankfurter Hefte 1981, 10 ff.

Hirsch, Joachim : Die öffentlichen Funktionen der Gewerkschaften. Eine Untersuchung zur Autonomie sozialer Verbände in der modernen Verfassungsordnung, Stuttgart 1966. Zitierweise: *Hirsch*, Die öffentlichen Funktionen der Gewerkschaften, S.

Hirsch-Kreinsen, Hartmut : Voraussetzungen und Bedingungen für Werkstattprogrammierung, in: WSI-Mitteilungen 1985, 33 ff.

Hölters, Wolfgang : Harmonie normativer und schuldrechtlicher Abreden in Tarifverträgen, Berlin 1973. Zitierweise: *Hölters*, Harmonie, S.

Hofe, Gerhard : Betriebliche Mitbestimmung und Humanisierung der Arbeitswelt. Die Mitwirkung und Mitbestimmung des Betriebsrates bei der menschengerechten Gestaltung der Arbeit, Königstein 1978. Zitierweise: *Hofe*, Betriebliche Mitbestimmung und Humanisierung, S.

Hoffmann, Gerd : Berufsfreiheit als Grundrecht der Arbeit, Baden-Baden 1981.

Hoffmann, Gerd : Die objektiv-rechtliche Einwirkung der Berufsfreiheit auf arbeits-, sozial- und ausbildungsrechtliche Freiheitsprobleme, in: Archiv des öffentlichen Rechts 1982, 177 ff.

Hoffmann-Riem, Wolfgang : Die grundrechtliche Freiheit der arbeitsteiligen Berufsausübung, in: Stödter, R./Thieme, W. (Hrsg.), Hamburg, Deutschland, Europa. Festschrift für Hans Peter Ipsen, 1977, 385 ff. Zitierweise: *Hoffmann-Riem*, FS für Ipsen, S.

Hohmann-Dennhardt, Christiane : Antidiskriminierungsgesetz contra Grundgesetz ?, in: Zeitschrift für Rechtspolitik 1979, 241 ff.

Hohmann-Dennhardt, Christiane : Entscheidungsstrukturen im Unternehmen und Arbeitnehmerinteressen. Zur Effektivität der Mitbestimmung bei Betriebsänderungen, Baden-Baden 1980. Zitierweise: *Hohmann-Dennhardt*, Entscheidungsstrukturen, S.

Hohmann-Dennhardt, Christiane : Ungleichheit und Gleichberechtigung, Heidelberg 1982.

Horke, Gertraud : Soziologie der Gewerkschaften, Wien 1977.

Horstkötter, Inge/Schiek, Dagmar : Kündigungsschutz und Geschlechtsdiskriminierung nach dem arbeitsrechtlichen Beschäftigungsförderungsgesetz 1996, in: Arbeit und Recht 1998, 227 ff.

Hoyningen-Huene, Gerrick von : Anmerkung zu BAG v. 20.10.1983, in: Arbeitsrechtliche Praxis Nr. 13 § 1 KSchG 1969 Betriebsbedingte Kündigung, Bl. 598 ff. Zitierweise: *Hoyningen-Huene*, AP Nr. 13 zu § 1 KSchG 1969, Bl.

Hoyningen-Huene, Gerrick von : Betriebsverfassungsrecht, München 1983.

Hoyningen-Huene, Gerrick von : Kompetenzüberschreitende Tarifverträge zur Regelung unterschiedlicher Wochenarbeitszeiten, in: Neue Zeitschrift für Arbeitsrecht 1985, 169 f.

Huber, Berthold/Lang, Klaus : Tarifreform 2000 – Forderungskonzepte und Verhandlungsstände im Bereich der Metallindustrie, in: WSI-Mitteilungen 1993, 789 ff.

Hueck, Alfred/Nipperdey, Hans Karl : Lehrbuch des Arbeitsrechts, 7. Auflage, Berlin – Frankfurt a. M., Band I 1963, Band II/1 1967, Band II/2 1970. Zitierweise: *Hueck/Nipperdey*, Arbeitsrecht I bzw. II/1 oder 2, S.

Hueck, Götz/Hoyningen-Huene, Gerrick von : Kommentar zum Kündigungsschutzgesetz, 12. völlig neubearbeitete Auflage, München 1997. Zitierweise: *Hueck/v. Hoyningen-Huene*, KSchG, § Rn.

IG-Metall –Tagung : Krise und Reform in der Industriegesellschaft, Band 2 (Diskussionsbeiträge), Frankfurt a. M. 1976. Zitierweise: *(Diskussionsteilnehmer)*, in: IG-Metall, Krise und Reform II, S.

IG-Metall – Aktionsprogramm: Arbeit und Technik – «Der Mensch muß bleiben», Frankfurt a. M. 1984.

Immenga, Ulrich : Grenzen des kartellrechtlichen Ausnahmebereichs Arbeitsmarkt. Zur Zulässigkeit tarifvertraglicher Regelung von Ladenschlußzeiten, München 1989. Zitierweise: *Immenga*, Grenzen des kartellrechtlichen Ausnahmebereichs Arbeitsmarkt, S.

Immenga, Ulrich/Mestmäcker, Erst-Joachim : Gesetz gegen Wettbewerbsbeschränkungen – Kommentar, München 1992. Zitierweise: *Immenga/Mestmäcker*, GWB, § Rn.

Ingelfinger, Helmar : Arbeitsplatzgestaltung durch Betriebsnormen, Berlin 1996.

Innovations- und Technologieberatungsstelle der Industriegewerkschaft Metall : Zusammenfassender Erfahrungsbericht 1979-1982, Frankfurt a. M., März 1982. Zitierweise: *IBS-IGM*, zusammenfassender Erfahrungsbericht, S.

Jacobi, Erwin : Grundlehren des Arbeitsrechts, Leipzig 1927.

Jacobi, Otto/Müller-Jentsch, Walther/Schmidt, Eberhard (Hrsg.) : Gewerkschaftspolitik in der Krise. Kritisches Gewerkschaftsjahrbuch 1977/78, Berlin 1978. Zitierweise: *(Verfasser)*, in: Jacobi u. a. (Hrsg.), Kritisches Gewerkschaftsjahrbuch 1977/78, S.

Jacobi, Otto/Schmidt, Eberhard/Müller-Jentsch, Walther (Hrsg.) : Starker Arm am kurzen Hebel. Kritisches Gewerkschaftsjahrbuch 1981/82, Berlin 1981. Zitierweise: *(Verfasser)*, in: Jacobi u. a. (Hrsg.), Kritisches Gewerkschaftsjahrbuch 1981/82, S.

Jahnke, Volker : Tarifautonomie und Mitbestimmung, München 1984.

Janßen, Hans : Tarifpolitik und Rationalisierung. Überlegungen zur Tarifpolitik der IG Metall in den achtziger Jahren, in: WSI-Mitteilungen 1982, 529 ff.

Janßen, Hans/Lang, Klaus : Tarifpolitik und gesellschaftliche Strukturreform, in: Altvater, E. u. a., Arbeit 2000. Über die Zukunft der Arbeitsgesellschaft, Hamburg 1985, 196 ff. Zitierweise: *Janßen/Klaus*, in: Arbeit 2000, S.

Jarass, Hans D. : Tarifverträge und Verfassungsrecht. Grundlagefragen, dargestellt am Beispiel des Streits um den Ladenschluß, in: Neue Zeitschrift für Arbeitsrecht 1990, 505 ff.

Jarass, Hans D./Pieroth, Bodo : Grundgesetz für die Bundesrepublik Deutschland, 3. Auflage, München 1995. Zitierweise: *Jarass/Pieroth*, Grundgesetz, Art. Rn.

Joost, Detlev : Betrieb und Unternehmen als Grundbegriffe im Arbeitsrecht, München 1988. Zitierweise: *Joost*, Betrieb und Unternehmen, S.

Jürgens, Jürgen : Zur Informationsbeschaffung von Betriebsräten, insbesondere bei Rationalisierungsmaßnahmen, in: Das Mitbestimmungsgespräch 1979, 150 ff.

Kamanabrou, Sudabeh : Die Auslegung tarifvertraglicher Entgeltfortzahlungsklauseln – zugleich ein Beitrag zum Verhältnis der Tarifautonomie zu zwingenden Gesetzen, in: Recht der Arbeit 1997, 22 ff.

Kahn-Freund, Otto : Arbeit und Recht. Aus dem Englischen übersetzt von Franz Mestitz, Köln 1979.

(*Sir Otto Kahn-Freund* : Labour and the law. Second Edition, London 1977.) Zitierweise: *Kahn-Freund*, Arbeit und Recht (Labor and the law), S.

Kalmbach, Peter : Rationalisierung, neue Technologien und Beschäftigung, in: Gewerkschaftliche Monatshefte 1978, 455 ff.

Kalmbach, Peter : Technologiepolitik als Strukturpolitik, in: Simmert, D. (Hrsg.), Wirtschaftspolitik kontrovers, Köln 1980, 466 ff. Zitierweise: *Kalmbach*, in: Simmert (Hrsg.), Wirtschaftspolitik kontrovers, S.

Kammerer, Klaus : Koalitionsfreiheit und Arbeitsverhältnis (Zur Grundrechtsbegrenzung und Zulässigkeit arbeitsvertraglicher Sanktionen), in: Arbeit und Recht 1984, 65 ff.

Kantzenbach, Erhard : Die Funktionsfähigkeit des Wettbewerbs, 2. Auflage, Göttingen 1967.

Kempen, Otto Ernst : Ansätze zu einer Neuorientierung des gegenwärtigen Tarifvertragsrechts, in: Arbeit und Recht 1980, 193 ff.

Kempen, Otto Ernst : Der verfassungsrechtliche Vorrang der Tarifautonomie im arbeitsrechtlichen Regelungsgefüge, in: Arbeit und Recht 1996, 336 ff.

Kempen, Otto Ernst/Zachert, Ulrich : Tarifvertragsgesetz. Kommentar für die Praxis, 3. Auflage, Köln 1997. Zitierweise: *Kempen/Zachert*, TVG, § Rn

Kemper, Michael : Die Bestimmung des Schutzbereichs der Koalitionsfreiheit (Art. 9 Abs. 3 GG). Zugleich ein Beitrag zur Lehre von den Einrichtungsgarantien, Köln 1989. Zitierweise: *Kemper*, Die Bestimmung des Schutzbereichs der Koalitionsfreiheit, S.

Kern, Horst : Mitbestimmung und technische Entwicklung, in: Gewerkschaftliche Monatshefte 1969, 221 ff.

Kern, Horst : Soziale Sicherheit durch Prozeßnormen. Thesen zur Rolle der Gewerkschaften in der Innovationskrise, in: Gewerkschaftliche Monatshefte 1995, 610 ff.

Kern, Horst/Schauer, Helmut : Rationalisierung und Besitzstandssicherung in der Metallindustrie, in: Gewerkschaftliche Monatshefte 1978, 272 ff., 482 ff.

Kern, Horst/Schumann, Michael : Neue Produktionsprozesse haben Chancen – Bestandsaufnahme und Trendbestimmung der Rationalisierung in den industriellen Kernbereichen, in: Mitteilungen 2/1984, 4 ff.

Kern, Horst/Schumann, Michael : Das Ende der Arbeitsteilung ? Rationalisierung in der industriellen Produktion: Bestandsaufnahme, Trendbestimmung, 2. Auflage, München 1985. Zitierweise: *Kern/Schumann*, Das Ende der Arbeitsteilung ?, S.

Kern, Horst/Schumann, Michael : Kontroverse um „neue Produktionskonzepte" – Replik, in: WSI-Mitteilungen 1985, 356 ff.

Kern, Horst/Schumann, Michael : Vorwärts in die Vergangenheit ? Zustand der Arbeit – Zukunft der Arbeit, in: Gewerkschaftliche Monatshefte 1996, 715 ff.

Kirchhof, Ferdinand : Private Rechtsetzung, Berlin 1987.

Kittner, Michael : Parität im Arbeitskampf ? Überlegungen zur Forderung nach dem Verbot der Aussperrung, in: Gewerkschaftliche Monatshefte 1973, 91 ff.

Kittner, Michael (Hrsg.) : Arbeitsmarkt – ökonomische, soziale und rechtliche Grundlagen, Heidelberg 1982. Zitierweise: *(Verfasser)*, in: Kittner (Hrsg.), Arbeitsmarkt, S.

Kittner, Michael : Das neue Recht der Sozialauswahl bei betriebsbedingten Kündigungen und die Ausdehnung der Kleinbetriebsklausel, in: Arbeit und Recht 1997, 182 ff.

Kittner, Michael : Öffnung des Flächentarifvertrages, in: Schlachter, M. /Ascheid, R./Friedrich, H.-W. (Hrsg.), Tarifautonomie für ein neues Jahrhundert, Festschrift für Günter Schaub zum 65. Geburtstag, München 1998, 389 ff. Zitierweise: *Kittner*, FS für Schaub, S.

Klein, Harald : Koalitionsfreiheit im pluralistischen Sozialstaat. Eine verfassungsrechtliche Analyse der Rechtsprechung des Bundesverfassungsgerichts, Königstein 1979. Zitierweise: *Klein*, Koalitionsfreiheit im pluralistischen Sozialstaat, S.

Kleine-Cosack, Michael : Berufsständische Autonomie und Grundgesetz, Baden-Baden 1986.

Köhler, Helmut : Arbeitskampf und Wettbewerbsrecht, in: Recht der Arbeit 1987, 234 ff.

Kohl, Heribert : Probleme des Rationalisierungsschutzes. Anforderungen an einen erweiterten tarifvertraglichen Arbeitsplatzschutz auf Grund der Erfahrungen der Beschäftigungskrise, in: WSI-Mitteilungen 1977, 232 ff.

Kohl, Heribert : Personalplanung, Arbeitsplatzsicherung, Tarifvertrag. Handlungsanregungen und Materialien für die gewerkschaftliche Praxis, Köln 1979. Zitierweise: *Kohl*, Personalplanung, Arbeitsplatzsicherung, Tarifvertrag, S.

Koller, Ingo : Die Zulässigkeit von Rationalisierungsschutzabkommen in Tarifverträgen, in: Zeitschrift für Arbeitsrecht 1978, 45 ff.

Kommentar zum Tarifvertrag über Einführung und Anwendung rechnergesteuerter Textsysteme, herausgegeben vom Bundesverband Druck, Bundesverband Deutscher Zeitungsverleger, Verband Deutscher Zeitschriftenverleger, Wiesbaden – Bonn 1978. Zitierweise: *Arbeitgeber-Kommentar zum RTS-Vertrag*, S.

Konertz, Wolfram : Tarifrechtliche Regelungsmöglichkeiten der Rationalisierung, Frankfurt a. M. – Bern – New York 1983. Zitierweise: *Konertz*, Tarifrechtliche Regelungsmöglichkeiten, S.

Konzen, Horst : Der Arbeitskampf im Verfassungs- und Privatrechtssystem, in: Archiv für die civilistische Praxis 1977, 473 ff.

Konzen, Horst : Tarifvertragliche Kampfklauseln, in: Zeitschrift für Arbeitsrecht 1980, 77 ff.

Kotthoff, Hermann : Betriebsräte und Bürgerstatus. Wandel und Kontinuität betrieblicher Mitbestimmung, München 1994. Zitierweise: *Kotthoff*, Betriebsräte und Bürgerstatus, S.

Koubek,Norbert/Schredelseker, Klaus (Hrsg.) : Information, Mitbestimmung und Unternehmenspolitik. Veröffentlichung des 8. Wuppertaler Wirtschaftswissenschaftlichen Kolloquiums vom 4./5. Februar 1983, Frankfurt a. M., Haag und Herchen 1984. Zitierweise: *(Verfasser)*, in: Koubek/Schredelseker (Hrsg.), Information, Mitbestimmung und Unternehmenspolitik, S.

Krack, Jürgen/Kutscher, Egon : Lieber besser statt mehr ?, Qualitative Tarifpolitik in der Wirtschaftskrise, Köln 1985. Zitierweise: *Krack/Kutscher*, Lieber besser statt mehr ?, S.

Kraft, Alfons : Die Regelung der Rechtsstellung gewerkschaftlicher Vertrauensleute im Betrieb, in: Zeitschrift für Arbeitsrecht 1976, 243 ff.

Kraft, Alfons : Gewerkschaftseigenschaft – Tariffähigkeit einer Vereinigung von AT-Angestellten, in: Sammlung Arbeitsrechtlicher Entscheidungen 1978, 43 f.

Kreßel, Eckhard : Tarifvertragliche Regelungsbefugnisse bei Fragen der Arbeitsgestaltung – dargestellt am Beispiel der Gruppenarbeit, in: Recht der Arbeit 1994, 23 ff.

Krüger, Herbert : Sinn und Grenzen der Vereinbarungsbefugnis der Tarifvertragsparteien. Gutachten für den 46. DJT, in: Verhandlungen des 46. Deutschen Juristentages, Band I, Teil 1, München – Berlin 1966, 9 ff. Zitierweise: *Krüger*, in: Verhandlungen des 46. DJT I 1, S.

Kuda, Rudolf : Grundlinien einer strukturpolitischen Reformperspektive, in: Gewerkschaftliche Monatshefte 1986, 586 ff.

Kübler, Friedrich/Schmidt, Walter/Simitis, Spiros : Mitbestimmung als gesetzgebungspolitische Aufgabe. Zur Verfassungsmäßigkeit des Mitbestimmungsgesetzes 1976, Baden-Baden 1978. Zitierweise: *Kübler/Schmidt/Simitis*, Mitbestimmung als gesetzgebungspolitische Aufgabe, S.

Küchenhoff, Günther : Einwirkungen des Verfassungsrechts auf das Arbeitsrecht, in: Dietz, R./Hueck, A./Reinhardt, R. (Hrsg.), Festschrift für Hans Carl Nipperdey zum 60. Geburtstag, Bd. II, München – Berlin 1955, 317 ff. Zitierweise: *Küchenhoff*, FS für Nipperdey, S.

Kühling, Jürgen : Arbeitsrecht in der Rechtsprechung des Bundesverfassungsgerichts, in: Arbeit und Recht 1994, 126 ff.

Küller, Hans-Detlev : Perspektiven gewerkschaftlicher Mitbestimmungspolitik. Ein Diskussionsbeitrag zur gegenwärtigen Mitbestimmungsoffensive des DGB, zugleich Plädoyer für eine strategische Wendung in der Mitbestimmungspolitik des DGB. Arbeitspapier Nr. 2/1985 aus der Reihe "Arbeitspapiere zur Unternehmenspolitik und Mitbestimmungspraxis", 4. Fassung, Januar 1985. Zitierweise: *Küller*, Perspektiven gewerkschaftlicher Mitbestimmungspolitik, S.

Külp, Bernhard/Schreiber, Wilfrid (Hrsg.) : Arbeitsökonomik, Köln 1972. Zitierweise: *(Verfasser)*, in: Külp/Schreiber (Hrsg.), Arbeitsökonomik, S.

Kuhlmann, Martin/Schumann, Michael : Was bleibt von der Arbeitersolidarität ? Zum Arbeits- und Betriebsverständnis bei innovativer Arbeitspolitik, in: WSI-Mitteilungen 2000, 18 ff.

Kulka, Michael : Kollektives Arbeitsrecht und Kartellrecht. Zur Anwendbarkeit des GWB auf Wettbewerbsbeschränkungen durch Arbeitskampf und Tarifvertrag, in: Wirtschaft und Wettbewerb 1987, 5 ff.

Kulka, Michael : Die kartellrechtliche Zulässigkeit von Tarifverträgen über das Ende der täglichen Arbeitszeit im Einzelhandel, in: Recht der Arbeit 1988, 336 ff.

Kurz-Scherf, Ingrid : Mitbestimmung durch Tarifvertrag. Konzeptionelle und praktische Ansätze zur Begrenzung unternehmerischer Entscheidungsgewalt durch gewerkschaftliche Tarifmacht, in: WSI-Mitteilungen 1986, 185 ff.

Lang, Klaus/Unterhinninghofen, Hermann : Tarifreform 2000 – IG Metall-Vorschläge für die Industriearbeit der Zukunft, in: Recht der Arbeit 1992, 179 ff.

Lang, Klaus/Schaaf, Peter : Gewerkschaftslandschaft im Umbruch, in: Gewerkschaftliche Monatshefte 1997, 305 ff.

Lecher, Wolfgang : Gewerkschaftsstruktur und Tarifpolitik in Italien, in: WSI-Mitteilungen 1977, 40 ff.

Lehndorff, Steffen : Arbeitslosigkeit und Tarifpolitik. Möglichkeiten und Grenzen der Tarifpolitik im Rahmen des gewerkschaftlichen Kampfes gegen die Arbeitslosigkeit, Köln 1982. Zitierweise: *Lehndorff*, Arbeitslosigkeit und Tarifpolitik, S.

Leisewitz, André : Verengte Perspektive. Kritische Bemerkungen zur Kern/Schumann – Studie "Das Ende der Arbeitsteilung ?", in: Marxistische Studien, Jahrbuch des IMSF 8, Frankfurt a. M. 1985, 300 ff. Zitierweise: *Leisewitz*, in: Jahrbuch des IMSF 8/1985, S.

Leminsky, Gerhard : Gewerkschaftsreform und gesellschaftlicher Wandel, in: Gewerkschaftliche Monatshefte 1971, 194 ff.

Leminsky, Gerhard : Überbetriebliche Mitbestimmung, in: Gewerkschaftliche Monatshefte 1971, 602 ff.

Leminsky, Gerhard : Humanisierung der Arbeit aus eigener Kraft, in: Gewerkschaftliche Monatshefte 1980, 213 ff.

Leminsky, Gerhard/Otto, Bernd : Politik und Programmatik des Deutschen Gewerkschaftsbundes, 2. völlig überarbeitete Auflage, Köln 1984. Zitierweise: *Leminsky/Otto*, Politik und Programmatik des DGB, S.

Lerche, Peter : Zur Bindung der Tarifnormen an Grundrechte, insbesondere an das Grundrecht der Berufsfreiheit, in: Baur, J.-F./Hopt, K-J../Mailänder, K.-P. (Hrsg.), Festschrift für Ernst Steindorff, Berlin – New York 1990, 897 ff. Zitierweise: *Lerche*, in: FS für Steindorff, S.

Leventis, Georg : Tarifliche Differenzierungsklauseln nach dem Grundgesetz und dem Tarifvertragsgesetz, Berlin 1974. Zitierweise: *Leventis*, Tarifliche Differenzierungsklauseln, S.

Lieb, Manfred : Begriff, Geltungsweise und Außenseiterproblematik der Solidarnormen, in: Recht der Arbeit 1967, 441 ff.

Lieb, Manfred : Sonderprivatrecht für Ungleichgewichtslagen ? Überlegungen zum Anwendungsbereich der sogenannten Inhaltskontrolle privatrechtlicher Verträge, in: Archiv für die civilistische Praxis 1978, 196 ff.

Lieb, Manfred : Die Mitbestimmung des Betriebsrats bei der Festsetzung der Arbeits- und Öffnungszeiten in Betrieben des Handels, in: Der Betrieb 1981, Beilage Nr. 17, 4 ff.

Linnenkohl, Karl : Die Virtualisierung der Arbeitsbeziehungen, in: Betriebs-Berater 1998, 45 ff.

Löwisch, Manfred : Die Voraussetzungen der Tariffähigkeit, in: Zeitschrift für Arbeitsrecht 1970, 295 ff.

Löwisch, Manfred : Die Verknüpfung von Kündigungsschutz und Betriebsverfassung nach dem BetrVG 1972, in: Der Betrieb 1975, 349 ff.

Löwisch, Manfred : Richterliches Arbeitskampfrecht und der Vorbehalt des Gesetzes, in: Der Betrieb 1988, 1013 ff.
Löwisch, Manfred : Schutz der Selbstbestimmung durch Fremdbestimmung – Zur verfassungsrechtlichen Ambivalenz des Arbeitnehmerschutzes, in: Zeitschrift für Arbeitsrecht 1996, 293 ff.
Löwisch, Manfred/Rieble, Volker : Tarifvertragsgesetz – Kommentar, München 1992 Zitierweise: *Löwisch/Rieble*, TVG, § Rn.
Loritz, Karl-Georg : Tarifautonomie und Gestaltungsfreiheit des Arbeitgebers. Dargestellt anhand der gewerkschaftlichen Forderung nach tarifvertraglicher Regelung der Bemessungsvorgaben bei der Deutschen Bundespost, Berlin 1990. Zitierweise: *Loritz*, Tarifautonomie und Gestaltungsfreiheit der Arbeitgebers, S.
Loritz, Karl-Georg : Rechtsprobleme der tarifvertraglichen Regelung des „freien Wochenendes", in: Zeitschrift für Arbeitsrecht 1990, 133 ff.
Loritz, Karl-Georg : Anmerkung zu BAG vom 26.04.1990, in: Sammlung Arbeitsrechtlicher Entscheidungen 1991, 245 ff. Zitierweise: *Loritz*, SAE 1991, S.
Lutz, Burkart : Qualifikation und Arbeitsmarktsegmentation, in: Brinkmann, C./Kühl, J./Schultz-Wild, R./Sengenberger, W. (Hrsg.), Arbeitsmarktsegmentation – Theorie und Therapie im Lichte der empirischen Befunde. IAB-Kontaktseminar 1978 an der Universität München, Nürnberg 1979, 45 ff. Zitierweise: *Lutz*, in: Brinkmann u. a. (Hrsg.), Arbeitsmarktsegmentation, S.
Maase, Mina/Schultz-Wild, Rainer : Betriebliche Beschäftigungspolitik und technisch-organisatorische Veränderungen, in: Rationalisierung 2/1979, 43 ff.
Mahlein, Leonhard/Schäfer, Heinz/Gerlach, Gerhard/Riester, Walter/Balder, Manfred (Hrsg.) : Tarifpolitik unter Krisenbedingungen. Perspektiven, Grenzen und Handlungsmöglichkeiten, Frankfurt a. M. 1984. Zitierweise: *(Verfasser)*, in: Mahlein u. a. (Hrsg.), Tarifpolitik unter Krisenbedingungen, S.
Mangoldt, Hermann von/Klein, Friedrich/Starck, Christian : Das Bonner Grundgesetz, Kommentar, 3., vollständig neubearbeitete Auflage, München – Vahlen 1985. Zitierweise: *(Bearbeiter)*, in: Mangoldt u. a., GG, Art. Rn.
Marzen, Walter : Abschlußnormen in Betriebsvereinbarungen, in: Recht der Arbeit 1966, 296 ff.
Mauer, Andreas/Seifert, Hartmut : Betriebliche Beschäftigungs- und Wettbewerbsbündnisse – Strategie für Krisenbetriebe oder neue regelungspolitische Normalität ?, in: WSI-Mitteilungen 2001, 490 ff.
Maunz, Theodor/Dürig, Günter/Herzog, Roman/Scholz, Rupert : Grundgesetz-Kommentar, München, Lieferung 31 (Mai 1994). Zitierweise: *(Verfasser)*, in: Maunz u. a., GG, Art. Rn.

Mayer, Erich : Neue Technologien und ihre Folgen: „Modellfall Uhren“, in: Technologie-Tagung der IG-Metall, „Strukturelle Arbeitslosigkeit durch technologischen Wandel“, Frankfurt a. M. 1977, 31 ff. Zitierweise: *Mayer*, in: Technologie-Tagung der IG-Metall 1977, S.

Mayer, Udo/Ralfs, Ulla : Rationalisierung und Rationalisierungsschutz, 2., überarbeitete Auflage, Neuwied und Darmstadt 1984.

Mayer-Maly, Theo : Leistungsdifferenzierung und Tarifmachtsbegrenzung, in: Betriebs-Berater 1966, 1067 ff.

Mayer-Maly, Theo : Anmerkung zu BAG vom 9.7.1968, in: Arbeitsrechtliche Praxis Nr. 25 zu § 2 TVG, Bl. 220 ff. Zitierweise: *Mayer-Maly*, AP Nr. 25 zu § 2 TVG

Mayer-Maly, Theo : Die negative Koalitionsfreiheit am Prüfstein, in: Zeitschrift für Arbeitsrecht und Sozialrecht 1969, 81 ff.

Mayer-Maly, Theo : Aussperrung und Parität, in: Der Betrieb 1979, 95 ff.

Meier-Krenz, Ulrich : Die Erweiterung von Beteiligungsrechten des Betriebsrates durch Tarifvertrag, Diss. Heidelberg 1988. Zitierweise: *Meier-Krenz*, Die Erweiterung von Beteiligungsrechten, S.

Meik, Frank Andreas : Der Kernbereich der Tarifautonomie. Dargestellt am Funktionszusammenhang von Unternehmens-, Betriebs- und Tarifautonomie, Berlin 1987. Zitierweise: *Meik*, Der Kernbereich der Tarifautonomie, S.

Meine, Hartmut/Ohl, Kay : Lohn- und leistungspolitische Konsequenzen veränderter Produktionsprozesse in der Metallindustrie, in: WSI-Mitteilungen 1990, 197 ff.

Mendner, Jürgen H. : Technologische Entwicklung und Arbeitsprozess. Zur reellen Subsumtion der Arbeit unter das Kapital, Frankfurt a. M. 1975. Zitierweise: *Mendner*, Technologische Entwicklung und Arbeitsprozess, S.

Mestmäcker, Ernst-Joachim : Zur gesellschaftlich organisierten Berufsfreiheit, in: Hefermehl, W./Gmür, R./Brox, H. (Hrsg.), Festschrift für Harry Westermann zum 65. Geburtstag, Karlsruhe 1974, 411 ff. Zitierweise: *Mestmäcker*, FS für Westermann, S.

Mettelsiefen, Bernd : Arbeitszeitverkürzung: eine Kontroverse ohne Ende ?, in: WSI-Mitteilungen 1978, 195 ff.

Mickler, Otfried/Pelull, Wolfgang/Wobbe-Ohlenburg, Werner/Kalmbach, Peter/Kasiske, Rolf/Manske, Fred : Industrieroboter. Bedingungen und soziale Folgen des Einsatzes neuer Technologien in der Automobilproduktion, Frankfurt a. M. – New York 1981. Zitierweise: *Mickler u. a.*, Industrieroboter, S.

Minssen, Heiner/Howaldt, Jürgen/Kopp, Ralf : Gruppenarbeit in der Automobilindustrie – Das Beispiel Bochum, in: WSI-Mitteilungen 1991, 434 ff.

Misera, Karl-Heinz : Tarifmacht und Individualbereich unter Berücksichtigung der Sparklausel, Berlin 1969. Zitierweise: *Misera*, Tarifmacht und Individualbereich, S.

Molitor, Karl – Interview : Kontrollierte Dezentralisierung, in: Die Mitbestimmung 6/1998, 40 ff. Zitierweise: *Molitor*, in: Die Mitbestimmung 6/1998, S.

Moll, Wilhelm : Künstliche Beschäftigung im Kollektivvertragsrecht der USA und der Bundesrepublik Deutschland, Frankfurt a. M. 1982. Zitierweise: *Moll*, Künstliche Beschäftigung, S.

Müller, Christoph Johannes : Die Berufsfreiheit des Arbeitgebers. Einwirkungen des Art. 12 Abs. 1 GG auf das Individual- und Kollektivarbeitsrecht, Köln 1996. Zitierweise: *Müller*, Die Berufsfreiheit des Arbeitgebers, S.

Müller, Gerhard : Arbeitskampf und Recht – Grundsätze der Tarifvertragsautonomie, Frankfurt a. M. – Wiesbaden 1987. Zitierweise: *Müller*, Arbeitskampf und Recht, S.

Müller, Wigo : Die betriebsbedingte Kündigung im Kündigungsschutzprozess, in: Der Betrieb 1975, 2130 ff.

Müller-Jentsch, Walther : Soziologie der industriellen Beziehungen. Eine Einführung, Frankfurt a. M. 1986. Zitierweise: *Müller-Jentsch*, Soziologie der industriellen Beziehungen, S.

Müller-Jentsch, Walther (Hrsg.) : Zukunft der Gewerkschaften – ein internationaler Vergleich, Frankfurt/Main, New York 1988. Zitierweise: *(Verfasser)* in: Müller-Jentsch (Hrsg.), Zukunft der Gewerkschaften, S.

Müller-Jentsch, Walther : Das (Des-)Interesse der Arbeitgeber am Tarifvertragssystem, in: WSI-Mitteilungen 1993, 496 ff.

Münchener Handbuch zum Arbeitsrecht : Richardi, R./Wlotzke, O. (Hrsg.), Kollektives Arbeitsrecht – Band 3, 2. Auflage, München 2000. Zitierweise: MünchArbR-*Autor*, Kollektives Arbeitsrecht Bd. 3, § Rn.

Muhr, Gerd (Hrsg.) : Streikrecht, Demokratie und Sozialstaat. Beiträge zum Arbeitskampfrecht. Protokoll der wissenschaftlichen Konferenz des DGB am 17. u. 18. März 1987 in Ludwigshafen, Köln 1987. Zitierweise: *(Verfasser)*, in: Muhr (Hrsg.), Streikrecht, Demokratie und Sozialstaat, S.

Muster, Manfred : Chancen und Schwierigkeiten arbeitspolitischer Interessenvertretung in der Automobilindustrie, in: WSI-Mitteilungen 1987, 337 ff.

Nacken, Gert : Tarifverträge über das Ende der Arbeitszeit und § 1 GWB, in: Wirtschaft und Wettbewerb 1988, 475 ff.

Nahamowitz, Peter : Wirtschaftsrecht im "organisierten Kapitalismus", in: Kritische Justiz 1981, 34 ff.

Naschold, Frieder : Humanisierung der Arbeit zwischen Staat und Gewerkschaften. Probleme einer sozialkontrollierten Technologiepolitik, in: Gewerkschaftliche Monatshefte 1980, 221 ff.

Natzel, Benno : Mitwirkung und Mitbestimmung des Betriebsrates bei der menschengerechten Gestaltung der Arbeit, in: Der Betrieb 1972, Beilage Nr. 24, 1 ff.

Nikisch, Arthur : Arbeitsrecht, Band I, 3. Auflage, Tübingen 1961 – Band II, 2. Auflage, Tübingen 1959 – Band III, 2. Auflage, Tübingen 1966. Zitierweise: *Nikisch*, Arbeitsrecht I – II – III, S.

Nipperdey, Hans Carl/Säcker, Franz Jürgen : Arbeitsrechts-Blattei D, Berufsverbände I, Entwicklung, Begriff und Rechtsstellung – Entscheidungen 14/16. Zitierweise: *Nipperdey/Säcker*, AR-Blattei D (genauer Abschnitt)

Nipperdey, Hans Carl/Säcker, Franz Jürgen : Arbeitsrechts-Blattei, Tarifvertrag II A. Zitierweise: *Nipperdey/Säcker*, AR-Blattei A (genauer Abschnitt)

Oelke, Paul : Kontinuität und Wandel im neuen FuE-Programm „Arbeit und Technik" der Bundesregierung, in: WSI-Mitteilungen 1990, 629 ff.

Oetker, Hartmut : Der arbeitsrechtliche Bestandsschutz unter dem Firmament der Grundrechtsordnung – Einblicke in das arbeitsrechtliche Nervenzentrum, Stuttgart, München, Hannover, Berlin, Weimar, Dresden 1996. Zitierweise: *Oetker*, Der arbeitsrechtliche Bestandsschutz, S.

Oetker, Hartmut : Gibt es einen Kündigungsschutz außerhalb des Kündigungsschutzgesetzes ?, in: Arbeit und Recht 1997, 41 ff.

Offe, Claus (Hrsg.) : Opfer des Arbeitsmarktes. Zur Theorie der strukturierten Arbeitslosigkeit, 1. Auflage, Neuwied – Darmstadt 1977. Zitierweise: *(Verfasser)*, in: Offe (Hrsg.), Opfer des Arbeitsmarktes, S.

Offe, Claus (Hrsg.) : "Arbeitsgesellschaft". Strukturprobleme und Zukunftsperspektiven, Frankfurt a. M. – New York 1984. Zitierweise: *(Verfasser)*, in: Offe (Hrsg.), Arbeitsgesellschaft, S.

Oppolzer, Alfred : Individuelle Freiheit und kollektive Sicherheit im Arbeitsrecht – Neue Herausforderungen für das Arbeitsrecht, in: Arbeit und Recht 1998, 45 ff.

Ott, Erich : Interessenvertretung der Arbeitnehmer in Klein- und Mittelbetrieben bei der Einführung neuer Technologien – Bedingungen und Möglichkeiten, in: Die Mitbestimmung 1987, 52 ff.

Otto Brenner Stiftung : Krise des Flächentarifvertrages ? – Dokumentation eines Gesprächs der Otto Brenner Stiftung (Frankfurt am Main, 8. Dezember 1995), Köln 1996. Zitierweise: *(Verfasser)*, in: Otto Brenner Stiftung, Krise des Flächentarifvertrages ?, S.

Otto, Hansjörg : Die verfassungsrechtliche Gewährleistung der koalitionsspezifischen Betätigung. (Eine Analyse des Beschlusses des BVerfG vom 17. Februar 1981 – 2 BrR 384/78 – zur Frage gewerkschaftlicher Zutrittsrechte zu kichlichen Einrichtungen). Gutachten erstattet für die Gewerkschaft ÖTV, 1982. Zitierweise: *Otto*, Die verfassungsrechtliche Gewährleistung, S.

Otto, Hansjörg : Tarifautonomie unter Gesetzes- oder Verfassungsvorbehalt. Gedanken zur Funktionsgarantie des Art. 9 Abs. 3 GG, in: Bettermann K. A. (Hrsg.), Festschrift für Albrecht Zeuner zum 70. Geburtstag, Tübingen 1994, 121 ff. Zitierweise: *Otto*, FS für Zeuner, S.

Papier, Hans-Jürgen : Einführung neuer Techniken. Verfassungsfragen zur Erweiterung der betrieblichen Mitbestimmung, in: Neue Juristische Wochenschrift 1987, 988 ff.

Peter, Gerd/Zwingmann, Bruno (Hrsg.) : Humanisierung der Arbeit. Probleme der Durchsetzung, Köln 1982. Zitierweise: *(Verfasser),* in: Peter/Zwingmann (Hrsg.) Humanisierung der Arbeit, S.

Pfarr, Heide M. : Quoten und Grundgesetz. Notwendigkeit und Verfassungsmäßigkeit von Frauenförderung, Baden-Baden 1988. Zitierweise: *Pfarr*, Quoten und Grundgesetz, S.

Pfarr, Heide M./Kittner, Michael : Solidarität im Arbeitsrecht, in: Recht der Arbeit 1974, 284 ff.

Pfarr, Heide M./Bertelsmann, Klaus : Gleichbehandlungsgesetz – Zum Verbot der unmittelbaren und der mittelbaren Diskriminierung von Frauen im Erwerbsleben, Wiesbaden 1985. Zitierweise: *Pfarr/Bertelsmann*, Gleichbehandlungsgesetz, S.

Pfarr, Heide M./Bertelsmann, Klaus : Diskriminierung im Erwerbsleben. Ungleichbehandlung von Frauen und Männern in der Bundesrepublik Deutschland, Baden-Baden 1989. Zitierweise: *Pfarr/Bertelsmann*, Diskriminierung im Erwerbsleben, S.

Picker, Eduard : Die Regelung der "Arbeits- und Wirtschaftsbedingungen" – Vertragsprinzip oder Kampfprinzip ?, in: Zeitschrift für Arbeitsrecht 1986, 199 ff.

Picker, Eduard : Tarifmacht und tarifvertragliche Arbeitsmarktpolitik. Höchstarbeitszeitregeln als Prüfstein für das Verständnis von Koalitionsfunktion und Tarifautonomie, in: Zeitschrift für Arbeitsrecht 1998, 573 ff.

Pieper, Rainer : Aspekte des gewerkschaftlichen Streikrechts. (Zugleich eine Kritik an der Rechtsprechung des Bundesverfassungsgerichts zu den Gewerkschaftsrechten), in: Arbeit und Recht 1987, 121 ff.

Pitschas, Rainer : Berufsfreiheit und Berufslenkung, Berlin 1983.

Plander, Harro : Arbeitslosigkeit, Neue Technologien und gewerkschaftliche Streikfähigkeit, in: Der Betrieb 1987, Beilage Nr. 13/1987 zu Heft Nr. 25 vom 19. Juni 1987, 1 ff.

Pöhler, Willi (Hrsg.) : Damit die Arbeit menschlicher wird – Fünf Jahre Aktionsprogramm Humanisierung des Arbeitslebens, Bonn 1979. Zitierweise: *(Verfasser),* in: Pöhler (Hrsg.), Damit die Arbeit menschlicher wird, S.

Pollen, Toni/Skrotzki, Rainer/Wassermann, Wolfram : Computereinsatz in der Textilindustrie. Betriebliche Einsatzbeispiele, in: WSI-Mitteilungen 1983, 101 ff.

Pornschlegel, Hans : Tarifpolitische Perspektiven des technologischen Wandels, in: Technologie-Tagung der IG-Metall, "Strukturelle Arbeitslosigkeit durch technologischen Wandel", Frankfurt a. M. 1977, 103 ff. Zitierweise: *Pornschlegel*, in: Technologie-Tagung der IG-Metall 1977, S.

Pornschlegel, Hans : Entwicklungstendenzen und Konfliktfelder der Tarifvertragsgestaltung, in: Recht der Arbeit 1978, 155 ff.

Poth, Holger : Kartellrechtliche Grenzen der Regelung betrieblicher Nutzungszeiten durch Tarifvertrag, in: Neue Zeitschrift für Arbeits- und Sozialrecht 1989, 626 ff.

Poth, Holger : Die Grenzen des Arbeitsrechts aus kartellrechtlicher Sicht – zugleich ein Beitrag zur Restriktion des Kartellverbots, Frankfurt a. M. 1990.

Posner, Richard A. : Economic Analysis of Law, 2d edition, Boston and Toronto 1977.

Preiß, Christine : Humanisierung der Arbeitswelt. Darstellung und Diskussion der technisch-ökonomischen Entstehungsbedingungen, der theoretischen Konzepte und praktischen Modelle, Köln 1977. Zitierweise: *Preiß*, Humanisierung der Arbeitswelt, S.

Prognos-Institut u. a. : Technischer Fortschritt – Auswirkungen auf Wirtschaft und Arbeitsmarkt, Basel 1979. Zitierweise: *Prognos-Institut u. a.*, Technischer Fortschritt, S.

Projektgruppe Gewerkschaftsforschung : Tarifpolitik 1978: Lohnpolitische Kooperation und Absicherungskämpfe. Darstellung und Analyse der Tarifbewegung in der Metallverarbeitenden, der Chemischen und der Druckindustrie sowie im öffentlichen Dienst, Forschungsberichte des Instituts für Sozialforschung, Frankfurt a. M. 1979. Zitierweise: *Projektgruppe Gewerkschaftsforschung*, Tarifpolitik 1978, S.

Ramm, Thilo : Die Freiheit der Willensbildung. Zur Lehre von der Drittwirkung der Grundrechte und der Rechtsstruktur der Vereinigung, Stuttgart 1960.

Ramm, Thilo : Die Rechtsnatur des Tarifvertrages, in: Juristen-Zeitung 1962, 79 ff.

Rawls, John : Eine Theorie der Gerechtigkeit, Frankfurt a. M. 1975.

Rehbinder, Eckard : Zur kartellrechtlichen Beurteilung von Absprachen und Empfehlungen über Geschäftszeiten und Betriebsferien, in: Betriebs-Berater 1964, 895 ff.

v. Reitzenstein, Irene : Solidarität und Gleichheit. Ordnungsvorstellungen im deutschen Gewerkschaftsdenken nach 1945, Berlin 1961. Zitierweise: *v. Reitzenstein*, Solidarität und Gleichheit, S.

Reuß, Wilhelm : Arbeitskampfbereitschaft als Voraussetzung der Tarifhoheit. Zum Beschluß des BAG vom 19.1.1962 und zum Urteil des BVerfG vom 6.5.1964, in: Recht der Arbeit 1964, 362 ff.

Reuß, Wilhelm : Die Bedeutung der "Mächtigkeit" von Verbänden im kollektiven Arbeitsrecht, in: Recht der Arbeit 1972, 4 ff.

Reuter, Dieter : Die freie Wahl des Arbeitsplatzes – ein nicht realisierbares Grundrecht ?, in: Recht der Arbeit 1973, 345 ff.

Reuter, Dieter : Die Arbeitskampffreiheit in der Verfassungs- und Rechtsordnung der Bundesrepublik Deutschland, in: Sauermann, H./Mestmäcker, E. J. (Hrsg.), Wirtschaftsordnung und Staatsverfassung. Festschrift für Franz Böhm zum 80. Geburtstag, Tübingen 1975, 521 ff. Zitierweise: *Reuter*, FS für Böhm, S.

Reuter, Dieter : Zulässigkeit und Grenzen tarifvertraglicher Besetzungsregelungen, in: Zeitschrift für Arbeitsrecht 1978, 1 ff.

Reuter, Dieter : Grundlagen des Kündigungsschutzes – Bestandsaufnahme und Kritik, in: Gamillscheg, F./Hueck, G./ Wiedemann, H. (Hrsg.), Fünfundzwanzig Jahre Bundesarbeitsgericht, München 1979, 405 ff. Zitierweise: *Reuter*, FS für das BAG, S.

Reuter, Dieter : Die Mitbestimmung des Betriebsrats über die Lage der Arbeitszeit von Ladenangestellten, in: Zeitschrift für Arbeitsrecht 1981, 165 ff.

Reuter, Dieter : Reichweite und Grenzen der Legitimität des Bestandsschutzes von Arbeitsverhältnissen, in: Ordo. Jahrbuch für die Ordnung von Wirtschaft und Gesellschaft, Band 33, Jahrgang 1982, 165 ff.

Reuter, Dieter : Gibt es eine arbeitsrechtliche Methode ? Ein Plädoyer für die Einheit der Rechtsordnung, in: Dieterich, T./Gamillscheg, F./Wiedemann, H. (Hrsg.), Festschrift für Marie Luise Hilger und Hermann Stumpf, München 1983, 573 ff. Zitierweise: *Reuter*, FS für Hilger/Stumpf, S.

Reuter, Dieter : Die Rolle des Arbeitsrechts im marktwirtschaftlichen System – Eine Skizze, in: Ordo. Jahrbuch für die Ordnung von Wirtschaft und Gesellschaft, Band 36, Jahrgang 1985, 51 ff.

Reuter, Dieter : Anmerkung zu BAG vom 27.06.1989, in: Entscheidungssammlung zum Arbeitsrecht, Art. 9 GG Arbeitskampf Nr. 94, 21 ff. Zitierweise: *Reuter*, EzA Art. 9 GG Nr. 94, S.

Reuter, Dieter : Möglichkeiten und Grenzen einer Auflockerung des Tarifkartells, in: Zeitschrift für Arbeitsrecht 1995, 1 ff.

Richardi, Reinhard : Kollektivgewalt und Individualwille bei der Gestaltung des Arbeitsverhältnisses, München 1968. Zitierweise: *Richardi*, Kollektivgewalt, S.

Richardi, Reinhard : Aussperrung und Arbeitsverhältnis, in: Recht der Arbeit 1970, 65 ff.

Richardi, Reinhard : Der Mitbestimmungsgedanke in der Arbeitsrechtsordnung, in: Das Arbeitsrecht der Gegenwart 1976, 19 ff.

Richardi, Reinhard : Sind im Interesse einer gerechteren Verteilung der Arbeitsplätze Begründung und Beendigung des Arbeitsverhältnisses neu zu regeln ?, in: Juristenzeitung 1978, 485 ff.

Richardi, Reinhard : Die Verhältnismäßigkeit von Streik und Aussperrung, in: Neue Juristische Wochenschrift 1978, 2057 ff.

Richardi, Reinhard : Erweiterung der Mitbestimmung durch Tarifvertrag, in: Zeitschrift für Arbeitsrecht 1988, 673 ff.

Richardi, Reinhard : Kollektivvertragliche Arbeitszeitregelung, in: Zeitschrift für Arbeitsrecht 1990, 211 ff.

Richardi, Reinhard : Betriebsverfassungsgesetz mit Wahlordnung, 7. Auflage, München 1998. Zitierweise: *Richardi*, BetrVG, § Rn.

Rieble, Volker : Beschäftigungspolitik durch Tarifvertrag, in: Zeitschrift für Tarifrecht 2/1993, 54 ff.

Rieble, Volker : Arbeitsmarkt und Wettbewerb: der Schutz von Vertrags- und Wettbewerbsfreiheit im Arbeitsrecht, Berlin – Heidelberg u. a., 1996. Zitierweise: *Rieble,* Arbeitsmarkt und Wettbewerb, Rn.

Rieble, Volker : Der Tarifvertrag als kollektiv-privatautonomer Vertrag, in: Zeitschrift für Arbeitsrecht 2000, 5 ff.

Riester, Walter. : Unsere Tarifverträge sind ein Spiegelbild der tayloristischen Arbeitsorganisation, in: Die Mitbestimmung 4/1992, 16 ff.

Rieth, Horst : Die Steuerung unternehmerischen Handelns durch Tarifvertrag, Freiburg 1980. Zitierweise: *Rieth*, Die Steuerung unternehmerischen Handelns, S.

Ritter, Michael : Vom Betriebsverfassungsgesetz 1972 abweichende Regelungen durch Tarifvertrag und Betriebsvereinbarung, Diss. Heidelberg 1974. Zitierweise: *Ritter*, Vom Betriebsverfassungsgesetz 1972 abweichende Regelungen, S.

Robak, Brigitte/Schlecht, Michael : Tarifliche Gestaltung des Einsatzes neuer Technologien. Erfahrungen und Konsequenzen aus der Anwendung des RTS-Tarifvertrages in der Druckindustrie, in: WSI-Mitteilungen 1983, 133 ff.

Röhsler, Waldemar : Der Solidaritätsgedanke im Individualarbeitsrecht unter besonderer Berücksichtigung der Rechtsprechung des Bundesarbeitsgerichts, in: Das Arbeitsrecht der Gegenwart 1975 (Dokumentation 1974), 107 ff.

Roth, Wulf-Henning : Tarifverträge aus kartellrechtlicher Sicht, in: FIW (Hrsg.), Tarifautonomie und Kartellrecht, Köln – Berlin – Bonn – München 1990, 7 ff. Zitierweise: *Roth*, in: FIW (Hrsg.), Tarifautonomie und Kartellrecht, S.

Rüthers, Bernd : Rechtsprobleme des Zeitlohnes an taktgebundenen Produktionsanlagen, in: Zeitschrift für Arbeitsrecht 1973, 399 ff.

Rüthers, Bernd : Tarifautonomie und gerichtliche Zwangsschlichtung, Konstanz 1973.

Rüthers, Bernd : Arbeitgeber und Gewerkschaften – Gleichgewicht oder Dominanz, in: Der Betrieb 1973, 1649 ff.

Rüthers, Bernd : Tarifmacht und Mitbestimmung in der Presse, Berlin 1975. Zitierweise: *Rüthers*, Tarifmacht, S.

Runggaldier, Ulrich : Kollektivvertragliche Mitbestimmung bei Arbeitsorganisation und Rationalisierung, Frankfurt a. M. 1983. Zitierweise: *Runggaldier*, Kollektivvertragliche Mitbestimmung, S.

Rupp, Hans Heinrich : Methodenkritische Bemerkungen zum Verhältnis von tarifvertraglicher Rechtsetzung und parlamentarischer Gesetzgebungskompetenz, in: Juristen-Zeitung 1998, 919 ff.

Sachs, Michael (Hrsg.) : Grundgesetz – Kommentar, München 1996. Zitierweise: *(Verfasser),* in: Sachs, GG, Art. Rn.

Säcker, Franz Jürgen : Grundprobleme der kollektiven Koalitionsfreiheit, Düsseldorf 1969. Zitierweise: *Säcker*, Grundprobleme, S.

Säcker, Franz Jürgen : Die Regelung sozialer Angelegenheiten im Spannungsfeld zwischen tariflicher und betriebsvereinbarungsrechtlicher Normsetzungsbefugnis, in: Zeitschrift für Arbeitsrecht 1972, Sonderheft, 41 ff.

Säcker, Franz Jürgen : Streikhilfeabkommen und Kartellrecht, in: Zeitschrift für das gesamte Handelsrecht und Wirtschaftsrecht 1973, 455 ff.

Säcker, Franz Jürgen : Die Institutions- und Betätigungsgarantie der Koalitionen im Rahmen der Grundrechtsordnung, in: Das Arbeitsrecht der Gegenwart 1975, 17 ff.

Säcker, Franz Jürgen : Das Verhältnis des Tarifvertrages zu den übrigen arbeitsrechtlichen Rechtsquellen, in: Arbeitsrechts-Blattei, Tarifvertrag I C, 1981. Zitierweise: *Säcker*, AR-Blattei, Tarifvertrag I C, (Kapitel).

Säcker, Franz Jürgen : Das neue Entgeltfortzahlungsgesetz und die individuelle und kollektive Vertragsfreiheit, in: Arbeit und Recht 1994, 1 ff.

Säcker, Franz Jürgen/Oetker, Hartmut : Grundlagen und Grenzen der Tarifautonomie – erläutert anhand aktueller tarifpolitischer Fragen, München 1992. Zitierweise: *Säcker/Oetker*, Grundlagen und Grenzen der Tarifautonomie, S.

Säcker, Franz Jürgen/Oetker, Hartmut : Höchstnormenbeschlüsse der Koalitionen zwischen Freiheitsschutz und Verbandsautonomie, in: Zeitschrift für Arbeitsrecht 1996, 85 ff.

Scharpf, Fritz W. : Autonome Gewerkschaften und staatliche Wirtschaftspolitik: Probleme einer Verbändegesetzgebung, Köln – Frankfurt a. M. 1978. Zitierweise: *Scharpf*, Autonome Gewerkschaften und staatliche Wirtschaftspolitik, S.

Scharpf, Fritz W. : Organisatorische Voraussetzungen der Funktionsfähigkeit der Gewerkschaften in der Bundesrepublik Deutschland, in: Gewerkschaftliche Monatshefte 1978, 578 ff.

Schauer, Helmut : Tarifpolitik und Sozialreform. Stationen bundesdeutscher Tarifgeschichte, in: WSI-Mitteilungen 1999, 426 ff.

Schellhaaß, Horst-Manfred : Ein ökonomischer Vergleich finanzieller und rechtlicher Kündigungserschwernisse, in: Zeitschrift für Arbeitsrecht 1984, 139 ff.

Schelp, Günter : Gemeinsame Einrichtungen der Tarifvertragsparteien, in: Dietz, R./Hueck, A./Reinhardt, R. (Hrsg.), Festschrift für Hans Carl Nipperdey zum 60. Geburtstag, Band II, München – Berlin 1955, 579 ff. Zitierweise: *Schelp*, FS für Nipperdey, S.

Schleusener, Axel Aino : Die Zulässigkeit qualitativer Besetzungsregelungen in Tarifverträgen, Berlin 1997. Zitierweise: *Schleusener*, Die Zulässigkeit qualitativer Besetzungsregelungen, S.

Schmidt, Rudi : Zu den arbeitspolitischen Chancen und Grenzen neuer Produktionskonzepte. Einige Anmerkungen zum Konzept Horst Kerns und Michael Schumanns einer industriellen „Modernisierung als gesellschaftlichem Projekt“, in: WSI-Mitteilungen 1985, 146 ff.

Schmidt-Eriksen, Christoph : Tarifvertrag und Wettbewerbsschutz, in: Arbeit und Recht 1991, 137 ff.

Schmidt-Eriksen, Christoph : Tarifvertragliche Betriebsnormen. Zum Konflikt individueller und kollektiver Gestaltung des Arbeitsverhältnisses und zur Reichweite tarifvertraglicher Gestaltungsmacht gegenüber dem Arbeitgeber, Baden-Baden 1992. Zitierweise: *Schmidt-Eriksen*, Tarifvertragliche Betriebsnormen, S.

Schmidt-Rimpler, Walter : Grundfragen einer Erneuerung des Vertragsrechts, in: Archiv für die civilistische Praxis 1941, 130 ff.

Schmierl, Klaus : Historische Leistungskompromisse unter Veränderungsdruck. Neue Lohnsysteme in der Metallindustrie, in: WSI-Mitteilungen 1996, 652 ff.

Schmierl, Klaus : Erosion oder Wandel ? Industrielle Beziehungen im transnationalen Produktionsverbund, in: WSI-Mitteilungen 1999, 548 ff.

Schneider, Roland : Computertechnologien in der Produktion. Zur Veränderung industrieller Arbeit durch Automatisierung, in: WSI-Mitteilungen 1983, 66 ff.

Schnorr, Gerhard : Inhalt und Grenzen der Tarifautonomie, in: Juristische Rundschau 1966, 327 ff.

Scholz, Rupert : Die Koalitionsfreiheit als Verfassungsproblem, München 1971. Zitierweise: *Scholz*, Die Koalitionsfreiheit, S.

Scholz, Rupert : Konzentrationskontrolle und Grundgesetz, Stuttgart 1971. Zitierweise: *Scholz*, Konzentrationskontrolle, S.

Scholz, Rupert : Paritätische Mitbestimmung und Grundgesetz, Berlin 1974. Zitierweise: *Scholz*, Paritätische Mitbestimmung, S.

Scholz, Rupert : Die Berufsfreiheit als Grundlage und Grenze arbeitsrechtlicher Regelungssysteme, in: Zeitschrift für Arbeitsrecht 1981, 265 ff.

Scholz, Rupert : Verdeckt Verfassungsneues zur Mitbestimmung ?, in: Neue Juristische Wochenschrift 1986, 1587 ff.

Scholz, Rupert : Verfassungsrechtliche Grundlagen des Arbeitskampfrechts, in: Zeitschrift für Arbeitsrecht 1990, 377 ff.

Scholz, Rupert : Tarifautonomie, Arbeitskampf und privatrechtlicher Wettbewerb, in: Löwisch, M./Schmidt-Leithoff, Ch./Schmiedel, B. (Hrsg.), Festschrift für Fritz Rittner zum 70. Geburtstag, München 1991, 627 ff. Zitierweise: *Scholz*, FS für Rittner, S.

Scholz, Rupert : Anmerkung zu BVerfG v. 14.11.1995, in: Sammlung Arbeitsrechtlicher Entscheidungen 7/1996, 320 ff. Zitierweise: *Scholz*, SAE 7/1996, S.

Scholz, Rupert/Konzen, Horst : Die Aussperrung im System von Arbeitsverfassung und kollektivem Arbeitsrecht, Berlin 1980. Zitierweise: *Scholz/Konzen*, Die Aussperrung, S.

Schroeder, Wolfgang : Gewerkschaften und Arbeitgeberverbände, in: Gewerkschaftliche Monatshefte 1996, 601 ff.

Schroeder, Wolfgang/Weinert, Rainer : Elemente einer tarifpolitischen Regulierungsstrategie der Gewerkschaften, in: Gewerkschaftliche Monatshefte 1998, 319 ff.

Schudlich, Edwin : Arbeitszeit und Arbeitspolitik – Teil 2: Arbeitszeitpolitik seit 1950: Interessenparallelität und -widersprüche, in: Leviathan 1983a, Sonderheft 5, 381 ff.

Schudlich, Edwin : Anreiz oder Kompromiß ? – Leistungspolitische Folgen neuer Techniken, in: WSI-Mitteilungen 1990, 205 ff.

Schulte-Westenberg, Michael : Gewerkschafts- kontra Arbeitgeberinteressen: Gewerkschaftliche Mitgliederwerbung während der Arbeitszeit – Abschied von der Kernbereichstheorie, in: Neue Juristische Wochenschrift 1997, 375 f.

Schulz, Heinz-Jochen : Umfang und Wirkung tariflicher Betriebsnormen, Diss. München 1965. Zitierweise: *Schulz*, Umfang und Wirkung, S.

Schumann, Michael : Die deutsche Automobilindustrie im Umbruch, in: WSI-Mitteilungen 1997, 217 ff.

Schumann, Michael : Sozialstrukturelle Ausdifferenzierung und Pluralisierung der Solidarität, in: WSI-Mitteilungen 2001, 531 ff.

Schumann, Michael/Wittemann, Klaus Peter : Entwicklungstendenzen der Arbeit im Produktionsbereich, in: Altvater, E. u. a., Arbeit 2000. Über die Zukunft der Arbeitsgesellschaft, Hamburg 1985, 32 ff. Zitierweise: *Schumann/Wittemann*, in: Arbeit 2000, S.

Schumann, Michael/Baethge-Kinsky, Volker/Kurz, Constanze/Neumann, Uwe : Reprofessionalisierung der Industriearbeit: ein Selbstläufer ?, in: Gewerkschaftliche Monatshefte 1990, 417 ff.

Schwarze, Roland : Der Betriebsrat im Dienst der Tarifvertragsparteien, Berlin 1991.

Schwerdtner, Peter : Die Garantie des Rechts auf Arbeit – Ein Weg zur Knechtschaft ?, in: Zeitschrift für Arbeitsrecht 1977, 47 ff.

Seifert, Hartmut : Betriebliche Vereinbarungen zur Beschäftigungssicherung, in: WSI-Mitteilungen 1999, 156 ff.

Seiter, Hugo : Streikrecht und Aussperrungsrecht. Ein Arbeitskampfrechtssystem auf der Grundlage subjektiv-privater Kampfrechte, Tübingen 1975. Zitierweise: *Seiter*, Streikrecht, S.

Simitis, Spiros : Von der institutionalisierten zur problembezogenen Mitbestimmung, in: Arbeit und Recht 1975, 321 ff.

Simitis, Spiros : Entwicklungstendenzen im Tarifvertrags- und Streikrecht, in: IG-Metall Tagung, Krise und Reform in der Industriegesellschaft, Band 1, Frankfurt a. M. 1976, 57 ff. Zitierweise: *Simitis*, in: Krise und Reform I, S.

Simitis, Spiros : Sind im Interesse einer gerechteren Verteilung der Arbeitsplätze Begründung und Beendigung der Arbeitsverhältnisse neu zu regeln ?, Referat für den 52. DJT, in: Verhandlungen des 52. Deutschen Juristentages, Band II (Sitzungsberichte), M 8 ff. Zitierweise: *Simitis*, in: Verhandlungsberichte des 52. DJT II, M

Simitis, Spiros : Diskussionsbeitrag zu den Referaten von Esser und Rüthers, in: Zeitschrift für Arbeitsrecht 1980, 332 ff.

Simitis, Spiros : Zur Verrechtlichung der Arbeitsbeziehungen, in: Kübler, F. (Hrsg.), Verrechtlichung von Wirtschaft, Arbeit und sozialer Solidarität, Baden-Baden 1984, 73 ff. Zitierweise: *Simitis*, in: Kübler (Hrsg.), Verrechtlichung, S.

Simitis, Spiros : Wiederentdeckung des Individuums und arbeitsrechtliche Normen, in: Sinzheimer Cahiers 2, Gekantelde Arbeitsverhoudingen, Amsterdam 1991, 7 ff. Zitierweise: *Simitis*, in: Sinzheimer Cahiers 1991, S.

Simitis, Spiros : Die Altersgrenzen – ein spät entdecktes Problem, in: Recht der Arbeit 1994, 257 ff.

Simitis, Spiros : Diskussionsbeitrag zum Thema „Betriebsverfassung und Tarifvertrag", in: Recht der Arbeit 1994, 174 f.

Simitis, Spiros : Le droit du travail a-t-il encore un avenir ?, in: Droit Social 7/8 1997, 655 ff.

Simitis, Spiros/Rydzy, Wilhelm : Von der Mitbestimmung zur staatlichen Administration: Arbeitsbedingungen bei riskanten Technologien. Eine Studie am Beispiel der Nuklearindustrie, Baden-Baden 1984. Zitierweise: *Simitis/Rydzy*, Von der Mitbestimmung zur staatlichen Administration, S.

Sinzheimer Hugo : Der korporative Arbeitsnormenvertrag. Eine privatrechtliche Untersuchung, 2. Auflage, Berlin 1907, Neuauflage 1977. Zitierweise: *Sinzheimer*, Der korporative Arbeitsnormenvertrag, S.

Sinzheimer, Hugo : Ein Arbeitstarifgesetz. Die Idee der sozialen Selbstbestimmung im Recht, Berlin 1916 (Nachdruck als 2. Auflage 1977). Zitierweise: *Sinzheimer*, Ein Arbeitstarifgesetz, S.

Sinzheimer, Hugo : Grundzüge des Arbeitsrechts, 2. Auflage, Jena 1927.

Sinzheimer, Hugo : Arbeitsrecht und Rechtssoziologie. Gesammelte Aufsätze und Reden, hrsg. von Otto Kahn-Freund und Thilo Ramm mit einer Einleitung von Otto Kahn-Freund, Band I und II, Frankfurt a. M. – Köln 1976. Zitierweise: *Sinzheimer*, in: Arbeitsrecht und Rechtssoziologie I bzw. II, S.

Söllner, Alfred : Mächtigkeit und Leistungsfähigkeit als typologische Merkmale der arbeitsrechtlichen Gewerkschaften, in: Arbeit und Recht 1976, 321 ff.

Söllner, Alfred : Das Begriffspaar der Arbeits- und Wirtschaftsbedingungen in Art. 9 Abs. 3 GG, in: Das Arbeitsrecht der Gegenwart 1979, 19 ff.

Söllner, Alfred : Grundriß des Arbeitsrechts, 11. Auflage, München 1994.

Söllner, Alfred : Grenzen des Tarifvertrages, in: Neue Zeitschrift für Arbeitsrecht 1996, 897 ff.

Sohn, Karl-Heinz : Berufsverband und Industriegewerkschaft. Organisationsprinzipien der deutschen Gewerkschaften, Köln 1964. Zitierweise: *Sohn*, Berufsverband und Industriegewerkschaft, S.

Springer, Roland : Von der teilautonomen zur standardisierten Gruppenarbeit. Arbeitspolitische Perspektiven in der Automobilindustrie, in: WSI-Mitteilungen 1999, 309 ff.

Stänner, Franz : Drucker und Künstler grüßen als Verlobte. Zusammenschluß der Medienarbeitnehmer soll jetzt beginnen, in: Die Zeit v. 28.12.1984, S. 22. Zitierweise: *Stänner*, in: Die Zeit v. 28.12.1984. S. 22.

Stahlhacke, Eugen/Preis, Ulrich : Kündigung und Kündigungsschutz im Arbeitsverhältnis, 5. Auflage, München 1991.

Starck, Christian : Autonomie und Grundrechte, in: Archiv des öffentlichen Rechts 1967, 449 ff.

Stark, Ernst : Verfassungsfragen einer Arbeitsplatzsicherung durch Tarifvertrag, Diss. München 1989. Zitierweise: *Stark*, Verfassungsfragen einer Arbeitsplatzsicherung, S.

Stege, Dieter/Weinspach, Friedrich Karl : Betriebsverfassungsgesetz. Handkommentar für die betriebliche Praxis, 7. Auflage, Köln 1994. Zitierweise: *Stege/Weinspach*, BetrVG, § Rn.

Steger, Ulrich : Konsequenzen einer Investitionslenkung für die Gewerkschaften. Ein Diskussionsbeitrag, in: Gewerkschaftliche Monatshefte 1973, 766 ff.

Stein, Axel : Die Konkurrenz von Gesetz und Tarifvertrag. Zugleich zur tarifvertraglichen Verweisung auf Gesetze, in: Arbeit und Recht 1998, 1 ff.

Stelling, Rainer : Das Erfordernis der Überbetrieblichkeit – ein Anachronismus des modernen Gewerkschaftsbegriffs, in: Neue Zeitschrift für Arbeits- und Sozialrecht 1998, 920 ff.

Stockmann, Rainer : Die tarifvertragliche Partizipation an Unternehmensentscheidungen. Eine rechtsvergleichende Untersuchung am Beispiel der Tarifvertragspraxis in Italien, Frankfurt a. M. 1991. Zitierweise: *Stockmann*, Die tarifvertragliche Partizipation, S.

Streeck, Wolfgang : Das Zukunftsmodell – der Flächentarifvertrag, in: Gewerkschaftliche Monatshefte 1998, 6 ff.

Streit, Manfred E. : Theorie der Wirtschaftspolitik, 3. unveränderte Auflage, Düsseldorf 1983.

Stützel, Wolfgang : Marktpreis und Menschenwürde, 2. Auflage, Bonn 1982.

Tarifvertrag über Einführung und Anwendung rechnergesteuerter Textsysteme : Handlungsanleitungen und Erläuterungen für die Praxis, herausgegeben vom Hauptvorstand der Industriegewerkschaft Druck+Papier/Deutsche Journalisten-Union, Stuttgart 1979. Zitierweise: *IG Druck-Erläuterungen zum RTS-Vertrag*, S.

Tegtmeier, Werner : Wirkungen der Mitbestimmung der Arbeitnehmer. Eine sozialökonomische Analyse potentieller und faktischer Wirkungen der Mitbestimmung im Unternehmen und im unternehmensexternen Bereich, Göttingen 1973. Zitierweise: *Tegtmeier*, Wirkungen der Mitbestimmung, S.

Thüsing, Gregor : Anmerkung zu BVerfG vom 14.11.1995, in: Entscheidungssammlung zum Arbeitsrecht 5/1996, 9 ff. Zitierweise: *Thüsing*, EzA 5/1996, S.

Vaubel, Ernst Dirk : Die Anwendbarkeit des Gesetzes gegen Wettbewerbsbeschränkungen auf Tarifvertragsklauseln, Diss. München 1968. Zitierweise: *Vaubel*, Die Anwendbarkeit des GWB, S.

Vetter, Heinz Oskar (Hrsg.) : Mitbestimmung, Wirtschaftsordnung, Grundgesetz. Protokoll der wissenschaftlichen Konferenz des DGB vom 1. – 3. Oktober 1975 in Frankfurt a. M., Frankfurt a. M. – Köln 1976. Zitierweise: *(Verfasser)*, in: Vetter (Hrsg.), Mitbestimmung, Wirtschaftsordnung, Grundgesetz, S.

Völkert, Christiane S. : Solidarität als Rechtspflicht im Arbeitsrecht, Diss. Würzburg 1977.

Vollmer, Lothar : Die Entwicklung partnerschaftlicher Unternehmensverfassungen, Köln, Berlin, Bonn, München 1976.

Vollmer, Lothar : Die Rechts- und Pflichtenstellung der „Vertreter der Gewerkschaften“ in den Aufsichtsräten mitbestimmter Großunternehmen, in: Betriebs-Berater 1977, 818 ff.

Vollmer, Lothar : Einflußnahme auf unternehmerische Sachentscheidungen durch Mitbestimmung und/oder Tarifvertrag ?, in: Juristische Analysen 1978, 53 ff.

Vollmer, Lothar : Aufgaben- und Zuständigkeitsverteilung zwischen mitbestimmungsrechtlicher und tarifvertraglicher Interessenvertretung, in: Der Betrieb 1979, 308 ff. (I), 355 ff. (II).

Volpert, Walter : Die Humanisierung der Arbeit und die Arbeitswissenschaft, Köln 1974. Zitierweise: *Volpert*, Die Humanisierung der Arbeit, S.

Waltermann, Raimund : Zu den Grundlagen der Tarifautonomie, in: Zeitschrift für Arbeitsrecht 2000, 53 ff.

Wank, Rolf : Das Recht auf Arbeit im Verfassungsrecht und im Arbeitsrecht, Königstein 1980. Zitierweise: *Wank*, Das Recht auf Arbeit, S.

Wank, Rolf : Anmerkung zu BVerfG vom 10.1.1995, in: Arbeitsrechtliche Praxis Nr. 76 zu Art. 9 GG, Bl. 181 ff. Zitierweise: *Wank*, AP Nr. 76 zu Art. 9 GG, Bl.

Watkinson, Christof/Hildebrandt, Eckart/Funke, Hajo : "Nicht weniger wert sein". Bedrohung des Besitzstandes und Interessen der Metaller am Absicherungstarifvertrag, in: Prokla Nr. 35 (1979), 3 ff.

Weber, Claudia : Rationalisierungskonflikte in Betrieben der Druckindustrie, Frankfurt a. M. – New York 1982. Zitierweise: *Weber*, Rationalisierungskonflikte, S.

Weber, Max : Wirtschaft und Gesellschaft, Tübingen 1922.

Weiss, Manfred : Kollektivvertragliche Gestaltungsfunktion und Mitbestimmung – Eine Skizze in rechtspolitischer Absicht, in: Borsdorf, U./Hemmer, O./Leminsky, G./Markmann, H. (Hrsg.), Gewerkschaftliche Politik: Reform und Solidarität, zum 60. Geburtstag von Heinz Oskar Vetter, Köln 1977, 293 ff. Zitierweise: *Weiss*, FS für Vetter, S.

Weiss, Manfred : Gewerkschaftliche Vertrauensleute. Tarifvertragliche Verbesserungen ihrer Arbeit im Betrieb, Köln 1978. Zitierweise: *Weiss*, Gewerkschaftliche Vertrauensleute, S.

Weiss, Manfred : Betriebsverfassungsgesetz. Ein Kommentar für Studium und Praxis, 1. Auflage, Baden-Baden 1978. Zitierweise: *Weiss*, BetrVG (1. Aufl.), § Rn.

Weiss, Manfred : Besprechung der Abhandlung H. Ehmanns "Arbeitsschutz und Mitbestimmung bei neuen Technologien", in: Arbeit und Recht 1982, 256 f.

Weiss, Manfred : Sonderarbeitskampfrecht der Presse ?, in: Arbeit und Recht 1984, 97 ff.

Weiss, Manfred : Diskussionsbeitrag zum Thema «Betriebsverfassung und Tarifvertrag», in: Recht der Arbeit 1994, 178.

Weiss, Manfred/Weyand, Joachim : Die tarifvertragliche Regelung der Ausbildung der Redaktionsvolontäre an Tageszeitungen, in: Betriebs-Berater 1990, 2109 ff.

Weiss, Manfred/Weyand, Joachim : Betriebsverfassungsgesetz, Kurzkommentar, 3. Auflage, Baden-Baden 1994. Zitierweise: *Weiss/Weyand*, BetrVG, § Rn.

Weller, Bernhard : Kündigungsschutz in Betrieb und Unternehmen (Unter besonderer Berücksichtigung von Fragen der sozialen Auswahl), in: Arbeit und Recht 1986, 225 ff.

Welsch, Johann : Arbeitsbeziehungen, Arbeitsverhältnisse und Tarifverträge in der Informationsgesellschaft. Herausforderungen für Gewerkschaften, in: Gewerkschaftliche Monatshefte 1998, 80 ff.

Wend, Rainer : Die Zulässigkeit tarifvertraglicher Arbeitsplatzbesetzungsregelungen. Am Beispiel neuerer Tarifvereinbarungen in der Druckindustrie, Bielefeld 1984. Zitierweise: *Wend*, Die Zulässigkeit tarifvertraglicher Arbeitsplatzbesetzungsregelungen, S.

Wendeling-Schröder, Ulrike : Zur Rechtsstellung tarifvertraglich „unkündbarer" Arbeitnehmer in Großforschungseinrichtungen, in: Engelen-Kefer, U./Schoden, M./Zachert, U. (Hrsg.), Arbeitsrecht in der Bewährung. Festschrift für Karl Kehrmann zum 65. Geburtstag, Köln 1997, 321 ff. Zitierweise: *Wendeling-Schröder*, FS für Kehrmann, S.

Westermann, Peter : Sonderprivatrechtliche Sozialmodelle und das allgemeine Privatrecht, in: Archiv für die civilistische Praxis 1978, 150 ff.

Weyand, Joachim : Die tarifvertragliche Mitbestimmung unternehmerischer Personal- und Sachentscheidungen, Baden-Baden 1989. Zitierweise: *Weyand*, Die tarifvertragliche Mitbestimmung, S.

Weyand, Joachim : Die tarifvertragliche Mitbestimmung im Bereich der Arbeitsorganisation, in: Arbeit und Recht 1991, 65 ff.

Widmaier, Ulrich : Der deutsche Maschinenbau im Umbruch ?, in: WSI-Mitteilungen 1998, 92 ff.

Wieacker, Franz. : Privatrechtsgeschichte der Neuzeit, 2. Auflage, Göttingen 1967.

Wiedemann, Anton : Die Bindung der Tarifnormen an Grundrechte, insbesondere an Art. 12 GG, Heidelberg 1994. Zitierweise: *Wiedemann*, Die Bindung der Tarifnormen, S.

Wiedemann, Herbert : Subjektives Recht und sozialer Besitzstand nach dem KSchG, in: Recht der Arbeit 1961, 1 ff.

Wiedemann, Herbert : Leistungsprinzip und Tarifvertragsrecht, in: Gamillscheg, F./Hueck, G./Wiedemann, H. (Hrsg.), Fünfundzwanzig Jahre Bundesarbeitsgericht, München 1979, 635 ff. Zitierweise: *Wiedemann*, FS für das BAG, S.

Wiedemann, Herbert : "Wirtschaftliche Vernunft" als Maxime sozialer Mitverantwortung, in: Mayer-Maly, T./Richardi, R. u. a. (Hrsg.), Arbeitsleben und Rechtspflege. Festschrift für Gerhard Müller, Berlin 1981, 807 ff. Zitierweise: *Wiedemann*, FS für G. Müller, S.

Wiedemann, Herbert : Unternehmensautonomie und Tarifvertrag, in: Jayme, E./Kegel, G./Lutter, M. (Hrsg.), Jus inter nationes. Festschrift für Stefan Riesenfeld aus Anlaß seines 75. Geburtstages, Heidelberg 1983, 301 ff. Zitierweise: *Wiedemann*, FS für Riesenfeld, S.

Wiedemann, Herbert : Die Gestaltungsaufgabe der Tarifvertragsparteien, in: Recht der Arbeit 1997, 297 ff.

Wiedemann, Herbert (Hrsg.) : Tarifvertragsgesetz mit Durchführungs- und Nebenvorschriften, München 1999. Zitierweise: *(Autor)*, in: Wiedemann, TVG, § Rn.

Wiedemann, Herbert/Stumpf, Hermann : Tarifvertragsgesetz, 5. Auflage, München 1977. Zitierweise: *Wiedemann/Stumpf*, TVG, § Rn.

Wiesand, Andreas Johannes : Berufsinteressen im Kulturbetrieb. Zur Frage einer Kultur- und Mediengewerkschaft, in: Gewerkschaftliche Monatshefte 1973, 276 ff.

Wiese, Günther : Das Initiativrecht nach dem Betriebsverfassungsgesetz, Neuwied – Darmstadt 1977. Zitierweise: *Wiese*, Das Initiativrecht, S.

Willeke, Eduard : Arbeitsmarkt, in: Beckerath, u. a. (Hrsg.), Handwörterbuch der Sozialwissenschaften, Band 1, Tübingen – Göttingen 1956, 321 ff. Zitierweise: *Willeke*, in: HdSW, Bd. 1, S.

Windbichler, Christine : Grenzen der Mitbestimmung in einer marktwirtschaftlichen Ordnung, in: Zeitschrift für Arbeitsrecht 1991, 35 ff.

Wohlgemuth, Hans Hermann : Aussperrung und Grundgesetz, in: Betriebs-Berater 1979, 111 ff.

Wolter, Henner : Aussperrung, Parität und Verhältnismäßigkeit, in: Arbeit und Recht 1979, 193 ff.

Worpenberg, Stephan : Die konzerninterne Arbeitnehmerüberlassung, Frankfurt a. M. 1993.

WSI-Tarifarchiv : Elemente qualitativer Tarifpolitik, Nr. 4, Stand: Januar 1986. Tarifliche Regelungen zu wirtschaftlichen/unternehmenspolitischen Angelegenheiten und zur betrieblichen Personalplanung/-politik. Zitierweise: *WSI-Tarifarchiv*, Nr. 4, S.

WSI-Tarifarchiv : Elemente qualitativer Tarifpolitik, Nr. 6, Stand: März 1987. Tarifvertraglicher Rationalisierungsschutz. Zitierweise: *WSI-Tarifarchiv*, Nr. 6, S.

Zachert, Ulrich : Tarifvertrag. Arbeitsgruppe Arbeitsrecht, Köln 1979. Zitierweise: *Zachert*, Tarifvertrag, S.

Zachert, Ulrich : Zur Erweiterung der Mitbestimmung durch Tarifvertrag, in: Arbeit und Recht 1985, 201 ff.

Zachert, Ulrich : Verfassungsrechtlicher Schutz für "Gelbe" Gewerkschaften ?, in: Arbeit und Recht 1986, 321 ff.

Zachert, Ulrich : Für den Erhalt und die Fortentwicklung der Tarifautonomie, in: Arbeit und Recht 1993, 97 ff.

Zachert, Ulrich : Modernisierung oder Liquidation der Tarifautonomie ?, in: Kritische Justiz 1997, 411 ff.

Zachert, Ulrich/Metzke, Maria/Hamer, Wolfgang : Die Aussperrung. Zur rechtlichen Zulässigkeit und praktischen Durchsetzungsmöglichkeit eines Aussperrungsverbots, 2. Auflage, Köln 1979. Zitierweise: *Zachert/Metzke/Hamer*, Die Aussperrung, S.

Zimmermann, Lothar : Aufgaben der Tarifpolitik in den 90er Jahren, in: WSI-Mitteilungen 1991, 121 ff.

Zöllner, Wolfgang : Tarifmacht und Außenseiter, in: Recht der Arbeit 1962, 453 ff.

Zöllner, Wolfgang : Die Rechtsnatur der Tarifnormen nach deutschem Recht. Zugleich ein Beitrag zur Abgrenzung von Rechtsetzung und Privatautonomie, Wien 1966. Zitierweise: *Zöllner*, Die Rechtsnatur der Tarifnormen, S.

Zöllner, Wolfgang : Anmerkung zu BAG vom 9.7.1968, in: Sammlung Arbeitsrechtlicher Entscheidungen 1969, 137 ff. Zitierweise: *Zöllner*, SAE 1969, S.

Zöllner, Wolfgang : Die Rechtsprechung des Bundesverfassungsgerichts zu Art. 9 Abs. 3 GG, in: Archiv des öffentlichen Rechts 1973, 71 ff.

Zöllner, Wolfgang : Privatautonomie und Arbeitsverhältnis. Bemerkungen zu Parität und Richtigkeitsgewähr beim Arbeitsvertrag, in: Archiv für die civilistische Praxis 1976, 221 ff.

Zöllner, Wolfgang : Maßregelungsverbote und sonstige tarifliche Nebenfolgenklauseln nach Arbeitskämpfen, Köln 1977. Zitierweise: *Zöllner*, Maßregelungsverbote, S.

Zöllner, Wolfgang : Sind im Interesse einer gerechteren Verteilung der Arbeitsplätze Begründung und Beendigung der Arbeitsverhältnisse neu zu regeln ?, Gutachten für den 52. DJT, in: Verhandlungen des 52. Deutschen Juristentages, Band I, München 1978, D 5 ff. Zitierweise: *Zöllner*, in: Verhandlungen des 52. DJT I, D

Zöllner, Wolfgang : Auswahlrichtlinien für Personalmaßnahmen. Betriebsverfassungsrechtliche Bemerkungen unter besonderer Berücksichtigung der durch die elektronische Datenverarbeitung aufgeworfenen Probleme, in: Mayer-Maly, T./Richardi, R./Schambeck, H./Zöllner, W. (Hrsg.), Festschrift für Gerhard Müller, Berlin 1981, 665 ff. Zitierweise: *Zöllner*, FS für Müller, S.

Zöllner, Wolfgang : Arbeitsrecht, 3. Auflage, 1983.

Zöllner, Wolfgang : Die Zulässigkeit einzelvertraglicher Verlängerung der tariflichen Wochenarbeitszeit, in: Der Betrieb 1989, 2121 ff.

Zöllner, Wolfgang/Loritz, Karl-Georg : Arbeitsrecht, 4. Auflage, München 1992. Zitierweise: *Zöllner/Loritz*, Arbeitsrecht, S.

Zöllner, Wolfgang/Seiter, Hugo : Paritätische Mitbestimmung und Artikel 9 Abs. 3 Grundgesetz, Köln – Berlin – Bonn – München 1970. Zitierweise: *Zöllner/Seiter*, Paritätische Mitbestimmung, S.

Zwickel, Klaus : Verteilungskonflikte und Gestaltungsanspruch – tarifpolitische Perspektiven für die neunziger Jahre, in: Gewerkschaftliche Monatshefte 1992, 659 ff.

Studien zum Arbeitsrecht und zur Arbeitsrechtsvergleichung

Herausgegeben von Manfred Weiss und Spiros Simitis

Band 1 Sebastian Fritzsche: Die Vereinbarkeit des Arbeitnehmer-Entsendegesetzes sowie der erfassten Tarifverträge mit höherrangigem Recht. 2001.

Band 2 Arnd Hermann: Outplacement. Eine Untersuchung der individualvertraglichen Gestaltung und kollektivarbeitsrechtlichen Aspekte eines neuen Instruments des Personalabbaus. 2001.

Band 3 Christoph Schmid: Das Personalrecht der Europäischen Zentralbank. Grundlagen und Grenzen der rechtlichen Bindungen der Europäischen Zentralbank unter besonderer Berücksichtigung der Bereiche Arbeitnehmervertretung, Kündigungsschutz und Datenschutz. 2002.

Band 4 Charis Chaldoupis: Auswirkungen neuer Technologien auf die Tarifautonomie. Funktionsfähigkeit und Legitimität qualitativer Tarifpolitik anhand der Rationalisierungsentwicklungen im industriellen Produktionsbereich. 2003.

Peter Lang · Europäischer Verlag der Wissenschaften

Sven Thomas

Alternativen zum Tarifvertragssystem

Frankfurt/M., Berlin, Bern, Bruxelles, New York, Oxford, Wien, 2002.
165 S., 3 Tab.
ISBN 3-631-39323-7 · br. € 30.20*

Die Wirtschaft reagiert auf politische Entscheidungen mit einer so hohen Sensibilität und durchschlagenden Eigenlogik, dass politische Steuerungsversuche deutlich riskanter und ihr Erfolg unwahrscheinlicher geworden sind. Angesichts dessen führen Begriffe wie „Tarifautonomie", „Tarifvertragssystem" oder „Krise der Tarifpolitik" nur noch in die Irre. Moderne Arbeitspolitik schließt die Umverteilung von Einkommen und von Arbeit zwischen Geschlechtern, Generationen und Regionen ein. Wirtschafts-, Beschäftigungs-, Sozial- und Tarifpolitik werden intensiv verflochten und damit leistungsfähiger.

Aus dem Inhalt: Konstruktion eines tarifpolitischen Kommunikationssystems · Entscheidungsalternativen und alternative Kommunikationsformen in der Tarifpolitik · Leistungsalternativen zur Tarifpolitik

Frankfurt/M · Berlin · Bern · Bruxelles · New York · Oxford · Wien
Auslieferung: Verlag Peter Lang AG
Moosstr. 1, CH-2542 Pieterlen
Telefax 00 41 (0) 32 / 376 17 27

*inklusive der in Deutschland gültigen Mehrwertsteuer
Preisänderungen vorbehalten

Homepage http://www.peterlang.de

FSC
www.fsc.org
MIX
Papier | Fördert gute Waldnutzung
FSC® C083411

Kolibri 360 GmbH
Ferdinand-Jühlke-Straße 7
99095 Erfurt, Deutschland
produktsicherheit@kolibri360.de

Druck:
CPI Druckdienstleistungen GmbH
im Auftrag der
Kolibri 360 GmbH
Ferdinand-Jühlke-Str. 7
99095 Erfurt